火 星 人

Maya 2014

大风暴

火星时代 主编

人民邮电出版社

北京

图书在版编目（ＣＩＰ）数据

　　Maya 2014大风暴 / 火星时代主编. -- 北京 ：人民邮电出版社，2014.1（2018.6重印）
　　（火星人）
　　ISBN 978-7-115-33378-0

　　Ⅰ．①M… Ⅱ．①火… Ⅲ．①三维动画软件 Ⅳ.
①TP391.41

　　中国版本图书馆CIP数据核字（2013）第251319号

内 容 提 要

　　本书是Maya的入门教材，以最新的Maya 2014版本为操作平台，对三维动画制作进行了全面介绍。全书共设计了100多个教学实例，包括基本操作、建模、材质、渲染、动画与特效等功能模块，涵盖了三维动画制作所需要的全部功能和知识点，帮助读者为以后专业制作动画打下良好的基础。

　　随书附带两张DVD9多媒体配套光盘，包括书中绝大部分实例的制作过程，总时长超过40个小时，素材内容包括书中所有案例的全部项目文件和素材文件。

　　本书不仅适合Maya初中级读者阅读，也可作为高等院校三维动画设计相关专业的教辅图书及相关教师参考图书。

- ◆ 主　　编　火星时代
　　责任编辑　郭发明
　　执行编辑　何建国
　　责任印制　方　航
- ◆ 人民邮电出版社出版发行　　北京市丰台区成寿寺路 11 号
　　邮编　100164　　电子邮件　315@ptpress.com.cn
　　网址　http://www.ptpress.com.cn
　　北京艺辉印刷有限公司印刷
- ◆ 开本：787×1092　　1/16
　　印张：44.5　　　　　　　　彩插：8
　　字数：1 380 千字　　　　　2014 年 1 月第 1 版
　　印数：12 501 - 13 500 册　2018 年 6 月北京第 10 次印刷

　　　　　　　　定价：108.00 元（附 2DVD）

　读者服务热线：**(010) 81055410**　印装质量热线：**(010) 81055316**
　　　　　　反盗版热线：**(010) 81055315**
　　　广告经营许可证：京东工商广登字 20170147 号

丛书编委会

总编 (Editor-in-Chief)	王 琦（Wang Qi）
执行主编 (Executive Editor)	李才应（Li Caiying）
项目负责 (Project Manager)	梅晓云（Mei Xiaoyun）
技术编辑 (Technical Editor)	梅晓云（Mei Xiaoyun）
版面构成 (Layout)	王丹丹（Wang Dandan）
文稿编辑 (Editor)	林键（Lin Jian）
美术编辑 (Art Editor)	张仁伟（Zhang Renwei）
多媒体编辑 (Multimedia Editor)	贾培莹（Jia Peiying）
网络推广 (Internet Marketing)	高 远（Gao Yuan）

作者简介

万建龙

火星时代资深讲师，从事影视与动画制作多年。2000 年进入黑龙江省电视台从事影视制作，其后又在多家游戏影视公司从事 CG 相关工作，拥有丰富的制作、研发和教学经验。先后独立编著和参与编写了《中文版 Maya 2012 大风暴》、《Maya 白金手册》和《Maya 火星课堂 第 2 版》等图书。

投稿热线 Tel：010-59833333-8851
技术支持 Tel：010-59833333-8857   网址 http://book.hxsd.com
淘宝旗舰店 http://hxmdt.taobao.com/

本书导读

"火星人——Maya 2014 大风暴"是基于当前最新 Maya 2014 版本进行讲解的入门及提高教材，全书共 5 篇 15 章，安排了 100 多个精彩案例，从软件的基本操作方法开始，按照建模、材质、渲染、动画、特效等三维创作的一般流程，由浅入深地对 Maya 软件进行了全面讲解，几乎包括了实际工作中需要了解的全部功能和知识点。

随书附带两张 DVD9 多媒体教学光盘，包括书中绝大部分案例的视频教学，以及全书案例的项目场景文件和素材文件。

光盘使用说明

光盘中的视频教学与文字教材的目录结构及实例内容一一对应，但并非完全相同。对于适合实际操作和表达的内容，在视频教学中会有详细的演示和讲解；而对于一些理论性的内容，在文字教材中会有更为系统详细的介绍，建议读者配合使用，以获得最佳的学习效果。

·光盘内容

全套视频教学光盘内容安排如下

DVD 01	第1章 基础知识	全面讲解 Maya2014 的新功能和相关基础知识及案例。
	第2章 入门训练——旋转风扇	本章将通过一个旋转风扇案例来学习 Maya 中的基本操作。
	第3章 认识操作界面	本章将和读者一起全面认识 Maya 的操作界面。
	第4章 基本操作	本章将讲解 Maya 中的基本操作。
	第5章 用户设置	本章将讲解在 Maya 中如何设置默认手柄、快捷键及历史记录等。
	第7章 Polygon基础建模	本章将讲解 Maya 中一种比较常用的建模方式——多边形建模。
	第8章 Polygon综合建模	本章将综合使用建模命令制作结构稍复杂的模型。
	第9章 NURBS建模	本章将讲解目前用途很广的一种建模方法——NURBS 建模。

DVD 02	第10章 材质与贴图	本章将通过几个案例学习 Maya 中的材质与贴图。
	第11章 灯光、摄影机与渲染	本章将通过几个案例来学习灯光、摄影机与渲染。
	第12章 绑定设置	本章将通过人物、动物、表情绑定等几个常用案例来讲解绑定的设置。
	第13章 动画制作	本章将通过几个实例来具体讲解动画制作的基本流程和方法。
	第14章 基础特效	本章将讲解 Maya 中的基础特效。
	第15章 综合特效	本章将通过几个综合案例来深入学习 Maya 特效。

光盘使用说明

▶ 光盘内容说明

本书共5篇15章，其教学内容和素材文件分别安排在两张光盘中，光盘的内容结构如下图所示。

▶ 光盘使用建议

在配套光盘的"DVD9\part\video"文件夹中存放了相应案例实现过程的教学视频文件。将该路径下的视频文件复制到硬盘中播放，可以减少对光驱的磨损。

▶ 光盘使用步骤

① 本书的教学视频以网页的形式提供给读者，为方便大家学习与查询，直接双击光盘根目录下的Index.html文件，即可打开界面，浏览教学视频，如下图所示。

④ 打开的视频如下图所示。

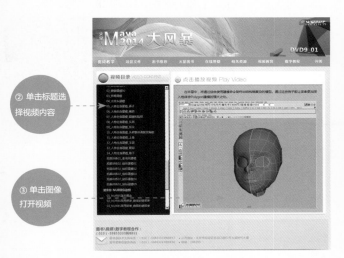

* 建议使用IE9.0以上版本的浏览器打开教学视频的网页 *

 基础篇 • 总时长：3 小时 03 分

 建模篇 • 总时长：13 小时 55 分

▶ 渲染篇 ● 总时长：8 小时 39 分

 动画篇 ● 总时长：8 小时 05 分

特效篇 ● 总时长：6 小时 05 分

作品赏析

▲ 85期 影视次时代高精模型——郭威

96期 影视次世代高精模型——许明 ▲

85期 影视次世代高精模型——高鹏飞 ▲

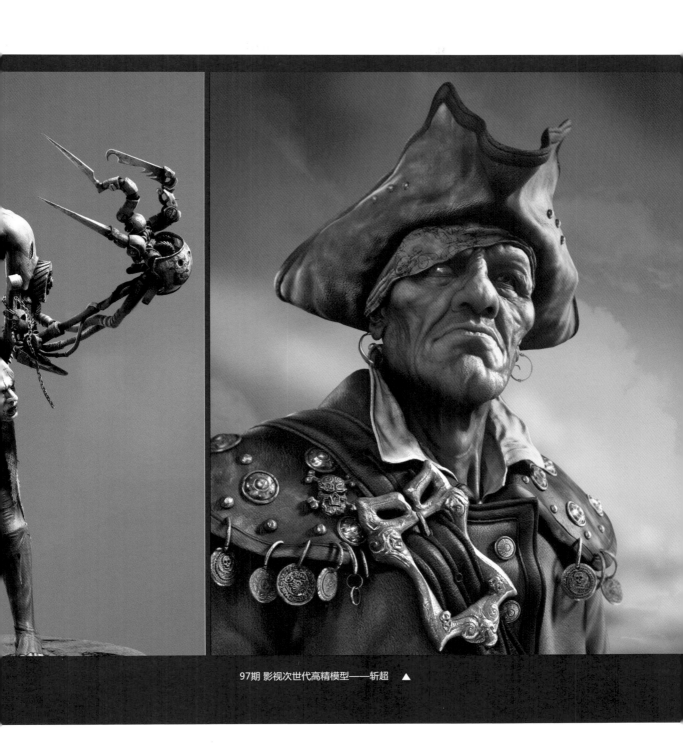

97期 影视次世代高精模型——斩超　▲

本书目录

Chapter 01
第1章 基础知识

近几年Autodesk公司几乎每年对它旗下的软件都进行了更新，如Maya已经发展到了Maya 2014，也形成了多种不同的风格，为的是更好地满足娱乐和视觉可视化客户的需求。在这里我们将使用Maya 2014软件版本来进行讲解。

1.1 Autodesk Maya 2014概述

Maya是世界顶级的三维动画软件，应用对象是专业的影视广告、游戏开发、角色动画、电影特技等制作单位；其功能完善，工作灵活，易学易用，制作效率极高，渲染真实感极强，是电影级别的高端制作软件；其集成了最先进的动画及数字效果技术，不仅包括一般三维和视觉效果制作的功能，而且还与最先进的建模、数字化布料模拟、毛发渲染、运动匹配技术相结合。目前市场上用来进行数字合成和三维制作的工具中，Maya是首选解决方案。

1.1.1 发展历史

Autodesk Maya的发展主要经历以下几个阶段。

01 1983年，在数字图形界享有盛誉的史蒂芬先生（Stephen Bindham）、奈杰尔先生（Nigel -McGrath）、苏珊·麦肯女士（Susan McKenna）和大卫先生（David Springer）在加拿大多伦多创建了数字特技公司，研发影视后期特技软件，由于第一个商业化的程序是有关anti _ alias的，所以公司和软件都叫Alias。

02 1984年，马克·希尔韦斯特先生（Mark Sylvester）、拉里比尔利斯先生（Larry Barels）、比尔·靠韦斯先生（Bill Ko-vacs）在美国加利福尼亚创建了数字图形公司，由于他们爱好冲浪，所以公司起名为Wavefront。

03 1995年，Alias与Wavefront公司正式合并，成立Alias|Wavefront公司。

04 2005年，Alias公司被Autodesk公司并购。

05 2010年3月，Autodesk公司发布了Maya 2011版本。

06 2013年4月，Autodesk公司发布了Maya 2014，至此Maya以全新的姿态走进人们的视野。

伴随着这样的一个历程，Maya也通过版本的不断更新经历了一次次蜕变与升华。图1-1~图1-4所示为Maya一些版本的启动界面。

图1-1

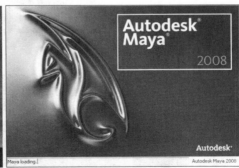

图1-2

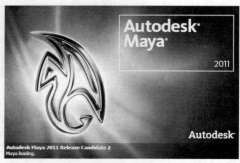

图 1-3　　　　　　　　　　　　　　　图 1-4

1.1.2　应用领域

　　使用Maya的三维造型、动画和渲染功能，可以制作出引人入胜的数字图像、逼真的动画和非凡的视觉特效，无论读者是胶片和视频制作人员、游戏开发人员、图像艺术家、可视化设计专业人员，还是三维爱好者，Maya 2014都能帮我们实现创想。

　　Maya的应用领域主要表现在以下几个方面。

　　01 影视动画制作。Maya是电影业数字艺术家的首选工具，它被广泛应用于电影特效等行业中，例如在《贝奥武夫》、《加勒比海盗》、《蜘蛛侠》、《阿凡达》等电影中的一些影视特效就是由Maya制作的。

　　02 游戏开发。越来越多的游戏艺术家选择使用 Maya， 是因为它能够提供快速、直观的多边形建模和UV 贴图工作流程，以及广泛的关键帧、非线性及高级角色动画与编辑工具，例如《刺客信条》、《战争机器》、《使命召唤》等也是由Maya制作的。

　　03 广播电视和视频制作。现在很多广播电视公司都希望制作出非常绚丽的镜头，从令人着迷的非现实特效到与实拍镜头无缝融合的逼真动画元素，而Maya 的优越性和灵活性完全能够满足客户的要求，它为广播电视图像、短片和电视连续剧的制作提供了丰富的素材内容，大大缩短了工作时间。

　　04 数字出版。不管是制作印刷载体、网络出版物，还是多媒体或视频内容，数字艺术家们都会发现，把使用 Maya 制作的 3D 图像融合到项目中可以使他们的作品富于创意优势。

　　图1-5~图1-7所示为应用Maya创作的作品。

图 1-5

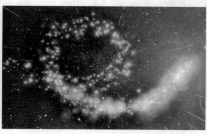

图 1-6　　　　　　　　　　　　　图 1-7

1.2 系统和硬件要求

软件的每一次升级，除了功能得到改进以外，对于硬件和系统的要求也会相应提高。一般来说，Maya适用于Windows XP（Service Pack 2或更高版本）、Microsoft Windows Vista或者相应的64位操作系统平台，中英文均可；同时系统中必须安装Internet Explorer 6浏览器（或更高版本），否则Maya将不能使用；显卡驱动性能方面必须支持DirectX 9以上，目前推荐使用OpenGL。

Maya分为32位版本和64位版本，使用哪个版本主要取决于用户电脑操作系统是32位的还是64位的。而32位操作系统针对的32位的CPU设计，64位操作系统针对的64位的CPU设计。操作系统只是硬件和应用软件中间的一个平台。我们的CPU从原来的8位、16位发展到现在的32位和64位，CPU位数越高，处理数据的速度就越快。

1.2.1 系统要求

01 下列任何一种操作系统都支持 Autodesk Maya 2014软件的 32位版本。

Microsoft Windows Vista Business 操作系统（SP1 或更高版本）

Microsoft Windows XP Professional 操作系统（SP2 或更高版本）

Apple Mac OS X 10.5.2 操作系统或更高版本

02 下列任何一款操作系统都支持 Autodesk Maya 2014软件的 64位版本。

Microsoft Windows Vista Business（SP1 或更高版本）

Microsoft Windows XP x64 版本（SP2 或更高版本）

Red Hat Enterprise Linux 4.0 WS 操作系统（U6）

Fedora 8 操作系统

1.2.2 硬件要求

01 Autodesk Maya 2014软件的 32位版本最低需要配置以下硬件系统。

Windows操作系统：Intel Pentium 4或更高版本、AMD Athlon 64 或 AMD Optero 处理器

Macintosh操作系统：基于 Intel 的 Macintosh 计算机

内存：2 GB

可用硬盘空间：2 GB

显卡：优质硬件加速的 OpenGL 显卡

鼠标：三键鼠标和鼠标驱动程序软件

02 Autodesk Maya 2014软件的 64位版本最低需要配置以下硬件系统。

Windows 和 Linux操作系统：Intel EM64T 处理器、AMD Athlon 64 或 AMD Opteron 7

内存：2 GB

可用硬盘空间：2 GB

显卡：优质硬件加速的 OpenGL 显卡

鼠标：三键鼠标和鼠标驱动程序软件

1.3 软件安装

Maya 2014的安装和之前的版本不一样，它与3ds Max的安装基本相同，下面就来详细讲解一下它的安装方法。

基础
建模
渲染
动画
特效

Step01 首先到Autodesk官方网站（www.autodesk.com.cn）下载Maya（Beta版），并且双击安装程序 Setup ，进度条如图1-8所示。

Step02 全部安装完毕之后双击打开Autodesk Maya 2014程序，这时会弹出一个对话框，有两个选项：一个是Try（试用）30天，另一个是Activate（注册），如图1-9所示。

图 1-8   图 1-9

Step03 单击第一项Try（试用）按钮，马上会进入到Maya的启动界面。

Step04 稍后进入到Maya的工作界面，如图1-10所示。

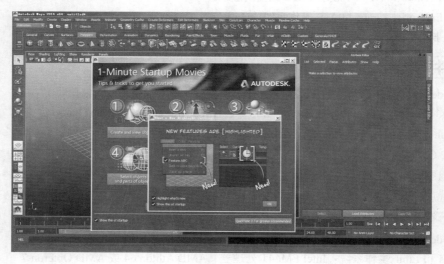

图 1-10

1.4 相关软件与第三方插件的用法

学习Maya软件需要了解的东西很多，根据从事工作的不同，需要掌握的软件也不同，下面分类列举一下。

1.4.1 相关软件

建模师需要掌握雕刻软件Mudbox、ZBrush，如图1-11和图1-12所示。雕刻软件的特点是无需刻意考虑布线，可以像做雕塑一样建模。如果想全面掌握ZBrush，可以参考我们出版的《ZBrush雕刻大师火星课堂》和《ZBrush次世代角色建模火星课堂》。

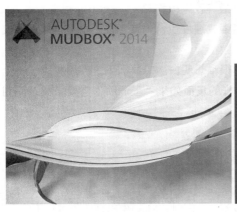

图 1-11   图 1-12

贴图绘画师需要掌握Photoshop、Painter、Illustrator、Bodypaint3D（一款贴图插件），这些平面软件不需要样样精通，精通其中一个就能创建很出色的贴图，其他只是了解就行。

动画师需要掌握MotionBuilder，它是专门用来调节动作的软件，支持各种动作库，工作效率和效果超过任何一款三维软件。动画调好以后可以输出到其他任何三维软件中。学好它，加上良好的动作感觉，你将会是一名非常出色的动画师。MotionBuilder的标志如图1-13所示，目前最新版本为MotionBuilder 2014。

图 1-13

后期合成师需要掌握Combustion、After Effects、Digital Fusion、Shake、Final Cut，其中Shake是苹果系统下的后期软件之王，由其制作的作品多次获得奥斯卡奖。

1.4.2 第三方插件

虽然Maya 2014这一版本增强了很多功能，通常是不需要插件就能完成所有的工作；但是这么多年以来，Maya各种插件已经发展得比较丰富，并且它们也占据了重要地位，特别是广大Maya插件爱好者和一些制作公司相继开发和升级了一些实用性非常强的插件。对于Maya来说这些插件是一种十分有效的补充，它们扩充了Maya的功能，让Maya能胜任更多的工作，也使得Maya的功能更为强大。有时候有了插件，可以事半功倍，而且简单易用，所以很受大家欢迎。下面简单介绍几款常用的插件。

Syflex：它是创建衣料的插件，具有功能强、速度快的特点，除了创作衣料和头发外，甚至可以创作肌肉效果；但Maya自升级到2011以后，本身的衣料模块也已经很强大了，需不需要插件，完全看用户的个人水平。

Realflow：它是创作液体的插件（当然也不一定只能制作液体），Maya自身的流体和粒子功能都很强，创建液体流动动画也能轻松得到很好的效果，但它非常依赖表达式，这就要求用户需要有一定的程序语言基础才行，而Realflow功能强大且使用简单，创建出的液体效果逼真可信。

　　Unfold UV：它是展UV插件，从事三维工作的朋友们一定都了解，展UV是一件非常麻烦的工作，不过有了Unfold UV 就不一样了，用它展一个人体只需要几分钟，而且最终效果很均匀。

　　DeepPaint3D：它是画贴图插件，可直接在模型上绘画，功能强、速度快，内置了许多画笔，如人的皮肤、动物皮毛、石头纹理等，绘画起来非常方便。

　　Endofin：它是人物动力学插件，可独立运行，功能强大到你很难想明白。想象一下，你用脚踢了一个人，那个人摔倒后又绊倒其他人，其他人又跟跟跄跄地摔倒，这样的场面如果手工调动作需要多久？而用Endofin就能很快计算出来。

　　CGMuscle：它是肌肉插件，可以制作出真实的肌肉运动感觉。

　　DarkTree：它是程序纹理生成插件，可以制作各种程序纹理。

1.4.3　插件的安装加载

　　Maya的插件有多种类型，一般根据类型的不同，它的扩展名也不同，同时在Maya中出现的位置也不同。

　　01 以.mel结尾（后缀）插件的加载。

　　在插件中，以.mel结尾（后缀）的文件，将它们放到C:\Documents and Settings\计算机名\My Documents\maya\2014\scripts。

　　02 以 "shelf_插件名.mel" 开头插件的加载。

　　在插件中，以 "shelf_插件名.mel" 开头的文件，将它们放到C:\Documents and Settings\计算机名\My Documents\maya\2014\prefs\shelves。

　　03 以 ".bmp或.xpm" 结尾（后缀）插件的加载。

　　在插件中，以 ".bmp或.xpm" 结尾（后缀）的文件，将它们放到C:\Documents and Settings\计算机名\My Documents\maya\2014\prefs\icons。

　　04 以.mll结尾（后缀）插件的加载。

　　在插件中，以.mll结尾（后缀）的文件，将它们放到C:\Documents and Settings\计算机名\My Documents\maya\2014\prefs或Maya安装目录C:\Program Files\Autodesk\Maya 2014\qt-plugins。

　　当然，除了这些以外，还有一些插件是需要安装的，安装完插件后，在Maya 2014中就可以加载。

　　Step01 启动Maya 2014。

　　Step02 执行菜单Window > Settings/Preferences > Plug-in Manager（窗口>设置/参数>插件管理）命令。

　　Step03 在弹出的Plug-in Manager（插件管理）对话框中选择相应的插件，在Loaded（加载）左侧打上勾就可以了，如图1-14所示。

图 1-14

对于部分插件安装起来比较麻烦，如果在插件安装过程中遇到问题，可以访问我们的论坛http://bbs.hxsd.com，会有更多的朋友为您答疑解惑。

1.5 Maya入门学习方法

我们无论学习什么，学习方法很重要。

说到学习方法，是因人而异的。 所以下面的学习方法仅供参考，读者朋友可以根据自身的情况加以应用。

01 利用好"资源"。

学习资源主要包括网络资料、书本、专业培训、同行交流。

Maya拥有广泛丰富的教学资源，它包括Autodesk官方的认证教育体系ATC提供的系列教学内容，以及官方网站发布的各种免费教学资源。另外，很多国内外获得认可的Maya教育机构也出版了大量的Maya图书和教学视频，可以通过各种渠道购买使用。

如果在学习Maya的过程中遇到问题，可以通过Autodesk的网络在线解决方案获取帮助（仅限正版读者），另外，还可以通过一些专业技术网站寻求帮助。

Maya本身提供了强大的教学帮助文件，熟悉并学会使用Maya自身的Help（帮助）系统，是Maya使用者必不可少的一项技能，通常大部分日常使用过程中遇到的问题都可以在其帮助系统中找到解决方案。

与此同时，我们也开发了几套完善的Maya学习资料《Maya 2014命令完全速查手册》和《火星人——Maya 2014超级白金手册（上）/（下）》，这几套学习资料是当今较为完善的Maya命令学习手册和案例学习手册。

同行交流包括学生与学生之间的交流、学生与老师之间的交流、学习者和制作者之间的交流；交流的方式可以是多样的，如注册Maya相关的学习论坛、QQ群，参加培训等。

02 掌握好3W学习方法。

3W是指What（学什么，即学习目标明确）、Why（为什么要学这个，即学习目的明确）、How（怎么学好，即加快学习速度与提高学习质量的方法）。

在学习强大的Maya软件之前，要通过3W来强化自己的学习目的，如我为什么要学Maya？我学Maya主要来做什么？我怎样才能更好地学习Maya？明确了这些，就不至于迷失在漫长的学习旅途中。

其次，在下定决心学好Maya之后，要通过分阶段的方式来学习，也就是规划在某段时间内学习Maya的哪块知识（What），然后再明确为什么要先学习此模块（Why），最后再给自己找一个最好的学习方式（How）。

通过这种方法相信大家能征服Maya，能创造属于自己的更美好的未来。

当然在这个过程中需要听取一些朋友的建议和指导，这就要求初学者跟前辈们多做一些交流。

03 深入感悟技术与艺术之间的关系。

在学习CG软件的朋友中，有大部分人在开始学习阶段有过"浮躁"的经历，觉得自己掌握了某款软件的一些操作，就认为自己能驾驭这款软件，甚至说成精通，更有人认为自己是"高手"。

其实不然，学习软件的同时，大家一定要知道 "电脑美术"是艺术与技术的结合；而且，要认知技术仅仅是基础，也就是学好软件只是迈出第一步，是艺术发挥的保障，就像我们在建一栋大楼，建筑是基础，而室内装修才是艺术发挥的空间。如果仅仅是Maya软件应用得好，Maya技术水平很高，而没有艺术感觉，是很难完成好作品的。

一些大型项目，通常是由两方面人员组成的，一方面是负责艺术相关的设计人员，另一方面是效果的实现。如果是创作个人作品，就必须具备一定的艺术修养。

基础

建模

渲染

动画

特效

往往培训一个艺术家学习软件比培养一个软件高手提高艺术感觉容易得多，所以大家在学习Maya时，一定要记住我们是学艺术的，不是仅仅学习Maya软件，特别要注意自己在艺术相关课程中的学习效果；在提高Maya熟练程度的同时，更多地提高自己的艺术感觉，这样才能很好地达到学习目的。

1.6 Maya 2014新功能介绍

近几年，Autodesk公司几乎每年对它旗下的软件都进行更新。2013年4月，Autodesk公司发布迄今为止Maya的最新版本Maya 2014，随着功能的不断完善，Maya正变得越来越强大，下面对Maya 2014的新功能进行介绍。

Maya 2014提供了下一代显示技术，加速的建模工作流程，处理复杂数据的新系统，以及令人鼓舞的创意工具集。随着功能的不断完善，Maya正变得越来越强大。

下面就分别从General（常用功能）、Basics（基本）、File Referencing（文件引用）、Animation（动画）、Character Animation（角色动画）、Modeling（建模）、Paint Effects（画笔特效）、Dynamics and nDynamics（动力学和n动力学）、Rendering and Render Setup（渲染和渲染设置）、MEL and Python（MEL和Python）以及API这几个方面来分别讲解Maya 2014的新增功能。

1.6.1 General（常用功能）

01 Scene Assembly（场景集合）。

场景整合系统可以让用户从内存开销中解脱出来，更好地处理复杂的Maya场景。使用场景整合技术创建的新场景具有更佳的视图交互性，文件加载速度也得到了提升，从而有效解决了在图1-15所示的大型场景中处理数据集的普遍问题。

02 GPU caching（GPU缓存）。

Maya 2014的GPU缓存性能改进包括以下内容：GPU缓存配置、Viewport2.0中支持材质与渲染、导入选项。

03 What's New Highlight（新功能高亮显示）。

使用What's New Highlight（新功能高亮显示），可以清楚地辨别新功能和新选项，如图1-16所示，新功能和命令等都会以绿色的文字和括号标示出来。

04 In-view messaging（场景信息）。

在Maya 2014的视图面板中对许多工具、模式和操作都提供了有用的提示及反馈，如图1-17所示，这项功能不会打断工作进程。

05 ToolClips（工具夹）。

使用ToolClips（工具夹），可以更轻松地学习Maya工具方面的知识，如图1-18所示。

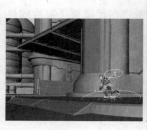

图 1-15

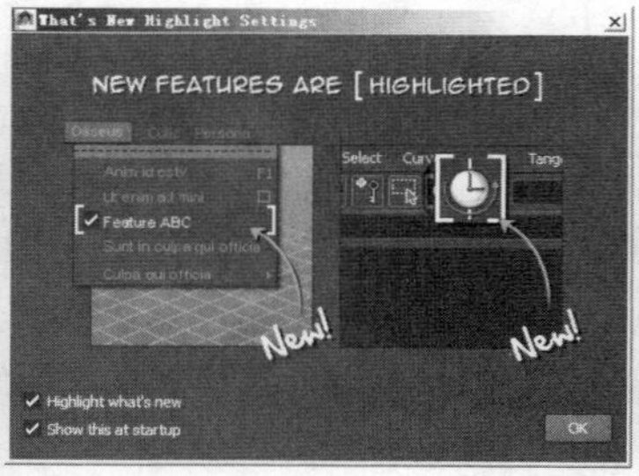

图 1-16

图 1-17

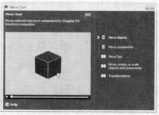

图 1-18

06 Small Annoying Things in Maya（Maya中的恼人小玩意）。

The Small Annoying Things（SAT）［恼人小玩意（SAT）］是一个正在进行中的项目，它的目的在于通过让读者也参与到Maya的重大改进与升级的选择中来，从而提升对Maya的体验。

在Maya 2014中推出的The Small Annoying Things（SAT）［恼人小玩意（SAT）］包括如下几项。

（1）Interactive Split Tool（交互式分割工具）。

（2）Viewport2.0中的每顶点颜色功能。

（3）Edit Edge Flow（编辑边工作流）。

（4）显示Attribute Editor（属性编辑器）中的Notes（笔记）。

（5）Increment & Save（递增并保存）。

（6）在Outliner（大纲）窗口中平移视图。

07 Alembic caching（Alembic缓存）。

Maya 2014中关于Alembic caching（Alembic缓存）的新功能有如下几项。

（1）将对象导出到Alembic缓存时使用Euler filtering（欧拉过滤器）。

（2）使用创建引用命令从Alembic缓存中创建文件引用。

（3）从文件菜单中导入Alembic文件。

（4）Pipeline Cache>Alembic Cache>Export（管道缓存>Alembic Cache>导出）命令。

（5）File>Create Reference（文件>创建引用）命令。

08 更大的Maya场景文件与几何体缓存空间。

Maya 2014支持在Maya Binary（.mb）场景文件和几何体缓存中存储更多的数据，在Windows64位系统中，.mb格式的场景文件和几何体缓存文件可以超过2GB。

09 为Maya节点添加元数据。

一种新的元数据API可以让读者创建任意数量的元数据结构，它们可以被连接到节点和网格对象组件上去。

10 可用的图像平面的宽高比属性。

打开free image plane（可用的图像平面）的Attribute Editor（属性编辑器）窗口，可以勾选Maintain Pic Aspect Ratio（保持图像宽高比）命令，这样既可以调整可用图像平面的大小，同时又能保持原始宽高比。

11 从特定摄影机中显示free image plane（可用图像平面）。

可以从任意一个视图中显示可用的图像平面，也可以在视图菜单中执行Display>looking through camera（显示>从摄影机中显示），在摄影机视图中显示free image plane（可用图像平面）。

12 mental ray支持free image plane（可用图像平面）。

使用mental ray渲染时，可以渲染free image plane（可用图像平面）。

13 忽略版本全局设置。

在加载文件时，勾选Ignore Version（忽略版本）选项，可以轻松导入任何版本的Maya文件。

14 场景文件名包含CER报告。

环境变量MAYA_CER_INCLUDE_SCENE_NAME可以判定场景文件名是否包含了发送给Autodesk公司的CER报告。

15 阻止建模面板失去焦点。

如果将环境变量MAYA_FORCE_PANEL_FOCUS设置为0，那么当视图菜单Panels > Panel（面板组>面板）中的任意窗口置于Maya界面之上时，按下Shift键不会让建模面板窗口失去焦点。

16 增量保存。

执行File>Inrement&Save（文件>递增并保存）命令，可以保存一个文件的多个副本，可以轻易地倒退到先前的版本。

17 在摄影机之间循环切换。

如果场景中有自定义的摄影机，可以在任意一个视图面板中执行View>Cycle Through Cameras（视图>在摄影机之间循环切换）命令，切换摄影机。

18 为当前视图创建新摄影机。

在当前视图中执行View>Create Camera From View（视图>从视图中创建摄影机）命令，或者使用快捷键Ctrl+Shift+C，可以创建一台新的摄影机。

19 边界框模式的渲染效果。

在默认渲染模式和Viewport2.0渲染模式中，如果设置为边界框模式，则渲染关节、摄影机、灯光和图像平面都会以线框的形式渲染出来。

20 粗线效果。

打开Preferences（参数）窗口，在Display（显示）中可以设置Line Width（线条宽度）属性，这样就可以用更粗的线条在场景中进行绘制了。

21 对1-Minute Startup Movies（1分钟启动影片）的多语言支持。

1-Minute Startup Movies（1分钟启动影片）现在支持英语、日语和简体中文3种语言。

22 绘制自定义属性。

可以使用3D Paint Tool（3D绘制工具）直接在一个模型上绘制自定义的数字属性。

1.6.2 Basics（基础）

01 转换几何体到边界框。

执行Modify>Convert>Convert geometry to bounding boxes（修改>转换>转换几何体到边界框）命令，可以将几何体烘焙为边界框并指定颜色，如图1-19所示。这对于快速减少场景中的细节层级十分有用。

02 新增File Path Editor（文件路径编辑器）。

执行Window>General Editors>File Path Editor（窗口>常规编辑器>文件路径编辑器）命令，打开File Path Editor（文件路径编辑器），如图1-20所示。可以直接在Maya中管理场景的文件路径。文件路径编辑器中列出了所有被使用文件的路径，并且提供了修复路径问题的工具。

03 New Node Editor（节点编辑器）改进。

在Maya 2014的Node Editor（节点编辑器）中，可以对节点视图进行自定义操作，更轻松地创建连接，并允许查看资源，如图1-21所示。

 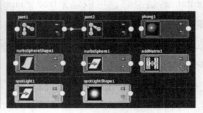

图 1-19   图 1-20   图 1-21

04 编辑器布局改进。

对Outliner（大纲）、Asset Editor（资源编辑器）和Graph Editor（图表编辑器）的布局进行了更新，变得更易读、更简洁，如图1-22所示。

05 导航Outliner（大纲）窗口。

可以使用Alt+鼠标中键平移Outliner（大纲）窗口。

06 Attribute Editor（属性编辑器）改进。

在Attribute Editor（属性编辑器）中，可以取消勾选Show（显示）菜单中新增的Show Notes（显示记录）命令来禁用notes（记录）。

07 Attribute Spread Sheet（属性总表）改进。

在Attribute Spread Sheet（属性总表）中新增了一个属性过滤器，可以快速过滤出想要的属性，如图1-23所示。

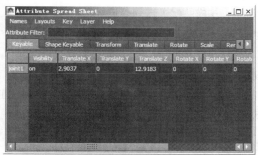

图 1-22　　　　　　　　图 1-23

08 工具架下拉菜单新增选项。

shelf pull-down（工具架下拉菜单）中新增了一个子菜单Navigate Shelves（导航工具架），可以在前一个/下一个工具架之间切换，或者直接跳转到所选工具架，如图1-24所示。

09 Hypergraph（超图）连接显示。

在Hypergraph（超图）中使用Show Connection From Selected（显示来自所选对象的连接）和Show Connection To Selected（显示到所选对象的连接）命令，可以对连接进行过滤。

10 新增orthographic cameras（正交摄影机）。

在视图菜单中执行Panels>Orthographic>New（面板组>正交）命令，可以创建Back camera（后视图）、Right camera（右视图）、Left camera（左视图）和Bottom camera（仰视图），如图1-25所示。

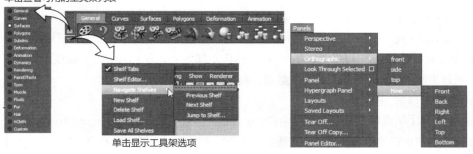

图 1-24　　　　　　　　图 1-25

1.6.3 File Referencing（文件引用）

对引用属性进行锁定/解锁操作：打开preferences（参数）窗口，在File References（文件引用）中勾选Allow locking and unlocking edits on referenced attributes（允许锁定和解除锁定针对引用属性的编辑）选项，可以锁定属性值。另一种方法是在Attribute Editor（鼠标编辑器）窗口中单击鼠标右键，从弹出的菜单中选择Lock Attribute（锁定属性）。

1.6.4 Animation（动画）

01 Grease Pencil Tool（油性铅笔工具）。

新增的Grease Pencil Tool（油性铅笔工具）可以让读者在屏幕上绘制标记，如图1-26所示。使用干性马克笔来做标记的传统动画工作者现在可以使用这种油性铅笔，它更加简洁，而且不会破坏画面。可以使用油性铅笔来合成镜头或背景，绘制动作线。

02 非线性动画改进。

该项的改进包括以下内容。

（1）Character sets（角色集）支持更复杂的角色。

（2）clip matching（片段匹配）得到改进。

（3）clip ghosts（片段重影）可以显示更多pose（姿势）。

（4）可以轻松查看所有Character sets（角色集）的轨迹。

03 Retime Tool（重定时工具）改进。

根据用户提供的反馈，Maya 2014中的Retime Tool（重定时工具）得到了进一步改进，变得更加容易使用。通过放置和拖动直观的Retime（重定时）标记，可以更改动画序列中关键帧的位置，如图1-27所示。

1.6.5 Character Animation（角色动画）

01 关节对称。

Joint Tool（关节工具）面板中增加了新功能，读者可以创建对称的关节和关节链，如图1-28所示。

02 自动关节居中。

开启 Snap to Projected Center（捕捉到投影中心）捕捉，可以自动地将模型的关节居中，如图1-29所示。这种捕捉模式对于创建骨骼关节和关节链时格外有用，同时也可用来创建或修改任何类型的对象。

| 图 1-26 | 图 1-27 | 图 1-28 | 图 1-29 |

03 Bend deformer（弯曲变形器）的曲率单位改为度。

执行Create Deformers>Nonlinear>Bend>（创建变形器>非线性>弯曲）命令，打开Create Bend Deformer（创建弯曲变形器）窗口，可以发现Curvature（曲率）属性的单位由radian（弧度）变为了degree（角度），从而可以更加方便地输入想要弯曲的数值，曲率的取值范围为−230~230。

04 小权重扩散限制。

在Smooth Bind（平滑绑定）选项窗口中和skinCluster节点中都新增了Weight Distribution（权重分配）属性，可以有效地防止在使用默认的交互式法线模式下绘制权重时，潜在的不想要的权重发生扩散。

05 Paint Skin Weights Tool（绘制蒙皮权重工具）改进。

Maya 2014对Paint Skin Weights Tool（绘制蒙皮权重工具）进行了细微改动，锁定影响操作变得更加容易，这样在工作时权重就不会由于误操作而发生变化了。

06 在动画层新建HumanIK Control rig（HumanIK控制装配）。

在动画层中单击 Create Layer from Selected icon（从选定对象创建层）按钮，可以为一个新的动画层添加一整套HumanIK Control rig（HumanIK控制装配）。这个功能替代了Character Controls（角色控制）菜单按钮中的Add to AnimLayer（添加到动画层）菜单项。

1.6.6 Modeling（建模）

01 Modeling Toolkit（建模工具包）。

Maya 2014新增Modeling Toolkit（建模工具包），如图1-30所示，其中包含网格编辑和创建工具、预选择高亮工具、顶点锁定等工具，读者可以快速在它们之间切换，大大加快了工作流程的速度、精确度和效率。

02 Crease Set Editor（折痕集编辑器）。

执行Edit Mesh>Crease Set Editor（编辑网格>折痕集编辑器）命令，打开Crease Set Editor（折痕集编辑器）窗口，可以编辑Crease（折痕）的值，进行更精确的控制，如图1-31所示。Crease Set Editor（折痕集编辑器）是对现有的Crease Tool（折痕工具）和Crease Selection Set（折痕选择集）命令的一个改进。

 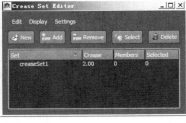

图 1-30　　　　　　　　　　图 1-31

03 Reduce（减少）命令改进。

执行Mesh>Reduce>■（网格>减少>■）命令，可以减少多边形数量。Maya 2014采用了一种更快、更高效的算法，可以通过移除不需要的顶点，但不影响对象的基本大形，从而减少多边形的数量。读者可以保持现有多边形线条不变，按百分比或顶点数或三角形数来简化网格模型，如图1-32所示。

04 Edit Edge Flow（编辑边界流）。

执行Edit Mesh>Edit Edge Flow（编辑网格>编辑边界流）命令，可以启用新增的Edit Edge Flow（编辑边界流）工具，可以在保持周围网格曲率不变的情况下更改边线的曲率，如图1-33所示。

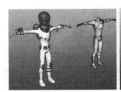 

图 1-32　　　　　　图 1-33

05 Slide brush（滑动笔刷）。

Sculpt Geometry Tool（雕刻几何体工具）中新增了一个 Slide（滑动）笔刷，可以在保持曲面现有形状的同时沿着笔刷方向滑动顶点。

06 保持法线。

执行Modify>Freeze Transformations（修改>冻结变换）命令，打开相应的选项窗口，其中的Preserve normals（保持法线）选项得到了更新，可以确保所有变换都沿着正确的方向，不会发生翻转或负向缩放。

07 顶点颜色可见性。

打开Preferences（参数）窗口，Modeling（建模）中的Convert display（转化显示）选项已经被Automatic

基础

建模

渲染

动画

特效

vertex color display（自动顶点颜色显示）所替换，可以自动地根据不同情况，让场景中的顶点可见。

08 自定义硬边颜色。

可以使用MEL脚本自定义硬边、法线、切线和binormal的颜色。

09 Normals Size（法线大小）更新。

执行Display>Polygons>Normals Size（显示>多边形>法线大小）命令，打开Normals Size（法线大小）窗口，Maya 2014中该数值范围已变为0.02~10 000。

10 对齐摄影机到多边形。

在面板组菜单中执行View>Align Polygon To Camera（视图>对齐摄影机到多边形）命令，可以将当前的摄影机与所选的多边形面进行对齐。

11 选择类似的多边形组件。

在组件模式中，执行Edit>Select Similar（编辑>选择类似对象）命令，可以选择与当前所选对象类似的多边形组件。在对象模式中，这个命令可以选择属于同一节点类型的其他对象。

12 新顶点法线方法。

打开Preferences（参数）窗口，在Modeling（建模）中可以设置Default Vertex Normal Method（默认顶点法线方法），从而确定顶点法线权重的默认方法。

13 多组件选择。

鼠标右键菜单中新增的Multi-Component（多组件）选项，可以快速选择面、顶点和边，省去了在不同模式间的切换。

1.6.7 Paint Effects（画笔特效）

01 曲面交互。

画笔特效属性增强了曲面交互效果和与几何体的碰撞效果。通过设置Surface Snap（曲面捕捉）和Surface Attract（曲面吸引）属性，可以将画笔特效笔刷拉向对象，从而使笔刷精准地沿着曲面的轮廓运动，如图1-34所示。开启Surface Collide（曲面碰撞）效果能够让画笔特效笔刷和曲面上的点发生碰撞。

02 Occupation Surface（占有曲面）和Occupation Volume（占有量）。

Maya 2014新增了Occupation Surface（占有曲面）和Occupation Volume（占有量）属性。使用这两个属性，可以在画笔特效笔刷和直线修改器的帮助下创建更逼真的树叶。无论是浓密的灌木丛、精细的爬藤、树叶的细节，亦或是其他的生物类型，这两种属性都能够很好地表现出来，如图1-35所示。

03 Make Collide（使碰撞）。

Paint Effects（画笔特效）菜单中增加了新功能：Make Collide（使碰撞），可以在画笔特效笔刷和选定几何体之间发生碰撞，这对于创建草丛中的足迹、碰撞的雨滴等效果很有帮助，如图1-36所示。

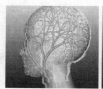  

图 1-34　　　　　　　图 1-35　　　　　　　图 1-36

04 随机的树叶和花朵大小。

Paint Effects Brush Settings（画笔特效笔刷设置）窗口中新增了Leaf Size Rand（树叶大小随机）和Flower Size Rand（花大小随机）两个属性，可以轻松地为树叶和花朵增加大小随机效果，如图1-37所示，而不用对每一片叶子或花瓣进行修改，或是使用复杂的工作流程。

05 使用直线修改器填充对象。

执行Paint Effects>Set Modifier Fill Object（绘画特效>设置修改器填充对象）命令，可以在直线修改器效果的基础上创建不规则形状的边界框，这对于创建特定形状的树枝效果十分有用，如图1-38所示。

占用体积只影响修改器填充对象内侧的笔划部分

图 1-37 　　　　　图 1-38

1.6.8 Dynamics and nDynamics（动力学和n动力学）

01 nHair（n头发）改进。

nHair（n头发）中的改进部分如下。

（1）在nCloth（n布料）对象上模拟nHair（n头发）。

通过改进工作流程，现在可以基于变形的n布料对象的基础上创建n头发系统，可以将这两者结合起来创建非常逼真的毛皮大衣效果、毛绒生物效果等，如图1-39所示。

（2）性能增强。

Disable Follicle Anim（禁用毛囊动画）属性可以不解算头发毛囊就直接播放模拟效果，这一新功能对于一个拥有大量带动画的毛囊的头发系统很有帮助，性能得到了显著提升。

（3）Collide with mesh（与网格碰撞）。

在创建nHair（n头发）时，可以勾选Collide with mesh（与网格碰撞）选项，它会自动将选择的网格转换为被动碰撞对象，在头发系统和Nucleus解算器之间产生内部连接。这样解算器在模拟的初始帧时就有了毛囊位置的信息，在模拟动态表面上的n头发时效果显著。

（4）Delete Hair（删除头发）。

执行nHair>Delete Hair（n头发>删除头发）命令，可以删除头发曲线，或者是使用Paint Effects（画笔特效）制作的头发，但并不移除其他的头发系统节点。

02 Component nConstraint（组件n约束）更新。

Component nConstraint（组件n约束）可以控制nCloth（n布料）网格模型的拉伸和弯曲。使用Component nConstraint（组件n约束）可以模拟服装上的橡皮筋、T恤的立领、裙子上的自然褶皱等，如图1-40所示。

03 Fluid Effects（流体效果）新增内容。

Fluid Effects（流体效果）中新增内容如下。

（1）Fill Object Volume（填充对象体积）。

Fill Object Volume（填充对象体积）属性可以将流体注入选定几何体内部，如图1-41所示。

图 1-39 　　　　　图 1-40 　　　　　图 1-41

（2）Start Frame Emission（开始帧发射）。

使用Start Frame Emission（开始帧发射）属性，可以不经过设置初始状态就发射流体。这两个属性也使得在初始帧创建喷发效果变得更简单。

04 nDynamics（n动力学）图标重新设计。

nDynamics（n动力学）对象的图标都经过了重新设计，读者可以在Node Editor（节点编辑器）和Outliner（大纲）中清楚地找到Nucleus对象、dynamicConstraint节点和nHair（n头发）毛囊，如图1-42所示。

05 新增mcx缓存格式。

可以使用新增的mcx缓存文件类型创建更大的nCache（n缓存）文件。通过使用这种新文件类型可以保存超过2GB的文件，如高分辨率的流体效果等。之前的（n缓存）文件最大不能超过2GB。

06 输入吸引方法。

Maya 2014中新增了一种输入吸引方法，读者可以指定一个nCloth（n布料）网格模型上的部分点参与模拟解算。

1.6.9 Rendering and Render Setup（渲染和渲染设置）

01 Viewport2.0新特性。

Viewport2.0现在支持Windows64位系统上的DirectX11渲染引擎。在Viewport2.0渲染环境中，可以在DirectX11或OpenGL模式之间切换。Viewport2.0还支持新的着色器和节点、mental ray对象、NURBS对象等。在Viewport2.0中查看场景，如图1-43所示。

02 mental ray统一采样。

打开Render Settings（渲染设置）窗口，在mental ray渲染器的Quality（质量）选项卡中找到Sampling Mode（采样模式）选项，其中新增了unified Sampling（统一采样），如图1-44所示。

| 图 1-42 | 图 1-43 | 图 1-44 |

Unified Sampling（统一采样）通过智能地对场景进行采样，减少了调整局部灯光、着色器和对象采样设置的需求。Unified Sampling（统一采样）对时间和空间采样进行了统一，在渲染运动模糊和景深效果时效果显著。

在使用Unified Sampling（统一采样）时，可以同时创建一个诊断性帧缓存，将其存储在.exr文件中。可以在这个帧缓存中分析采样率，查看每像素采样数和每像素渲染时间。

值得注意的是，mental ray渲染预设已经从Quality（质量）选项卡中移动到了Presets（预设）菜单中。

03 新增substance纹理。

新增了如下几种substance纹理。

（1）Sci_fi_001。

（2）StoneFilter。

（3）MetalFilter。

（4）MakeItFurry。

（5）Concrete_060。

04 Viewport2.0模式中为顶点着色。

可以在Viewport2.0模式中为顶点绘制颜色。

05 Skip existing frames attribute（跳过现有帧数）属性。

打开Render Settings（渲染设置）窗口，切换到Common（公用）选项卡，在Frame Range（帧范围）卷展栏中新增Skip existing frames（跳过现有帧数）选项，如图1-45所示。 如果勾选该选项，则渲染器会检测并跳过已渲染的帧，节省渲染时间。

图 1-45

06 支持自定义硬件着色器。

Maya 2014支持源自MPxHwShaderNode的硬件着色器。可以执行Lighting/Shading>Transfer Maps（照明/着色>传递贴图）命令来将一张着色输出贴图烘焙到另一个对象上。

07 mental ray渲染疑难解答。

当使用mental ray进行批量渲染时出错，可以使用新增的渲染标志-perframe从头开始重新对帧进行解析。

08 新的ZIPS压缩格式算法。

打开Render Settings（渲染设置）窗口，切换到Common（公用）选项卡，如果将output image format（输出图像格式）设为OpenEXR，则可以使用ZIPS图像压缩算法进行压缩。

09 mental ray version 3.11版。

Maya 2014使用mental ray3.11版。

1.6.10 MEL和Python

01 新增PySide。

PySide1.1.1版被添加到了Maya 2014中，它基于Python2.7和Maya Qt4.8.2创建。作为一个开源项目，PySide是一系列针对Qt的Python绑定，它具有和Qt一样的认证。

02 新命令。

Maya 2014新增了大量命令，同时对许多现有命令进行了修改。

更详细的Maya 2014新功能介绍可参见随书配套光盘中的教学视频。

第2章 入门训练——旋转风扇

在本书的第一个实战内容中，将教会读者制作一组Maya的基础动画，希望这个例子成为后面学习的良好开端，也算是学习Maya前的一个热身。如果这是你第一次使用Maya也没关系，只要在本书的指导下，就可以很轻松地完成制作。

这个入门例子的整个制作过程包括，在Maya中打开场景、调整视图、建立摄影机视图、动画的制作和动画的生成。

如果在制作过程中有什么不明白的地方，先不要着急，后面有更为详细的练习和讲述，只要耐心完成学习即可。这将是一个良好的开端，是认识和掌握Maya的第一步。

2.1 进入Maya

Step01 确定已进入Windows系统。

Step02 在桌面上双击Maya图标，启动Maya，或者从 ![开始] > 所有程序 > Autodesk > Autodesk Maya 2014中启动Maya。

Step03 等待Maya的启动画面结束后，我们正式进入Maya世界。初次打开Maya时，会自动弹出图2-1所示的1-Minute Startup Movies（1分钟启动影片）和What's New Highlight Settings（什么是新的高亮设置）窗口，通过1-Minute Startup Movies（1分钟启动影片）窗口中的相关视频文件，可以学习开始使用Maya时所必须掌握的部分基础操作，通过What's New Highlight Settings（什么是新的高亮设置）窗口可以轻松确定Maya中的新功能。

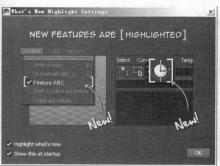

图 2-1

Step04 取消勾选1-Minute Startup Movies（1分钟启动影片）窗口左下角的Show this at startup（在启动显示此窗口），这样下次启动Maya时就不会显示此窗口了。

Step05 单击1-Minute Startup Movies（1分钟启动影片）和What's New Highlight Settings（什么是新的高亮设置）窗口右上角的 ![x]（关闭）按钮。

Step06 单击界面右上角的 ![□]（最大化）按钮，以全屏幕方式显示，如图2-2所示。

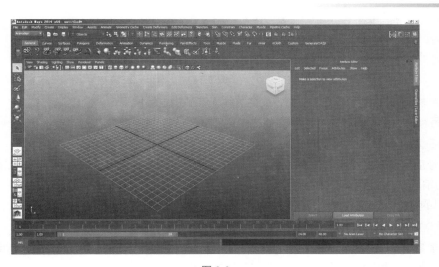

图 2-2

> **注：**
>
> 用户在播放教学视频文件之前，必须确保计算机上安装有相应的多媒体播放器。

2.2 文件基本操作

在本节中通过打开一个光盘上已有的场景，学习如何在Maya中进行文件的基本操作，并开始第一个作品的学习，体验一下Maya给我们带来的3D享受。

2.2.1 打开文件

Step01 执行菜单File > Open Scene（文件 > 打开场景）命令，或者按快捷键Ctrl+O，在弹出的Open（打开）对话框中选择随书配套光盘中的DVD01\scene\chap02\原始文件.mb场景文件，如图2-3所示。

Step02 打开的场景文件如图2-4所示，场景中包括一个电风扇模型。

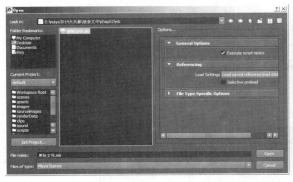

图 2-3   图 2-4

2.2.2 保存文件

Step01 执行菜单File > Save Scene（文件 > 保存场景）命令，或者按快捷键Ctrl+S，可直接保存文件。

Step02 执行菜单File > Save Scene AS（文件 > 场景另存为）命令，将打开的场景文件保存到指定的位置。

Step03 在弹出的Save As（另存为）对话框中选择保存格式为Maya Binary（后缀名为.mb），如图2-5所示。

基础

建模

渲染

动画

特效

图 2-5

Step04 单击Save As（另存为）按钮，文件将被保存到指定的位置。

Maya的另存为命令中可以选择两种文件格式，即Maya ASCII（后缀名为.ma，后称*.ma文件）和Maya Binary（后缀名为mb，后称*.mb文件），这两种文件格式有以下区别。

01 文件性质有区别。*.ma文件用记事本可以打开而且可以编辑，为可看懂的ASCII编码；*.mb文件完全是二进制的编码。

.ma格式的好处是当文件部分损坏时，可以用文本编辑器打开它，把损坏的部分删除，然后文件就可以部分恢复了；而.mb格式的文件就做不到这一点。

02 版本兼容有区别。*.ma文件在Maya软件的各个版本中都可以通用；*.mb文件只能用同版本或者高版本的Maya打开，低版本Maya不能打开高版本存储的*.mb文件。

为使各个版本的朋友都能使用本书，书中涉及到的场景文件都保存为*.ma和*.mb两种格式。

03 文件大小有区别。同一个场景保存的*.ma文件比*.mb文件大。

刚刚打开的The first_start.mb文件大小为3.39MB，另存为The first_start.ma后的文件大小为6.92MB。

2.3 视图操作

选择各种视图有利于我们在不同的角度编辑场景，Maya提供了多种视图供我们选择。

2.3.1 切换视图

Step01 单击视图左侧的Single Perspective View（单透视图显示）按钮，以单视图显示。

Step02 单击视图左侧的Four View（四视图显示）按钮，视图以四视图显示，如图2-6所示。

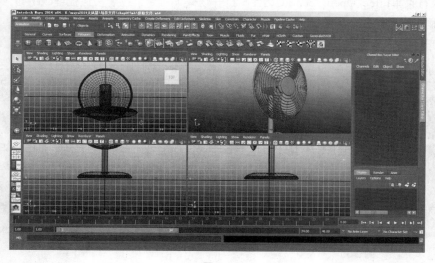

图 2-6

Step03 单击视图左侧的Persp/Outliner（透视/大纲）按钮，以透视/大纲视图显示，如图2-7所示。

Step04 单击视图左侧的Persp/Graph（透视/图形）按钮，以透视/图形视图显示，如图2-8所示，在制作动画的时候使用。

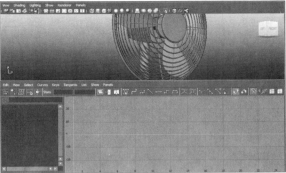

图 2-7 图 2-8

Step05 单击视图左侧的 NodeEditor/Hypershade/Persp（节点编辑器/材质编辑器/透视）按钮，以节点编辑器/材质编辑器/透视视图显示，如图2-9所示，在制作材质的时候使用。

Step06 单击视图左侧的 Persp/Graph/Hypergraph（透视/图形/超图）按钮，以透视/图形视图显示，如图2-10所示。

图 2-9 图 2-10

2.3.2 旋转、移动与缩放视图

Step01 单击视图左侧的 Four View（四视图显示）按钮，以四视图显示场景，用鼠标单击四视图右上角的视图，即Perspective（透视图），按Space（空格）键，将视图最大化显示。

Step02 按住Alt键不放，按住鼠标左键，此时鼠标指针变成 ，松开Alt键，按住鼠标左键不放，拖动鼠标，可以观察到视图随着鼠标的拖动而旋转，这样可以观察对象的各个角度，如图2-11所示。

Step03 按住Alt键不放，按住鼠标中键，此时鼠标指针变成 ，松开Alt键，按住鼠标中键不放，拖动鼠标，可以观察到视图随着鼠标的拖动而移动，如图2-12所示。

Step04 按住Alt键不放，按住鼠标右键，此时鼠标指针变成 ，松开Alt键，按住鼠标右键不放，拖动鼠标，可以观察到视图随着鼠标的拖动放大或者缩小，如图2-13所示。

图 2-11 图 2-12 图 2-13

2.3.3 视图导航器

激活视图的右上角，会出现一个视图导航器。这个立方体是一个直观的ViewCube（视图导航器）元素，使用它可以清晰地观察到当前摄影机视图在3D场景中的位置关系，并且让用户可以轻松快速地在视图间进行切换。

Maya默认的透视图导航器如图2-14所示。

通过视图导航器可以切换为26个标准的视角：6个面、8个角及12条边。

Step01 用鼠标单击视图导航器中的RIGHT，如图2-15所示，同时透视图切换为右视图。

Step02 用鼠标分别单击视图导航器中的三角形、逆时针箭头、底边、顶角来切换视图视角，如图2-16~图2-19所示。

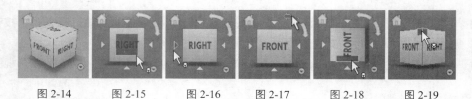

| 图 2-14 | 图 2-15 | 图 2-16 | 图 2-17 | 图 2-18 | 图 2-19 |

Step03 单击左上角的 Home（主视图）图标，将当前视图的视角切换为默认视角。

视图导航器是Maya 2008新增加的功能，如果用户不习惯使用视图导航器，或者在视图操作时不需要显示视图导航器时，也可以将其隐藏起来。

执行菜单Window > Settings/Preferences > Preferences（窗口>设置/参数>参数）命令，打开Preferences（参数）窗口，在左侧Categories（类别）栏目中选择ViewCube（视图导航器），然后取消最上方的Show the ViewCube（显示视图导航器）选项的勾选，如图2-20所示。

也可以单击视图导航器中的下拉按钮，在弹出的菜单中选择Properties（属性）命令，打开Preferences（参数）窗口来设置是否显示ViewCube（视图导航器），如图2-21所示。

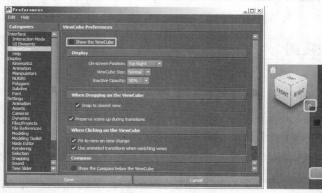

| 图 2-20 | | 图 2-21 |

2.3.4 建立摄影机视图

一般情况下，在Maya中不用透视图进行渲染，而是建立摄影机视图进行渲染，下面讲解一下摄影机视图的创建方法。

Step01 单击视图左侧的 Four View（四视图显示）按钮，以四视图显示场景，选择左上角的TOP（顶视图）为当前视图，按Space（空格）键，将视图最大化显示。

Step02 执行菜单Create > Cameras > Camera（创建 > 摄影机 > 摄影机）命令来创建摄影机。

Step03 在大纲中为新创建的摄影机重新命名为"render"。

Step04 执行窗口中的菜单Panels > Perspective > render（面板 > 透视图 > render）命令，进入摄影机视图，如图2-22所示。

Step05 单击视图工具架上的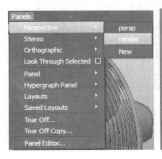Resolution gate（分辨率指示器）按钮，对当前视窗进行调节（也就是对render的调节），调整好位置，如图2-23所示，调节完成后切换视窗，按空格键切换到四视图模式。

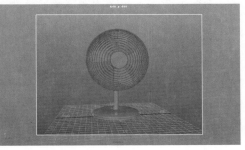

图 2-22   图 2-23

Step06 选择摄影机，进入其通道盒，选择其所有变换属性，单击鼠标右键，在弹出的菜单中选择Lock Selected（锁定选择）命令，将其变换属性进行锁定。

接下来进行动画制作，请读者朋友们耐心地往下操作。

2.4 动画制作

2.4.1 设置关键帧动画

Step01 单击视图左侧的 Persp/Outliner（透视/大纲）按钮，以透视/大纲视图显示。

Step02 在大纲视图中单击选择group1中的obj_06，即电风扇扇页模型，如图2-24所示，按住鼠标中键将其拖曳至group1外，也可以按Shift+P组合键对其进行解组。

Step03 继续选择电风扇头部部分，如图2-25所示，按Ctrl+G组合键将其打组，并将组移出group1外。

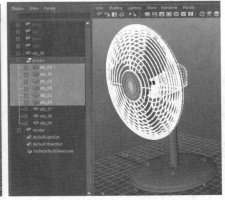

图 2-24   图 2-25

Step04 将group2、obj_06、group1分别重命名为"up_grp"、"ro_mod"、"dow_grp"。

Step05 将"ro_mod"拖曳至"up_grp"组中，并将"up_grp"和"dow_grp"再次打一个组，并重命名为"final"。

Step06 在大纲中选择"final"下的"up_grp"，将其轴心点移动到电风扇后座位置，如图2-26所示。

基础

建模

渲染

动画

特效

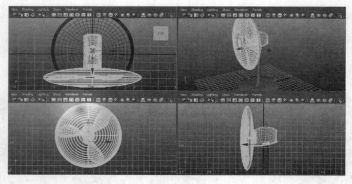

图 2-26

Step07 在视图底端的时间控制区将时间长度设置为200，在时间轴上单击第1格，即设置当前帧为第1帧，如图2-27所示。

图 2-27

Step08 保持"up_grp"为选择状态，设置其Rotate Y（y轴旋转）为40，按键盘上的S键设置关键帧，此时在视图右侧的Channel Box/Layer Editor（通道盒/层编辑器）中会以红色显色对象属性参数，如图2-28所示。

Step09 将时间滑块移至第200帧，再次按下键盘上的S键设置一帧关键帧，再将时间滑块移至第100帧处，设置Rotate Y（y轴旋转）为-40，再次设置一帧关键帧。

Step10 单击视图右下角的 ▶Play（播放）按钮播放动画，预览电风扇转动效果，可以发现此时电风扇转动的速度过快。

Step11 在视图中单击视频播放区域的Animation Preferences（动画参数）按钮，即视图右下角的 ，在弹出的对话框中设置Playback speed（预览动画速度）为Real-time[24fps]（真实速度24帧/秒），如图2-29所示，这样保证预览的视频文件播放速度正常。

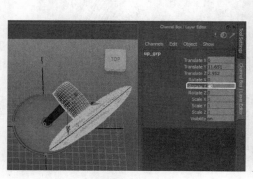

图 2-28

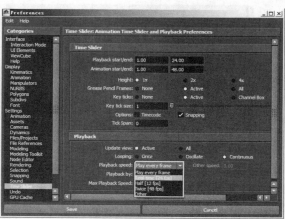

图 2-29

下面制作扇叶的动画。

Step12 选择扇叶，将时间滑块移至第1帧出，按下键盘上的S键设置一帧关键帧，再将时间滑块移至第200帧处，设置Rotate Z（z轴旋转）为-3600，再次设置一帧关键帧，此时播放动画，扇叶也会进行旋转。

此时播放动画，发现扇叶在转动完一圈之后会停顿，下面进行调整。

Step13 执行菜单Window>Animation Editor>Graph Editor（窗口>动画编辑器>曲线编辑器）命令，打开Graph Editor（曲线编辑器）窗口，在左侧的属性栏中选择Rotate Z（z轴旋转）属性，选择其动画曲线，单击工具栏中的Linear tangents（线性切线）按钮，将其曲线打平，如图2-30所示。

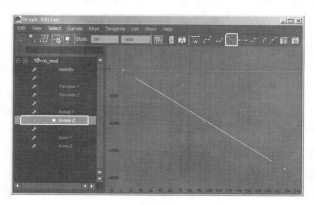

图 2-30

2.4.2 生成视频文件

Step01 在视图右下角的播放控制区上右键单击鼠标，从弹出的菜单中单击Playblast（播放预览）命令右侧的■方块，如图2-31所示。

Step02 在弹出的Playblast Options（播放预览选项）对话框中勾选Save to file（保存为文件）选项，单击Browse（浏览）按钮，选择预览文件保存路径，如图2-32所示。

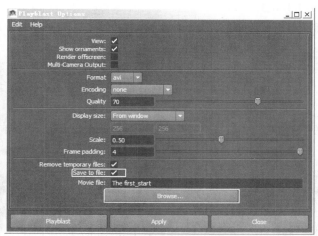

图 2-31　　　　　　　　　　　　　图 2-32

Step03 单击Playblast（播放预览）按钮，预览文件即可生成。

Step04 回到Maya中，执行菜单File > Save Scene As（文件 > 场景另存为）命令，将场景文件保存到指定的位置。

至此热身的第一个练习已经全部完成了，虽然简单了一些，但毕竟是自己动手制作的第一个作品，相信随着本书学习的慢慢深入，制作的东西会越来越精彩！

如果是初次学习Maya，可能会觉得Maya太庞大，窗口和按钮很多，总是找不到某些命令所在的地方，其实不要为此紧张，在以后的制作中读者可以不断加强这方面的练习，熟悉后就可以轻松地制作动画了。

由于三维动画本身就很有诱惑力，所以学习和掌握它需要付出更多的时间和精力，本书将带你进入一个神奇的三维世界。

第3章 认识操作界面

顺利完成了第一个练习后，相信读者对Maya的操作界面已经有了一些了解，起初面对Maya生疏界面时那种茫然的感觉应该没有了，我们会渐渐发现其实Maya的按钮和菜单还是很有条理的。

初次进入Maya，如果复杂的主屏幕没有吓走你，耐着性子完成第一个练习，不明所以的过程也没有吓走你，那么你已经成功了一半。后面的所有内容和练习将对你没有任何困难，只要求一点，不要急躁，循序渐近地学习，很快，你就可以成为Maya的制作高手了。

本章将和读者一起全面认识Maya的操作界面，讲解各种功能面板的使用方法，这对今后的练习和制作非常重要，是最基础的课程，所以一定要静下心来仔细认真学习一遍。

本章没有具体的练习，只是各个部分功能的讲解，在讲解到某个部分时，建议读者最好在屏幕上亲自操作，不要怕出问题。在配套光盘上有相应的教学内容，可以作为学习本书内容的补充。只有当你熟悉了Maya操作界面的时候，你才能驾驭它，用它创建出惊人的作品！

3.1 屏幕布局

默认的Maya 2014工作界面因为视口比较灰暗，不太适合初学者观察学习，同时也为了保证图书印刷出来后窗口显得更明快一些，我们先设置窗口颜色为浅灰色。

Step01 启动Maya主程序。

Step02 连续按3次Alt+B组合键，将视窗颜色调为浅灰色的单色效果。发现窗口背景在几个颜色之间切换，也可以通过颜色设置来更改窗口的颜色。

Step03 再次连续按3次Alt+B组合键，将视窗颜色调为蓝黑的渐变效果。

Step04 执行菜单Window>Setting/Preferences>Color Settings（窗口>设置/参数>颜色设置）命令，打开Colors（颜色）窗口，如图3-1所示。

Step05 设置Gradient Top（渐变顶端）和Gradient Bottom（渐变底端）颜色的RGB值均为0.7，如图3-2所示。

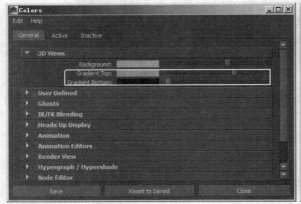

图 3-1

图 3-2

Step06 单击Save（保存）按钮，得到的界面效果如图3-3所示。

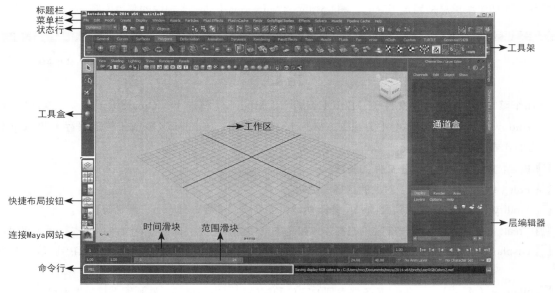

图 3-3

3.2 功能区介绍

在Maya软件中，功能区包括菜单栏、状态行、工具架、工具盒、快捷布局、通道盒、层编辑器、播放控制区、视图区和热盒，接下来就对各部分功能进行讲解。讲解时，最好在屏幕中查找各部分的位置，加深了解。

3.2.1 菜单栏

Maya软件界面的最上方一条蓝色的项目为标题栏，这是Windows操作系统中应用软件界面的标志性元素，Maya标题栏显示的信息有版本号、当前文件存放路径、场景名称和当前选择对象的名称，如图3-4所示。

图 3-4

Maya状态行的左侧有一个下拉列表，其中包含Maya各个功能模块，分别是Animation（动画）模块、Polygons（多边形）模块、Surfaces（曲面）模块、Dynamics（动力学）模块、Rendering（渲染）模块、nDynamics（动力学模拟体系）模块及Customize（自定义菜单组）。切换为不同的模块后，观察菜单栏，会发现菜单内容发生了变化。

可以通过下拉列表在各个模块之间切换，也可以通过按快捷键来切换。

01 Animation（动画）模块功能键为F2。

02 Polygons（多边形）模块功能键为F3。

03 Surfaces（曲面）模块功能键为F4。

04 Dynamics（动力学）模块功能键为F5。

05 Rendering（渲染）模块功能键为F6。

Maya功能庞大且命令繁多，因此在Maya中采用了分组显示的方法来显示所有的菜单，在实际使用中根据需要切换模块，即可显示选择模块对应的菜单。但是有10个菜单内容为公用菜单，无论当前使用的是哪个模块，这10个菜单总是固定不变的，图3-5所示为Animation（动画）模块的菜单内容。

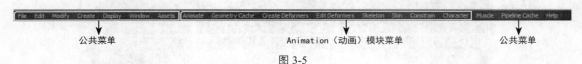

公共菜单　　　　　　　　　　　Animation（动画）模块菜单　　　　　　公共菜单

图 3-5

这10个菜单分别是File（文件）、Edit（编辑）、Modify（修改）、Create（创建）、Display（显示）、Window（窗口）、Assets（资源）、Muscle（肌肉）、Pipeline Cache（管道缓存）和Help（帮助），它们代表的功能如下。

01 File（文件）：主要用于文件的管理。

02 Edit（编辑）：主要用于对象的选择和编辑。

03 Modify（修改）：提供对象的一些修改功能，如变换、捕捉、轴心点、属性等操作。

04 Create（创建）：创建一些常见的物体，如基本几何体、灯光、曲线、定位器、文本、摄影机等。

05 Display（显示）：提供与显示有关的所有命令，如抬头显示、多边形显示、NURBS显示、渲染显示等。

06 Window（窗口）：控制打开各种类型的窗口和编辑器，也包括了一些视图布局控制命令。

07 Assets（资源）：Assets是一个容器，主要用于动画设置，可以把物件的属性发布到容器上。

08 Muscle（肌肉）：Muscle 为创造逼真的皮肤运动提供先进的肌肉与皮肤变形工具、晃动功能、可绘画的权重和肌肉造型等选项。

09 Pipeline Cache（管道缓存）：必须先在Plug-in Manager（插件管理器）中加载AbcImport.mll和AbcExport.mll插件，然后Pipeline Cache（管道缓存）菜单才能显示在Maya主菜单中。同样必须先加载gpuCache.mll插件，然后GPU Cache（GPU 缓存）才能显示在Pipeline Cache（管道缓存）菜单中。

10 Help（帮助）：在需要时可以打开Maya提供的帮助文件进行查找与参考。

其他模块的菜单如图3-6所示，分别是Polygons（多边形）模块、Surfaces（曲面）模块、Dynamics（动力学）模块、Rendering（渲染）模块、nDynamics（动力学模拟体系）模块对应的菜单。

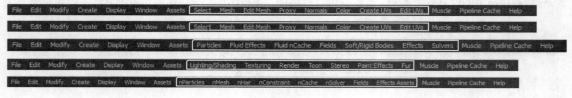

图 3-6

菜单栏可转为面板，具体操作方法如下。

Step01 单击Muscle（肌肉）菜单下面的虚线，Muscle（肌肉）菜单成为独立的面板。

Step02 单击Muscles/Bones（肌肉/骨骼）子菜单中的虚线，Muscles/Bones（肌肉/骨骼）菜单成为独立面板，如图3-7所示。

图 3-7

3.2.2 状态行

状态行显示当前物体状态，如图3-8所示，它包括菜单组切换和一些视图操作时的工具按钮，其中有模块选择器、选择方式、选择遮罩、捕捉、构造历史、反馈栏等。它的内容比较杂，但都是使用率很高的元素，所以通常不会隐藏状态行。

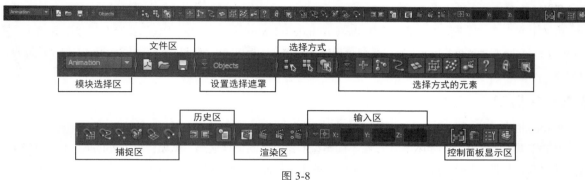

图 3-8

状态行上的图标可以通过单击每个区之间的 来显示和隐藏图标。带三角的 表示此区域的图标被隐藏，单击 可以显示工具图标，同时图标变成 。

01 模块选择区：选择不同的菜单组。

02 文件区：提供新建场景、打开场景和保存场景功能按钮。

03 设置选择遮罩、选择方式和选择方式元素。

提供 Select by hierachy and combinations（按层级选择并连接）、 Select by component type（按组件类型选择）及 Select by object type（按对象类型选择）3种选择方式，这3种方式实际上是按照从大到小的不同级别类型来划分的选择方式，层级方式选择的是对象上一级的组和对象，对象方式选择的是不同类型的对象，而组件方式选择的是对象下一级的组件元素。

"选择方式的元素"区域图形会随着"选择方式"组中的选择而产生改变。具体的物体选择方法会在第4章中详细介绍。

04 捕捉区。

捕捉区中提供了对象和组件的各种捕捉功能，包括 Snap to grids（捕捉网格）、 Snap to curves（捕捉曲线）、 Snap to points（捕捉顶点）、 Snap to Projected Center（捕捉到投射中心）、 Snap to view planes（捕捉视图平面）和 Make the selected object live（激活选择对象）。

05 历史区。

历史区中的按钮用于控制构造历史的各项操作。

06 渲染区。

渲染区中列出了最为常用的4个渲染命令，从左到右依次是 Open Render View（开启渲染窗口）、 Render the current frame（渲染当前帧）、 IRP render the current frame（IPR渲染当前帧）和 Display Render Settings window（显示渲染设置窗口）。

07 输入区。

输入区中列出了状态行上的数字输入栏，按下数字输入区内的小三角 ，即可弹出下拉列表。默认情况下数值输入框显示得不完整，这时只需要将状态栏中的任意按钮组收起来即可使数值输入区完全显示出来，如图3-9所示。

绝对变换 → Absolute transform
相对变换 → Relative transform
重命名 → Rename
按名称选择 → Select by name

图 3-9

08 控制面板显示区。

状态栏的最后有4个按钮，分别是 Show or hide the Modeling Toolkit（显示或隐藏建模工具箱）、Show or hide the Attribute Editor（显示或隐藏属性编辑器）、Show or hide the Tool Settings（显示或隐藏工具设置）和 Show or hide the Channel Box/Layer Editor（显示或隐藏通道盒/层编辑器）。

3.2.3 工具架

在Maya的工具架上，将命令分类并以图标的形式排列出来，使用起来直观方便。

单击工具架上方的一排标签，可以在不同类型的命令之间切换显示。例如，单击Polygons（多边形）标签，这时在工具架上显示的是与多边形相关的一些命令的图标，如图3-10所示。

图 3-10

默认的Maya工具架中列出了16个类别的标签，分别是General（常规）、Curves（曲线）、Surfaces（曲面）、Polygons（多边形）、Deformation（变形）、Animation（动画）、Dynamics（动力学）、Rendering（渲染）、PaintEffects（笔刷效果）、Toon（卡通）、Muscle（肌肉）、Fluids（流体）、Flur（毛发）、nHair（n头发）、nCloth（布料模拟体系）和Custom（自定义）。

接下来简单操作一下，可以对工具架的一些基本操作有所掌握。

Step01 显示和隐藏工具架标签。单击工具架左侧的小三角，在弹出的菜单中取消勾选Shelf Tabs（工具架标签）选项，如图3-11所示，此时工具架标签被隐藏，可以增大工作区大小。

Step02 选择工具架标签。单击工具架左侧的小方格，在弹出的菜单中选择Surface（曲面）选项，如图3-12所示，此时工具架图标变成细分的图标。

Step03 新建工具架标签。单击工具架左侧的小三角，在弹出的菜单中选择New Shelf（新建工具架）选项，在弹出的对话框中为新建工具架取名为Maya，如图3-13所示，单击OK（确定）按钮。

Step04 查看新建的工具架。单击工具架左侧的小方格，发现新建的Maya在弹出的菜单中以工具架标签的形式出现，如图3-14所示，选择Maya工具架。

Step05 删除工具架。单击工具架左侧的小三角，在弹出的菜单中选择Delete Shelf（删除工具架），系统询问是否要删除Maya工具架，如图3-15所示，单击OK（确定）按钮。

图 3-11　　图 3-12　　图 3-13　　图 3-14　　图 3-15

3.2.4 工具盒

工具盒位于Maya界面的左上方，在工具盒中放置了使用频率较高的几个工具，方便用户操作，它们分别是 Select Tool（选择工具）、 Lasso Tool（套索选择工具）、 Paint Selection Tool（笔刷选择工具）、 Move Tool（移动工具）、 Rotate Tool（旋转工具）、 Scale Tool（缩放工具）和最后一次使用的工具。

3.2.5 视图操作和快捷布局按钮

通过Alt+鼠标左键对视窗进行旋转，Alt+鼠标中键对视图进行平移，Alt+鼠标右键对视窗进行缩放。另外，按键盘上的空格键可以对视窗进行切换。

在工具盒的下方列出了几个视图切换按钮，代表几个特定的布局模式，使用这些按钮可以实现快速布局，快捷布局按钮相关的操作在第1章已详细讲述过。

在快捷布局按钮的最下方，有一个黑三角按钮，黑三角按钮的个数是随着布局窗口个数而变化的，并且与布局中的窗口一一对应。当视图中有4个窗口时，就会有4个按照窗口位置排列的按钮，并且每一个按钮控制相应位置上窗口的显示。

3.2.6 工作区/视图面板

在Maya默认的启动界面中，中心面积最大的部分就是工作区/视图面板。视图面板可分为视图菜单栏和视图快捷按钮栏，如图3-16所示。

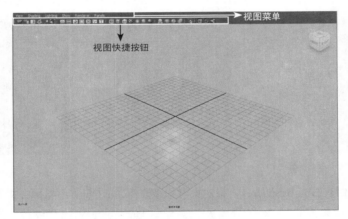

图 3-16

视图菜单包括View（视图）、Shading（着色）、Lighting（光照）、Show（显示）、Renderer（渲染）和Panels（面板）。

01 View（视图）：主要用于视图控制和摄影机设置。

02 Shading（着色）：用来控制对象在视图中的显示方式。

03 Lighting（光照）：用来控制视图中的光照方式。

04 Show（显示）：用来控制视图中对象的显示。其依据是根据对象类型和属性来控制在视图中是否显示。

05 Renderer（渲染器）：用来控制视图中硬件渲染的质量。

06 Panels（面板）：对视图本身进行的操作。

视图快捷按钮栏如图3-17所示。

图 3-17

每个按钮的含义如下。

选择摄影机	摄影机属性	书签	图板
二维平移/缩放	油脂铅笔	网格	胶片边界指示器
分辨率指示器	指示器遮罩	视场指示器	安全区指示器
标题安全区指示器	线框	光滑实体显示所有对象	在实体上显示线框
纹理	使用所有灯光	阴影	高品质
屏幕空间环境光遮挡	运动模糊	多重采样抗锯齿	景深
孤立选择	X光线	X光激活组件	X光关节

3.2.7 通道盒

Maya的通道盒位于视图右侧，在通道盒顶端，可以为对象重新命名，命名可以输入英文字母和数字的组合（不支持中文），在通道盒中可以为对象设置属性参数。

Step01 单击工具架中的Surfaces（曲面）标签，如图3-18所示。

图 3-18

Step02 单击工具架中的■按钮，在视图的网格上拖曳鼠标来创建球体，如图3-19所示；单击视图快捷按钮■ Smooth shade all（光滑实体显示所有对象），球体显示如图3-20所示，此时通道盒如图3-21所示。

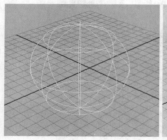 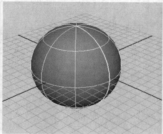 

图 3-19　　　　　　　图 3-20　　　　　　　图 3-21

Step03 在通道盒中双击nurbsSphere1，将对象名称修改为Qiu_Qiu（不能用中文），如图3-22所示。

Step04 在通道盒中修改Scale X（x轴缩放）值为2，修改Scale Y（y轴缩放）值为4，Scale Z（z轴缩放）值为2，如图3-23所示，此时视图中的球体如图3-24所示。

  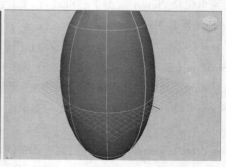

图 3-22　　　　　　　图 3-23　　　　　　　图 3-24

Step05 滚动鼠标中键缩放视图，使球体全部显示，如图3-25所示。

Step06 在通道盒中将Visibility（可见性）值修改为0，按回车键后Visibility（可见性）值显示为Off，如

图3-26所示，即关闭物体的显示，此时球体在视窗中消失。

单击通道盒顶部右侧的标签，可以改变通道盒的显示；也可以单击状态行右侧的Show or hide the Channel Box/Layer Editor（显示或隐藏通道盒/层编辑器）按钮，显示或者隐藏通道盒。

在通道盒的INPUTS中可以对对象的操作历史进行编辑。

3.2.8 层编辑器

Maya层编辑器位于视图右下角，共有3种类型的层，包括Display（显示层）、Render（渲染层）和Anim（动画层），如图3-27所示，分别用来设置场景中对象的分层选择与显示、对象的分层渲染，以及动画的分层控制和混合。

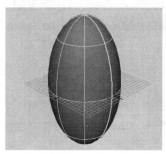
图 3-25

图 3-26

图 3-27

01 显示层：可用来管理场景中的对象，方便选择和显示对象。

02 渲染层：可将对象设置在不同的层中，方便最后分层渲染。

03 动画层：可设置不同的动画在不同的层上，方便动画的控制和混合。该功能是Maya 2009中添加的新功能。

3.2.9 时间滑块区

Time Slider（时间滑块）位于Maya界面的最下方，用来控制动画播放和相关参数，其面板上的主要控制按钮如图3-28所示。

图 3-28

想要查看某一帧的动画，可以直接拖动时间滑块上的黑色方块，也可以在当前帧的数值输入区中直接输入某帧的数值。

在时间滑块和范围滑块的右侧为动画播放控制面板，该面板中有大量的按钮，可用于控制播放方式，这部分内容较容易理解，按钮的具体含义如下。

Go to Start（回到起始帧）：返回到当前时间范围的起始帧。

Go to End（到终止帧）：跳至当前时间范围的结束帧。

Step Back Frame（后退一帧）：倒退一帧，快捷键为"Alt + 。"。

Step Forward Frame（前进一帧）：前进一帧，快捷键为"Alt + ，"。

Step Back Key（后退一帧）：返回到上一个关键帧位置，快捷键为"，"。

▶| Step Forward Key（前进一帧）：前进到下一个关键帧位置，快捷键为"。"。

▶| Play Backwards（倒放）：反向播放，与播放用法相同，按Esc键将停止播放。

▶| Play Forwards（播放）：向前播放动画，播放时会变为停止符号，再次按下会停止播放（或直接按键盘上的Esc键），快捷键为"Alt + V"。

3.2.10 命令行和帮助行

Maya界面最下方是命令行和帮助行，如图3-29所示。在命令行中可以输入MEL命令，在帮助行中可以显示帮助及当前命令的提示信息。

帮助行（显示帮助或当前使用命令的提示） 命令行（输入MEL命令） 命令反馈（用MEL显示当前操作结果或警告） 显示脚本编辑器

图 3-29

3.2.11 快捷菜单

Maya中除了菜单栏和窗口中有菜单外，还存在有大量的快捷菜单，快捷菜单在实际项目的制作中经常使用，在后面的学习中也应该更多地通过快捷菜单来执行命令，以提高操作效率，这些快捷菜单主要出现在HotBox（热盒）与鼠标右键中。下面通过实例操作的方式来讲解热盒的基本用法。

Step01 将鼠标指针放置在工作区中，按住Space（空格）键不放，热盒出现在以鼠标指针为中心的位置，如图3-30所示。热盒与Maya软件中的菜单命令完全相同，在实际操作中可以直接从热盒中执行菜单命令。

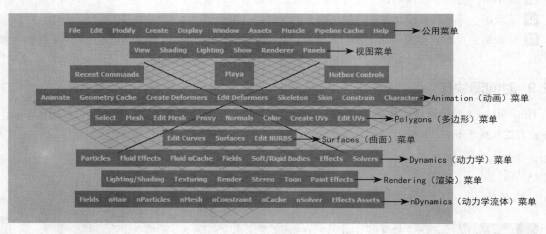

图 3-30

Step02 在出现的热盒右侧单击鼠标，弹出新的快捷菜单，如图3-31所示，其中包括Help Line（帮助行）、Command Line（命令行）、Shelf（工具架）、Range Slider（范围滑块）、Time Slider（时间滑块）、Status Line（状态行）、Attributes（属性）和Tool Box（工具盒）。

Step03 拖动鼠标指针选择Time Slider（时间滑块）命令，时间滑块被隐藏，再次拖动鼠标指针选择Time Slider（时间滑块），时间滑块被显示。

Step04 松开鼠标（空格键一直都按着），在热盒的下端单击鼠标，弹出新的快捷菜单，如图3-32所示，其中出现的面板包括Outliner（大纲）、Render View（渲染视窗）、Sets（集）、Hypershade（超级着色器）、Graph Editor（曲线编辑器）、Dynamic Relationships（动态关系）、Dope Sheet（摄影表）和Hypergraph（超图）。

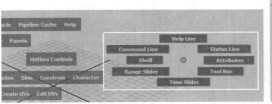

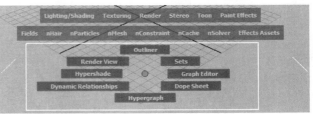

图 3-31　　　　　　　　　　　　　　　　　　　图 3-32

Step05　松开鼠标（空格键一直都按着），在热盒的左侧单击鼠标，弹出新的快捷菜单，如图3-33所示，其中可以切换的面板包括NURBS Mask（NURBS遮罩）、Object/Components（对象/组件）、Hierarchy（层级）、Rendering Mask（渲染遮罩）、Animation Mask（动画遮罩）、Polygons Mask（多边形遮罩）、Deformations Mask（变形遮罩）和Dynamics Mask（动力学遮罩）。

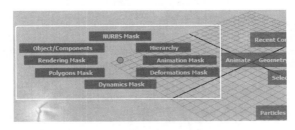

图 3-33

Step06　松开鼠标（空格键一直都被按着），在热盒的上端单击鼠标，弹出新的快捷菜单，如图3-34所示，其中可以切换的视图布局方式包括Single Perspective（单一透视图）、Persp/Relationship Editor（透视图/关系编辑器）、Hypershape/Render/Persp（超级着色器/渲染/透视图）、Persp/Graph（透视图/曲线编辑器）、Hypershade/Persp（超级着色器/透视图）、Persp/Graph/Outliner（透视图/曲线编辑器/大纲）、Hypershade/Outliner/Persp（超级着色器/大纲/透视图）和Persp/Outliner（透视图/大纲）。

Step07　松开鼠标（空格键一直都按着），单击热盒中心的Maya方块，弹出新的快捷菜单，如图3-35所示。通过这些快捷菜单可以切换到Perspective View（透视图）、New Camera（新建摄影机）、Left View（左视图）、Right View（右视图）、Top View（顶视图）、Back View（后视图）、Bottom View（底视图）、Front View（前视图）及Hotbox Style（热盒风格），其中Hotbox Style（热盒风格）命令可以用来设置热盒的显示样式。

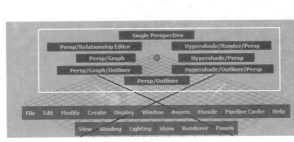

图 3-34　　　　　　　　　　　　　　　　　　　图 3-35

Step08　松开Space（空格）键，拖动鼠标指针选择Hotbox Style（热盒风格）命令，弹出下一级子菜单，选择Zone Only（仅显示中心区域）命令，松开鼠标；再次按住Space（空格）键不放，弹出热盒，此时的热盒仅剩下中心区域，如图3-36所示。

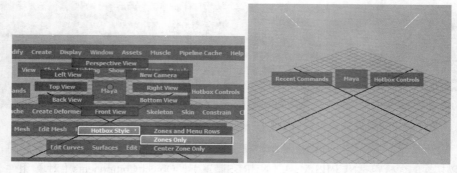

图 3-36

Step09 再次选择Hotbox Style（热盒风格）中的Zones and Menu Rows（区域和菜单行）命令，可以显示出视图菜单和中心区域，单击Hotbox Controls（热盒控制），在弹出的菜单中选择Show All（显示所有）命令，如图3-37所示，此时显示热盒中的所有菜单。

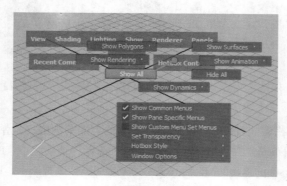

图 3-37

Step10 单击Hotbox Controls（热盒控制），在弹出的菜单中选择Set Transparency（设置透明度）命令，Maya默认的透明度为25%，如图3-38所示。

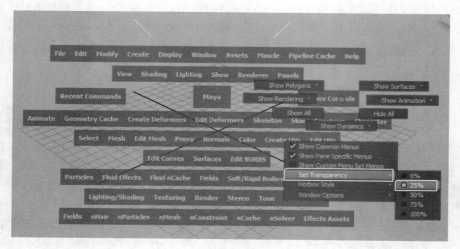

图 3-38

可以从HotBox中快速选择最近使用的命令，单击Recent Commands（最近使用命令）即可。

在Maya软件的实际操作中，经常会使用右键快捷菜单进行快速操作。只需要在视图中按住鼠标右键，就可以打开快捷菜单，快捷菜单的内容会根据当前的模式和鼠标的位置而变化。

至此，Maya的界面我们基本了解了，为后面的学习打下了良好基础。

Chapter 04
第4章 基本操作

掌握Maya基本操作是系统学习Maya最关键的一步，这些基础操作包括如何新建一个工程文件，如何创建物体，如何选择物体，如何移动、旋转和缩放物体，如何复制物体，如何设置物体的显示等。接下来我们系统地学习这些知识，希望读者朋友认真掌握。

4.1 新建、打开、保存

本节首先来了解Maya中的新建、打开和保存操作，是非常常用的3个命令。

在状态栏中就可以找到这3个命令，如图4-1所示。

01 ⬛New scenes（新建场景）：新建场景，执行菜单File>New Scenes（文件>新建场景）命令也可以进行该操作，快捷键为Ctrl+N。

02 ⬛Open scenes（打开场景）：单击该按钮打开Open（打开）窗口，从中选择要打开的场景文件，执行菜单File>Open Scenes（文件>打开场景）命令也可以进行该操作，快捷键为Ctrl+O。

03 ⬛Save scenes（保存场景）：保存场景，执行菜单File>Save Scenes（文件>保存场景）命令也可以进行该操作，快捷键为Ctrl+S。

如果希望保存场景，新的场景文件不覆盖原始场景文件，那么单击菜单File>Save Scenes>◻（文件>保存场景>◻），打开其选项窗口，勾选Incremental save（增量保存）选项，如图4-2所示，这样在保存时就不会对原始场景文件进行覆盖，会按照保存的先后顺序进行排序，如图4-3所示。

图 4-1   图 4-2   图 4-3

Maya保存文件的格式包括Maya ASCII（.ma）和Maya Binary（.mb）两种格式，通常使用.mb文件格式，相对于.ma格式的文件，.mb文件的存储大小会更小一些，.ma格式文件虽然大，但是可以通过文本的方式将其打开，来对已经存储过的场景文件进行修改。

4.2 创建工程文件

工程文件，顾名思义就是在创建一个比较大的项目时需要创建的一系列文件和文件夹。在C:\Documents and Settings\"计算机名"\My Documents\maya\projects\default文件夹下面有Maya默认的工程文件，如图4-4所示，我们观察到其中的文件夹不止10个。

下面3个文件夹是必须了解的文件夹。

01 scenes（场景）：放置项目文件。

02 sourceimages（素材）：放置贴图素材文件。

03 images（图像）：放置渲染效果图。

接下来讲解一下创建工程文件的步骤。

Step01 执行菜单File>Project Window（文件>项目窗口）命令，打开Project Window（项目窗口）对话框，如图4-5所示。

Step02 单击Current Project（当前项目）右侧的New（新建）按钮，在Current Project（当前项目）栏输入工程名为Maya，注意工程文件的名称不要用中文汉字。

Step03 单击Location（位置）右侧的文件夹按钮，设置工程保存路径，如图4-6所示。

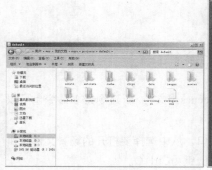

图 4-4　　　　　　　　　图 4-5　　　　　　　　　图 4-6

Step04 单击Accept（接受）按钮，工程文件创建完毕。

Step05 回到设置的路径文件下，发现其中多了一个Maya文件夹，即我们创建的工程文件夹，双击打开，如图4-7所示，其中包括众多Maya工程文件的文件夹。

Step06 单击工具架中的Polygons（多边形）标签，选择，在视图中创建一个长方体，按键盘上的数字键6，长方体以实体显示，如图4-8所示。

Step07 执行菜单File>Save Scene（文件>保存场景）命令，或者直接按Ctrl+S快捷键保存场景，弹出Save As（另存为）对话框，发现场景保存路径自动为我们创建的项目工程Project文件夹下scenes子文件夹下面，如图4-9所示，将File name（文件名）设置为box，单击Save As（另存为）按钮。

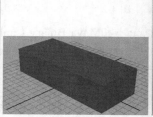

图 4-7　　　　　　　　　图 4-8　　　　　　　　　图 4-9

Step08 返回到之前指定的工程文件夹，发现刚才保存的box.mb文件在里面。

Step09 在桌面上创建一个新的文件夹，执行菜单File>Set Project（文件>设置工程）命令，在弹出的Set project（设置工程文件）对话框中选择刚创建的文件夹，单击Set（设置）按钮，在弹出的maya对话框中单击Create default workspace（创建默认工作区）按钮。

Step10 再次执行菜单File>Set Project（文件>设置工程）命令，在弹出的Set project（设置工程文件）对话框中选择刚指定的文件夹，单击Set（设置）按钮，此时就将工程文件存储路径修改为新创建的文件夹。

Step11 执行菜单File>Save Scene As（文件>场景另存为）命令，弹出Save As（另存为）对话框，发现场景保存路径自动修改为电脑桌面。

至此，工程文件的创建讲解完毕，读者朋友需要掌握创建工程文件的习惯。

4.3 参数输入与单位设置

Maya中经常要输入参数，在输入参数之前先确认场景单位是否是预先设计的。

Step01 单击菜单File>New（文件>新建）后面的设置按钮▣，打开New Scene Options（新建场景属性）对话框，如图4-10所示，从Linear（长度）下拉列表中选择centimeter（厘米）选项，再单击Apply（应用）按钮，单击Close（关闭）按钮。

下拉列表中的单位有millimeter（毫米）、centimeter（厘米）、meter（米）、inch（英寸）、foot（英尺）及yard（码），默认为centimeter（厘米）。

Step02 单击状态栏最右端的通道盒显示按钮▣，将通道盒显示出来，执行通道盒菜单Edit > Settings > Change Precision（编辑 > 设置 > 改变精确度）命令，弹出Change Precision（改变精确度）对话框，将参数值设置为1，单击OK（确定）按钮，如图4-11所示。在该对话框中可以输入数值，这个数值表示属性参数值小数点后的位数，小数点后的位数越多，表示参数值精度越高。

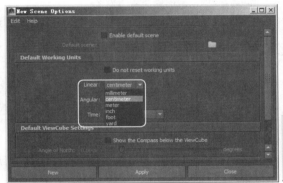

图 4-10

图 4-11

Maya默认的参数小数点后的位数为3位，该数值最小可以设置为1，最大可以设置为15，也就是精确到小数点后15位。

Step03 在场景中创建一个Polygons球体。

Step04 单击视图左侧工具盒中的▣Select Tool（选择工具），在视窗中单击选择球体，在通道盒中会显示长方体属性参数，如图4-12所示。

Step05 单击Scale Z（z轴缩放），修改其参数值为2，按回车键观察球体，发现此时球体变大了。

Step06 按住鼠标左键拖曳的同时选择Scale X、Scale Y和Scale Z，输入"+=2"，按回车键，发现Scale X、Scale Y和Scale Z右侧的数值都加上了2，如图4-13所示，观察球体的变化。

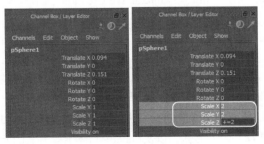

图 4-12   图 4-13

使用这种方法还可以输入"-=某数值"、"*=某数值"和"/=某数值",对选中的多个参数同时进行减、乘和除运算。

4.4 物体操作

4.4.1 创建物体

创建物体通常有两种方式,一种是通过工具架的方式,另一种是通过菜单的方式。

Step01 单击工具架中的Polygons(多边形)标签,单击 ,在透视图中单击并拖曳鼠标,创建一个圆环,如图4-14所示。

Step02 执行菜单Create>NURBS Primitives>Interactive Creation(创建>NURBS基本物体>交互创建)命令,如图4-15所示,取消默认拖曳创建对象的方法。

Step03 执行菜单Create>NURBS Primitives>Sphere(创建>NURBS基本物体>球体)命令,如图4-16所示,一个球体自动出现在视图中心。

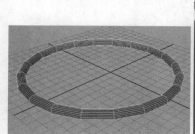

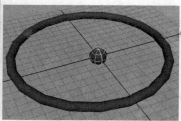

图 4-14　　　　　　　　　　　　图 4-15　　　　　　　　　　　　图 4-16

Step04 在通道盒中框选Scale X、Scale Y和Scale Z 3个参数,输入"+=2",如图4-17所示,将参数值都修改为3,按Enter键,球体被放大,如图4-18所示。

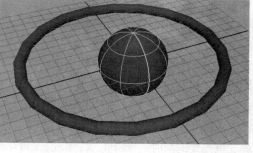

图 4-17　　　　　　　　　　　　　　　图 4-18

Step05 执行菜单Create>NURBS Primitives>Interactive Creation(创建>NURBS基本物体>交互创建)命令,恢复拖曳创建对象的方法。

4.4.2 选择物体

在任何三维软件中,最常用的功能就是选择功能。几乎任何大大小小的操作都会用到选择功能,因为每一步操作都需要确定操作对象。在Maya中,选择功能也是非常重要的一个环节,我们必须明确一个顺序——先选择对象,再执行功能。接下来我们分别讲述直接单击选择、框出区域选择、通过大纲视图选择、通过材质选择和通过超图选择物体的方式,以及Maya中物体选择方式的元素。

Maya工具箱中有3种选择工具，它们分别是 Select Tool（选择工具）、 Lasso Tool（套索选择工具）和 Paint Selection Tool（笔刷选择工具）。

第3章中提及Maya状态栏时讲过 Seldect by hierachy and combinations（按层级选择并连接）、 Select by object type（按对象类型选择）及 Select by component type（按组件类型选择）3种选择方式。选择每种方式后，其后面的选择方式元素也相应地发生变化，如图4-19所示。

单击 （按层级选择并连接）按钮，在按层级选择的方式下，有3种选择方式：选择根、选择叶子和选择模板。单击 （按组件类型选择）和 （按对象类型选择）按钮，其下分别有8种选择元素。

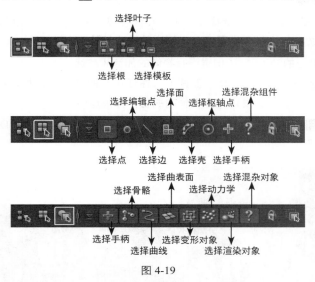

图 4-19

另外在公共菜单Edit（编辑）和Polygons（多边形）模块的Select（选择）菜单中存在大量与选择相关的命令，如图4-20所示。

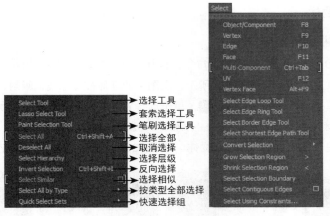

图 4-20

4.4.2.1 直接单击选择

执行菜单File>Open（文件>打开）命令，打开随书配套光盘中的DVD01\scene\chap04\Select.mb文件，如图4-21所示，这时场景中出现数个几何体。

01 单击工具箱中的 Select Tool（选择工具），它的背景色将变为浅灰色，表示处于使用状态。

02 在任意视图中单击任意一个物体，物体边缘或者周围将被绿色线框吸附在上面，表示此物体被选中。

03 再单击它旁边的另一个物体，可以发现另一个物体被选中，而原来选择物体的选择状态消失。

04 单击视图中没有物体的地方，此时全部选择状态都被取消了。

05 在任意视图中单击圆锥物体，它周围显示有绿色线框，按住键盘上的Shift键不放，再单击旁边的球体，则球体也加入了选择集；继续单击另外两个球体，则3个球体和1个圆锥体都被选中；继续按住Shift键不放，再次单击圆锥体，圆锥体退出了选择集。

以上过程表明如果配合使用键盘上的Shift键，可以对选择物体进行加选和减选。

06 执行菜单Edit>Deselect All（编辑>取消选择）命令，此时全部选择状态都被取消了。

4.4.2.2 框出区域选择

01 单击工具箱中的 Select Tool（选择工具），在任意视图中按下鼠标左键拖动，会拉出一个矩形虚线框，框住几个物体后释放鼠标左键，发现凡是在框内的物体都被选中了。

02 同时可以配合键盘上的Shift键或Ctrl键进行物体的加选和减选。

03 单击工具箱中的 Lasso Tool（套索工具），在任意视图中按下鼠标左键拖动，会拉出一个虚线框，框住几个物体后释放鼠标左键，发现凡是在框内的物体都被选中了。

04 双击工具箱中的 图标，在弹出的Tool Settings（工具设置）面板中设置Draw style（绘画方式）为Open（打开），如图4-22所示。

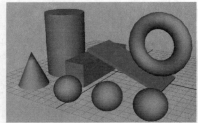 

图 4-21　　　　　　　　　　　　　　　　　图 4-22

05 继续在任意视图中按住左键不放拖动鼠标，发现此时的套索工具就像Photoshop中的套索工具一样，可以很自由地选择物体。

4.4.2.3 通过大纲视图选择

执行菜单Window>Outliner（窗口>大纲）命令，打开大纲视图，如图4-23所示。

01 在大纲视图中单击pTorus1，如图4-24所示，视图中的圆环被绿色线框吸附，表示圆环被选中。

02 在大纲视图中单击nurbsCone1左侧的田，单击选择YuanZhui，如图4-25所示，视图中的圆锥被绿色线框吸附，表示圆锥被选中。

03 在大纲视图中按住鼠标左键不放框选物体，如图4-26所示，发现场景中相应的物体都被选中。

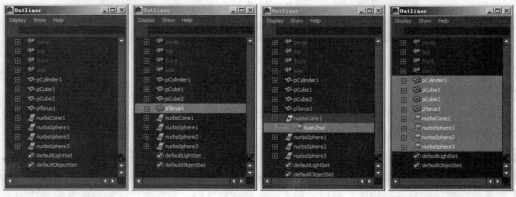

图 4-23　　　　　　图 4-24　　　　　　图 4-25　　　　　　图 4-26

在大纲视图中同样可以结合Ctrl键或Shift键来进行物体的加选和减选。

4.4.2.4 通过超图选择

执行菜单Window>Hypergraph:Hierarchy（窗口>超图）命令，打开超图，如图4-27所示。

单击选择超图中的图标，图标以黄色显示，在场景中发现相对应的物体被选中，结合Shift键可以在超图中对物体进行加选和减选，如图4-28所示。

被选择物体

图 4-27   图 4-28

在超图空白处单击鼠标，所有被选择物体的选择状态都被取消。

4.4.2.5 按照名称选择

在状态栏的右侧单击 Menu of input line operations（输入组件菜单），从弹出的快捷菜单中选择Select by name（按名称选择）选项，然后在右侧的输入框中输入场景中的物体名称，即可选中相应的物体。

4.4.2.6 选择遮罩

在状态栏的设置选择遮罩框中按住鼠标左键不放，或者单击前面的 按钮，可以看到下拉列表中列出了所有选择遮罩，如图4-29所示。

例如，当设置选择遮罩为Polygons（多边形）时，此时在场景中选择物体，就只能选择多边形类型的物体，对于NURBS物体或者骨骼之类的对象是不能选中的。

01 在状态栏的设置选择遮罩框中按住鼠标左键不放，从弹出的下拉列表中选择NURBS遮罩。

02 在任意视图中框选所有物体，发现只有圆锥体和3个球体被选中，如图4-30所示，这是因为只有这4个物体是NURBS，其他的都是Polygons（多边形）物体。

03 执行菜单Edit>Invert Selection（编辑>反向选择）命令，则场景中的其他物体被选中，如图4-31所示，这与Photoshop中的反选区域是一个原理。

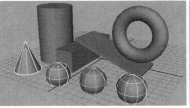
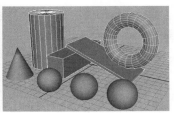

图 4-29   图 4-30   图 4-31

04 在视图任意空白处单击鼠标，取消所有物体的选择。

执行菜单File>Open（文件>打开）命令，打开随书配套光盘中的DVD01\scene\chap04\Select Type.mb文件，如图4-32所示，这时场景中出现一个平面物体。

Step01 单击状态栏中的 Select by component type（按组件类型选择），选择 线元素，单击工具箱中的 选择工具。

Step02 单击平面边缘的某条边，此边以红色显示，表示被选中，按住Shift键不放，继续单击选择平面边缘的邻边，进行加选。

Step03 用鼠标双击平面边缘的某条边，则平面边缘的边都被选中。

Step04 单击选择工具盒中的 Move Tool（移动工具），此时平面上多了3个控制柄，按住上面的绿色手柄不放，往上拖拉鼠标，发现平面形状发生了变化，如图4-33所示。

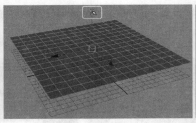

图 4-32   图 4-33

Step05 单击选择 （面）元素，选择工具盒中的 套索选择工具，在平面中心随意框选一些面元素，单击选择工具盒中的 Move Tool（移动工具），此时平面上多了3个控制柄，按住上面的绿色手柄不放，往下拖拉鼠标，发现平面形状发生了变化，如图4-34所示。

Step06 用鼠标单击平面上的任意一个面，单击状态栏中的 Lock current selection（锁定当前选择），用鼠标单击平面上的其他面，发现其他面是无法被选中的，当前操作对象依然是被锁定的面；再次单击 图标取消面的锁定，然后单击平面上的其他面，发现可以选择其他面。

Step07 在平面物体上右键单击鼠标，弹出快捷菜单，如图4-35所示，在其中可以选择Edge（边）、Vertex（点）、Face（面）、Object Mode（对象模式）等。

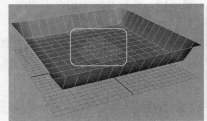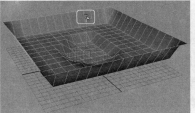

图 4-34   图 4-35

4.4.3 物体变换操作

通常，变换物体的操作主要包括移动、旋转和缩放。Maya的工具盒中也有相对应的工具 Move Tool（移动工具）、 Rotate Tool（旋转工具）和 Scale Tool（缩放工具）。

4.4.3.1 移动

执行菜单File>Open Scence（文件>打开场景）命令，打开随书配套光盘DVD01\scene\chap04\Transform.mb文件，如图4-36所示，这时场景中出现了几个模型物体。

Step01 单击选择工具箱中的 移动工具，或者直接按W键选择移动工具，在透视图中选择场景中的球体。

Maya会显示带有4个手柄的操纵器，每个手柄分别对应一个轴，红色为x轴的手柄，绿色为y轴的手柄，蓝色为z轴的手柄，中间矩形黄色框表示操纵器中央手柄，如图4-37所示。单击其中一个手柄之后，手柄变成黄色，显示激活状态，此时可以拖动手柄沿着当前激活的坐标轴方向移动场景中的对象了。如果想沿着所有坐标轴自由移动对象，只需单击并且拖动操纵器中央的手柄即可。

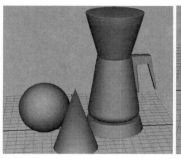
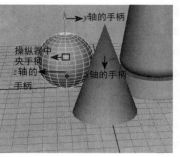

图 4-36   图 4-37

Step02 用鼠标左键按住*y*轴手柄不放，向上拖动，将球体移动到榨汁机顶部平行位置，如图4-38所示。

Step03 在Top（顶视图）中，按住*x*轴手柄不放，拖动球体，将其移动到中心位置，如图4-39所示。

Step04 在Front（前视图）中，按住*y*轴手柄不放，拖动球体，将其移动到顶面位置，如图4-40所示，最终结果如图4-41所示。

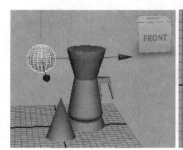
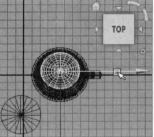
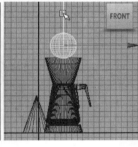
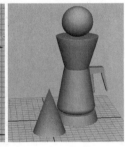

图 4-38   图 4-39   图 4-40   图 4-41

4.4.3.2 旋转

执行菜单File>Open Scene（文件>打开场景）命令，打开随书配套光盘中的DVD01\scene\chap04\Transform.mb文件。

Step01 单击选择工具箱中的■旋转工具，或者直接按E键选择旋转工具，在透视图中选择场景中的圆锥体。

球体上有一个由5种颜色组成的球体旋转控制器，手柄的红、绿、蓝颜色与*x*、*y*、*z*轴相对应，如图4-42所示，选中任意手柄，它便处于黄色的激活状态，拖动它就可以使对象以其相应的方向旋转，灰色手柄表示任意旋转对象。

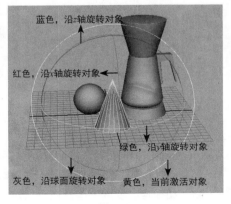

图 4-42

Step02 用鼠标单击绿色控制器，拖动鼠标进行旋转，将圆锥沿着y轴旋转一定的角度，同时控制器也跟着进行旋转，如图4-43所示，发现绿色控制器变成当前选择状态的黄色。

Step03 用鼠标单击蓝色控制器，拖动鼠标进行旋转，将圆锥沿着z轴旋转一定的角度，同时控制器也跟着进行旋转，如图4-44所示，发现蓝色控制器变成当前选择状态的黄色。

4.4.3.3 缩放

Step01 执行菜单File>Open Scence（文件>打开场景）命令，打开随书配套光盘中的DVD01\scene\chap04\Transform.mb文件。

Step02 单击选择工具箱中的 缩放工具，或者直接按R键选择缩放工具，在透视图中选择场景中的球体。

球体出现了带有4个手柄的缩放操纵器，手柄的红、绿、蓝颜色与x、y、z轴相对应，单击并拖动红、绿、蓝手柄可以分别在单方向上缩放对象，如果单击并拖动中央的黄色手柄，那么对象可以在3个方向上进行等比例缩放，当前选择状态下的手柄为黄色，如图4-45所示。

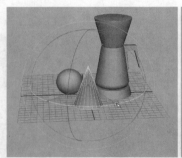
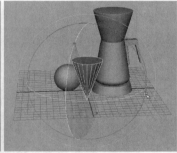
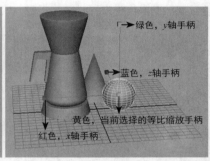

图 4-43　　　　　　　　　　图 4-44　　　　　　　　　　图 4-45

Step03 用鼠标单击绿色控制器，向下拖动鼠标进行缩放，将球体沿着y轴进行压缩，如图4-46所示，发现绿色控制器变成当前选择状态的黄色。

Step04 用鼠标单击蓝色控制器，向上拖动鼠标进行缩放，将球体沿着z轴进行拉伸，如图4-47所示，发现绿色控制器变成当前选择状态的黄色。

Step05 用鼠标单击球体中心的控制器，向下拖动鼠标进行缩放，将球体等比例缩小，如图4-48所示，发现球体中心控制器变成当前选择状态的黄色。

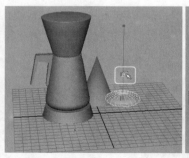

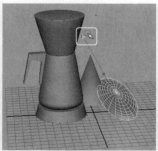
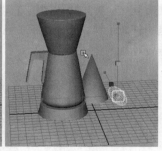

图 4-46　　　　　　　　　　图 4-47　　　　　　　　　　图 4-48

4.4.4 复制

复制是一种省时省力的建模方法。有时候需要进行大量的复制操作，使几个简单的模型变成复杂的场景，复制也是一种"偷工减料"的好方法。例如，已经创建了一个人物模型，可以对它的复制品稍加修改，就能很快地制作出许多不同的人物，如变矮、变胖一些，还可以对人物的脸部、身材的形态细节进行修饰等。

有关复制的概念，一方面是指复制的方法，另一方面是指复制品相互之间的关系，两者都要弄清楚。

01 复制方法。

在Maya中复制物体的方法有很多种，其中最简单快捷的复制工具是Ctrl+C组合键、Ctrl+D组合键。

02 复制关系。

复制产生的复制品和原来的物体可以产生Copy（复制）和Instance（关联）的关系，Copy（复制）出来的物体，它们之间的关系是完全独立的；而Instance（关联）出来的物体，它们之间会有影响。

执行菜单File>Open Scence（文件>打开场景）命令，打开随书配套光盘中的DVD01\scene\chap04\Duplicate.mb文件，如图4-49所示。

4.4.4.1 基本物体的复制

Step01 单击选择工具箱中的选择工具，在视图中选择球体，执行菜单Edit>Copy（编辑>复制）命令，或者直接按Ctrl+C组合键复制球体。

Step02 执行菜单Edit>Paste（编辑>粘贴）命令，或者直接按Ctrl+V组合键粘贴球体。

Step03 单击选择工具箱中的移动工具，在透视图中选择场景中的球体沿着红色的x轴进行移动，如图4-50所示。

Step04 确认当前复制的球体被选中，执行菜单Edit>Duplicate（编辑>复制）命令，或者按Ctrl+D组合键复制球体，继续用移动工具将场景中再次被复制的球体沿着蓝色的z轴进行移动，如图4-51所示。

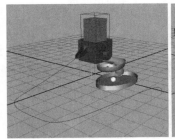  

图 4-49　　　　图 4-50　　　　图 4-51

4.4.4.2 关联复制

Step01 单击选择工具箱中的选择工具，在视图中选择最原始的球体，如图4-52所示；单击菜单Edit>Duplicate Special（编辑>特殊复制）后面的按钮，弹出Duplicate Special Options（特殊复制属性）对话框。

Step02 在Duplicate Special Options（特殊复制属性）对话框中执行菜单Edit>Reset Settings（编辑>重设设置）命令，将所有参数设置为默认值，如图4-53所示。

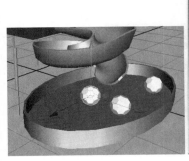 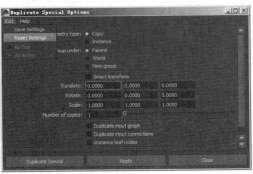

图 4-52　　　　　　图 4-53

Step03 单击Duplicate Special（特殊复制）按钮，单击选择工具箱中的 ![] 移动工具，或者直接按W键选择移动工具，在透视图中选择场景中的球体沿着蓝色的z轴进行移动，如图4-54所示。

Step04 单击状态栏中的 ![] Select by component type（按组件类型选择），选择 ![] 面元素；单击选择工具箱中的 ![] 移动工具，选择球体顶端的一个面，向上拖动鼠标调整面的位置，如图4-55所示。

Step05 单击状态栏中的 ![] Select by object type（按对象类型选择），选择最原始球体。

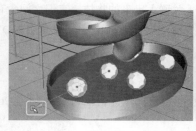

图 4-54　　　　　　　　　　　　　　　　图 4-55

Step06 单击菜单Edit>Duplicate Special（编辑>特殊复制）后面的 ![] 按钮，弹出Duplicate Special Options（特殊复制属性）对话框，参数和选项设置如图4-56所示。

Geometry type（几何类型）为Instance（关联），即被复制的物体和原来物体中的任何一个参数被修改，都会同时影响到其他的物体。

Translate（变换）y轴的参数设置为 – 1，表示被复制的球体向下移动一个单位的距离。

Number of copies（复制数量）设置为3，表示关联复制3个球体。

Step07 单击Duplicate Special（特殊复制）按钮，复制的球体如图4-57所示。

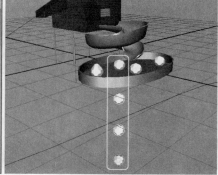

图 4-56　　　　　　　　　　　　　　　　图 4-57

Step08 单击状态栏中的 ![] Select by component type（按组件类型选择），选择 ![] 面元素；单击选择工具箱中的 ![] 移动工具，选择关联复制球体顶端的一个面，向上拖动鼠标调整面的位置，如图4-58所示，发现关联复制的球体都发生了变化。

图 4-58

注：
还有一种方法是智能复制，大家可以尝试操作练习。创建一个长方体，按Ctrl+D组合键复制，移动长方体，确认复制后的长方体被选中，连续按Shift+D组合键，通过这种方法能快速制作一个楼梯图形。

4.4.5 设置物体显示

继续打开上一节的场景文件。执行菜单File>Open Scence（文件>打开场景）命令，打开随书配套光盘中的DVD01\scene\chap04\Duplicate.mb文件，接下来设置场景中物体的对象显示方式。

Step01　单击选择工具箱中的🔲选择工具，在透视图中选择红色箱体。

Step02　执行窗口菜单View>Frame Selection（视图>适合选择对象）命令，或者按F键，红色箱体在窗口中处于最佳选择状态，如图4-59所示。

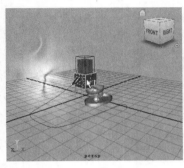
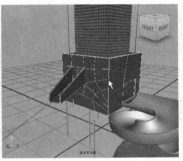

图 4-59

Step03　按Space（空格）键切换到四视图，按Shift+F组合键，发现选择的红色箱体在所有视图中都成为最佳显示状态。

Step04　执行菜单File>Open Scence（文件>打开场景）命令，打开随书配套光盘中的DVD01\scene\chap04\Show.mb文件，我们打开一个带材质的物体的显示方式。

Step05　执行窗口菜单Shading>Wireframe（着色>线框）命令，或者直接按数字键4，观察窗口工具栏，发现🔲Wireframe（线框）按钮处于激活状态，场景中的图像处于线框模式，如图4-60所示。

Step06　执行窗口菜单Shading>Smooth Shade All（着色>平滑实体显示所有选项）命令，或者直接按数字键5，观察窗口工具栏，发现🔲Smooth shade all（平滑实体显示所有选项）按钮处于激活状态，场景中的图像处于实体平滑模式，如图4-61所示。

Step07　单击窗口工具栏中的🔲Textured（显示纹理），或者按数字键6，场景中的图像处于纹理显示模式，如图4-62所示。

图 4-60　　　　　　　　　　　　图 4-61　　　　　　　　　　　　图 4-62

Step08 单击窗口工具栏中的◙Wireframe on shaded（在实体上显示线框），或执行窗口菜单Shading>Wireframe on Shaded（着色>平滑实体显示所有选项）命令，场景中的图像处于在实体上显示线框模式，如图4-63所示；再次单击窗口工具栏中的◙Wireframe on shaded（在实体上显示线框），取消在实体上显示线框模式。

Step09 单击窗口工具栏中的◙Use all lights（使用所有灯光），或者按数字键7，预览手动设置灯光的效果，如图4-64所示。

Step10 执行窗口菜单Shading>Use default material（着色>使用默认材质）命令，场景中的图像处于默认材质模式，如图4-65所示；再次执行窗口菜单Shading>Use default material（着色>使用默认材质）命令，取消默认材质显示模式。

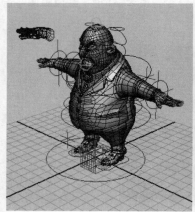

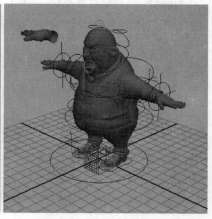

图 4-63　　　　　　　　　　　　　　图 4-64　　　　　　　　　　　　　　图 4-65

Step11 执行窗口菜单Shading>XRay（着色>X光线）命令，或者单击窗口工具栏中的◙XRay（X光线）按钮，场景中的图像处于X光线模式，如图4-66所示；再次执行窗口菜单Shading>XRay（着色>X光线）命令，取消X光线显示。

Step12 执行窗口菜单Shading>Bounding Box（着色>边界框）命令，场景中的图像处于边界框模式，如图4-67所示。在此模式下非常节省系统资源，从而可以在非常复杂的场景中流畅地切换视图。

Step13 按数字键5，切换到以平滑实体显示所有选项模式；执行窗口菜单Shading>Backface Culling（着色>不显示背面）命令，按住Alt键，按住鼠标左键不放旋转视图，如图4-68所示。

选择该命令后，将不显示对象的背面。对象的正面背面实际是由对象上曲面的法线来决定的，法线所指的方向为曲面的正面。有关法线的概念会在后面的章节中详细解释。

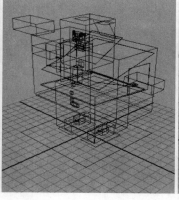
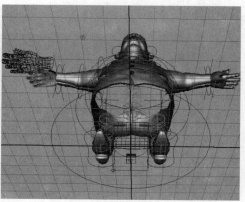

图 4-66　　　　　　　　　　　图 4-67　　　　　　　　　　　图 4-68

4.4.6 物体轴向

本节来了解物体的轴向及其修改。

Step01 在场景中创建一个多边形球体，选择球体，会出现一个坐标轴，在视窗左下角也会有一个参考轴向，如图4-69所示。

物体的轴向包括世界轴向和自身的对象轴向两种，视窗左下角的参考轴向为世界轴向。

Step02 使用旋转工具对球体进行旋转，再次切换回移动工具，观察其移动轴向，发现与视图左下角的轴向依旧一致，如图4-70所示，说明当前球体的轴向为世界轴向。

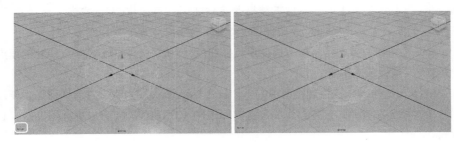

图 4-69   图 4-70

Step03 按住键盘上的Ctrl+Shift组合键，单击鼠标右键，在弹出的快捷菜单中可以选择Object（对象）和World（世界）轴向，如图4-71所示，这里选择Object（对象）轴向，此时球体的移动轴向就和旋转后的球体方向一致了，如图4-72所示。

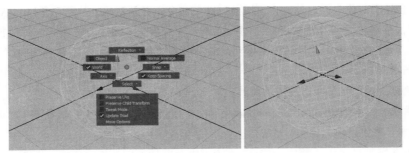

图 4-71   图 4-72

Step04 同样也可以对旋转和缩放轴向进行Object（对象）和World（世界）轴向的切换。

除了可以改变轴向的方向外还可以改变轴向的位置。

Step05 选择球体，按下键盘上的Insert键，此时轴向就变为可编辑状态，移动轴向即可改变轴向的位置，将轴向移动到合适的位置后，再次按下Insert键即可改变轴向的位置，如图4-73所示。

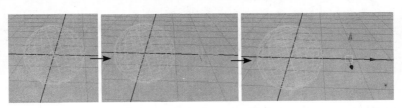

图 4-73

Step06 另外，也可以按住键盘上的D键不放来移动轴向的位置。

Step07 如果希望物体的轴心回到物体中心位置，可以执行菜单Modify>Center Pivot（修改>中心化枢轴点）命令。

4.5 物体捕捉

状态栏的中部有一个捕捉区，其中提供了对象和组件的各种捕捉功能，如图4-74所示。

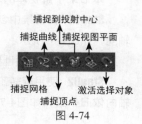

图 4-74

Snap to grids（捕捉网格）：当按下网格捕捉按钮后，可以将点捕捉到网格交叉点或者网格线上。在移动CV（控制点）或者EP（编辑点）时，可按住X键快速切换到捕捉网格。

Snap to curves（捕捉曲线）：当按下捕捉曲线按钮后，可以将CV点或者EP点捕捉到已存在的曲线上。调整时可以按住C键快速开启捕捉曲线工具。

Snap to points（捕捉顶点）：当按下捕捉顶点按钮后，可以将CV点或者EP点捕捉到顶点上。调整时可以按住V键快速开启捕捉顶点工具。

Snap to Projected Center（捕捉到投射中心）：该命令是Maya2014版本中新增加的功能，当激活该按钮，将会捕捉一个对象（如骨骼、定位器）到所选网格或NURBS曲面的中心。捕捉到投射中心将覆盖其他所有的捕捉模式。

Snap to view planes（捕捉视图平面）：当打开视图平面捕捉后，可以将CV点或者EP点捕捉到当前的视图平面上。

Make the selected object live（激活选择对象）：选中一个对象，然后在状态行上单击激活按钮，就可以激活对该对象的表面捕捉，这时可以在对象表面绘制曲线。激活对象之后绘制的曲线一定是在被激活对象的表面，而不会处于对象表面之外。也可以通过菜单命令来激活对象，执行菜单Modify > Make Live（修改 > 激活）命令，将对象激活并在其表面绘制完成之后，对象是无法进行选择、移动等操作的，这时还需要再次单击状态栏上的（激活选择对象）按钮，取消对象的激活状态，将对象还原为正常状态。

Step01 执行菜单File>Open Scence（文件>打开场景）命令，打开随书配套光盘中的DVD01\scene\chap04\Snap.mb文件，这时场景中出现一条曲线。

Step02 单击状态栏中的Select by component type（按组件类型选择），选择（参考点），场景中的曲线编辑点以十字叉形式出现，如图4-75所示。

Step03 单击选择工具箱中的移动工具，按住X键快速切换到捕捉网格，拖动曲线尾端的编辑点，发现节点的新位置只能停留在网格上，如图4-76所示。

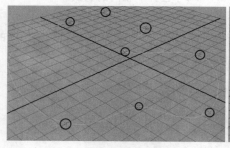

图 4-75

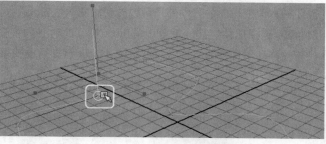

图 4-76

Step04 按住C键快速切换到捕捉曲线，拖动曲线另一个尾端的编辑点，发现节点的新位置只能停留在曲线上，如图4-77所示。

Step05 按住V键快速切换到捕捉顶点，拖动选中的顶点，顶点会吸附到曲线的其他顶点上，如图4-78所示。

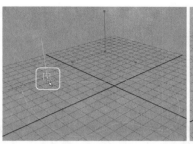
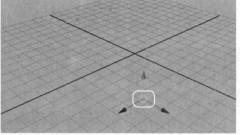

图 4-77　　　　　　　　　　　　　　　　图 4-78

以上是三种常用的捕捉操作，其他捕捉操作可参见随书配套光盘中的教学视频。

4.6 创建摄影机

在菜单Crewte>Cameras（创建>摄影机）命令中可以创建摄影机，如图4-79所示。

01 Camera（摄影机）：创建普通摄影机，如图4-80所示。

02 Camera and Aim（目标摄影机）：创建带有目标的摄影机，如图4-81所示。

03 Camera，Aim，and Up（摄影机、目标和朝上向量）：创建带有目标和朝上向量的摄影机，如图4-82所示。

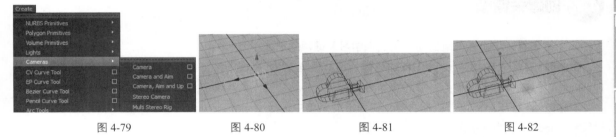

图 4-79　　　　　　　图 4-80　　　　　　　图 4-81　　　　　　　图 4-82

如果想要进入摄影机视图，可以从面板菜单Panels>Perspective（面板>透视图）菜单中选择摄影机即可进入摄影机视图，如图4-83所示，这里选择Camera1进入摄影机1视图。

一般在调节摄影机视图时，会打开 分辨率指示器，来确定渲染的范围，如图4-84所示。

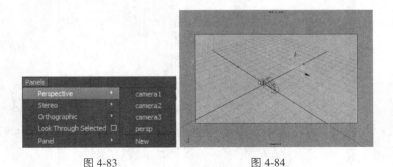

图 4-83　　　　　　　　　　　　　　图 4-84

如果想要选择当前摄影机视图的摄影机，可以执行面板菜单View>Select Camera（视图>选择摄影机）命令，也可以单击视图工具架上的 按钮进行选择。

选择了摄影机之后，就可以在其通道盒中设置摄影机的参数，在确定了摄影机视图的位置角度后，可以选择通道盒中的所有属性，单击鼠标右键，在弹出的菜单中执行Lock Selected（锁定选择）命令，这样就可以将摄影机的所有属性锁定，以避免操作过程中移动摄影机视图，如图4-85所示。

另外，执行面板菜单Panels>Tear Off Copy（面板>复制抽出）命令，可以将摄影机视图从工作区中复制，并抽离出来单独显示，如图4-86所示。

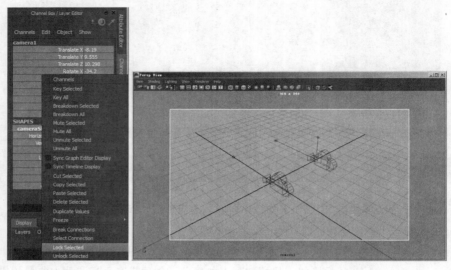

图 4-85   图 4-86

4.7 创建关键帧

本节将通过一个小球弹跳的动画案例来学习关键帧的创建。

Step01 在场景中创建一个NURBS球体，将其通道盒中的Scale X/Y/Z（*x/y/z*轴缩放）均设置为2，将Translate Y（*y*轴位移）设置为2，如图4-87所示。

Step02 选择球体，单击鼠标右键，在弹出的菜单中选择Assign Favorite Material>lambert（指定收藏的材质>Lambert），为其指定一个Lambert材质。

Step03 在属性编辑器中，单击Color（颜色）属性后的棋盘格按钮，在弹出的Create Render Node（创建渲染节点）窗口中选择Ramp（渐变），在渐变属性面板中设置其类型及渐变颜色，如图4-88所示。

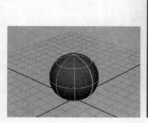

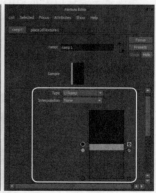

图 4-87   图 4-88

Step04 按6键显示球体的材质，如图4-89所示。

Step05 将时间起始帧设置为0。

Step06 在第0帧处，选择球体，按下键盘上的S键为其设置关键帧，此时球体通道盒中的属性全变成了红色，在时间轴的第0帧处会出现一条红色的竖线，表示已经设置了关键帧，如图4-90所示。

Step07 将时间滑块移至第24帧处，再次按下键盘上的S键设置一帧关键帧。

Step08 将时间滑块移至第12帧处，将球体沿y轴向上移动，再次创建一帧关键帧，如图4-91所示。

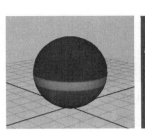

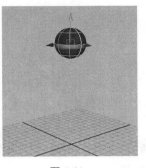

图 4-89   图 4-90   图 4-91

Step09 此时播放动画，球体就会上下跳动。

Step10 当前小球只在y轴做位移运动，那么其他属性没有必要设置关键帧，这里可以选择除Translate Y（y轴位移）外的属性，单击鼠标右键，选择Break Connections（断开连接）命令，这样就可以删除关键帧。

Step11 如果只想对某一个属性设置关键帧，可以选择该属性，单击鼠标右键，在弹出的菜单中选择Key Selected（为所选属性设置关键帧）命令。

Step12 如果想要删除某一帧关键帧，在时间轴上选择要删除的关键帧，单击鼠标右键，在弹出的菜单中选择Delete（删除），即可删除选择的关键帧，如图4-92所示。

在该右键菜单中还可以对关键帧进行Cut（剪切）、Copy（复制）、Paste（粘贴）操作，其中Paste（粘贴）命令下有两种粘贴类型，Paste（粘贴）和Paste Connect（粘贴并连接）。

Step13 将之前设置的关键帧全部删除，将时间结束帧设置为200，在第0帧处，将球体移动到画面左侧，并为其Translate X/Y（x/y轴位移）属性设置关键帧，如图4-93所示。

Step14 将时间滑块移至第24帧处，将球体移至画面右侧，再次为Translate X/Y（x/y轴位移）属性设置关键帧，如图4-94所示。

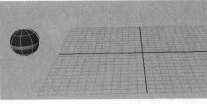

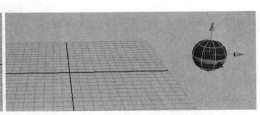

图 4-92   图 4-93   图 4-94

Step15 将时间滑块移至第12帧处，将球体向上移动，再次为Translate X/Y（x/y轴位移）属性设置关键帧，如图4-95所示。

此时播放动画，球体就会向前跳动。

Step16 如果希望球体继续循环向前跳动，该如何操作呢？首先按住Shift键单击鼠标左键框选时间线上的三个关键帧，这样就会将三个关键帧全部选中，如图4-96所示。

Step17 单击鼠标右键，在弹出的菜单中选择Copy（复制），再将时间滑块移至第26帧处，选择Paste>Paste（粘贴>粘贴）命令，这样就将关键帧粘贴到了第26帧处，如图4-97所示。

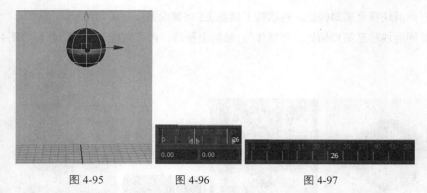

图 4-95   图 4-96   图 4-97

Step18 此时播放动画,发现球体在第26帧会返回再向前跳,而不是继续向前跳。

Step19 那么使用Paste Connect(粘贴并连接)方式进行粘贴,再次播放动画,此时球体在第26帧处会继续向前跳动。

Step20 如果想要移动关键帧,可以选择关键帧,拖动中间的三角图标即可移动关键帧的位置,拖动两边的三角图标可以对关键帧进行缩放,如图4-98所示。

图 4-98

4.8 组的概念

本节介绍一下组的概念。

Step01 在场景中创建一组球体,如图4-99所示。

Step02 选择所有球体,执行菜单Edit>Group(编辑>成组)命令,将其打组,或按键盘上的Ctrl+G组合键也可以执行该操作。

Step03 打组之后,打开大纲视图观察,组的默认命名为group,展开组,组内所有球体如图4-100所示。

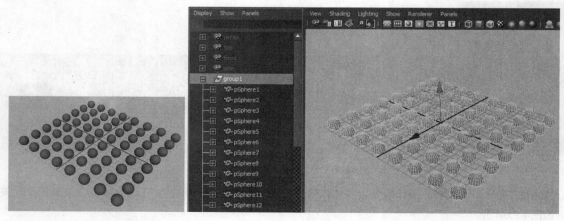

图 4-99   图 4-100

场景中有很多对象时,可以利用打组对场景中的对象进行整理分类,可以对不同的物体打组,一个场景中可以有很多个组,也可以对组进行打组。

Step04 在group1中选择pSphere64,将其进行打组,移动组可以发现pSphere64也会跟随移动,如图4-101所示,对组设置关键帧或进行其他操作,都不会影响到pSphere64球体。

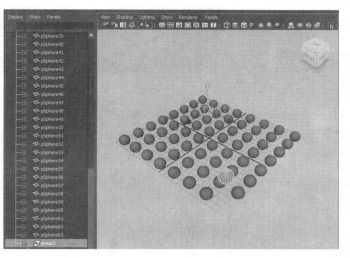

图 4-101

那么如果解组呢？选择要解的组，执行菜单Edit>Ungroup（编辑>解组）命令即可将组解开。

在Maya中还有一个概念——父子关系，与组非常类似，如果想要将组中的一个物体解组，可以选择该物体，按键盘上的Shift+P键将其提取出来。

4.9 父子关系

本节来学习父子关系的建立。所谓父子关系就是将一个物体P给另一个物体，这时，两个物体之间就建立的父子关系，子物体将会跟着父物体移动、旋转、缩放。

Step01 在场景中创建一个立方体和一个球体，并为其分别赋予蓝色和红色材质，如图4-102所示。

Step02 选择球体，加选立方体，执行菜单Edit>Parent（编辑>父子关系）命令，或按键盘上的P键，这样球体就P给了立方体，打开大纲视图可以发现球体在立方体的层级之下，如图4-103所示。

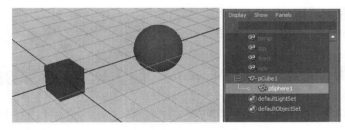

图 4-102   图 4-103

Step03 此时对立方体进行移动、旋转、缩放等操作，球体都会进行相同的操作。

> 📢 **注：**
> 在进行父子关系时，要先选择子物体再加选父物体，然后执行父子关系操作。
> 一个父物体可以有多个子物体，一个子物体不能有多个父物体。

Step04 选择子物体，按键盘上的Shift+P键可以解除父子关系。

Maya中有很多快捷键，制作时利用快捷键可以方便快捷地工作，可以很好地提高工作效率，具体的快捷键介绍可参见随书配套光盘中的教学视频，这里不再赘述。

Chapter 05
第5章 用户设置

实际操作中可以通过自定义Maya的软件设置来进行各种工作,如改变总体颜色设置、工具架、菜单栏及控制面板的外观。这些子命令主要在菜单Setting/Preferences>Preferences(设置>参数)命令中。

另外我们也可以根据个人喜好设置默认手柄和快捷键,还可以设置历史记录的次数。

5.1 自定义用户界面

通过前面的学习,我们了解到在任何情况下用户都能非常直观地与 Maya 进行交互。所有的场景窗口,包括 Hypershade(材质编辑器)和 Hypergraph(超图)窗口,都可以很容易地通过同样的键盘和鼠标组合实现缩放、跟踪和旋转功能(旋转只对透视摄影机视图而言)。所有窗口的操作方法都是一致的,所以只需学会一组命令就可以进入 Maya 世界。

另外,如果不喜欢现在的用户界面布局,可以随意更改。正如以往经常提及的,Maya 的用户界面是一种被称为 MEL 的语言版本。运用 MEL 可以创建自定义的效果、书写宏、自定义用户界面、进行精确的属性设置和参数设置等。到了Maya 2011版本,此特性还继续保持和发扬,特别是自定义工具架Shelf,使得我们的自定义界面操作更具实践性。

5.1.1 自定义Shelf

Maya的命令非常丰富,如果每次都从菜单中选择的话会大大影响操作效率,于是将菜单命令以Shelf工具图标的形式罗列在工具架上,能快速选择所需的命令,从而大大提高工作效率;特别是还可以将自定义的Shelf保存为文件随身带走,不至于电脑更换了,自己所熟悉的环境还需要重新设置。

01 新建Shelf。

Step01 单击工具架左侧 的下拉三角形,从弹出的菜单中选择New Shelf(新建工具架)命令,在弹出的Create New Shelf(创建新工具架)对话框中输入名称COM,创建一个名称为COM的工具架,单击OK(确定)按钮,如图5-1所示,在工具架的最末端添加了一个COM,可以将自己常用的工具放到该工具架中。

图 5-1

Step02 按F3键切换到Polygons(多边形)模块,按住Ctrl+Shift键不放,执行菜单Mesh>Extract(网格>抽取)命令,继续执行菜单Mesh>Booleans(网格>布尔运算)中的Union(并集)、Difference(差集)和Intersection(交集)命令。

Step03 继续执行菜单Edit Mesh(编辑网格)中的Extrude(挤出)、Bevel(倒角)等命令,松开Ctrl键和Shift键,结束添加工具图标,发现COM工具架上多了一些工具图标,如图5-2所示。

图 5-2

Step04 用鼠标中键按住工具图标 不放,将其拖曳到工具架最末端的 (删除)按钮上,即可删除此工具。

02 编辑Shelf。

Step01 单击工具架左侧█的下拉三角形，从弹出菜单中选择Shelf Editor（工具架编辑器）命令，在弹出的Shelf Editor（工具架编辑器）中自动选择COM工具架，从右侧选择具体工具Extract（破碎），勾选Custom Backgraound Color（自定义背景色），单击Button Background（按钮背景色）后面的色块，在弹出的拾色器中选择黄色，在工具架和Icon Preview（图标预览）中发现工具Extract（破碎）图标的颜色变成了黄色，如图5-3所示。

Step02 在Icon Label（图标标签）后面输入工具图标的名称Extract，单击Icon Label Color（图标标签颜色）后面的色块，设置图标名称的颜色为黑色，单击Label Background（标签背景色）后面的色块，设置工具图标名称的背景色为黄色，如图5-4所示。

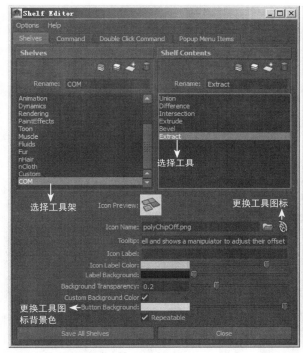

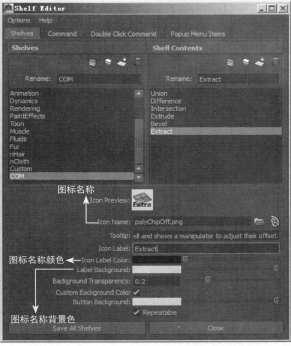

图 5-3　　　　　　　　　　　　　　　　　　　图 5-4

Step03 通过滑动Background Transparency（背景透明度）后面的滑块设置工具图标背景色的透明度。

03 保存Shelf。

单击Shelf Editor（工具架编辑器）左下角的Save All Shelves（保存所有工具架）按钮，或者单击工具架左侧█的下拉三角形，从弹出的菜单中选择Save All Shelves（保存所有工具架）命令，保存Shelf文件到系统默认的路径C:\Documents and Settings\计算机名\My Documents\maya\2014\prefs\shelves，文件名称自动设为shelf_COM.mel。复制shelf_COM.mel文件到计算机桌面。

04 删除Shelf。

确认当前COM工具架被选中，单击工具架左侧█的下拉三角形，在弹出的菜单中选择Delete Shelf（删除工具架）命令，当前Shelf即可被删除。

05 导入Shelf。

单击工具架左侧█的下拉三角形，从弹出的菜单中选择Load Shelf（导入工具架）命令，在弹出的对话框中选择复制到桌面上的shelf_COM.mel文件，则原保存的工具架被载入。

在经常制作项目的时候，制作人员都会定制一些自己喜欢的Shelf，然后保存，更换电脑后直接导入保存的shelf文件。

5.1.2 软件定制

执行菜单Window>Settings/Preferences>Preferences（窗口>设置/参数>参数）命令，或者单击菜单视图右下角的 Animation Preferences（动画参数）按钮，弹出Preferences（参数）设置对话框。

01 Interface（界面）。

选择Categories（列表）中的Interface（界面），可以设置Maya工作环境的各类参数，如控制Maya的工作界面、各类对象的显示、建模渲染动画等模块的参数设置等，各项功能如图5-5所示。

02 Display（显示）。

选择Categories（列表）中的Display（显示），可以设置Maya工作Performance（性能）和View（查看）选项，如通过显示较少的几何体来提高系统的工作效率，是否显示xyz坐标系等，Display（显示）的各项设置如图5-6所示。

执行菜单File>Open Scence（文件>打开场景）命令，打开随书配套光盘中的DVD01\scene\chap05\Display.mb文件，这时场景中出现数个几何体。

Step01 勾选Axes（轴）右侧的Origin axis（原点坐标）选项，发现在网格中心，即坐标原点（0，0，0）位置显示出一个新的xyz坐标，默认情况下View axis（视图坐标）在视图左下角显示；如果两项都关闭，那么就不会显示xyz坐标轴。

Step02 选择Grid plane（网格平面）后面的Hide（隐藏）选项，隐藏网格平面，即隐藏在视图中表示三维空间的2D网格平面。

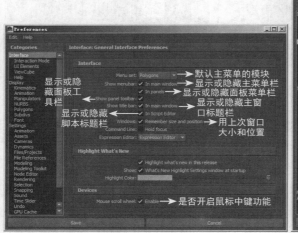

图 5-5

图 5-6

Step03 在视图中选择圆环，选择Active object pivots（激活物体枢轴点）后面的On（开启）选项，即显示物体的中心枢轴点，如图5-7所示。

Step04 单击Background gradient（背景梯度）后面的Off（关闭）选项，背景以单色显示，默认状态下是开启的，即第一次安装Maya后显示的是那种渐变背景效果。

03 Settings（设置）。

选择Categories（列表）中的Settings（设置），可以设置Maya工作的World Coordinate System（世界坐标系统）、Working Units（工作单位）和Tolerance（差值），如图5-8所示。

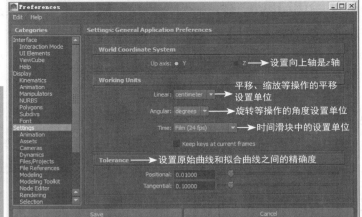

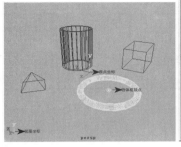

图 5-7　　　　　　　　　　　　　　图 5-8

04 Modules（模块）。

选择Categories（列表）中的Modules（模块），可以设置Maya启动时是否载入相应的模块，如图5-9所示。

Maya中包含一定数量的功能各异的软件模块，每次启动Maya时系统都将装载所有可利用的、注册过的软件模块。屏蔽软件模块可以释放RAM。同时装几个模块将会占据大量内存，这样会延长启动时间，为了避免这种情况的发生，根据任务可以屏蔽一个或者多个模块，在以后需要时可以通过主菜单再装入所需模块。如果仅仅需要渲染，就可以屏蔽动力学模块以提高系统的反应速度。

05 Applications（应用）。

选择Categories（列表）中的Applications（应用），可以设置Maya外部应用程序相关的设置，如图5-10所示。

External Applications：Settings（外部应用程序设置）：其中包括查看与编辑图片程序的相关设置。

Export to Mudbox（导出到Mudbox）：导出文件到Autodesk Mudbox软件的相关设置。

External Communication（外部信息）：这部分是用来设置Maya命令端口的选项，这些设置通常用于与Maya Web浏览器插件的信息交流。

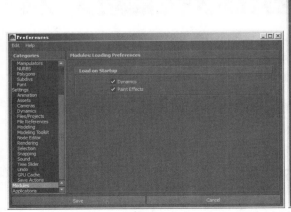

图 5-9　　　　　　　　　　　　　　图 5-10

执行Preferences（参数）窗口中的菜单Edit>Restore Default Settings（编辑>恢复默认设置）命令，将先前的所有设置都恢复为默认状态。

5.1.3 初始化Maya

一些初学者经常会做一些误操作，从而影响学习。

退出Maya程序，删除C:\Documents and Settings\计算机名\My Documents\maya下面的2011文件夹，使Maya恢复到初始状态，重新启动Maya，发现Maya软件完全恢复到初始状态。

> **注：**
> 通过此方法初始化Maya会使一些插件信息也完全丢失，即如果在Maya中安装了一些插件，初始化后所有的插件都必须重新安装。

5.2 默认手柄设置

执行菜单File>Open（文件>打开）命令，打开随书配套光盘中的DVD01\scene\chap05\Display.mb文件，这时场景中出现数个几何体。

Step01 执行菜单Window>Settings/Preferences>Preferences（窗口>设置/参数>参数）命令，或者单击菜单视图右下角的Animation Preferences（动画参数）按钮，弹出Preferences（参数）设置对话框。

Step02 单击选择工具箱中的移动工具，在视图中单击选择视图中的四棱锥，查看移动手柄。

Step03 在Preferences（参数）设置对话框中选择Categories（列表）中的Manipulators（操控器），设置Global scale（全局缩放）值为2，发现操纵器的大小发生变化，如图5-11所示。

Step04 单击选择工具箱中的旋转工具，在视图中单击选择圆环，查看旋转环形线。

Step05 在Preferences（参数）设置对话框中选择Categories（列表）中的Manipulators（操控器），设置Line Size（线尺寸）值为3，发现操纵器的线条粗细发生变化，如图5-12~图5-14所示，这样方便我们选择相应的坐标对物体进行旋转。

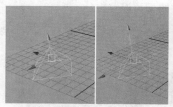
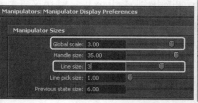
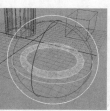

图 5-11 　　　　　　图 5-12 　　　　　　图 5-13 　　　　　　图 5-14

5.3 历史记录设置

在Maya中返回上一步操作可以按Z键或者Ctrl+Z键，也可以执行菜单Edit>Undo（编辑>撤销）命令；撤销返回可以按Shift+Z组合键，也可以执行菜单Edit>Redo（编辑>重做）命令。

但是返回的次数是有限的，系统默认的可返回步骤数是50步，我们需要更多的步骤数怎么办？

执行菜单Window>Settings/Preferences>Preferences（窗口>设置/参数>参数）命令，或者单击菜单视图右下角的Animation Preferences（动画参数）按钮，弹出Preferences（参数）设置对话框。

在Preferences（参数）设置对话框中选择Categories（列表）中的Undo（撤销），设置Queue size（队列大小）值为100，如图5-15所示。

Undo（撤销）：若选择On（开启），可进行取消操作，默认设置是On（开启）。

Queue（队列）：若选择Infinite（无限）项，那么可无限制地取消操作命令，该项可占用大量的内存；

若选择 Finite（有限）顶，可限制取消操作的次数，默认设置是Finite（有限）。

Queue size（队列大小）：如果Queue（队列）的设置是Finite（有限），那么可设置取消操作的次数，数值越大，需要的内存越大，默认设置是50。

5.4 快捷键

任何一款软件都有自己一套成熟的快捷键，这些快捷键能大大提高用户的工作效率，Maya也不例外，除了系统默认的快捷键外，还可以自定义快捷键。

执行菜单Windows>Settings/Preferences>Hotkey Editor（窗口>设置/参数>快捷键编辑器）命令，打开Hotkey Editor（快捷键编辑器）窗口，如图5-16所示。

图 5-15　　　　　　　　　　　　　　　　　图 5-16

下面列举常用快捷键，希望读者朋友能熟练掌握，这样可以大大提高后面学习的效率。

表5-1

快捷键	功能解释	快捷键	功能解释	快捷键	功能解释
Enter	完成当前操作	X	吸附到网格	F12	选择多边形的UVs
~	终止当前操作	C	吸附到曲线	V	吸附到点
F2	Animation模块	Q	选择工具	A	满屏显示所有物体
F3	Polygons模块	W	移动工具	F	满屏显示被选目标
F4	Surfaces模块	E	旋转工具	空格键	快速切换单一视图和多视图模式
F5	Dynamics模块	R	缩放工具	Ctrl+N	建立新的场景
F6	Rendering模块	T	显示操作杆工具	Ctrl+O	打开场景
1	低质量显示	P	指定父子关系	Ctrl+S	存储场景
2	中等质量显示	Ctrl+A	属性编辑窗/通道栏	Z	取消（刚才的操作）
3	高质量显示	Alt+。	时间轴上前进一帧	Shift+Z	重做
4	网格显示模式	Alt+,	时间轴上后退一帧	Ctrl+H	隐藏所选对象
5	实体显示模式	。	下一关键帧	Ctrl+D	复制
6	实体材质显示模式	,	上一关键帧	Alt+左键	旋转视图
7	灯光显示模式	Alt+V	播放/停止	Alt+中键	移动视图
=	增大操纵杆尺寸	F8	物体/组件编辑模式	Alt+右键	缩放视图
-	减少操纵杆尺寸	F9	选择多边形顶点	Ctrl+G	群组
S	设置关键帧	F10	选择多边形的边	Alt+Ctrl+右键	框选缩放视图
G	重复（刚才操作）	F11	选择多边形的面	]/[	重做视图的改变/撤销视图的改变

Chapter 06

第6章 三维模型概论

　　建模是三维制作的基础，其他工序都依赖于建模。离开了模型这个载体，材质、动画及渲染等都没有了实际意义。现在市场上的三维动画软件众多，它们都包括自身的建模系统，还有一些软件是专门针对建模功能进行开发的，例如Silo、Mudbox、ZBrush等，虽然各式软件的建模方法各种各样，但是最基本的建模手段还是集中于以下两大类型。

01 NURBS曲面建模。

02 Polygon多边形建模。

6.1 建模方法概述

　　我们先来看看多边形建模。多边形建模是比较古老的建模体系，也是目前发展最为完善和广泛的建模方法，在目前主流的三维动画软件中基本上都包含了多边形建模的功能，甚至不可或缺，特别是对于建筑、游戏、角色类适用，图6-1~图6-4所示中的模型都可以通过多边形建模来实现。

图 6-1

图 6-2

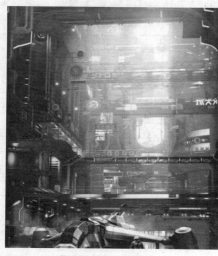

图 6-3

图 6-4

NURBS建模方法是目前较流行的建模方式，它能产生光滑连续的曲面，最早曾用于Alias的Studio系列软件中，现在已被各大三维软件所吸收使用，其中还不乏一些专业以NURBS建模为主的软件，如Rhino。它使用数学函数来定义曲线和曲面，最大的优势就是表面精度的可调性，可在不改变外形的前提下自由控制曲面的精细程度，这对于多边形建模方法来说几乎是不可能的。这种建模方法尤其适用于工业造型、生物有机模型的创建。

细分建模是介于多边形和NURBS之间的一种建模方法，使用频率不高，但在某些方面非常优秀。主要是同时具备NURBS和多边形建模的优势，可以像NURBS一样光滑调节曲面，也可以像多边形表面一样对点、边、面进行任意的编辑，对于习惯多边形建模的人尤其适用，主要用于生物有机模型的创建。

但无论是什么类型，最终进行渲染时都会以多边形方式进行解释和计算。对于文件格式，相互之间可以进行转化。一般三维软件都支持NURBS向多边形的转化，而从多边形向NURBS转化则需要使用一种转化小技巧，如先将NURBS向细分模型转换，然后再将细分模型转化为多边形。

下面详细介绍一些常见的具体建模方法。

01 Polygon多边形建模。

多边形建模可以直接使用各种多边形建模工具，如制作点、面或创建新面等。多边形建模是Maya的强项，与很多高端软件相比也毫不逊色。在多边形建模领域，Maya占据着不可动摇的地位，对于游戏制作、建筑模型的制作都是相当优秀和快捷的，如图6-5和图6-6所示。

图 6-5　　　　　　　　　　　　　　　　　　图 6-6

02 NURBS曲面建模。

NURBS使用各种专用的曲面建模工具，如剪切、融合、缝合等，在各软件中的用法大同小异。NURBS尤其适用于精确的工业曲面建模，也可以用于生物模型的制作，不过并不是最方便的。它使用数学函数来定义曲线和曲面，最大的优势就是表面精度的可调性，可在不改变外形的前提下自由控制曲面的精细程度，这对于多边形建模方法来说几乎是不可能的。这种建模方法尤其适用于工业造型、生物有机模型

基础　建模　渲染　动画　特效

的创建，如图6-7所示。

在NURBS建模中，Alias Studio Tools应当是首屈一指的，功能完善可靠，计算精确，直接支持模具的制作。Maya的NURBS工具大多来源于Alias Studio Tools，但未包括一些用于精确计算的工具，所以不适用于工业造型，只适合于视频动画的制作。

03 纹理置换建模。

使用纹理贴图的黑白值映射出表面的几何体形态，常用于制作一些立体花纹、山脉地形等模型。在一般的三维软件中都有这种建模方法，称为置换，Maya支持向多边形模型的转化。

图 6-7

Maya、3ds Max、Softimage等常用三维软件中都具备此项功能，如图6-8所示。一般而言，RenderMan级的渲染器能提供给我们更多的置换细节，几乎和建模一样。

04 雕刻建模。

直接使用雕刻刀工具对表面进行雕刻建模，这应是Maya软件的独创。由于可以对NURBS曲面和Polygon模型进行雕刻，使建模过程更加形象化，这对于艺术家来说确实是令人欢欣鼓舞的。Maya同时还独创了立体绘图技术，可以在模型表面直接绘制三维物体，如羽毛、胡须等，这些都是角色动画的重要工具。目前立体绘图技术已经可以应用于多边形和NURBS模型。另外现在比较流行的雕刻建模还有Mudbox、ZBrush软件，它们的雕刻建模方式比Maya更方便和直观，它们都是一种集变形球和雕刻建模于一体的软件，很适合有美术基础的朋友使用，如图6-9所示。

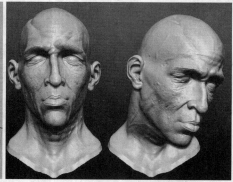

图 6-8   图 6-9

除了上面讲解的建模方法外，还有一些基础性的常用建模方法，如复制建模、放样建模等。

6.2 空间坐标轴心

在Maya中，选择物体之后，往往要进行变动和修改，由此引出了一个重要的概念：空间坐标系统。Maya中的大部分操作都是在一个虚拟的三维空间中进行的，在这一点上任何三维软件都是相同的。既然是在三维的空间中，就要涉及空间坐标。不熟悉空间坐标系统，就如同不了解自身所处的位置，像盲人一样，自然无法制作出优秀的动画作品。使用Maya时需要头脑中有一个基本的立体空间概念，当然这也可能是Maya中最让人头痛的地方。在计算机中，Maya创造了一个虚拟的三维空间，并且就在这个虚拟空间中进行工作，它不像真实的三维空间，因为你处在它的空间之外，这就要求在制作时把自己融入计算机的三维空间中，一定要很清楚地知道自己身在何处。

6.2.1 专有名词注释

在后面的学习过程中，会经常遇到一些专有名词（其实前面已经提及过），下面对其做一些比较系统的解释，如果看不太懂也不要紧，多次实践后再研究它，自然会慢慢理解。

01 变换（Transform）。

它包括移动、旋转和缩放操作，它们的变化都可以应用到被选择的物体上，缩放变换包括3种方式：均匀缩放、非均匀缩放和挤压。

02 轴（Axis）。

它应用在对对象进行移动、旋转和缩放变换时，确定移动的方向、旋转的方向和缩放的方向。在Maya中，以x、y、z轴来定义轴向；对于NURBS曲面，以uv轴来定义轴向。

在默认设置下，Maya中的红、绿、蓝分别代表x、y、z轴。

03 变换的坐标系统（Transform Coordinate System）。

在Maya的三维空间中，x、y、z三个轴以90°角的正交方式存在，每一个位置都有相对应的坐标值。

04 坐标轴心（Coordinate Center）。

空间x、y、z三个轴的交点，即原点（0，0，0）的位置，根据选择的坐标系统的不同，坐标轴心也是可以调整的。

6.2.2 坐标轴心控制

坐标轴心的控制功能主要针对旋转和缩放而言，物体默认的坐标轴心都在物体中心位置，但是特殊情况下需要对物体的轴心进行调整，以方便操作，有两种方法能修改物体坐标轴心点。

D键方法。选择对象，选择工具箱中的移动、旋转或缩放工具，按住D键不放，即可调整坐标轴心。

Insert键方法。选择对象，选择工具箱中的移动、旋转或缩放工具，按住Insert键，即可调整坐标轴心。

Step01 执行菜单File>Open Scene（文件>打开场景）命令，打开随书配套光盘中的DVD01\scene\chap06\Pivot.mb文件，这时场景中出现数个几何体，如图6-10所示。

Step02 选择最左侧的圆管，选择工具箱中的 旋转工具，按住D键不放，发现圆管体中心变成了坐标轴心标志，调整坐标轴心的位置到物体最低端，如图6-11所示。

Step03 松开D键，旋转圆管，如图6-12所示，发现圆管绕着新的坐标轴心进行旋转。

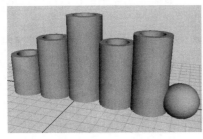 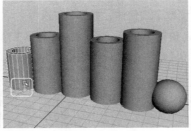 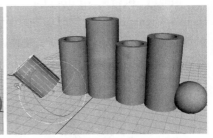

图 6-10   图 6-11   图 6-12

Step04 选择第2个圆管，不调整其坐标轴心，将其旋转到图6-13所示的位置。

Step05 选择第3个圆管，选择工具箱中的 旋转工具，按Insert键，发现圆管体中心变成了坐标轴心标志，调整坐标轴心的位置到物体顶端，如图6-14所示；再次按Insert键，坐标轴心状态消失，回到变换状态。

Step06 旋转圆管，如图6-15所示，发现圆管以调整后的坐标轴心进行旋转。

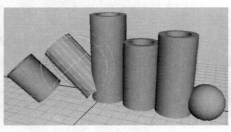

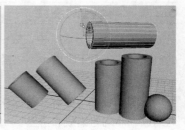

| 图 6-13 | 图 6-14 | 图 6-15 |

Step07 选择工具箱中的![]移动工具，观察圆管坐标轴心，如图6-16所示；执行菜单Modify>Center Pivot（修改>坐标轴心）命令，圆管的坐标轴心恢复到物体中心，如图6-17所示。

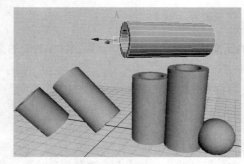
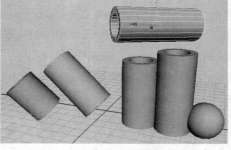

| 图 6-16 | 图 6-17 |

6.3 空间模型对齐

在进行精确的物体对齐操作过程中，仅仅靠肉眼是不科学的，所以需要一些对齐工具来辅助操作。Maya中就提供了强大而且非常人性化的Align Tool（对齐工具），将其拖曳到工具架上的图标为![]，菜单命令为Modify>Align Tool（修改>对齐工具）；另外我们也可以将模型沿着曲线进行放置。

6.3.1 对齐工具

Step01 执行菜单File>Open Scene（文件>打开场景）命令，打开随书配套光盘中的DVD01\scene\chap06\Align.mb文件，这时场景中出现数个几何体，如图6-18所示。

Step02 框选场景中的所有物体，执行菜单Modify>Align Tool（修改>对齐工具）命令，发现在被选中物体边缘出现一些对齐图标，如图6-19所示，可以对物体的上下、左右、前后6个侧面进行对齐。

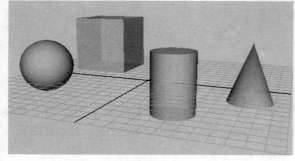
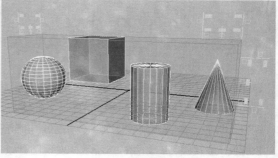

| 图 6-18 | 图 6-19 |

Step03 单击对齐图标中的![]Align centers（对齐中心），旋转视图，观察对象，发现所有的几何体中心在一条水平线上，如图6-20所示。

Step04 单击对齐图标中的🔳Align tops（对齐顶端），旋转视图，观察对象，发现所有的几何体顶端末梢点在一条水平线上，如图6-21所示。

Step05 单击对齐图标中的🔳Align bottoms（对齐底端），旋转视图，观察对象，发现所有的几何体底端末梢点在一条水平线上。

Step06 单击对齐图标中的🔳Align tops to the bottom of the key object（对齐底端），旋转视图，观察对象，发现圆锥的顶端对齐到其他物体的底端，如图6-22所示。

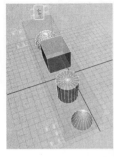 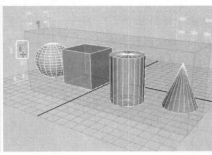 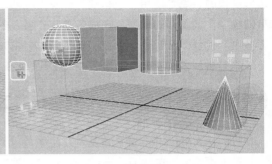

图 6-20　　　　　　　　　　　图 6-21　　　　　　　　　　　　　图 6-22

6.3.2　沿曲线放置

继续上面的操作。

Step01 单击工具架中的Curves（曲线）标签，选择其中的☑工具，在视图中任意3个位置单击鼠标创建一条曲线，如图6-23所示。

Step02 选择场景中的所有物体，包括曲线；执行菜单Modify>Snap Aligh Objects>Position Along Curve（修改>捕捉对齐对象>沿曲线放置）命令，旋转场景，发现物体的轴心点沿着曲线摆放，如图6-24所示。

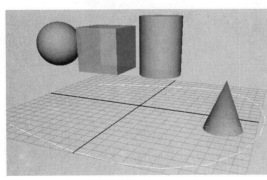 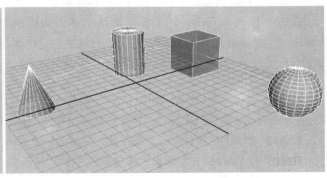

图 6-23　　　　　　　　　　　　　图 6-24

第7章 Polygon基础建模

Maya中一种比较常用的建模方式——Polygon（多边形）建模，其通常用于有硬边、不弯曲的模型。多边形建模的特点是使用一个基础的模型为基础，为它们添加点和边，让模型变得丰富起来，从而使一个简单的模型变成复杂的模型。在很多游戏公司，多边形建模是非常流行的一种建模方式，用户可以灵活地变形多边形模型，无需担心片面分离，具有其他方式不可替代的优越性。

本章讲解多边形建模的基础和一些小型案例，目的是使读者具有牢固的基础。

7.1 创建多边形基本体——玩具工厂

目的：在Maya中学会创建基本几何体。

在前面的学习中我们了解到，Maya中创建物体有两种方法——菜单和工具架，创建方法有两种——点击式和拖曳式。下面的练习将会指导你去尝试每一个工具，用它们制造一大堆几何玩具，好像是儿童玩的积木一样。

Step01 执行菜单File>New Scene（文件>新建场景）命令，重新建立一个场景。

Step02 执行菜单Create>Polygon Primitives（创建>多边形基本体）中的命令，也就是我们现在要用到的基本体创建工具，将此面板分离出来，上面排列着12个按钮代表了12种基本体，如图7-1所示。

在Polygon Primitives（多边形基本体）面板的下端勾选了Interactive Creation（交互创建），使用拖曳方式创建物体。

图 7-1

7.1.1 球体

Step01 执行菜单Create>Polygon Primitives>Sphere（创建>多边形基本体>球体）命令，或者单击工具架中的Polygons（多边形）标签，再单击其中的 Sphere（球体）按钮。

Step02 在视图中按住鼠标左键不放，拖曳出一个球体，如图7-2所示。

Step03 按数字6键，物体以实体显示，如图7-3所示。

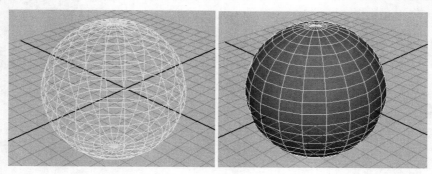

图 7-2　　　　　　　　　　　　图 7-3

如果不勾选Interactive Creation（交互创建）选项，将在网格中心原点的位置创建一个半径为1的球体。

7.1.2 立方体

Step01 执行菜单Create>Polygon Primitives>Cube（创建>多边形基本体>立方体）命令。

Step02 在Top（顶）视图中央按下鼠标左键并拖动鼠标，拉出来一个矩形框，释放鼠标（如此已决定了立方体的底面大小）；上下拖拉鼠标，在其余视图中可看到厚度的变化；在适当位置再次单击鼠标左键，立方体的制作便完成了，如图7-4所示。

Step03 确认刚创建的立方体处于被选择状态，按Ctrl+A组合键，打开Channel Box（通道盒），单击INPUTS下面的物体名称，调节立方体的Width（宽）为9，Height（高）为4，Depth（长）为2，如图7-5所示。

　　如果不勾选Interactive Creation（交互创建）选项，将在网格中心原点的位置创建一个长宽高数值都为1的立方体。

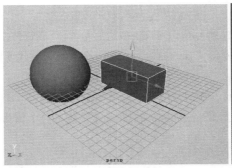

图 7-4　　　　　　　　　　　　　　　　图 7-5

7.1.3 圆柱体

Step01 执行菜单Create>Polygon Primitives>Cylinder（创建>多边形基本体>圆柱体）命令。

Step02 在透视图中按下鼠标左键并拖动鼠标，拉出一个圆形，在适当位置释放鼠标左键（确定截面的大小）；上下拖动鼠标，拉出圆柱体的高；在适当位置单击鼠标左键确定，一个圆柱体就产生了，如图7-6所示。

Step03 按下键盘上的Ctrl+A组合键，打开Channel Box（通道盒），选择Radius（半径），在视图中按住鼠标中键不放，鼠标指针形状变为双箭头，通过拖动鼠标的方式来修改Radius（半径）值为1.3，如图7-7所示，在Channel Box（通道盒）中观察其Subdivisions Axis（细分轴）值默认为20。

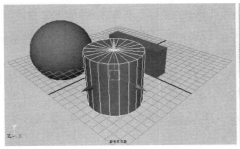

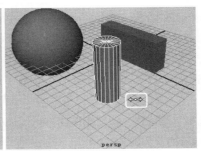

图 7-6　　　　　　　　　　　　　　　　图 7-7

Step04 在视图中再创建一个Radius（半径）为1.5，Height（高）为5，Subdivisions Axis（细分轴）为8的圆柱体，发现此时的圆柱体其实为一个八棱柱，如图7-8所示；Subdivisions Axis（细分轴）值为圆周面的片段数，它控制着圆柱体的圆滑程度，将它修改为8，这时圆柱体变成了一个八棱柱。

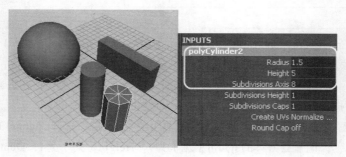

图 7-8

如果不勾选Interactive Creation（交互创建）选项，将在网格中心原点的位置创建一个半径为1、高度为2的圆柱体。

7.1.4 圆锥体

Step01 执行菜单Create>Polygon Primitives>Cone（创建>多边形基本体>圆锥体）命令。

Step02 在透视图的空白位置按下鼠标左键并拖动鼠标，拉出一个圆形，它代表圆锥体的底面，在适当位置释放鼠标左键确定。

Step03 向上拖动鼠标，拉出圆锥体的高，在适当位置单击鼠标左键确定。

Step04 在Channel Box（通道盒）中设置其Subdivisions Height（高度细分）值为12，如图7-9所示。

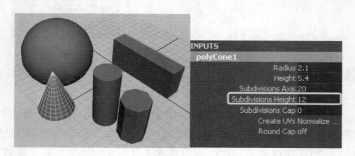

图 7-9

如果不勾选Interactive Creation（交互创建）选项，将在网格中心原点的位置创建一个半径为1、高度为2的圆锥体。

7.1.5 平面

Step01 执行菜单Create>Polygon Primitives>Plane（创建>多边形基本体>平面）命令。

Step02 在透视图中央按下鼠标左键并拖动鼠标，拉出一个平面，在适当的位置释放鼠标左键确定，完成平面的创建，我们这里创建一个与视图网格同样大小的平面，如图7-10所示。

如果不勾选Interactive Creation（交互创建）选项，将在网格中心原点位置创建一个长宽数值都为1的平面。

Step03 选择平面物体，执行菜单Display > Hide > Hide Selection（显示>隐藏>隐藏选择物体）命令，将平面隐藏，方便后面玩具的创建。

7.1.6 圆环

Step01 执行菜单Create>Polygon Primitives>Torus（创建>多边形基本体>圆环）命令。

Step02 在透视图中按下鼠标左键并拖动鼠标，拉出一个实体圆环，在适当位置释放鼠标左键；再次按下鼠标左键并拖动，确定它的截面半径，如图7-11所示。

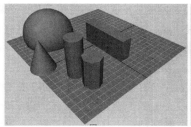

图 7-10 　　　　　　　　　　　　　 图 7-11

如果不勾选Interactive Creation（交互创建）选项，将在网格中心原点的位置创建一个Radius（半径）为1、Section Radius（截面半径）为0.5的圆环。

7.1.7　棱柱体

Step01　执行菜单Create>Polygon Primitives>Prism（创建>多边形基本体>棱柱体）命令。

Step02　在透视图中按下鼠标左键并拖动，在适当位置单击鼠标左键确定，一个棱柱体创建完毕。

Step03　在Channel Box（通道盒）中设置其Side Length（边长）值为3，Subdivisions Height（高度细分）为8，如图7-12所示。

图 7-12

7.1.8　管状体

Step01　执行菜单Create>Polygon Primitives>Pipe（创建>多边形基本体>管状体）命令。

Step02　在透视图中按下鼠标左键并拖动鼠标，拉出一个圆形，然后释放鼠标左键。

Step03　上下移动鼠标，这时会显现出圆管的高度。

Step04　继续移动鼠标，又会拉出一个空白的圆形，此空白圆形为圆管的内径截面，可在适当位置单击鼠标左键确定，一个圆管就产生了。

Step05　在Channel Box（通道盒）中设置其Radius（半径）值为2，Height（高度）为5，Thickness（厚度）为1，Subdivisions Axis（细分轴）为20，Subdivisions Height（高度细分）为6，Subdivisions Caps（顶部细分）为3，如图7-13所示。

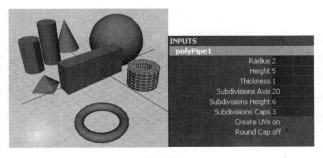

图 7-13

如果不勾选Interactive Creation（交互创建）选项，将在网格中心原点的位置创建一个Radius（半径）为1、Height（高度）为2、Thickness（厚度）为0.5、Subdivisions Axis（细分轴）为20的管状体。

7.1.9 螺旋体

Step01 执行菜单Create>Polygon Primitives>Helix（创建>多边形基本体>螺旋体）命令。

Step02 在透视图中按下鼠标左键并拖动鼠标，拉出一个圆形，然后释放鼠标左键。

Step03 上下移动鼠标，这时会显现出螺旋体的高度，释放鼠标左键。

Step04 再次移动鼠标，调节线圈的数量，释放鼠标左键。

Step05 继续移动鼠标，调节螺旋体的内径截面，可在适当位置单击鼠标左键确定，一个螺旋体就产生了，如图7-14所示。

如果不勾选Interactive Creation（交互创建）选项，将在网格中心原点的位置创建一个Coils（线圈）为3、Height（高度）为2、Width（宽度）为2、Radius（半径）为0.4的螺旋体。

7.1.10 足球多面体

Step01 执行菜单Create>Polygon Primitives>Soccer Ball（创建>多边形基本体>足球多面体）命令。

Step02 在透视图中按下鼠标左键并拖动鼠标，可以拉出足球多面体，达到满意的效果后释放鼠标左键，即创建了一个标准的足球多面体模型，如图7-15所示。

如果不勾选Interactive Creation（交互创建）选项，将在网格中心原点的位置创建一个Radius（半径）为1、Side Length（边长）为0.404的足球多面体。

7.1.11 柏拉图多面体

Step01 执行菜单Create>Polygon Primitives>Platonic Solids（创建>多边形基本体>柏拉图多面体）命令。

Step02 在透视图中按下鼠标左键并拖动鼠标，可以拉出一个柏拉图多面体，达到满意的效果后释放鼠标左键，即创建了一个标准的柏拉图多面体模型，如图7-16所示。

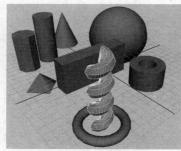
图 7-14

图 7-15

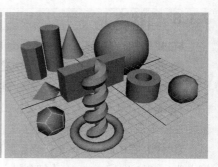
图 7-16

Step03 执行菜单File>Save Scene（文件>保存场景）命令，将场景保存。

如果不勾选Interactive Creation（交互创建）选项，将在网格中心原点的位置创建一个Radius（半径）为1、Side Length（边长）为0.714的柏拉图多面体。

 注：

任何模型的某个属性Subdivision（细分）值越大，模型就越光滑，但是模型所占的系统资源也就越大，所以在设置Subdivision（细分）值时一定要慎重。

在制作过程中如果有失误，按Ctrl+Z组合键可以返回上一步操作；如果有不需要的物体，可以在选中物体的情况下按键盘上的Delete键将它删除。

7.2 编辑多边形

知道了如何创建多边形基本体后，接下来我们来学习一下多边形基本组元的构成及它们的用法，特别是大量的多边形编辑命令需要大家熟练掌握。

7.2.1 多边形概念及右键菜单

Polygon（多边形）是一种表面几何体，它是由一系列的三边或多边的空间几何表面构成的。这些几何表面都是直边面，这与NURBS使用的圆滑的几何结构有本质的区别。假设三维空间中有多个点，将这些点用线段首尾相连，形成一个封闭的空间，填充这个封闭空间，就会产生一个多边形面，如果有许多这种多边形面连接在一起，每相邻的两个面都有一条公共边，就形成了一个空间网架结构，这就是一个Polygon（多边形）对象，中文习惯称为多边形物体。Polygon（多边形）是由顶点和边定义的。

01 Vertex（顶点）。

Vertex（顶点）是构成多边形对象最基本的元素，是处于三维空间中的一系列点。多边形的顶点保存了3个数字，这3个数字记录的是每个点在三维空间中的位置。

多边形的每个顶点都有一个编号，叫做顶点ID号，同一个多边形对象上每个序号是唯一的，并且是连续的，多边形顶点的ID号如图7-17所示。执行菜单Display > Polygons > Component IDs > Vertices（显示>多边形>组件ID号>顶点）命令，可以显示顶点ID号，再次执行此命令可以隐藏。

02 Edge（边）。

Vertex（顶点）间相互连接形成的直线段就是多边形的Edge（边）。因为多边形的边都是直线段，所以在渲染结果中，多边形的外轮廓线及组元面的外轮廓线均为折线，而不像NURBS模型那样可以得到光滑的曲线，如图7-18所示，左侧的图像是通过Surfaces（曲面）工具架中的NURBS Sphere（NURBS球体）创建的，右侧的则是通过 Polygon（多边形）创建的。

Polygon （多边形）每条边都有唯一的序号，称为边的ID号，如图7-19所示。执行菜单Display > Polygons > Component IDs > Edges（显示>多边形>组件ID号>边）命令，可以显示边ID号，再次执行此命令可以隐藏。

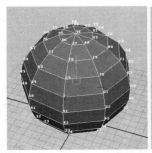

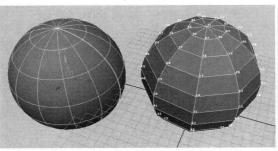
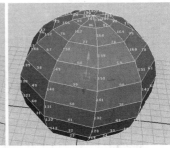

图 7-17　　　　　　　　　　　　图 7-18　　　　　　　　　　　　图 7-19

03 Face（面）。

在Polygon （多边形）模型中，将3个或3个以上的点用直线连接而形成的闭合图形就是Face（面），由3条边组成的面称为Triangles（三边面），由4条边组成的面称为Quadrilaterals（四边面）。Maya也支持超过4条边的面，称为N边面，但较少使用，如图7-20所示。

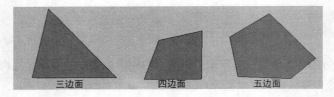

三边面　四边面　五边面

图 7-20

Polygon（多边形）的每个面都有唯一的序号，叫做面的ID号，如图7-21所示，除了自身的ID号以外，每个多边形的面上还会记录构成该面的所有多边形边的ID号。执行菜单Display > Polygons > Components IDs > Faces（显示>多边形>组件ID号>面）命令，可以显示面ID号，再次执行此命令可以隐藏。

顶点、边和面是Polygon的基本组成元素，通常被称为组元。选择并修改这些组元可以修改Polygon对象。

我们知道多边形物体操作灵活，便于修改，对于多边形的组件及其操作工具也可以通过右键菜单来执行，下面我们来了解一下多边形级别的切换。

首先在选中物体的情况下，按住鼠标右键不放就会出现快捷菜单，可以切换当前球体的Edge（边）、Vertex（顶点）、Face（面）、Vertex face（炸开面）和Object Mode（物体模式）、UV、Multi（多重）等模式，还有一些多边形操作的常用命令，如图7-22所示。

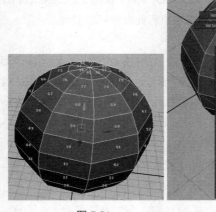

图 7-21

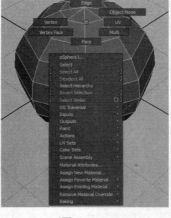

图 7-22

Step01 在透视图中创建一个球体，Radius（半径）为6，Subdivisions Axis（细分轴）为9，Subdivisions Height（高度细分）为11。

Step02 选择球体，球体在被选中的状态下为绿色。

Step03 在球体上按住鼠标右键不放弹出快捷菜单，拖动鼠标指针到Edge（边）上，此时可以单击选择球体上的任意一条边，球体上的边在选中的情况下为橙色。

Step04 在某条边上双击鼠标左键可以选中一条环形边，也可以通过菜单Select>Select Edge Loop Tool（选择>选择环形边工具）来选择环形边，通过菜单Select>Select Edge Ring Tool（选择>选择循环边工具）来选择循环边，同样也可以按住键盘上的Shift键来选择部分环形边或循环边。

Step05 在球体上按住鼠标右键不放弹出快捷菜单，拖动鼠标指针到Vertex（顶点）上，此时可以单击选择球体上的任意一个顶点，球体上的顶点在选中的情况下为黄色。

Step06 在球体上按住鼠标右键不放弹出快捷菜单，拖动鼠标指针到Face（面）上，此时可以单击选择球体上的任意一个面，球体上的面在选中的情况下为绿色。

Step07 在球体上按住鼠标右键不放弹出快捷菜单，拖动鼠标指针到Object Mode（物体模式）上，此时返回到物体编辑模式。

Step08 在球体上按住鼠标右键不放弹出快捷菜单，拖动鼠标指针到Multi（多重）上，此时可以同时选择多边形的顶点、边和面，也可以执行菜单Select>Multi Component（选择>多重组件）命令，这是Maya2014版本中新增加的功能。

以上只介绍了4种方法来切换物体的级别，其他级别的切换基本都类似，所以不做过多的介绍，了解了多边形级别的切换后，接下来还有一个重要的知识点，那就是多边形的法线，它直接关系到多边形能否正常显示。

7.2.2 法线显示

法线并不是一条真实存在的线，而是为了描述多边形表面而假定的一条理论线，它与多边形表面垂直。在Maya中用表面法线来定义多边形面的方向，或使用顶点法线来定义两个多边形面之间的共享边，以改变在阴影模式下如何显示两个面的转折效果，如图7-23所示。可以通过执行菜单Display > Polygons > Face Normals或者Vertex Normals（显示>多边形>面法线或者顶点法线）命令来显示或者隐藏法线。

01 Face Normals（面法线）。

从一个Polygon（多边形）面的中心画一条垂直于该表面的直线，用来描述多边形面的正面，这条直线被称为多边形的法线。法线是一条理论线，默认状态下它与多边形表面垂直，如图7-24所示。

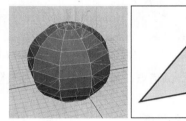
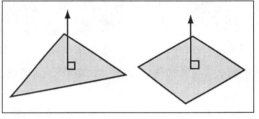

图 7-23   图 7-24

围绕多边形面的顶点的排列顺序决定了表面的方向，即哪一边是多边形表面的正面，哪一边是背面。虽然在Maya中所有Polygon都设置为双面，即从多边形的背面也可以看到多边形，但从理论上讲只有从多边形表面的正面才能看到该多边形对象。用户可以关闭多边形双面特征的属性开关。

在渲染时，Polygon（多边形）面的法线方向决定了对象表面如何反射光线，以及对象表面的明暗变化关系。

02 Vertex Normals（顶点法线）。

顶点法线决定了两个多边形面之间的视觉光滑程度，与面法线不同，顶点法线不是多边形固有的特性，但在渲染多边形明暗变化的过程中，顶点法线更适合描述反射。

按照系统默认方式，顶点法线显示为从顶点发射出的一组线，线的数量与使用该顶点的Polygon（多边形）面数相符，每个使用该顶点的面都有一条线。

7.2.3 挤出命令——水杯

我们刚刚经过了一些热身训练，学会了一些建立基本模型的方法，下面应用实例来学习一些多边形常用的操作命令，并创建出自己想要的造型。

Step01 执行菜单Create > Polygon Primitives > Cylinder（创建>多边形基本体>圆柱体）命令，在透视图中按下鼠标左键并拖动鼠标，拉出一个圆形，在适当位置释放鼠标左键（确定截面的大小）；上下拖动鼠标，拉出圆柱体的高；在适当位置单击鼠标左键确定，一个圆柱体就产生了。

Step02 单击状态栏中的 🔲（通道盒）按钮，在通道盒内就会显示出当前物体的名称、物体在世界坐标系中的位置和一些基本的信息。

Step03 单击INPUTS（输入节点）下的PolyCylinder1（圆柱体创建节点）。

Step04 调整Radius（半径）为0.8，改变圆柱体的半径大小。

Step05 继续调整Height（高度）为2.5，改变圆柱体的高度。

Step06 调节Subdivisions caps（细分盖部），减少盖部的细分段数，将数值改为0，结果如图7-25所示。

Step07 在圆柱体上按住鼠标右键不放，拖动鼠标指针到Face（面）上，此时可以单击选择球体上的任意一个面，选择需要挤出的面，即顶部的面，执行菜单Edit Mesh>Extrude（编辑网格>挤出）命令，如图7-26所示。

Step08 选择操作手柄，将顶部面缩小到图7-27所示的状态，缩放到合适位置后按键盘上的G键，再次应用挤出命令，向下移动选择的面，如图7-28所示。

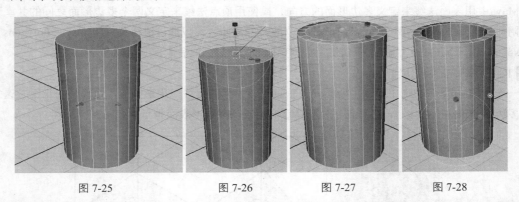

图 7-25　　　　　　　图 7-26　　　　　　　图 7-27　　　　　　　图 7-28

Step09 进入对象的Vertex（顶点）级别，选取杯口的顶点，如图7-29所示，使用缩放工具放大杯口，如图7-30所示。

Step10 使用同样的方法，挤出杯部底座部分，注意不要挤出过大，最终结果如图7-31所示。

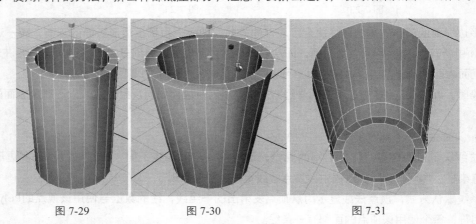

图 7-29　　　　　　　图 7-30　　　　　　　图 7-31

Step11 执行菜单File > Save Scene（文件>保存场景）命令，将场景保存。

这样一个简单的水杯模型就制作成功了，接下来我们详细讲解有关更多多边形的编辑命令。

7.2.4 多边形编辑命令

多边形编辑命令主要存在于Mesh（网格）和Edit Mesh（网格编辑）菜单中。

7.2.4.1 Mesh（网格）菜单

Mesh（网格）菜单中的多边形编辑命令如图7-32所示。

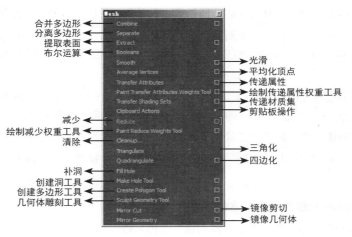

图 7-32

01 Combine（合并多边形）：将所选择的多个多边形对象合并成一个单独的对象。合并后的多边形并没有共享边，它们自身在形状上仍然是相互独立的，只是这些多边形可以当做一个对象来操作。

02 Separate（分离多边形）：把多边形对象中未共享边的多边形面分离为几个单独的对象。例如，将Combine（合并）的多边形进行分离。

03 Extract（提取表面）：从多边形上选择一个或多个面将它们分离出来。

04 Booleans（布尔运算）：布尔运算是一个比较直观的建模方法，它使用一个形状来切割另一个形体。使用多边形布尔运算可以对那些表面相交的物体进行操作，这些操作运算的结果基于选择的布尔运算类型（差集、并集或交集）而产生新的物体。

05 Smooth（光滑）：对所选择的多边形进行细分，并自动调整顶点位置，从而得到平滑的表面。

06 Average Vertices（平均化顶点）：通过调整顶点的位置来平滑多边形网格。与Smooth（平滑）不同的是，AverageVertices（平均化顶点）不会增加多边形的数量。

07 Transfer Attributes（传递属性）：可以传递UV、Color Per Vertex（每顶点颜色）［（CPV）］，以及不同拓扑结构之间的顶点位置信息（也就是，该网格有不同的形状，且顶点和边是不同的）。

08 Paint Transfer Attributes Weights Tool（绘制传递属性权重工具）：主要用于设置Paint Transfer Attributes Weights Tool（绘制传递属性权重工具）的基本参数，如笔刷的大小、轮廓类型、绘制属性等。

09 Transfer Shading Sets（传递材质集）：用于传递几何体之间的材质。

10 Clipboard Actions（剪贴板操作）：可以快速方便地从其他物体拷贝和粘贴UV点、材质和颜色的方法，甚至是在同一物体内进行面与面之间的拷贝和粘贴。

11 Reduce（减少）：减少物体上不需要细节的多边形数量。

12 Paint Reduce Weights Tool（绘制减少权重工具）：通过绘制权重来决定多边形在哪个区域简化得多些，在哪个区域简化得少些。

13 Cleanup（清除）：清除零面积的面或零长度的边，还可以镶嵌一些面，这些面在Maya中可能是有效的，但在游戏引擎中是无效的，如凹面或带洞的面。

14 Triangulate（三角化）：将多边形分解为三角形，这样可确保所有的多边形都是平面且没有洞，三角化更适合于渲染计算，特别是当模型中包含有非平面的面时更是如此。

15 Quadrangulate（四边化）：把多边形物体中三边的面合并为四边的面。

16 Fill Hole（补洞）：通过创建一个由3条或者更多条边组成的多边形来填补模型网格上有洞的区域。

17 Make Hole Tool（创建洞工具）：在多边形上创建指定形状的洞。

18 Creat Polygon Tool（创建多边形工具）：可以使用创建多边形工具创建任意形状的多边形，但该多边形只有一个组元，也就是内部没有共享边，创建多边形工具还可以创建有洞的多边形。

19 Sculpt Geometry Tool（几何体雕刻工具）：用笔触快速改变NURBS、Polygon及Subdivision表面的形状，该工具采用绘制的方式可以推、拉多边形顶点，经过雕刻后得到自己想要的形状，它的操作方式就像雕泥塑一样。

20 Mirror Cut（镜像剪切）：执行该选项会给所选对象创建一个对称框，通过移动其操纵器来改变对称框的位置和方向，从而指定镜像中心与镜像方向，这样当镜像后的对象与原对象重叠时就会将重叠部分自动裁掉，这样做能够使对称建模变得更加简单方便。

21 Mirror Geometry（镜像几何体）：可以对物体进行复制并镜像反转，该命令在创建一些对称模型的时候经常用到。

7.2.4.2 Edit Mesh（编辑网格）菜单

Edit Mesh（编辑网格）菜单中的多边形编辑命令如图7-33所示。

01 Show Modeling Toolkit（显示建模工具）：用于显示或隐藏建模工具箱。

02 Keep Faces Together（保持面连续）：保持新生成的面在一起。

03 Extrude（挤出）：将所选的面向一个方向挤出。

04 Bridge（桥接）：可以在两条边界边之间建立一个Polygon（多边形）过渡面。

05 Append to Polygon Tool（扩展多边形工具）：从现有的多边形对象向外扩展，它是以当前多边形的边界边作为向外扩展的起点。

06 Project Curve on mesh（在网格上投影曲线）：将曲线投影到多边形曲面上。

07 Split mesh with projected curve（使用投影的曲线分割曲线）：在多边形曲面上分割或分割并分离边。

08 Cut Faces Tool（切面工具）：沿着一条线切割模型上所有的面，与这条线相交的面都会被切割。

09 Split Polygon Tool（分割多边形工具）：创建新的面、顶点和边，把现有的面分割为多个面。

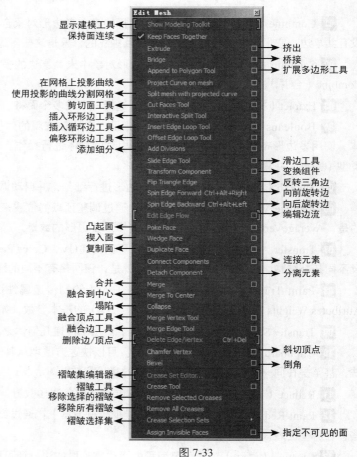

图 7-33

10 Insert Edge Loop Tool（插入环形边工具）：在多边形上找到一排圈状线，插入一条新的环状线将它们切开。

11 Offset Edge Loop Tool（偏移环形边工具）：在多边形上找到一条环状线，在这条环状线的两边等距离的位置上各插入一条新的环状线。

12 Add Divisions（添加细分）：将多边形面细分成三边面和四边面。

13 Slide Edge Tool（滑边工具）：沿一个多边形的面来移动此面的一条边。

14 Transform Component（变换组件）：可以变换（移动、旋转或缩放）多边形组件（边、顶点、面、UV点），并且创建一个历史节点，这意味着在特定元素上应用的特定变换操作将被保存，可以在随后的操作中选择变换节点，而不用繁琐地重复设置变换数值。

15 Flip Triangle Edge（反转三角边）：控制相邻多边形边的方向，它相当于删除一条边，寻找相反的顶点，并进行分裂操作。

16 Spin Edge Forward（向前旋转边）：快速地切换两个连续四边面中的公共边，方便更改模型的拓扑结构。

17 Spin Edge Backward（向后旋转边）：快速地切换两个连续四边面中的公共边，方便更改模型的拓扑结构。

18 Edit Edge Flow（编辑边流）：改变已有边，使其按照一定的曲率连贯性地排列。

19 Poke Face（凸起面）：使用三角面细分所选的面，并在面上形成一个细分中心，可以通过手柄推拉该中心，得到凸起或凹陷的效果。

20 Wedge Face（楔入面）：基于面和一条边，挤出并旋转得到许多楔形面。

21 Duplicate Face（复制面）：复制多边形上的部分面，并可以脱离原来的模型成为独立的片面，而原来的模型保持不变。

22 Connect Components（连接元素）：连接多个顶点和边，这些元素必须是相邻的，意味着顶点和边必须共面并且相邻。

23 Detach Component（分离元素）：对多边形的顶点和边元素进行分离。

24 Merge（合并）：合并设定的距离范围内的顶点。

25 Merge to Center（融合到中心）：将面、边或者顶点融合到中心的位置。

26 Collapse（塌陷）：Collapse（塌陷）命令的作用与Merge to Center（融合到中心）命令很相似，用于将所选的边或者面塌陷为一个顶点。

27 Merge Vertex Tool（融合顶点工具）：将选择的点拖曳到想要合并的顶点之上进行合并。

28 Merge Edge Tool（融合边工具）：合并两条边界边。

29 Delete Edge/Vertex（删除边/顶点）：使用键盘上的Backspace或Delete键只能删除边（不能删除这条边上的顶点），有时可能想把边末端的共享顶点也一同删除，此时可以使用Delete Edge/Vertex（删除边/顶点）命令来删除不再需要的顶点。

30 Chamfer Vertex（斜切顶点）：在顶点之间产生斜切面。

31 Bevel（倒角）：用于平滑尖锐的边或角。

32 Crease Set Editor（褶皱集编辑器）：创建并管理场景中的折痕集。

33 Crease Tool（褶皱工具）：可以使选择的点或者边产生褶皱效果，形成硬边。

34 Remove selected（移除选择的褶皱）：移除选择的褶皱边效果。

35 Remove All Creases（移除所有褶皱）：移除对象所有的褶皱效果。

36 Crease Selected Sets（褶皱选择集）：创建褶皱集，方便再次选择之前选择的褶皱边。

37 Assign Invisible Faces（指定不可见的面）：可以给多边形网格指定不可见的面。这些被指定的面仍然存在并且可以被操作，但是在渲染中不会显示出来。

Mesh（网格）和Edit Mesh（网格编辑）菜单中命令的具体操作请详见随书配套光盘中的教学视频。

7.3 挤出建模——反恐游戏专用箱

在Maya中，可以通过关闭Edit Mesh（编辑网格）菜单中的Keep Faces Together（保持面连续）功能，

基础

建模

渲染

动画

特效

然后使用Extrude（挤出）命令，挤出相应的造型；开启与关闭Keep Faces Together（保持面连续）功能得到的挤出模型差距很大，下面学习利用这种功能如何制作出一个反恐游戏专用的木箱。

7.3.1 建立基本立方体

为了制作出木箱，首先需要建立一个基本立方体，在此基础上才能进行其他的操作。

Step01 执行菜单Create>Polygon Primitives>Cube（创建>多边形基本体>立方体）命令，在透视图中央按下鼠标左键并拖曳鼠标，拉出一个矩形框，释放鼠标（如果已决定了立方体的底面大小）。

Step02 上下拖拉鼠标，在其余视图中可看到厚度的变化；在适当位置再次单击鼠标左键，立方体的制作便完成了；按5键将立方体以实体显示。

7.3.2 关闭保持面连续

现在关闭Keep Faces Together（保持面连续）功能，对相应的面进行Extrude（挤出），制作出凹槽。

Step01 执行菜单Edit Mesh>Keep Faces Together（编辑网格>保持面连续）命令，关闭Keep Face Together（保持面连续）命令，如图7-34所示。

Step02 在立方体上按住鼠标右键不放，从弹出的快捷菜单中选择Face（面）选项，进入面子对象级别。

Step03 选择需要挤出的面，执行菜单Edit Mesh > Extrude（编辑网格>挤出）命令，调节操纵手柄，对选择的面进行缩放，如图7-35所示；操纵手柄的上方格为缩放工具，箭头为移动工具，长斜手柄为切换方向工具。

Step04 缩放到合适位置，然后按键盘上的G键，再次应用挤出命令，继续缩放选择的面，如图7-36所示。

图 7-34   图 7-35   图 7-36

Step05 按键盘上的G键，再次应用挤出命令，向内移动选择的面，如图7-37所示。

Step06 对其他的面进行同样的操作，最终得到的箱子如图7-38所示。

图 7-37   图 7-38

Step07 在立方体上按住鼠标右键不放，从弹出的快捷菜单中选择Object Mode（物体模式）选项，退出面子对象级别。

这样一个木箱就大体制作完成了，接下来需要复制出几个木箱，让场景更加丰富。

Step08 执行菜单Edit>Duplicate（编辑>复制）命令，可以将木箱复制出两个，然后利用工具盒中的 ▨ 移动工具和 ▨ 旋转工具，在透视图中调整几个箱子的位置，如图7-39所示。

Step09 执行菜单File > Save Scene（文件>保存场景）命令，将场景保存为Extrude.mb。

随书配套光盘中提供了一个细节更加丰富的反恐游戏专用箱模型场景文件，如图7-40所示，可以参见随书配套光盘中的DVD01\scene\chap07\DVD_Box.mb文件。

图 7-39　　　　　　　　　　　图 7-40

7.3.3　开启保持面连续

从上面的例子中我们可以看到，关闭Keep Faces Together（保持面连续）功能得到的挤出面是相互独立的，如果开启Keep Faces Together（保持面连续）功能，效果又是怎样呢？这里我们再来做一次尝试。

Step01 在透视图中创建一个球体。

Step02 在球体上按住鼠标右键不放，从弹出的快捷菜单命中选择Face（面）选项，进入面子对象级别。

Step03 选择需要提取的多个面，分别取消和应用Keep Faces Together（保持面连续），执行菜单Mesh > Extract（网格>提取）命令，视图中出现操纵手柄，移动操纵手柄，将面提取出来，如图7-41所示。

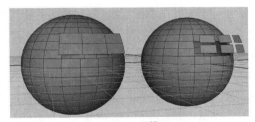

开启Keep Faces Together　　关闭Keep Faces Together

图 7-41

从中可以看出提取出来的面是一个整体，这就是Keep Faces Together（保持面连续）命令的作用。

7.4　环形切分——油漆桶

油漆桶的形状与基本几何体的圆柱体很相似，可以从一个基本圆柱体经过加线、挤出及调点等操作得到。

7.4.1　建立基本圆柱体

Step01 执行菜单Create > Polygon Primitives > Cylinder（创建>多边形基本体>圆柱体）命令，在透视图中按下鼠标左键并拖动鼠标，拉出一个圆形，在适当位置释放鼠标左键（确定截面的大小）；上下拖动鼠标，拉出圆柱体的高，在适当位置单击鼠标左键确定，一个圆柱体就产生了。

Step02 根据油桶的大小调整圆柱体的大小和分段数，如图7-42和图7-43所示，设置Radius（半径）为1，height（高度）为2，Subdivisions Axis（细分轴）为20，Subdivisions Height（高度细分）为1，Subdivisions Caps（顶端细分）为0。

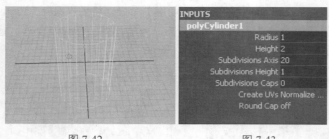

图 7-42   图 7-43

7.4.2 添加环形线

Step01 执行菜单Edit Mesh>Insert Edge Loop Tool（编辑网格>插入环形边工具）命令，在圆柱体上水平拖动鼠标，为圆柱体添加环形线，如图7-44所示，为圆柱体中心位置添加4条环形线。

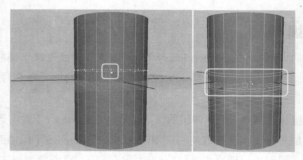

图 7-44

Step02 进入到Face（面）级别，结合Shift键依次加选环形线之间的两个面，然后双击鼠标左键就可以环选一圈的面，接着使用移动工具将这圈面进行移动，调整到合适的位置；对另外一圈环形线之间的面也进行调整，如图7-45所示。

Step03 用同样的方法在油桶的上面添加两条环形线，如图7-46所示。

Step04 单击菜单Edit Mesh>Insert Edge Loop Tool（编辑网格>插入环形边工具）命令后面的方块 ，打开插入环形边工具参数设置窗口，调节命令参数，如图7-47所示，设置Number of edge loops（环形边数量）为6，在刚创建的两条环形边之间单击鼠标，即可产生新的6条环形边。

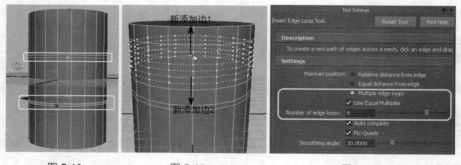

图 7-45   图 7-46   图 7-47

Step05 继续在油桶的底端添加6条环形线，如图7-48所示。

Step06 隔一排选择一排环形面，如图7-49所示，一共8排。

Step07 执行菜单Edit Mesh>Extrude（编辑网格>挤出）命令，用操纵手柄控制向内挤压效果。

Step08 继续选择油漆桶中间的两排环形面，执行菜单Edit Mesh>Extrude（编辑网格>挤出）命令，用操纵手柄控制向外拉伸的效果，如图7-50所示。

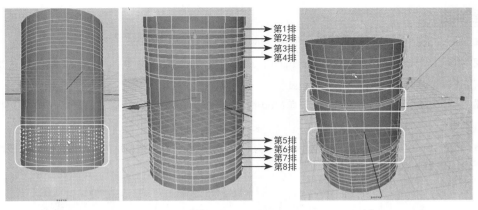

图 7-48   图 7-49   图 7-50

Step09 在油漆桶上按住鼠标右键不放，从弹出的快捷菜单中选择Object Mode（物体模式）选项，退出面子对象级别。按下数字键3，将圆柱体以高级光滑的方式显示出来，如图7-51所示。

Step10 选择油漆桶顶端的一个面，执行菜单Edit Mesh>Extrude（编辑网格>挤出）命令，用操纵手柄控制挤压效果，缩放到合适位置后按G键，再次应用挤出命令，向内部移动选择的面，如图7-52所示。

Step11 使用相同的方法继续处理油桶的底面，如图7-53所示。

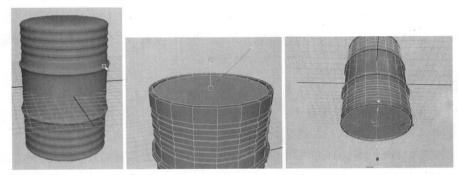

图 7-51   图 7-52   图 7-53

Step12 单击菜单Edit Mesh>Insert Edge Loop Tool（编辑网格>插入环形边工具）命令后面的方块▢，打开插入环形边工具参数设置窗口，调节命令参数，如图7-54所示，将参数设置为默认状态。

Step13 在油桶的顶端和底端各添加一条环形边，如图7-55所示。

Step14 选择顶端和底端的一圈环形面，执行菜单Edit Mesh>Extrude（编辑网格>挤出）命令，用操纵手柄控制向外挤出效果，如图7-56所示。

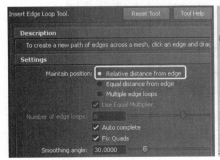

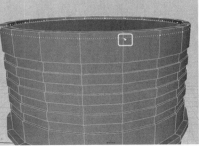

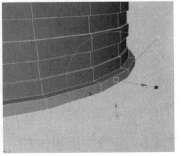

图 7-54   图 7-55   图 7-56

这样油桶的基础外形就制作完成了，接下来我们继续制作油桶的进油口。

7.4.3 复制面

Step01 进入Face（面）级别，选择油桶顶端的一个面，如图7-57所示。

Step02 执行菜单Edit Mesh>Duplicate Face（编辑网格>复制面）命令，将油桶顶端的面片复制出一个来，移动它的位置，如图7-58所示。

Step03 选择复制出来的面片，执行菜单Modify>Center Pivot（修改>枢轴点居中）命令，将面片的枢轴点移到对象中心。

Step04 转到Top（顶）视图，单击█缩放工具，将面片缩放到合适的大小，然后利用█移动工具将面片移动到合适的位置，如图7-59所示。

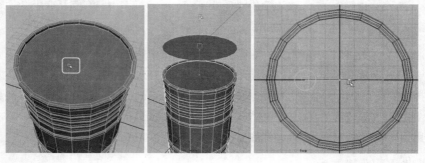

图 7-57   图 7-58   图 7-59

Step05 执行菜单Edit>Duplicate（编辑>复制）命令，将面片复制出一个，垂直移动复制面的位置，如图7-60所示。

7.4.4 打洞

Step01 进入Object Mode（物体模式），选择复制出来的面，按Shift键加选油桶，执行菜单Mesh>Combine（网格>合并）命令，将两个对象进行合并，如图7-61所示。

Step02 单击菜单Mesh> Make Hole Tool（网格>创建洞工具）命令后面的方块█，打开工具参数设置窗口，调节选项，如图7-62所示，设置Merge Mode（合并模式）为Project Second（将第1个投射到第2个）。

Step03 进入Face（面）模式，继续选择复制出来的面片，按下Shift键加选油桶顶端的面，执行菜单Mesh> Make Hole Tool（网格>创建洞工具）命令，将油桶顶端的面按照复制面片的大小打一个洞。

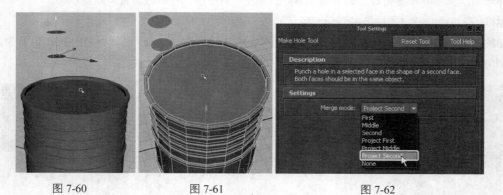

图 7-60   图 7-61   图 7-62

7.4.5 编辑油桶进油口

Step01 进入到Edge（边）级别，双击选择进油口中一条边，可以选择一圈循环边，执行菜单Edit Mesh>Extrude（编辑网格>挤出）命令，用操纵手柄控制向上挤压效果，如图7-63和图7-64所示。

Step02 按G键，继续使用挤出命令，用操纵手柄控制向外挤压效果，如图7-65所示；按G键，继续使用挤出命令，用操纵手柄控制向下挤压效果，得到一个完整的盖口效果，如图7-66所示。

   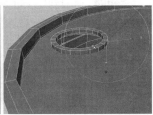

| 图 7-63 | 图 7-64 | 图 7-65 | 图 7-66 |

Step03 进入Face（面）模式，选择顶端的一圈面，使用 移动工具向上调整它的位置，使油桶口高度更高一些，如图7-67所示。

Step04 执行菜单Edit Mesh>Insert Edge Loop Tool（编辑网格>插入环形边工具）命令，为进油口添加3条环形线，如图7-68所示。

Step05 选择进油口底端的面，执行菜单Edit Mesh>Extrude（编辑网格>挤出）命令，用操纵手柄控制向外挤出效果，如图7-69所示。

Step06 选择进油口中部的循环面，继续执行菜单Edit Mesh>Extrude（编辑网格>挤出）命令，用操纵手柄控制向外拉出效果，如图7-70所示。

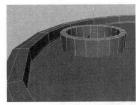  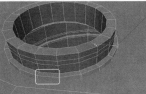 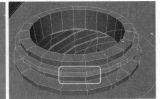

| 图 7-67 | 图 7-68 | 图 7-69 | 图 7-70 |

为了让模型细化后不至于太过圆滑，需要继续添加循环边，并对模型进行一系列的设置，使用到的命令为Mesh>Triangulate（网格>三角化）、Mesh>Quadrangulate（网格>四角化），以及Edit Mesh>Delete Edge/Vertex（编辑网格>删除边/顶点）命令，具体操作过程参见随书光盘中的相应视频。

7.4.6 切分多边形

接下来我们制作油桶盖，这里所要运用的新命令为Edit Mesh>Split Polygon Tool（编辑网格>分割多边形工具）。

Step01 选择之前应用Edit Mesh>Duplicate Face（编辑网格>复制面）命令复制面，如图7-71所示。

Step02 执行菜单Edit Mesh>Extrude（编辑网格>挤出）命令，用操纵手柄控制向上挤出效果，如图7-72所示。

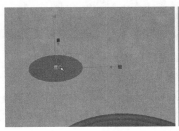 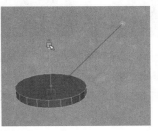

| 图 7-71 | 图 7-72 |

Step03 重复执行菜单Edit Mesh>Extrude（编辑网格>挤出）命令，用操纵手柄控制向内挤压效果，如图7-73所示；按G键，继续使用挤出命令向下挤压，得到如图7-74所示的效果。

Step04 返回到Object Mode（物体模式）级别，执行菜单Edit Mesh>Split Polygon Tool（编辑网格>分割多边形工具）命令，通过在油桶盖子的内凹面两点之间单击鼠标来创建分割线，一共执行3次命令，创建3条分割线，切分多边形面，如图7-75和图7-76所示。

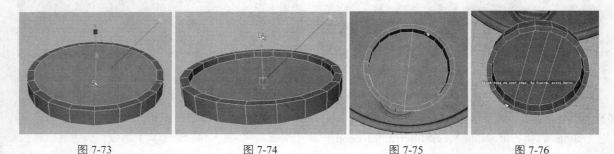

图 7-73　　　　　　　　图 7-74　　　　　　　　图 7-75　　　　　　　　图 7-76

Step05 进入Face（面）级别，选择图7-77所示的面和它对面的面，按下键盘上的Delete键，将这些面删除。

Step06 继续选择图7-78所示的面，执行菜单Edit Mesh>Extrude（编辑网格>挤出）命令，用操纵手柄控制向上挤出效果，如图7-79所示。

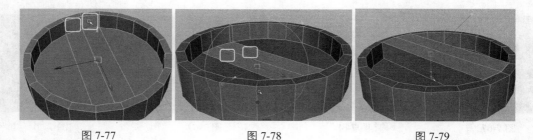

图 7-77　　　　　　　　　图 7-78　　　　　　　　　图 7-79

Step07 因为向上挤压时不可能与边缘平面平行，所以使用挤压命令生成了一些多余的面，这里我们需要选择这些多余的面，如图7-80所示，按下键盘上的Delete键，将这些面删除。

Step08 同样，在模型的对面也需要进行这样的删除操作。

Step09 这时发现点和点之间都是分离的，需要将这些点重合到一起，于是进入Vertex（顶点）模式，选择一个点，按住V键不放，在图标变成圆环虚线后，将其移动，使它吸附到另一个点上，如图7-81所示。

图 7-80　　　　　　　　图 7-81

Step10 对其他分离的点也进行与相近点吸附的操作。

Step11 框选全部吸附的顶点，执行菜单Edit Mesh>Merge（编辑网格>合并）命令，将重合的点进行合并。

对油桶盖的底端也进行同样的挤压操作，大致模型如图7-82所示。

为了让模型细化后不至于太过圆滑，需要继续添加循环边，通过执行菜单Edit Mesh>Insert Edge Loop Tool（编辑网格>插入环形边工具）命令插入循环边，最终油桶盖效果如图7-83所示。

最终油桶的效果如图7-84所示，读者可尝试添加更多细节。

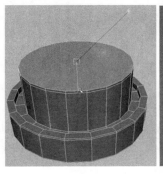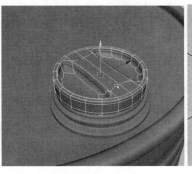

图 7-82   图 7-83   图 7-84

最终场景文件可参见随书配套光盘中的DVD01\scene\chap07\youqitong.mb。

7.5 太空杯

单纯学习建模命令过于枯燥，所以本例将一些多边形建模常用的命令结合到一起学习，以增加学习的乐趣。下面的练习中将使用Maya提供的多边形建模命令制作一个太空杯。

7.5.1 杯子盖基本体

Step01 执行菜单Create>Polygon Primitives>Cylinder（创建>多边形基本体>圆柱体）命令，在透视图中按下鼠标左键并拖动鼠标，拉出一个圆形，在适当位置释放鼠标左键（确定截面的大小）；上下拖动鼠标，拉出圆柱体的高；在适当位置单击鼠标左键确定，一个圆柱体就产生了。

Step02 按Ctrl+A组合键打开通道盒，在通道盒中设置圆柱体的参数，如图7-85所示。

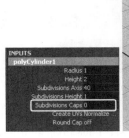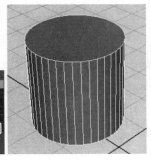

图 7-85

7.5.2 为模型加边

Step01 执行菜单Edit Mesh>Insert Edge Loop Tool（编辑网格>插入环形边工具）命令，在圆柱体部分添加一条环形线，如图7-86所示。

Step02 进入Face（面）子级别，选择太空杯盖底端的面，执行菜单Edit Mesh>Extrude（编辑网格>挤出）命令，用操纵手柄控制向内挤压效果，如图7-87所示。

Step03 按G键重复上一步挤压操作，用操纵手柄控制向上挤压效果，如图7-88所示。

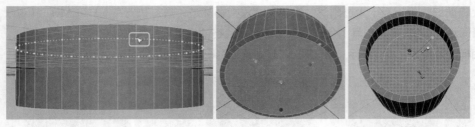

| 图 7-86 | 图 7-87 | 图 7-88 |

Step04 继续选择太空杯盖顶端的面，执行菜单Edit Mesh>Extrude（编辑网格>挤出）命令，用操纵手柄控制向内挤压效果，如图7-89所示，再向上移动一定距离。

Step05 执行菜单Edit Mesh>Insert Edge Loop Tool（编辑网格>插入环形边工具）命令，为挤出来的面添加环形线，如图7-90所示，一共添加了3条环形线。

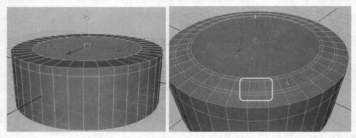

| 图 7-89 | 图 7-90 |

Step06 选择切分出来的两个循环面，执行菜单Edit Mesh>Extrude（编辑网格>挤出）命令，用操纵手柄控制向下挤压效果，如图7-91所示。

Step07 继续选择太空杯一端对称的4个面，执行菜单Edit Mesh>Extrude（编辑网格>挤出）命令，用操纵手柄控制向外拉伸效果，如图7-92所示。

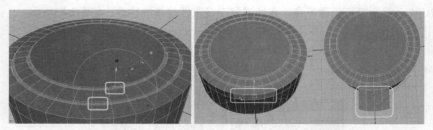

| 图 7-91 | 图 7-92 |

Step08 通过调整控制手柄来缩小挤出图形的外端，如图7-93所示。

Step09 为使模型更加细腻，执行菜单Edit Mesh>Insert Edge Loop Tool（编辑网格>插入环形边工具）命令，为杯子盖下端添加一条分割线，如图7-94所示。

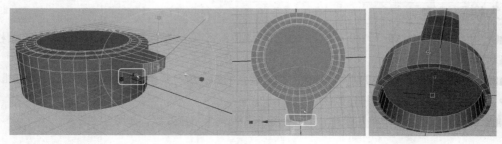

| 图 7-93 | 图 7-94 |

7.5.3 杯体花纹

接下来创建杯体上侧的花纹。

Step01 每隔两格选择两个面，如图7-95所示。

Step02 执行菜单Edit Mesh>Extrude（编辑网格>挤出）命令，向内挤压选择的面，如图7-96所示。

Step03 按数字键3预览模型光滑效果，如图7-97所示，发现并不是我们所需要的效果，接下来对其进行加边操作。

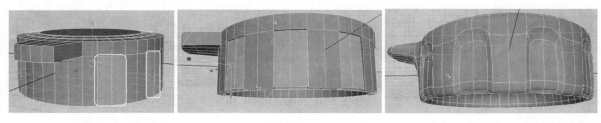

图 7-95   图 7-96   图 7-97

Step04 按数字键1返回多边形编辑状态，执行菜单Edit Mesh>Insert Edge Loop Tool（编辑网格>插入环形边工具）命令，为模型再添加4条边，如图7-98~图7-100所示。

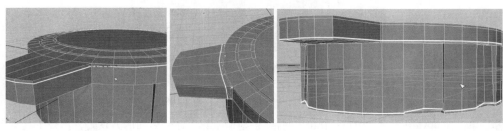

图 7-98   图 7-99   图 7-100

Step05 按数字键3预览模型光滑效果，发现花纹效果比加边之前好多了，如图7-101所示，按数字键1返回多边形编辑状态。最后为杯盖内侧面添加两条边，如图7-102所示，使杯子整体造型趋于完善。

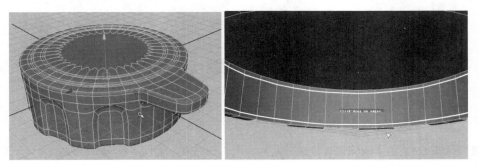

图 7-101   图 7-102

7.5.4 镂空圆孔造型

接下来对杯盖上的圆孔进行造型，我们这里要制作的是一个穿透孔的效果。

Step01 执行菜单Create > Polygon Primitives > Cylinder（创建>多边形基本体>圆柱体）命令，新建一个Subdivisions Axis（细分轴）为10，Subdivisions Caps（顶部细分）为0的圆柱体。

Step02 进入Face（面）编辑模式，框选底下所有的面，按Delete键删除，只保留顶部的面，通过缩放工具对其进行缩放并调整位置，如图7-103和图7-104所示。

右侧边栏：基础　建模　渲染　动画　特效

Step03 参考四视图，移动面到合适的位置后，执行菜单Edit Mesh>Duplicate Face（编辑网格>复制面）命令，将面片复制出一个，调整其位置，如图7-105所示。

Step04 回到Object Mode（物体模式）编辑状态，选择3个模型，执行菜单Mesh> Combine（网格>合并）命令，将3个对象进行合并，如图7-106所示。

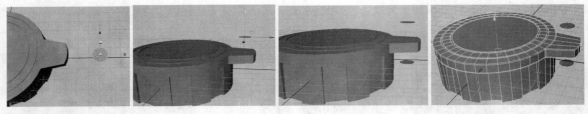

| 图 7-103 | 图 7-104 | 图 7-105 | 图 7-106 |

Step05 进入Edge（边）编辑状态，选择图7-107和图7-108所示的6条边；接下来需要对这些边所在的平面进行打洞操作，而打洞的前提是一个面与另外一个面进行的，所以打洞之前我们需要删除这些边。

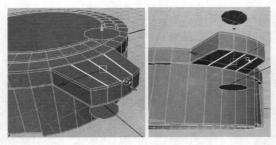

图 7-107　　　　　图 7-108

Step06 单击菜单Mesh> Make Hole Tool（网格>创建洞工具）命令后面的方块▢，打开工具参数设置窗口，调节选项，设置Merge Mode（合并模式）为Project Second（将第1个投射到第2个）。

Step07 按顺序选择图7-109所示的多边形表面，按下键盘上的Enter（确定）键，结果如图7-110所示。

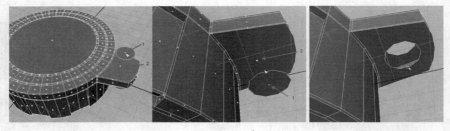

图 7-109　　　　　　　　　　图 7-110

Step08 回到Edge（边）编辑模式，选择圆孔上端的一圈边，执行菜单Edit Mesh>Extrude（编辑网格>挤出）命令，在侧视图中用操纵手柄控制挤压效果，如图7-111和图7-112所示，将上下两条边连接。

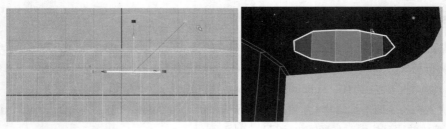

图 7-111　　　　　　　　　　图 7-112

Step09 进入Vertex（顶点）级别，框选重叠的顶点，执行菜单Edit Mesh>Merge（编辑网格>合并）命令，将重合的点进行合并，如图7-113所示。

Step10 执行菜单Edit Mesh>Insert Edge Loop Tool（编辑网格>插入环形边工具）命令，为把手结构添加两条环形线，如图7-114所示。

Step11 进入Face（面）编辑级别，选择把手的上表面和下表面；执行菜单Mesh>Triangulate（网格>三角化）命令，将所选的面转换成三角面，结果如图7-115所示。

Step12 继续执行菜单Mesh>Quadrangulate（网格>四角化）命令，将所选的三角面转换成四角面，结果如图7-116所示。

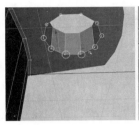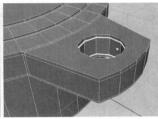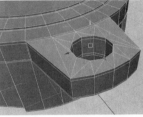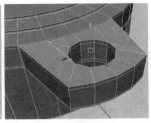

图 7-113   图 7-114   图 7-115   图 7-116

进入Object Mode（物体模式）级别，按数字键3，将太空杯盖以高级光滑的方式显示出来，观察效果，至此太空杯的盖子就制作完成了。

7.5.5 杯身造型

杯身造型是通过复制杯盖底面，然后挤出基本造型，最后对基本造型进行编辑完成的。

Step01 进入对象的Face（面）级别，选择杯盖的内表面，如图7-117所示。

Step02 执行菜单Edit Mesh>Duplicate Face（编辑网格>复制面）命令，将选择的面复制出来一个，如图7-118所示。

Step03 旋转到侧视图，利用■移动工具将面片移动到合适的位置，如图7-119所示。

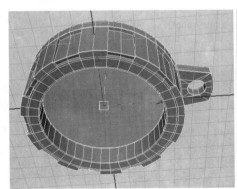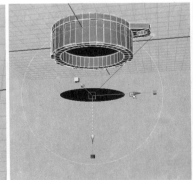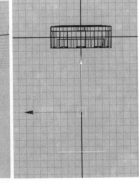

图 7-117   图 7-118   图 7-119

Step04 执行菜单Edit Mesh>Extrude（编辑网格>挤出）命令，在侧视图中用操纵手柄控制挤压效果，如图7-120所示。

Step05 进入对象的Vertex（顶点）级别，选取杯身底部的顶点，如图7-121所示；使用缩放工具缩小杯底，如图7-122所示。

Step06 进入对象的Face（面）级别，选择杯身底部的面，如图7-123所示。

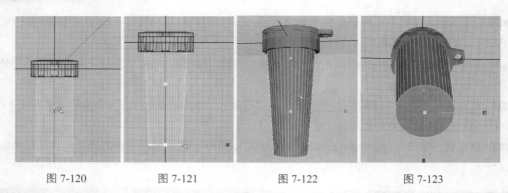

图 7-120　　　　　图 7-121　　　　　图 7-122　　　　　图 7-123

Step07　执行菜单Edit Mesh>Extrude（编辑网格>挤出）命令，在透视图中用操纵手柄控制挤压效果，如图7-124所示。缩放到合适位置后按键盘上的G键，继续向下移动选择的面，如图7-125所示。

Step08　执行菜单Edit Mesh>Insert Edge Loop Tool（编辑网格>插入环形边工具）命令，为太空杯身添加环形线，如图7-126所示。

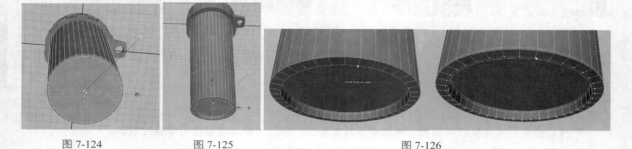

图 7-124　　　　　　图 7-125　　　　　　　　　图 7-126

Step09　按下3键，将杯身和杯盖以高级光滑的方式显示出来。

Step10　框选场景中的物体，执行菜单Edit>Group（编辑>成组）命令，将杯身和杯盖打组。

Step11　执行菜单File > Save Scene（文件>保存场景）命令，将场景保存，这样一个简单的太空杯模型就制作成功了。

太空杯的最终场景文件可参见随书配套光盘中的DVD02\scenes\chap07\7_5 tkb.mb。

太空杯的最终效果如图7-127和图7-128所示。

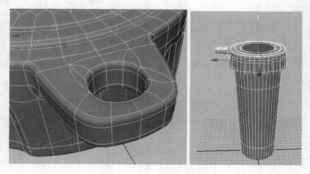

图 7-127　　　　　　图 7-128

7.6 切分多边形工具——螺丝钉

本例通过制作螺丝钉模型来介绍多边形建模的技巧，在制作这类模型时，需要细心调整。

7.6.1 螺纹造型

Step01 执行菜单Create>Polygon Primitives>cylinder（创建>多边形基本体>圆柱体）命令，在透视图中按下鼠标左键并拖动鼠标，拉出一个圆形，在适当位置释放鼠标左键（确定截面的大小）；上下拖动鼠标，拉出圆柱体的高；在适当位置单击鼠标左键确定，一个圆柱体就产生了。

Step02 单击状态栏中的 （通道盒）按钮，在通道盒内会显示出当前物体的名称、物体在世界坐标系中的位置和一些基本的信息。

然后单击INPUTS（输入节点）下的PolyCylinder1（圆柱体创建节点），设置高度细分为30，如图7-129和图7-130所示。

Step03 选择工具盒中的缩放工具，将圆柱体调整到合适的大小，按5键以实体显示，如图7-131所示。

Step04 执行菜单Edit Mesh>Split Polygon Tool（编辑网格>切分多边形工具）命令，对面进行切分，循环圆柱两次，如图7-132和图7-133所示。

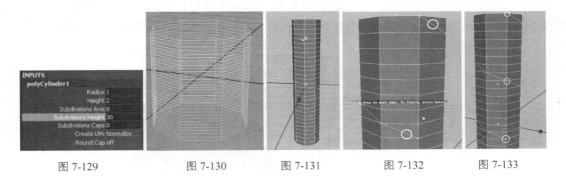

图 7-129   图 7-130   图 7-131   图 7-132   图 7-133

Step05 选择圆柱体多余的边（通过双击鼠标的方式选择一圈边），执行菜单Edit Mesh>Delete Edge/Vertex（编辑网格>删除边/顶点）命令，将多余的边删除，如图7-134和图7-135所示。

Step06 转到侧视图，选择底端所有不需要的面，按Delete键进行删除，如图7-136和图7-137所示。

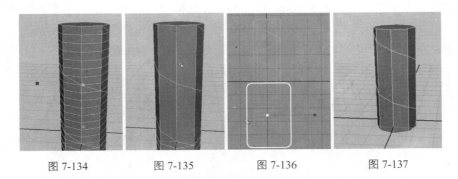

图 7-134   图 7-135   图 7-136   图 7-137

Step07 选择工具盒中的缩放工具，将这个模型压扁。

Step08 进入对象的Face（面）级别，选择底端的一圈循环面，如图7-138和图7-139所示。

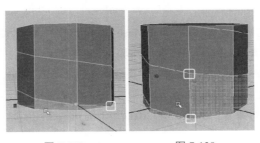

图 7-138   图 7-139

基础

建模

渲染

动画

特效

Step09 执行菜单Mesh > Extract（网格>提取）命令，将面提取出来，物体分离成两个物体，如图7-140所示。

Step10 使用同样的方法，将顶端的一圈面也提取出来，如图7-141所示。

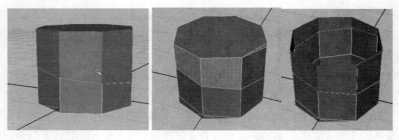

图 7-140   图 7-141

Step11 进入Face（面）物体级别，选择顶端的面，按Delete键将其删除，选择提取出来的顶端和底端的对象，添加到显示层里，进行隐藏，只保留中间的面，如图7-142和图7-143所示，只剩下中间螺旋形状的边。

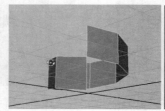 

图 7-142   图 7-143

Step12 转到侧视图，按Shift+D组合键，将中间的面进行多次复制，在侧视图中调整它们的高度和位置，如图7-144和图7-145所示。

Step13 选择所有对象，执行菜单Mesh> Combine （网格>合并）命令，将多个对象进行合并，如图7-146所示。

Step14 将之前隐藏的多边形对象显示出来，调整它们之间的相对位置，结果如图7-147所示。

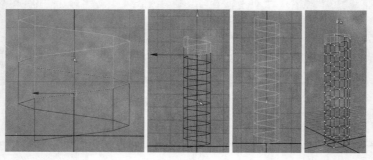

图 7-144   图 7-145   图 7-146   图 7-147

Step15 再次框选场景中的所有对象，执行菜单Mesh> Combine （网格>合并）命令，将多个对象进行合并，框选全部的顶点，执行菜单Edit Mesh>Merge （编辑网格>合并）命令，将重合的点进行合并。

Step16 为了让模型细化后不至于太过圆滑，需要继续添加循环边，执行菜单Edit Mesh>Insert Edge Loop Tool （编辑网格>插入环形边工具）命令，如图7-148所示。

Step17 选择循环面，执行菜单Edit Mesh>Extrude （编辑网格>挤出）命令，用操纵手柄控制挤压效果，如图7-149和图7-150所示。

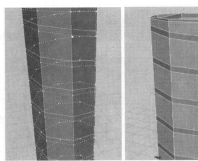

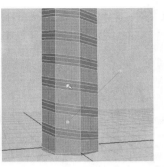

图 7-148 图 7-149 图 7-150

Step18 继续执行菜单Edit Mesh>Extrude（编辑网格>挤出）命令，用操纵手柄控制挤压效果，如图7-151和图7-152所示。

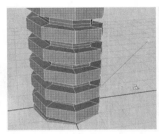
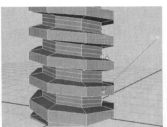

图 7-151 图 7-152

Step19 选择顶端的循环边，执行菜单Edit Mesh>Extrude（编辑网格>挤出）命令，用操纵手柄控制挤压效果，如图7-153和图7-154所示。

Step20 执行菜单Mesh>Fill Hole（网格>补洞）命令，将顶端进行封闭，如图7-155所示。

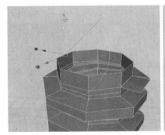
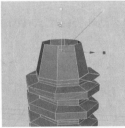
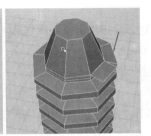

图 7-153 图 7-154 图 7-155

7.6.2 螺帽造型

Step01 选择底端循环线，执行菜单Edit Mesh>Extrude（编辑网格>挤出）命令，用操纵手柄控制挤压效果，如图7-156和图7-157所示。

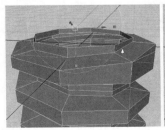
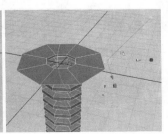

图 7-156 图 7-157

基础
建模
渲染
动画
特效

Step02 重复操作Step01，经过多次的挤压，结果如图7-158和图7-159所示。

Step03 执行菜单Mesh>Fill Hole（网格>补洞）命令，将螺丝帽进行封闭，如图7-160所示。

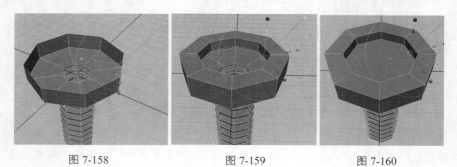

图 7-158 　　　　　　　图 7-159 　　　　　　　图 7-160

Step04 执行菜单Edit Mesh>Insert Edge Loop Tool（编辑网格>插入环形边工具）命令，为挤出来的面添加环形线，如图7-161和图7-162所示。

Step05 按下3键，将螺丝以高级光滑的方式显示出来，如图7-163所示。

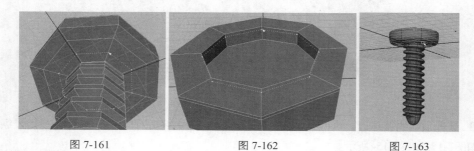

图 7-161 　　　　　　　图 7-162 　　　　　　　图 7-163

Step06 执行菜单Edit>Delete by Type>History（编辑>按类型删除>历史）命令，删除选择对象的历史记录。

Step07 对螺丝钉执行变换操作后（移动和旋转），按Ctrl+D组合键复制一个，调整到合适的位置，最终结果如图7-164所示。

Step08 执行菜单File > Save Scene（文件>保存场景）命令，将场景保存为7_6 lsd.mb（DVD01\scene\chap07\7_6 lsd.mb），这样一个简单的螺丝钉场景模型就制作成功了。

随书配套光盘中的教学视频讲解了另一款螺丝钉的制作，如图7-165所示，可以参见随书配套光盘中的DVD01\scene\chap07\DVD_lsd.mb文件。

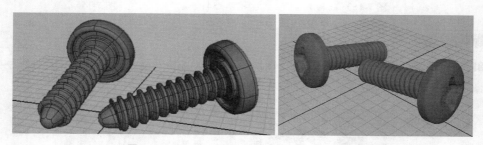

图 7-164 　　　　　　　　　　　图 7-165

7.7 IK骨骼链——电话线

利用Extrude（挤出）命令，配合动画模块的IK骨骼链制作扭曲的电话线模型。

7.7.1 扭曲

Step01 执行菜单Create>NURBS Primitives>Cylinder（创建>NURBS基本体>圆柱体）命令，在透视图中按下鼠标左键并拖动鼠标，拉出一个圆形，在适当位置释放鼠标左键（确定截面的大小）；上下拖动鼠标，拉出圆柱体的高；在适当位置单击鼠标左键确定，一个圆柱体就产生了。

Step02 在大纲视图中选择圆柱体的上下两个面，按Delete键进行删除，如图7-166所示。

Step03 按下键盘上的Ctrl+A组合键，打开Channel Box（通道盒），调整Sections（分段）值为300，Spans（跨度）为50，如图7-167所示。

Step04 按F2键切换到Animation（动画）模块，执行菜单Create Deformers>Nonlinear>Twist（创建变形器>非线性变形器>扭曲）命令，调整Start Angle（开始角度）值为1 800，观察模型，如图7-168所示。

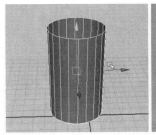  

图 7-166   图 7-167   图 7-168

Step05 在圆柱体上按住鼠标右键不放，拖动鼠标指针到Isoparm（等参线）上，此时可以单击选择圆柱体上的任意一条线，如图7-169和图7-170所示。

Step06 按F4键切换到Surfaces（曲面）模块，执行菜单Edit Curves>Duplicate Surface Curves（编辑曲线>复制曲面曲线）命令，可以将曲面上的Isoparm（等参线）进行复制，产生新的曲线，它们是独立的新物体，并不是依附在表面的曲面曲线，使用移动工具可以将这条曲线移出来，如图7-171和图7-172所示。

   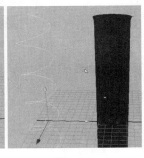

图 7-169   图 7-170   图 7-171   图 7-172

Step07 删除圆柱体。

Step08 使用缩放工具将曲线压扁，按Ctrl+D组合键将原始曲线进行复制并对齐，结果如图7-173所示。

Step09 选择要合并的两条曲线，执行Edit Curves>Attach Curves（编辑曲线>合并曲线）命令，在两条曲线相邻最近的端点位置产生连接曲线。

Step10 执行Create>NURBS Primitives>Circle（创建>NURBS基本体>圆）命令，在场景原点创建一个NURBS圆。

Step11 先选择圆，再选择用于挤出的螺旋线，打开Surfaces>Extrude（曲面>挤出）命令的选项设置窗口，参数设置如图7-174所示，效果如图7-175所示。

图 7-173   图 7-174   图 7-175

Step12 创建完成后，在不删除历史记录的情况下，修改原始轮廓曲线和挤出路径，可以改变挤出曲面的形态。

7.7.2 关节工具

按F2键切换到Animation（动画）模块。

Step01 旋转到顶视图，执行菜单Skeleton>Joint Tool （骨骼>关节工具）命令，为电话线绘制骨骼链，如图7-176所示。

Step02 单击菜单Skeleton>IK Spline Handle Tool （骨骼>IK样条手柄工具）命令后的■按钮，打开工具设置对话框，设置Number of spans（跨度数量）值为4，在第二节骨头和最后一节骨头上单击，创建IK样条线，这样就为骨骼链添加了IK样条线，如图7-177所示。

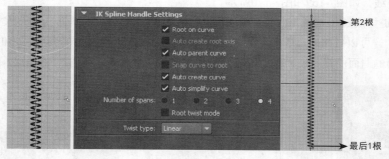

图 7-176   图 7-177

Step03 选择根骨，加选电话线模型，执行菜单Skin>Bind Skin>Smooth Bind （蒙皮>绑定蒙皮>光滑蒙皮绑定）命令，将IK骨骼链绑定到模型上，蒙皮之后骨骼就变为五颜六色的形态，如图7-178和图7-179所示。

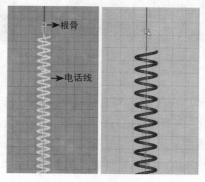

图 7-178   图 7-179

Step04 现在是无法选择IK样条线的，单击Show>Joints （显示>骨骼）选项框，如图7-180所示，将骨骼显示关闭，这时就可以清晰地看到IK样条线了，如图7-181所示。

Step05 在IK样条线上按住鼠标右键不放，拖动鼠标指针到Control Vertex（控制点）上，如图7-182所示；此时可以单击选择IK样条线上的任意一个点，然后调整这些点的位置，发现电话线也会随着顶点位置的变化而变化，结果如图7-183所示。

图 7-180　　　　图 7-181　　　　　　图 7-182　　　　　图 7-183

Step06 选择电话线模型，执行菜单Edit>Delete by Type>History（编辑>按模型删除>历史）命令，删除选择对象的历史记录，这时电话线模型就和IK骨骼链没有关系了，可以将IK骨骼链进行删除，如图7-184所示。

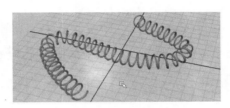

图 7-184

Step07 执行菜单File > Save Scene（文件>保存场景）命令，将场景保存为7_7 dhx.mb，这样一个简单的电话线模型就制作成功了。

7.8 扩展多边形工具——汽车轮胎

本节通过一个基本圆柱体，经过挤压、扩展多边形等操作逐步创建出一个汽车轮胎内圈。

7.8.1 挤出模型

Step01 执行菜单Create>Polygon Primitives>Cylinder（创建>多边形基本体>圆柱体）命令，在透视图中按下鼠标左键并拖动鼠标，拉出一个圆形，在适当位置释放鼠标左键（确定截面的大小）。上下拖动鼠标，会拉出圆柱体的高。在适当位置单击鼠标左键确定，一个圆柱体就产生了。

Step02 按键盘上的Ctrl+A组合键，打开Channel Box（通道盒），设置Subdivisions Caps（细分盖）值为2，如图7-185所示。

Step03 进入对象的Face（面）级别，删除底部多余的面，只保留上部分的面，如图7-186所示。

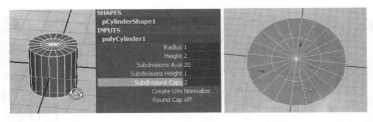

图 7-185　　　　　　图 7-186

Step04 选择中部的面，执行菜单Edit Mesh > Extrude（编辑网格>挤出）命令，调节操纵手柄，对选择的面进行缩放，如图7-187和图7-188所示。

Step05 按键盘上的G键，再次应用挤出命令，向内部移动选择的面，如图7-189所示。

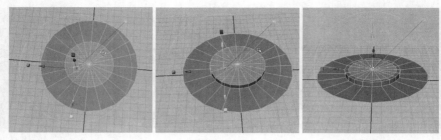

| 图 7-187 | 图 7-188 | 图 7-189 |

Step06 重复按键盘上的G键，应用挤出命令，调节操纵手柄，结果如图7-190和图7-191所示。

Step07 删除多余的面，如图7-192所示。

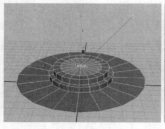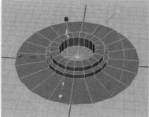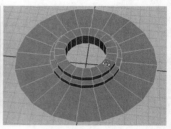

| 图 7-190 | 图 7-191 | 图 7-192 |

Step08 调整顶点的位置，执行菜单Edit Mesh>Insert Edge Loop Tool （编辑网格>插入环形边工具）命令，为挤出来的面添加环形线，如图7-193和图7-194所示。

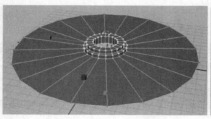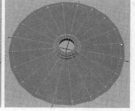

| 图 7-193 | 图 7-194 |

Step09 选择图7-195所示的面，执行Edit Mesh > Extrude（编辑网格>挤出）命令，调节操纵手柄，对选择的面进行缩放，如图7-196所示。

Step10 执行菜单Edit Mesh>Insert Edge Loop Tool （编辑网格>插入环形边工具）命令，为挤出来的面添加环形线，如图7-197所示。

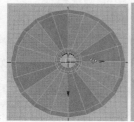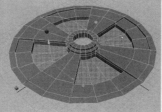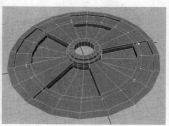

| 图 7-195 | 图 7-196 | 图 7-197 |

Step11 选择图7-198所示的面，按下Delete键进行删除，在四周形成四个空洞。

Step12 进入对象的Vertex（顶点）级别，框选中间部分的顶点，双击选择工具，勾选Soft Select（软选择）选项，使用移动工具调整顶点的位置，如图7-199和图7-200所示。

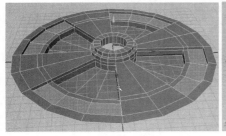
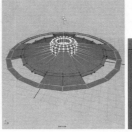

图 7-198　　　　　　　　　图 7-199　　　　　　　　　图 7-200

> **注：**
> 在选择工具、移动工具、旋转工具和缩放工具的选项窗口中，都可以找到Soft Select（软选择）选项。

Step13 按3键，将模型以高级光滑的方式显示出来，关闭Soft Select（软选择）选项，选择图7-201所示的四条循环边。

Step14 执行菜单Edit Mesh > Extrude（编辑网格>挤出）命令，调节操纵手柄，对选择的边进行挤出操作，如图7-202所示。

Step15 按键盘上的G键，再次应用挤出命令，向内移动选择的边，如图7-203所示。

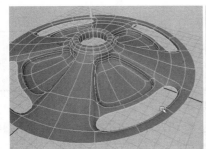
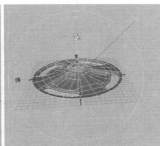
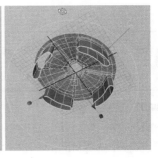

图 7-201　　　　　　　　　图 7-202　　　　　　　　　图 7-203

Step16 选择模型的边界边，重复执行菜单Edit Mesh > Extrude（编辑网格>挤出）命令，调节操纵手柄，控制挤压效果，如图7-204~图7-208所示。

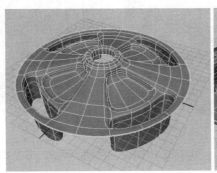
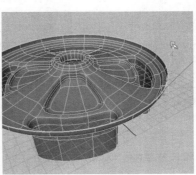

图 7-204　　　　　　　　　图 7-205

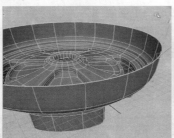
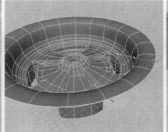
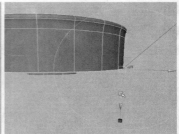

| 图 7-206 | 图 7-207 | 图 7-208 |

7.8.2 扩展多边形

Step01 旋转到模型内部，按下1键，将模型以非光滑的方式显示出来，如图7-209所示。

Step02 执行菜单Edit Mesh>Append to Polygon Tool （编辑网格>扩展多边形工具）命令，单击需要扩展的多边形，多边形的边界边以高亮显示，如图7-210和图7-211所示。

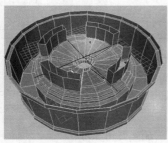
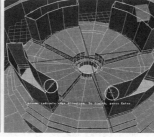
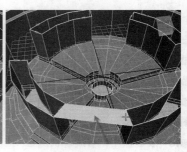

| 图 7-209 | 图 7-210 | 图 7-211 |

 注：

单击要向外扩展的边界边，被选择的边为新建面的第一条边，箭头标出边的方向。

Step03 重复Step02的操作，创建需要扩展的面，如图7-212所示。

Step04 单击菜单Edit Mesh>Insert Edge Loop Tool （编辑网格>插入环形边工具）命令后面的□按钮，在弹出的面板中选择Multiple edge loops （多重循环边）选项，为扩展出来的面添加环形线，如图7-213和图7-214所示。

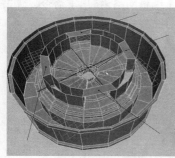

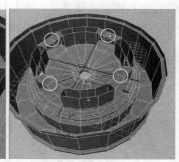

| 图 7-212 | 图 7-213 | 图 7-214 |

Step05 继续执行菜单Edit Mesh>Append to Polygon Tool （编辑网格>扩展多边形工具）命令，单击需要扩展的多边形，如图7-215和图7-216所示。

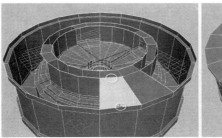
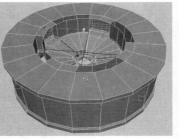

图 7-215　　　　　　　　　　　　图 7-216

Step06　使用移动工具调整多重循环边的位置，如图7-217和图7-218所示。

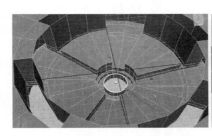

图 7-217　　　　　　　　　　　　图 7-218

Step07　选择图7-219所示的循环边，执行菜单Edit Mesh > Extrude（编辑网格>挤出）命令，调节操纵手柄控制挤压效果，如图7-220和图7-221所示。

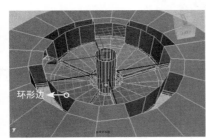
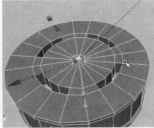
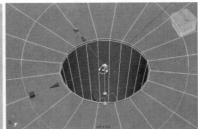

图 7-219　　　　　　　　图 7-220　　　　　　　　图 7-221

Step08　进入对象的Vertex（顶点）级别，框选重叠的顶点，执行菜单Edit Mesh>Merge（编辑网格>合并）命令，将重叠的顶点进行合并，如图7-222和图7-223所示。

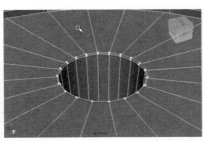
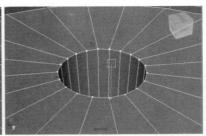

图 7-222　　　　　　　　　　　　图 7-223

Step09　单击菜单Edit Mesh>Insert Edge Loop Tool（编辑网格>插入环形边工具）命令后的■按钮，在弹出的面板中选择Relative distance from edge（相对距离的边）选项，为模型添加环形线，如图7-224~图7-227所示。

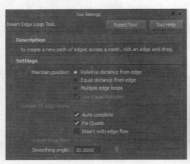

| 图 7-224 | 图 7-225 | 图 7-226 | 图 7-227 |

Step10 按下3键，将模型以高级光滑的方式显示出来，结果如图7-228所示。

7.8.3 制作内圈螺丝

继续制作汽车轮胎内圈的螺丝，效果如图7-229所示，方法大同小异，这里不做过多的赘述，读者可自由发挥。

| 图 7-228 | 图 7-229 |

执行菜单File > Save Scene（文件>保存场景）命令，将场景保存为7_8 qclt.mb，这样一个汽车轮胎内部钢圈就制作完成了。

7.9 特殊复制——魔方

本节将利用Duplicate Special（特殊复制）来制作一个魔方模型。

Step01 在场景中创建一个多边形立方体，并在其通道盒中设置其Scale X/Y/Z（x/y/z轴缩放）为3，将立方体放大3个单位，如图7-230所示。

Step02 选择立方体，在其通道盒中的INPUTS中展开polyCube1，设置Subdivsions Width/Height/Depth（宽度细分/高度细分/深度细分）均为3，如图7-231所示。

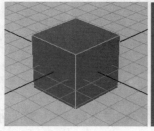

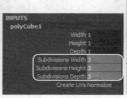

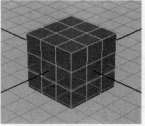

| 图 7-230 | 图 7-231 |

注：
确保状态栏的 ![连接历史]图标连接历史为开启状态，INPUTS中才会显示历史记录。

Step03 选择立方体细分出来的几条环形边，如图7-232所示，使用缩放工具对其进行调整，如图7-233所示。

Step04 按键盘上的3键，以预览平滑方式显示，如图7-234所示。

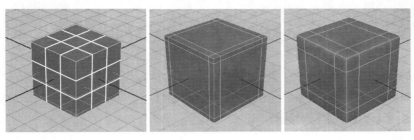

图 7-232　　　　　　　　　图 7-233　　　　　　　　　图 7-234

Step05 保持立方体的选中状态，执行菜单Edit>Duplicate Special>▣（编辑>特殊复制>▣），打开其选项窗口，设置Geometry type（几何体类型）为Instance（实例）、Translate（位移）的x轴为3、Number of copies（复制数量）为2，单击Apply（应用）按钮，如图7-235所示。

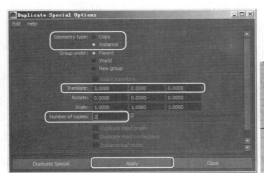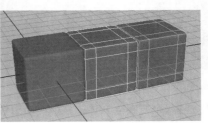

图 7-235

Step06 选择3个立方体，单击菜单Edit>Duplicate Special>▣（编辑>特殊复制>▣），打开其选项窗口，设置参数，将3个立方体再向上复制两组，如图7-236所示。

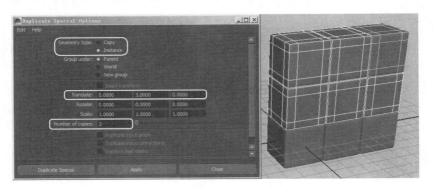

图 7-236

Step07 再选择9个立方体，单击菜单Edit>Duplicate Special>▣（编辑>特殊复制>▣），打开其选项窗口，设置参数，将9个立方体再向右复制两组，如图7-237所示。

基础

建模

渲染

动画

特效

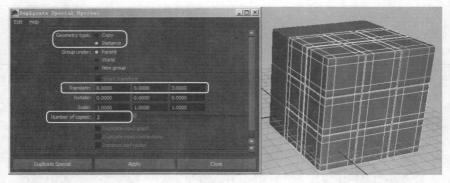

图 7-237

Step08 任意复制出来一个立方体，按1键取消平滑显示，将边沿的几条边删除，如图7-238所示，将下半部分删除，使用Bevel（倒角）命令、Insert Edge Loop Tool（插入环形边工具）、Extrude（挤出）命令制作出图7-239所示的形状，按3键平滑预览。

Step09 调整好之后，使用菜单Edit>Center Pivot（编辑>中心化枢轴点）命令将其枢轴点归到对象中心，然后将其向下移动到魔方内侧，如图7-240所示。

Step10 如果觉得模型依旧不够方直，可以继续选择中间的两条十字边，对其进行倒角。

Step11 调整好后，切换到顶视图，对其进行复制，复制出其他8个，如图7-241所示。

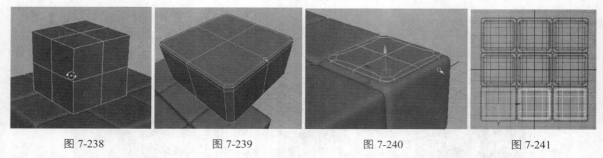

图 7-238   图 7-239   图 7-240   图 7-241

Step12 选择9个方直立方体，按Ctrl+G组合键将其打组，再次进行复制、旋转，制作出其他几面的立方体，如图7-242所示。

Step13 模型制作完成之后，可以通过菜单Window>Render Editor>Hypershade（窗口>渲染编辑器>材质编辑器）窗口为魔方指定材质，效果如图7-243所示。

Step14 最后打开菜单Window>Outliner（窗口>大纲）窗口，对其组进行命名整理，如图7-244所示。

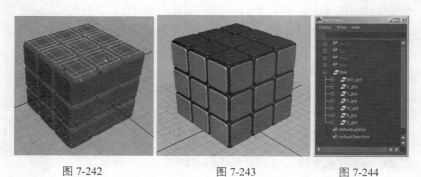

图 7-242   图 7-243   图 7-244

至此，本案例全部制作完毕，更详细的操作可参考随书配套光盘中的教学视频，最终场景文件可参考随书配套光盘中的DVD01\scene\chap07\mofang.mb。

7.10 文本工具——多边形文字

本节将使用Maya中的Text（文本）工具来制作一个多边形文字效果。

在制作之前，首先来了解一下Text（文本）命令选项窗口中的参数属性，单击菜单Create>Text > □（创建>文字 > □），打开其选项窗口，如图7-245所示。

01 Text（文字）：设定要创建的文字。

02 Font（字体）：设定要创建的文字的字体样式。单击后面的黑三角即可选择字体、字号等。

03 Type（类型）：设定输出文字的类型。

• Curves（曲线）：将文字输出为NURBS曲线，Maya默认选择该项。

• Trim（剪切）：将文字输出为Trim（剪切）后的NURBS片面，因为是曲面，因此可以被渲染出来。

• Poly（多边形）：将文字输出为多边形。

• Bevel（倒角）：将文字输出为多边形倒角。

图7-246所示为以上几种方式的效果图。

图 7-245　　　　　　　图 7-246

了解了Text（文本）命令的基本属性后，开始制作文字模型。

Step01 单击菜单Create>Text > □（创建>文字 > □），打开其选项窗口，在Text（文本）栏中输入PRO，在Font（字体）中设置Tahoma并Bold加粗字体，选择Type（类型）为Bevel（倒角），单击Apply（应用）按钮创建，如图7-247所示。

图 7-247

Step02 选择创建出来的字体，在其通道盒中对其宽度、深度等属性进行设置，如图7-248所示。

图 7-248

Step03 使用同样的方法再创建出LIGHT KIT、GREYSCALEGORILLA文字，并将其放置在合适的位置，如图7-249所示。

图 7-249

Step04 制作好后，选择所有文字，执行菜单Edit>Delete by Type>History（编辑>删除类型>历史）命令，删除文字历史，并将其打组。

另外还有一种通过Photoshop绘制路径，然后导入Maya生成模型的方法，具体的操作步骤可参见随书配套光盘中的教学视频，这里不再赘述，最终场景文件参见随书配套光盘中的DVD01\scene\chap07\Text.mb。

7.11 快速选择集——草莓

本节将使用Quick Select Set（快速选择集）命令来制作一个草莓案例。

Step01 在场景中创建一个多边形球体，将其放大，并在INPUTS下的polySphere1中设置其轴细分和高度细分数，如图7-250所示。

Step02 选择球体，执行动画模块下的菜单Create Deformers>Lattice（创建变形器>晶格）命令，为其添加晶格变形器，来改变球体的形状，如图7-251所示。

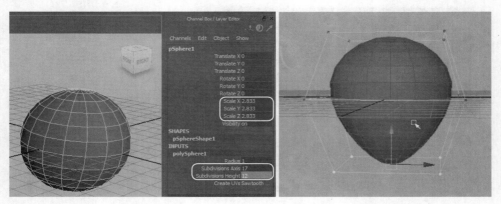

图 7-250   图 7-251

Step03 调节完成之后，对其清空历史，并进入球体的Edge（边）组件模式，选择所有边，执行菜单Create>Sets>Quick Select Set（创建>集>快速选择集）命令，在弹出的Create Quick Select Set（创建快速选择集）窗口中设置名称为CM，单击OK按钮创建，如图7-252所示。

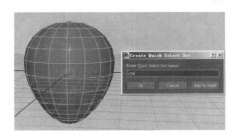

图 7-252

创建了快速选择集后，可以在菜单Edit>Quick Select Set（编辑>快速选择集）中选择创建的选择集，即可快速选择设置了快速选择集的对象。

Step04 选择球体，进入其Face（面）组件模式，选择所有的面，执行多边形模块菜单Edit Mesh>Poke Face（编辑网格>凸起面）命令，将面转化为凸起面，然后执行菜单Edit>Quick Select Set>CM（编辑>快速选择集>CM）选择所有边，执行菜单Edit Mesh>Delete Edge/Vertex（编辑网格>删除边/顶点）命令将选择的边删除，得到一个菱形面的多边形球体，如图7-253所示。

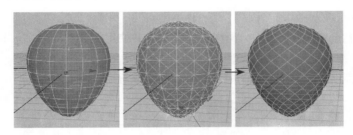

图 7-253

Step05 取消勾选菜单Edit Mesh>Keep Faces Together（编辑网格>保持面合并）命令，选择除球体顶部和底部之外的所有面，执行菜单Edit Mesh>Extrude（编辑网格>挤出）命令，对面进行多次挤出，得到图7-254所示的效果。

Step06 保持挤出时选择的面的选中状态，再次为其创建一个快速选择集，命名为CM2，进入球体的对象模式，按3键平滑显示。

Step07 选择操作，为其指定一个红色blinn材质，执行菜单Edit>Quick Select Set>CM2（编辑>快速选择集>CM2）选择挤出的面，为其指定一个黄色的blinn材质，并使用软选择工具调节出草莓顶部的凹陷部分，如图7-255所示。

Step08 最后利用多边形面片、圆柱体制作出草莓的叶子和枝干，最终效果如图7-256所示。

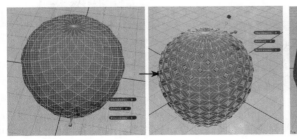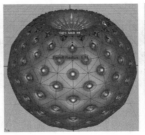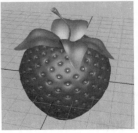

图 7-254   图 7-255   图 7-256

本案例详细的操作步骤可参见随书配套光盘中的教学视频，最终场景文件可参见随书配套光盘中的DVD01\scene\chap07\caomei.mb。

基础

建模

渲染

动画

特效

7.12 倒角工具——凳子

本节将使用多边形中的Bevel（倒角）命令来制作一个凳子模型。

Step01 使用多边形立方体工具在场景中创建一个立方体，并进入其Vertex（顶点）组件模式，对其形状进行调整，并将其复制出来一个调节成椅背，如图7-257所示。

Step02 选择两个立方体，在层面板中为其创建一个显示层，并为其赋予一个blinn材质，调节材质的不透明度，利用该形状来作为凳子的外框，如图7-258所示。

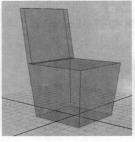

图 7-257　　　　　　　　　　　图 7-258

Step03 创建一个宽度和高度细分均为1的多边形平面，并使用Insert Edge Loop Tool（插入环形边）工具，为其添加几条边，并对其进行调整，如图7-259所示。

Step04 将四角的面删除，并对整个面进行挤出，制作出凳子面，如图7-260所示。

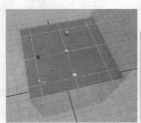

图 7-259　　　　　　　　　　　图 7-260

Step05 选择凳子面周围的转折边，执行菜单Edit Mesh>Bevel（编辑网格>倒角）命令，并将倒角的偏移值调小，如图7-261所示。

Step06 再次创建一个立方体，将其对齐放置到凳子腿的位置，调整其形状，并对其边进行Bevel（倒角）操作，制作完成一个后，将其他3个也复制出来，如图7-262所示。

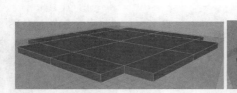

图 7-261　　　　　　　　　　　图 7-262

Step07 下面制作凳子的横梁，为了方便观察，首先将凳子面隐藏显示，将凳子的四条腿进行Combine（合并）操作，选择四条凳子腿内侧的面，使用Extrude（挤出）命令进行一次挤出，如图7-263所示，并两两对每个挤出面的大小进行调整，并分别选择两个对应的挤出面执行Bridge（桥接）命令进行桥接，如图7-264所示。

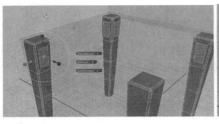

图 7-263　　　　　　　　　　　　　图 7-264

Step08　使用同样的方法对其他几个面也进行桥接，并制作出凳子下面的横断，如图7-265所示。

Step09　选择8个横断边缘的转折边，使用Bevel（倒角）命令进行倒角，如图7-266所示。

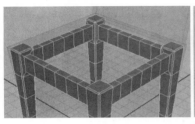

图 7-265　　　　　　　　　　　　图 7-266

如果觉得下方的横断太宽，可以对其顶点进行调整，使其变得窄一些。

Step10　将凳子面显示出来，选择凳子面、腿、横断，对其清空历史。

Step11　最后使用与制作凳子面和腿、横断类似的方法制作出椅背，并使用软选择工具调整椅子的形状，还可以为其添加Blend（弯曲）变形器，使椅子背弯曲一些，效果如图7-267所示。

Step12　制作完成后，将参考物删除，清除历史，将凳子复制出来一个，摆放好位置，如图7-268所示。

图 7-267　　　　　图 7-268

本案例详细的操作步骤可参见随书配套光盘中的视频教学，最终场景文件可参见随书配套光盘中的DVD01\scene\chap07\dengzi.mb。

▶▶ 拓展训练01——楼梯

读者朋友在完成上面训练的基础上，可以根据个人能力来进行拓展训练，即如何创建出图7-269所示的楼梯模型，详细的操作过程请参考配套光盘中的教学视频，最终场景文件可参见随书配套光盘中的DVD01\scene\chap07\louti.mb。

楼梯造型的制作流程与相关知识点如下。

01　基本形体的创建。

02　使用特殊复制工具复制楼梯。

03　使用Loft命令制作扶手。

04　使用挤出命令制作楼梯细节。

基础
建模
渲染
动画
特效

拓展训练02——水杯

本次训练主要通过Extrude（挤出）和Bridge（桥接）命令来制作一个水杯模型，如图7-270所示，详细的操作步骤可参见随书配套光盘中的教学视频，最终场景文件可参见随书配套光盘中的DVD01\scene\chap07\shuibei.mb。

水杯的制作流程与相关知识点如下。

01 基本形体的创建。

02 使用桥接命令制作杯子把手。

03 调整细节。

图 7-269   图 7-270

拓展训练03——子弹建模

本次训练主要通过Extrude（挤出）和Insert Edge Loop Tool（插入环形边工具）来制作一颗子弹模型，如图7-271所示，详细的操作过程请参见随书配套光盘中的教学视频，最终场景文件可参见随书配套光盘中的DVD01\scene\chap07\zidan.mb。

子弹造型的制作流程与相关知识点如下。

01 基本形体的创建。

02 使用插入环形边工具和挤出命令制作子弹造型。

03 模型细化。

图 7-271

Chapter 08

第8章 Polygon综合建模

在本章中，通过综合使用建模命令制作出结构稍复杂的模型。希望这些例子能让你更加深入地体会Polygon建模的强大之处，其中包括了多种Polygon建模方法，读者通过学习后，能够举一反三并能独立制作出自己喜欢的模型。

8.1 U盘建模

U盘的形状与基本几何体的长方体很相似，可以从一个基本的长方体出发，经过切割、切角、挤出及复制面等操作得到。

8.1.1 创建U盘主体

Step01 执行菜单Create>Polygon Primitives>Cube（创建>多边形基本体>长方体）命令。

Step02 在Top（顶）视图中央单击并拖曳鼠标，拉出一个矩形框，释放鼠标（如果已决定了长方体的底面大小）；上下拖拉鼠标，在其余视图中可看到厚度的变化；在适当位置再次单击鼠标左键，长方体的制作便完成了。

Step03 确认刚才创建的长方体处于选择状态，使用缩放、移动命令调整长方体的大小，设置长方体的形状和通道盒中的属性，如图8-1所示。

Step04 单击菜单Edit Mesh>Cut Faces Tool>□（编辑网格>剪切面工具>□），打开Cut Faces Tool Options（剪切面工具选项）窗口，勾选Extract cut faces（提取剪切面）选项，然后单击Enter Cut Tool And Close（确认剪切并关闭）按钮，如图8-2所示。

图 8-1　　　　　　　　　　　　图 8-2

Step05 按住Shift键，配合鼠标左键在所选择的组元面上移动，形成一条直线，此直线将会把所选择的组元面剪切开，如图8-3所示。

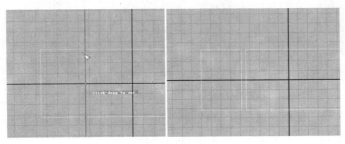

图 8-3

Step06 回到透视图，执行菜单Mesh>Separate（网格>分离）命令，可以把Polygon对象中没有公共边的多边形面分离为两个单独的对象，按数字键5显示实体，如图8-4所示。

Step07 选择U盘盘体部分的模型，单击鼠标右键，进入Edge（边）元素编辑级别，并选择图8-5所示的边，单击菜单Edit Mesh>Bevel>▣（编辑网格>倒角>▣），打开Bevel Options（倒角选项）窗口，设置Width（宽）为0.183，Segments（分段）为2，如图8-6所示。

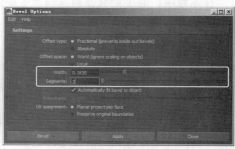

图 8-4   图 8-5   图 8-6

Step08 选择倒角产生的多余面，按键盘上的Delete键删除，如图8-7所示。

Step09 选择U盘底部的面，如图8-8所示，执行菜单Edit Mesh>Duplicate Face（编辑网格>复制面）命令，将底面复制出一个，如图8-9所示。

图 8-7   图 8-8   图 8-9

Step10 选择复制出来的面，单击鼠标右键，进入Edge（边）元素编辑级别，选择多余的边，按键盘上的Delete键，将边删除，如图8-10所示。

Step11 选择复制出来的面，单击鼠标右键，进入对象的Face（面）级别，执行菜单Edit Mesh > Extrude（编辑网格>挤出）命令，挤压出厚度，如图8-11所示。调节操纵手柄为缩放状态，并对选择的面进行缩放，如图8-12所示。

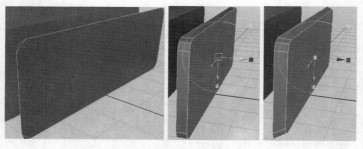

图 8-10   图 8-11   图 8-12

Step12 进入Edge（边）级别，选择图8-13所示的循环边，单击菜单Edit Mesh>Bevel>▣（编辑网格>倒角>▣），打开选项窗口，设置Width（宽）为0.62，Segments（分段）为1，如图8-14所示，单击Bevel（倒角）按钮，结果如图8-15所示。

图 8-13

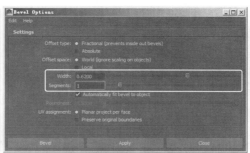
图 8-14

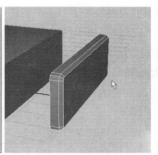
图 8-15

Step13 平移模型，使其与U盘盘体位置匹配，如图8-16所示。

图 8-16

8.1.2 创建插槽

Step01 执行菜单Create>Polygon Primitives>Cube（创建>多边形基本体>长方体）命令，创建一个长方体，按照U盘比例调整大小和方位，做成插槽，如图8-17和图8-18所示。

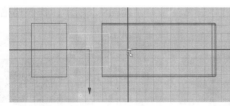
图 8-17

图 8-18

Step02 选择图8-19所示的循环边，执行菜单Edit Mesh > Extrude（编辑网格>挤出）命令，单击蓝色的操纵按钮，并切换操作手柄到缩放模式，操纵手柄控制挤压的效果，如图8-20所示。

Step03 按下键盘上的G键，再次应用挤出命令，向内部移动选择的线，如图8-21所示。

Step04 再次按下键盘上的G键，应用挤出命令，单击蓝色的操纵按钮，并切换操作手柄到缩放模式，操纵手柄控制挤压的效果，如图8-22所示。

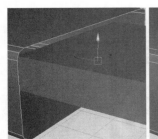
图 8-19

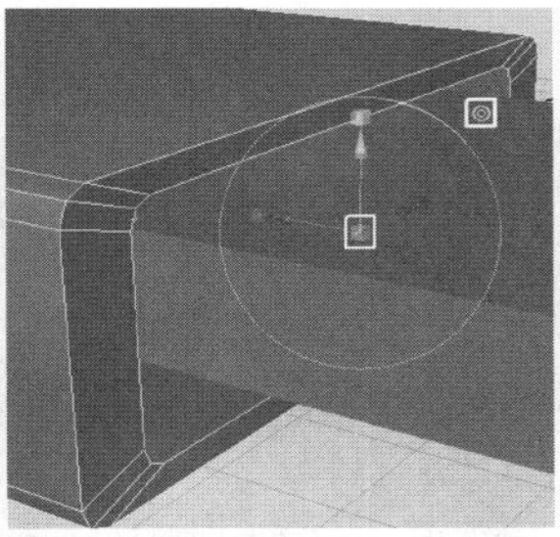

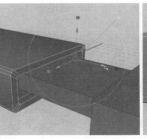
图 8-20

图 8-21

图 8-22

基础

建模

渲染

动画

特效

使用Extrude（挤出）命令时，勾选菜单Edit Mesh（编辑网格）中的Keep Face Together（保存面连续）命令，这样就可以不用单击蓝色的操纵按钮。

Step05 使用相同的方法挤压出插口，如图8-23和图8-24所示。

Step06 执行菜单Create > Polygon Primitives > Cube（创建>多边形基本体>长方体）命令，创建两个大小相等的长方体，按照U盘比例调整大小和方位，如图8-25所示。

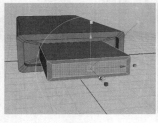

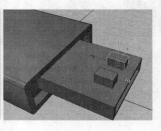

图 8-23　　　　　　　　　图 8-24　　　　　　　　　图 8-25

Step07 选取这两个长方体，执行菜单Mesh> Combine（网格>合并）命令，将两个对象合并为一体，如图8-26所示。

Step08 先选择插槽模型，再选择两个长方体，执行菜单Mesh>Booleans>Difference（网格>布尔运算>差集）命令，结果如图8-27所示。

 技巧：

在使用Booleans（布尔运算）命令时，如果无法完成效果，可以对模型进行删除历史的操作。选择物体时要注意先后顺序。

Step09 再创建一个长方体，缩放长方体的大小，并调整它的位置，如图8-28所示，作为插槽的芯。

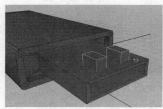

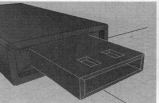

图 8-26　　　　　　　　　图 8-27　　　　　　　　　图 8-28

8.1.3　创建U盘盘帽

Step01 选择U盘盘帽模型，单击鼠标右键，进入Edge（边）级别，并选择图8-29所示的边，单击菜单Edit Mesh>Bevel>□（编辑网格>倒角>□），打开Bevel Options（倒角选项）窗口，设置Width（宽）为0.183，Segments（分段）为2，如图8-30所示。

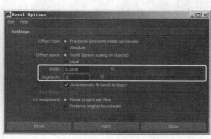

图 8-29　　　　　　　　　　图 8-30

Step02 选择U盘盘帽模型，单击鼠标右键，进入Face（面）级别；选择图8-31所示的面，执行复制命令，对复制出的面分别进行删除多余边、挤出和倒角操作，结果如图8-32所示。操作与制作U盘身体的操作基本相同，这里就不再赘述了，详细的操作过程可以参考配套光盘中的教学视频。

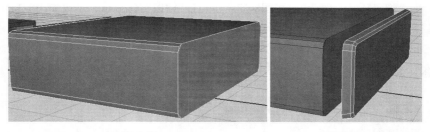

图 8-31   图 8-32

Step03 选择U盘盘帽模型，单击鼠标右键，进入Edge（边）级别；选择图8-33所示的循环边，执行菜单Edit Mesh > Extrude（编辑网格>挤出）命令；单击蓝色的操纵按钮，并切换操作手柄到缩放模式，操纵手柄控制挤压的效果（可以单独调节y和z轴向的缩放手柄，调整挤出的形状），如图8-34所示。

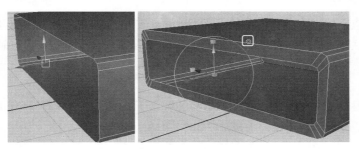

图 8-33   图 8-34

Step04 按下键盘上的G键，再次应用挤出命令，向内部移动选择的线，如图8-35所示。

Step05 执行菜单Mesh > Fill Hole（网格>补洞）命令，将U盘盘帽内存的模型上的洞补上，最终结果如图8-36所示。

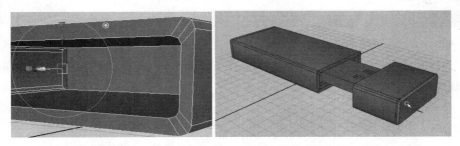

图 8-35   图 8-36

8.2 耳麦建模

　　本节要制作的耳麦模型比较复杂，可以拆分成一些基本多边形结构。制作耳麦，一般来说在做模型的时候有一个基本原则：尽可能将复杂模型拆分成基本形状，而不是做成一个复杂的整体结构。

8.2.1 创建耳麦主体部分

　　Step01 执行菜单Create>Polygon Primitives>Cylinder（创建>多边形基本体>圆柱体）命令，创建一个圆柱体。

Step02 在透视图中按下鼠标左键并拖动鼠标，拉出一个圆形，在适当位置释放鼠标左键（确定截面的大小）；按下鼠标左键上下拖动，拉出圆柱体的高，在适当位置松开鼠标左键，一个圆柱体就创建完成了。

Step03 选择圆柱体，在Channel Box（通道盒）中单击polyCylinder1，打开圆柱体的属性，设置Subdivisions Caps（细分顶盖）值为0，如图8-37所示；按5键以实体显示，结果如图8-38所示。

Step04 选择圆柱体，单击鼠标右键，在弹出的菜单中选择Face（面）组件，选择圆柱体顶端的一个面；执行菜单Edit Mesh>Extrude（编辑网格>挤出）命令，用操纵手柄向下挤出面，并对挤出的面进行缩小操作，效果如图8-39所示。

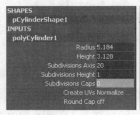 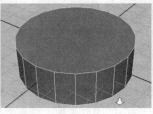 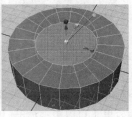

图 8-37   图 8-38   图 8-39

Step05 按下键盘上的G键，再次应用挤出命令，向内部移动选择的面，如图8-40所示。

Step06 回到圆柱体的物体级别，执行菜单Edit Mesh>Insert Edge Loop Tool（编辑网格>插入环形边工具）命令，为圆柱体添加环形边，按下键盘上的G键，再次应用插入环形边工具，为圆柱体添加两条环形边，如图8-41所示。

Step07 进入圆柱体的Face（面）级别，选择图8-42所示的循环面；执行菜单Edit Mesh>Extrude（编辑网格>挤出）命令，使用操纵手柄向下挤出，如图8-43所示。

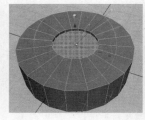 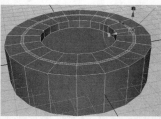 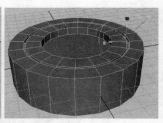

图 8-40   图 8-41   图 8-42   图 8-43

Step08 选择圆柱体，执行菜单Edit Mesh>Insert Edge Loop Tool（编辑网格>插入环形边工具）命令，为圆柱体添加环形边，如图8-44和图8-45所示。

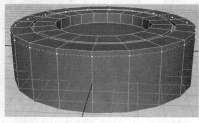 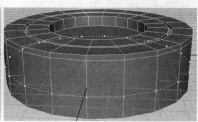

图 8-44   图 8-45

Step09 选择圆柱体一端的一个面和它对应的另一端的一个面，如图8-46所示。

Step10 执行菜单Edit Mesh>Extrude（编辑网格>挤出）命令，用操纵手柄控制挤压效果，如图8-47所示。

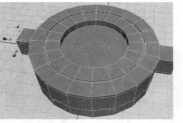

图 8-46 图 8-47

Step11 按下键盘上的G键，应用挤出命令，对挤出的面进行缩放，如图8-48所示。

Step12 再次按下键盘上的G键，应用挤出命令，将挤出的面向内部移动，如图8-49所示。

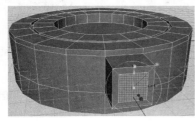
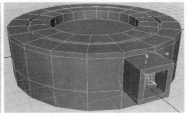

图 8-48 图 8-49

Step13 执行菜单Edit Mesh>Insert Edge Loop Tool （编辑网格>插入环形边工具）命令，为挤出的部分添加循环边，如图8-50和图8-51所示。

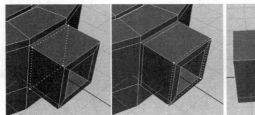

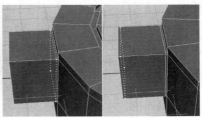

图 8-50 图 8-51

Step14 在圆柱体如图8-52所示的位置添加一条环形边。

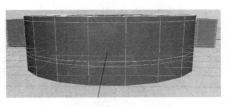

图 8-52

Step15 进入圆柱体的Face（面）级别，选择图8-53所示的面，执行菜单Edit Mesh>Extrude （编辑网格>挤出）命令，向外挤出面，如图8-54所示。

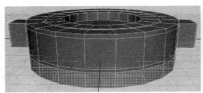
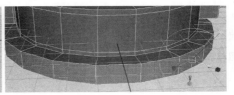

图 8-53 图 8-54

基础

建模

渲染

动画

特效

Step16 进入物体模式，选择圆柱体，执行菜单Edit Mesh>Insert Edge Loop Tool （编辑网格>插入环形边工具）命令，为挤出的部分添加循环线，如图8-55所示。

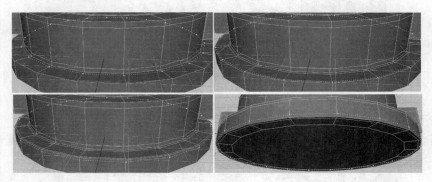

图 8-55

Step17 单击鼠标右键，在弹出的菜单中选择Face（面）选项，选择图8-56所示的面；执行菜单Edit Mesh>Duplicate Face（编辑命令>复制面）命令，将面片复制出一个，如图8-57所示。

Step18 选择复制出的面，执行菜单Edit Mesh>Extrude（编辑网格>挤出）命令，用操纵手柄控制挤压效果，如图8-58所示。

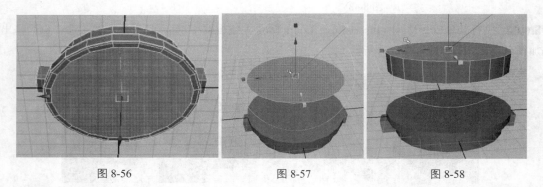

图 8-56　　　　　　　　图 8-57　　　　　　　　图 8-58

Step19 多次按下键盘上的G键，应用挤出命令，向内部移动选择的面，结果如图8-59~图8-61所示。

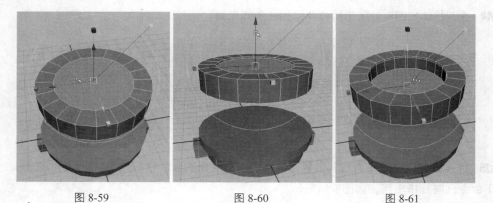

图 8-59　　　　　　　　图 8-60　　　　　　　　图 8-61

Step20 执行菜单Edit Mesh>Insert Edge Loop Tool （编辑网格>插入环形边工具）命令，为挤出的面添加循环边，如图8-62和图8-63所示。

Step21 调整两个模型的相对位置和比例关系，按下3键，将圆柱体以高级光滑的方式显示出来，结果如图8-64所示。

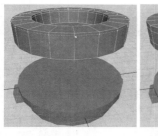 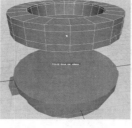 

图 8-62   图 8-63   图 8-64

在编辑模型的过程中，会出现坐标中心不在物体本身中心的问题（例如，合并或者打散的模型、使用Duplicate Face命令产生的模型等），选择模型，执行菜单Modify>Center Pivot（修改>中心点）命令，就可以将物体的坐标中心点还原到物体的中心。

Step22 在场景的顶视图中执行菜单Create>CV Curve Tool（CV曲线工具）命令，绘制并调节出图8-65所示的曲线。

Step23 执行菜单Create>NURBS Primitives>Circle（创建>NURBS基本体>圆）命令，在场景原点创建一个NURBS圆，并调整其大小。

Step24 选择圆再加选绘制出的曲线，单击菜单Surfaces>Extrude>▣（曲面>挤出曲面>▣），打开命令的选项窗口，参数设置如图8-66所示，并单击Extrude（挤出）按钮执行此命令。

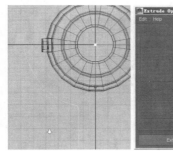 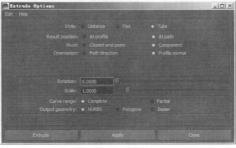

图 8-65   图 8-66

Step25 调整曲线上点的分布，以调整模型的形状，如图8-67所示。

Step26 选择调整完成的如图8-68所示的模型，按下键盘上的快捷键Ctrl+D，复制出一个，并在通道盒中设置Scale X值为 – 1，如图8-69所示；将模型对称移动到另一侧，结果如图8-70所示。

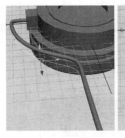 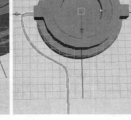  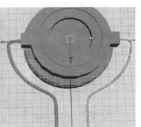

图 8-67   图 8-68   图 8-69   图 8-70

 注：

在通道盒中设置轴向值为 – 1来移动对象时，要确保物体的坐标中心是在世界坐标的中心（即网格的原点）。

Step27 创建一个长方体，调整其位置和大小，如图8-71所示。

Step28 选择长方体，执行菜单Edit Mesh>Insert Edge Loop Tool （编辑网格>插入环形边工具）命令，为长方体添加循环边，如图8-72所示。

Step29 选择长方体，单击鼠标右键，在弹出的菜单中选择Face（面）选项；选择图8-73所示的两个面，执行菜单Edit Mesh>Extrude（编辑网格>挤出）命令，将选择的面挤出，如图8-74所示。

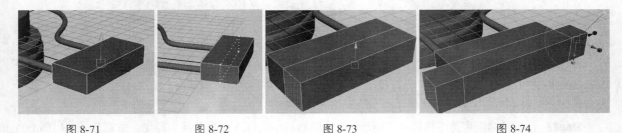

图 8-71　　　　　　图 8-72　　　　　　图 8-73　　　　　　图 8-74

Step30 调整长方体的形状，如图8-75所示。

Step31 选择长方体，执行菜单Edit Mesh>Insert Edge Loop Tool （编辑网格>插入环形边工具）命令，为长方体添加循环边，如图8-76和图8-77所示。

Step32 切换到顶视图，执行菜单Create>CV Curve Tool（CV曲线工具）命令，绘制并调节出图8-78所示的曲线。

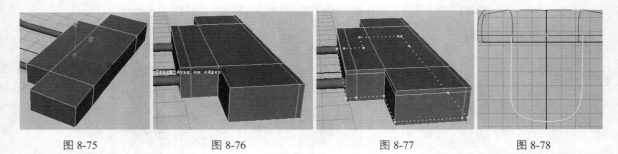

图 8-75　　　　　　图 8-76　　　　　　图 8-77　　　　　　图 8-78

Step33 执行菜单Create>NURBS Primitives>Circle（创建>NURBS基本体>圆）命令，在场景原点创建一个NURBS圆，并调整其大小。

Step34 选择圆再加选绘制出的曲线，执行菜单Surfaces>Extrude（曲面>挤出）命令，结果如图8-79所示。

Step35 选择曲线，单击鼠标右键，进入控制点模式，调整曲线上点的位置，如图8-80所示。

Step36 在场景中选择所有的模型，按下键盘上的Ctrl+G组合键，将耳麦组成一个组。

Step37 在通道盒的Display（显示）选项卡中单击 图标，创建图层并将选择的物体添加到图层中，如图8-81所示，并关闭Layer1的可视，将耳麦模型隐藏。

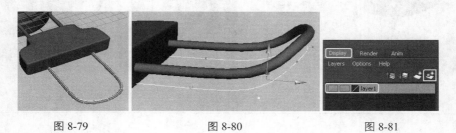

图 8-79　　　　　　图 8-80　　　　　　图 8-81

8.2.2　创建耳麦连接部分

Step01 创建圆柱体，如图8-82所示。

Step02 选择圆柱体，在Channel Box（通道盒）中单击polyCylinder2，打开圆柱体的属性，设置Subdivisions Caps（细分顶盖）值为0，如图8-83所示。

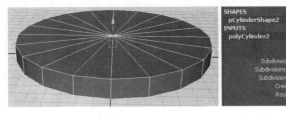

图 8-82　　　　　　　　　　　图 8-83

Step03 选择圆柱体；单击鼠标右键，在弹出的菜单中选择Face（面）组件，选择顶部与底部的两个面及如图8-84所示的面，按下键盘上的Delete键，将选择的面删除，结果如图8-85所示。

Step04 选择模型，单击鼠标右键，在弹出的菜单中选择Face（面）组件，选择所有的面，执行菜单Edit Mesh>Extrude（编辑网格>挤出）命令，结果如图8-86所示。

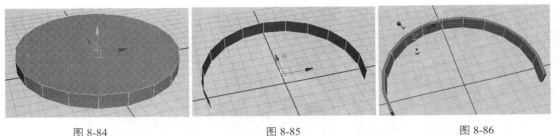

图 8-84　　　　　　　　　图 8-85　　　　　　　　　图 8-86

Step05 选择模型，执行菜单Edit Mesh>Insert Edge Loop Tool（编辑网格>插入环形边工具）命令，为长方体添加循环边，如图8-87所示。

Step06 选择模型，在通道盒的Display（显示）选项卡中单击 ▧ 图标，创建图层，并将选择的物体添加到图层中，如图8-88所示，并关闭Layer2的可视，将模型隐藏。

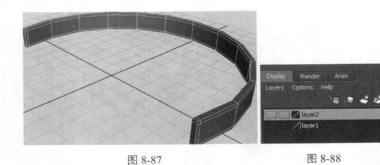

图 8-87　　　　　　　　　图 8-88

8.2.3　创建话筒

01 创建话筒线。

Step01 创建圆柱体，在Channel Box（通道盒）中单击polyCylinder3，打开圆柱体的属性，设置Subdivisions Axis（细分轴向）值为8，Subdivisions Height（细分高）值为16，Subdivisions Caps（细分顶盖）值为0，如图8-89所示。

Step02 选择模型，执行菜单Edit Mesh>Slide Polygon Tool（编辑网格>细分多边形工具）命令，以对角的位置进行连接，如图8-90所示。

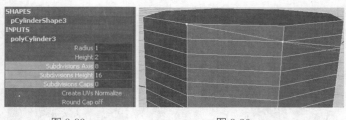

图 8-89   图 8-90

Step03 依次进行连接，直到将圆柱的最下面一条线连接完成，之后按下键盘上的Enter键即可，如图8-91所示。

Step04 选择模型，单击鼠标右键，在弹出的菜单中选择Edge（边）组件，双击一条边，一圈边都会被选中，然后按下键盘上的Shift键加选剩下的环线，如图8-92所示。

Step05 执行菜单Edit Mesh>Delete Edge/Vertex（编辑网格>删除边/点）命令，将选择的边删除，结果如图8-93所示。

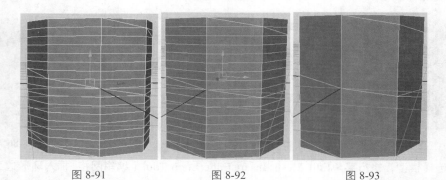

图 8-91   图 8-92   图 8-93

Step06 选择模型，单击鼠标右键，在弹出的菜单中选择Face（面）组件，选择图8-94所示的面；执行菜单Mesh>Extract（网格>分离）命令，结果如图8-95所示。

Step07 选择图8-96所示的面，执行菜单Mesh>Extract（网格>分离）命令，结果如图8-97所示。

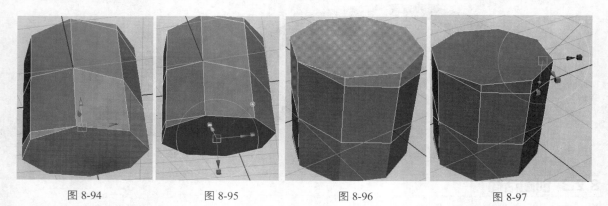

图 8-94   图 8-95   图 8-96   图 8-97

Step08 选择分离出来的两个顶部的模型，在通道盒的Display（显示）选项卡中单击图标，创建图层并将选择的物体添加到图层中，如图8-98所示，并关闭Layer3的可视，将模型隐藏。

Step09 选择剩余的圆柱中间的部分，按下键盘上的Ctrl+D组合键，复制出一个模型，并调整其位置，如图8-99所示。

Step10 按下Shift+D组合键，复制出的模型会沿着第一次复制模型的位移自动往上叠加。多次按下键盘上的Shift+D组合键，直到高度符合话筒线的长度，如图8-100所示。

Step11 选择场景中复制出的所有模型，执行菜单Mesh>Combine（网格>合并）命令，将所选择的模型合并为一个模型。

Step12 切换到侧视图，选择模型，单击鼠标右键，在弹出的菜单中选择Vertex（顶点）组件，选择图8-101所示的点，执行菜单Edit Mesh>Merge（编辑网格>合并）命令。

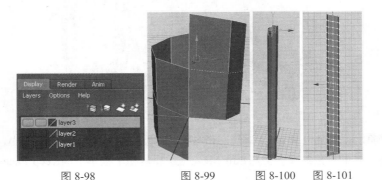

图 8-98　　　　　　　图 8-99　　　　图 8-100　　图 8-101

 注：
如果执行完Merge命令后，仍然有点没有合并，是因为两点之间的距离大于了Merge Vertex Option中Threshold的数值0.01，也就是说，将此数值调大便可以合并。

Step13 打开Layer3的显示开关，将圆柱体分离开的顶部移动到话筒线的最顶端，如图8-102所示。

Step14 选择场景中的话筒线及顶部和底部的模型，执行菜单Mesh>Combine（网格>合并）命令，将所选择的模型合并为一个模型。

Step15 切换到侧视图，选择模型，单击鼠标右键，在弹出的菜单中选择Vertex（顶点）组件，选择顶部和底部有与话筒线模型相连的部分的点，执行菜单Edit Mesh>Merge（编辑网格>合并）命令。

Step16 选择模型，执行菜单Edit Mesh>Insert Edge Loop Tool（编辑网格>插入环形边工具）命令，为模型添加线，如图8-103所示。

Step17 选择模型，单击鼠标右键，在弹出的菜单中选择Face（面）组件，选择图8-104所示的一圈面。

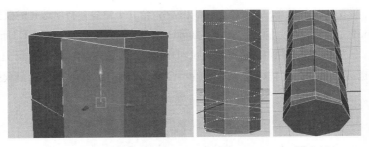

图 8-102　　　　　　　图8-103　　图 8-104

 技巧：
选择一圈面时，可以先加选一圈上的两个面，然后按住Shift键不放，双击选中的面，即可完成选择。

Step18 执行菜单Edit Mesh>Extrude（编辑网格>挤出）命令，效果如图8-105所示。

02 创建送话筒。

Step01 创建一个圆，并调整其形状大小和位置，如图8-106所示。

Step02 选择球体，单击鼠标右键，在弹出的菜单中选择Face（面）组件，选择图8-107所示的面。

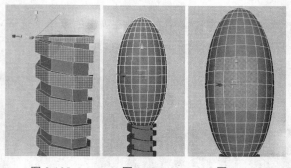

图 8-105　　　　　图 8-106　　　　　图 8-107

Step03 执行菜单Edit Mesh>Extrude（编辑网格>挤出）命令，对挤出的面进行缩小，如图8-108所示。

想得到图8-108所示的挤出效果，要将Edit Mesh（编辑网格）菜单下的Keep Faces Together选项取消勾选。

Step04 按下键盘上的G键，重复执行挤出命令，将挤出的面往里推，如图8-109所示。

Step05 选择合成后的模型，进入到Animation（动画）模块，执行菜单Create >Nonlinear>Bend（创建变形>非线性>弯曲）命令，在Channel Box（通道盒）中单击Bend1，打开Bend1的属性并设置其属性，如图8-110所示。

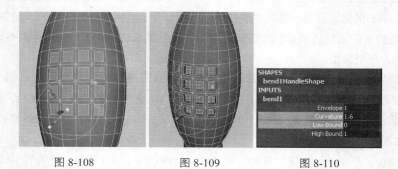

图 8-108　　　　　图 8-109　　　　　图 8-110

Step06 选择两个模型，执行菜单Mesh>Combine（网格>合并）命令，将所选择的模型合并为一个模型。

Step07 选择Bend1，按下键盘上的W键，调整Bend1在模型上的位置，如图8-111所示。

Step08 选择模型，执行菜单Edit>Delete by Type>History（编辑>按类型删除>历史）命令，对模型的历史进行删除，Bend1也会被清除，这样模型的形状就不会受到Bend1的影响了，调整模型的大小，结果如图8-112所示。

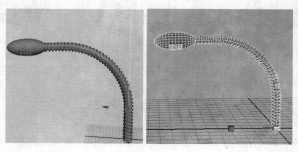

图 8-111　　　　　图 8-112

Step09 选择话筒模型，在通道盒的Display（显示）选项卡中单击 图标，创建图层并将选择的物体添加到图层中，关闭Layer4的可视，将模型隐藏。

03 创建话筒与耳麦相连部分。

Step01 创建圆柱体，调整形状及属性，如图8-113和图8-114所示。

Step02 选择圆柱体，单击鼠标右键，在弹出的菜单中选择Face（面）组件，选择图8-115所示的面。

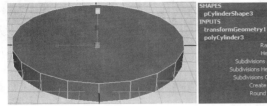
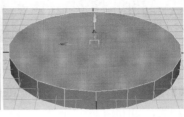

图 8-113　　　　　　　　图 8-114　　　　　　　　图 8-115

Step03 执行菜单Edit Mesh>Extrude（编辑网格>挤出）命令，对挤出的面进行缩小，如图8-116所示；按下键盘上的G键，重复执行挤压命令，将挤出的面向上拖曳，如图8-117所示；再次按下键盘上的G键，重复执行挤压命令，对挤出的面进行缩小并向上拉，如图8-118所示。

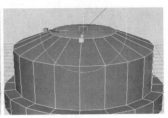

图 8-116　　　　　　　　图 8-117　　　　　　　　图 8-118

Step04 选择模型，执行菜单Edit Mesh>Insert Edge Loop Tool（编辑网格>插入环形边工具）命令，为模型添加线，如图8-119所示。

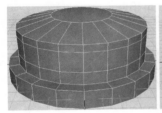
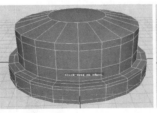
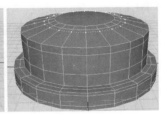

图 8-119

Step05 选择模型，单击鼠标右键，在弹出的菜单中选择Face（面）组件，选择图8-120所示的一圈面。

Step06 执行菜单Edit Mesh>Extrude（编辑网格>挤出）命令，将挤出的面向下挤压，如图8-121所示。

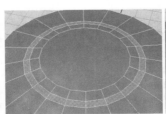

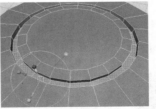

图 8-120　　　　　　图 8-121

Step07 选择图8-122所示的面，执行菜单Edit Mesh>Extrude（编辑网格>挤出）命令，将挤出的面向外拖曳，如图8-123所示，多次按下键盘上的G键，重复执行挤出命令，结果如图8-124和图8-125所示。

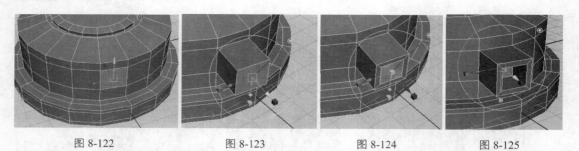

| 图 8-122 | 图 8-123 | 图 8-124 | 图 8-125 |

Step08 选择模型，执行菜单Edit Mesh>Insert Edge Loop Tool （编辑网格>插入环形边工具）命令，为模型添加线，如图8-126和图8-127所示。

Step09 在Display（显示）选项卡中，将Layer4的可视打开，显示话筒模型，调整话筒的位置，如图8-128所示。

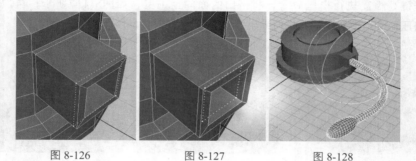

| 图 8-126 | 图 8-127 | 图 8-128 |

Step10 选择场景中的两个模型，按下键盘上的Ctrl+G组合键，组成一个整体。

8.2.4 模型整理

Step01 将Display（显示）选项卡中所有层的可见都打开，显示出模型。

Step02 将话筒部分与耳麦的模型进行连接整理，如图8-129所示。

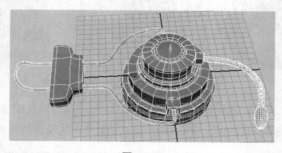

图 8-129

Step03 在Outliner（大纲）视图中选择group1和group2，按下键盘上的Ctrl+G组合键，将耳麦与话筒组成一个整体，如图8-130所示。

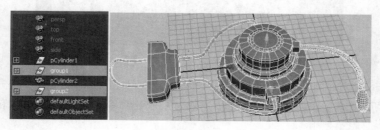

图 8-130

Step04 将耳麦与连接耳麦部分的模型进行组合，通过旋转和缩放调整，最终组合效果如图8-131所示。

Step05 按键盘上的Ctrl+D组合键，复制出一个组，在通道信息栏中，修改Scale Z为－1，将复制出的另一个耳麦部分镜像到另一端，如图8-132所示。

Step06 在Outliner（大纲）视图中选择group3，执行菜单Modify>Freeze Transformations（修改>归零位移信息）命令。

Step07 将一端的话筒删除，选择所有的模型，按键盘上的Ctrl+G组合键，将耳机模型组成一组，按下键盘上的3键，显示结果如图8-133所示。

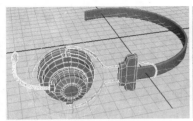
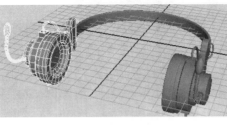
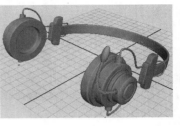

图 8-131　　　　　　　　　　　图 8-132　　　　　　　　　　　图 8-133

最终场景文件请参见随书配套光盘中的DVD01\scene\chap08\mb\耳麦.mb。

8.3 键盘建模

本节将讲解如何在Maya中导入参考图片，根据参考图片来制作一个键盘模型。

8.3.1 导入参考图片及制作基本形体

Step01 在顶视图中，执行视图菜单View>Image Plane>Import Image（视图>图像面板>导入图像）命令，在弹出的Open（打开）窗口中选择随书配套光盘中的DVD01\scene\chap08\maps\4.jpg图片，将导入的参考图片放大，并向下移动一定距离，如图8-134所示。

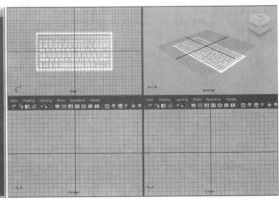

图 8-134

 技巧：

Maya 2014之前的版本，在场景中不能对导入的参考图片直接进行编辑，只能通过通道盒来进行编辑。在Maya 2014版本中，对这一功能进行了更新，用户可以直接在场景中对导入的参考图片进行编辑。

Step02 选择参考图片，按Ctrl+A键打开其属性编辑器窗口，勾选Display（显示）中的Looking through camera（top）（通过摄影机查看），使参考图片只在顶视图可见，并调整Color Gain（颜色增益）值，使参考图片半透明显示，如图8-135所示。

Step03 在层编辑面板中，为参考图片创建一个显示层，并将其锁定，如图8-136所示。

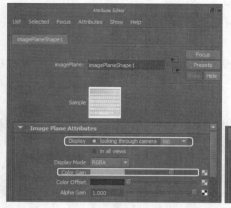

图 8-135   图 8-136

Step04 参考图片准备完成之后，在场景中创建一个多边形圆柱体，并在其通道盒的INPUTS中设置其参数，如图8-137所示，然后在顶视图中对照参考图片调节其大小及位置，如图8-138所示。

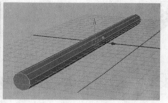

图 8-137   图 8-138

Step05 选择圆柱体上方的两个面，对其进行Extrude（挤出）操作，在挤出时需要单击挤出操纵杆右上角的钟表按钮将其调成世界轴向，并对照顶视图中的参考图进行挤出，如图8-139所示。

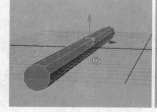

图 8-139

Step06 对侧面的边进行整理，如图8-140所示，并选择圆柱体侧面的两个面进行一次挤出操作，如图8-141所示。

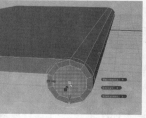

图 8-140

Step07 选择键盘下方转折的两条边，执行菜单Edit Mesh>Bevel（编辑网格>倒角）命令，按Ctrl+A组合键打开其属性编辑器窗口，设置其偏移值等参数，将转折边调节平滑，如图8-141所示。

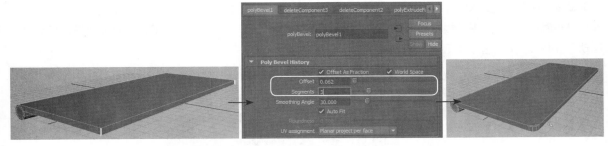

图 8-141

Step08 生成倒角后，将多余的几条边删除，如图8-142所示。

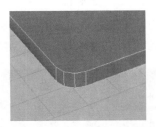

图 8-142

Step09 选择键盘外轮廓的一圈转折边，对其执行Bevel（倒角）操作，并调节倒角的参数值，如图8-143所示。

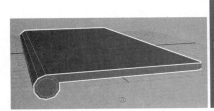

图 8-143

Step10 选择键盘圆柱体两侧的面，执行Extrude（挤出）操作，将其挤出成图8-144所示的形状。

Step11 选择挤出形成的两条转折边，对其进行Bevel（倒角）操作，并调节倒角的Offset（偏移）值为0.185，如图8-145所示。

Step12 倒角完成之后，对其边进行整理，如图8-146所示。

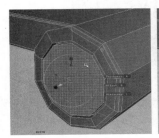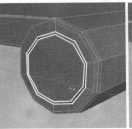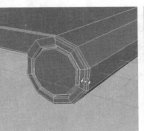

图 8-144　　　　　　　　　　图 8-145　　　　　　　　　　图 8-146

至此，键盘的基本形体就制作完毕，下面制作键盘的按键。

8.3.2 按键制作

Step01 首先选择制作好的键盘基本形体，执行菜单Edit>Delete by Type>History（编辑>按类型删除>历史）命令，将其清空历史。

Step02 在顶视图中，根据参考图片创建出一个立方体和一个长方体作为按键，回到透视图，将其向上移动，并将其压扁一些，如图8-147所示。

图 8-147

Step03 选择左侧立方体四角的4条边，执行Bevel（倒角）命令，并进入其属性编辑器修改其参数，如图8-148所示，倒角完成后将立方体顶面倒角形成的多余边删除，并将底部的所有面删除，如图8-149所示。

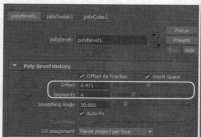

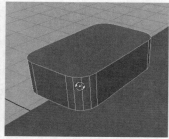

图 8-148　　　　　　　　　　　　　　　　图 8-149

Step04 选择顶面的一圈边，再次执行Bevel（倒角）操作，并设置其属性编辑器的Offset（偏移）和Segments（分段）分别为0.232和3，效果如图8-150所示。

Step05 选择立方体顶部的面，执行菜单Mesh>Triangulate（网格>三边化）命令，再执行Quadrangulate（四边化）命令，将其转化为四边面，如果没有转化成功，可以尝试用其他的方法手动添加，结果如图8-151所示。

Step06 使用相同的方法制作出另一个按键，如图8-152所示。

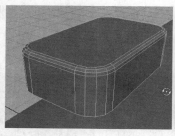

图 8-150　　　　　　　图 8-151　　　　　　　图 8-152

Step07 将单个按键制作完成后，将其他按键复制出来，结果如图8-153所示，对于部分比较特殊的按键可以通过调整顶点来调整。

Step08 按键复制完成后，分别为按键和键盘底赋予白色和银灰色的blinn材质，如图8-154所示。

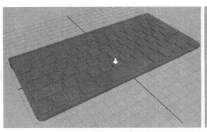

图 8-153   图 8-154

Step09 最后框选所有对象，清除历史，并在大纲对其打组整理，将开始创建的参考图片和显示层删除。

至此，本案例全部制作完成，更详细的步骤可参见随书配套光盘中的教学视频，最终场景文件参见随书配套光盘中的DVD01\scene\chap08\mb\键盘.mb。

8.4 音箱建模

本节来制作一个音箱模型，本案例主要应用的命令是Booleans（布尔）运算和动画中的变形器。

8.4.1 音箱主体

Step01 在开始创建之前，为了操作方便，先将常用命令加载到工具架上，单击工具架左侧的三角按钮，在弹出的菜单中选择New Shelf（新建工具架）命令，新建一个名为maya的工具架，并按住键盘上的Ctrl+Shift键单击Delete by Type>History（按类型删除>历史）、Center Pivot（中心化枢轴）、Extrude（挤出）、Insert Edge Loop Tool（插入环形边工具）命令，将其加载到Maya工具架中，如图8-155所示。

图 8-155

Step02 在场景中创建一个多边形立方体，并调整其形状，然后使用Insert Edge Loop Tool（插入环形边工具）命令为其插入两条边，如图8-156和图8-157所示。

Step03 选择前侧顶部的一条边，对其执行Bevel（倒角）操作，设置其倒角Offset（偏移）和Segments（分段）值分别为0.429、2，如图8-158所示。

Step04 同样为背面顶部的一条边执行倒角操作，倒角Offset（偏移）和Segments（分段）值分别为0.093、2，如图8-159所示。

Step05 将创建倒角时多出来的4条边删除，如图8-160所示。

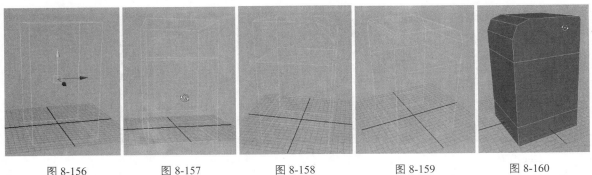

图 8-156   图 8-157   图 8-158   图 8-159   图 8-160

基础 建模 渲染 动画 特效

Step06 打开Insert Edge Loop Tool（插入环形边工具）的选项窗口，选择Multiple edge loops（多重环形边），并设置Number of edge loops（环形边数量）为3，然后为音箱竖向插入3条环形边，如图8-161所示，插入完成后选择两边的插入边，对其进行调整，如图8-162所示。

Step07 继续使用Insert Edge Loop Tool（插入环形边工具）命令在音箱的上下部分再分别插入一条边，如图8-163所示。

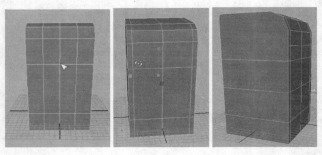

图 8-161　　　　　图 8-162　　　　　图 8-163

至此，音箱的大体就制作完成了，下面制作音箱的喇叭部分，这需要用到布尔运算。

Step08 在场景中创建一个分段数为8，盖细分为0的圆柱体，并将其旋转90°，调整大小，并将其复制出来一个，调整其大小；在前视图中按住V键将两个圆柱体分别吸附到图8-164所示的中心点上。

Step09 选择下面的圆柱体加选音箱主体，执行菜单Mesh>Booleans>Difference（网格>布尔>差集）命令，如图8-165所示。

Step10 使用同样的方法对上面的小圆柱体也进行Difference（差集）布尔运算，如图8-166所示。

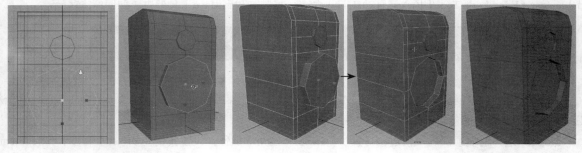

图 8-164　　　　　　　　　图 8-165　　　　　　　　　图 8-166

Step11 执行完布尔运算之后，选择两个圆柱体处的面，将其删除，如图8-167所示。

Step12 选择大洞内侧的一圈面，使用Extrude（挤出）命令将其向内挤出一圈，然后进入音箱的内侧，将挤出的厚度面删除，如图8-168所示。

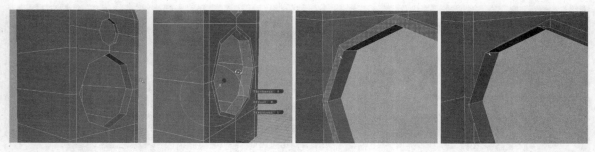

图 8-167　　　　　　　　　　　图 8-168

Step13 使用同样的方法，对上面的小洞也进行挤出操作，如图8-169所示。

Step14 使用Interactive Split Tool（交互式分割工具）对小洞和大洞的边缘进行加边操作，如图8-170所示。

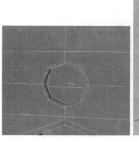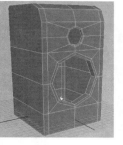

图 8-169   图 8-170

至此，音箱的大体部分就制作完成了。

8.4.2 音箱零件

下面制作音箱的零件部分，首先制作喇叭的外圈，选择下面的大洞内侧的一圈面，执行菜单Edit Mesh>Duplicate Face（编辑网格>复制面）命令，将其复制出来，并单击复制面操纵轴的钟表图标将切换为世界坐标，然后将复制出来的面移动出来，如图8-171所示。

Step01 选择复制出来的一圈面，使用Center Pivot（中心化枢轴）命令将其中心轴回归到中心，将其压扁一些，并使用Extrude（挤出）命令将其向外挤出，并将背面的面删除，如图8-172所示。

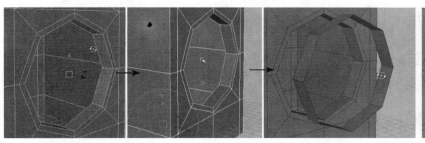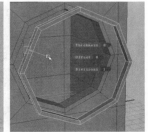

图 8-171   图 8-172

Step02 下面分别使用Extrude（挤出）和Insert Edge Loop Tool（插入环形边工具）对其进行加边和挤出操作，细化喇叭模型，完成之后将其放置到大喇叭的位置，并按3键显示观察效果，如图8-173所示，具体的操作可参见随书配套光盘，这里不再赘述。

Step03 下面制作喇叭内侧部分，创建一个分段为8的球体，并将其下半部分删除，将其旋转90°，并在前视图中将其放大对位到喇叭中心位置，然后切换到透视图，使用缩放工具将其压扁，按3键显示观察效果，如图8-174所示。

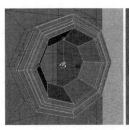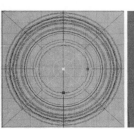

图 8-173   图 8-174

Step04 使用类似的方法将上面的小喇叭也制作出来，如图8-175所示。

Step05 在音箱主体的两侧插入两圈边，并选择插入边形状的两圈面，如图8-176所示，使用挤出命令将其向内挤压，如图8-177所示，并将挤出的面删除，得到图8-178所示的形状。

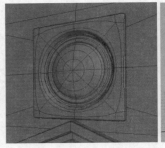

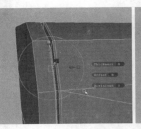

图 8-175   图 8-176   图 8-177   图 8-178

Step06 删除完成之后，可以执行菜单Mesh>Separate（网格>分离）命令，将两侧部分和中间部分分离，然后将两侧部分和喇叭部分先隐藏，如图8-179所示。

Step07 使用Insert Edge Loop Tool（插入环形边工具）对音箱的转折部位进行加边操作，按3键观察效果，如图8-180所示。

Step08 将音箱两侧和喇叭显示出来，选择所有模型，清空历史，然后将音箱的右侧挡板单独显示，同样使用加边和挤出等操作，对其进行细化处理，如图8-181所示。

Step09 将其他部分全部显示，将左侧的挡板删除，利用右侧制作好的挡板复制一个，如图8-182所示。

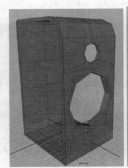

图 8-179   图 8-180   图 8-181   图 8-182

观察此时的模型，如果觉得哪里还不是很合适，可以继续调整，这里将大喇叭再放大一些。

Step10 下面制作喇叭上面的螺丝，利用多边形Pipe（管状体）制作一个螺丝模型，将其放置在大喇叭的下方，如图8-183所示。

Step11 切换到前视图，按住键盘上的D键和V键将螺丝的轴心点移动到喇叭中心位置，对其进行特殊复制，分别复制出3个，然后将四个螺丝打一个组，同样将组的轴心点也移动到喇叭中心，将其旋转45°，如图8-184所示。

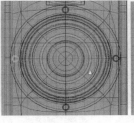

图 8-183   图 8-184

Step12 利用制作出来的4个螺丝，再复制出来4个，制作出小喇叭上的螺丝，如图8-185所示。

Step13 用同样的方法，再复制出其他部位的几个螺丝，如图8-186所示。

Step14 下面制作音箱的按钮部分，首先使用Interactive Split Tool（交互式分割工具）在音箱主体的底部加两条边，如图8-187所示。

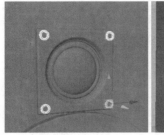 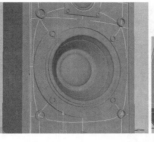 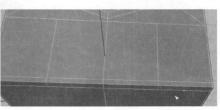

图 8-185　　　　　　　　　图 8-186　　　　　　　　　图 8-187

Step15 将加入的两条边向两侧移动一些。

Step16 创建一个分段为8、盖的细分为0的圆柱体，并对其进行旋转复制，放置在音箱主体的下方，并在该主体部位继续加几条边，如图8-188所示。

Step17 使用布尔运算将三个圆柱体分别与音箱主体进行差集运算，并为其相应部位加边，使用Bevel（倒角）命令进行细化，如图8-189所示。

Step18 再次使用一个分段为8、盖的细分为0的圆柱体，制作一个按钮，如图8-190所示。

 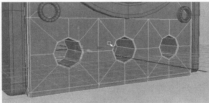 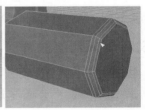

图 8-188　　　　　　　　　　　图 8-189　　　　　　　　　　　图 8-190

Step19 将制作好的按钮放置到正确的位置，并复制出另外两个按钮，如图8-191所示。

Step20 选择所有螺丝和按钮，将其打组，并移动出来，选择音箱的主体和喇叭，再次打一个组，并将多余对象清空历史。

Step21 选择音箱的主体和喇叭的组，如图8-192所示，执行动画模块菜单Create Deformers>Lattice（创建变形器>晶格）命令，将晶格通道盒中的S/T/U Divisions（S/T/U细分）设置为2，进入晶格变形器的顶点编辑模式，对其进行编辑，调整音箱的形状，如图8-193所示。

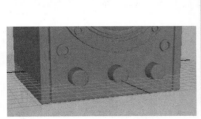 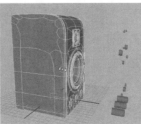 

图 8-191　　　　　　　　　图 8-192　　　　　　　　　图 8-193

Step22 调节完成之后选择音箱和喇叭组，清空历史，然后将按钮和螺丝再放置到音箱上，结果如图8-194所示。

至此，音箱全部制作完成，最后还可以对音箱的各个部位进行更加细致的调整，这里对音箱的侧面进行了更丰富的调整，效果如图8-195所示。

最后在大纲中对音箱进行整理，并再复制出来一个，摆放好位置，最终效果如图8-196所示。

图 8-194　　　　　　　　　　　图 8-195　　　　　　　　　　　图 8-196

更详细的操作步骤可参见随书配套光盘中的教学视频，最终场景文件可参见随书配套光盘中的DVD01\scene\chap08\mb\音箱.mb。

8.5　自行车建模

本节利用多边形制作自行车的模型。虽然自行车的零件比较多，但是相对比较简单，都可以通过基本几何形制作出来，用到的命令有挤压、加边、路径动画等。

8.5.1　导入参考图片

Step01　将参考图片导入场景中。切换到前视图，执行视图窗口菜单View>Image Plane>Import Image（视图>图片平面>导入图片）命令，在打开的Open（打开）窗口中找到要导入的参考图片（DVD01\scene\chap08\maps\bicycle.jpg），单击Open（打开）按钮。

Step02　选择导入的参考图片，打开其属性窗口，选择Display属性下的looking through camera（通过摄影机查看）选项，如图8-197所示。

使用looking through camera（通过摄影机查看）选项后，这张参考图片只在前视图中可见，在其他视图中不会出现。

 注：

> 若导入的图片是在模型上而不是在视图平面上，可以单击通道盒Display（显示）层中创建层的图标按钮 ，创建一个层并将选择的物体添加到层中，使用层的锁定功能，可以保证参考图片不被误选择或修改。

8.5.2　前轮

8.5.2.1　车轮胎

本小节使用自动创建的方式将Create菜单Polygon Primitives下的Interactive Creation选项取消。

Step01　执行菜单Create>Polygon Primitives>Torus（创建>多边形基本体>圆环）命令，创建一个圆环作为轮胎的基础模型，并在属性通道栏中修改其属性，如图8-198所示。

Step02　切换到侧视图中，调整圆环的大小和位置，如图8-199所示。

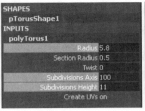

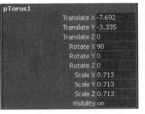

图 8-197   图 8-198   图 8-199

Step03 在透视图中选择模型，执行菜单Edit Mesh>Insert Edge Loop Tool（编辑网格>插入环形边工具）命令，在模型的中间添加两条线，如图8-200所示。

Step04 取消勾选菜单Edit Mesh（编辑网格）中的Keep Faces Together（保存面连续）选项。

Step05 选择圆环，单击鼠标右键，在弹出的菜单中选择Face（面）组件，选择图8-201所示的两圈面；执行菜单Edit Mesh>Extrude（编辑网格>挤出）命令，单击操作手柄上的缩放按钮，将操作手柄切换到缩放模式，按住中间的缩放键，将挤出的面进行缩小，如图8-202所示。

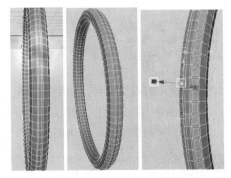

图 8-200   图 8-201   图 8-202

Step06 按住z轴的操作手柄向外拖曳挤出的面，如图8-203所示，属性通道盒中挤出面的属性变化如图8-204所示。

Step07 选择图8-205所示的面，按下键盘上的R键，对选择的面进行z轴向的缩小，如图8-206所示。

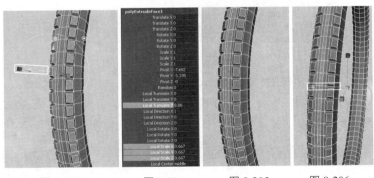

图 8-203   图 8-204   图 8-205   图 8-206

Step08 勾选菜单Edit Mesh（编辑网格）中的Keep Faces Together（保存面连续）选项。

Step09 执行菜单Edit Mesh>Extrude（编辑网格>挤出）命令，将挤出的面向外拖曳，如图8-207所示，在属性通道盒中将挤出面Local Translate Z属性的数值也设置为0.06。

基础

建模

渲染

动画

特效

Step10 选择轮胎模型，单击鼠标右键，在弹出的菜单中选择Edge（边）组件；选择图8-208所示的三条轮胎内圈的边，执行菜单Edit Mesh>Delete Edge/Vertex（编辑网格>删除边或者点）命令，将选择的3条边删除。

这样轮胎的外形就制作完成了，轮胎的外形有很多种，在提供的光盘教学视频中，讲解了轮胎的另一种制作方法，有需要的读者可以观看教学视频进行学习。

Step11 创建一个圆环，在通道盒中调整其属性，如图8-209所示。

Step12 切换到侧视图中，调整圆环的大小和位置，如图8-210所示，详细的操作步骤可观看光盘教学视频。

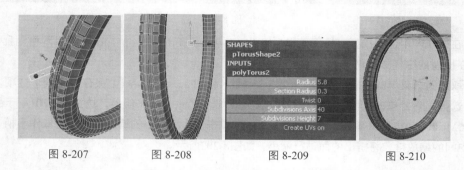

图 8-207   图 8-208   图 8-209   图 8-210

8.5.2.2 轴承

为了方便用户进行复制操作，选择轮胎模型，将属性通道盒中的位移值修改为0，将轮胎模型恢复到世界坐标的中心。

Step01 创建一个圆柱体，在属性通道盒中修改其属性，如图8-211所示。

Step02 选择圆柱体，单击鼠标右键，在弹出的菜单中选择Face（面）组件；选择两个顶面，执行菜单Edit Mesh>Extrude（编辑网格>挤出）命令，将挤出的面向两边拖曳，如图8-212所示。

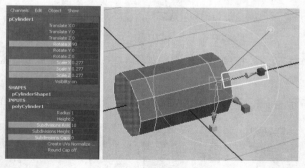

图 8-211   图 8-212

Step03 按键盘上的G键，重复挤压命令，将挤出的面向外拖曳，如图8-213所示。

Step04 单击操作手柄的缩放按钮，将操作手柄切换为缩放模型，将挤压出的面放大，如图8-214所示。

Step05 再次按下键盘上的G键，重复挤压命令，将挤出的面向外拖曳，如图8-215所示。

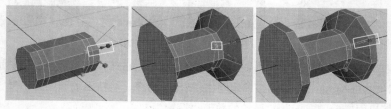

图 8-213   图 8-214   图 8-215

Step06 再次按下键盘上的G键，重复挤压命令，将挤出的面缩小，如图8-216所示。

Step07 将挤出的面向外拖曳，如图8-217所示。

Step08 选择模型，按下键盘上的Ctrl+D键，复制出一个轴承，并调节其大小和比例，使复制出的轴承套在原来的轴承的外面，如图8-218所示（也可使用上面的操作步骤重新制作一个）。

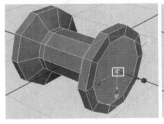
图 8-216

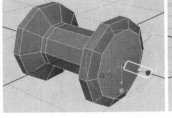
图 8-217

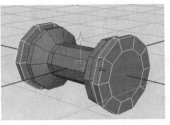
图 8-218

继续制作外面轴承的模型。

Step09 选择外面轴承，单击鼠标右键，在弹出的菜单中选择Face（面）组件；选择两边的两个面，执行菜单Edit Mesh>Extrude（编辑网格>挤出）命令，将挤出的面向两边拖曳，然后进行缩放，如图8-219所示。

Step10 按键盘上的G键，重复挤压命令，将挤出的面向外拖曳并放大，如图8-220所示。

Step11 再次按下键盘上的G键，重复挤压命令，将挤出的面向外拖曳并缩小，如图8-221所示。

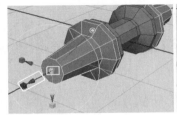
图 8-219

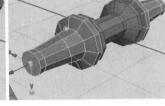
图 8-220

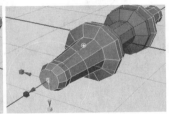
图 8-221

Step12 选择图8-222所示的两圈面，执行菜单Edit Mesh>Extrude（编辑网格>挤出）命令，按住z轴的操作手柄，将挤出的面向外拖曳，如图8-223所示。

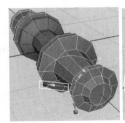
图 8-222

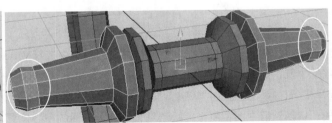
图 8-223

8.5.2.3 车轮胎辐条

Step01 创建一个圆柱体，在属性通道盒中修改其属性，如图8-224所示。

Step02 选择顶面，执行菜单Edit Mesh>Extrude（编辑网格>挤出）命令，将挤出的面向上拖曳，如图8-225所示。

Step03 单击操作手柄外圈控制旋转的线，将操作手柄切换到旋转模式下，旋转y轴，如图8-226所示。

Step04 按键盘上的G键，重复挤压命令，将挤出的面向外拖曳，并将操作手柄切换到旋转模式下，继续旋转y轴，如图8-227所示。

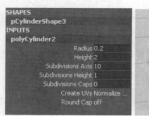
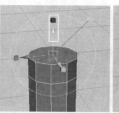
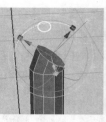

图 8-224　　　　　图 8-225　　　　　图 8-226　　　　　图 8-227

Step05　再次按下键盘上的G键，重复挤压命令，将挤出的面向外拖曳并继续旋转y轴，结果如图8-228所示。

Step06　再次按下键盘上的G键，重复挤压命令，将挤出的面向外拖曳，如图8-229所示。

Step07　选择辐条，执行菜单Edit Mesh>Insert Edge Loop Tool（编辑网格>插入环形边工具）命令，在模型的末端添加一条线，如图8-230所示。

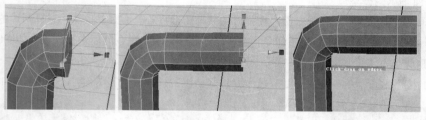

图 8-228　　　　　　　　图 8-229　　　　　　　　图 8-230

Step08　选择图8-231所示的一圈面，执行菜单Edit Mesh>Extrude（编辑网格>挤出）命令，将挤出的面向外面拖曳，然后将x轴向的手柄向左边移动，如图8-232所示。

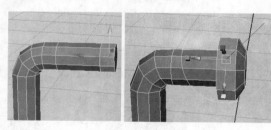

图 8-231　　　　　　　　图 8-232

Step09　旋转辐条的角度，单击鼠标右键，在弹出的菜单中选择Vertex（点）组件，通过调整点的位置来调整辐条末端的位置，如图8-233所示。

Step10　选择辐条，按下键盘上的W键，显示位移坐标，然后按下键盘上的Insert键，这时位移坐标上的方向箭头会消失；切换到前视图，将坐标移动到轴承的大圆圈的中心位置，如图8-234所示。

Step11　选择辐条，按下键盘上的Ctrl+D组合键，复制出一根辐条，按下键盘上的R键，旋转辐条的角度，如图8-235所示。

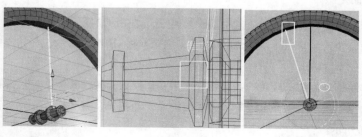

图 8-233　　　　　　　　图 8-234　　　　　　　　图 8-235

Step12 按下键盘上的Shift+D组合键，重复复制模型和移动位置的操作，如图8-236所示；连续按下键盘上的Shift+D组合键，直到复制出的辐条将轮胎的内部均匀填满，如图8-237所示。

Step13 选择所有的辐条，按下键盘上的Ctrl+G组合键，将辐条打成一个组，并按下键盘上的Ctrl+D组合键，复制出一组辐条，在属性通道盒中设置复制出的辐条组的Scale Z为－1，Rotate Z为－10，如图8-238所示。

Step14 选择所有的模型，按下键盘上的Ctrl+G组合键，将自行车的前轮胎打成一个组；在Outliner（大纲）视图中将Group1、Group2删除，双击Group3，重命名qian_luntai，如图8-239所示。

结果如图8-240所示。

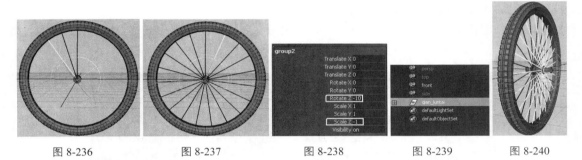

图 8-236   图 8-237   图 8-238   图 8-239   图 8-240

Step15 切换到前视图，在Outliner（大纲）视图中选择qian_luntai，以参考图片为标准，调整前轮胎的位置。

8.5.3 车前轮车架

Step01 创建一个圆柱体，在属性通道盒中修改其属性，如图8-241所示。

Step02 根据参考图片，调整圆柱体的大小和位置，如图8-242所示。

 注：

由于旋转了模型，位移坐标还是世界坐标的位置，为了方便编辑模型，可以双击位移工具图标，在打开的工具设置窗口中将Move Axis（位移轴向）设置为Object（物体），如图8-243所示，这样，模型坐标就以物体自身的坐标轴向为标准了。

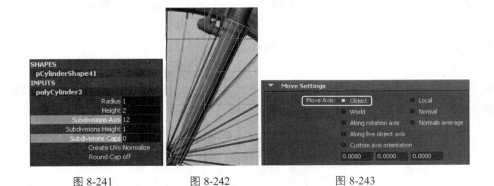

图 8-241   图 8-242   图 8-243

Step03 选择圆柱体，执行菜单Edit Mesh>Insert Edge Loop Tool （编辑网格>插入环形边工具）命令，在模型的顶部添加一条线，如图8-244所示。

Step04 选择圆柱体，单击鼠标右键，在弹出的菜单中选择Face（面）组件；选择图8-245所示的一圈面，执行菜单Edit Mesh>Extrude（编辑网格>挤出）命令，将挤出的面向外面拖曳，如图8-246所示。

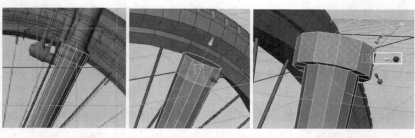

<table>
<tr><td>图 8-244</td><td>图 8-245</td><td>图 8-246</td></tr>
</table>

Step05 选择圆柱体，单击鼠标右键，在弹出的菜单中选择Edge（边）组件，选择图8-247所示的一圈线，按下键盘上的W键，调整其位置，如图8-248所示。

Step06 选择圆柱体的顶面，执行菜单Edit Mesh>Extrude （编辑网格>挤出）命令，将挤出的面向下压，如图8-249所示。

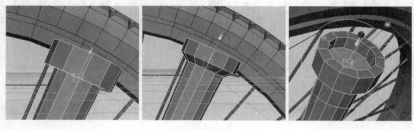

<table>
<tr><td>图 8-247</td><td>图 8-248</td><td>图 8-249</td></tr>
</table>

Step07 选择图8-250所示的两个面，执行菜单Edit Mesh>Extrude （编辑网格>挤出）命令，将挤出的面向外拖曳，如图8-251所示。

Step08 按下键盘上的R键，调整挤压出的面的形状，如图8-252所示。

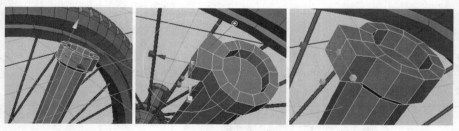

<table>
<tr><td>图 8-250</td><td>图 8-251</td><td>图 8-252</td></tr>
</table>

Step09 选择图8-253所示的两个面，执行菜单Edit Mesh>Extrude （编辑网格>挤出）命令，将挤出的面向上拖曳，如图8-254所示。

Step10 按下键盘上的G键，重复挤压命令；将挤出的面向上拖曳，然后单击操作手柄外圈旋转的线，将操作手柄切换到旋转模式下，旋转x轴，如图8-255所示。

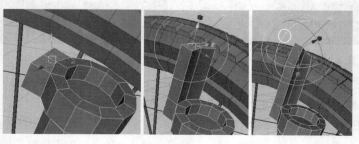

<table>
<tr><td>图 8-253</td><td>图 8-254</td><td>图 8-255</td></tr>
</table>

Step11 下面的操作步骤与制作辐条的方法一致，继续执行挤压命令，并旋转挤压出的面，最终结果如图8-256所示，并将这两个面删除。

Step12 选择图8-257所示的面，执行菜单Edit Mesh>Extrude（编辑网格>挤出）命令，将挤出的面缩小，如图8-258所示。

| 图 8-256 | 图 8-257 | 图 8-258 |

Step13 按下键盘上的G键，重复挤压命令，将挤出的面向上拖曳，如图8-259所示；切换到前视图，调整挤出的面的长度。

Step14 选择模型，执行菜单Edit Mesh>Insert Edge Loop Tool（编辑网格>插入环形边工具）命令，在挤出的模型底端添加3条线，如图8-260所示。

| 图 8-259 | 图 8-260 |

Step15 选择图8-261所示的一圈面，执行菜单Edit Mesh>Extrude（编辑网格>挤出）命令，将挤出的面向外拖曳，如图8-262所示。

Step16 选择图8-263所示的一圈面，执行菜单Edit Mesh>Extrude（编辑网格>挤出）命令，将挤出的面向外拖曳，如图8-264所示。

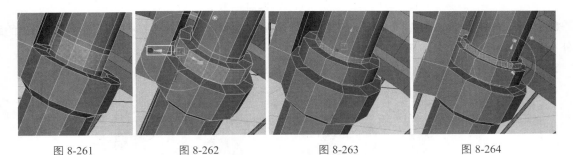

| 图 8-261 | 图 8-262 | 图 8-263 | 图 8-264 |

Step17 选择模型，执行菜单Edit Mesh>Insert Edge Loop Tool（编辑网格>插入环形边工具）命令，在挤出的顶端添加3条线，如图8-265所示。

Step18 选择图8-266所示的一圈面，执行菜单Edit Mesh>Extrude（编辑网格>挤出）命令，将挤出的面向里缩小，如图8-267所示。

图 8-265　　　　　　　　　图 8-266　　　　　　　　　图 8-267

Step19　选择图8-268所示的一圈面，执行菜单Edit Mesh>Extrude（编辑网格>挤出）命令，将挤出的面向外拖曳，如图8-269所示。

Step20　选择顶面，按下键盘上的W键，将选择的面向上移动，如图8-270所示。

图 8-268　　　　　　　　　图 8-269　　　　　　　　　图 8-270

Step21　执行菜单Create>Polygon Primitives>Pipe（创建>多边形基本体>管子）命令，并在属性通道栏中修改其属性，如图8-271所示；调整管子的位置和大小，如图8-272所示。

Step22　选择管子模型，执行菜单Edit Mesh>Insert Edge Loop Tool（编辑网格>插入环形边工具）命令，为管子添加一条线，如图8-273所示。

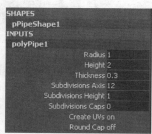

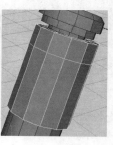

图 8-271　　　　　　　　　图 8-272　　　　　　　　　图 8-273

Step23　选择图8-274所示的3个面，执行菜单Edit Mesh>Extrude（编辑网格>挤出）命令，将挤出的面向外拖曳并使用缩放工具将面压平，如图8-275所示。

Step24　按下键盘上的G键，重复挤压命令，将挤出的面向外拖曳并向上移动，如图8-276所示。

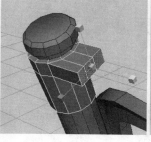

图 8-274　　　　　　　　　图 8-275　　　　　　　　　图 8-276

Step25 重复Step24的操作，并调节挤出面的形状，结果如图8-277所示，将这3个面删除。

Step26 选择图8-278所示的两个模型，按下键盘上的Ctrl+D组合键，分别复制出两个模型，在属性通道盒Scale Z属性中的数值前添加一个负号，将复制出来的模型进行镜像，并调整其位置，如图8-279所示。

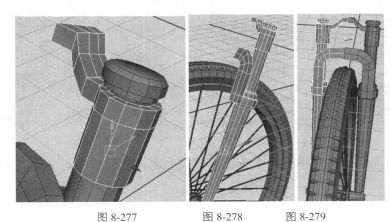

图 8-277　　　　图 8-278　　　　图 8-279

Step27 分别选择相同的模型，执行菜单Mesh>Combine（网格>合并）命令，将选择的模型合并为一个模型。

Step28 分别进入点层级，选择中间相连接部分的点，执行菜单Edit Mesh>Merge（编辑网格>合并）命令，将选择的点进行合并。

本小节中自行车零部件的创建，基本上是以基本几何形为基础的，对其进行添加线和挤压面的操作，从而得到我们想要的形状。整个自行车的模型也基本上是由零部件拼接而成的。

8.5.4 车把手

自行车的把手，分为把手和与车轮相连接的部分，这两个部分是通过在圆柱体添加边和挤压面来完成的，详细的操作步骤请观看光盘教学视频。下面就对车把手的制作进行详细的讲解。

Step01 创建一个圆柱体，并在属性通道盒中修改其属性，如图8-280所示。

Step02 选择圆柱体，调整它的位置和大小，如图8-281所示。

Step03 切换到前视图中，执行菜单Create>CV Curve Tool（CV曲线工具）命令，绘制并调节出图8-282所示的曲线。

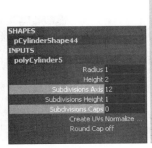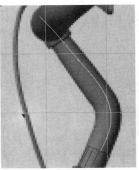

图 8-280　　　　图 8-281　　　　图 8-282

Step04 在透视图中，选择圆柱体的顶面然后加选曲线，如图8-283所示，执行菜单Edit Mesh>Extrude（编辑网格>挤出）命令，结果如图8-284所示。

Step05 在属性通道盒中修改挤压的段数为25，如图8-285所示。

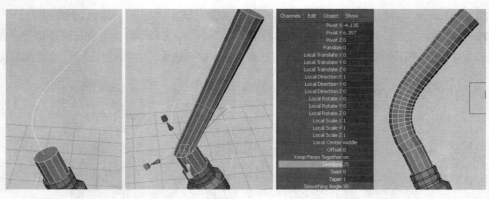

图 8-283.   图 8-284   图 8-285

调节绘制的CV曲线可以修改挤出的模型的形状。当模型清除历史之后，通过CV曲线就不可以修改模型了。

Step06 选择CV曲线，单击鼠标右键，在弹出的菜单中选择Control Vertex（控制点）组件，调整CV曲线上的点，微调模型的弯曲程度，如图8-286所示。

Step07 创建一个圆柱体，调整它的位置和大小，如图8-287所示。

Step08 分别复制两个圆柱体，调整它们的位置和大小，作为车把手与车架之间的连接零件，如图8-288所示。

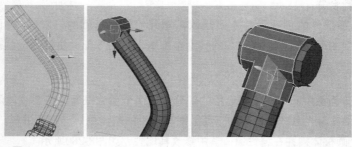

图 8-286   图 8-287   图 8-288

Step09 切换到顶视图，执行菜单Create>CV Curve Tool（CV曲线工具）命令，绘制并调节出图8-289所示的曲线。

Step10 在透视图中，选择圆柱体的面然后加选曲线，如图8-290所示，执行菜单Edit Mesh>Extrude（编辑网格>挤出）命令，并在属性通道盒中修改挤压的段数为25，如图8-291所示。

图 8-289   图 8-290   图 8-291

注：

Divisions（段数）值也可以手动设置，此参数值大小的设置要以场景中的模型为准。

Step11 选择CV曲线，单击鼠标右键，在弹出的菜单中选择Control Vertex（控制点）组件，调整CV曲线上的点，微调模型的弯曲程度，如图8-292所示。

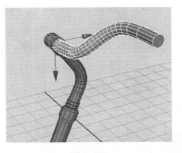

图 8-292

车把手的基本形状就制作完成了，剩余的小细节可以通过添加线及挤压命令完成，读者可以自己尝试制作。

在制作管道类的多边形模型时，挤压命令用得非常多。

本节中自行车的车架也可以使用这种方法来制作。

8.5.5 车链条

本小节我们学习通过一种路径动画来制作模型的方法。

Step01 创建链条中的一小节。创建一个圆柱体，在属性通道盒中调整其属性，调整其大小，如图8-293所示。

Step02 选择图8-294所示的两个面，执行菜单Edit Mesh>Extrude（编辑网格>挤出）命令，将挤出的面向外拖曳，并调整挤出的模型，如图8-295所示，将选择状态下的两个面删除。

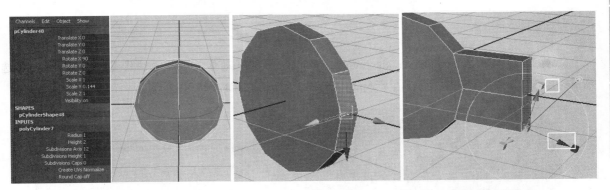

图 8-293 图 8-294 图 8-295

Step03 复制圆柱体，在属性通道盒中修改Scale X为 – 1，将复制出的圆柱体镜像，并调整其位置，如图8-296所示。

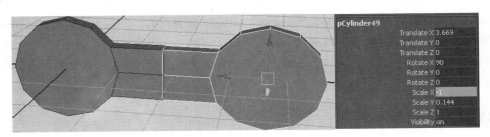

图 8-296

Step04 选择两个圆柱体，执行菜单Mesh>Combine（编辑网格>合并）命令，将选择的模型合并为一个模型。

Step05 进入模型的点层级，选择中间相连接部分的点，执行Edit Mesh>Merge（编辑网格>合并）命令，将选择的点进行合并。

Step06 选择合并完的点的模型，复制出一个，并调整其位置；选择两个模型，执行菜单Mesh>Combine（网格>合并）命令，将选择的模型合并为一个模型，如图8-297所示。

Step07 创建一条闭合的曲线，执行菜单Create>NURBS Primitives>Circle（创建>NURBS基本体>圆）命令，并调整它的形状，如图8-298所示。

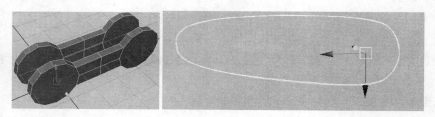

图 8-297　　　　　　　　　　　　　图 8-298

Step08 进入Animation（动画）菜单模块，在场景中选择一节链条并加选曲线；执行菜单Animate>Motion Paths>Attach to Motion Path（动画>动画路径>附到动画路径）命令，调节链条模型的大小，如图8-299所示。

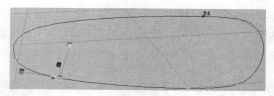

图 8-299

Step09 单击菜单Animation>Create Animation Snapshot>□（动画>创建动画快照>□），打开命令的选项窗口，属性设置如图8-300所示，单击Apply（应用）按钮，结果如图8-301所示。

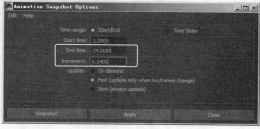

图 8-300　　　　　　　　　　　　图 8-301

Step10 在Outliner（大纲）视图中选择snapshot1Group，删除历史，再执行菜单Mesh>Combine（网格>合并）命令，这样，链条模型就制作完成了。

关于自行车剩余零件读者可自己尝试制作，最终场景文件可参见随书配套光盘中的DVD01\scene\chap08\mb\自行车.mb。

8.6 水龙头建模

本节我们将利用一个水龙头的参考图片来制作一个多边形水龙头。

Step01 在前视图中，执行视图菜单View>Image Plane>Import Image（视图>图像平面>导入图像）命令，将随书配套光盘中的DVD01\scene\chap08\maps\tapProfile.jpg图片导入进来，如图8-302所示。

Step02 在透视图中选择导入进来的参考图片，使用移动工具将其沿z轴向后移动一些，并使用缩放工具将其放大，然后进入其属性编辑器面板，勾选looking through camera（front）（通过摄影机查看），调节其Color Gain（颜色增益），使参考图片不透明。

Step03 在层编辑面板中，为参考图片新建一个显示层，并将其锁定。

Step04 创建一个多边形立方体，将其放大，放置在水龙头的中心位置，如图8-303所示。

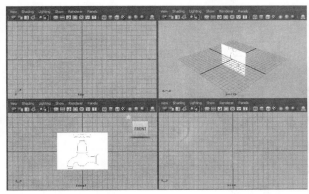
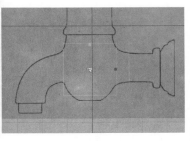

图 8-302　　　　　　　　　　　　　　　　　　　图 8-303

Step05 使用挤出工具参照参考图挤出水龙头后面的管子部分，如图8-304所示。

Step06 继续使用挤出工具挤出水龙头的部分，如图8-305所示。

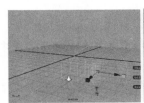
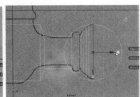
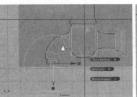

图 8-304　　　　　　　　　　　　　　　　　图 8-305

Step07 将水龙头尾部和头部的面删除。

Step08 选择顶部的面，使用挤出工具参考图片进行挤出，如图8-306所示，回到透视图对整体做一下调整，再次回到前视图，选择最顶端的面，再次执行一次挤出操作，如图8-307所示。

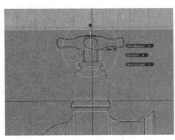

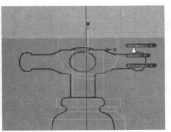

图 8-306　　　　　　　　　　　　图 8-307

Step09 取消勾选菜单Edit Mesh>Keep Faces Together（编辑网格>保持面统一），继续使用挤出工具挤出水龙头的把手部分，如图8-308所示。

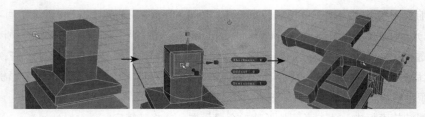

图 8-308

Step10 最后对水龙头进行更加细致的调节，如为转折边添加倒角。调节完成之后，对模型进行清空历史操作，并执行菜单Mesh>Smooth（网格>平滑）命令对其进行平滑处理；然后整理大纲，将参考图片和显示层删除，最终效果如图8-309所示。

图 8-309

更加详细的操作步骤可参见随书配套光盘中的教学视频，最终场景文件可参见随书配套光盘中的DVD01\scene\chap08\mb\水龙头.mb。

8.7 人物头部建模

本节的主要内容是利用多边形创建人物头部的模型，使用到的命令有添加线、关联复制、挤压、合并点等。

本节将人物头部五官单独进行制作，最后进行合并处理，分别使用一张正面和侧面的人物面部图片作为参考进行制作。下面一一进行讲解。

8.7.1 前期准备

多边形建模，特别是生物模型，布线是非常重要的。布线的基本原则就是用四边面沿着肌肉的走向来布线。在制作过程中，多边形点、线及面的调整，都是基于人面部结构的，所以在制作人物头部模型前，要对面部结构有一个基本的认识，可以翻看一些人物面部结构图，也可参考配套光盘中的教学视频。

本节内容涉及的命令并不多，重在结构的调整，而我们的视频非常全面，重点请读者参考配套光盘中的教学视频。

制作之前，先将参考图片分别导入到前视图和侧视图中。

Step01 切换到前视图，执行视图窗口菜单View>Image Plane>Import Image（视图>图片平面>导入图片）命令，在打开的Open（打开）窗口中找到要导入的参考图片（DVD02\scenes\chap08\toubu.jpg），单击Open（打开）按钮。

Step02 选择imagePlane1（图片平面），在属性通道盒中设置参数，使图片平面放置在视图的中心，如图8-310所示。

Step03 执行视图窗口菜单View>Image Plane>Image Plane Attribute>imagePlane1（视图>图片平面>图片平面属性>图片平面1）命令，打开图片平面1的属性窗口，选择Display属性下的looking through camera（通

过摄影机查看）选项，如图8-311所示。

使用looking through camera（通过摄影机查看）选项后，这张参考图片只在前视图中可见，在其他视图中不会出现。

Step04 切换到侧视图，将侧视图中的图片导入场景中，在属性通道盒中设置ImagePlane2（图片平面2）的Center X为 – 27，如图8-312所示，并且在ImagePlane2（图片平面2）的属性窗口中选择Display属性下的looking through camera（通过摄影机查看）选项。

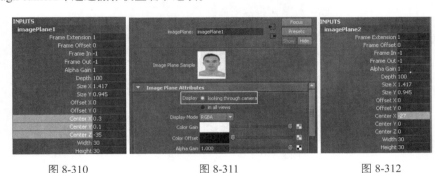

图 8-310　　　　　　　图 8-311　　　　　　　图 8-312

8.7.2　鼻子

Step01 在前视图中，利用交互方式创建出一个面片，如图8-313所示。

Step02 选择面片，单击鼠标右键，进入面片的边层级；选择顶部与底部的两条边，执行Extrude（挤出）命令；按住y轴上的缩放按钮，将挤出的面向两边拖曳，如图8-314所示。

Step03 选择面片，进入面片的点层级，结合正视图与侧视图来调节挤压出的形状，如图8-315所示。

Step04 选择面片，按下键盘上的Insert键，将坐标移动到面片的左边，如图8-316所示。

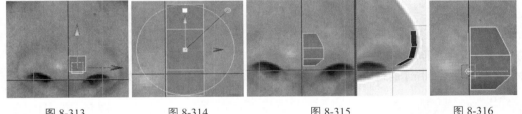

图 8-313　　　　　　图 8-314　　　　　　图 8-315　　　　　　图 8-316

Step05 单击菜单Edit>Duplicate Special>▣（编辑>特殊复制>▣），打开特殊复制的选项窗口。选择Instance（关联）选项，设置Rotate（旋转）x轴数值为 – 1，并单击Apply（应用）按钮，如图8-317所示。

Step06 选择面片，单击鼠标右键，进入面片的边层级；分别选择顶部与底部的两条边，执行Extrude（挤出）命令，按照视图中的参考图片，将挤出的面沿着鼻子的轮廓进行拖曳并调整点的位置，如图8-318所示。

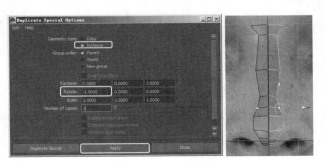

图 8-317　　　　　　　图 8-318

8.7.2.1 利用挤压命令制作鼻翼部分

Step01 选择图8-319所示的3条边，执行Extrude（挤出）命令，并调整点的位置，如图8-320所示。

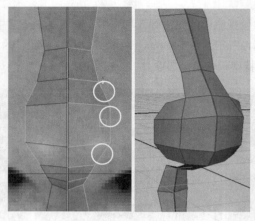

图 8-319　　　　　图 8-320

Step02 依旧选择图8-321所示的3条边，执行Extrude（挤出）命令，并调整点的位置，如图8-322所示。

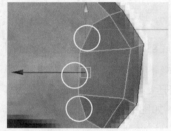
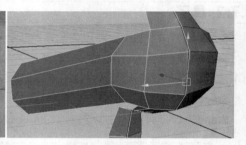

图 8-321　　　　　　　　　　图 8-322

Step03 选择模型，执行菜单Edit Mesh>Insert Edge Loop Tool （编辑网格>插入环形边工具）命令，添加3条线，并调整其形状，如图8-323所示。

Step04 选择图8-324所示的3条边，继续对边执行挤出命令，并调整形状，如图8-325所示。

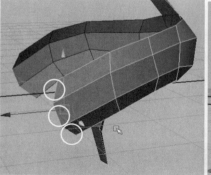
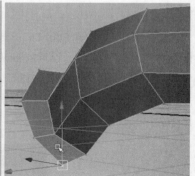

图 8-323　　　　　　　图 8-324　　　　　　　图 8-325

Step05 选择图8-326所示的边，执行挤出命令。

Step06 选择图8-327所示挤出面上的点，按住键盘上的V键，用鼠标中键将选择的点捕捉到图8-328所示的点上。

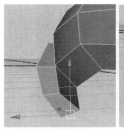
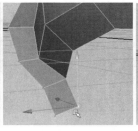
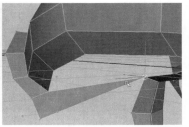

图 8-326　　　　　　　　　图 8-327　　　　　　　　　图 8-328

Step07　使用相同的方法，对另一个点也进行点捕捉的操作，如图8-329所示。

Step08　选择重合的这4个点，执行菜单Edit Mesh>Merge（编辑网格>合并）命令，将选择的点进行合并。

Step09　选择图8-330所示的边，继续执行挤出命令，调整形状，并将点进行合并，如图8-331所示。

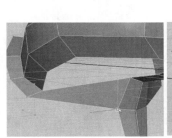
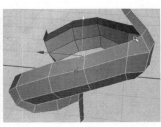
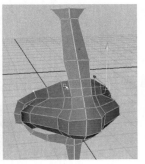

图 8-329　　　　　　　　　图 8-330　　　　　　　　　图 8-331

8.7.2.2 制作鼻梁部分

Step01　选择图8-332所示的边，继续执行挤出命令，调整形状，并将点进行合并，如图8-333所示。

Step02　继续执行挤出命令，调整形状，并将点进行合并；调整鼻翼与鼻梁的连接处，以及人中部分，如图8-334和图8-335所示。

Step03　选择模型并创建一个层，并且将该层的可视属性关闭。

鼻孔部分的制作就比较简单，选择鼻孔的一圈线，执行挤出命令并调整形状，读者可自己尝试制作，最终效果如图8-336所示。

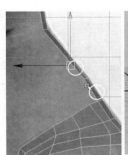
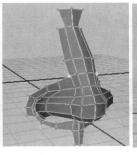

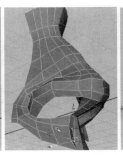
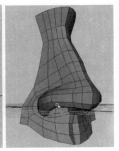

图 8-332　　　　　图 8-333　　　　　图 8-334　　　　　图 8-335　　　　　图 8-336

8.7.3　嘴巴

Step01　在前视图中，利用交互方式创建出一个面片并调节形状，如图8-337所示。

Step02　选择图8-338所示的边，执行Extrude（挤出）命令并调整点的位置；重复执行挤出命令，然后调整点的位置，如图8-339所示。

基础

建模

渲染

动画

特效

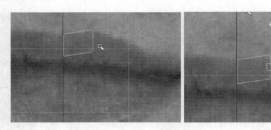

图 8-337   图 8-338

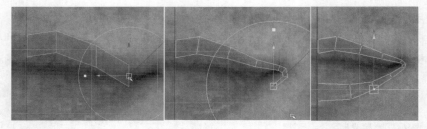

图 8-339

Step03 选择图8-340所示内圈的边，执行Extrude（挤出）命令并调整点的位置，如图8-341所示。

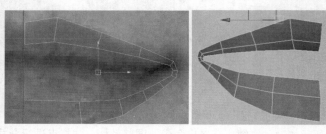

图 8-340   图 8-341

Step04 选择模型，对模型进行关联复制。

Step05 选择模型，单击鼠标右键，进入边层级；选择图8-342所示的外圈的边，执行Extrude（挤出）命令并调整点的位置，然后再为模型添加一条唇线，调整形状，如图8-343所示。

Step06 根据参考图片选择内圈的线，如图8-344所示，将口腔挤压出来。

Step07 根据参考图片继续执行Extrude（挤出）命令，并调节形状，最终结果如图8-345所示。

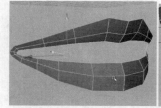 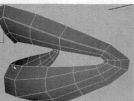 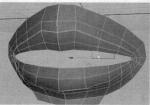 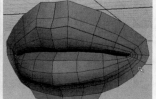

图 8-342   图 8-343   图 8-344   图 8-345

嘴巴、眼睛、耳朵的制作方法基本一致，使用的命令非常简单，重要的是形状的调节，读者可自行尝试制作。

8.7.4 五官连接

8.7.4.1 鼻子与嘴部连接

Step01 选择模型的一边，将其删除。

Step02 选择模型剩余的另一边，执行菜单Mesh>Combine（网格>合并）命令，将选择的模型合并为一个模型。

Step03 选择图8-346所示嘴部多余的面，进行删除。

Step04 进入模型的点层级，按住键盘上的V键，进行点捕捉操作，如图8-347所示。

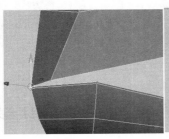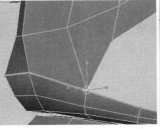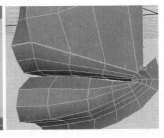

图 8-346   图 8-347

Step05 选择捕捉完成的点，执行菜单Edit Mesh>Merge（编辑网格>合并）命令，将选择的点进行合并。

Step06 调节合并后模型的形状，如图8-348所示。

Step07 选择图8-349所示的边，执行Extrude（挤出）命令，并进行点捕捉，然后合并点，调整点的位置，如图8-350所示。

Step08 选择模型，进行关联复制，如图8-351所示。

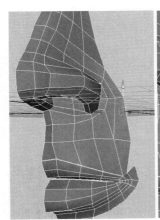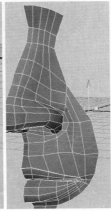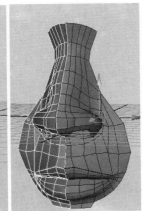

图 8-348   图 8-349   图 8-350   图 8-351

Step09 根据参考图片执行挤出命令并调整形状，将下巴与颧骨也制作出来，如图8-352所示。

在这一小节的制作过程中，难点是布线和结构的调整。

8.7.4.2 眼睛的连接

眼睛的连接与鼻子和嘴巴连接的方法是一致的，选择模型，执行Combine（合并）命令，将多余的面删除，进行点捕捉并合并点，调整结构后的效果如图8-353所示。

由于眼睛周围的点比较多，可以使用Mesh（网格）菜单下的Sculpt Geometry Tool（几何体雕刻工具）命令，对点进行整体的调整，这样可以提高调整的质量和效率。

通过挤压眼部及下巴的线，将头顶及后脑勺的部分制作出来，这部分的难点也是结构的调整，完成的结果如图8-354所示。

基础

建模

渲染

动画

特效

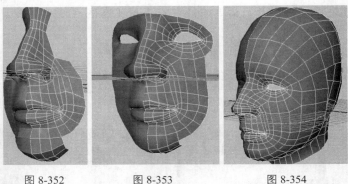

图 8-352   图 8-353   图 8-354

8.7.4.3 耳朵的连接

耳朵部分的连接也是一样的，先执行Combine（合并）命令，然后进行点捕捉并合并点，整理边并调整结构，最终完成结果如图8-355所示，读者可自行尝试制作。

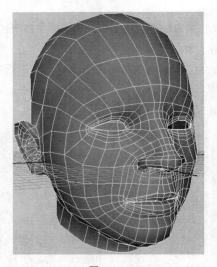

图 8-355

想要掌握Polygon建模，除了认真学习本章中的案例制作外，还要勤加练习。还有一点很重要，就是要注意我们身边事物的结构与形态，养成认真观察的习惯。

至此，本案例全部制作完成，最终场景文件可参见随书配套光盘中的DVD01\scene\chap08\mb\人模头部建模01~06.mb。

8.8 人物全身建模

在上一节中学习了如何利用参考图片来制作一个写实的多边形人物头部模型，本节将利用挤出、加边、调节顶点等操作来制作一个比较卡通的人物全身模型，这里只讲解制作思路，详细的操作步骤可参见随书配套光盘中的教学视频。

8.8.1 鼻子建模

本小节首先来制作鼻子部分。

Step01 在场景中创建一个多边形平面，并在其通道盒的INPUTS中调节其Subdivsions Width/Height（宽度/高度细分）为1，按住键盘上的D键和V键将平面的中心轴移至左下角，再次按住X键将平面吸附到网格中心，如图8-356所示。

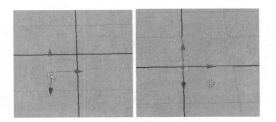

图 8-356

Step02 将平面旋转90°，执行菜单Display>Polygons>Custom Polygon Display（显示>多边形>自定义多边形显示）命令，在Custom Polygon Display Options（自定义多边形显示选项）窗口中勾选Border edges（边缘高亮），单击Apply（应用）按钮，如图8-357所示。

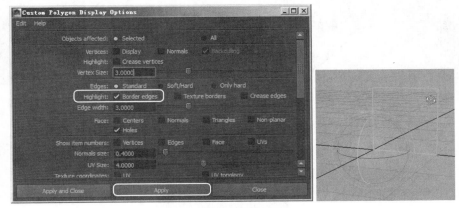

图 8-357

Step03 以实体和边框显示模型，保持模型选中状态，单击菜单Edit>Duplicate Special（编辑>特殊复制）命令后的方格按钮，打开其选项窗口，勾选Instance（实例），设置Scale（缩放）*x*轴为–1，单击Apply（应用）按钮，向左侧复制一个平面，这样在修改右侧平面时，左侧平面也会相应变化，如图8-358所示。

Step04 将平面调节得小一些，将其向前移动一些，使用Extrude（挤出）命令对上下的两条边进行挤出操作，并调节其顶点，制作出鼻头部分，如图8-359所示。

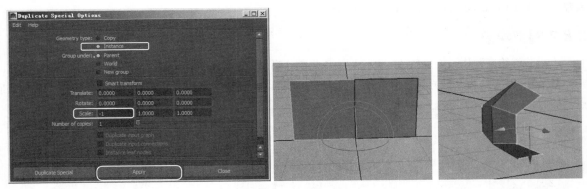

图 8-358   图 8-359

Step05 继续选择最顶端的边，使用Extrude（挤出）命令继续挤出，并结合加边、桥接、调节顶点等操作，制作出鼻梁和鼻头部分，如图8-360所示。

基础

建模

渲染

动画

特效

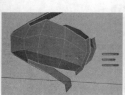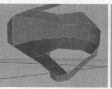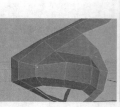

图 8-360

Step06 下面制作鼻孔部分，选择鼻孔处的一圈环形边，同样执行挤出、加边、调节顶点等操作，制作出鼻孔部分，如图8-361所示。

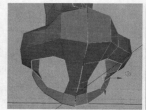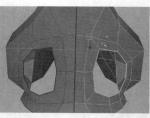

图 8-361

Step07 最后对鼻子进行整体调节，鼻子的最终效果如图8-362所示。

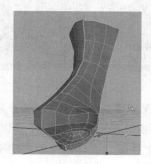

图 8-362

鼻子的制作主要就是通过挤出、加边、桥接、调节顶点等操作来完成的，需要读者掌握对整体结构的认知和把握能力，更加详细的操作步骤请参见随书配套光盘中的教学视频，最终场景文件可参见随书配套光盘中的DVD01\scene\chap08\mb\鼻子建模.mb。

8.8.2 嘴部建模

本小节继续来制作人物角色的嘴部造型，首先制作嘴部轮廓大形。

Step01 首先从鼻子下方的人中位置开始制作，选择人中部位的两条边，使用挤出命令挤出，并调节顶点，加边，制作出嘴部轮廓，如图8-363所示。

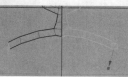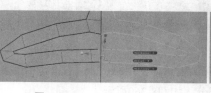

图 8-363

Step02 进入透视图，调节顶点、加边，调节出嘴部的立体形状，如图8-364所示。

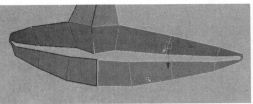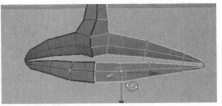

图 8-364

Step03 继续调节嘴部的外形及布线，如图8-365所示。

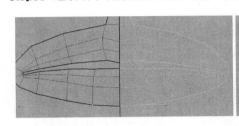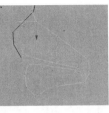

图 8-365

Step04 接下来使用桥接、补洞等命令将嘴部和鼻子连接起来，并进行布线，如图8-366所示。

Step05 使用挤出、调节顶点等操作将嘴巴周围部分及下巴制作出来，如图8-367所示。

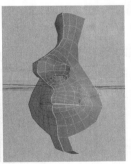

图 8-366　　　　　　　图 8-367

嘴巴的制作方法与鼻子的类似，同样需要读者对整体造型的把握能力，更加详细的操作步骤可参见随书配套光盘中的教学视频，最终场景文件可参见随书配套光盘中的DVD01\scene\chap08\mb\嘴部建模.mb。

8.8.3 眼睛和脸颊建模

本小节进行眼睛部分的制作，与鼻子和嘴部的制作方法类似。

Step01 选择鼻子部分的两条边，使用挤出命令挤出眼睛的轮廓，如图8-368所示。

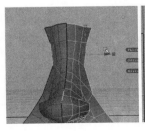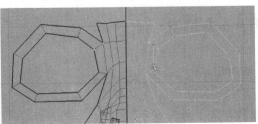

图 8-368

Step02 挤出眼睛的轮廓后，调节轮廓的大形，如图8-369所示。

Step03 通过桥接和补洞工具将眼睛和脸颊处进行连接，如图8-370所示。

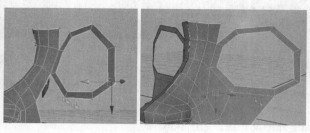

图 8-369　　　　　　　图 8-370

Step04 继续使用加边、调节顶点的方法对眼睛处的轮廓进行布线，如图8-371所示。

Step05 同时将脸颊处的面也进行挤出，并进行布线，如图8-372所示。

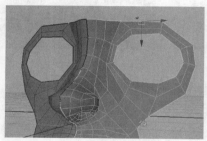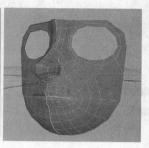

图 8-371　　　　　　　　　　　图 8-372

Step06 进行完基本布线后，使用Sculpt Geometry Tool（雕刻几何体工具）对模型进行平滑操作，如图8-373所示，雕刻完成后，继续进一步调节顶点，调整模型大形，眼睛和脸颊效果如图8-374所示。

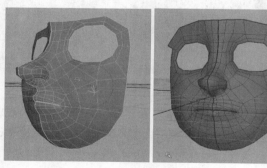

图 8-373　　　　　　　图 8-374

更加详细的操作步骤可参见随书配套光盘中的教学视频，最终场景文件可参见随书配套光盘中的DVD01\scene\chap08\mb\眼睛和脸颊建模.mb。

8.8.4 头部建模

本小节制作角色头部模型。

Step01 首先选择眉心的两条边，在侧视图中，使用挤出命令，将头部的侧面轮廓制作出来，如图8-375所示。

Step02 在透视图中先将脖子处的边进行桥接，并调整形状，如图8-376所示。

Step03 再将头顶和脖子处的边桥接，并调节形状，如图8-377所示。

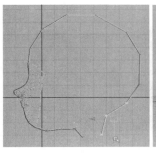 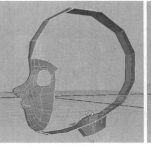 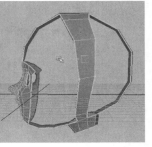

图 8-375   图 8-376   图 8-377

Step04 再分别与头部连接，如图8-378所示。

Step05 使用桥接和补洞命令分别为头部的其他空洞部分补面，并结合加边和雕刻几何体工具对模型进行布线，最终效果如图8-379所示。

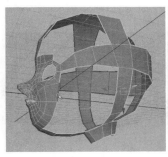 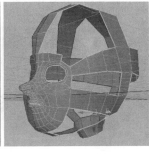 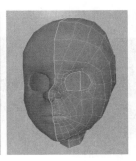

图 8-378   图 8-379

更加详细的操作步骤可参见随书配套光盘中的教学视频，最终场景文件可参见随书配套光盘中的DVD01\scene\chap08\mb\头部建模.mb。

8.8.5 耳朵建模

本小节开始制作耳朵模型。

Step01 选择头部耳朵处的面，使用挤出命令进行多次挤出，制作出耳朵的大形，如图8-380所示。

Step02 根据耳朵的大形，使用加边、挤出、调节顶点等操作对其进行细化，最终效果如图8-381所示。

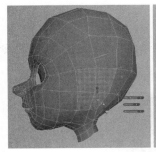 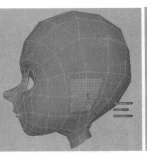 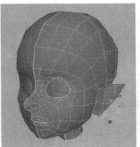 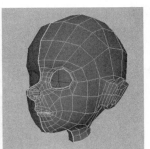

图 8-380   图 8-381

更加详细的操作步骤可参见随书配套光盘中的教学视频，最终场景文件可参见随书配套光盘中的DVD01\scene\chap08\mb\耳朵建模.mb。

8.8.6 头部整体调整及胸廓建模

本小节对眼睛、鼻子和嘴唇部分进行整体的细化调整，以及对角色胸廓部分进行制作。

基础 建模 渲染 动画 特效

Step01 首先对眼睛部分进行细化，如图8-382所示。

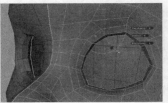

图 8-382

Step02 然后对鼻子和嘴巴进行细化，如图8-383所示。

对头部的整个细化过程，主要通过挤出、加边、调节顶点等操作进行，详细的操作过程可参见随书配套光盘中的教学视频。

下面进行胸廓的制作。

Step03 胸廓部分的制作主要是通过从脖子处挤出边来进行的，如图8-384所示。

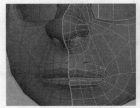

图 8-383   图 8-384

详细的操作步骤可参见随书配套光盘中的教学视频，最终场景文件可参见随书配套光盘中的DVD01\scene\chap08\mb\胸廓建模.mb。

至此，人物头部的所有部分都制作完成，下面开始制作人物上身模型。

8.8.7 上身建模

本小节开始人物上身模型的制作，在制作之前首先要对制作好的人物头部模型进行整理，在大纲中对人物头部模型打组，并命名为head_grp，并对模型清空历史，新建一个显示层，将其锁定。

Step01 上身基于一个长方体进行制作，在场景中创建一个长方体，并调节其大小及形状，如图8-385所示。

Step02 使用插入环形边工具加边，并调节出基本形体，如图8-386所示。

Step03 在上身中间插入一圈边，选择右侧的面，将其删除，选择剩下一侧最顶部的面，使用挤出命令挤出肩膀部分，并使用特殊复制将右侧身体复制出来，如图8-387所示。

图 8-385   图 8-386   图 8-387

Step04 使用挤出、插入环形边、调节顶点等操作调节上身轮廓，如图8-388所示。

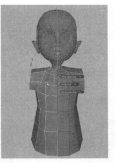

图 8-388

Step05 使用同样的方法挤出胳膊的模型，如图8-389所示。

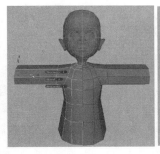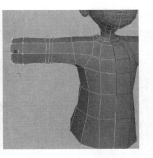

图 8-389

Step06 使用挤出命令为衣服下面部分添加一条边，如图8-390所示。

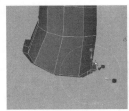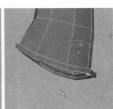

图 8-390

Step07 利用圆柱体制作一个衣领模型，如图8-391所示。

Step08 将衣领制作完成之后，将衣领和上身模型合并，合并上身两半边的顶点，并对其清空历史，在大纲中为其打一个组，命名为body_mod，新建一个显示层并将其锁定，最终效果如图8-392所示。

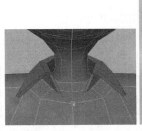

图 8-391　　　　　　　　图 8-392

详细的操作步骤可参见随书配套光盘中的教学视频，最终场景文件可参见随书配套光盘中的DVD01\ scene\chap08\mb\上身建模.mb。

基础

建模

渲染

动画

特效

8.8.8 手部建模

本小节来制作角色的手部模型。

Step01 在场景中创建一个宽度、高度和深度分段分别为4、1、3的长方体，如图8-393所示。

Step02 调节中间部分的顶点，使其呈现一个弧度，如图8-394所示。

Step03 使用软选择工具，调节手掌的基本形体，如图8-395所示。

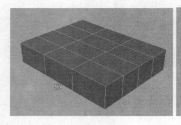
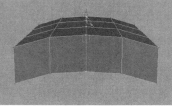
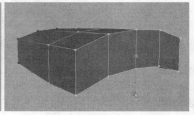

图 8-393 　　　　　　　　　图 8-394 　　　　　　　　　图 8-395

Step04 选择手腕处的面，使用挤出工具挤出，并对其外形进行调整，如图8-396所示。

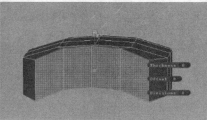
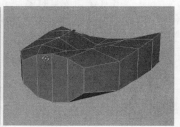

图 8-396

Step05 选择手掌内侧的两个面，使用挤出工具挤出大拇指模型，并调整其外形，如图8-397所示。

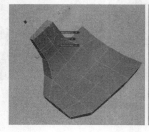
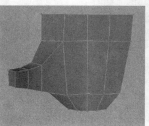

图 8-397

Step06 取消Keep Faces Together（保持面统一）命令，使用挤出命令挤出其他四个手指，并对其形状进行调整，如图8-398所示。

Step07 使用同样的方法将手腕部分也挤出来，如图8-399所示。

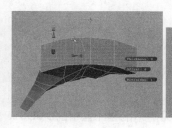
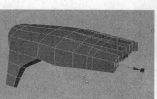

图 8-398 　　　　　　　　　　　　　　　　　　　　　　图 8-399

至此，手部的基本形体就制作完成了，下面主要通过加边、挤出、调节顶点的方式对手部进行布线，完成建模，最终效果如图8-400所示。

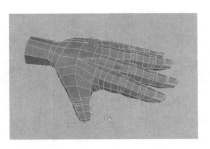

图 8-400

更详细的操作步骤可参见随书配套光盘中的教学视频，最终场景文件可参见随书配套光盘中的DVD01\scene\chap08\mb\手部建模.mb。

8.8.9 腿部建模

本小节来制作角色的腿部模型。

Step01 在场景中创建一个宽度、高度和深度分段分别为4、2、2的长方体，并调节其基本大形，如图8-401所示。

图 8-401

Step02 调节完成后，同样将一半模型删除，使用特殊复制再复制出另一半模型。

Step03 与前面的制作方法一样，同样使用挤出、加边、布线等操作制作出角色的腿部模型，如图8-402所示。

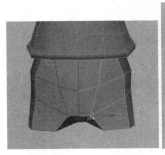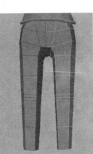

图 8-402

更详细的操作步骤可参见随书配套光盘中的教学视频，最终场景文件可参见随书配套光盘中的DVD01\scene\chap08\mb\腿部建模.mb。

8.8.10 鞋子建模

本小节来制作角色的鞋子模型。

Step01 在场景中创建一个宽度、高度和深度分段分别为3、2、2的长方体，并调节其大形，如图8-403所示。

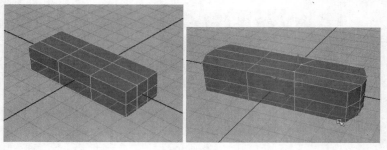

图 8-403

Step02 选择脚踝处的面，使用挤出命令挤出脚踝，并同时调整鞋子的整体形状，如图8-404所示。

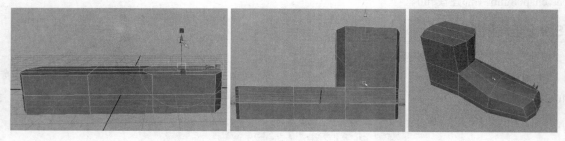

图 8-404

Step03 将鞋子基本形体制作完成后，使用挤出、加边、布线等操作进一步细化鞋子模型，最终效果如图8-405所示。

Step04 最后，将制作好的鞋子放置到正确的位置，可以使用软选择工具对其调整，使其不与角色的腿部发生穿插，同时对角色整体进行最后的调整，如图8-406所示。

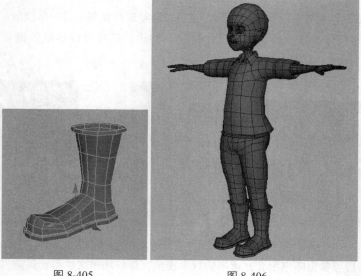

图 8-405　　　　　　　图 8-406

至此，人物角色全身建模全部制作完成，更详细的操作步骤可参见随书配套光盘中的教学视频，鞋子建模最终场景文件可参见随书配套光盘中的DVD01\scene\chap08\mb\鞋子建模.mb，角色全身建模场景文件可参见随书配套光盘中的DVD01\scene\chap08\mb\final.mb。

拓展训练01——麦克风建模

本节的拓展训练是综合各种建模技术来制作一个麦克风模型，如图8-407所示，详细的操作过程请参考配套光盘中的教学视频，最终场景文件可参见随书配套光盘中的DVD01\scene\chap08\mb\麦克风.mb。

麦克风模型的制作流程与相关知识点如下。

01 基本形体制作。

02 制作麦克风话筒部分。

03 使用Bend（弯曲）变形器调节麦克风形状。

04 制作麦克风底盘造型。

05 制作麦克风线及插头造型。

06 简单赋予材质。

07 整理场景。

拓展训练02——鼠标建模

本节的拓展训练是制作一个鼠标模型，如图8-408所示，通过本案例可以练习在多边形建模中的布线，详细的操作过程请参考配套光盘中的教学视频，最终场景文件可参见随书配套光盘中的DVD01\scene\chap08\mb\鼠标final.mb。

鼠标模型的制作流程与相关知识点如下。

01 基本形体布线。

02 外形布线。

03 细节布线。

04 分离模型。

05 最终整理。

图 8-407

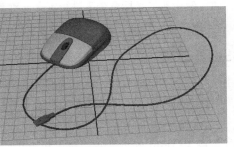

图 8-408

基础

建模

渲染

动画

特效

第9章 NURBS建模

NURBS建模是目前用途很广的一种建模方法。它基于控制点来调节表面的曲度，自动计算出平滑的表面精度。它的优点是可控制点少，易于在空间调节造型，而且自身具备一套完整的造型工具，已经被很多制作者熟悉和使用。

当NURBS刚出现在PC平台上时，大多数人对它还不了解，然后是看到它的一些神奇表现和宣传，导致产生了NURBS建模大大优越于传统多边形建模的错误结论。其实NURBS建模和多边形建模都很重要，并且各成系统，理论上说，对于绝大多数建模要求它们都能完成，只是各自擅长有所不同，最理想的当然是相互配合使用。

9.1 NURBS基本概念

先简单了解一下有关NURBS的基本概念，包括NURBS含义、NURBS构成、NURBS曲线和NURBS曲面。

9.1.1 NURBS含义

NURBS是Non-Uniform Rational B-Spline的首字母缩写，含义如下。

Non-Uniform（非均匀）：是指在一个NURBS曲面的两个方向上可以有不同的权重。

Rational（有理）：是指NURBS曲面可以用数学公式进行定义。

B-Spline（B样条线）：是指三维空间中的线，可以在任意方向上进行弯曲。

更好的解释就是由空间的一组线条构成的曲面，曲面永远是完整的四边形，并且保持平滑。

无论将来读者看到什么样的NURBS曲面，无论卷曲或扭转，它其实都是一个四边面。这个四边面将永远是完整的，不能破损或穿孔（修剪出的表面穿孔只是一种特殊效果，整个表面并未真正改变）。一个复杂的NURBS物体就是由许多这样的四边面拼接而成的，彼此之间可以缝合边界。

9.1.2 NURBS构成

NURBS最基本的构建方法就是由线生成表面，每一个NURBS表面都是由方向不同的两组曲线构成的，对于NURBS曲面，通常使用新的坐标系统来进行定义，称为UV坐标系统。

NURBS有Curve（曲线）、Point（点）和Surface（曲面）等基本组元。

9.1.3 NURBS曲线基础

NURBS曲线由网状的曲线组合而成，在Maya中可以用CV（控制点）和Edit Point（编辑点）两种方式建立或编辑曲线，也可以使用Pencil Curve（铅笔曲线）工具直接描绘曲线。

01 曲线组元。

曲线有CV（控制点）、Edit Point（编辑点）和Hull（壳线）等基本组元，不同的组元可以使用不同的工具进行编辑和操作，如图9-1所示，这是一条标准的开放曲线。

曲线起始点：曲线的第一个CV（控制点），以小方框表示，通常用来定义曲线的方向，确定将来形成曲面的法线方向。

曲线方向：创建曲线的第二个点，以一个U字母显示，用来决定曲线的方向，以及将来形成曲面的方向。

CV（控制点）：用来调节控制曲线形态的点，可以影响附近的多个编辑点，使曲线保持良好的连续性。

Edit Point（编辑点）：简称EP，是曲线上的结构点，以十字叉表示，可以改变曲线的基本形态。曲线经过EP编辑点，使用EP曲线工具创建曲线时，可以最直观地控制曲线段数。

Hull（壳线）：壳线是CV之间的连线，壳线可以清楚地看到CV的位置，在曲线编辑中选择壳，可以快速选择U向的一组控制点。

Span（段）：两个编辑点之间的曲线称为段，段的改变可以改变EP的数量，从而改变曲线的质量。

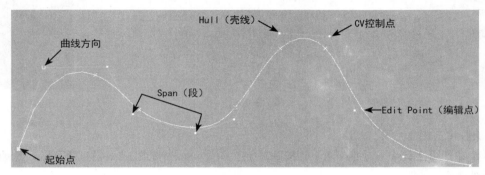

图 9-1

02 曲线元素的选择和编辑。

曲线形状的编辑，通常需要进入曲线的组元编辑模式，在组元模式下选择曲线的CV或EP，通过变换工具（如移动、旋转和缩放）对曲线进行编辑和修改。也可以按F8键在物体编辑和组元编辑模式之间进行切换，或单击状态栏上的 按钮，进入元素编辑模式。

曲线形状可以在不同类型的编辑元素（如曲线、曲面、多边形、细分模型、粒子、变形器、骨骼、选择手柄等）之间转换，可以同时编辑一种或多种类型的元素，按下元素按键或按鼠标右键选择不同的类型。

CV（控制点） ：可以使用单击或框选的方法选择一个或一组CV，进行移动、旋转或缩放操作，轴心点可以通过Insert键来改变位置，如图9-2（左）所示。

Edit Point（编辑点） ：与CV（控制点）的变换方法相同。

Curve Point（曲线点） ：在曲线上按住鼠标右键，从弹出的快捷菜单中选择Curve Point（曲线点）命令，进入曲线点编辑方式，可以在曲线上选择一个或多个曲线点，也可以通过命令在曲线上插入CV（Control Vertex）和EP（Edit Point），或者断开曲线。

Hull（壳线） ：可以选择曲线/曲面的CV（Control Vertex）。

Pivot（轴心点） ：用来改变曲线旋转或缩放的轴心，可以将轴心点的位置进行变换操作，等同于Insert键的功能。

Selection Handle（选择手柄） ：执行Display>Transform Display>Selection Handles（显示>变换类组元显示>选择手柄）命令，显示所选物体的选择手柄，可以通过单击手柄来快速选择该物体，通常将手柄移至物体外面，方便选择，在制作角色动画时非常有用。

Local Rotation Axes（自身旋转轴） ：用来设置曲线自身的旋转轴，通过旋转操作，可以改变它的轴心原始角度。

调整曲线形状，主要是针对CV（控制点）、Edit Point（编辑点）、Curve Point（曲线点）和Hull（壳线）4种组元进行编辑。系统提供了更为快捷的操作方式，在要编辑的曲线上按住鼠标右键，从弹出的快捷菜单中可以看到有4种组元类型可供选择，选择一种组元，进入它的编辑状态。它的优点是不必进入组元操作级别，直接在物体级别中选择组元编辑操作，如图9-2（右）所示。

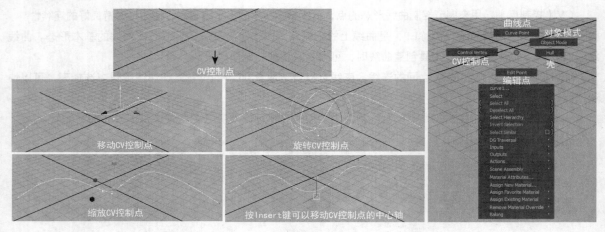

图 9-2

03 删除曲线元素。

选择单个或一组控制点（或编辑点），按下键盘上的BackSpace键或Delete键，即可将节点删除，同时相应的段也被删除。

在曲线绘制过程中可以使用BackSpace或Delete键来删除前一次放置的点，但如果使用PencilCurve（铅笔曲线）工具进行绘图，则必须在完成绘制后再选择点进行删除。

04 曲线度数。

Degree（度数）：度数可以影响曲线的形状，度数有5级，分别是1度、2度、3度、5度和7度，常用的曲线是3度，曲线度数越低，形状越硬，度数越高，曲线越平滑。选择CV或EP曲线工具后面的按钮，打开选项窗口设置度数，然后再进行绘制，如图9-3所示。

图 9-3

必须在绘制曲线前设置Degree（度数），因为在绘制完成后无法在其Attribute Editor（属性编辑器）中进行修改，如果想修改曲线Degree（度数）属性，可以使用Edit Curves>Rebulid Curve（编辑曲线>重建曲线）命令。

Degree=1：产生连续的直线段，线段转折处没有倒角。

Degree=2：产生切线连续的曲线，但不容易控制。

Degree=3：产生平滑的曲线，这是最常用的曲线级数，用较少的节点来生成平滑的曲线，也是系统默认的级数值。

9.1.4 NURBS曲面基础

NURBS曲面模型通过参数定义曲面，比Polygon（多边形）模型更容易控制表面的精细程度。在渲染之前，可以根据不同的渲染要求，自由调节NURBS模型渲染精度，节省渲染时间。

01 曲面创建方式。

NURBS曲面可以通过以下多种方式产生。

　　方式1：执行菜单Create>NURBS Primitives（创建>NURBS基本体）下的命令，创建NURBS基本几何体。

　　方式2：绘制不同形状的曲线，通过Surfaces（曲面）菜单中的工具或命令（如旋转、放样、挤出等）产生曲面。

　　方式3：通过Edit NURBS（编辑NURBS）菜单中的各种工具或命令加工曲面，也可以产生出新的曲面（如延伸曲面、断开曲面、倒角曲面等）。

　　02 曲面组成元素。

　　曲面由Control Vertex（控制点）、Isoparm（等参线）、Surface Point（曲面点）、Surface Patch（曲面面片）、Hull（壳线）等元素组成，比曲线的组成更加复杂，如图9-4所示，这是一个标准的NURBS曲面。

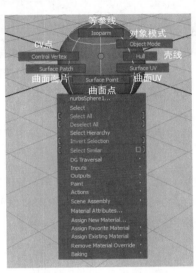

图 9-4

　　Surface Point（曲面点） ◉：位于曲面上的点，是Isoparm（等参线）的交叉点，以X符号显示，不能进行变换操作。

　　Surface Patch（曲面面片） ▦：位于曲面上的矩形面片，由Isoparm（等参线）分割而成，通过中心的标志点来选择，显示为黄色，不能进行变换操作。

　　Isoparm（等参线） ◣：U向或V向的网格线，决定了曲面的精度和段数。

　　NURBS组元不仅可以在编辑组元时处于显示状态，而且还可以通过执行菜单Display>NURBS（显示>NURBS）中的命令，控制组元的显示状态。

　　关于NURBS概念更详细的内容可参见随书配套光盘中的教学视频。

9.2 NURBS常用菜单

　　本节来了解一下NURBS的几个常用菜单命令。

9.2.1 NURBS创建菜单

　　在菜单Create>NURBS Primitives（创建>NURBS基本体）中包括了一系列NURBS的基本体创建，如图9-5所示。

　　另外，还可以通过菜单Create>CV Curve Tool/EP Curve Tool（创建>CV曲线工具/EP曲线工具）来绘制曲线。

单击命令后面的方块按钮，可以打开其选项窗口对参数属性进行设置，已经创建了一个曲面或曲线后，可以在其通道盒中对其参数属性进行设置，如图9-6所示。

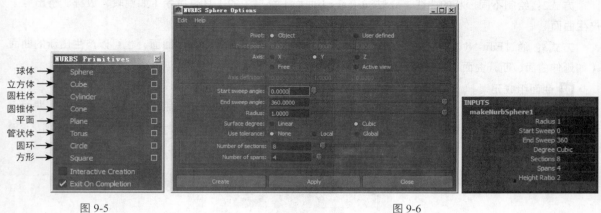

图 9-5　　　　　　　　　　　　　　　　　　　　　　　图 9-6

9.2.2 曲线及曲面右键菜单

选择曲线或曲面，单击鼠标右键，会弹出一个快捷菜单，该菜单中包括NURBS常用的参数命令。

9.2.2.1 曲线右键菜单

在场景中创建一条曲线，单击鼠标右键，弹出曲线右键菜单，如图9-7所示。

在该菜单中可以选择曲线的几种组件方式，在"9.1.3 NURBS曲线基础"中已经讲过，这里不再赘述，除了几种组件方式外，还提供了一些常用的操作命令。

9.2.2.2 曲面右键菜单

在场景中创建一个曲面，单击鼠标右键，弹出曲面的右键菜单，如图9-8所示。

图 9-7　　　　　　　　　　　　图 9-8

在该菜单中可以选择曲面的几种组件方式，在"9.1.4 NURBS曲面基础"中已经讲过，这里不再赘述，除了几种组件方式外，还提供了一些常用的操作命令。

关于曲线和曲面的右键菜单更详细的介绍可参见随书配套光盘中的教学视频。

9.2.3 Edit Curves（编辑曲线）菜单

本小节介绍NURBS模块下的Edit Curves（编辑曲线）菜单，如图9-9所示。

图 9-9

01 Duplicate Surface Curves（复制曲面曲线）：把一个曲面上的曲线复制出来，成为单独的NURBS曲线。

02 Attach Curves（连接曲线）：把两条曲线连接起来，成为一条NURBS曲线。

03 Detach Curves（断开曲线）：断开NURBS曲线。

04 Align Curves（对齐曲线）：在两条曲线之间建立连续性，将它们联系在一起，这种联系并不局限在两个端点，曲线上的任何点都可以作为对接点，就好像将两条曲线锁在一起。该功能在制作动画和渲染效果时可以改变位置、切线和曲率3种连续性。

05 Open/Close Curves（打开/闭合曲线）：将一条曲线打开或闭合。

06 Move Seam（偏移接缝）：将一条闭合曲线的接缝（结合点）的位置沿曲线偏移。

07 Cut Curve（剪切曲线）：将两条以上相交曲线在交叉点处剪断或切除。

08 Intersect Curves（交叉曲线）：求出相交曲线的交叉点。

09 Curve Fillet（曲线倒角）：为两条曲线创建圆形倒角或自由倒角。

10 Insert Knot（插入节）：为曲线添加节（Knot，可以理解为EP）。

11 Extend（延伸）：包括Extend Curve（延伸曲线）和Extend Curve On Surface（延伸曲面曲线）两个命令，可以延伸曲线或延伸曲面上的曲线。

12 Offset（偏移）：包括Offset Curve（偏移曲线）和Offset Curve On Surface（偏移曲面曲线）两个命令，可以偏移曲线或偏移曲面上的曲线。

13 Reverse Curve Direction（反转曲线方向）：反转曲线的方向。

14 Rebuild Curve（重建曲线）：重建曲线，重新定义曲线上EP的个数，并在曲线上均匀分布CV。

15 Fit B-spline（匹配B样条曲线）：将其他Degree（度数）的曲线转化为3 Cubic曲线。

16 Smooth Curve（平滑曲线）：在不改变CV数目的前提下，平滑曲线。

17 CV Hardness（CV硬度）：调整CV的硬度，即通过在同一个位置插入重复的EP，从而创建尖锐的角度。

18 Add Point Tool（加点工具）：沿曲线末端添加CV或者EP。

19 Curve Editing Tool（曲线编辑工具）：编辑曲线。

20 Project Tangent（投影切线）：调整曲线的曲率以匹配曲面的曲率，或者两条曲线交叉处的曲率。

21 Modify Curves（修改曲线）：其中包括了一系列修改曲线的命令，可以锁定曲线长度、解锁曲线长度、将弯曲的曲线拉直或者反转其弯曲方向、平滑曲线、卷曲曲线、弯曲曲线、缩放曲线的曲率。

22 Bezier Curves（贝塞尔曲线）：其中包含两个命令选项，可以改变贝塞尔曲线上所选控制点到所选锚点预设，以及基于Tangent Options（切线选项）子菜单中所选的命令来改变贝塞尔曲线上的所选切线。

23 Selection（选择）：可以选择曲线上的所有CV、选择曲线的初始和终止CV、为所选曲线上的每个CV都分别创建一个Cluster（簇）。

9.2.4 Surface（曲面）菜单

本小节来介绍一下NURBS模块中的Surface（曲面）菜单，如图9-10所示。

01 Revolve（旋转）：绕预定轴旋转曲线成面。

02 Loft（放样）：将所选曲线放样成面。

03 Planar（平面）：根据所选曲线剪切成面。

04 Extrude（挤出）：将轮廓线沿路径挤出成面。

05 Birail（双轨）：可以利用轮廓曲线来创建曲面，包括Birail 1 Tool（双轨1工具）、Birail 2 Tool（双轨2工具）、Birail 3+Tool（双轨3+工具）3种方式。

06 Boundary（边界）：根据所选的边界曲线创建边界曲面。

07 Square（方形）：根据所选4条或3条两两相交的边界曲线创建曲面。

08 Bevel（倒角）：根据所选4条或3条两两相交的边界曲线创建带有过渡的曲面。

09 Bevel Plus（倒角插件）：根据所选的曲线创建出比普通倒角有更高控制度的带有斜面的曲面。

9.2.5 Edit NURBS（编辑NURBS）

本小节介绍NURBS模块中的Edit NURBS（编辑NURBS）菜单，如图9-11所示。

图 9-10　　　　　图 9-11

01 Duplicate NURBS Patches（复制NURBS面片）：复制NURBS曲面上的一个或多个Patch（面片）。

02 Project Curve On Surface（在曲面上投射曲线）：将一条或多条曲线投射到曲面上，创建曲面曲线。

03 Intersect Surfaces（相交曲面）：求出两个或更多曲面的交线。

04 Trim Tool（剪切工具）：根据曲面上的曲面曲线，剪切曲面。

05 Untrim Surfaces（取消剪切曲面）：对于剪切过的曲面撤销剪切，恢复其原始形状。

06 Booleans（布尔运算）：对NURBS对象进行布尔运算，包括Union Tool（合并工具）、Difference Tool（差集工具）、Intersection Tool（相交工具）3种布尔运算方式。

07 Attach Surfaces（连接曲面）：将两个曲面连接成为一个曲面。

08 Attach Without Moving（无位移连接）：不改变要连接的曲面的位置和形状，只是将两个曲面间的缝隙填补起来。

09 Detach Surfaces（断开曲面）：将曲面沿所选择的Isoparm（结构线）处断开。

10 Align Surfaces（对齐曲面）：对齐两个曲面并保持其位置、切线、曲率连接。

11 Open/Close Surfaces（打开/闭合曲面）：打开或闭合曲面。

12 Move Seam（偏移接缝）：偏移一个闭合曲面的接缝。

13 Insert Isoparms（插入结构线）：为NURBS曲面插入Isoparm（结构线）。

14 Extend Surfaces（延伸曲面）：沿曲面的某个方向延伸曲面。

15 Offset Surfaces（偏移曲面）：偏移曲面。

16 Reverse Surface Direction（反转曲面方向）：反转曲面方向。

17 Rebuild Surfaces（重建曲面）：重建曲面。

18 Round Tool（圆角工具）：为两个相交曲面倒圆角。

19 Surface Fillet（曲面圆角）：在两个现有曲面之间创建圆角，包括Circular Fillet（圆形圆角）、Freeform Fillet（自由形式圆角）、Fillet Blend Tool（圆角融合工具）3种方式。

20 Stitch（缝合）：缝合NURBS对象，包括Stitch Surface Points（缝合曲面点）、Stitch Edges Tool（缝合边工具）、Global Stitch（全局缝合）3种方式。

21 Sculpt Geometry Tool（雕刻几何体工具）：使用该工具可以雕刻NURBS和多边形。

22 Surface Editting（曲面编辑）：用来编辑NURBS曲面，包括Surface Editing Tool（曲面编辑工具）、Break Tangent（断开切线）、Smooth Tangent（平滑切线）3种编辑方式。

23 Selection（选择）：包括一系列选择NURBS操作命令，包括Grow CV Selection（扩大当前选择的CV）、Shrink CV Selection（收缩当前选择的CV）、Select CV Selection Boundary（选择CV选择边界）、Select Surface Border（选择曲面边界）4种选择方式。

更详细的菜单介绍可参见随书配套光盘中的教学视频。

9.3 NURBS建模流程——高脚杯

从本节开始我们学习NURBS建模的流程，并且尝试一些工具的用法。

9.3.1 绘制NURBS曲线

Step01 新建场景，执行菜单Create>CV Curve Tool（创建>控制点曲线工具）命令。

Step02 在side（侧）视图中，按X键捕捉网格，从上至下依次绘制出高脚杯的外轮廓线，注意顶点的数目和图示相同，如图9-12所示。

Step03 单击鼠标右键进入组元编辑模式，选择Control Vertex（控制点）选项，进一步修改CV点。

9.3.2 旋转成面

Step01 回到透视图，执行菜单Surfaces>Revolve（曲面>旋转成面）命令，创建出简单的酒杯模型，如图9-13和图9-14所示。

基础

建模

渲染

动画

特效

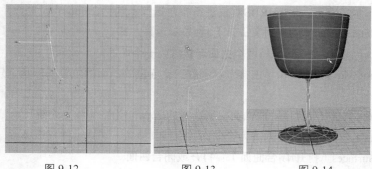

图 9-12   图 9-13   图 9-14

Step02 在不删除历史记录的情况下，选择轮廓曲线，进入组元编辑模式，选择CV点修改曲线形状，调整高脚杯的外形，如图9-15和图9-16所示。

Step03 最终结果如图9-17所示。

Step04 执行菜单File>Save Scene（文件>保存场景）命令，最终场景可参见随书配套光盘中的DVD01\scene\chap09\mb\9_2 gjb.mb。

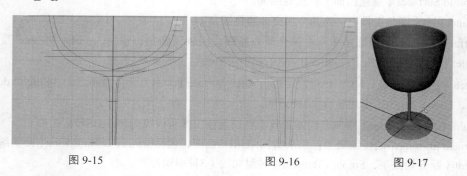

图 9-15   图 9-16   图 9-17

9.4 NURBS曲线应用——水杯

本节将利用NURBS曲线来制作一个水杯效果。

Step01 使用CV Curves Tool（CV曲线工具）在前视图中绘制出水杯的截面图形，如图9-18所示。

Step02 选择截面图形，单击菜单Surfaces>Revolve（曲面>旋转）命令后的方块按钮，打开其选项窗口，设置Axis preset（轴预设）为y，单击Apply（应用）按钮进行旋转，如图9-19所示。

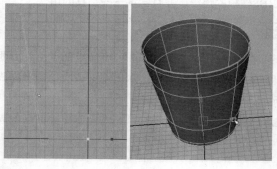

图 9-18   图 9-19

Step03 观察此时的杯子效果，发现杯子口处的转角不够硬，所以需要为其添加顶点，选择截面图形，单击鼠标右键选择Curve Point（曲线顶点），在曲线上单击添加两个顶点，执行菜单Edit Curves>Insert Knot（编辑曲线>插入节）命令，插入两个顶点，如图9-20所示。

Step04 然后对插入的顶点进行调整，使杯口硬一些，如图9-21所示。

Step05 如果想要改变杯子的形状，可以调整曲线的形状，调节出不同形状的杯子，如图9-22所示。

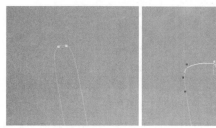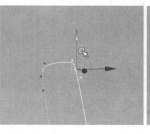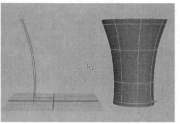

图 9-20 图 9-21 图 9-22

Step06 接下来还可以为杯子制作一个盖，使用CV Curves Tool（CV曲线工具）在前视图中绘制杯子盖的截面图形，如图9-23所示。

Step07 选择绘制好的杯子盖截面图形，执行Revolve（旋转）命令旋转出杯子盖模型，如图9-24所示。

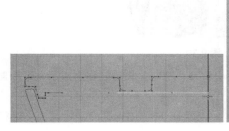

图 9-23 图 9-24

Step08 同样可以对杯子盖的截面图形进行修改，以调整杯子盖的造型，如图9-25所示。

Step09 最后可以选择杯子和杯子盖，在其通道盒中为其增加Sections（分段）数，使其表面更加圆滑，如图9-26所示。

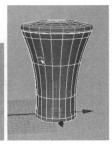

图 9-25 图 9-26

最后为模型清空历史，将截面图形删除，至此，本案例全部制作完成，更详细的操作步骤可参见随书配套光盘中的教学视频。

9.5 NURBS曲面应用——盆花

本节将利用NURBS曲面来制作一个盆花模型。

Step01 执行菜单Create>CV Curve Tool（创建>CV曲线工具）命令，在前视图中创建花盆的截面图形，如图9-27所示，并对其形状进行调整，如图9-28所示。

Step02 创建完截面图形后，选择曲线，执行菜单Surface>Revolve（曲面>旋转）命令，使其成面，如

基础

建模

渲染

动画

特效

图9-29所示。

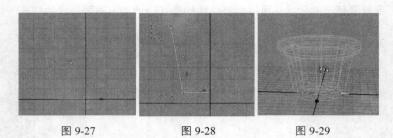

| 图 9-27 | 图 9-28 | 图 9-29 |

Step03 旋转成面后，如果对花盆形状还不是很满意，可以将花盆移开，继续对截面图形进行修改，如图9-30所示。

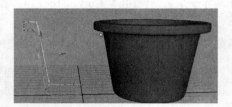

图 9-30

Step04 调节完成后将花盆重新放置到网格中心位置，将花盆模型制作完成后，下面制作花盆里的叶子模型。

Step05 首先将制作好的花盆和截面图形隐藏，创建一个NURBS平面，对其大小进行调整，并进入其通道盒的INPUTS中修改Patches U/V（U/V分段）均为6，将其复制出来一个，如图9-31所示。

Step06 选择下方的平面，单击鼠标右键，在弹出的菜单中选择Hull（壳）组件，隔一排进行选择，并使用移动工具将其向上移动，制作出波浪效果，如图9-32所示。

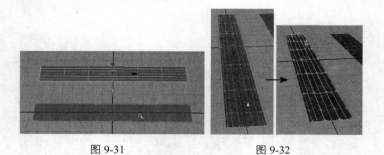

| 图 9-31 | 图 9-32 |

Step07 使用软选择工具对其形状进行调整，如图9-33所示。

Step08 为了方便观察，先将另一个平面隐藏，选择调节好的叶子，将其轴心点移至叶子根部，如图9-34所示。

Step09 将叶子吸附到网格中心位置，再次将其复制出来一个，如图9-35所示。

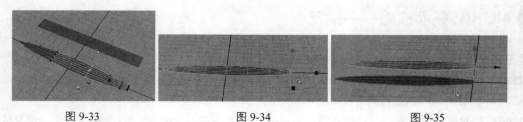

| 图 9-33 | 图 9-34 | 图 9-35 |

Step10 接下来使用软选择工具对树叶进行形变，首先对原始的叶子进行调节，如图9-36所示。

Step11 调节完成后，将其移动到一侧，再将复制出来的叶子复制出来两个，同样使用软选择工具进行调节，如图9-37所示。

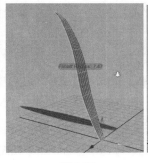 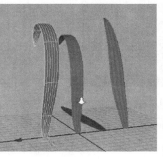

图 9-36   图 9-37

Step12 再次复制出来一片，进行调整，将用来复制的原始叶子隐藏，如图9-38所示。

Step13 将花盆显示出来，将制作好的叶子复制、调整形状角度，摆放在花盆内，如图9-39所示。

Step14 选择花盆底部的面，执行菜单Edit NURBS>Duplicate NURBS Patches（编辑NURBS>复制NURBS面片）命令将面复制出来，将其向上移动，使用软选择工具调节形状，制作土模型，如图9-40所示。

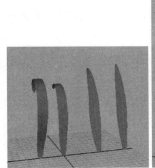  

图 9-38   图 9-39   图 9-40

最后对场景进行整理，至此，本案例全部制作完成，更详细的操作步骤可参见随书配套光盘中的教学视频。

9.6 NURBS常用工具——汽水瓶

本节主要学习常用工具的使用方法，包括Loft（放样）、Planar（平面）命令等。

9.6.1 制作瓶身

Step01 执行Create>NURBS Primitives>Circle（创建>NURBS基本体>圆）命令，使用默认设置创建圆，圆的段数为8段，选择圆，按Ctrl+A组合键打开属性编辑器，在makeNurbCircle3选项卡下设置Sections（段数）值为12，如图9-41所示，增加圆的段数，以提高显示质量；并在属性栏中将圆的x、y和z坐标位置都设置为0，如图9-42所示。

Step02 按Ctrl+D组合键，复制出1个圆，调整它们的位置，如图9-43所示。

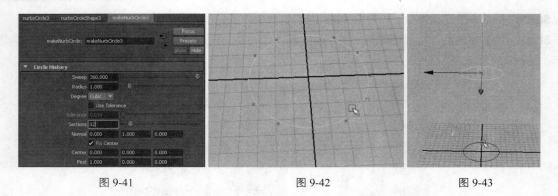

图 9-41   图 9-42   图 9-43

Step03 选择底端的圆环，单击鼠标右键进入组元编辑模式，按住Shift键，每隔一个点选择一个CV点，如图9-44所示；使用旋转工具，对其进行旋转，使点基本趋于重合，结果如图9-45所示。

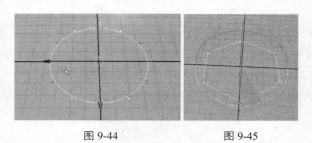

图 9-44   图 9-45

Step04 选择底端的圆，连续按Ctrl+D组合键3次，复制出3个圆，调整它们的位置和大小，分别如图9-46、图9-47和图9-48所示。

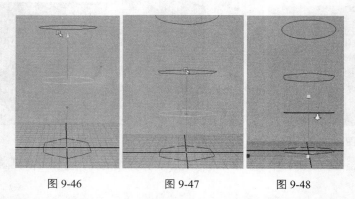

图 9-46   图 9-47   图 9-48

Step05 选择顶端的圆，使用同样的方法复制出两个，调整它们的位置和大小，分别如图9-49、图9-50和图9-51所示。

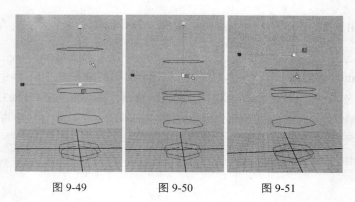

图 9-49   图 9-50   图 9-51

Step06 按住Shift键，按由下向上的顺序加选曲线，执行菜单Surfaces>Loft （曲面>放样）命令，形成向内延伸的曲面，如图9-52和图9-53所示。

Step07 此时如果觉得汽水瓶的外观不太好看，可以应用移动、旋转和缩放命令，调整这些曲线的形状，结果如图9-54所示。

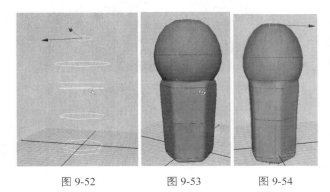

图 9-52　　　　　　图 9-53　　　　　　图 9-54

9.6.2　制作瓶口

Step01 选择瓶口的曲线，连续按Ctrl+D组合键3次，复制出3个圆，调整它们的位置，如图9-55和图9-56所示。

Step02 选择中间的两条曲线，按Ctrl+D组合键，复制出两个圆，使用缩放工具调整它们的大小，如图9-57和图9-58所示。

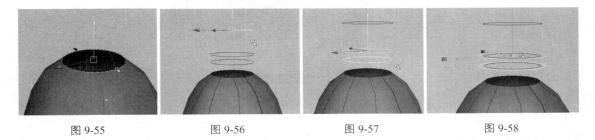

图 9-55　　　　　　图 9-56　　　　　　图 9-57　　　　　　图 9-58

Step03 每次按Shift键选择两条曲线，执行菜单Surfaces>Loft （曲面>放样）命令，形成向内延伸的曲面，如图9-59~图9-63所示。

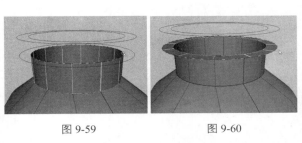

图 9-59　　　　　　　　　图 9-60

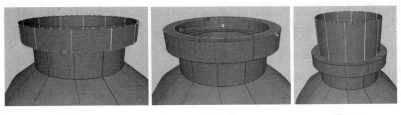

图 9-61　　　　　　图 9-62　　　　　　图 9-63

Step04 使用同样的方法，将瓶口其余部分制作出来，如图9-64和图9-65所示。

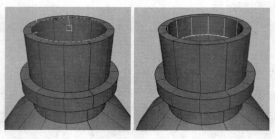

图 9-64　　　　　　　　　　　图 9-65

9.6.3 制作瓶盖

Step01 为了在操作时不误选平面，便于场景的管理，可选择场景中的全部模型，在通道栏层编辑器中单击 按钮，创建一个新的显示层，如图9-66所示。

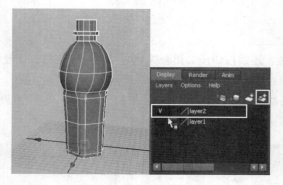

图 9-66

Step02 单击Layer2层前方的按钮，使其显示为 ▮▮▮▮▮▮▮/layer2 ，这样Layer2层里的物体就隐藏了，不会在场景中看到。

Step03 执行菜单Create>NURBS Primitives>Circle（创建>NURBS基本体>圆）命令，使用默认设置创建圆，圆的段数为8段，选择圆，按Ctrl+A组合键打开属性编辑器，在makeNurbCircle4选项卡下设置Sections（段数）值为100，增加圆段数，以提高显示质量，如图9-67和图9-68所示。

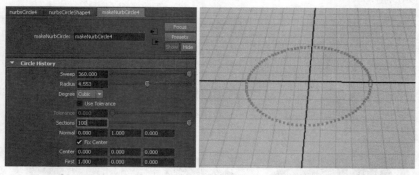

图 9-67　　　　　　　　　　　图 9-68

Step04 单击鼠标右键进入组元编辑模式，按住Shift键，每隔一个点选择一个CV点，如图9-69所示；使用缩放工具，对其进行缩放，结果如图9-70所示。

Step05 按Ctrl+D组合键复制出1个圆，调整它的位置，如图9-71所示。

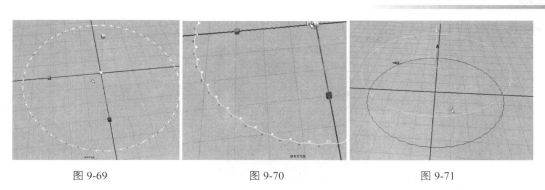

图 9-69   图 9-70   图 9-71

Step06 执行菜单Create>NURBS Primitives>Circle（创建>NURBS基本体>圆）命令，再次创建一个圆，使用缩放命令调整到合适的大小，如图9-72所示；按Ctrl+D组合键再复制出1个圆，调整它的位置，如图9-73所示。

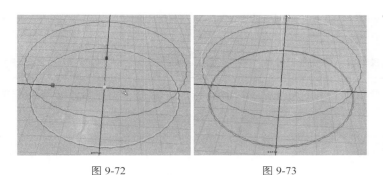

图 9-72   图 9-73

Step07 按住Shift键，按照由下向上的顺序加选曲线，如图9-74所示；执行菜单Surfaces>Loft（曲面>放样）命令，形成曲面，如图9-75所示。

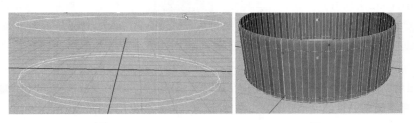

图 9-74   图 9-75

Step08 此时如果觉得瓶盖的外观不太好看，可以应用移动、旋转或缩放命令，调整这些曲线的形状。

Step09 选择瓶盖顶端的圆环，执行Surfaces>Planar（曲面>平面）命令，生成瓶盖的截面，如图9-76所示。

Step10 执行菜单Edit NURBS>Round Tool（编辑NURBS>圆角工具）命令，框选需要进行圆角处理的曲面边界线，在曲面边界位置会出现一个黄色的控制器，拖动鼠标可以控制圆角的半径大小，如图9-77所示。

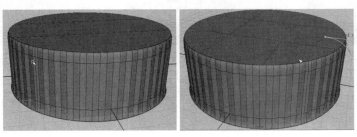

图 9-76   图 9-77

基础

建模

渲染

动画

特效

Step11 按Enter键，圆角创建完毕，如图9-78所示。

图 9-78

Step12 如果操作的模型比较复杂，需要多次进行倒角，可以不按Enter键，继续框选需要圆角化的边界，按BackSpace键可以取消上一次选择，最后按Enter键，圆角操作一次完成。

注：

在执行圆角操作时，两个曲面边界之间的夹角小于15°或大于165°都会产生不正确的圆角倒角。

Step13 执行菜单Edit>Delete All by Type>History（编辑>按类型删除全部>历史记录）命令，加快处理速度。

注：

在NURBS建模中，如果不及时清理某些操作的历史记录，会产生错误的结果，甚至会导致无法挽回的局面，所以在建模时最好养成习惯，为文件多保存副本，及时清理历史记录。

Step14 单击Layer2层前方的按钮，使其显示为 V layer2 ，这样Layer2层中的物体就显示出来了。框选瓶盖模型，按Ctrl+G组合键将瓶盖模型成组，执行菜单Modify>Center Pivot（修改>枢轴点居中）命令，将对象枢轴点移回对象的几何中心，使用移动工具、缩放工具将瓶盖模型移动到合适的位置，如图9-79所示。

Step15 可以看到瓶身位置还有很多的硬角，执行菜单Edit NURBS>Round Tool（编辑NURBS>圆角工具）命令，框选需要圆角处理的曲面边界线，在曲面边界位置会出现一个黄色的控制器，拖动鼠标可以控制圆角的半径大小，按Enter键，圆角创建完毕，如图9-80和图9-81所示。

图 9-79

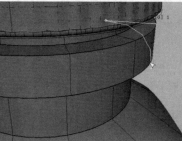
图 9-80

图 9-81

Step16 使用Step15的方法继续为其他位置添加圆角，如图9-82所示。

Step17 瓶底的缝合与前面所讲的方法非常类似，这里不做过多的说明，读者可自行尝试制作，最终结果如图9-83所示。

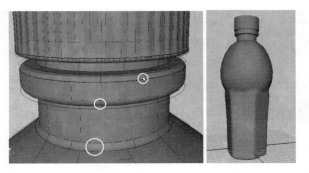

图 9-82   图 9-83

Step18 执行菜单File>Save Scene（文件>保存场景）命令，最终场景文件可参见随书配套光盘中的 DVD01\scene\chap09\mb\9_3 qsp.mb，这样一个简单的汽水瓶模型就制作完成了。

9.7 NURBS深入——手机

有了前面两个练习的基础，现在可以试着制作一些较复杂的模型了，这次尝试制作一个简单的手机模型，除了用到前面介绍的各项功能外，还使用了Extend（延伸）、Project Curve On Surface（投射曲线到曲面）、Intersect Surfaces（相交曲面）、Trim Tool（剪切工具）等工具。在制作过程中，一定要明确层级的概念，根据要操作的对象性质进入不同的层级中工作，还要了解独立性的概念，什么曲面应该独立，什么不能独立等。

9.7.1 制作机身

Step01 执行菜单File>New Scene（文件>新建场景）命令，创建一个新场景。

Step02 将鼠标指针移动到Top（顶视图），按Space（空格）键，全屏显示Top（顶视图）。

Step03 执行视图窗口菜单View>Image Plane>Import Image（视图>图像平面>导入图像）命令，导入随书配套光盘中的DVD01\scene\chap09\maps\手机.jpg文件，作为顶视图的背景图，如图9-84所示。

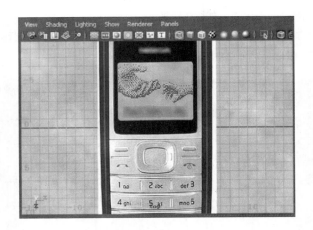

图 9-84

Step04 执行视图窗口菜单View>Image Plane>Image Plane Attributes>imagePlane1（视图>图像平面>图像平面属性>imagePlane1）命令，修改Placement Extras（精确定位）属性组下的Center（中心）属性值，将 Center Y设为 −6，调整背景图片在视图中的位置，确保制作的模型和背景图片不会重叠到一起，如图9-85所示。

基础 建模 渲染 动画 特效

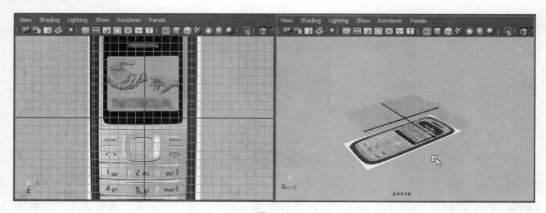

图 9-85

Step05 修改Image Plane Attributes属性组下的Color Gain（颜色增益）值，降低背景图片的亮度，如图9-86所示。

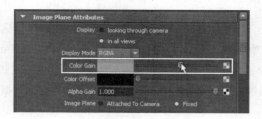

图 9-86

为了在操作时不误选平面，便于场景管理，选择这个平面，在通道栏层编辑器中单击 （创建新层并指定选择对象）按钮，创建一个新的显示层，层自动被命名为Layer1。

连续两次单击Layer1层名称前方中间的按钮，使其显示为 ，这样Layer1层中的物体可以在实体方式显示的同时，不会在场景中被选中。

Step06 执行菜单Create>NURBS Primitives>Circle（创建>NURBS基本体>圆）命令，新建一个NURBS圆，对应背景图，放置并缩放NURBS圆，如图9-87所示。

Step07 按Ctrl+A组合键打开属性编辑器，在makeNurbCircle1选项卡下设置Sections （段数）值为16，增加曲线段数，以提高显示质量，如图9-88所示。

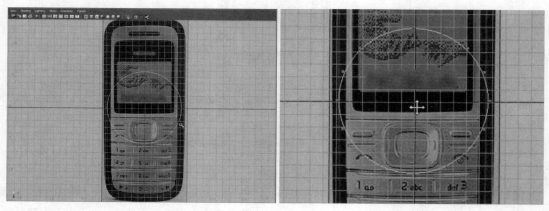

图 9-87   图 9-88

Step08 单击鼠标右键进入组元编辑模式，选择CV点，使用移动工具和缩放工具，调整曲线的大小和位置，使其与图案轮廓一致，如图9-89和图9-90所示。

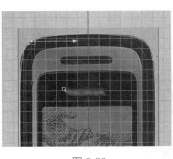

图 9-89   图 9-90

Step09 单击鼠标右键进入对象编辑模式，按Ctrl+D组合键复制出一个圆，使用移动工具放置到合适的位置，如图9-91所示。

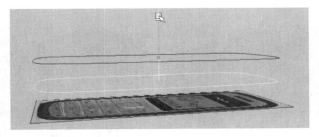

图 9-91

Step10 选择两条曲线，执行菜单Surfaces>Loft（曲面>放样）命令，形成曲面，如图9-92和图9-93所示。

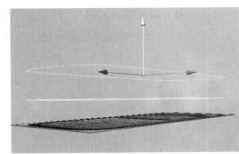
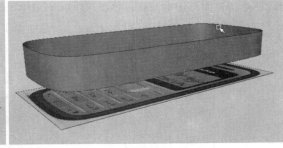

图 9-92   图 9-93

Step11 旋转视图到顶视图，执行菜单Create>NURBS Primitives>Plane（创建>NURBS基本体>平面）命令，创建一个平面对象，打开通道栏，设置Patches U和Patches V均为5，如图9-94和图9-95所示。

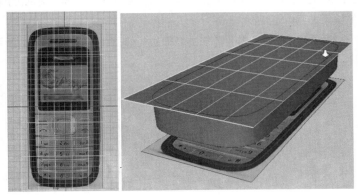

图 9-94   图 9-95

基础

建模

渲染

动画

特效

Step12 保证平面对象处于选择状态，按Ctrl+D组合键复制出一个平面，使用移动工具放置到合适的位置，使3个面相交在一起，如图9-96所示。

图 9-96

Step13 选择1号和3号表面，执行菜单Edit NURBS>Intersect Surfaces （编辑NURBS>相交曲面）命令，求出相交曲线，如图9-97和图9-98所示。

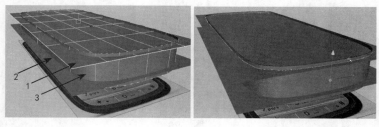

图 9-97   图 9-98

Step14 同理选择2号和3号表面，执行菜单Edit NURBS>Intersect Surfaces （编辑曲面>相交曲面）命令，也可以求出相交曲线，如图9-99所示。

Step15 选择需要剪切的曲面，单击菜单Edit NURBS>Trim Tool（编辑曲面>剪切工具）命令后的■按钮，打开选项设置窗口，勾选Shrink surface（收缩曲面）选项，这时选择的模型曲面呈白色虚线框显示状态，如图9-100所示。

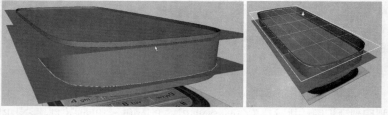

图 9-99   图 9-100

Step16 单击曲面要保留的部分，如果曲面比较复杂可以单击多次，选择不同的保留区域，按Enter键，完成剪切计算，得到的结果如图9-101所示。

Step17 使用上面介绍的方法将其余需要剪切的表面进行修整，结果如图9-102所示。

图 9-101   图 9-102

Step18 执行菜单Edit NURBS>Round Tool（编辑NURBS>圆角工具）命令，框选需要圆角处理的曲面边界线，在曲面边界位置会出现一个黄色的控制器，拖动鼠标可以控制圆角的半径大小，按Enter键，圆角创建完毕，如图9-103和图9-104所示。

图 9-103 图 9-104

这样，手机的机身部分模型就制作完成了，接下来我们制作手机的屏幕部分。

9.7.2 制作屏幕

Step01 执行菜单Create>NURBS Primitives>Circle（创建>NURBS基本体>圆）命令，新建一个NURBS圆，对应背景图，放置并缩放NURBS圆，如图9-105所示。

Step02 按Ctrl+A组合键打开属性编辑器，在makeNurbCircle2选项卡下设置Sections（段数）值为16，增加曲线段数，以提高显示质量，如图9-106和图9-107所示。

 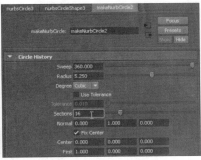 

图 9-105 图 9-106 图 9-107

Step03 单击鼠标右键进入组元编辑模式，选择CV点，使用移动和缩放工具，调整曲线的大小和位置，使其与图案轮廓一致，结果如图9-108和图9-109所示。

图 9-108 图 9-109

Step04 调整圆位置，目的是方便将曲线投射到曲面上。

Step05 进入顶视图，选择圆，按Shift键加选手机上表面，单击菜单Edit NURBS>Project Curve on Surface（编辑NURBS>投射曲线到曲面）后面的▣按钮，打开选项设置窗口，修改曲线投射方式，单击

Project（投射）按钮，在手机上表面产生曲面曲线，如图9-110和图9-111所示。

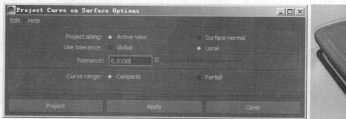

图 9-110   图 9-111

Step06 选择需要剪切的曲面，单击菜单Edit NURBS>Trim Tool（编辑NURBS>剪切工具）命令后的□按钮，打开选项设置窗口，勾选Shrink surface（收缩曲面）选项，单击曲面要保留的部分，按Enter键，完成剪切计算，如图9-112和图9-113所示。

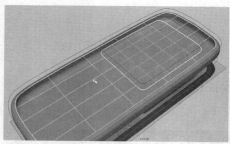

图 9-112   图 9-113

Step07 单击鼠标右键，进入Trim Edge（剪切边）级别，选择剪切曲面的剪切轮廓线，单击菜单Surfaces>Extrude（曲面>挤出）后面的□按钮，打开选项设置窗口，在窗口中设置Style（类型）为Distance（距离）方式，单击Extrude（挤出）按钮，如图9-114~图9-117所示。

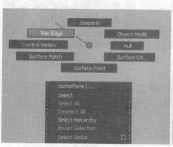

图 9-114   图 9-115

图 9-116   图 9-117

Step08 选择挤出的面，单击鼠标右键，进入Isoparm（等参线）组元编辑模式，选择模型下端边缘的等参线，执行菜单Surfaces>Planar（曲面>平面）命令，创建平面，为手机屏幕凹槽创建封口，形成一个闭合的完整模型，如图9-118、图9-119和图9-120所示。

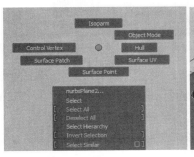

图 9-118

图 9-119

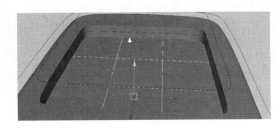

图 9-120

Step09 选择图9-121所示的曲线，按Ctrl+D组合键复制出两条曲线，使用移动、缩放命令放置到合适的位置，如图9-122所示。

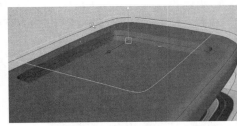

图 9-121

图 9-122

Step10 选择复制的两条曲线，执行菜单Surfaces>Loft（曲面>放样）命令，形成曲面，如图9-123和图9-124所示。

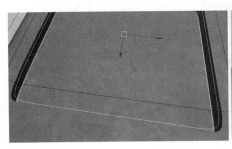

图 9-123

图 9-124

Step11 选择顶端的曲线，继续执行菜单Surfaces>Planar（曲面>平面）命令，创建平面，为手机屏幕创建封口，形成一个闭合的完整模型，如图9-125和图9-126所示。

基础

建模

渲染

动画

特效

图 9-125　　　　　　　　　　　图 9-126

Step12 执行菜单Edit NURBS>Round Tool（编辑NURBS>圆角工具）命令，框选需要圆角处理的曲面边界线，在曲面边界位置会出现一个黄色的控制器，拖动鼠标可以控制圆角的半径大小，按Enter键，圆角创建完毕，如图9-127和图9-128所示。

Step13 使用类似的方法可以为其他部分制作圆角，如图9-129所示。

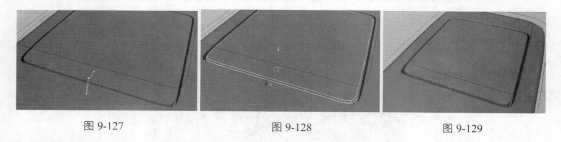

图 9-127　　　　　　　　　图 9-128　　　　　　　　　图 9-129

9.7.3　制作听筒

Step01 执行菜单Create>NURBS Primitives>Circle（创建>NURBS基本体>圆）命令，新建一个NURBS圆，对应背景图，放置并缩放NURBS圆，如图9-130所示。

Step02 单击鼠标右键，从弹出的快捷菜单中选择Curve Point（曲线点）选项，进入编辑状态。

Step03 用鼠标在曲线上拖动，定位到要插入点的位置，如果需要更改插入点的位置，可以重新单击并拖动鼠标左键，定义插入点的位置，如果要选择多个点，配合Shift键加选多个点。

Step04 执行菜单Edit Curves>Insert Knot（编辑曲线>插入结构点）命令，插入新的结构点，如图9-131所示。

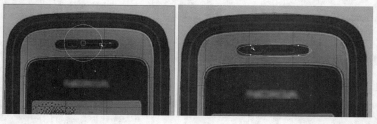

图 9-130　　　　　　　　　　　图 9-131

Step05 选择CV点，使用移动和缩放工具，调整曲线的大小和位置，使其与图案轮廓一致，结果如图9-132所示。

Step06 按Ctrl+D组合键将这条曲线复制出两条，使用移动和缩放工具，调整曲线的大小和位置，使其与听筒图案的外轮廓一致，结果如图9-133和图9-134所示。

图 9-132　　　　　　　图 9-133　　　　　　　图 9-134

Step07 在顶视图中选择曲线并加选手机表面，执行菜单Edit NURBS>Project Curve on Surface（编辑NURBS>投射曲线到曲面）命令，在手机上表面产生曲面曲线，如图9-135所示。

Step08 选择需要剪切的曲面，执行Edit NURBS>Trim Tool（编辑NURBS>剪切工具）命令，单击曲面要保留的部分，按下Enter键，完成剪切计算，如图9-136和图9-137所示。

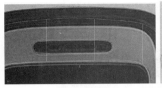

图 9-135　　　　　　　　　图 9-136　　　　　　　　　图 9-137

Step09 单击鼠标右键，进入Trim Edge（剪切边）级别，选择剪切曲面的剪切轮廓线，单击菜单Surfaces>Extrude（曲面>挤出）后面的 ▣ 按钮，打开选项窗口，在窗口中设置Style（类型）为Distance（距离）方式，设置Extrude length（挤出长度）为0.5，单击Extrude（挤出）按钮，效果如图9-138和图9-139所示。

Step10 选择挤出模型下端边缘的等参线，执行菜单Surfaces>Planar（曲面>平面）命令，创建平面，为手机屏幕凹槽创建封口，形成一个闭合的完整模型，如图9-140和图9-141所示。

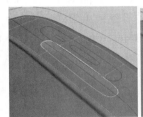
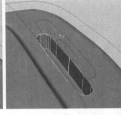
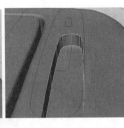

图 9-138　　　　　　图 9-139　　　　　　图 9-140　　　　　　图 9-141

Step11 执行菜单Edit NURBS>Round Tool（编辑NURBS>圆角工具）命令，框选需要圆角处理的曲面边界线，在曲面边界位置会出现一个黄色的控制器，拖动鼠标可以控制圆角的半径大小，按Enter键，圆角创建完毕，如图9-142和图9-143所示。

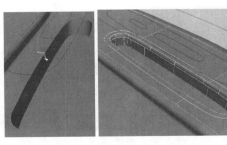

图 9-142　　　　　　　　　图 9-143

Step12 使用上面的方法可以制作出内部的两个空洞，如图9-144、图9-145和图9-146所示。

图 9-144　　　　　　　　图 9-145　　　　　　　　图 9-146

基础　建模　渲染　动画　特效

9.7.4 制作键盘

Step01 旋转到顶视图，执行菜单Create>NURBS Primitives>Plane（创建>NURBS基本体>平面）命令，创建一个平面对象，打开通道栏，设置Patches U为3，Patches V为4，使用移动、缩放命令将平面与参考图片相匹配，如图9-147所示。

Step02 选择CV点，使用移动和缩放工具，调整平面的大小和位置，使其与图案轮廓一致，结果如图9-148所示。

图 9-147　　　　　　　　　　　　　　图 9-148

Step03 在插入等参线的曲面上单击鼠标右键，从弹出的快捷菜单中选择Isoparm（等参线）选项，进入曲面的组元编辑模式。单击已经存在的等参线并拖动鼠标，插入新的等参线（虚线显示），可以配合Shift键同时选择多条不同方向上的等参线（虚线）。执行菜单Edit NURBS>Insert Isoparms（编辑NURBS>插入等参线）命令，在指定插入位置创建新的Isoparm（等参线），如图9-149和图9-150所示。

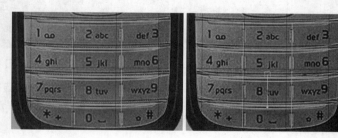

图 9-149　　　　　　　　　　　　　　图 9-150

Step04 重复Step03的操作，在纵向上也插入等参线，如图9-151和图9-152所示。

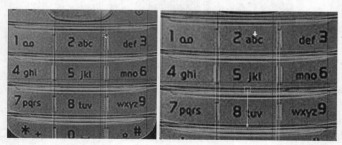

图 9-151　　　　　　　　　　　　　　图 9-152

Step05 旋转到透视图，单击鼠标右键，从弹出的快捷菜单中选择Surface Patch（曲面面片）选项，进入面片组元编辑模式。

Step06 可以配合Shift键同时选择Surface Patch（曲面面片），如图9-153所示。

Step07 执行菜单Edit NURBS>Duplicate NURBS Patches（编辑NURBS>复制NURBS面片）命令，复制选择的NURBS面片，使用移动工具移出一段距离，如图9-154所示。

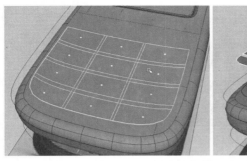
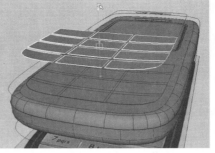

图 9-153   图 9-154

Step08 框选复制出来的面，执行菜单Edit>Delete by Type >History（编辑>按类型删除>历史）命令，删除构造历史。

Step09 将原始平面物体删除。

Step10 除了当前的按键对象，其他物体都选中，在通道栏层编辑器中单击![icon]（创建新层并指定选择对象）按钮，创建一个新的显示层，层自动被命名为Layer2。单击Layer2层前方的按钮，使其显示为![layer2]，这样Layer2层中的物体就隐藏了，只显示按键模型，如图9-155所示。

Step11 单击鼠标右键，从弹出的快捷菜单中选择Isoparm（等参线）选项，进入曲面的等参线组元编辑模式，框选全部等参线，如图9-156所示。

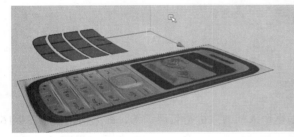

图 9-155   图 9-156

Step12 单击菜单Surfaces>Extrude（曲面>挤出）后面的![icon]按钮，打开Extrude Options（挤出属性）窗口，在窗口中设置Style（类型）为Distance（距离）方式，Extrude length（挤出长度）为－0.4，Direction（方向）为Specify，Direction Vector（方向矢量）为y轴，单击Extrude（挤出）按钮，结果如图9-157所示。

图 9-157

Step13 执行菜单Edit NURBS>Round Tool（编辑NURBS>圆角工具）命令，框选需要圆角处理的曲面边界线，在曲面边界位置会出现一个黄色的控制器，拖动鼠标可以控制圆角的半径大小，按Enter键，圆角创建完毕，如图9-158和图9-159所示。

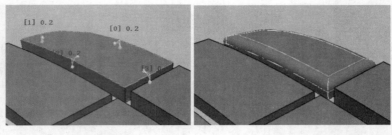

图 9-158   图 9-159

Step14 使用同样的方法为其他硬边添加圆角，结果如图9-160所示。

使用前面讲解的方法继续制作手机键盘的其余部分，这里不做赘述，读者可自行尝试制作。

手机最终效果如图9-161所示，最终场景文件可参见随书配套光盘中的DVD01\scene\chap09\mb\9_7sj.mb。

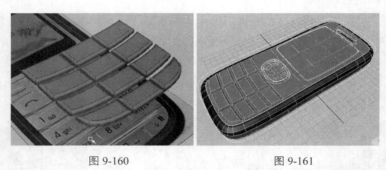

图 9-160   图 9-161

拓展训练01——CCTV标志制作

读者朋友在完成上面训练的基础上，可以根据个人能力来进行拓展训练，即如何创建出图9-162所示的CCTV标志，详细的操作过程请参考配套光盘中的教学视频，最终场景文件可参见随书配套光盘中的DVD01\scene\chap09\mb\cctv.mb。

图 9-162

CCTV标志造型的制作流程与相关知识点如下。

01 导入参考图片。

02 根据参考图片绘制模型轮廓。

03 重置曲线。

04 使用倒角生成曲面。

05 整体调整。

拓展训练02——小号建模

本次拓展训练主要讲解通过NURBS来制作一个小号模型，如图9-163所示，详细的操作过程请参考配套光盘中的教学视频，场景文件可参见随书配套光盘中的DVD01\scene\chap09\mb\xiaohao1~6.mb。

小号造型的制作流程与相关知识点如下。

01 建立曲线。

02 路径挤出和填角操作。

03 增加细节。

04 号嘴制作。

05 喇叭制作。

06 最终整理。

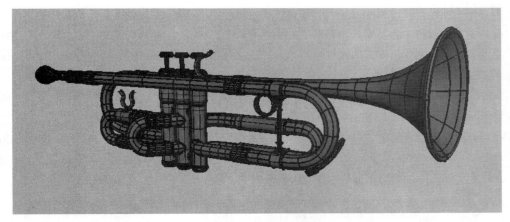

图 9-163

Chapter 10
第10章 材质与贴图

一般三维软件中的材质都是虚拟的，与真实世界中的物理材质概念不同。最终渲染的材质效果与模型表面的材质特征、模型周围的光源、模型周边的环境都是有关系的。在熟练掌握渲染技术之后，应当在两者之间反复调节，而不是只调节一种或两种。例如，一个材质是黄色的反光物体，但是在红光照射下会变为橙色，光越弱其反光效果越弱；又如一个带有反射的透明玻璃杯，周围的环境会影响其反射和折射的效果。所以即使材质效果再好，也要根据所处的场景环境进行调节。

10.1 UV基础

10.1.1 什么是UV

在动画片的制作过程中，特别是角色动画的质感要求上，Maya自身的纹理贴图无法满足我们的实际需要。对于模型来说，要制作出逼真的、具有冲击力的、富有质感的贴图，需要花费很大的精力，Maya中的UV贴图就用来解决这个问题。

UVs提供了一种模型表面与纹理图像之间的连接关系，UVs负责确定纹理图像上的一个点（像素）应该放置在模型表面的哪一个顶点上，由此可将整个纹理都铺盖到模型上。

展UVs，一般在模型完全制作好之后，并且在指定纹理贴图之前进行。此外，任何对模型的修改都可能会造成模型顶点与UVs的错位，从而使纹理贴图出现错误。UV编辑器就是我们编辑UV的平台。图10-1~图10-4所示是充分利用Maya材质贴图功能创作出来的优秀作品。

图 10-1

图 10-2

图 10-3

图 10-4

10.1.2 什么是法线

本小节来了解一下Maya中的法线，法线是用来区分对象正反面的工具，还可以用来辅助建模。

Step01 在场景中创建一个多边形平面，如图10-5所示。

Step02 在菜单Display>Polygons（显示>多边形）中有两个命令，Face Normals（面法线）和Vertex Normals（顶点法线），这里首选执行Face Normals（面法线），此时，在平面表面会出现绿色的线，而法线都在平面每个面的中心处，如图10-6所示。

这些绿色的线就是对象的法线，法线朝向的方向为物体的正方向，反之则为反方向。

Step03 再次执行Face Normals（面法线）命令即可关闭面法线的显示，另外，还有一种更方便观察物体正反面的方法，选择物体，执行视图菜单Lighting>Two Sided Lighting（着色>两侧着色）命令，将其取消勾选，此时，平面的正面显示比较亮的颜色，而反面则显示黑色，如图10-7所示。

图 10-5　　　　　　　　图 10-6　　　　　　　　图 10-7

Step04 将平面删除，在场景中创建一个多边形球体，执行Vertex Normals（顶点法线）命令，此时在球体的每个顶点处将显示法线，如图10-8所示。

Step05 将Vertex Normals（顶点法线）关闭显示，执行菜单Normals（法线）菜单中的Harden Edge（硬边）命令，此时球体表面的边会以硬边显示，再次显示顶点法线，此时可以看到一个顶点上的法线变成了4根，如图10-9所示。

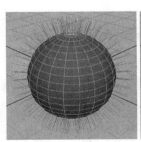
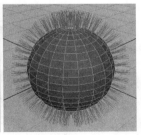

图 10-8　　　　　　图 10-9

其实物体在非硬边显示状态下，每个顶点上的法线也是4根，只是这4根点法线在非硬边显示状态下是完全重叠的，如果做了硬边显示，点法线则会沿着自身面的方向做垂直显示，不会进行圆滑显示。

Step06 再次执行菜单Normals>Soften Edge（法线>软边显示）命令，球体的边则又会回到圆滑显示状态，点法线就又会重叠在一起。

在建模过程中，经常会遇到面上出现很多黑色的色块，在进行挤出等操作时无法修改，这也与物体的法线有关，这种情况下，只需执行菜单Normals>Set to Face（法线>重置面）命令，重置物体法线，重置后物体将会按照自身面的方向对法线进行整理，即可解决黑边或黑面问题。

Step07 在场景中创建一个平面，并取消勾选菜单Lighting>Two Sided Lighting（着色>两侧着色）命令，选择一部分平面上的面，执行菜单Normals>Reverse（法线>反转）命令，即可将选择的面方向反转，也就是对法线进行了反转，如图10-10所示。

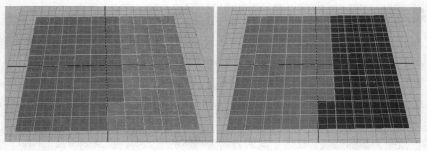

图 10-10

Step08 再次执行菜单Normals>Conform（法线>统一）命令，即可将平面上的所有法线统一到一个方向。参见随书配套光盘中的教学视频了解更多法线相关知识。

10.1.3 物体投射坐标

在制作贴图之前有一个非常重要的工作要做，那就是Polygons（多边形）模型UV的划分。要想得到一个非常好的贴图效果，必须先将UV划分得非常规整，尽量避免出现UV拉伸、扭曲的现象。默认的划分UV的投射方式有以下5种，可以通过Polygons（多边形）模块下的Create UVs（创建UV）菜单访问，如图10-11所示，选择菜单命令后面的小方盒可以打开以下命令的选项面板。

图 10-11

01 Planar Mapping（平面映射）：为所选的多边形面创建平面映射投影，这种贴图方式适合比较平坦的物体，如图10-12所示。

02 Cylindrical Mapping（圆柱映射）：通过在物体的顶点处投影UVs，把纹理贴图弯曲为圆柱的形状，这种类型的贴图适合于圆柱形的物体，如图10-13所示。

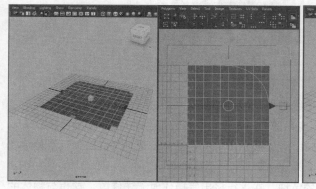
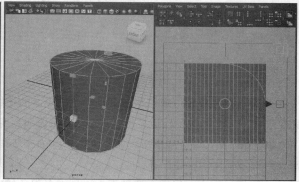

图 10-12　　　　　　　　　图 10-13

03 Spherical Mapping（球形映射）：通过在物体的顶点处投影UVs，把纹理贴图弯曲为球的形状，这种类型的贴图适合于球形的物体，如图10-14所示。

04 Automatic Mapping（自动映射）：可在纹理空间对模型中多个不连接的面片进行贴图，并把UV分割成不同的片，分布在0~1的纹理空间中，如图10-15所示。

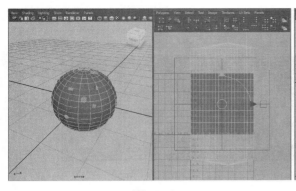
图 10-14

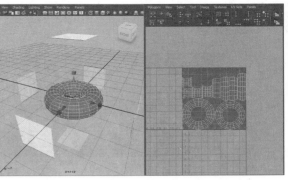
图 10-15

05 Create UVs Based On Camera（基于摄影机创建UVs）：基于所选视图的摄影机角度创建UV贴图映射，如图10-16所示，这样在透视图视窗中看到的几何体和在UV Texture Editor（UV纹理编辑器）中看到的几何体在形状上是一样的。

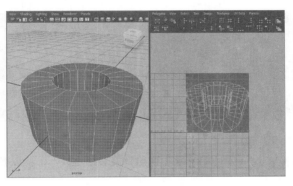
图 10-16

这些映射方式可以应用于整个多边形物体，也可以应用于部分表面，操作方法：先选择多边形物体的部分面，再将映射方式指定给它们，Maya会出现相应的UV映射操纵手柄（自动映射没有操纵手柄）。

参见随书配套光盘中的教学视频学习更详细的贴图坐标内容。

10.1.4 UV纹理编辑器

本小节来讲解UV纹理编辑器中比较常用的工具命令，UV编辑器的工具栏如图10-17所示。

图 10-17

01 UV Lattice Tool（UV晶格工具）：通过在UVs周围创建晶格来以组的形式调整该UVs的布局。

02 Move UV Shell Tool（移动UV整片工具）：通过单独选择一个UV点来选择或者移动整个UVs。

03 UV Smudge Tool（UV柔化工具）：使用笔触的方式来柔化调整UVs。

04 Select Shortest Edge Path Tool（选择最短边路径工具）：用于在同一面片网格上选择两个任意UV点之间最短的路径。

05 Smooth UV Tool（平滑UV工具）：通过拖曳鼠标左键来控制所选UVs扩展和松弛的状态。选择该选项，然后选择需要调整的UVs，这时在UVs旁将出现图标，如图10-18所示。

把鼠标指针放在Unfold（展开）框上，然后向右拖动鼠标左键，观察UVs的形状发生了怎样的变化，如图10-19所示。

基础

建模

渲染

动画

特效

再把鼠标指针放在Relax（松弛）框上，然后向右拖动鼠标左键，观察UVs的形状又发生了什么变化，如图10-20所示。

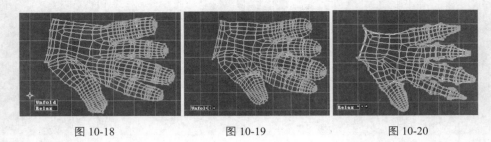

图 10-18　　　　　　　　　　图 10-19　　　　　　　　　　图 10-20

06 Flip Selected UVs in U direction（在U方向上反转UVs）：在U方向上对所选择的UVs的位置进行反转，在U方向上反转UVs之前和之后的效果分别如图10-21和图10-22所示。

07 Flip Selected UVs in V direction（在V方向上反转UVs）：在V方向上对所选择的UVs的位置进行反转，如图10-23和图10-24所示。

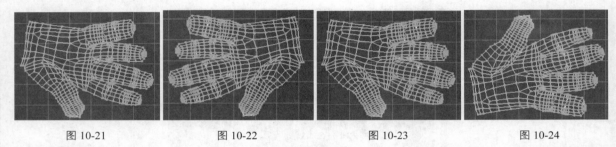

图 10-21　　　　　　　图 10-22　　　　　　　图 10-23　　　　　　　图 10-24

08 Rotate Selected UVs counterclockwise（逆时针旋转所选UVs）：以45°角逆时针方向旋转所选择的UVs。

09 Rotate Selected UVs clockwise（顺时针旋转所选UVs）：以45°角顺时针方向旋转选择的UVs。

10 Separate UVs along the selected edges（沿所选择的边分离UVs）：沿所选择的边来分离UVs，创建边界。

11 Separate the selected UV into one for each connected edge（将所选中的边切开）：沿着与所选UV点的边来分离UVs。

12 Sew the selected edges or UVs together（缝合所选择的边或者UVs）：沿所选择的边将UV缝合起来，但是并不移动它们的位置。

13 Move and sew the selected edges（移动并缝合所选择的边）：沿所选择的边将UVs缝合起来，并且移动它们的位置。

14 Selected faces to be moved in UV space（在UV空间移动所选择的面）：将所选择的任意UV面与当前所选择的UVs连接起来。

15 Snap selected UVs to user specified grid（将所选择的UVs吸附到指定网格）：将每个所选择的UV吸附到离它最近的网格交叉点上。

16 Unfold selected UVs（展开所选择的UVs）：展开所选择的UVs，以确保其不会出现重叠的现象。

17 Automatically move UVs for better texture space distribution（自动移动UVs，以获得更好纹理空间布局）：基于布局UVs选项栏中的设置对UVs进行排布，以获得更好的纹理空间布局。

18 Align selected UVs to minimum U value（对齐所选UVs到最大和最小UV坐标值）：将所选择的UVs对齐到最大和最小UV坐标值。

19 Toggle isolate select mode（锁定隔离选择模式）：在显示所有UVs和只显示隔离的UVs之间进行切换。

20 Add selected UVs to the isolate select set（将所选择的UVs添加到隔离子集中）：将所选择的UVs添加到隔离子集中，当单击锁定隔离按钮时，所选择的UVs将是可见的。

21 Remove all UVs of the selected object from the isolate select set（从隔离子集中移除所选择对象的所有UVs）：清除隔离子集。选择一个新的UVs集，然后单击锁定隔离按钮，将它进行隔离。

22 Remove selected UVs to the isolate select set（将选择的UVs移除隔离选择集）：从隔离子集中移除所选择的UVs。

23 Display image on/off（显示贴图打开/关闭）：显示或者隐藏纹理贴图。

24 Toggle filtered image on/off（锁定过滤贴图打开/关闭）：使背景图片在硬件纹理和过滤与清晰显示之间进行转换。

25 Dim image on/off（减弱纹理贴图的亮度打开/关闭）：减弱当前所显示的背景图片的亮度。

26 View grid on/off（是否显示网格）：显示或者隐藏网格，如图10-25和图10-26所示。

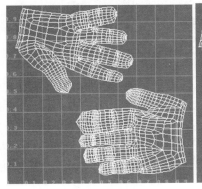

图 10-25   图 10-26

27 Pixel snap on/off（像素吸附打开/关闭）：选择是否自动将UVs吸附到像素边界上。

28 Toggle shaded UV display（切换阴影UV显示）：对所选择的UV面片进行透明阴影显示，这样有助于对重复的UVs区域进行更好的区分。

29 Toggle the display of texture borders for the active mesh（切换对激活网格纹理边界的显示）：锁定UV面片上对纹理边界的显示，纹理边界用粗线来标明，如图10-27和图10-28所示。

30 Display RGB channels（显示RGB通道）：显示所选纹理贴图的RGB（颜色）通道。

31 Display alpha channels（显示Alpha通道）：显示所选纹理贴图的Alpha（透明度）通道。

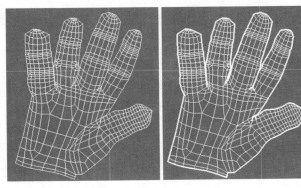

图 10-27   图 10-28

10.2 UV平面映射——反恐木箱贴图

目的：掌握Maya中材质贴图的基本操作，主要详细地讲解UV平面映射、整理及UV输出，掌握UV编辑器的操作使用方法，了解如何将绘制出的贴图赋予模型。

打开随书配套光盘中的DVD02\scene\scene\chap10\mb\CS_Box.mb，场景如图10-29所示，这是一个反恐木箱。

执行菜单Window>UV Texture Editor（窗口>UV纹理编辑器）命令，打开UV纹理编辑器，如图10-30所示。UV编辑器是查看UV、编辑UV和修改UV的窗口。UV编辑器视图的控制与控制其他视图一样，可以通过Alt键+鼠标左键来移动视图，Alt+鼠标右键来缩放视图。

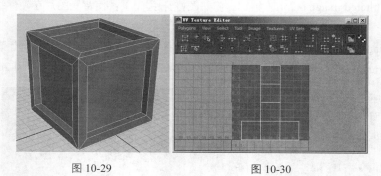

图 10-29   图 10-30

10.2.1 UV投射

Step01 单击工具盒中的■Persp/Outliner（透视图/大纲）显示模式，在Outliner（大纲）栏中执行菜单Panels>Panel>UV Texture Editor（面板>面板>UV纹理编辑器）命令，如图10-31所示，视图分成一边是UV纹理编辑器，一边是透视图，如图10-32所示。

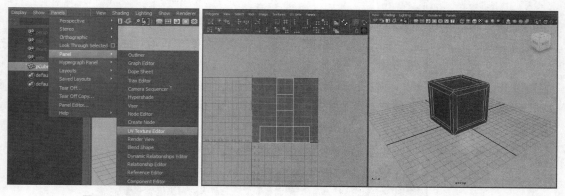

图 10-31   图 10-32

观察UV纹理编辑器，它是立方体默认的UV划分图，而不是现在模型的UV划分图，所以要重新对盒子的模型进行划分，为了做到UV不拉伸变形，对模型的每个面需要分别进行平面映射。

Step02 进入Face（面）次物体级别，选择图10-33所示的顶面；转到Polygons（多边形）模块，单击菜单Create UVs>Planar Mapping（创建UVs>平面映射）后面的■按钮，打开Planar Mapping Options（平面映射参数）窗口，如图10-34所示，在Project from（投射方向）中可以选择x、y、z轴及Camera（摄影机）。

我们在设置投射方向之前还要重新温习一下Maya中坐标的标示，红色的箭头代表x轴方向，绿色的箭头代表y轴方向，蓝色的箭头代表z轴方向，熟悉这些之后我们在选择投射方向的时候才不至于出错。也可以参考操作视图区左下角的坐标，来确定要投射的物体需选择的轴向。

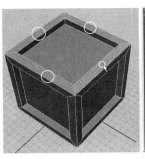
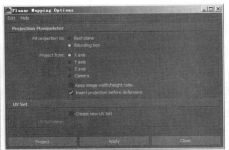

图 10-33   图 10-34

Step03 选择Project from（投射方向）中的Y axis（y轴），单击Apply（应用）按钮，在UV纹理编辑器中观察发现，选择的面被投射成功，如图10-35所示。

Step04 在UV纹理编辑器中将映射好的UV移出深灰色区域，如图10-36所示，以方便其他面的映射和UV整理。

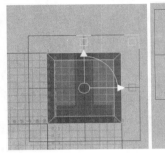

图 10-35   图 10-36

10.2.2 编辑UV

Step01 选择刚刚选择面下方的面，进行投射，结果如图10-37所示。映射出的UV显示红色，说明这个面的UV方向是反的。

如果UV纹理编辑器中没有以颜色显示投射图形，可单击UV纹理编辑器中的▉Toggle shaded UV display（切换UV显示）按钮。

Step02 单击UV纹理编辑器中的▉Flip selected UVs in U direction（在U方向反转选择的UV）按钮，发现所选择面投射的图形由红色变成蓝色，说明UV方向是正的。

Step03 选择另一侧表面的4个面，在Project from（投射方向）中选择X axis（x轴），单击Apply（应用）按钮，发现投射出前面一样的矩形框，颜色也为蓝色，说明方向正确，移动投射图形到空白处，如图10-38所示。

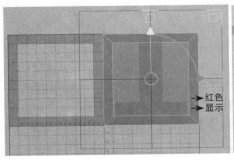

图 10-37   图 10-38

基础　建模　渲染　动画　特效

Step04 同样选择与之对应的另外一侧的面，单击Apply（应用）按钮，发现投射出来的图形为红色，单击UV纹理编辑器中的 Flip selected UVs in U direction（在U方向反转选择的UV）图标，发现所选择面投射的图形由红色变成蓝色，说明UV方向是正的，将其移动到空白处。

Step05 选择另外一侧没有进行投射的面，在Project from（投射方向）中选择Z axis（z轴），单击Apply（应用）按钮，发现投射出前面一样的矩形框，颜色也为蓝色，说明方向正确，如果为红色，单击UV纹理编辑器中的 Flip selected UVs in U direction（在U方向反转选择的UV）图标，移动投射图形到空白处。

Step06 选择最后一侧的面，单击Apply（应用）按钮，发现投射出前面一样的矩形框，颜色也为蓝色，说明方向正确，如果为红色，单击UV纹理编辑器中的 Flip selected UVs in U direction（在U方向反转选择的UV）图标，移动投射图形到空白处。

Step07 在UV纹理编辑器中，单击鼠标右键，进入UV模式，如图10-39所示。框选投射面的点，单击UV纹理编辑器中的 Move UV Shell Tool（移动UV壳工具），调整所有投射面到图10-40所示的位置。

Step08 用上面讲述的方法投射6个大的表面，如图10-41所示。

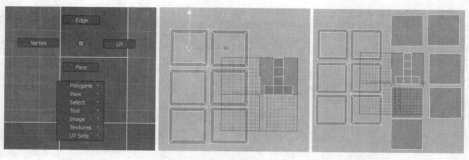

图 10-39　　　　　　图 10-40　　　　　　图 10-41

Step09 接下来投射凹面里面的小内侧面，选择图10-42所适的4个内侧面，在Project from（投射方向）中选择X axis（x轴），单击Apply（应用）按钮，颜色也为蓝色，说明方向正确，如果为红色，单击UV纹理编辑器中的 Flip selected UVs in U direction（在U方向反转选择的UV）图标，移动投射图形到空白处，如图10-43所示。

Step10 对其他面进行投射，最终UV纹理编辑器中对应的投射图形如图10-44所示。

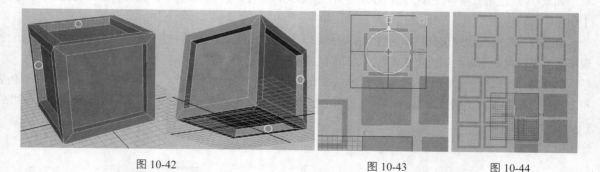

图 10-42　　　　　　　　图 10-43　　　　　　图 10-44

10.2.3 整理UV

在UV纹理编辑器中，单击 Select faces to be moved in UV space（在UV空间移动选择面）图标，可以将我们映射完成的UV自动在0~1的这个范围内进行一个排列。这个命令对于不规则的生物模型或者其他不规则模型是非常有用的，但是对于这种盒子、球体类规则的集合形状的模型就有些不合理了。

在整理UV之前检查投射面是否都是蓝色，如果有红色的，可用UV纹理编辑器中的 Flip selected UVs in U direction（在U方向反转选择的UV）工具反转。

单击UV纹理编辑器中的█Select faces to be moved in UV space（在UV空间移动选择面）按钮，发现投射图形的排列很有规律，如图10-45所示。我们这里不用自动对齐，完全手动即可，按Ctrl+Z组合键返回。

就这个盒子模型来说，同一类的面的贴图是一样的，这样我们为了最大化地利用好这个0~1的区域，需要将贴图相同的面重叠到一起，所以对于相同的面，其贴图只要画一个就可以了。

Step01 在UV纹理编辑器中单击鼠标右键，选择进入UV模式，选择顶部面的一个UV点，按住Ctrl键，单击鼠标右键，在弹出的菜单中选择To Shell（到全部）；按键盘上的W键，并移动到与它同一类型的UV上，如图10-46所示。

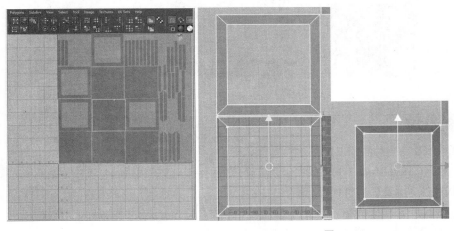

图 10-45   图 10-46

Step02 将这一类型剩下的面都叠加到一起，叠加后颜色会越来越深；这些UV点我们光靠手动调节无法完全重合，可以利用缩放工具进行UV点的整理。在UV纹理编辑器中框选一组UV点，按键盘上的R键选择缩放工具，挤压方块，即与这组UV点垂直方向的缩放手柄，将红色手柄推到与黄色方框重合即可，如图10-47所示，对内外侧的8条边上的点都进行相同的操作。

Step03 对大面积的6个面进行对齐操作，然后利用缩放工具进行UV节点的重合操作，如图10-48所示。具体操作方法：先进入UV编辑模式，选择点，然后按住Ctrl键不放选择To Shell（到全部），按键盘上的W键，并移动到与它同一类型的UV上。

Step04 对于内侧面的UV贴图也是一样的，所以也要将其先整体重叠在一起，再通过挤压操作对齐UV点；选择一组面，单击UV纹理编辑器上的◙Rotate selected UVs counterclockwise（逆时针旋转选择UV点）按钮，如图10-49所示，默认旋转是45°，那么单击两次，将竖着的UV放平，并与下面的UV叠加。

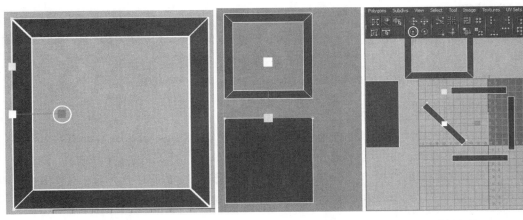

图 10-47   图 10-48   图 10-49

Step05 同理将这类型面的UV都重叠在一起，结果如图10-50所示；将这3个部分UV排列到0~1的范围内，如图10-51所示，在放置过程中可以对大面积的正方形面进行缩放。

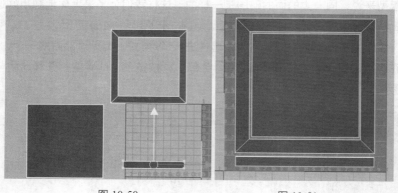

图 10-50　　　　　　　　　　　图 10-51

10.2.4　输出UV

将分好的UV作为画贴图的位置参考图进行输出。

Step01 进入Object Mode（物体模式），选择模型；在UV纹理编辑器中执行菜单Polygons>UV Snapshot（多边形>UV快照）命令，打开UV快照的窗口。

Step02 对其参数进行设置，如图10-52所示，单击File name（文件名称）后面的Browse（浏览）按钮，设置文件保存路径，设置Size（大小）为2 048，选择Image format（文件格式）为Targa，单击OK（确定）按钮，创建UV快照。

图 10-52

10.2.5　绘制贴图

将UV快照导入绘制软件中（我们这里选择Photoshop）作为参考位置，然后进行贴图的绘制，读者可自行尝试绘制。

最终成品文件为随书配套光盘中的DVD02\scenes\scenes\Chap10\maps\outUV.jpg。

10.2.6　将贴图赋予模型

Step01 在场景中选择模型，单击鼠标右键，从弹出的菜单中选择Assign Favorite Material>Lambert（指定常用材质>兰伯特），如图10-53所示，创建一个新的材质球。

Step02 在打开的材质球属性中，单击Color（颜色）后面的■图标，如图10-54所示，在弹出的创建节点窗口中单击File（文件）节点，如图10-55所示，创建一个File（文件）的节点。

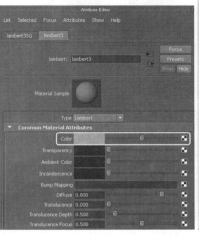

| 图 10-53 | 图 10-54 | 图 10-55 |

Step03 在创建出的File（文件）节点中单击Image Name（文件名称）后面的 █（文件夹）图标，如图10-56所示，从弹出的窗口中设置好贴图的路径（DVD02\scenes\scenes\Chap10\maps\outUV.jpg），单击Open（打开）按钮。

Step04 在场景中选择模型，按数字键6，即显示材质，如图10-57所示，贴图就赋予了模型。

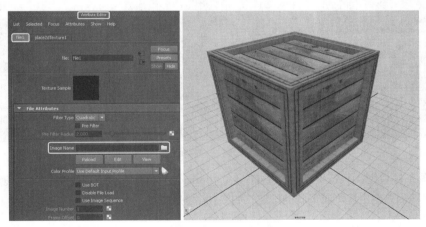

| 图 10-56 | 图 10-57 |

最终场景文件可参见随书配套光盘中的DVD02\scene\scene\chap10\mb\CS_Box_map.mb。

根据物体形状的不同，我们在编辑UV的时候所选择的方法也不同，有一些是运用Maya自身的操作命令来进行编辑的，而有一些是通过外部插件来编辑的，所以无论是通过什么方法来进行操作都要先观察物体的形状，然后再决定用什么方法。

接下来我们讲述第2种贴图编辑方法，即Cylindrical Mapping（圆柱体映射）。

10.3 UV圆柱映射——茶杯纹理贴图

上一节编辑的盒子模型是一个方形的物体，而水杯是圆形的，所以就不能用平面映射的方法来进行编辑。打开随书配套光盘中的DVD02\scene\scene\chap10\mb\Cup_Tea.mb，场景如图10-58所示，这是一个茶杯模型。

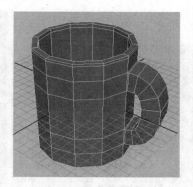

图 10-58

10.3.1 茶杯的UV映射

Step01 选择茶杯模型，执行菜单Window>UV Texture Editor（窗口>UV纹理编辑器）命令，打开UV纹理编辑器，观察模型的UV情况，如图10-59和图10-60所示。

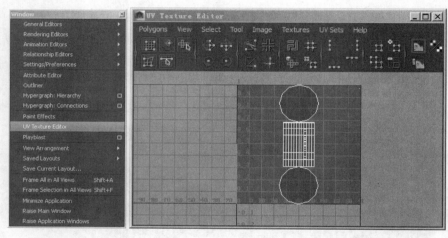

图 10-59   图 10-60

Step02 选择茶杯模型，执行菜单Create UVs>Cylindrical Mapping（创建UV>圆柱映射）命令，如图10-61所示，在水杯的外侧出现半弧形状的虚线，如图10-62所示。

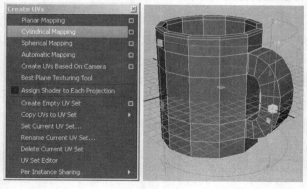

图 10-61   图 10-62

Step03 半弧形状的虚线是映射的范围，带颜色的按钮图标是操作手柄。按住两侧的红色按钮向中间拖曳，将半弧变成一个圆形，即将杯子的映射范围全部包括在内，如图10-63所示。

Step04 在UV纹理编辑器中观察映射完成的UV图，单击■图标，将UV颜色打开，如图10-64所示。观察UV图，有红色显示说明有的方向是反的，下面对UV进行剪切和翻转。

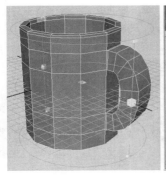
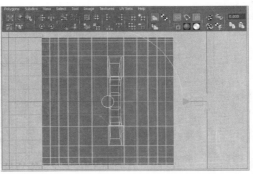

图 10-63　　　　　　　　　　　　　　　　图 10-64

Step05 回到透视图，选择茶杯口的一圈线，将当前内外的UV切开，如图10-65所示。

Step06 选择当前线，单击■按钮，将当前的UV切开；在UV纹理编辑器中选择一个UV点，按住Ctrl键并单击鼠标右键，从弹出的菜单中选择To Shell（到壳）选项，如图10-66所示。

Step07 通过移动方向键将选择的UV移出重合的区域，如图10-67所示。

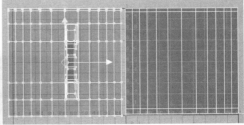

图 10-65　　　　　　　　　　图 10-66　　　　　　　　　　图 10-67

Step08 选择红色区域UV，单击UV纹理编辑器中的■按钮，将UV翻转过来。

Step09 用同样的方法，将水杯的把手也剪切下来，在透视图中选择与杯子相接的边，如图10-68所示。

Step10 在UV纹理编辑器中单击■按钮，执行UV剪切命令，将当前的UV剪开。

Step11 在UV纹理编辑器中选择杯子把手中的一个UV点，按住键盘上的Ctrl键，单击鼠标右键，从弹出的菜单中选择To Shell（到壳）选项。

Step12 按下键盘上的W键，将选中的UV移出重合的区域，如图10-69所示。

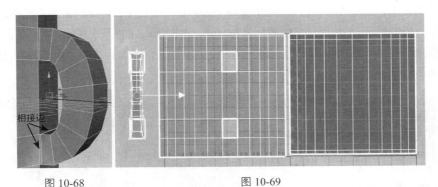

图 10-68　　　　　　　　　　　　　图 10-69

Step13 杯子把手有红色的部分，单击UV纹理编辑器中的■按钮，将UV进行自动映射，结果如图10-70所示。

Step14 对杯子底部面进行平面映射。单击菜单Create UVs>Planar Mapping（创建UVs>平面映射）后面的■按钮，打开Planar Mapping（平面映射）窗口，选择y轴向进行映射，如图10-71所示，杯子UV就划分完成了，如图10-72所示。

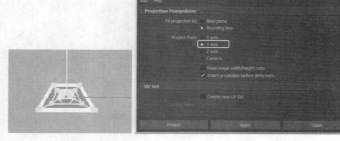
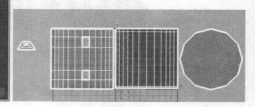

图 10-70　　　　　　　　　　图 10-71　　　　　　　　　　　　　　　图 10-72

10.3.2　将贴图赋予杯子

Step01 执行菜单Window>Rendering Editors>Hypershade（窗口>渲染编辑器>材质编辑器）命令，打开材质编辑器。

Step02 在Create（创建）选项卡中选择Surface（曲面），单击右侧材质球列表中的Blinn，如图10-73所示。

Step03 双击Blinn，弹出材质属性窗口，单击颜色后面的棋盘格图标，如图10-74所示。

图 10-73　　　　　　　　　　　　　图 10-74

Step04 在弹出的创建节点窗口中单击File（文件）节点，如图10-75所示，创建一个File（文件）节点。

Step05 在创建的File（文件）节点中单击Image Name（图像名称）后面的文件夹图标，如图10-76所示，在弹出的窗口中选择贴图的路径，文件名称为Tea.jpg，单击Open（打开）按钮。

Step06 用鼠标中键拖动Blinn材质球到场景中的杯子模型上，赋予杯子材质，按键盘上的6键显示材质，如图10-77所示。

图 10-75　　　　　　　　　图 10-76　　　　　　　　图 10-77

10.3.3 整理UV

我们只希望杯子外面有贴图，而其他部分不出现贴图，那么就需要整理UV。

Step01 在UV纹理编辑器中选择杯子外侧的UV，放在0~1范围内，如图10-78所示。

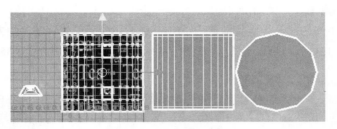

图 10-78

Step02 选中UV，按R键，出现缩放图标，按住中间的方块进行缩小，如图10-79所示。

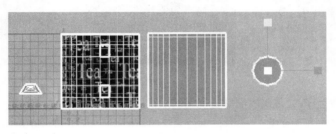

图 10-79

Step03 按键盘上的W键，拖动方向箭头，将其移动到贴图范围内没有文字的地方，如图10-80所示。

Step04 将剩余的部分也进行缩小和移动，结果如图10-81所示。

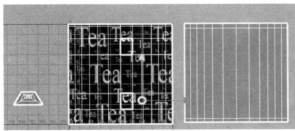

图 10-80   图 10-81

完成后的杯子贴图效果如图10-82所示。

图 10-82

最终场景文件可参见随书配套光盘中的DVD02\scene\scene\chap10\mb\Cup_Tea_map.mb。

基础

建模

渲染

动画

特效

10.4 UV圆柱映射——电池纹理贴图

本节利用UV圆柱映射来制作一个电池贴图。

Step01 使用前面建模篇学习的知识在场景中创建一个电池模型，如图10-83所示。

Step02 选择电池中间的部分，为其指定一个Blinn材质，使用前面讲解过的方法，为其Blinn材质的Color（颜色）属性上连接一张随书配套光盘中的DVD02\scene\scene\chap10\maps\35318_orig.jpg贴图，如图10-84所示。

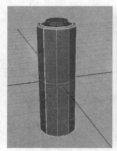

图 10-83　　　　　　　　　　　　　　　　　图 10-84

Step03 将视窗设置为UV纹理编辑器和透视图的双视图显示。

Step04 保持电池中间部分的选中状态，执行菜单Create UVs>Cylindrical Mapping（创建UVs>圆柱映射）命令，为其添加一个圆柱映射坐标，拖曳坐标操纵器上的红色手柄调节贴图的比例，如图10-85所示。

Step05 在UV纹理编辑器中，单击鼠标右键选择UV，框选所有UV，将其移动到网格内，如图10-86所示。

Step06 这样贴图就很好地贴在了电池的表面，按3键平滑显示，如图10-87所示。

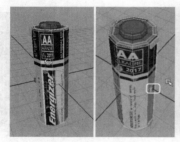

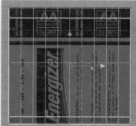

图 10-85　　　　　　　　图 10-86　　　　　　　图 10-87

Step07 按3键平滑显示后，可以发现在电池的接缝处有些变形，这是由于物体的细分不够，这里可以对其进行Smooth（平滑）操作。

Step08 Smooth（平滑）操作后，如果电池的UV出现了问题，可以再次为其指定一次圆柱映射即可。

如果还是发生变形，可以再次进行一次平滑操作，最后为电池上下部分也指定一个blinn材质，调节为银灰色，将电池复制出来一个，摆放好位置，最终效果如图10-88所示。

图 10-88

至此，本案例全部制作完成，更详细的操作步骤可参见随书配套光盘中的教学视频，最终场景文件可参见随书配套光盘中的DVD02\scene\scene\chap10\mb\dianchi_map.mb。

10.5 Alpha通道贴图——草莓

本节将利用平面映射来制作一个草莓贴图效果，这里将使用一个新的贴图类型，带Alpha通道层的贴图。

Step01 打开随书配套光盘中的场景文件DVD02\scene\scene\chap10\mb\caomei.mb，如图10-89所示。

Step02 将草莓的原始叶子隐藏，在场景中创建一个多边形球体，并将其下半部分删除，使用软选择工具将其调节成图10-90所示的形状。

 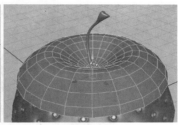

图 10-89   图 10-90

Step03 选择半圆，单击菜单Create UVs>Planer Mapping（创建UVs>平面映射）命令后的方块按钮，打开其选项窗口，设置参数，单击Alppy（应用）按钮映射，如图10-91所示。

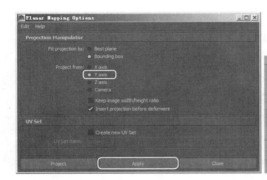 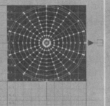 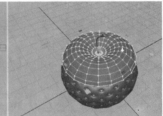

图 10-91

Step04 为半圆指定一个Blinn材质，并在其属性编辑器中，为Color（颜色）属性添加一张随书配套光盘中的DVD02\scene\scene\chap10\maps\strawberry top leaf.tga贴图，可以看到这是一张含有透明通道的贴图，其Transparency（不透明度）属性也被自动连接，如图10-92所示。

Step05 按6键显示材质，可以发现这样贴图的外围是透明的，如图10-93所示。

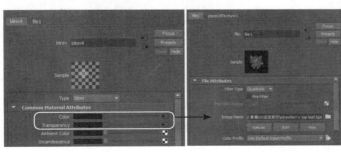 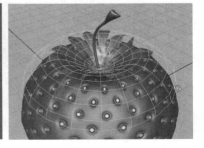

图 10-92   图 10-93

至此，本案例全部制作完成，更详细的操作步骤可参见随书配套光盘中的教学视频，最终场景文件可参见随书配套光盘中的DVD02\scene\scene\chap10\mb\caomei_map.mb。

10.6 UV映射综合——场景贴图

本节主要通过一个室外场景模型UV划分的实例讲解UV映射综合应用，主要知识点包括UV纹理编辑器的基本操作、UV圆柱映射和自动映射、指定文件纹理给模型、调节UV点来匹配纹理贴图等。

案例完成后的效果如图10-94所示。

图 10-94

在工作区查看项目的基本操作如下。

01 移动视图。按住键盘上的Alt键，单击鼠标左键或中键可以移动视图。

02 按住键盘上的Alt键，单击鼠标右键或者鼠标中键可以缩放视图。

03 按键盘上的F键可以查看当前所选择的元素。

04 在3D视图中选择物体元素，在UV纹理编辑器中也会相应选中。

05 在UV纹理编辑器的工作区中单击鼠标右键，从弹出的菜单中可以选择顶点、面、边及UV点，也可以选择菜单栏的命令。

06 选择一个元素（如UV点），按住键盘上的Shift键，单击鼠标右键，也可以弹出相应的菜单命令，对UV进行编辑。

07 如果物体是贴了纹理贴图的，那么在UV纹理编辑器中也会显示出物体的纹理贴图，如图10-95和图10-96所示，可以依据纹理贴图来编辑UV。

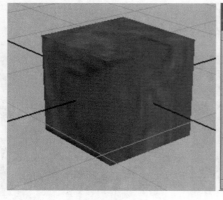

图 10-95

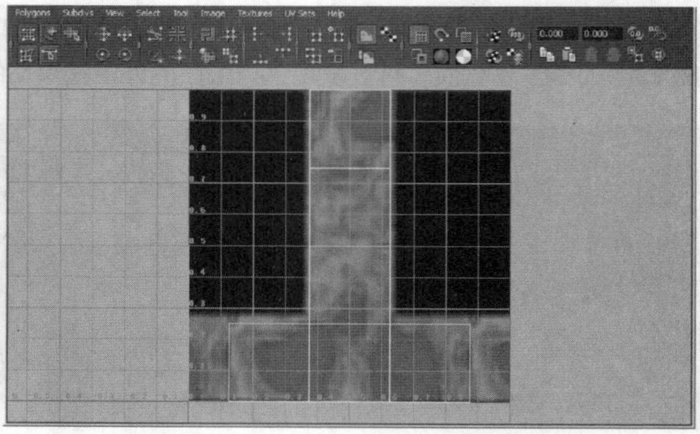

图 10-96

10.6.1 屋顶圆柱映射

打开随书配套光盘中的DVD02\scene\scene\chap10\mb\Changjing_map.mb，这是一个带房子模型的场景效果。

Step01 选择屋顶，执行菜单Create UVs>Cylindrical Mapping（创建UVs>圆柱映射）命令，如图10-97所示。

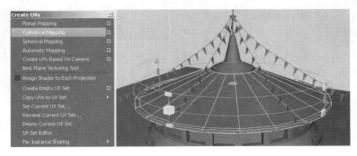

图 10-97

Step02 用上一节讲述的方法，分别对锥形屋顶和圆柱形墙体进行圆柱映射，如图10-98所示。

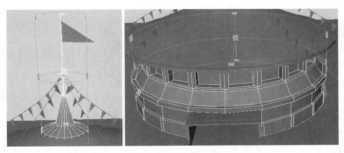

图 10-98

10.6.2 坡道自动映射

Step01 选择坡道，执行菜单Create UVs>Automatic Mapping（创建UVs>自动映射）命令，如图10-99所示。

Step02 使用同样的方法对入口通道也执行Automatic Mapping（自动映射）命令，如图10-100所示。

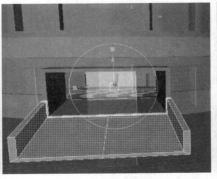
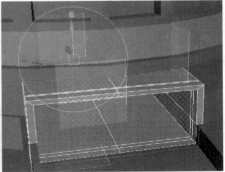

图 10-99

图 10-100

自动映射是所有映射中拉伸最小的一种，但相应地，它产生的接缝也非常多。

10.6.3 指定贴图给模型

01 创建新的材质球并连接纹理贴图。

Step01 在场景中选择墙面模型，单击鼠标右键，从弹出的菜单中选择Assign Favorite Material>Blinn（指定常用材质>Blinn）选项，创建一个新材质球并赋予模型。

Step02 打开Blinn材质球的属性，在Color属性上连接已经制作好的文件贴图（DVD02\scenes\Chap11\maps\295.jpg），如图10-101和图10-102所示。

图 10-101   图 10-102

Step03 用同样的方法，分别给坡道、屋顶及屋顶的屋尖指定文件纹理，如图10-103所示。

02 将已有材质球指定给模型。

入口通道的模型同样使用和墙面一样的材质，所以为墙体创建的Blinn1指定入口通道模型。

选择模型，单击鼠标右键，在弹出的菜单中选择Assign Existing Material>Blinn1（指定现有的材质>Blinn1）选项。

03 同时给多个模型指定同一个材质球。

Step01 分别给旗子指定4个不同颜色的材质球，为了有一个理想的效果，我们将随机选择一组旗子，按住Shift键进行选择，图10-104所示为随机选择的一组旗帜。

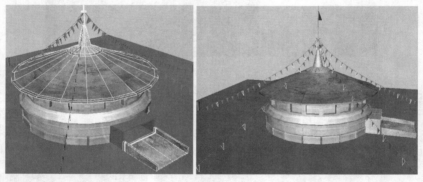

图 10-103   图 10-104

Step02 创建一个新的Lambert材质球，选择完模型后，单击鼠标右键，在弹出的菜单中选择Assign Favorite Material>Lambert（指定常用材质> Lambert）选项。

Step03 在弹出的Lambert材质球属性栏中，修改Lambert的颜色为红色，如图10-105所示。

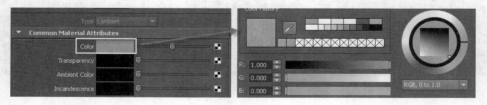

图 10-105

Step04 将剩余的旗子分成3组，分别再创建3个Lambert材质球并赋予这3组旗子，分别修改Lambert的颜色为绿色、黄色和蓝色，如图10-106所示。

图 10-106

10.6.4 调节UV点位置并匹配文件纹理

对于拉伸过大的地方手动调节UV点，拉伸最明显的就是屋顶部分，如图10-107所示。

图 10-107

Step01 打开 UV纹理编辑器，执行菜单Window>UV Texture Editor（窗口>UV纹理编辑器）命令，打开UV纹理编辑器，如图10-108所示。

Step02 选择模型，单击鼠标右键，进入Edge（边）编辑模式，然后双击屋顶边缘的一条边，选择这一圈边，如图10-109所示。

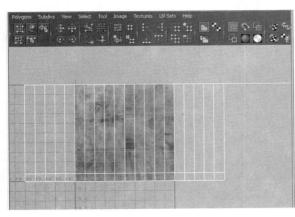

图 10-108

图 10-109

> **注：**
> 选择一条边，然后按键盘上的左方向键或右方向键也可以选择一圈边。

Step03 在UV纹理编辑器中，按住Ctrl键，单击鼠标右键，从弹出的菜单中选择To UVs（到UVs），进入UV编辑模式。

Step04 按键盘上的W键，按住操作手柄，向上移动；观察场景中模型上文件纹理的显示，直到没有拉伸为止，如图10-110所示。

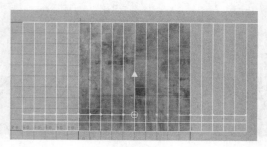

图 10-110

Step05 屋顶模型上的纹理很大，需对屋顶的UV进行整体缩放。进入UV编辑模式，选择这个模型所有的UV，然后按下键盘上的R键，按住水平方向的操作按钮，对UV进行放大，直到纹理的大小合适为止，如图10-111所示。

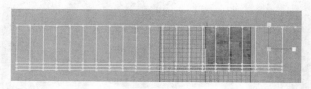

图 10-111

这样我们室外场景的UV划分及指定贴图就完成了，最终场景文件可参见随书配套光盘中的DVD02\scene\scene\chap10\mb\Changjing_map_end.mb。

下一节我们将对UV划分及手动调节UV进行更深入的学习。

10.7 手动调节UV点——生物角色贴图

对于复杂的材质，更多的时候是手绘制作，例如，生物模型的材质，几乎都来自手绘贴图。本节讲解关于生物模型的划分与贴图匹配。

具体涉及的知识点如下。

01 UV纹理编辑器工具栏。

02 圆柱映射。

03 剪切UV。

04 Unfold（展开）。

05 Relax（放松）。

06 手动调节UV点及输出UV。

07 UV Snapshot（UV快照）。

10.7.1 面部UV编辑

打开随书配套光盘中的DVD02\scene\scene\chap10\mb\Face_map.mb，这是一个人物头部模型。

Step01 打开UV纹理编辑器，执行菜单Window>Rendering Editors>Hypershade（窗口>渲染设置>材质编辑器）命令，打开材质编辑器。

Step02 选择模型，执行菜单Create UVs > Cylindrical Mapping（创建UVs>圆柱映射）命令，在模型的外侧出现半弧形状的虚线，如图10-112所示。

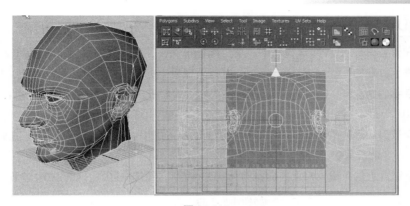

图 10-112

Step03 按住中间带红色虚线的半弧进行旋转，通过UV纹理编辑器查看，直至人的面部在中间为止，如图10-113所示。

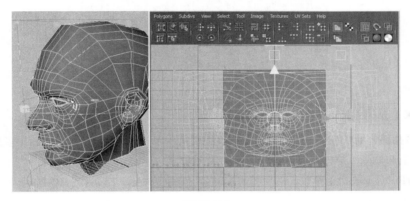

图 10-113

Step04 在UV纹理编辑器中启用UV颜色显示，如图10-114所示。

Step05 单击UV纹理编辑器中翻转U向UV的图标，将UV进行翻转，如图10-115所示。

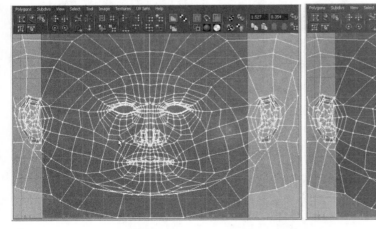

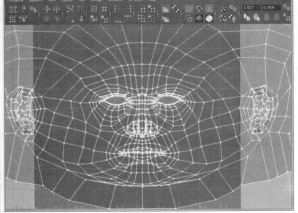

图 10-114   图 10-115

下面对人的面部进行细致的UV划分。在前面的章节中我们了解到，颜色代表了UV当前的一个映射情况，红色说明UV方向是反的，蓝色说明是正常的，但是蓝色变深说明有重叠。下面将重叠的部分单独展开。

基础

建模

渲染

动画

特效

10.7.2 剪切UV

Step01 选择模型，进入UV纹理编辑器，单击鼠标右键，并在弹出的菜单中选择Edge（边）选项。

Step02 在鼻子重叠的UV部分选择一条边，并按下键盘上的右方向键，环选一圈边，如图10-116所示。

Step03 将重叠的这部分UV与面部的UV剪切开，在UV纹理编辑器中单击 🔲 图标进行剪切。

Step04 在UV纹理编辑器中单击鼠标右键，从弹出的菜单中选择UV选项。

Step05 选择被剪切部分的一个UV点，按下键盘上的Ctrl键，然后单击鼠标右键，在弹出的菜单中选择To Shell（到壳），全选被剪切部分的UV。

Step06 按下键盘上的W键，按上方向键将剪切的UV拖动到空白区域，如图10-117所示。

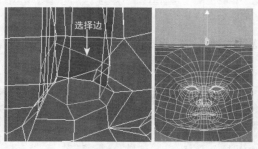

图 10-116   图 10-117

10.7.3 Relax（放松）UV

Step01 将鼻孔部分的UV进行划分。在UV纹理编辑器中单击菜单Polygons>Relax（多边形>放松）命令后面的 ■ 按钮，打开Relax（放松）属性窗口，如图10-118所示。

Step02 设置Relax（放松）参数，然后单击Apply（应用）按钮，结果如图10-119所示。

图 10-118   图 10-119

Step03 用同样的方法，将另一个鼻子重合的部分进行UV划分，结果如图10-120所示。

Step04 在UV纹理编辑器中选择耳朵周围的UV点，执行菜单Polygons>Relax（多边形>放松）命令。

Step05 对另一只耳朵的UV也执行Relax（放松）命令，结果如图10-121所示。

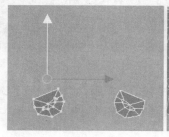
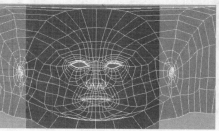

图 10-120   图 10-121

10.7.4 Unfold（展开）UV

Step01 在UV纹理编辑器中框选眼睛周围的UV点，单击Unfold（展开）按钮，如图10-122所示。

Step02 对另一只眼睛也执行同样的操作，结果如图10-123所示。

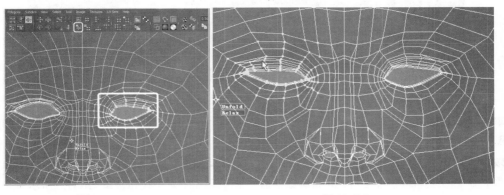

图 10-122　　　　　　　　　　　图 10-123

Step03 框选下巴部分的UV点，也执行Unfold（展开）命令。

10.7.5 手动调节UV点及输出UV

对于在Maya中划分UV，手动调节点是非常常用的，手动调节UV需要遵循以下两个原则。

01 根据显示的颜色来确定需要调整的UV点、UV点不重叠及UV正确的方向。

02 尽量使多边形UV线分布规则，这样可以尽可能地减少拉伸。

根据这两个原则我们将对面部的UV进行手动调节。

Step01 首先对鼻子部分的UV进行调节。选择一个UV点，按键盘上的W键，打开位移手柄，移动UV点，如图10-124和图10-125所示。

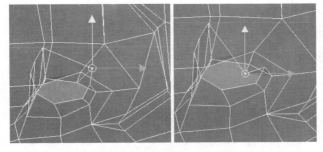

图 10-124　　　　　　　图 10-125

Step02 至此完成了一边的UV调节，如图10-126所示。

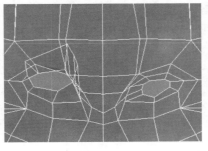

图 10-126

Step03 调整嘴部重叠的UV点，结果如图10-127所示。

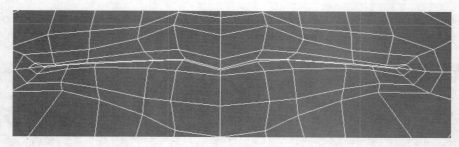

图 10-127

Step04 框选所有的UV点，按下键盘上的R键，对UV点进行整体缩放，直至能完全放进0~1的坐标空间内，如图10-128所示。

Step05 输出UV线。在场景中选择模型，在UV纹理编辑器中执行菜单Polygons>UV Snapshot（多边形>UV快照）命令，打开UV快照窗口，设置参数，然后单击OK（确定）按钮，如图10-129所示。

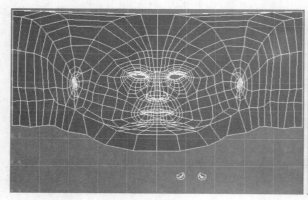

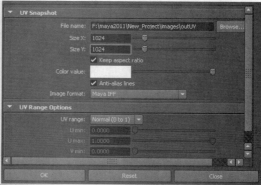

图 10-128　　　　　　　　　　　　　　　　图 10-129

图10-128中的outUV贴图是在其他软件中完成的。

10.7.6 UV Snapshot（UV快照）

执行UV Snapshot（UV快照）命令，弹出UV Snapshot（UV快照）选项窗口，如图10-130所示。

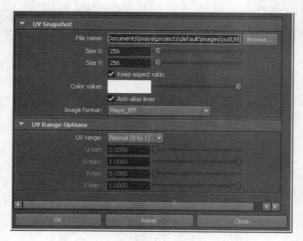

图 10-130

01 File name（文件名称）：单击该项后面的Browse（浏览）按钮，可以选择保存快照的路径。

02 Size X/Y（X/Y尺寸）：这两项用来设置输出快照的尺寸。

03 Keep aspect ratio（保持宽高比）：宽高比是Size X和Size Y的比，当勾选该选项时，改变Size X/Y任意一个值，另一个也会自动改变，保持其宽高比值；如果关闭这个选项，改变Size X/Y任意一个值，另一个不会跟着改变。

04 Color value（颜色值）：该选项可以设置导出图像的UV面片的颜色，快照背景颜色为黑色，因此色块应该为白色或者另一种对比色，可以在该框上双击鼠标打开颜色选择器，选择调整颜色。

05 Anti-alias Lines（抗锯齿线）：控制输出的图像是否具有抗锯齿效果。

06 Image Format（图像格式）：可以设置输出快照的图片格式。

07 UV range（UV范围）包括以下几项：

Normal（0 to 1）[常规（0到1）]：指定范围介于0~1之间。当选择该选项时，只有在0~1范围内的UV点才能被输出。

Entire range（整个范围）：选择该选项，可以将整个范围的UV全部输出。

User specified（用户指定）：选择该选项时，下面的U/V min（U/V最小）和U/V max（U/V最大）值就可以使用了，调节U/V min（U/V最小）和U/V max（U/V最大）值，就可以指定输出的范围了。

10.7.7 UV Smudge Tool（UV柔化工具）

接下来调整UV点与贴图匹配。

Step01 赋予模型一个新的Blinn着色器。

Step02 将绘制好的贴图指定到Blinn的颜色上，在场景中按6键显示材质。有些地方的贴图细节并没有完全显示在模型上，而是有偏移，需要我们手动调节UV点来匹配贴图文件。

Step03 打开UV纹理编辑器，首先选择嘴角部分的UV点，然后单击UV Smudge Tool（UV柔化工具）图标按钮，如图10-131所示。

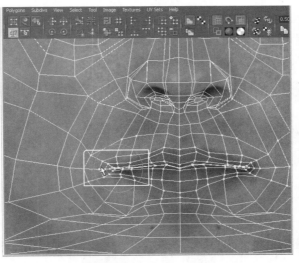

图 10-131

 技巧：

UV Smudge（UV柔化工具）可以整体影响笔刷覆盖的UV点，按住键盘上B键的同时，按住鼠标左键，左右拖动可以缩放笔刷的大小。

Step04 调整眼睛、耳朵和鼻子等部分的UV，使UV点最大可能地与所绘制的贴图位置一致，结果如图10-132所示。

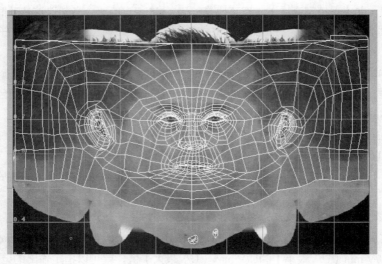

图 10-132

至此，本案例全部制作完成，最终场景文件可参见随书配套光盘中的DVD02\scene\scene\chap10\mb\Face_map_end.mb。

拓展训练01——鼠标UV贴图

读者朋友通过上面几个案例的学习后，可以根据个人能力来进行拓展训练。本次训练的内容是使用UV的常用投射方式来制作一个鼠标贴图，详细的操作过程请参考配套光盘中的教学视频，最终效果如图10-133所示，最终场景文件可参见随书配套光盘中的DVD02\scene\scene\chap10\mb\鼠标uv.mb。

鼠标贴图的制作流程与相关知识点如下。

01 使用平面映射映射鼠标UV坐标。

02 为鼠标指定材质贴图。

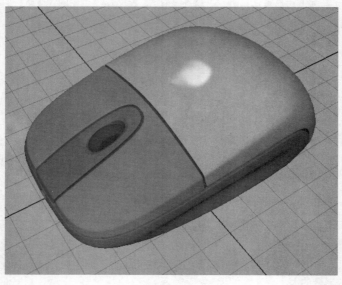

图 10-133

拓展训练02——人物头部UV

本次训练的主要内容是制作人物头部的贴图，详细的操作过程请参考配套光盘中的教学视频，最终效果如图10-134所示，最终场景文件可参见随书配套光盘中的DVD02\scene\scene\chap10\mb\UV tou.mb。

人物头部贴图的制作流程与相关知识点如下。

01 使用圆柱映射对头部进行映射。

02 在UV纹理编辑器中处理UV。

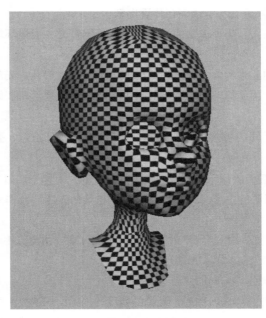

图 10-134

第11章 灯光、摄影机与渲染

本章我们主要讲解灯光、摄影机的应用，以及材质的制作和渲染。

那么三维软件中灯光、材质、渲染的关系是什么呢？简单来说，灯光可以帮助材质体现效果，而材质可以让物体更真实，渲染则是将灯光与材质完全体现出来。

三维软件中渲染的材质效果和模型表面的材质特征、周围灯光、周边环境都有关系，在熟练掌握渲染技术之后，应在两者之间反复调节。

例如，一个材质是黄色的反光物体，但是在红光照射下会变为橙色，光越弱其反光效果越弱；又如，一个带有反射的透明玻璃杯，周围的环境会影响其反射和折射的效果。所以即使材质效果再好，也要根据所处的场景环境进行调节。

不同的灯光类型适用于不同的场景。Maya中有6种灯光类型：环境灯、聚光灯、点光源、面积灯、体积灯和方向灯，它们各有各的特点。

01 环境光在具体使用中最大的作用是模拟大气中的漫反射，对整个场景进行均匀照明。一般情况下，环境光不会被考虑作为场景照明的主光源，环境光一般会和其他光源联合作用（如环境光有时候可以和平行光共同模拟阳光）。

02 聚光灯在一个圆锥形的区域均匀地发射光线，可以很好地模仿类似手电筒和汽车前灯发出的灯光。聚光灯是属性最多的一种灯光，也是最常用的一种灯光。

03 点光源类似灯泡的发光作用，向四周传达光源。

04 面积灯可以通过面来对物体进行照射，光源的强度是根据面积的大小所决定的。

05 体积灯可以方便地控制光照范围和光线的衰减效果，也可以改变体积的形状进行照射。

06 方向灯在一个方向平均地发射灯光，它的光线是互相平行的，使用方向光可以模仿一个非常远的点光源，例如，从地球上看太阳，太阳就相当于一个点光源，所以方向光常用来模拟阳光的照明效果。

灯光能影响周围物体的光泽、色彩和亮度，控制调节场景的色调和气氛。

材质除了与灯光环境有联系外，还和渲染器有密切的联系。渲染器Mental Ray的渲染效果可谓强大。本章也讲解了大量使用mental ray渲染器的实例，它是现在动画制作中经常会用到的一种渲染方式。

我们可以在Maya中模拟出玻璃、金属、橡胶、木头、岩石等物质，甚至可以模拟眼球、皮肤等各式各样的材质和纹理。

下面就具体的实例来讲解灯光、摄影机及渲染器的应用，首先介绍灯光的基础知识。

11.1 灯光基础

本节先来了解一下灯光的基本属性，以及反射折射的应用。

11.1.1 灯光基本属性

本小节以聚光灯为例来讲解一下灯光的基本属性，在Maya的灯光中聚光灯的应用比较广泛。

Step01 打开随书配套光盘中的DVD02\scene\scene\chap11\mb\dengzi01.mb场景文件，在场景中有一个椅子模型。

Step02 执行菜单Create>Lights>Spot Light（创建>灯光>聚光灯）命令，在场景中创建一个聚光灯，将其移动出来，如图11-1所示。

Step03 再在场景中创建一个多边形平面，并调节其大小，如图11-2所示。

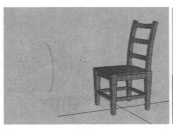 

图 11-1   图 11-2

Step04 在聚光灯中有一个箭头标志，其只表明照明的方向，可以调节聚光灯的照明角度，也可以按键盘上的T键打开其操纵手柄，调节其角度，如图11-3所示。

Step05 使用缩放工具可以调节灯光的大小，这里将其放大，如果想要调节更加方便，可以选择灯光，执行视图菜单Panels>Look Through Selected（面板>通过选择对象查看）命令，进入灯光视角进行调节，如图11-4所示。

Step06 调节好灯光的角度后，切换回透视图，单击视图工具架上的 Resolation gate（分辨率指示器）按钮，打开其渲染安全框，如图11-5所示。

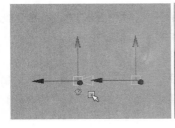 

图 11-3   图 11-4   图 11-5

Step07 单击状态栏中的 Render the current frame（渲染当前帧）按钮，对当前视窗进行渲染，可以观察到聚光灯的照射范围，如图11-6所示。

Step08 选择聚光灯，按键盘上的Ctrl+A组合键，打开其属性编辑器窗口，其中有一系列参数可供调节，如图11-7所示。

 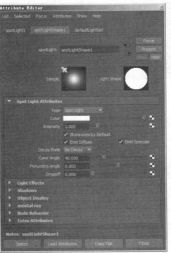

图 11-6   图 11-7

Intensity Sample和Light Shape显示的是灯光的强度、颜色采样和灯光的形态缩略图，在调节灯光的各种参数时可实时地观察它的效果。

01 Spot Light Attributes（聚光灯属性）。

• Type（类型）：包含6种灯光类型。更换灯光类型时，只有公共的属性会保持，非公共的属性设置将会丢失，但灯光在场景中的位置将会被保留。

• Color（颜色）：控制灯光的颜色，可以单击Color（颜色）旁边的色块，在Color Chooser（颜色选择器）中选择所需要的颜色。右侧的滑块是控制颜色明度的，最右侧是贴图按钮，单击该按钮会弹出Create Render Node（创建渲染节点）面板，在该面板中，可以为灯光的颜色属性指定一种材质纹理。

• Intensity（强度）：控制灯光的强度，当值为0时表示不产生灯光效果，右侧滑块范围默认是0~10，也可以在输入栏中直接输入数值，可以定义为大于10和小于0。

> **注：**
> 当灯光强度为负值时可以起到吸光的作用。在实际的运用中可以局部减弱灯光的强度，常用于消除其他灯光产生的热点或耀斑。

• Illuminates by Default（默认照明）：控制灯光的开关。只出现在属性编辑面板中，默认此项是勾选的。当不勾选时，灯光只照亮其关联的物体。

• Emit Diffuse（发射漫反射）：控制灯光对物体照射的漫反射效果的开关，默认是勾选的。如果此项关闭则只能看到物体的镜面反射，中间层次将不被照明。此属性只出现在属性编辑面板中（环境光中没有此选项）。

• Emit Specular（发射高光）：控制灯光对物体照射的高光效果的开关，默认是勾选的。此属性只出现在属性编辑面板中（环境光中没有此选项）。我们在制作辅光源的时候通常不想让物体在暗部的地方有很强的镜面高光效果，一般都采取关闭此项。

• Decay Rate（衰减速率）：控制灯光的衰减方式，该参数只应用于面光源、点光源和聚光灯。在下拉菜单中Maya提供了4种衰减方式：No Decay（无衰减）、Linear（线性衰减）、Quadratic（平方反比衰减）和Cubic（立方衰减），当设置小于1单位的距离时没有影响。默认设置为No Decay（无衰减），图11-8所示为无衰减和线性衰减的效果。

无衰减　　　　　　　　　　　　　　　　线性衰减

图 11-8

> **注：**
> 衰减是指随着物体离光源距离的增加而受到的光照减弱。

• Cone Angle（锥化角度）：可控制聚光灯的扩展角度。

• Penumbra Angle（半影角度）：可控制聚光灯边缘的羽化程度，如图11-9所示。

• Dropoff（衰减）：控制聚光灯边缘的衰减程度，与Penumbra Angle（半影角度）配合使用。

以上三个属性是聚光灯的特有属性。

02 Light Effects（灯光特效）。

灯光除了可以满足基本照明外，还可以为灯光添加一些特殊效果。Maya的聚光灯、点光源和体积光都支持灯光雾和灯光辉光，区域光也支持灯光辉光效果。灯光雾在一个特定的体积中创建虚拟的雾，灯光辉光则创建光线拖尾的效果。除了这两种以外，Maya还提供了Barn Doors（光栅）和Decay Regions（衰减区域）特殊效果，但并不是所有类型的灯光都可以添加4种特效。在下一小节中会进行详细讲解。

03 Shadows（阴影）。

Maya中提供了两种类型的阴影：Depth Map Shadows（深度贴图阴影）和Raytrace Shadows（光线追踪阴影）。Shadows（阴影）卷展栏中的属性，如图11-10所示。

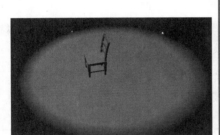

图 11-9

图 11-10

- Shadow Color（阴影颜色）

控制阴影的颜色。单击颜色区域可以弹出颜色选择窗口；也可以通过右侧的贴图按钮，利用程序节点进一步创造更加接近于真实的阴影。

- Depth Map Shadow Attributes（深度贴图阴影）

这种阴影方式是Maya在渲染时产生的一个深度贴图文件，记录了投射阴影的光源到场景中被照射物体表面之间的距离等信息。根据这个文件来确定物体表面的位置，从而对后面的表面投射阴影。这种阴影的方式特点是渲染速度快、生成的阴影相对比较软，效果没有Ray Trace shadows（光线追踪阴影）真实。对于聚光灯、点光源、体积光、平行光和区域光来说，当选择了Depth Map Shadows（深度贴图阴影）时，Maya就会产生一个临时的深度贴图阴影。

（1）Use Depth Map Shadows（使用深度贴图阴影）：勾选该选项，将开启灯光的深度贴图阴影，在渲染时，对象将会产生阴影，如图11-11所示。

（2）Resolution（分辨率）：控制阴影的分辨率，值越高，阴影的边缘就越精细。

（3）Filter Size（过滤尺寸）：柔化阴影的边缘，使其更柔和，与Resolution（分辨率）结合使用。

- Raytrace Shadow Attributes（光线跟踪阴影）

光线追踪阴影是在光线追踪过程中产生的，大部分情况下，光线追踪阴影能够提供非常好的效果，然而，用户必须对整个场景计算光线跟踪阴影，这样将非常耗费时间。有些阴影效果（如透明物体所产生的阴影）深度贴图阴影是模拟不出来的，这时建议使用光线跟踪阴影。使用该阴影方式时，必须在Render Settings（渲染设置）窗口Maya Software（Maya软件）选项卡的Raytracing Quality（光线跟踪质量）栏中勾选Raytracing（光线跟踪）选项，如图11-12所示。

（1）Use Ray Trace Shadows（使用光线跟踪阴影）：勾选该选项后，Maya在渲染时会产生光线追踪阴影，如图11-13所示。同时，下面的光线追踪阴影的属性参数被激活。

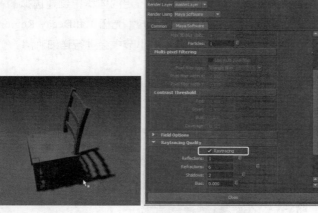

图 11-11　　　　　　　　　图 11-12　　　　　　　　　图 11-13

（2）Light Redius（灯光半径）：控制光线追踪生成的阴影边缘的模糊程度。该值越大，阴影的边缘就越模糊，颗粒现象越明显，可以通过调整Shadow Rays参数来改善颗粒现象，生成柔和细腻的阴影边缘。

> **注：**
> 在平行光中该参数名称为Light Angle，面积光没有此参数。

（3）Shadow Rays（阴影边缘柔化）：控制光线追踪生成的阴影边缘的细腻程度。使用Light Radius命令后，阴影边缘会呈现颗粒状，这时增大Shadow Rays的值，可以将阴影边缘的颗粒模糊化，使物体阴影看上去更真实，但是相应的渲染速度也会变慢。

（4）Ray Depth Limit（光线深度限制）：控制生成光线追踪阴影时光线进行反射或折射计算的次数，默认值为1。为了提高渲染光线跟踪阴影的速度，当Light Radius的值为非零的时候，尽量将Shadow Rays和Ray Depth Limit的值设小，一般情况下将Ray Depth Limit设为1。

那么深度贴图阴影和光线跟踪阴影的区别是什么呢？

这里将椅子材质的颜色改为红色，并调节其Transparency（不透明度）值，使其变成透明材质，分别使用深度贴图和光线跟踪阴影进行渲染，观察阴影的效果，如图11-14所示。

图 11-14

可以看到在对如玻璃、金属等具有反射的对象渲染时，使用光线跟踪阴影产生的阴影效果更有层次感，更加真实，光线跟踪阴影是通过灯光真实计算的阴影，而深度贴图阴影则是计算物体边缘轮廓的影子。

前面提到过按T键可以打开聚光灯的操作手柄，单击操作手柄上的钟表图标，可以切换操作手柄的操作方式，连续单击可以分别调节聚光灯的扩展角度、半影值、衰减区，如图11-15所示。

　　灯光的衰减区也可以在属性编辑器的Light Effects（灯光特效）下的Decay Regins（衰减区）栏中进行调节，如图11-16所示。

　　在Light Effects（灯光特效）栏下还有一个Barn Doors（光栅）可以用来调节灯光遮罩，如图11-16所示，分别调节其下方的几个数值，可以遮罩灯光的边缘，可以将一个聚光灯圆形的照射范围遮罩成一个方形的形状，如图11-17所示。

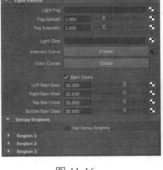

| 图 11-15 | 图 11-16 | 图 11-17 |

以上就是灯光的常用属性。

11.1.2 灯光特效

11.1.2.1 灯光雾

　　灯光除了可以满足基本照明外，还可以为灯光添加一些特殊效果。Maya的聚光灯、点光源和体积光都支持灯光雾和灯光辉光，区域光也支持灯光辉光效果。灯光雾是在一个特定的体积中创建虚拟的雾，灯光辉光则创建光线拖尾的效果。除了这两种以外，Maya还提供了Barn Doors（光栅）和Decay Regions（衰减区域）特殊效果，但并不是所有类型的灯光都可以添加4种特效，只有聚光灯是这4种灯光特效都具有的灯光类型。下面以聚光灯为例进行讲解。

　　在聚光灯属性中展开Light Effects（灯光特效）栏，如图11-18所示。

图 11-18

　　Light Fog（灯光雾）：单击Light Fog（灯光雾）后面的棋盘格图标按钮，会自动创建一个灯光雾的下游节点，如图11-19所示。

　　Fog Spread（雾扩散）：控制灯光雾在横断面半径方向上的衰减。数值越大，用来产生均匀亮度的雾就越饱和，从聚光灯的锥体部分射出。较小的数值产生的雾在聚光灯光束中心部分比较亮。

Fog Intensity（雾的强度）：控制雾的强度，值越大，雾将越亮越浓。

单击Light Fog（灯光雾）后面的显示下游节点图标，进入灯光雾的属性，如图11-20所示。

图 11-19　　　　　　　　　　　　　　　　图 11-20

Color（颜色）：控制雾的颜色。雾的颜色不影响灯光的质量，雾的颜色和灯光的颜色可以不同。灯光雾效果的实际颜色同时受到灯光颜色和雾的颜色的影响。

Density（密度）：控制雾的密度。数值越大，雾越不透明。

Color Based Transparency（基于透明的颜色）：控制雾中或雾后的物体的模糊效果。勾选后，处在雾中或是雾后的物体的模糊程度同时受Color（颜色）和Density（密度）的影响。该选项默认为勾选状态。

Fast Drop Off（快速散开）：控制雾中或是雾后的物体的模糊程度。勾选后，处在雾中或是雾后的物体会进行不同程度的模糊，但是模糊的程度是受Density（密度）值和物体距摄影机的距离的影响的（也就是受物体和摄影机之间雾的多少影响）；如果不勾选，雾中或是雾后的物体产生同样程度的模糊，模糊的程度受Density（密度）值的影响。

11.1.2.2 Light Glow（灯的辉光）

单击Light Glow（灯的辉光）后面的棋盘格图标按钮，Maya会自动创建一个光学Optical FX节点，这个节点就是辉光特效节点，如图11-21所示。

聚光灯、区域光和体积光都可以模拟发光体产生的辉光、镜头耀斑等类似光学特效。灯光特技在模仿不同的摄影机滤镜、星光、蜡烛、火焰或是大爆炸时是很有用的。辉光特效在所有常规渲染完成之后才进行渲染，并且渲染辉光特效时，要求产生辉光的光源必须在摄影机视图中。

11.1.2.3 Barn Doors（光栅）

光栅是聚光灯才有的特效，是用来限定聚光灯在锥剖面上的照明区域的工具，可以模拟一些特殊的效果，例如可以用来模拟门缝光，如图11-22所示。

勾选Light Effects（灯光特效）栏中的Barn Doors（光栅）选项，则光栅功能被启用，同时相应的参数被激活，如图11-23所示。

图 11-21　　　　　　　　图 11-22　　　　　　图 11-23

在Barn Doors参数面板中，Left Barn Door、RightBarn Door、Top Barn Door和Bottom Barn Door4个参数分别控制灯光在左、右、上、下4个方向光栅的位置。可以在右侧的数值框中直接输入数值，也可以拖动滑块。

11.1.2.4 Decay Regions（衰减区域）

衰减区域是指灯光的照明区域在轴线上分为几段，可以手动控制每一段是否产生照明的效果，如图

11-24所示。

　　勾选Light Effect（灯光特效）栏中的Use Decay Regions（使用衰减区域）选项，即可将Decay Regions（衰减区域）激活，如图11-25所示。

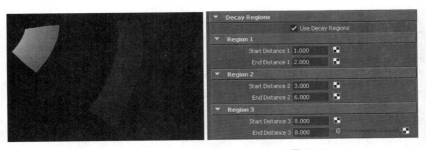

图 11-24　　　　　　　　　　　图 11-25

　　Region1、Region2和Region3：灯光在轴线方向上的3段产生照明效果的区域，每个区域可以设定起始位置和结束位置，Region1形状类似一个圆锥，其他两个区域的形状类似圆台，如图11-26所示。

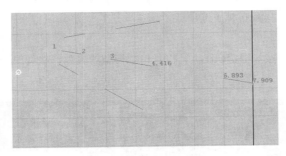

图 11-26

　　Start Distance1、Start Distance2和Start Distance3：控制第一、二、三段照明区域的起始位置。输入的数值代表相对于光源的距离。

　　End Distance1、End Distance2和End Distance3: 控制第一、二、三段照明区域的结束位置。输入的数值代表相对于光源的距离。

> **注：**
> 要显示这3段区域，选择聚光灯并按下T键，在聚光灯的发光处有一个控制手柄图标，单击即可进行切换。

　　关于灯光雾和辉光更详细的介绍可参见随书配套光盘中的教学视频。

11.1.2.5 灯光雾的应用——蜡烛

01 蜡烛材质。

首先在场景中创建一盏灯光，作为火苗发光的光源。

Step01 打开随书配套光盘中的DVD02\scene\scene\chap11\mb\Candle.mb场景文件。

Step02 在工具架上找到Rendering（渲染）标签并单击点光源的图标，创建一个点光源，如图11-27所示。

图 11-27

Step03 调节点光源的属性。在打开的点光源的属性中设置灯光Intensity（强度）为5，Decay Rate（衰减率）为线性衰减，如图11-28所示。

Step04 调节点光源在场景中的位置。使用位移工具移动点光源，如图11-29所示。

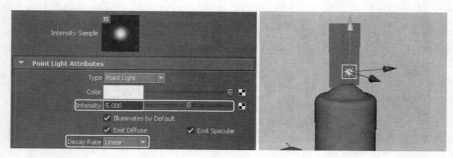

图 11-28   图 11-29

接下来为蜡烛模型指定材质。

Step05 在透视图中选择两个蜡烛模型并单击鼠标右键，从弹出的菜单中选择Assign Favorite Material>Blinn（指定喜爱的材质>布林）选项。

接下来设置Blinn材质参数。

Step06 选择蜡烛模型，按快捷键Ctrl+A，打开蜡烛模型的属性，找到Blinn材质属性，将颜色设置为红色，如图11-30所示。

图 11-30

Step07 设置通用属性中的其他属性。降低Diffuse（漫反射）值为0.172，Translucence Focus（半透明的聚焦）值为0.193，调高Translucence（半透明）值为0.614，Translucence Depth（半透明深度）值为2.724，如图11-31所示。

Step08 设置高光属性。将Eccentricity（离心率）设置为0.428，Specular Roll Off（高光衰减）为0.221，Specular Color（高光颜色）为灰色，Reflectivity（反射）为0，Reflected Color（反射颜色）为黑色，如图11-32所示。

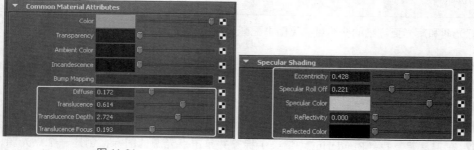

图 11-31   图 11-32

接下来为蜡烛火苗指定材质。

Step09 在透视图中选择蜡烛火焰（面片）并单击鼠标右键，从弹出的菜单中选择Assign Favorite Material>Lambert（指定喜爱的材质>兰伯特）选项。

接下来使用准备好的贴图来控制Lambert的颜色。

Step10 单击Lambert的Color（颜色）后面的棋盘格图标，在弹出的创建节点窗口中选择File（文件）节点并单击，添加一个File（文件）节点，如图11-33所示。

Step11 在打开的File（文件）节点中，单击Image Name（图片名称）后面的文件夹图标，如图11-34所示。

图 11-33　　　　　　　　　　　　　　　　图 11-34

Step12 在打开的对话框中，找到蜡烛火焰图片所在的位置（DVD02\scene\scene\chap11\maps\蜡烛2.png），选择图片，单击Open（打开）按钮，如图11-35所示。

图 11-35

接下来设置Lambert属性。

Step13 设置环境光的颜色为烛光的颜色（RGB:0.828、0.552、0.000），降低Diffuse（漫反射）值为0.117，如图11-36所示。

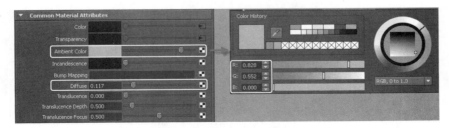

图 11-36

Step14 打开Special Effects（特殊效果）栏，为火焰添加辉光特效，调节Glow Intensity（辉光强度）值为0.186，如图11-37所示。

02 使用聚光灯创建灯光雾。

接下来使用聚光灯制作灯光雾效果。

Step01 在场景中创建一盏聚光灯。在工具架上找到Rendering（渲染）标签并单击聚光灯的图标，创建一盏聚光灯。

Step02 调整聚光灯在场景中的位置。选择场景中的聚光灯，在视图窗口的菜单栏中执行Panels>Look Through Selected Camera（面板>通过选择的摄影机观察）命令，如图11-38所示。

Step03 调整聚光灯的位置，使其在蜡烛的上面向下照射，如图11-39所示。

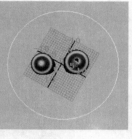

图 11-37　　　　　　　　图 11-38　　　　　　　图 11-39

Step04 设置聚光灯的属性。按Ctrl+A组合键打开聚光灯的属性，设置Penumbra Angle（半影角度）为20，如图11-40所示。

Step05 进入透视图，在视图窗口中执行菜单Panels>Perspective>persp（面板>视图>透视图）命令，如图11-41所示。

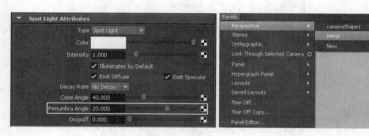

图 11-40　　　　　　　　　　　　图 11-41

Step06 调整聚光灯的照射范围。选择聚光灯，按键盘上的T键，打开灯光的照射方向，按F键最大化显示当前选择的对象，连续单击聚光灯旁边的图标，进行切换操作，如图11-42所示。

Step07 用鼠标按住最下面的虚线，往下拖曳直至将蜡烛覆盖住，如图11-43所示。

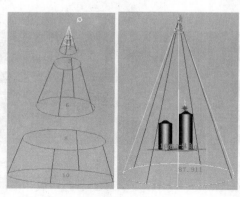

图 11-42　　　　　　图 11-43

注：

也可以在灯光特效的Decay Regions（衰减区域）中勾选Use Decay Regions（使用衰减区域）选项，设置Regions3的End Distance 3的数值，使它能覆盖蜡烛模型。

Step08 创建灯光雾。在聚光灯的属性中找到Light Effects（灯光特效）栏，单击Light Fog（灯光雾）后面的棋盘格图标，Maya会自动创建一个灯光雾的节点链接，如图11-44所示。

Step09 设置灯光雾的强度和范围，分别为1.069和2.552，如图11-45所示。

图 11-44

图 11-45

Step10 设置灯光雾的颜色。单击Light Fog1（灯光雾1）后面的下游节点图标，进入Light Fog1（灯光雾1）节点属性，设置颜色为土黄色，如图11-46所示。

图 11-46

Step11 渲染查看。在状态栏的渲染区中单击渲染图标，结果如图11-47所示。

图 11-47

至此，本案例全部制作完成，最终场景文件可参见随书配套光盘中的DVD02\scene\scene\chap11\mb\Candle_end.mb。

11.1.3 反射折射

本小节来学习灯光的反射和折射。

11.1.3.1 反射的建立

Step01 打开随书配套光盘中的DVD02\scene\scene\chap11\mb\dengzi.mb场景文件，并为两个凳子分别赋予红色和蓝色的兰伯特材质，在场景中创建一个多边形平面作为地面，并为地面赋予一个Blinn材质，如图11-48所示。

Step02 执行菜单Create>Lights>Directional Light（创建>灯光>平行光）命令，在场景中创建一个平行

光，并将其放大，调节其角度，如图11-49所示。

Step03 打开Render Settings（渲染设置）窗口，设置Render Using（使用渲染）为mental ray，并设置Quality（质量）选项卡Raytracing（光线跟踪）栏中的Raytracing（光线跟踪）为开启状态，如图11-50所示。

图 11-48　　　　　　　　图 11-49　　　　　　　　图 11-50

Step04 单击渲染按钮进行渲染，效果如图11-51所示，这样就建立了反射。

 注：

如果将渲染设置窗口Raytracing（光线跟踪）栏中的Reflections（反射）和地面材质属性编辑器Raytrace Options（光线跟踪选项）栏中的Refractive Limit（反射最大次数）设置为0时，将不产生反射。

下面来了解一下与反射相关的属性。

首先是地面的blinn材质，选择地面进入其属性编辑器，观察Specular Shading（高光着色）卷展栏，如图11-52所示。

图 11-51　　　　　　　　图 11-52

01 Eccentricity（离心率）：控制高光的范围。

02 Specular Roll Off（高光衰减）：控制高光的衰减范围。

03 Specluar Color（高光颜色）：控制高光的颜色，高光的颜色也可以控制反射的强弱。如果设置为黑色，则无反射，如果设置为白色，则反射最强。

04 Reflectivity（反射率）：将该值设置为1则会加大反射的强度。

另外，材质的Color（颜色）属性也可以影响反射的效果，如果将颜色设置为白色，则反射的强度就会比较浅。

11.1.3.2 反射模糊

本小节来了解一下反射模糊，在制作某些表面不是很光滑的物体的反射时，如毛玻璃、拉丝金属等物体，就需要用到反射模糊。

Step01 继续上一小节的场景，如图11-53所示，当前椅子反射到地面的效果非常清晰，非常不真实，

那么如果将其调节的模糊一些呢。

Step02 选择地面，进入其材质属性编辑器面板，在Mental Ray卷展栏下，有一个Mi Reflection Blur（Mi 反射模糊）属性，增大该属性即可使反射产生模糊效果，如图11-54所示。

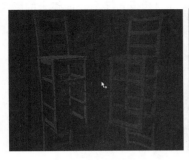

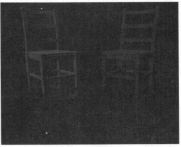

图 11-53　　　　　　　　　　　　　　　　图 11-54

Step03 可以发现此时反射模糊的颗粒感很强，这里可以降低Mi Reflection Blur（Mi反射模糊），并调高Reflection Rays（反射光线），这样反射效果的颗粒状就会被模糊，并且增加了细节。

另外，渲染设置窗口中的Sampling（采样）也可以影响反射模糊的效果，如图11-55所示。

图 11-55

11.1.3.3 反射折射最大次数

本小节来了解一下反射折射的最大次数。

Step01 这里将通过一个两面镜子互相照射来讲解产生的反射折射影响，如图11-56所示，打开随书配套光盘中的DVD02\scene\scene\chap11\mb\fanshezheshe_start.mb，场景中有一个杯子和两面镜子。

Step02 对场景的渲染角度进行调整，如图11-57所示，在左侧镜子观察到的影像就会有场景中的杯子，另外还会映射出另一面镜子中的杯子。

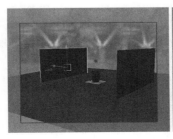

图 11-56　　　　　　　　　图 11-57

Step03 单击渲染按钮进行渲染，如图11-58所示，可以发现在镜子中映射了场景中的杯子，但是并没有映射出另一面镜子的影响。

Step04 选择镜子，进入其材质属性编辑器中，在Raytrace Options（光线跟踪选项）栏中设置Reflection Limt（反射次数）为2，使用IPR渲染镜子部分，可以发现，在镜子中同时也反射了另一面镜子的影像，如图11-59所示。

图 11-58   图 11-59

Step05 如果将Reflection Limt（反射次数）设置为3，则会进行更多次的反射，如图11-60所示。

Step06 在渲染设置窗口mental ray渲染类型的Quality（质量）选项卡下，Raytraing（光线追踪）可以设置反射折射的次数，如图11-61所示。

 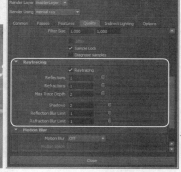

图 11-60   图 11-61

Step07 选择玻璃杯，进入其属性编辑器的材质面板，在其mental ray卷展栏下可以设置其反射和折射模糊，如图11-62所示。

Step08 这里将Mi Refraction Blur（Mi折射模糊）设置为0.5，IPR渲染前面的两个杯子，此时杯子就出现了折射模糊，如图11-63所示。

图 11-62   图 11-63

最大次数在渲染设置窗口中也有相应的设置，可以结合进行调节，以达到理想的效果。

11.1.3.4 折射

本小节来了解一下折射的常用属性。

使用光线追踪可以控制材质与周围对象及背景的折射，光线追踪的参数设置如图11-64所示。

图 11-64

01 Refractions（折射）：勾选该项，可打开该材质的折射，但最后还要在Render Globals中打开Raytracing（光线追踪），才可以真正得到折射效果。

02 Refraction Index（折射率）：设定材质的折射率。

03 Refraction Limit（折射限制）：设定折射的次数。

04 Light Absorbance（光线吸收率）：设定光线穿过透明材质后被吸收的量。光线每经过一次折射，都会有一定衰减，衰减的部分可以看成被吸收的部分。

05 Surface Thickness（表面厚度）：模拟表面的厚度，可影响折射效果。

06 Shadow Attenuation（阴影衰减）：表现玻璃等透明物体时，可以设定阴影的衰减，以表现阴影的明暗、焦散等现象。

07 Chromatic Aberration（色差）：这是一个开关选项，光线在穿过透明物体表面时，在不同的折射角度下会产生不同光波的光线。

在渲染设置窗口的Quality（质量）选项卡下，Raytraing（光线追踪）也用来设置折射效果，需结合使用。

以上是关于折射的常用属性，更详细的讲解可参见随书配套光盘中的教学视频，最终场景文件可参见随书配套光盘中的DVD02\scene\scene\chap11\mb\fanshezheshe.mb。

11.2 Mental Ray渲染——焦散

Maya内置了多个渲染器，这些渲染器在不同的方面有着各自突出的优势，这使用户可以根据不同的作品特征有针对性地选择合适的渲染器，优化渲染效果，缩短渲染时间和材质调节时间。

Maya中包含4种渲染器类型，它们分别是Mental Ray、Software Render（软件渲染）、Vector Render（矢量渲染）和Hardware Render（硬件渲染）。在后面的案例中都会分别用到。

本节我们主要讲解一下Mental Ray渲染中的焦散效果，焦散效果就是光线通过玻璃物体产生出来的反射效果。

11.2.1 创建灯光

Step01 打开随书配套光盘中的DVD02\scene\scene\chap11\mb\Caustics_start.mb，要让模型变亮，就要在场景中创建灯光，在工具架上选择Rendering（渲染）标签，单击手电筒形状的图标，创建一盏聚光灯，如图11-65所示。

图 11-65

Step02 进入灯光视图，选择创建的聚光灯，在三维视图的窗口上执行菜单Panels>Look Through Selected Camera（面板>通过选择的物体观察）命令，如图11-66所示。

Step03 通过灯光视图来调节聚灯光照射的位置和范围（使用鼠标键和Alt键），如图11-67所示。

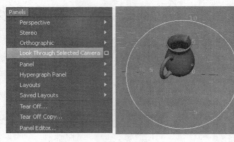

图 11-66   图 11-67

Step04 修改当前灯光的属性。选中当前的聚光灯，按快捷键Ctrl+A，打开聚光灯属性窗口，进行参数设置，如图11-68所示，从聚光灯的采样效果可见，灯光的边缘出现了虚化。

Step05 返回到透视图。在三维视图的窗口中执行菜单Panels>Perspective>Persp（面板>视图>透视图）命令，如图11-69所示，回到三维透视图。

图 11-68   图 11-69

11.2.2 创建材质

Step01 打开材质编辑器。在主菜单栏中执行菜单Window>Rendering Editors>Hypershade（窗口>渲染编辑器>材质编辑器）命令，打开材质编辑器。

Step02 创建材质球。在Hypershade（材质编辑器）左侧的Create（创建）面板中选择mental ray，在材质球列表中选择dielectric_material（绝缘材料-材质）材质球，如图11-70所示。

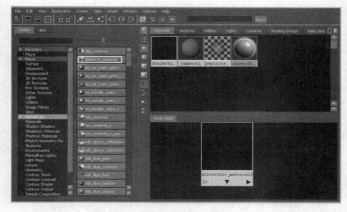

图 11-70

Step03 将创建的材质球赋予玻璃杯模型。在场景中选择杯子和杯把，在材质编辑器中用鼠标右键单击新建的材质球，从弹出的菜单中选择Assign Material To Selection（指定材质给选择的物体）命令，如图11-71所示。

Step04 给杯子中的液体赋予材质。重复Step02和Step03的操作，创建第2个dielectric_material（绝缘材料-材质）材质球，并将材质球赋予杯子中的液体。

Step05 修改液体材质球的颜色属性。双击dielectric_material2（绝缘材料-材质）材质球，打开它的属性编辑器，修改颜色为红色，如图11-72所示。

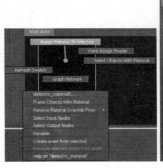
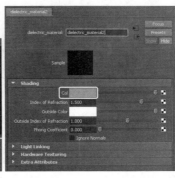

图 11-71　　　　　　　　　图 11-72

11.2.3　编辑渲染属性

Step01 为使mental ray渲染器得到更好的折射和反射效果，需要对Raytracing（光线追踪）的数值进行设置，在工具栏中单击渲染设置图标，如图11-73所示，打开渲染设置窗口。

Step02 在Render Using（渲染使用）下拉列表框中选择mental ray，在下面的选项中找到Quality（质量）标签，在Quality Presets（质量预置）下拉列表框中选择Production（产品），然后打开Raytracing（光线追踪），并手动设置参数，如图11-74所示。

Step03 渲染测试。在状态栏中单击渲染图标，如图11-75所示。

渲染结果如图11-76所示，已经产生了玻璃的效果。

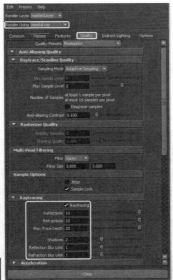

图 11-73　　　　　图 11-74　　　　　图 11-75　　　　图 11-76

Step04 打开灯光投影。选择场景中的灯光，按Ctrl+A组合键打开灯光属性，打开Use Ray Trace Shadows（使用光线追踪阴影）选项，如图11-77所示。

Step05 再次进行渲染，查看效果，如图11-78所示。

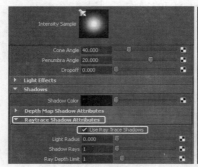 

图 11-77 图 11-78

观察渲染效果，玻璃的效果只有基本的样子，没有高光和反射效果。下面将对玻璃材质进行高光和反射参数的设置。

Step06 在场景中选择玻璃模型，按快捷键Ctrl+A打开其材质球的属性，修改高光参数并勾选Ignore Normals（忽略法线）选项，如图11-79所示，并渲染测试，结果如图11-80所示

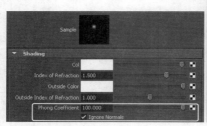 

图 11-79 图 11-80

观察渲染效果，玻璃的质感有了，但是整体场景中光线比较暗，所以在场景中创建几盏辅助灯光来协助主光源照亮场景和物体。

Step07 同样我们创建一盏聚光灯，具体步骤参见11.2.1小节，然后调节灯光的位置到另一盏灯的侧面进行补充照明，如图11-81所示。

Step08 对辅助光源进行参数设置。由于是辅助光源，所以亮度值要相应降低，也不需要使用阴影，具体参数调节如图11-82所示。

Step09 进行渲染，结果如图11-83所示。

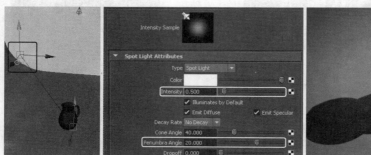

图 11-81 图 11-82 图 11-83

11.2.4 焦散效果——全局照明

制作焦散效果与两个选项有关，一个是渲染设置窗口中的Global Illumination（全局照明），还有一个是灯光属性mental ray中的Caustic and Global Illumination（焦散和全局照明）。下面对这两个选项的参数进行设置。

Step01 打开渲染设置窗口，在Indirect Lighting（间接照明）选项卡中找到Global Illumination（全局照明），并勾选Global Illumination（全局照明），如图11-84所示。

Step02 打开主光源中的Caustic and Global Illumination（焦散和全局照明）栏。在场景中选择主光源，并打开其灯光属性，找到mental ray中的Caustic and Global Illumination（焦散和全局照明）栏，勾选Emit Photons（光子发射），如图11-85所示。

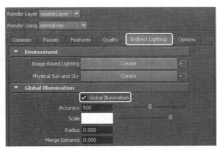
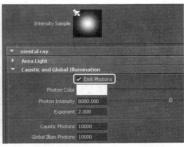

图 11-84　　　　　　　　　　　　　图 11-85

Step03 单击渲染按钮，查看效果，如图11-86所示。

观察渲染结果，地面上已经有焦散的效果，但是效果还不够理想。下面对灯光属性中Emit Photons（光子发射）下面的参数进行设置。

Step04 打开主光源的属性。找到mental ray中的Caustic and Global Illumination（焦散和全局照明），再次进行参数设置，如图11-87所示。

图 11-86　　　　　　　　　　　　　图 11-87

Step05 进行渲染测试，完成效果如图11-88所示。

图 11-88

这样，焦散效果就制作完成了，最终场景文件可参见随书配套光盘中的DVD02\scene\scene\chap11\mb\Caustics_end.mb。

11.3 制作玻璃材质

玻璃材质在Maya中的制作方法也比较多，本节将讲解使用Blinn材质球和mia_material材质制作玻璃材质的方法。

11.3.1 Blinn材质应用——玻璃杯

本小节先来介绍用Blinn材质球来制作玻璃的效果。我们先来分析一下要制作的这个玻璃杯，玻璃杯具有透明和高光属性，并且能反射周围的颜色，因此在制作时要牢牢抓住这几点，耐心地调整各参数。下面具体讲解玻璃材质的制作方法，在随书配套光盘中提供了另一款玻璃杯的调节方法，读者可观看学习。

11.3.1.1 创建灯光

Step01 打开随书配套光盘中的DVD02\scene\scene\chap11\mb\glass.mb。

Step02 在工具架上找到Rendering（渲染），单击平行光图标，创建一盏平行光，如图11-89所示。

图 11-89

Step03 调整平行光的位置。选择创建的平行光，按R键，然后用鼠标放大平行光，再按E键，用鼠标旋转平行光，调整完成的灯光位置如图11-90所示。

Step04 将灯光的阴影打开。选择场景中的平行光，按Ctrl+A组合键打开灯光的属性，找到Shadows（阴影）下的Raytrace Shadow Attributes（光线追踪阴影属性）栏，勾选Use Ray Trace Shadows（使用光线追踪阴影），如图11-91所示。

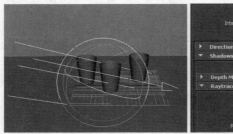

图 11-90　　　　　　　　　　　　　　　　图 11-91

Step05 进行渲染测试，查看灯光位置和阴影效果。在主界面状态栏的渲染区中找到渲染设置图标，打开渲染设置窗口，并勾选Raytracing（光线追踪）选项，如图11-92所示。

Step06 在状态栏的渲染区域中单击渲染图标，进行渲染测试，结果如图11-93所示。

图 11-92　　　　　　　　　　　　　　　　图 11-93

　　场景看起来明显太暗，而且投影和杯子的暗部也太暗，需要调节灯光的亮度，并且需要再创建一盏灯，将杯子的暗面也照亮。

　　Step07 选择创建的平行光，按Ctrl+A组合键打开灯光属性，调节灯光的Intensity（强度）值为1.5，如图11-94所示。

　　Step08 创建辅助灯光。同样在工具架上找到Rendering（渲染），单击平行光图标创建第2盏平行光，调节辅助光的大小和位置，照亮杯子的暗面，如图11-95所示。

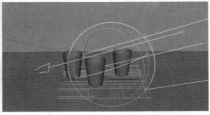

图 11-94　　　　　　　　　　　　　图 11-95

　　Step09 单击渲染图标 ，进行渲染测试，测试结果如图11-96所示。

图 11-96

　　观察渲染结果，发现辅助光源亮度明显太亮了，需要调整辅助灯光的亮度值。

　　Step10 选择辅助光，按Ctrl+A组合键打开灯光的属性，调节灯光的Intensity（强度）值为0.5，如图11-97所示。

　　Step11 进行渲染测试。单击渲染图标 ，渲染结果如图11-98所示。

图 11-97　　　　　　　　　　　　　图 11-98

 注：

　　在11.2节的例子中应用的是聚光灯，而本节中使用的是平行光。在场景中应根据各自的特点来应用灯光。聚光灯的特点是从一个圆锥形的区域均匀地发射光线；而平行光则是没有衰减的光源，经常用来模拟非常明亮、非常遥远的光源，所以可以很好地照亮背景。

　　灯光的创建暂时就先到这里，效果已基本显示出来，在后面的材质制作过程中，还需要进行一些细微的调节。

基础
建模
渲染
动画
特效

11.3.1.2 创建Blinn材质

Step01 打开材质编辑器。在菜单栏中执行菜单Window>Rendering Editors>Hypershade（窗口>渲染编辑器>材质编辑器）命令，打开材质编辑器。

Step02 在材质编辑器中创建一个Blinn材质球。在Hypershade（材质编辑器）左侧的Create（创建）面板中找到Maya，在右侧材质列表中单击Blinn，如图11-99所示。

将材质赋予模型有3种不同的方法。在上一节中我们讲解了利用快捷命令Assign Material To Selection（指定材质给选择的物体）的方法。本节我们使用另外两种赋予模型材质的方法。

Step03 将blinn材质赋予场景中的杯子模型。在场景中选择一个杯子模型，单击鼠标右键，从弹出的菜单中选择Assign Existing Material>Blinn1（指定现有的材质>Blinn1）命令，如图11-100所示。

图 11-99　　　　　　　　　　　　　　图 11-100

Step04 在材质编辑器中选择Blinn1，用鼠标中键按住Blinn1，鼠标指针附近会出现一个加号图标，将其拖动到场景中的杯子模型上，如图11-101所示。

图 11-101

Step05 将3个杯子都赋予Blinn1材质，在状态栏中单击渲染图标，进行渲染测试，结果如图11-102所示。

图 11-102

11.3.1.3 Blinn材质的基本属性

双击打开Blinn材质球，其属性参数如图11-103所示。

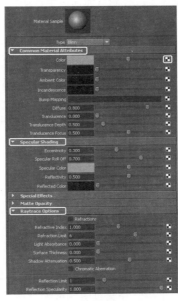

图 11-103

01 Color（颜色）：控制材质表面的基本颜色。通过调整或贴上纹理来改变物体的颜色外观。

颜色属性后面的滑块是用来调节亮度大小的。图标按钮是用来连接贴图或者节点的，以达到改变材质球颜色的效果。

02 Transparency（透明度）：控制材质球的透明度。黑色为不透明，白色为完全透明，默认为不透明。在制作玻璃、塑料这类材质时，会用到此属性。

03 Ambient Color（环境色）：默认为黑色，表明这时它对整个材质没有任何影响，当Ambient Color变亮时，它会改变被照亮部分的颜色，并混合这两种颜色。通常在渲染中使用，我们经常会调整Ambient Color（环境色），进行贴图和颜色的混合。

04 Incandescence（自发光）：模拟白炽状态的物体发射的颜色和光亮（但不照亮其他的物体）。可以模拟自发光的效果，加上少量的自发光可以让对象表现得更生动。

 注：

虽然Incandescence（自发光）可以使物体表面看起来发光，但在场景中它并不能作为光源去照亮其他物体。可以利用此属性来制作场景中的反光板。

05 Bump Mapping（凹凸贴图）：根据凹凸贴图纹理像素的强度，在渲染时改变模型表面法线，使它看上去产生凹凸的感觉。在制作表面有粗糙纹理的材质时，效果比较逼真。Bump Mapping（凹凸贴图）只识别黑白色，并将其作为凹凸的依据。

06 Diffuse（漫反射）：指物体在各个方向反射光线的能力。如果值为0，则导致光线完全被吸收，所以使物体表面为黑色；如果数值大则反之。根据材质的不同来调节数值。在制作金属或者玻璃材质的时候比较常用。

07 Translucence（半透明）：模拟灯光进入物体后的穿透度。当灯光照射物体的某一面时，在物体的另一面也会被稍稍照亮，使物体具有通透感。例如，手电筒的光打在手上，从后面看的效果。

08 Translucence Depth（半透明深度）：控制灯光通过半透明物体的有效距离，它的计算形式是以世界坐标为基准的。当设置为0时，随着灯光穿过物体，并不产生半透明衰减。

09 Translucence Focus（半透明聚焦）：控制灯光通过半透明物体的散射。值越大，会使光线集中在一点上。当值为0时，灯光的散射随机分布。

> **注：**
> 若设置较高的Translucence（半透明）值，这时应该降低Diffuse（漫反射）值，以避免冲突。当Transparency（透明度）越高时，会抵消Translucence（半透明）的效果。环境光对半透明（或者漫射）没有影响。

Raytrace Options（光线追踪选项）

控制材质与周围物体及背景的折射。

10 Refractions（折射）：开关作用。勾选表示使用折射。

> **注：**
> Refractions（折射）要与渲染设置窗口中的Raytracing Quality（光线追踪质量）一起使用，才能在渲染时表现出材质的折射效果。

11 Refractive Index（折射率）：是指光线穿过透明或者半透明物体时被弯曲的程度（光线从一种介质进入另一种介质时发生的现象，如光从空气进入玻璃，又离开水进入空气）。当折射率为1时不弯曲，只有当数值大于1时才能看到折射的效果。生活中常见物质的折射率如下：玻璃（1.6），空气（1），水（1.333），水晶（2），钻石（2.417）。

> **注：**
> Refractive Index（折射率）的有效值是0.01到无穷大。滑块能调节的范围是0.01~3，可以手动输入数值。

12 Refraction Limit（折射限制）：光线通过物体时折射的最大次数，包括光线进入和进出物体时。例如，一个圆形玻璃杯，光线通过后的折射次数是4次，那么Refraction Limit（折射限制）的数值为4以上才能在渲染时正确地被显示出来，默认数值为6。数值越大，渲染所需要的时间越长。

> **注：**
> 制作镜子材质时，设置Refraction Limit（折射限制）数值为9或者10，这几乎是最大折射限制的材质了。

13 Light Absorbance（灯光衰减率）：材质对光的吸收率。数值越大，对光线的吸收就越强，导致物体的反射和折射下降。当光线穿过透明物体时通常被物体吸收。数值越大，越少的光线穿过材质。当数值是0时，灯光完全穿过。

14 Surface Thickness（曲面厚度）：为单一的透明物体创建厚度。使用Surface Thickness（曲面厚度）命令，并不能达到真实的物体厚度。

15 Shadow Attenuation（阴影衰减）：透明物体的阴影中间明亮，模拟了光的焦点。衰减效果取决于光线和透明物体的表面的角度关系：角度越大，衰减越大。要关闭阴影衰减，设置阴影衰减为0。默认值是0.5。

16 Chromatic Aberration（色差）：这是一个开关选项。光线穿过透明物体表面时，在不同的折射角度下会产生不同光波的光线。

11.3.1.4 调节Blinn材质的透明度

Step01 在材质编辑器中双击Blinn1，打开其属性设置，将Transparency（透明度）值降低，如图11-104所示。

Step02 在状态栏中单击渲染图标，进行渲染测试，结果如图11-105所示。

观察玻璃杯，我们眼睛看到的应该是中间透明而边缘不透明，显然只单纯调节透明度的数值无法达到效果。Maya中关于材质透明的属性是由颜色来控制的，黑色为不透明，白色为透明；所以我们要用Ramp（渐变）节点来控制透明与不透明，但是还有个位置问题，边缘不透明，中间透明。这个可以使用采样节点来实现，下面我们对这两个节点进行创建和连接。

Step03 在材质编辑器中创建一个Ramp（渐变）节点。在左侧的Create（创建）面板中找到2D Textures（2D纹理），单击Ramp（渐变）节点，如图11-106所示。

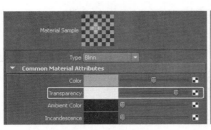  

图 11-104　　　　　　　图 11-105　　　　　　　图 11-106

Step04 调节Ramp（渐变）节点的颜色和渐变。双击Ramp（渐变）节点打开其属性，对渐变颜色进行修改；单击底部左边的原点，颜色会在Selected Color（选择颜色）选项中显示，调节滑块的位置到最左边，如图11-107所示。

Step05 将中间的颜色去掉，单击其右边的方向按钮，将颜色关闭。

Step06 将顶部颜色修改为白色。选择左边的圆形按钮，颜色会在Selected Color（选择颜色）色块中显示，单击颜色显示区，在弹出的颜色拾取器中选择白色，如图11-108所示。

Step07 创建采样节点。在材质编辑器左侧的Create（创建）面板中找到Utilities（工具节点），在右边的列表中找到Sampler Info（采样信息）并单击，如图11-109所示。

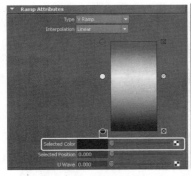  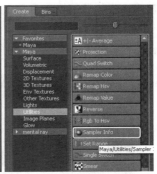

图 11-107　　　　　　　图 11-108　　　　　　　图 11-109

Step08 连接Sampler Info（采样节点）与Ramp（渐变）节点来控制透明与不透明的区域。在材质编辑器中用鼠标中键拖动Sampler Info（采样信息）到Ramp（渐变）上面，从弹出的菜单中选择Other（其他）选项，如图11-110所示。

Step09 在Sampler Info（采样信息）属性中选择facing Ratio（面比率），在Ramp（渐变）上选择VColor（V颜色），如图11-111所示。

图 11-110　　　　　　　　　　　　　　　图 11-111

Step10 用Ramp（渐变）节点来控制Blinn材质球的透明。选择Ramp（渐变）节点，用鼠标中键将其拖动到Blinn材质球上面，在弹出的菜单中选择transparency（透明）选项，如图11-112所示。

Step11 在状态栏中单击渲染图标，进行渲染测试，结果如图11-113所示。

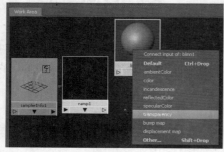

图 11-112　　　　　　　　　　　　　　　图 11-113

11.3.1.5 调节Blinn材质的高光和折射

Step01 在材质编辑器中双击Blinn1打开其属性，找到高光属性，进行参数调节，设置Eccentricity（离心率）为0.041，Specular Roll Off（高光衰减）为1，Specular Color（高光颜色）为白色，如图11-114所示。

Step02 在状态栏中单击渲染图标，进行渲染测试，结果如图11-115所示。

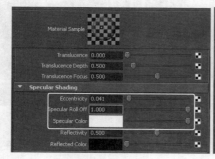

图 11-114　　　　　　　　　　　　　　　图 11-115

Step03 将Blinn1的折射打开。双击Blinn1打开其属性，勾选Refractions（折射）选项，调节玻璃的Refractive Index（折射率）为1.4，如图11-116所示。

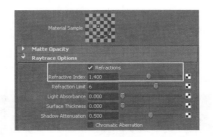

图 11-116

玻璃折射的是周围场景内的颜色信息，所以要为背景赋予一张贴图来作为玻璃折射的颜色。

Step04 在场景中选择背景的平面，然后单击鼠标右键，从弹出的菜单中选择Assign Favorite Material>Lambert（指定喜爱的材质>Lambert）选项。

Step05 在打开的Lambert属性中，单击Color（颜色）色块后面的棋盘格图标，在弹出的创建节点窗口中选择File（文件）节点，如图11-117所示。

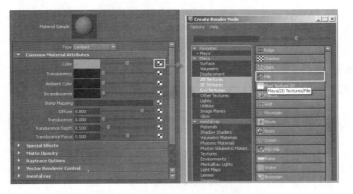

图 11-117

Step06 在打开的File（文件）节点属性中，单击Image Name（图片名称）后面的文件夹图标，如图11-118所示。

Step07 在打开的对话框中找到背景图片所在的位置（DVD02\scene\scene\chap11\maps\1347449-zerofractalvary_04-embed.jpg），选择图片并单击Open（打开）按钮，如图11-119所示。

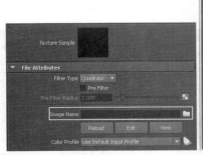

图 11-118　　　　　　　图 11-119

Step08 用同样的方式也将桌面的图片（DVD02\scene\scene\chap11\maps\SB089.JPG）通过一个Lambert的Color（颜色）属性赋予桌面。

11.3.1.6 调节Blinn材质的反射颜色

在有限的场景中为了丰富玻璃的反射效果，将在反射颜色上面添加一个节点和图片，模拟玻璃的反射颜色。

Step01 双击Blinn1打开其属性面板，在Specular Shading（高光着色）属性中找到Reflected Color（反射颜色），单击后面的棋盘格按钮，在弹出的创建节点窗口中选择Env Ball（环境球）节点并单击，如图11-120所示。

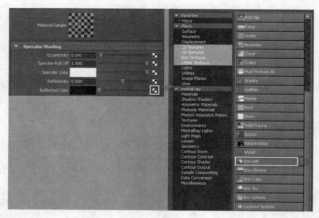

图 11-120

Step02 单击环境球Image（图片）属性后面的棋盘格图标，在弹出的创建节点窗口中选择File（文件）节点并单击，如图11-121所示。

图 11-121

Step03 在打开的File（文件）节点窗口中单击Image Name（图片名称）后面的文件夹图标，如图11-122所示。

Step04 在打开的对话框中找到背景图片所在的位置（DVD02\scene\scene\chap11\maps\1347449-zerofractalvary_04-embed.jpg），选择图片并单击Open（打开）按钮，如图11-123所示。

图 11-122   图 11-123

Step05 在状态栏中单击渲染图标 ，进行渲染测试，结果如图11-124所示。

图 11-124

观察渲染效果，整个玻璃杯都有反射颜色，我们需要的效果是只有玻璃两侧的边缘有反射颜色，其他的地方是透明的。下面还要通过两个节点来控制反射值以实现这个效果，就像是控制玻璃透明度一样。

Step06 创建Ramp（渐变）节点。在材质编辑器左侧的Create（创建）面板中找到2D Textures（2D纹理），单击Ramp（渐变）节点，如图11-125所示。

Step07 调节Ramp（渐变）节点的颜色和渐变。双击Ramp（渐变）节点，打开其属性，对渐变颜色进行修改。单击底部左边的圆点，颜色会在Selected Color（选择颜色）色块中显示，单击显示颜色的区域，在弹出的颜色拾取器中选择灰色，如图11-126所示。

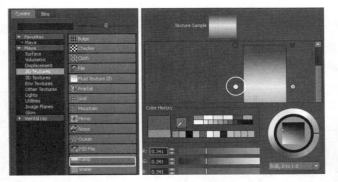

图 11-125　　　　　　　图 11-126

Step08 将中间的颜色去掉，单击其右侧的方向按钮将颜色关闭。

Step09 将顶部颜色修改为灰色。选择左侧的圆点，颜色会在Selected Color（选择颜色）色块中显示，单击颜色显示区，在弹出的颜色拾取器中选择黑色，如图11-127所示。

Step10 创建采样节点。在材质编辑器左侧的Create（创建）面板中找到Utilities（工具节点），在右侧的列表中找到Sampler Info（采样信息节点）并单击，如图11-128所示。

图 11-127　　　　　　　图 11-128

Step11 连接Sampler Info（采样信息）与Ramp（渐变）节点来控制反射与不反射的区域。在材质编辑器中，用鼠标中键拖动Sampler Info（采样信息）到Ramp（渐变）节点上面，从弹出的菜单中选择Other（其他）选项，如图11-129所示。

Step12 在Sampler Info（采样信息）的属性中选择facing Ratio（面比率）选项，在Ramp（渐变）属性中选择v Coord（V坐标），如图11-130所示。

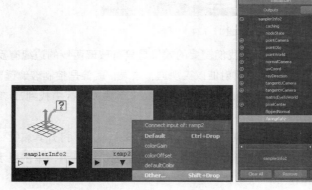

图 11-129　　　　　　　　　图 11-130

Step13 用Ramp2（渐变）节点来控制Blinn1的反射值。打开Blinn1的属性，用鼠标中键拖动Ramp2（渐变）节点到Blinn1属性中Specular Shading（高光着色）属性下的Reflected（反射）上，如图11-131所示。

Step14 在状态栏中单击渲染图标，进行渲染测试，结果如图11-132所示。

图 11-131　　　　　　　　　图 11-132

11.3.1.7 调节玻璃材质的细节

Step01 调节玻璃的颜色。打开Blinn1的属性，将颜色变暗，向左移动滑块，调节漫反射值为0.2，如图11-133所示。

Step02 调节灯光阴影的参数值。选择主光源，使用快捷键Ctrl+A打开灯光的属性，调节Shadow Rays（阴影射线）值为20，如图11-134所示。

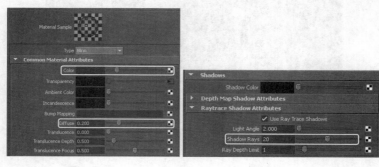

图 11 -133　　　　　　　　　图 11-134

Step03 在状态栏中单击渲染设置图标，从弹出的渲染设置窗口中找到Edge anti-aliasing（边缘抗锯齿），选择Highest quality（最高质量），如图11-135所示。

Step04 在状态栏中单击渲染图标，进行渲染测试，结果如图11-136所示。

至此，本案例全部制作完成，最终场景文件可参见随书配套光盘中的DVD02\scene\scene\chap11\mb\glass_end.mb。

在随书光盘视频教学中提供了另一种玻璃的调节方法，效果如图11-137所示，读者可观看学习。

图 11-135

图 11-136

图 11-137

11.3.2 mia_material材质应用——玻璃标志

本小节将利用mia_material材质来制作玻璃材质。

Step01 打开随书配套光盘中的DVD02\scene\scene\chap11\mb\mia_material.mb场景文件，如图11-138所示。

图 11-138

Step02 使用CV Curves Tool（CV曲线工具）在场景中创建两条曲线，选择两条曲线，执行NURBS模块菜单Surfaces>Loft（曲面>放样）命令，创建一个地面，如图11-139所示。

图 11-139

Step03 在场景中创建一个摄影机，并进入摄影机视图，打开分辨率指示器，调整摄影机角度，并根据角度调整地面大小及位置，如图11-140所示。

Step04 选择摄影机，在其通道盒中选择所有属性，单击鼠标右键，在弹出的菜单中选择Lock Selected（锁定选择）命令将其锁定。

Step05 退出摄影机视图，切换到透视图，关闭分辨率指示器，在场景中创建一个Directional Lingt（平行光），并调整其角度大小，如图11-141所示。

图 11-140   图 11-141

Step06 保持平行光的选中状态，在其属性编辑器中，勾选Shadows（阴影）栏Raytrace Shadow Attributes（光线跟踪阴影属性）中的Use Ray Trace Shadows（使用光线跟踪阴影）选项，打开灯光的阴影。

Step07 使用mental ray渲染器渲染摄影机视图，效果如图11-142所示。

Step08 打开渲染设置窗口，在Indirect Lighting（间接照明）选项卡Final Gathering（最终聚集）栏中勾选Final Gathering（最终聚集），并单击Environment（环境）栏Image Based Lighting（基于图像照明）后的Create（创建）按钮，导入随书配套光盘中的DVD02\scene\scene\chap11\maps\DH224SN.hdr贴图，如图11-143所示。

Step09 再次进行渲染，此时在模型表面已经产生了反射效果，如图11-144所示。

图 11-142   图 11-143   图 11-144

Step10 打开Hypershade（材质编辑器）窗口，在mental ray下的Materials（材质）栏中单击mia_material_x材质创建一个，如图11-145所示，在场景中选择模型，将该材质赋予模型，进行渲染，观察效果，如图11-146所示。

图 11-145   图 11-146

Step11 打开渲染设置窗口，对其参数进行设置，如图11-147所示。

Step12 选择mia_material_x材质球，进入其属性编辑器面板，对其参数进行设置，再次进行渲染，即可看到对象的玻璃效果，如图11-148所示。

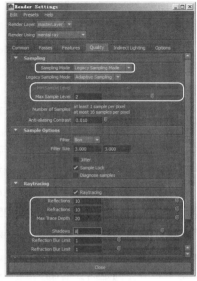
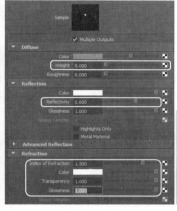

图 11-147   图 11-148

Step13 继续在mia_material_x材质球的属性编辑器中，设置Advanced（高级）栏中的Specular Blance（高光平衡）为0，取消其高光，勾选BRDF栏中的Use Fresnel Reflection（使用菲涅尔反射），同时可以再提高Reflection（反射）栏中的Reflectivity（反射率）为1，如图11-149所示。

图 11-149

Step14 再次渲染，比例效果就会更加真实，如图11-150所示。

Step15 如果想要玻璃有一些颜色，可以设置mia_material_x材质球的属性编辑器Refraction（折射）栏中的Color（颜色），这里将其设置为淡橘色，再次渲染玻璃就会产生淡淡的橘色。

Step16 同样也可以设置Reflection（反射）栏中的Color（颜色），为玻璃添加一些反射颜色，效果如图11-151所示。

图 11-150   图 11-151

至此，本案例全部制作完成，更详细的操作步骤可参见随书配套光盘中的教学视频。

11.4 制作金属材质

在上一个案例中我们讲解了使用Blinn材质球来制作玻璃效果，本案例讲解利用Blinn材质球制作金属材质。金属材质都具有高光和反射，这是在制作过程中需要完成的最重要的两点。

在制作之前首先来了解一下布光的注意事项。

11.4.1 布光的注意事项

在上面两个案例中我们都用到了灯光，在场景中设置灯光是有一些原则和方法的。

按照灯光在场景中的不同功能，可分为主光、辅助光、轮廓光、背景光和装饰光5种。下面分别进行详细的介绍。

01 主光：主光是场景中对塑造画面的形象起主导作用的光源，是画面的定型光。主光源确定了以后，场景的气氛及感情基本就确定了。所以在布光时，主光的方向性一定要明确，既要考虑光线的性质，也要细心选定投射的位置，这些都要符合作品画面气氛的要求。

02 辅助光：辅助光用来补充主光的不足，它对画面起辅助作用。一般都会被用在暗部，以提高暗部的亮度，加强暗部的质感，也常用来提高或突出特别需要强调的部位的亮度。辅助光既然被用在暗部，那么它的亮度就不应超过主光，光线应柔和。主光与辅助光确定以后，作品的基调基本上就被确定下来了。

03 轮廓光：勾勒物体轮廓的光。它可以使物体更突出，与背景很好地拉开空间距离，增加画面的空间感。轮廓光多用逆光、后侧光来表现，但角度一般要高于被照射的物体。

04 背景光：用来照亮环境背景，用于突出物体，增强背景的空间感或是营造特殊的环境气氛等。背景光一般用比较柔和的光来处理。灯光的亮度一定要小心设置，它直接影响整个作品的画面感情和气氛。一般会用到灯光链接来对背景进行单独布光。

05 装饰光：用来修饰场景中照明效果的光。一般用来弥补布光不足或需要强调细节的地方，与背景光一样，也是会用到灯光链接来布光。

布光不存在完全可以套用的模式，因为它的变量太多，也非常灵活，所以在布光时根据照明原理和生活常识，以及灯光的属性作为指导和依据。要不断地调节和反复的测试，逐渐使作品趋向于自己满意的程度。下面通过几个实例来进一步理解前面的理论基础。

注：

常用的布光方法被称为三点布光法，即一盏主光源，两盏辅助灯。

11.4.2 创建灯光

Step01 打开随书配套光盘中的DVD02\scene\scene\chap11\mb\jinshu_start.mb，如图11-152所示。

Step02 在场景中创建一盏摄影机，并在大纲视图中将摄影机命名更改为render，进入摄影机视图，打开分辨率指示器，调整摄影机角度，如图11-153所示。

图 11-152   图 11-153

Step03 选择摄影机，在其通道盒中选择所有属性，单击鼠标右键，在弹出的菜单中选择Lock Selected（锁定选择），将摄影机锁定。

Step04 切换到透视图，创建一盏聚光灯，并进入灯光视图，调节灯光角度，如图11-154所示。

Step05 再次切换回透视图，将聚光灯放大以便操作，选择聚光灯，进入其属性编辑器面板，勾选Shadows（阴影）栏下的Raytrace Shadow Attributes（光线追踪阴影属性）下的Use Ray Trace Shadows（使用光线追踪阴影）选项，如图11-155所示。

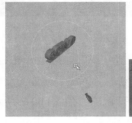 

图 11-154   图 11-155

Step06 单击渲染按钮进行渲染，观察当前效果，如图11-156所示。

Step07 打开渲染设置窗口，对其参数进行设置，如图11-157所示。

 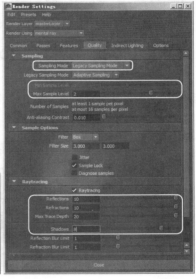

图 11-156   图 11-157

Step08 选择模型，为其赋予一个Blinn材质，并进入其属性编辑器对其参数进行设置，如图11-158所示，渲染效果如图11-159所示。

图 11-158   图 11-159

Step09 选择聚光灯，按Ctrl+D组合键复制出来一盏聚光灯，执行菜单Panels>Look Through Selected（面板>以选择对象查看）进入复制的聚光灯视图，调节其角度，如图11-160所示。

基础

建模

渲染

动画

特效

Step10 进入其属性编辑器窗口，设置灯光属性，如图11-161所示，进行渲染，效果如图11-162所示。

图 11-160　　　　　　　　　图 11-161　　　　　　　　　　　　　图 11-162

Step11 打开渲染设置窗口，在Indirect Lighting（间接照明）选项卡中，单击Envitoment（环境）下的Image Based Lighting（基于图像照明）后的Create（创建）按钮，导入随书配套光盘中的DVD02\scene\scene\chap11\maps\DH-348LL.hdr贴图，这样在场景中就会创建一个环境球，如图11-163所示。

Step12 选择环境球，进入其mentalrayIblShape节点属性编辑器面板，在Render Stats（渲染条目）中取消勾选Primary Visblity（初选可见）选项，如图11-164所示。

图 11-163　　　　　　　　　　　　　　图 11-164

Step13 在场景中调节环境球的角度，使亮的部分处于左侧，避免模型曝光，如图11-165所示，进行渲染观察效果，如图11-166所示。

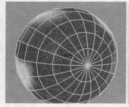

图 11-165　　　　　　　　　图 11-166

11.4.3 设定材质

Step01 选择模型，进入其材质属性编辑器窗口，对其材质进行设置，并渲染场景，如图11-167所示。

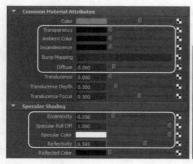

图 11-167

Step02 在场景中创建一个NURBS平面，调整其大小、形状、位置、细分，并为其赋予一个Surface Shader材质，并将材质颜色设置为白色，如图11-168所示。

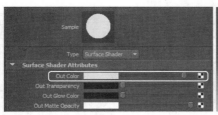

图 11-168

Step03 进入Surface Shader材质的nurbsPlaneShape节点属性编辑器面板，在Render Stats（渲染条目）中取消勾选图11-169所示的选项。

Step04 这里可以将模型材质的Reflectivity（反射率）设置为0.7，进行渲染效果如图11-170所示，这样模型就被反光板的补光照得更亮。

图 11-169 图 11-170

Step05 如果希望得到一个金色的金属效果，可以设置模型材质属性编辑器面板Specular Shading（高光着色）栏中的Specular Color（高光颜色）为橘黄色，结果如图11-171所示。

图 11-171

至此，本案例全部制作完成，更详细的操作步骤可参见随书配套光盘中的教学视频，最终场景文件可参见随书配套光盘中的DVD02\scene\scene\chap11\mb\jinshu_end.mb。

11.5 制作南非钻石材质

本节来制作南非钻石材质效果。

Step01 打开随书配套光盘中的DVD02\scene\scene\chap11\mb\zuanshi_start.mb场景文件，如图11-172所示。

Step02 选择钻石模型，为其添加一个Blinn材质，在其属性编辑器中，设置Color（颜色）为接近黑色，单击Transparency（不透明度）后的棋盘格按钮，在Create Render Node（创建渲染节点）窗口中选择Crater（火山），在Crater（火山）面板中设置其Channel1/2/3（通道1/2/3）颜色分别为浅粉色、浅绿色、浅紫色，同时设置材质的高光和折射属性，如图11-173所示。

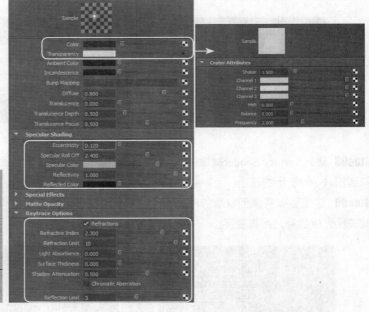

图 11-172   图 11-173

Step03 单击渲染按钮进行渲染，效果如图11-174所示。

观察此时的效果，还缺乏一些细节，下面继续对其进行调整。

Step04 在场景中创建一个NURBS平面，并为其赋予一个SurfaceShader材质，并调节材质属性编辑器中的Out Color（输出颜色）为白色，调整平面的角度、大小及位置，并进行渲染，如图11-175所示。

图 11-174   图 11-175

Step05 再将反光板复制两个，并调整其角度、大小、位置，进行渲染，如图11-176所示。

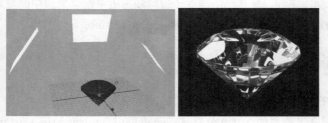

图 11-176

Step06 观察效果，反光板的面积过大，继续根据自身场景进行调整，创建一个NURBS平面，作为地面，为其赋予Blinn材质，并在其属性编辑器中调整其属性，调整好钻石的角度，如图11-177所示。

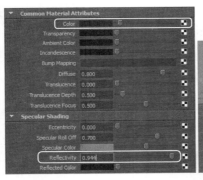
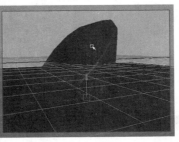

图 11-177

Step07 进行渲染，观察效果，如图11-178所示。

Step08 观察此时的效果，平滑后的钻石边角过于柔滑，体现不出钻石硬的质地，所以这里选择钻石，在其通道盒INPUTS下的polySmoothFace1和2中，将Continuity（连续）和Divisions（细分）均设置为0，将其平滑效果取消，如图11-179所示，再次进行渲染，效果如图11-180所示。

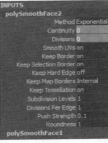

图 11-178　　　　　　　　图 11-179　　　　　　　　图 11-180

至此，本案例全部制作完毕，更详细的操作步骤可参见随书配套光盘中的教学视频，最终场景文件可参见随书配套光盘中的DVD02\scene\scene\chap11\mb\zuanshi_end.mb。

11.6　水墨材质——大虾

本节来制作一个水墨效果的大虾案例。

Step01 打开随书配套光盘中的DVD02\scene\scene\chap11\mb\shuimo_start.mb场景文件，如图11-181所示。

Step02 打开渲染设置窗口，在Image Size（图像大小）栏中设置Presets（预设）为Full 1024。

Step03 在场景中创建一个摄影机，打开分辨率指示器，进入摄影机视图调整角度，并将摄影机锁定，如图11-182所示。

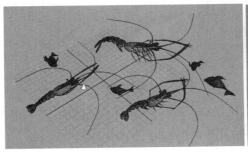

图 11-181　　　　　　　　　　　　　图 11-182

Step04 选择摄影机，进入其属性编辑器窗口，在Environment（环境）卷展栏中设置Backgroud Color（背景颜色）为乳白色，进行渲染，如图11-183所示。

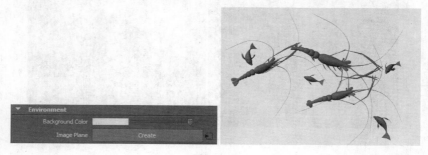

图 11-183

Step05 打开材质编辑器，创建一个Surface Shader材质球，并选择其中一只虾，为其赋予材质，再创建一个Ramp（渐变）节点、SamplerInfo节点，如图11-184所示。

Step06 选择SamplerInfo节点，通过鼠标中键拖曳至ramp节点上，在弹出的菜单中选择Other（其他），打开Connection Editor（连接编辑器）窗口，在输出栏中选择facingRatio，在输入栏中选择vCoord，如图11-185所示。

Step07 选择ramp节点，进入其属性编辑器窗口，调整其渐变颜色为黑色到白色，如图11-186所示。

图 11-184   图 11-185   图 11-186

Step08 选择ramp节点，拖曳至SurfaceShader属性编辑器面板的Out Transparency（输出不透明度）上，如图11-187所示。

Step09 此时对大虾进行渲染，可以看到其晕开的材质效果，如图11-188所示。

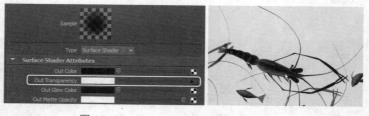

图 11-187   图 11-188

Step10 此时水墨晕开的效果还不够，可以对其ramp的渐变颜色继续进行调整，再次渲染，如图11-189所示。

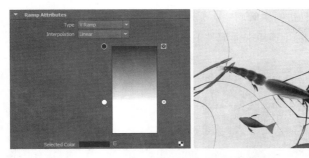

图 11-189

Step11 观察大虾须和爪子材质不够虚化，所有再次为其创建一个SurfaceShader材质球，进行调节，其节点连接如图11-190所示。为了更方便观察，可以先将其他大虾和鱼隐藏，进行渲染，此时须和爪子就更有水墨效果了，如图11-191所示。

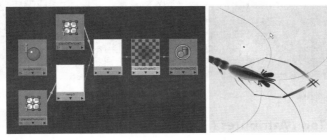

图 11-190　　　　　　　图 11-191

Step12 调节好之后，将其他模型显示出来，并分别赋予制作好的两种材质，最终效果如图11-192所示。

图 11-192

至此，本案例全部制作完成，更详细的操作步骤可参见随书配套光盘中的教学视频，最终场景文件可参见随书配套光盘中的DVD02\scene\scene\chap11\mb\shuimo_end.mb。

11.7 线框渲染

本节将讲解线框渲染的方法，常用于展示模型的布线。

11.7.1 卡通轮廓线属性

按F6键，切换到Rendering（渲染）菜单模块下，选择要添加的模型，执行菜单Toon>Assign Outline>Add New Toon Outline（卡通>指定轮廓线>添加新的卡通轮廓线）命令，为模型添加卡通轮廓线。添加完成之后，会自动创建一个pfxToonShape（pfx卡通形状）节点，如图11-193所示。

下面对pfxToonShape的常用属性进行讲解。

单击打开Common Toon Attributes（通用卡通属性）栏，如图11-194所示。

图 11-193

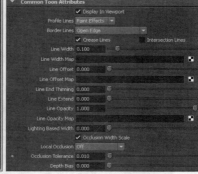

图 11-194

11.7.1.1 Common Toon Attributes（通用卡通属性）

01 Display In Viewport（在视图中显示）：打开和关闭卡通线的显示。

02 Profile Lines（轮廓线）：轮廓线的模式。在下拉列表中有3种模式可以选择。

如使用Paint Effects（画笔特效）选项，轮廓会由很多组曲线组成。这些线对于窗口是相对的，所以当改变视角时，Maya要重新组建轮廓线。

如使用Offset Mesh（偏移网格）选项，所生成的一个输出网格沿着表面法线被线条宽度所代替并且设置成了相反朝向的单面。改变视角时，不用重新组建轮廓线。

03 Border Lines（边界线）：控制如何沿着边界产生线。Open Edges（打开边）被认为是只有一个面被共享的边，这种边只会在曲面没有完全被关闭时产生。Shader Boundary（着色器边界）产生在面与没有使用同一个着色器的边相连的地方。Edge and Shader Boundary（边和着色器边界）两个属性都适用于边界线。

04 Crease Lines（折线）：勾选此选项，轮廓线沿着内部的硬边产生，并激活pfxToonShape（pfx卡通形状）节点中Crease Lines（折线）的属性。

05 Intersection Lines（交叉线）：勾选此选项，可以激活pfxToonShape（pfx卡通形状）节点中Intersection Lines（交叉线）的属性。默认是不勾选。

06 Line Width（线的宽度）：控制轮廓线、折线和边界线的宽度。

07 Line Width Map（线宽度贴图）：使用2D纹理贴图来控制线的宽度。3D、投射2D和环境纹理没有效果。

08 Line Offset（线偏移）：沿着法线曲面偏移线，偏移数值与线的宽度成正比。

09 Line Offset Map（线偏移贴图）：使用2D纹理贴图来控制线的偏移。如果使用Noise（噪波）纹理，可以创建出一条蠕动的线。3D、投射2D和环境纹理没有效果。

10 Line End Thinning（线端变薄）：控制线条变细的距离。变化的效果与Profile Break Angle（轮廓中断角度）的数值有关，如图11-195所示。

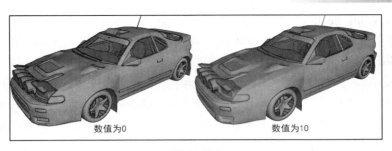

图 11-195

11 Line Extend（线延伸）：控制线段相交时从线的两端延伸出的长度。可以用来模拟铅笔起稿的线框的类型，效果与Profile Break Angle（轮廓中断角度）的数值有关，如图11-196所示。

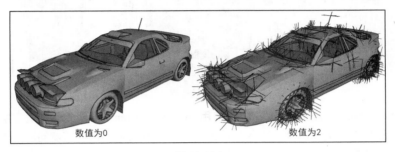

图 11-196

12 Line Opacity（线的不透明度）：控制轮廓线、折线和分界线的不透明度。数值为0时完全透明，数值为1时完全不透明，如图11-197所示。

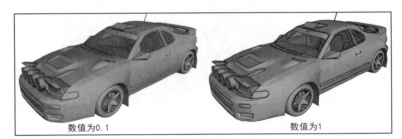

图 11-197

13 Line Opacity Map（线不透明度贴图）：使用2D纹理贴图来控制线的不透明度。这个属性的缩放控制线的不透明度。3D、投射2D和环境纹理没有效果。

14 Lighting Based Width（基于宽度照明）：根据场景中的灯光强度来产生线的有粗有细的效果。受灯光照射强的部分线会变细，在暗部的部分线会比较粗，如图11-198所示。

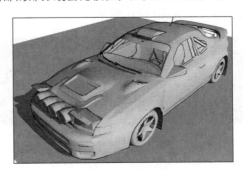

图 11-198

基础

建模

渲染

动画

特效

15 Occlusion Width Scale（闭塞宽度缩放）：这个属性只适用于Profile Lines（轮廓线）中的Paint Effects（笔刷特效）模式，不适用于Offset Mesh（偏移网格）模式。当不勾选此选项时，被曲面遮挡的笔触部分不能被渲染出来。当使用此选项时，所有的笔触，包括被曲面遮挡的部分，都可以被渲染出来。

16 Local Occlusion（局部闭塞）：当两个曲面靠在一起比折线粗时，卡通线可能会穿过面来显示。下拉列表中有3种模式：Off（关闭），即不使用局部遮挡；All Toon Surfaces（所有的卡通曲面），所有被赋予pfxToon node（pfx卡通节点）的曲面都被遮挡；Line Surface（线曲面），只有产生线的曲面遮挡卡通线，如图11-199所示。

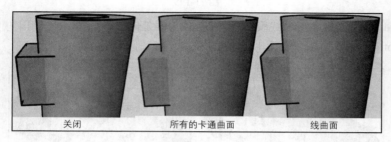

图 11-199

17 Occlusion Tolerance（闭塞容差）： 在使用Local Occlusion（局部闭塞）确定所遮挡的线条时，线条被移向摄影机。该数值应该设置得比较小（但不能是0），从而避免出现精度问题，也就是将线条上的点移动到它们所在的三角形后面，如图11-200所示。

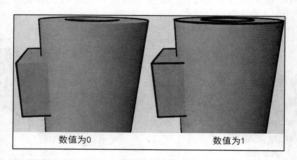

图 11-200

18 Depth Bias（深度偏差）：当不勾选Occlusion Width Scale（闭塞宽度缩放）、Local Occlusion（局部闭塞）选项，使用Off（关闭）模式时，增加Depth Bias（深度偏差）值，卡通线出现的锯齿会被修复。如果Depth Bias（深度偏差）的值太大，线可能会通过挡在它前面的面来显示。

11.7.1.2 Profile Lines（轮廓线）

单击打开Profile Lines（轮廓线）栏，如图11-201所示。

图 11-201

01 Profile Color（轮廓颜色）：控制轮廓线的颜色。也可以使用2D纹理来控制线的颜色。

02 Profile Line Width（轮廓线的宽度）：控制轮廓线宽度的相对比例值。数值越大，轮廓线越粗。

03 Profile Width Modulation（轮廓宽度调制）：从不同的角度查看，轮廓线的宽度是不一样的。调节轮廓线的宽度，数值越大，轮廓线就会从两端向观察的角度中间变细，如图11-202所示。

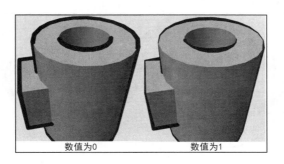

图 11-202

04 Profile Break Angle（轮廓中断角度）：轮廓线被打断的角度。当数值为0时，所有的线只有一个线段的长度；当数值为180时，所有的线段将连成一条线。

05 Depth Offset（深度偏移）：这个属性可以使物体内部的轮廓线的宽度有渐变的效果。

06 Smooth Profile（平滑轮廓）：如果勾选此选项，轮廓线的计算基于法线内插值；如果不勾选此选项，轮廓曲线只依靠多边形的边，如图11-203所示。

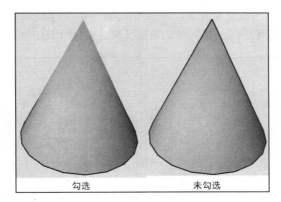

图 11-203

07 Tighter Profile（收紧轮廓）：只有当勾选Smooth Profile（平滑轮廓）选项时，该选项才可用。当使用这个选项时，Smooth Profile（平滑轮廓）有点接近网格轮廓边。

11.7.1.3 Crease Lines（折线）

单击打开Crease Lines（折线）栏，如图11-204所示。

图 11-204

01 Crease Color（折线颜色）：控制折线的颜色。也可以使用2D纹理来控制线的颜色，将折线颜色设置为红色。

02 Crease Line Width（折线的宽度）：控制折线或者硬边线的宽度。

03 Crease Width Modulation（折线宽度调制）：从不同的角度查看，轮廓线的宽度是不一样的。调节折线的宽度，数值越大，轮廓线就会从两端向观察的角度中间变细，如图11-205所示。

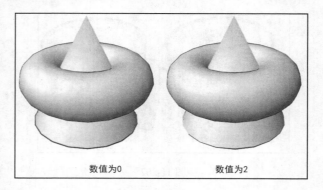

数值为0　　　　　　数值为2

图 11-205

04 Crease Break Angle（折线中断角度）：折线被打断的角度。当数值为0时，所有的线只有一个线段的长度；当数值为180时，所有的线段将连成一条线。

05 Crease Angle Min（折线角度最小）：如果不勾选Hard Creases Only（仅硬边折线），当Crease Angle Min（折线角度最小）数值为0时，所有的边将被提取出来，如图11-206所示。

06 Crease Angle Max（折线角度最大）：如果不勾选Hard Creases Only（仅硬边折线），当Crease Angle Max（折线角度最大）数值为0时，所有的边将被提取出来，如图11-207所示。

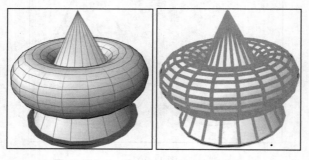

图 11-206　　　　　　图 11-207

07 Hard Creases Only（仅硬边折线）：如果勾选此选项，折线只沿着硬边产生，如图11-208所示。

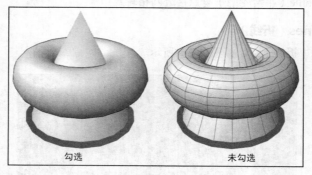

勾选　　　　　　未勾选

图 11-208

08 Backfacing Creases（背面折线）：使用此选项，对象所有的折线都会显示出来，包括背面的；不使用此选项，折线只出现在朝向观察角度的曲面上，如图11-209所示。

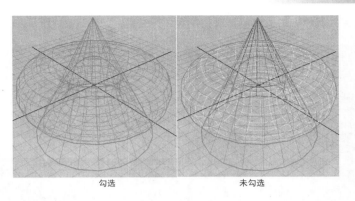

勾选　　　　　　　　　　　　　　　未勾选

图 11-209

11.7.2 卡通线框渲染实例

Step01 打开随书配套光盘中的场景文件DVD02\scene\scene\chap11\mb\xiankuang_start.mb，如图11-210所示。

Step02 打开渲染设置窗口，在Image Size（图像尺寸）中设置Presets（预设）为1k Square，也就是1024×1024尺寸大小。

Step03 在场景中创建一个摄影机，打开分辨率指示器，并进入摄影机视图调整摄影机的角度，选择摄影机，进入其通道盒，选择所有属性将其锁定，如图11-211所示。

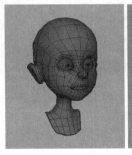

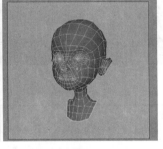

图 11-210　　　　　　　　　　图 11-211

Step04 将时间结束帧设置为200，选择整个模型的组，在第0帧处为其通道盒中的Rotate Y（y轴旋转）设置一帧关键帧，在第200帧处设置Rotate Y（y轴旋转）为-360，再次设置一帧关键帧，单击软件右下角的Animation Preferences（动画预设）按钮，打开Preferences（预设）窗口，设置Playback speed（播放速度）为Real-time［24fps］（24帧每秒），另外在曲线编辑器中选择动画曲线，将其打成平直效果。

Step05 播放动画，就可以看到模型旋转360°的动画效果。

Step06 选择模型，在工具架中单击Toon（卡通）选项卡，单击 Add new Toon Outline（添加新的卡通轮廓线）按钮，为模型添加卡通轮廓线，如图11-212所示。

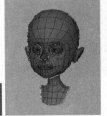

图 11-212

Step07 进入卡通线的属性编辑器窗口，对其参数进行设置，如图11-213所示。

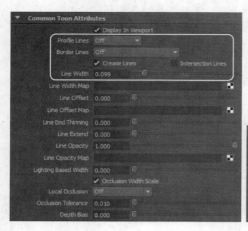

图 11-213

Step08 进行渲染，效果如图11-214所示，也可以将模型隐藏，只渲染轮廓线，效果如图11-215所示。

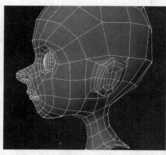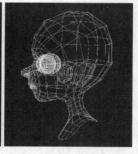

图 11-214 　　　　　　　图 11-215

> **注：**
>
> 要显示隐藏的物体，可在Outliner（大纲）视图中选择物体，按快捷键Shift+H，就可以将隐藏的物体显示出来了。隐藏的物体只是在场景中不可见，并没有被删除。

Step09 选择模型组，为其赋予一个Use Background（使用背景）材质，并在其属性编辑器中设置参数，进行渲染即可得到一个单面的卡通线轮廓，如图11-216所示。

Step10 调节完成之后进行最终渲染，效果如图11-217所示。

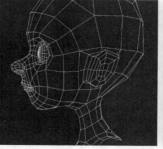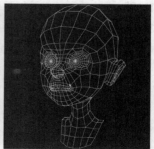

图 11-216 　　　　　　　　　　　图 11-217

更详细的操作可参见随书配套光盘中的教学视频，最终场景文件可参见随书配套光盘中的DVD02\

scene\scene\chap11\mb\xiankuang_end.mb。

11.8 摄影机——镜头模糊

镜头模糊（景深）的概念来自于摄影机，它能真实地再现现实生活中的一种摄影机视觉特效，一般用来突出主体物，排除杂乱的背景，使主体鲜明。摄影机景深一直是摄影中一个重要的艺术创作手法，现在在Maya中也可以很好地模拟出这种效果，这样也给我们的艺术创作增加了更多的想象空间。

在本节中，将讲解通过摄影机属性的连接来制作镜头模糊（景深）效果。

主要知识点如下。

01 摄影机的创建。

02 关联编辑窗口。

03 摄影机景深属性设置。

11.8.1 创建摄影机

Maya中的摄影机分为静态摄影机、动态摄影机和立体摄影机3种。

执行菜单Create>Cameras（创建>摄影机）命令，在显示的子菜单中选择要创建的摄影机，如图11-218所示。

在工具架的Rendering（渲染）标签中，单击 图标，可以创建摄影机，但是只能创建静态的摄影机。在材质编辑器的创建菜单中，也可以创建静态摄影机。

11.8.2 关联编辑器

利用节点制作材质的时候，关联编辑窗口常会用到。顾名思义，它就是用来连接两个属性的。

打开属性连接编辑器，执行菜单Window>General Editors>Connection Editor（窗口>常规编辑器>关联编辑器)命令，打开Connection Editor（关联编辑器），如图11-219所示。

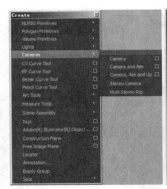

图 11-218　　　　　　　图 11-219

在材质编辑器中，执行菜单Window>Connection Editor（窗口>关联编辑器）命令，也可以打开Connection Editor（关联编辑器）面板。

下面我们来介绍一下Connection Editor（关联编辑器）的Connection Editor buttons（连接编辑器按钮）。

01 Reload Left（加载到左边）：将物体的属性加载到输出窗口中。选择需要连接的对象，单击Reload Left（加载到左边）按钮，加载属性到左边的输出窗口。

02 Reload Right（加载到右边）：将物体的属性加载到输入窗口中。选择连接的另一个对象，单击Reload Right（加载到右边）按钮，加载属性到右边的输入窗口。

03 from -> to（从->到）：切换输入属性和输出属性。

04 Arrow buttons（箭头按钮）：移动输出属性到输入窗口，或者移动输入节点到输出窗口。

05 Clear All（清除所有）：从输入和输出窗口中清除物体的所有属性。

06 Remove（移除）：移除输出窗口中节点的属性。

07 Break（中断）：打断属性连接。如果在菜单栏中不勾选Options（选项）菜单中的Auto-connect（自动连接）命令，Break（中断）才会被激活。

08 Make（制造）：制造连接。在输入窗口中选择一个属性，然后在输出窗口中再选择一个属性，单击Make（制造）按钮完成连接。如果在菜单栏中不勾选Options（选项）菜单中的Auto-connect（自动连接）命令，Make（制造）按钮才会被激活。

09 Close（关闭）：关闭属性连接窗口。

注：

连接成功的属性会变成斜体显示，不可连接的属性名称是灰色的，为不可操作。

11.8.3 摄影机景深属性设置

进入摄影机的属性编辑器面板，在Depth of Field（景深）卷展栏中可以对摄影机的景深进行设置，如图11-220所示。

01 Depth Of Field（景深）：勾选该选项，则开启摄影机的景深。

02 Focus Distance（焦距）：增加Focus Distance（焦距）可拉近摄影机镜头，并放大对象在摄影机视图中的大小。减小Focus Distance（焦距）可拉远摄影机镜头，并缩小对象在摄影机视图中的大小。有效值范围为2.5~3500，默认值为35。

对于焦距的数值设置，我们可以勾选菜单Display>Heads Up Display（显示>抬头显示）中的Object Details（对象细目）选项，这样在场景中就会显示出对象的细目列表，如图11-221所示。

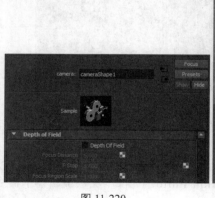

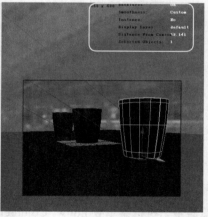

图 11-220　　　　　　　　　　　　　　图 11-221

如图11-221所示，在场景中选择任意物体，在细目中有一个Distance From Camera（摄影机距离）可以显示出物体离摄影机的距离，这个尺寸就是设置焦距的依据。

例如这里离摄影机最近的杯子的距离是58.141，将Focus Distance（焦距）设置为58.141，进行渲染，效果如图11-222所示，可以发现离摄影机最近的杯子最清楚，越远越模糊。

图 11-222

03 F Stop（光圈系数）：该值越小，景深越大；该值越大，景深越小。

04 Focus Region Scale（聚焦区域缩放）：该值越小，景深外的物体就越模糊。

以上就是摄影机景深的常用属性，更详细的讲解可参见随书配套中的教学视频。

11.8.4 景深应用实例——路锥

Step01 打开随书配套光盘中的DVD02\scene\scene\chap11\mb\Depth_start.mb。

Step02 创建两点摄影机。执行菜单Create>Cameras>Camera and Aim（创建>摄影机>摄影机和目标点）命令，并调整摄影机在场景中的位置，如图11-223所示。

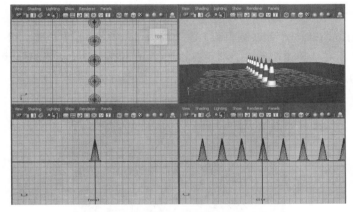

图 11-223

Step03 打开属性连接窗口。执行菜单Window>General Editors>Connection Editor（窗口>常用编辑器>关联编辑器)命令，打开Connection Editor（关联编辑器），如图11-224所示。

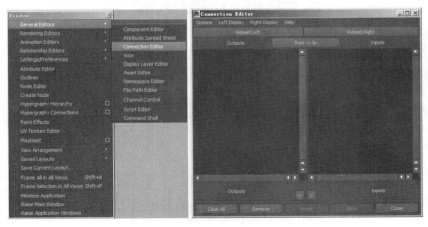

图 11-224

Step04 打开Outliner（大纲）视图，执行菜单Window>Outliner（窗口>大纲）命令，在Outliner（大纲）视图中找到创建的摄影机组，并将它展开，如图11-225所示。

Step05 关联摄影机组和摄影机。在Outliner（大纲）视图中选择Camera1_group（摄影机组），在Connection Editor（关联编辑器）面板上单击Reload Left（加载到左边）按钮，然后在Outliner（大纲）视图中选择CameraShape1（摄影机形状），再在Connection Editor（关联编辑器）面板上单击Reload Right（加载到右边）按钮，如图11-226所示。

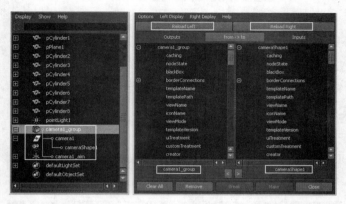

图 11-225　　　　　　　　　图 11-226

Step06 在Connection Editor（关联编辑器）左边的Camera1_group（摄影机组）属性中找到distance Between（距离之间），并选择这个属性，然后在右边CameraShape1（摄影机形状）的属性中取消选择center Of Interest，改为选择focus Distance（目标的距离），如图11-227所示。

图 11-227

Step07 在场景中选择摄影机，按Ctrl+A组合键打开摄影机的属性，找到Depth of Field（景深）栏，勾选Depth of Field（景深）选项，修改F Stop值为10，如图11-228所示。

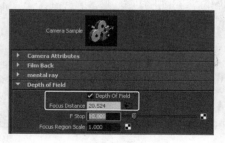

图 11-228

Step08 选择摄影机并进入摄影机视图，单击状态栏中的渲染图标，效果如图11-229所示。

图 11-229

至此，本案例全部制作完成，最终场景文件可参见随书配套光盘中的DVD02\scene\scene\chap11\mb\
Depth_end.mb。

11.9 法线贴图——锈迹斑斑油桶

本节的主要内容是法线贴图的使用。通过为简单的油漆桶模型制作一张法线贴图，从而实现模型的复杂材质效果。

在讲解实例的过程中会涉及以下知识点。

01 Transfer maps（传递贴图）属性编辑器。

02 法线贴图参数设置。

03 高级显示 。

11.9.1 Transfer Maps（传递贴图）属性

在Rendering（渲染）模式下，执行菜单Lighting/Shading>Transfer Maps（灯光/着色>传递贴图）命令，即可打开Transfer Maps（传递贴图）属性窗口，如图11-230所示。

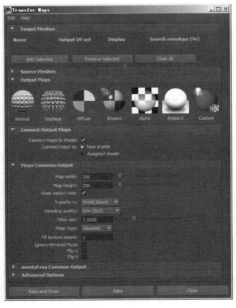

图 11-230

11.9.1.1 Target Meshes（目标网格）

01 Name（名称）：场景中当前所选择的并用来作为目标网格的所有对象的名称。

02 Output UV Set（输出UV集）：在目标网格上设置UV集，该UV集将决定目标网格的贴图方式。为了得到精确的结果，模型的UV不能出现重复的现象。

03 Display（显示）：设置场景视图中目标的哪些元素能够显示出来，单击其下拉列表框，里面有3个选项：Mesh（网格）、Envelope（封套）和Both（网格和封套），如图11-231所示。

图 11-231

04 Search Envelope (%) [搜索包裹（％）]：它是一个用户可编辑的几何体，用来定义传递贴图操作的搜索栏或者阈值。该属性用百分数来设置目标网格的搜索封套，如果将它设置为10，那么该封套将比目标网格大1/10。

我们可以编辑搜索封套的顶点，从而使它的形状和覆盖范围看起来更好。

05 Add Selected（添加所选）：将当前场景中所选择的对象添加到该Target Meshes（目标网格）列表中。在场景中选择对象，然后单击该按钮即可。

06 Remove Selected（移除所选）：将当前场景中所选择的对象从Target Meshes（目标网格）列表中移除，操作方法同上。

07 Clear All（清楚所有）：删除Target Meshes（目标网格）列表中所有对象的名称。

11.9.1.2 Source Meshes（源网格）

01 Name（名称）：场景中当前所选择的并用来作为源网格的所有对象的名称。源网格是那些具有网格属性的对象，我们可以为其创建纹理贴图。

02 Add Selected（添加所选）：将场景视图中当前所选择的对象添加到该Source Meshes（源网格）列表中。

03 Add Unselected（添加未选）：将当前场景视图中未选择的对象添加到Source Meshes（源网格）列表中。

04 Remove Selected（移除所选）：将场景中当前所选择的对象从Source Meshes（源网格）列表中移除。

05 Clear All（清除所有）：删除Source Meshes（源网格）列表中的所有对象。

11.9.1.3 Output Maps（输出贴图）

从显示的图标中选择一种贴图类型（也可以选择多种贴图类型），下面就会出现该贴图的一些属性。例如，单击第一个图标Normal（法线），如图11-232所示。

图 11-232

01 File format（文件格式）：为要创建的法线贴图设置文件格式。

02 Include materials（包含材质）：勾选该选项，所有源材质（如凹凸贴图）都会包含在该法线贴图中，在修改法线之后（例如，指定了一个凹凸贴图之后），就可利用这个属性来观察法线了；取消勾选该选项，即可在实际几何体中来观察法线。

可从Map space（贴图空间）下拉列表中选择选项。

03 Tangent Space（切线空间）：切线空间法线在局部每个顶点上，并且可以进行旋转，可在运动对象的纹理上使用。

04 Object Space（对象空间）：对象空间法线通常指向相同的方向，甚至在旋转三角面时也是如此，可在非运动的对象纹理上使用。

11.9.1.4 Connect Output Maps（连接输出贴图）

指定所创建的纹理显示在目标对象上的方式。

01 Connect maps to shader（将贴图连接到着色器上）：若不勾选该选项，保持当前网络的无连接状态并在硬盘上创建纹理文件，因为场景视图中的网格没有明显的变化；勾选该选项，其下面的Connect maps to（将贴图连接到）才可用。

02 Connect maps to（将贴图连接到）包含两个选项：New shader（新的着色器）和Assigned shader（指定的着色器）。

每种类型只有一个贴图能够与一个着色器连接起来。如果相同的类型（如两个法线贴图）创建了不止一个贴图，那么列表中最后的那张贴图才能与该着色器连接。

11.9.1.5 Maya Common Output（Maya通用输出）

01 Map width（贴图宽度）：以像素方式设置纹理贴图的宽度，可选择的纹理分辨率有16、32、64、128、256、512、1 024、2 048、4 096。默认值为256。

02 Map height（贴图高度）：以像素方式设置纹理贴图的高度，可选择的纹理分辨率有16、32、64、128、256、512、1 024、2 048、4 096。默认值为256。

可在Transfer in（传递方式）下拉列表中选择以下3种传递方式，如图11-233所示。

图 11-233

03 World Space（世界空间）：当对象的大小不同时可使用该方式。在以世界空间方式传递时，要确保源对象和目标对象在场景视图的相同世界空间位置。

04 Object Space（对象空间）：用于观察传递贴图的结果而无需重叠网格。为了确保对象空间传递是可执行的，就将对象移到最上面，将所有形变都冻结起来，然后将它们彼此分离开。

05 UV Space（UV空间）：当源网格和目标网格的比例或者形状不同时可使用该选项。例如，如果要创建一男一女两个角色，并且需要从其中一个角色传递表面属性到另外一个角色，尽管两个网格都有胳膊，但形状明显不同，那么结果将会非常糟糕。要确保为两个网格都定义了UV空间贴图。

06 Sampling Quality（采样质量）：用像素来指定从源网格获取的采样数量，并决定纹理贴图的质量。提高采样质量将看到纹理贴图中更多的细节。但是，在调节采样质量值之前，我们必须先确保源对象是高质量的。例如，如果创建了一个环境遮挡传递贴图，那么首先要调节源对象的环境遮挡光线的数量，以确保在修改Sampling Quality（采样质量）属性之前它能够提供高质量的细节。

07 Filter Size（过滤器大小）：控制过滤器的大小。小的过滤器（如该值为3）能够产生锋利的纹理贴图，大的过滤器（如该值为7）将产生比较平滑的柔软的纹理贴图。

08 Filter Type（过滤器类型）：用于控制纹理贴图的模糊和柔化方式，以减少锯齿或者锯齿边缘。可从以下选项中选择：Gaussian （slightly soft）[高斯（轻度柔化）]、Triangular (soft)[三角形（柔化）]或者 Box (very soft)[方形（重度柔化）]。

09 Fill texture seams（填充纹理接缝）：计算每个UV面片周围的附加像素，从而移除UV接缝周围的纹理过滤物。

10 Ignore Mirrored Faces（忽略镜像面）： 勾选该选项时，带有翻转UV的面对创建传递贴图是不利的。对于该属性一个典型的应用就是给一个角色创建镜像的法线贴图。

11.9.2 Transfer Maps（传递贴图）应用

法线贴图除了对模型UV有要求之外，两个模型的坐标位置要一致，例如，坐标都位于网格中心。

Step01 打开随书配套光盘中的DVD02\scene\scene\chap11\mb\Paint Pot_start.mb。

Step02 打开Transfer Maps（传递贴图）属性编辑器。在渲染模式下，执行菜单Lighting/Shading>Transfer Maps（灯光/着色>传递贴图）命令，即可打开它的对话框。

Step03 在三维视图属性通道盒的显示层中，打开Layer1（层1）的显示按钮，关闭Layer2（层2）的显示按钮，如图11-234所示，在场景中显示油桶的低模，将油桶高模隐藏。

Step04 三维视图中选择油桶的低模，在Transfer Maps（传递贴图）属性编辑器的Target Meshes（目标网格）中单击Add Selected（添加所选）按钮，如图11-235所示，将油桶的低模添加到Target Meshes（目标网格）。

Step05 在三维视图属性通道盒的显示层中打开Layer2（层2）的显示按钮，关闭Layer1（层1）的显示按钮，如图11-236所示，在场景中显示油桶的高模，将油桶的低模隐藏。

图 11-234　　　　　　　　图 11-235　　　　　　　　图 11-236

Step06 在三维视图中选择油桶的高模，在Transfer Maps（传递贴图）属性编辑器的Source Meshes（源网格）中单击Add Selected（添加所选）按钮，如图11-237所示，将油桶的高模添加到Source Meshes（源网格）。

Step07 设置Transfer Maps（传递贴图）属性中的Display（显示）为Envelope（封套），Search Envelope (%) [搜索包裹（%）]为2，如图11-238所示。

图 11-237　　　　　　　　　　　图 11-238

Step08 创建法线贴图。在Output Maps（输出贴图）栏中单击第一个图标Normal（法线），单击并设置输出法线贴图的格式与位置，如图11-239所示。

Step09 在Maya Common Output（Maya通用输出）栏中设置法线贴图的像素及采样质量，如图11-240所示。

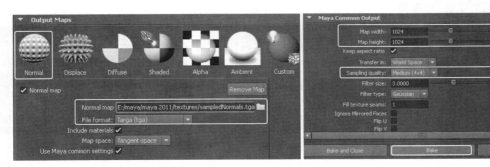

图 11-239   图 11-240

Step10 在场景中打开Layer1（层1）的显示按钮，关闭Layer2（层2）的显示按钮，并单击Bake（烘焙）按钮，完成法线贴图的制作。

11.9.3 为低模指定材质

法线贴图烘焙完成之后，会为Target Meshes（目标网格）中的低模重新创建一个材质球，并将烘焙完的法线贴图资料链接到材质球的Bump Mapping（凹凸贴图）节点上面，如图11-241所示。

图 11-241

那么如何才能显示法线贴图呢？

在场景视图的菜单栏中，执行窗口菜单Renderer>High Quality Rendering（渲染器>高质量渲染）命令，如图11-242所示，按键盘上的数字键6显示材质，效果如图11-243所示。

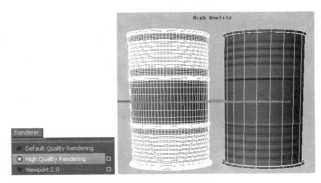

图 11-242   图 11-243

Step01 为油漆桶重新指定一个Blinn材质。执行菜单Window>Rendering Editors>Hypershade（窗口>渲染编辑器>材质编辑器）命令，从左边的Create（创建）列表中创建一个Blinn材质，然后在场景中选择油漆桶的低模，在材质编辑器的Blinn1上单击鼠标右键，从弹出的菜单中选择Assign Material To Selection（指定材质给选择对象）选项，如图11-244所示。

Step02 将纹理贴图文件添加到Blinn1的颜色属性上，如图11-245所示。

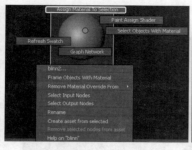
图 11-244

图 11-245

Step03 将Lamber2材质Bump（凹凸）属性上连接的法线贴图添加到Blinn1的凹凸上面。在材质编辑器中，用鼠标中键将Blinn1拖动到Work Area（工作区域）中。在Utilties（工具）标签中找到bump 2d（凹凸2d）节点，用鼠标拖动它到Work Area（工作区域）中的Blinn1上面，松开鼠标，在弹出的菜单中选择bump map（凹凸贴图）选项，如图11-246所示。

Step04 在状态栏中单击渲染图标，渲染结果如图11-247所示。

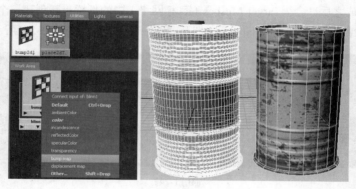
图 11-246　　　　　图 11-247

至此，本案例全部制作完成，最终场景文件可参见随书配套光盘中的DVD02\scene\scene\chap11\mb\paint pot_end.mb。

11.10 mental ray基础——金属效果

本节主要讲解使用mental ray材质的预设制作金属材质。在前面的章节中也曾经使用过mental ray的材质。因为是使用mental ray材质库中的材质，所以使用时一定要启用mental ray渲染器。

本节涉及的知识点如下。

01 mental ray渲染器基础知识。

02 反光板的使用。

03 Area Light（区域灯）。

04 mental ray渲染设置。

11.10.1 mental ray渲染器基础知识

mental ray渲染器可以提供高质量的反射和折射效果。mental ray渲染器非常重要的一个特征就是渲染设置中的光线追踪选项是自动勾选的，利用mental ray渲染器可以制作出焦散、全局光、3S、三维景深等特殊效果。这些效果是其他渲染器，如Software Render（软件渲染）、Vector Render（矢量渲染）和Hardware

Render（硬件渲染）很难实现的。除此之外，mental ray渲染器还有自己的一套材质系统。

11.10.1.1 mental ray渲染器的加载

mental ray渲染器是以插件的形式存在于Maya中的。如果无法从渲染设置窗口中找到mental ray渲染器的话，可以执行下面的操作步骤，将mental ray渲染器加载到Maya中。

Step01 执行菜单Window>Settings/Preferences>Plug-in Manager（窗口>设置/参数>插件管理器）命令，打开插件管理器，如图11-248所示。

Step02 在弹出的Plug-in Manager（插件管理器）中，勾选Mayatomr.mll后面的Loaded（加载）和Auto Load（自动加载）选项，如图11-249所示。

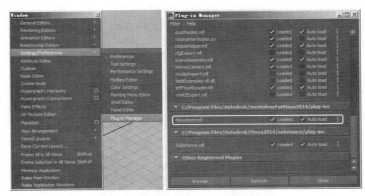

图 11-248　　　　　　　　　图 11-249

加载完成之后，除了在渲染设置窗口中找到mental ray渲染器外，在Hypershade（材质编辑器）中还可以找到mental ray的材质系统，如图11-250所示。

11.10.1.2 mental ray渲染参数设置

在状态栏中单击渲染设置图标，打开渲染设置窗口，在Rendering Using（渲染使用）下拉列表中找到mental ray选项，如图11-251所示。

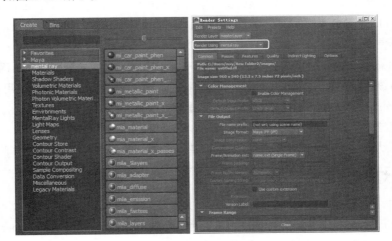

图 11-250　　　　　　　　　图 11-251

Common（通用）：是渲染设置通用面板，即所有的渲染器都通用的面板。该面板中最常用的参数包括Color Management（颜色管理）、File Output（文件输出）、Frame Range（帧范围）、Renderable Cameras（可渲染摄影机）和Image Size（图像尺寸）。

（1）File Output（文件输出）栏：包括渲染输出文件名、文件格式、渲染时间范围、场景中被渲染的内容、使用的摄影机等内容。

（2）Frame Range（帧范围）：针对渲染动画序列的参数。

（3）Renderable Cameras（可渲染摄影机）：选择要渲染的摄影机镜头。

（4）Image Size（图像尺寸）：用于定义输出文件的尺寸规格。

除了Common（通用），剩下的Passes（通道）、Features（特征）、Quality（质量）、Indirect Lighting（间接照明）和Options（选项）都是mental ray渲染器所特有的渲染选项。

下面简单介绍一下渲染质量参数的设置。

单击渲染设置窗口中的Quality（质量），如图11-252所示。

图 11-252

Sampling Mode（采样模式）：主要用来设置mentalray渲染的采样模式。

Quality（质量）：使用该滑块可以自适应地控制图像质量。使用统一采样时，这是用于调整图像质量的主控件。

Min Samples/Max Samples（最小采样数/最大采样数）：确定每像素最小和最大采样数。

Error Cutoff（误差中止）：误差低于该阈值时停止采样像素。除非绝对必要，否则不要调整该属性。

Contrast As Color（颜色对比度）：每通道控制采样质量。对于调整渲染非常有用，但应视其为专家选项；非必须情况不使用。

Progressive Mode（渐进式模式）：渐进式渲染开始时使用较低的采样速率，然后逐步优化采样数量以达到最终结果。将该选项设定为IPR Only（仅IPR）以将渐进式统一采样与 IPR 搭配使用。

Subsample Size（子采样大小）：使用该设置可通过最初欠采样N像素×N像素进行快速预览。值越大意味着其采样程度越高，从而获得更快的初始预览。

Max Time（最大时间）：为渲染设置最大时间限制（以秒为单位），其中设置为0表示没有时间限制。

11.10.2 创建灯光及反光板

在渲染过程中，反光板的使用可以提高反射、折射及高光效果，也可以照明物体。关于材质，可以使用Lambert，将Incandescence（自发光）的属性设置为白色，也可以使用Surface Shader（表面材质），将Color（颜色）属性调节为白色。这两种方式都可以使用。

在本案例中，为了丰富金属的高光，也使用反光板。

Step01 打开随书配套光盘中的DVD02\scene\scene\chap11\mb\mental_start.mb。

Step02 在场景中创建灯光。在Rendering（渲染）工具架上单击Spot Light（聚光灯）图标，创建一盏聚光灯。

Step03 创建反光板。在Polygons（多边形）工具架上单击Plane（平面）图标，创建一个平面作为反光板。用反光板来作为高光的形状，所以要与灯光的照射角度垂直。将Plane1（平面1）的*x*轴向旋转90°，与聚光灯垂直，如图11-253所示。

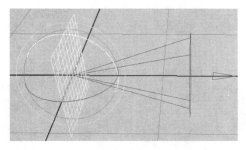

图 11-253

Step04 为了方便调节灯光位置，将反光板与聚光灯编辑为父子关系。调节聚光灯位置时，反光板会跟随聚光灯一起移动。首先选择反光板，再加选聚光灯，然后按键盘上的P键。

Step05 选择聚光灯，在三维视图的窗口上执行菜单Panels>Look Through Selected Camera（面板>通过选择的摄影机观察）命令，进入灯光视图并调节灯的位置，如图11-254所示。

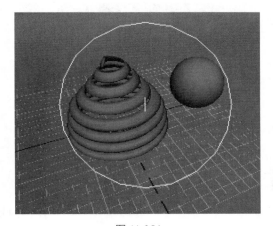

图 11-254

Step06 调节聚光灯的属性。选择聚光灯，按Ctrl+A组合键打开聚光灯的属性，将Penumbra Angle（半影角）设置为20，如图11-255所示。在Shadows（阴影）属性中勾选Use Ray Trace Shadows（使用光线追踪阴影）选项，在mental ray属性中勾选Area Light（区域光）选项，如图11-256所示。

图 11-255

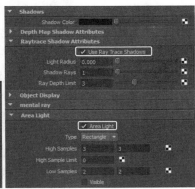

图 11-256

Step07 创建辅助灯光。选择聚光灯，按Ctrl+D组合键复制一盏聚光灯，并调节灯光的位置，如图11-257所示。

Step08 将辅助灯的阴影关闭。选择辅助灯，按Ctrl+A组合快捷键，打开辅助聚光灯的属性，在Shadows（阴影）属性中取消选择Use Ray Trace Shadows（使用光线追踪阴影）选项。

Step09 调节反光板的大小和材质。选择反光板，在反光板的属性通道盒中将缩放值设置为12，如图11-258所示。

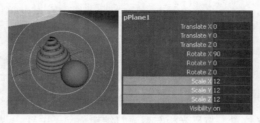

图 11-257　　　　　　　　图 11-258

Step10 为反光板设置材质。利用前面介绍过的方法为反光板指定一个Lambert材质，在弹出的Lambert属性面板中将Incandescence（白炽）设置为纯白色，如图11-259所示。

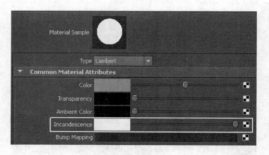

图 11-259

11.10.3 制作金属材质

Step01 打开材质编辑器，执行菜单Window>Rendering Editors>Hypershade（窗口>渲染编辑器>材质编辑器）命令。

Step02 在Hypershade（材质编辑器）左侧的Create（创建）面板中找到mental ray，在右侧的材质列表中找到mia_material（mia_金属）节点并单击，如图11-260所示。

图 11-260

Step03 双击mia_material（mia_金属）节点，打开mia_material（mia_金属）的属性，单击Presets（预设）按钮，在弹出的菜单中执行Chrome>Replace（镀铬>替换）命令，如图11-261和图11-262所示。

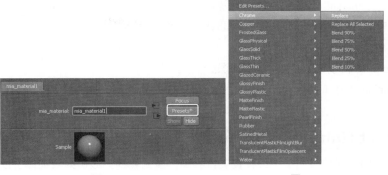

图 11-261　　　　　　　　　　　　　　　图 11-262

Step04 将mia_material（mia_金属）指定给场景中的模型。选择场景中的模型，在材质编辑器的mia_material（mia_金属）上单击鼠标右键，从弹出的菜单中选择Assign Material to Selection（指定材质给选择对象）选项，指定mia_material（mia_金属）给模型，如图11-263所示。

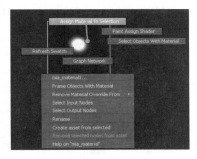

图 11-263

11.10.4　渲染设置

Step01 在状态栏的渲染区域中，单击渲染设置图标，打开渲染设置窗口。

Step02 使用mental ray渲染，选择Quality（质量），设置Quality Presets（质量预设）为Production（产品），如图11-264所示。

Step03 在状态栏的渲染区域中单击渲染图标，进行渲染，结果如图11-265所示。

图 11-264　　　　　　　　　　　　图 11-265

11.11 Mental Ray天光及运动模糊——飞机渲染

在上一节中介绍了mental ray渲染器的一些基础知识。在本节中将介绍mental ray渲染器Indirect Lighting（间接照明）面板中的Physical Sun and Sky（物理天光）及运动模糊。

本节的知识点如下。

01 Indirect Lighting（间接照明）的基础知识。

02 Physical Sun and Sky（物理天光）。

03 运动模糊。

11.11.1 Indirect Lighting（间接照明）

什么叫做间接照明？间接照明是指，在真实世界中，当光源的光线照射到物体上以后，这些光线并不能完全被物体吸收，总有一些光线被反射并照亮其他物体，被反射的光线总会带有被反射物体的固有色，从而会影响到被照亮物体的固有色。

在Maya的默认渲染器中，要想模拟这种效果，只能通过布置大量的灯光并结合灯光属性的设置，而mental ray渲染器中就设置了Indirect Lighting（间接照明）选项。Indirect Lighting（间接照明）包括了Image Based Lighting（图像基于照明）、Physical Sun and Sky（物理天光）、Global Illumination（全局光）及Final Gathering（最终聚焦）这几种技术。

Indirect Lighting（间接照明）选项可以在mental ray的渲染设置窗口中找到上一节中的mental ray渲染器基础知识中有提到。下面详细讲解一下Physical Sun and Sky（物理天光）。

11.11.2 创建Physical Sun and Sky（物 理天光）

Physical Sun and Sky（物理天光）能够模拟出真实的日照效果。

Step01 在状态栏的渲染区中单击渲染设置图标，打开渲染设置窗口，在Rendering Using（渲染使用）下拉列表中找到mental ray选项。

Step02 选择Indirect Lighting（间接照明）标签，在Environment（环境）属性中单击Physical Sun and Sky（物理天光）后面的Create（创建）按钮，如图11-266所示。

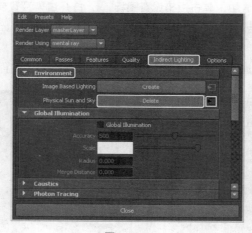

图 11-266

创建完成之后，Physical Sun and Sky（物理天光）后面的按钮图标会被激活，同时会创建出一个mia_physicalsky（mia_物理天空）节点，并在场景中创建一盏几乎垂直于地面的平行光。

注：

再次单击Physical Sun and Sky（物理天光）后面的Create（创建）按钮，可以将Physical Sun and Sky（物理天光）后面连接的mia_physicalsky（mia_物理天空）节点删除。

单击Physical Sun and Sky（物理天光）后面的按钮图标 ，可以进入mia_physicalsky（mia_物理天空）节点的属性面板，如图11-267所示。

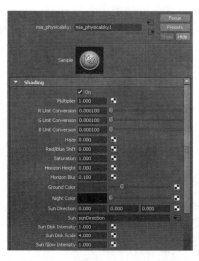

图 11-267

01 Multiplier（乘数）：可以控制场景的亮度输出，默认为1。

02 R unit conversion、G unit conversion、B unit conversion（RGB单元转换）：控制天空的颜色。

03 Haze（烟雾）：使用该参数可以模拟空气中的烟雾效果。

04 Horizon Height（地平线高度）：控制地平线的高度。

05 Horizon Blur（地平线模糊）：控制地平线与天空间界线的模糊程度。

06 Ground Color（地面颜色）：控制地面的颜色。

07 Night Color（夜晚的颜色）：控制夜晚天空的颜色。

08 Sun Intensity（太阳的强度）：控制模拟出的太阳光线的强度。

 注：

旋转平行光，可以模拟不同时间段的光照情况。当平行光与物体垂直时，光照最充足，模拟正午时的阳光；平行光与物体越平行，光照越少，模拟黄昏时的阳光。

下面讲解一下Physical Sun and Sky（天光）的应用——制作一个带有天空效果的飞机。

11.11.3 Physical Sun and Sky（物理天光）的应用

11.11.3.1 创建物理天光

Step01 打开随书配套光盘中的DVD02\scene\scene\chap11\mb\Plane_start.mb。

Step02 在mental ray渲染设置中，选择Indirect Lighting（间接照明）选项；在Environment（环境）属性中，单击Physical Sun and Sky（物理天光）后面的Create（创建）按钮，创建Physical Sun and Sky（物理天光）。

Step03 选择创建出的平行光，在属性通道盒中，将3个轴向的Scale（缩放）值设置为8，并旋转平行光的x轴向为－165，如图11-268所示。

Step04 单击Physical Sun and Sky（物理天光）后面的按钮图标，打开mia_physicalsky（mia_物理天空）节点的属性。

Step05 单击Haze（烟雾）后面的棋盘格图标，添加一个环境球，并在环境球的Image（图像）属性上添加一张准备好的图片来增加天空背景的层次。

Step06 设置 Sun Disk Intensity（太阳光圈的强度）值为0.1，Sun Glow Intensity（太阳辉光的强度）值为0.1，调节出黄昏的太阳；设置Visibility Distance（可视距离）值为60，模拟出近实远虚的效果，如图11-269所示。

近实远虚的效果还要通过摄影机中的设置才能实现。

Step07 在透视图中，执行窗口菜单View>Camera Attribute Editor（视图>摄影机属性编辑器）命令，打开透视图的摄影机属性。

Step08 在Camera Attribute Editor（摄影机属性编辑器）中找到mental ray选项，复制Environment Shader（环境着色器）中的mia_physicalsky1，将其粘贴到Volume Shader（体积着色器）中，如图11-270所示。

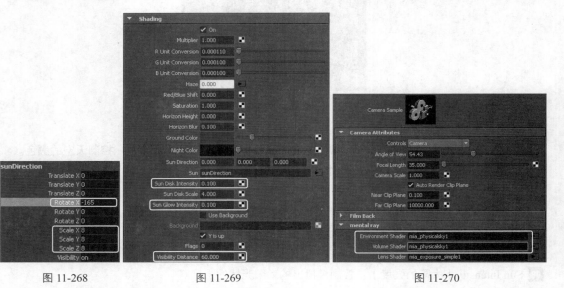

| 图 11-268 | 图 11-269 | 图 11-270 |

Step09 在状态栏的渲染区域中，单击渲染图标进行渲染，结果如图11-271所示。

图 11-271

下面为螺旋桨添加运动模糊，增加飞机的速度感。

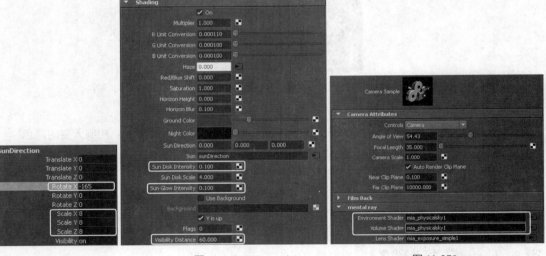

11.11.3.2 制作螺旋桨动画

要制作模糊效果，首先要有动画。

Step01 选择飞机的螺旋桨，在属性通道盒中选择Rotate Z并单击鼠标右键，从弹出的菜单中选择Key Selected（选择的关键帧）选项，为选择的Rotate Z属性设置关键帧，如图11-272所示。

图 11-272

Step02 在时间线上，移动时间帧到第24帧处，然后回到螺旋桨的属性通道盒中，设置Rotate Z值为720，并在Rotate Z属性上单击鼠标右键，从弹出的菜单中选择Key Selected（选择的关键帧）选项，为选择的Rotate Z属性再次设置关键帧，这样就为螺旋桨设置好了动画。

使用同样的方法，制作出远处飞机的螺旋桨动画。

11.11.3.3 螺旋桨运动模糊

Step01 打开渲染设置窗口，在mental ray的渲染设置中选择Quality（质量）选项，找到Motion blur（运动模糊）栏，设置Motion blur（运动模糊）为Full（所有），对其属性进行设置，如图11-273所示。

Step02 在状态栏的渲染区域中，单击渲染图标 进行渲染，结果如图11-274所示。

图 11-273

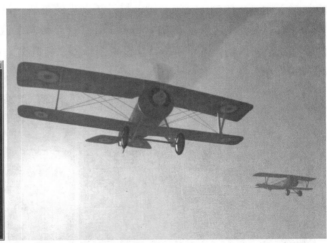

图 11-274

至此，本案例全部制作完成，最终场景文件可参见随书配套光盘中的DVD02\scene\scene\chap11\mb\Plane_end.mb。

11.12 材质与灯光综合应用——眼球

通过前面的学习，相信读者对于材质和渲染的操作有了更深入的认识。本节主要是通过真实眼球的制作来学习一下综合材质的使用。

分析眼睛的材质构成，首先眼球有瞳孔，人的眼睛是有高光的，并且人的眼睛中还会有血丝。在这个例子中我们将分成3部分来制作。

11.12.1 三点布光

利用三点布光的原则，在场景中创建3盏聚光灯，对场景进行照亮。

Step01 打开随书配套光盘中的DVD02\scene\scene\chap11\mb\eye_start.mb。

Step02 创建一盏聚光灯作为主光源，进入灯光视图，调整聚光灯的位置，如图11-275所示。

Step03 按下键盘上的Ctrl+A组合键，打开聚光灯的属性。在灯光的阴影属性中，勾选Use Ray Trace Shadows（使用光线追踪阴影）选项，设置Light Radius（灯光半径）值为2，Shadow Rays（阴影边缘柔化）值为20，如图11-276所示。

Step04 创建第2盏聚光灯作为辅助光源，进入灯光视图，调节灯光的位置，如图11-277所示，照亮眼球的暗面。

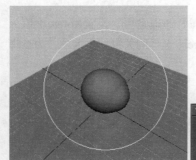

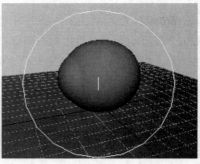

图 11-275　　　　　　　　　　　图 11-276　　　　　　　　　　　图 11-277

Step05 按下键盘上的Ctrl+A组合键，打开辅助光的属性。设置Intensity（强度）值为0.3，取消勾选Emit Specular（发射高光）选项，设置Penumbra Angle（半影角）值为20，如图11-278所示。

Step06 在状态栏的渲染区中单击渲染设置图标，打开渲染设置窗口，勾选Raytracing（光线追踪）选项，如图11-279所示。

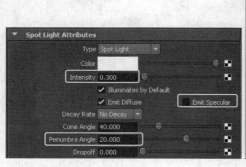

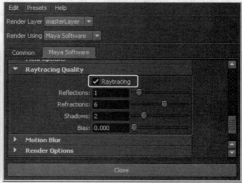

图 11-278　　　　　　　　　　　　　　图 11-279

Step07 进入透视图，在状态栏的渲染区中单击渲染图标进行渲染，结果如图11-280所示。

查看图11-280，发现模型背光面比较暗，所以还需要一盏灯来进行照亮。

Step08 创建第3盏聚光灯，调整灯光位置，如图11-281所示，作为辅助光源照亮投影。

11.11.3.2 制作螺旋桨动画

要制作模糊效果，首先要有动画。

Step01 选择飞机的螺旋桨，在属性通道盒中选择Rotate Z并单击鼠标右键，从弹出的菜单中选择Key Selected（选择的关键帧）选项，为选择的Rotate Z属性设置关键帧，如图11-272所示。

图 11-272

Step02 在时间线上，移动时间帧到第24帧处，然后回到螺旋桨的属性通道盒中，设置Rotate Z值为720，并在Rotate Z属性上单击鼠标右键，从弹出的菜单中选择Key Selected（选择的关键帧）选项，为选择的Rotate Z属性再次设置关键帧，这样就为螺旋桨设置好了动画。

使用同样的方法，制作出远处飞机的螺旋桨动画。

11.11.3.3 螺旋桨运动模糊

Step01 打开渲染设置窗口，在mental ray的渲染设置中选择Quality（质量）选项，找到Motion blur（运动模糊）栏，设置Motion blur（运动模糊）为Full（所有），对其属性进行设置，如图11-273所示。

Step02 在状态栏的渲染区域中，单击渲染图标 进行渲染，结果如图11-274所示。

图 11-273

图 11-274

至此，本案例全部制作完成，最终场景文件可参见随书配套光盘中的DVD02\scene\scene\chap11\mb\Plane_end.mb。

11.12 材质与灯光综合应用——眼球

通过前面的学习，相信读者对于材质和渲染的操作有了更深入的认识。本节主要是通过真实眼球的制作来学习一下综合材质的使用。

　　分析眼睛的材质构成，首先眼球有瞳孔，人的眼睛是有高光的，并且人的眼睛中还会有血丝。在这个例子中我们将分成3部分来制作。

11.12.1 三点布光

　　利用三点布光的原则，在场景中创建3盏聚光灯，对场景进行照亮。

Step01 打开随书配套光盘中的DVD02\scene\scene\chap11\mb\eye_start.mb。

Step02 创建一盏聚光灯作为主光源，进入灯光视图，调整聚光灯的位置，如图11-275所示。

Step03 按下键盘上的Ctrl+A组合键，打开聚光灯的属性。在灯光的阴影属性中，勾选Use Ray Trace Shadows（使用光线追踪阴影）选项，设置Light Radius（灯光半径）值为2，Shadow Rays（阴影边缘柔化）值为20，如图11-276所示。

Step04 创建第2盏聚光灯作为辅助光源，进入灯光视图，调节灯光的位置，如图11-277所示，照亮眼球的暗面。

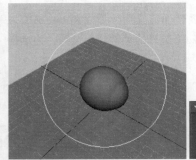
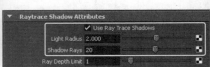
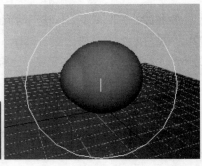

图 11-275　　　　　　　　　　　图 11-276　　　　　　　　　　　图 11-277

Step05 按下键盘上的Ctrl+A组合键，打开辅助光的属性。设置Intensity（强度）值为0.3，取消勾选Emit Specular（发射高光）选项，设置Penumbra Angle（半影角）值为20，如图11-278所示。

Step06 在状态栏的渲染区中单击渲染设置图标，打开渲染设置窗口，勾选Raytracing（光线追踪）选项，如图11-279所示。

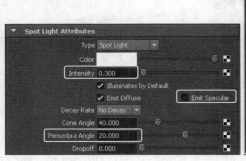

图 11-278　　　　　　　　　　　　　　　图 11-279

Step07 进入透视图，在状态栏的渲染区中单击渲染图标进行渲染，结果如图11-280所示。

　　查看图11-280，发现模型背光面比较暗，所以还需要一盏灯来进行照亮。

Step08 创建第3盏聚光灯，调整灯光位置，如图11-281所示，作为辅助光源照亮投影。

图 11-280

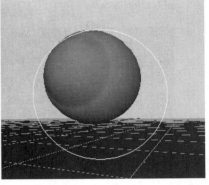
图 11-281

Step09 按键盘上的Ctrl+A组合键，打开第3盏辅助光的属性，设置Intensity（强度）值为0.2，取消勾选Emit Specular（发射高光）选项，设置Penumbra Angle（半影角）值为20，如图11-282所示。

Step10 进入透视图，在状态栏的渲染区中单击渲染图标 进行渲染，结果如图11-283所示。

图 11-282

图 11-283

11.12.2 使用文件贴图制作瞳孔

Step01 在属性通道盒的显示层中，关闭Layer1（图层1）的可视开关，如图11-284所示，将瞳孔的内部模型显示出来。

图 11-284

Step02 为瞳孔创建新的Lambert材质。选择模型并单击鼠标右键，在弹出的菜单中选择Assign Favorite Material>Lambert（指定常用的材质>Lambert）选项。

Step03 将已经准备好的随书配套光盘中的DVD02\scene\scene\chap11\maps\200839124358953_2.jpg瞳孔

纹理的图片添加到Lambert2的Color（颜色）属性上，如图11-285所示。

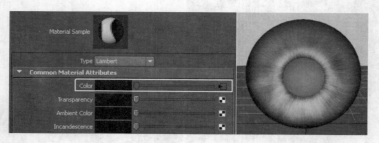

图 11-285

如果要为模型添加已经制作好的纹理贴图，首先要对模型进行UV的划分。这个案例中模型的UV已经划分好了，有关UV划分的详细步骤请参见教学视频。

Step04 为瞳孔中心的模型指定材质。选择模型，单击鼠标右键，在弹出的菜单中选择Assign Favorite Material>Lambert（指定常用的材质>Lambert）选项。

Step05 在打开的Lambert3的属性面板中，将Lambert3的Color（颜色）属性设置为黑色，如图11-286所示。

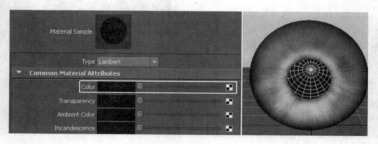

图 11-286

11.12.3 Ramp（渐变）控制材质——瞳孔外部

Step01 为模型指定材质。在属性通道盒的显示层中勾选Layer1（图层1）的可视开关，显示出眼球的外轮廓模型。

Step02 选择外部模型，单击鼠标右键，在弹出的菜单中选择Assign Favorite Material>Blinn（指定常用的材质>Blinn）选项。

利用Ramp（渐变）纹理控制眼球前面透明、后面不透明的效果，将制作的内部瞳孔显示出来。

Step03 为Blinn1的Transparency（透明）属性添加一个Ramp（渐变）2D纹理节点，如图11-287所示。

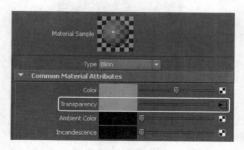

图 11-287

Step04 打开Ramp（渐变）纹理节点的属性，设置Type（类型）为U Ramp（U向渐变），调节渐变颜色为黑色到白色的渐变，调节两个颜色的位置，如图11-288所示。

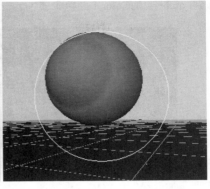

图 11-280　　　　　　　　　　　图 11-281

Step09　按键盘上的Ctrl+A组合键，打开第3盏辅助光的属性，设置Intensity（强度）值为0.2，取消勾选
Emit Specular（发射高光）选项，设置Penumbra Angle（半影角）值为20，如图11-282所示。

Step10　进入透视图，在状态栏的渲染区中单击渲染图标进行渲染，结果如图11-283所示。

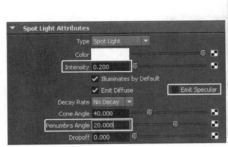

图 11-282　　　　　　　　　　　图 11-283

11.12.2　使用文件贴图制作瞳孔

　　Step01　在属性通道盒的显示层中，关闭Layer1（图层1）的可视开关，如图11-284所示，将瞳孔的内部
模型显示出来。

图 11-284

　　Step02　为瞳孔创建新的Lambert材质。选择模型并单击鼠标右键，在弹出的菜单中选择Assign Favorite
Material>Lambert（指定常用的材质>Lambert）选项。

　　Step03　将已经准备好的随书配套光盘中的DVD02\scene\scene\chap11\maps\200839124358953_2.jpg瞳孔

纹理的图片添加到Lambert2的Color（颜色）属性上，如图11-285所示。

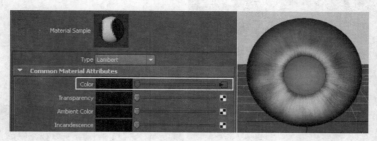

图 11-285

如果要为模型添加已经制作好的纹理贴图，首先要对模型进行UV的划分。这个案例中模型的UV已经划分好了，有关UV划分的详细步骤请参见教学视频。

Step04 为瞳孔中心的模型指定材质。选择模型，单击鼠标右键，在弹出的菜单中选择Assign Favorite Material>Lambert（指定常用的材质>Lambert）选项。

Step05 在打开的Lambert3的属性面板中，将Lambert3的Color（颜色）属性设置为黑色，如图11-286所示。

图 11-286

11.12.3 Ramp（渐变）控制材质——瞳孔外部

Step01 为模型指定材质。在属性通道盒的显示层中勾选Layer1（图层1）的可视开关，显示出眼球的外轮廓模型。

Step02 选择外部模型，单击鼠标右键，在弹出的菜单中选择Assign Favorite Material>Blinn（指定常用的材质>Blinn）选项。

利用Ramp（渐变）纹理控制眼球前面透明、后面不透明的效果，将制作的内部瞳孔显示出来。

Step03 为Blinn1的Transparency（透明）属性添加一个Ramp（渐变）2D纹理节点，如图11-287所示。

图 11-287

Step04 打开Ramp（渐变）纹理节点的属性，设置Type（类型）为U Ramp（U向渐变），调节渐变颜色为黑色到白色的渐变，调节两个颜色的位置，如图11-288所示。

Step05 打开Blinn1的属性，设置其高光属性，调整Eccentricity（离心率）为0.069，Specular Roll Off（高光衰减）为1，Specular Color（高光颜色）为白色，Reflectivity（反射）为0.05，Reflectal Color（反射颜色）为深灰色，如图11-289所示。

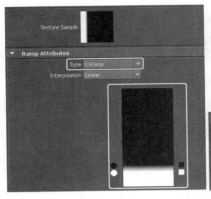
图 11-288

图 11-289

Step06 在状态栏的渲染区中单击渲染图标 进行渲染，结果如图11-290所示。

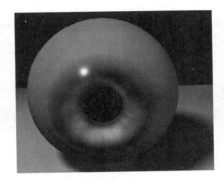
图 11-290

11.12.4 凹凸的应用——为眼球制作血丝

Step01 选择眼球外侧模型，打开其材质Blinn1的属性，在其Color（颜色）属性上添加血丝贴图（DVD02\scene\scene\chap11\maps\眼睛.jpg），如图11-291所示。

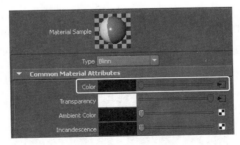
图 11-291

Step02 执行菜单Window>Rendering Editors>Hypershade（窗口>渲染编辑器>材质编辑器）命令，打开材质编辑器。

Step03 在材质编辑器中选择Blinn1，单击展开上下游节点图标 ，将Blinn1的材质节点网络展开；双击File2后面的place2dTexture2（放置2D纹理2），如图11-292所示，打开File2（文件2）纹理节点的

place2dTexture2（放置2D纹理2）属性。

Step04 在place2dTexture2（放置2D纹理2）属性中，设置Rotate Frame （旋转框架）数值为-90，如图11-293所示。

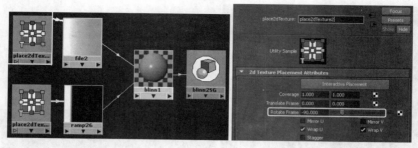

图 11-292   图 11-293

为了让眼睛更逼真，为眼球添加凹凸贴图。

Step05 在材质编辑器中选择lambert2，单击展开上下游节点图标，展开lambert2的材质节点网络；用鼠标中键拖曳File1（文件1）节点到lambert2上面，在弹出的菜单中选择bump map（凹凸贴图）选项，如图11-294所示。

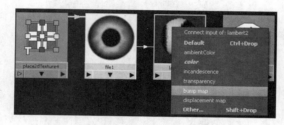

图 11-294

Step06 完成连接之后，会自动创建一个bump2d（凹凸2D）节点，如图11-295所示。

图 11-295

Step07 用相同的方法选择Blinn1，将File2（文件2）节点连接到Blinn1的bump map（凹凸贴图）属性上；选择创建的bump2d2（凹凸2D2）节点，双击打开其属性，设置Bump Depth（凹凸深度）值为-0.05，如图11-296所示。

图 11-296

Step05 打开Blinn1的属性，设置其高光属性，调整Eccentricity（离心率）为0.069，Specular Roll Off（高光衰减）为1，Specular Color（高光颜色）为白色，Reflectivity（反射）为0.05，Reflectal Color（反射颜色）为深灰色，如图11-289所示。

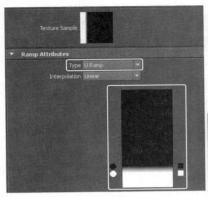

图 11-288   图 11-289

Step06 在状态栏的渲染区中单击渲染图标█进行渲染，结果如图11-290所示。

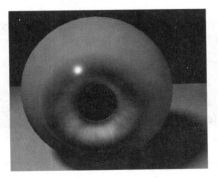

图 11-290

11.12.4 凹凸的应用——为眼球制作血丝

Step01 选择眼球外侧模型，打开其材质Blinn1的属性，在其Color（颜色）属性上添加血丝贴图（DVD02\scene\scene\chap11\maps\眼睛.jpg），如图11-291所示。

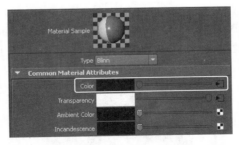

图 11-291

Step02 执行菜单Window>Rendering Editors>Hypershade（窗口>渲染编辑器>材质编辑器）命令，打开材质编辑器。

Step03 在材质编辑器中选择Blinn1，单击展开上下游节点图标█，将Blinn1的材质节点网络展开；双击File2后面的place2dTexture2（放置2D纹理2），如图11-292所示，打开File2（文件2）纹理节点的

place2dTexture2（放置2D纹理2）属性。

Step04 在place2dTexture2（放置2D纹理2）属性中，设置Rotate Frame（旋转框架）数值为-90，如图11-293所示。

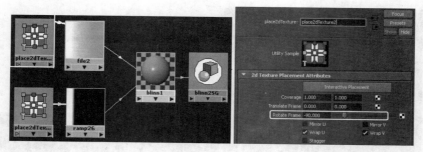

图 11-292　　　　　　　　　　　　　　图 11-293

为了让眼睛更逼真，为眼球添加凹凸贴图。

Step05 在材质编辑器中选择lambert2，单击展开上下游节点图标 ，展开lambert2的材质节点网络；用鼠标中键拖曳File1（文件1）节点到lambert2上面，在弹出的菜单中选择bump map（凹凸贴图）选项，如图11-294所示。

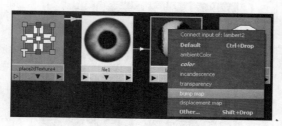

图 11-294

Step06 完成连接之后，会自动创建一个bump2d（凹凸2D）节点，如图11-295所示。

图 11-295

Step07 用相同的方法选择Blinn1，将File2（文件2）节点连接到Blinn1的bump map（凹凸贴图）属性上；选择创建的bump2d2（凹凸2D2）节点，双击打开其属性，设置Bump Depth（凹凸深度）值为-0.05，如图11-296所示。

图 11-296

Step08 在状态栏的渲染区中单击渲染图标  进行渲染，结果如图11-297所示。

图 11-297

至此，本案例全部制作完成，最终场景文件可参见随书配套光盘中的DVD02\scene\scene\chap11\mb\eye_end.mb。

11.13 分层渲染

本节将通过一个汽车案例和吉他案例来讲解分层渲染的实际应用，在制作之前首先来了解一下层渲染面板。

11.13.1 分层渲染基础

根据项目要求分层渲染基本分为两种：一种是根据物体的类别进行粗略分层，如根据镜头内容分为角色层、道具层、背景层等，或者根据场景分别为前景层、中景层、背景层，这种分类方式主要用于长篇剧集，整体工作量大，不需要调整细节，而采用这种分层方式便于后期制作人员整体控制效果；另一种分层方式是按物体的视觉属性精细分层，如分为颜色层、高光层、阴影层、反射层、折射层、发光层等，当把一个物体视觉属性分为如此多的层次后，后期控制的可能性大大增强，可以调节出非常丰富的效果，这种分层方法适用于比较精细的制作，如广告、电影或动画长片。这里我们要讲解的是第2种。

在Maya中分层渲染有一个专门的编辑区域，叫做渲染层，如图11-298所示。

图 11-298

默认情况下，在渲染层中有一个masterLayer（渲染总层），场景中所有的物体灯光都在该层中。

关于层渲染的操作，与Display（显示）层的操作非常相似。下面介绍一下层渲染的工具栏。

01 Move selection up list（在层列表中向上移动选择的层）：用来调整层的顺序，将选择的层向上移动。选择不是位于最上方的层，单击该图标按钮，每单击一次，层向上移动一个位置。

02 Move selection down list（在层列表中向下移动选择的层）：可以调整层的顺序，将选择的层向下移动。

03 Create new empty layer（创建一个新层）：单击该图标可以在渲染层上创建一个层，默认命名为

layer1，但是创建出的是一个空白的渲染层，其中没有任何对象。

04 Create new layer and assign selected objects（创建新层并将选择的对象添加其中）：可以创建一个新的渲染层，并将当前选择的对象置于新建的渲染层中。

05 ：控制这个层的可渲染性，如果单击就会变成红色叉的图标，则表示不可渲染。

06 ：当该层渲染完成一次之后会变成红色，可以用于渲染测试。

07 ：渲染设置。

如果在当前的渲染层中进行属性修改，并不会影响其他图层中的这个属性设置。

11.13.2 汽车分层渲染

本节的案例是为汽车进行分层渲染，层的划分包括以下几部分。

01 基本的颜色。

02 OA层。

03 阴影层。

04 车部件的通道层。

11.13.2.1 颜色层

基本的颜色层，使用默认层直接进行渲染就可以了。

Step01 打开随书配套光盘中的DVD02\scene\scene\chap11\mb\car_start.mb。

Step02 在状态栏的渲染区中单击渲染图标 进行渲染，结果如图11-299所示。

Step03 在渲染窗口中，执行菜单File>Save Image（文件>保存图像）命令。

Step04 在弹出的Save Image（保存图像）窗口中，从Look in（连接）下拉列表中选择图片保存的路径，在File name（文件名称）栏中输入图片文件的名称，在Files of type（文件类型）下拉列表中选择图片文件的PNG格式，然后单击Save（保存）按钮，将渲染出的图片保存到相应的路径下，如图11-300所示。

图 11-299   图 11-300

11.13.2.2 Occlusion层设置

Occlusion层是软件模仿全局灯光照明，形成的物体之间的接触阴影状态，能用来增加画面厚重感和真实感。

下面介绍Occlusion层设置的具体操作。

Step01 在Outliner（大纲）视图中选择group1（组1），即汽车模型组和Lofted Surface（放样曲面），也就是地面，如图11-301所示。

Step02 在通道盒中找到层渲染区域。在工具图标栏中单击图标 ，创建新层并将选择的汽车和地面添

Step08 在状态栏的渲染区中单击渲染图标 进行渲染，结果如图11-297所示。

图 11-297

至此，本案例全部制作完成，最终场景文件可参见随书配套光盘中的DVD02\scene\scene\chap11\mb\eye_end.mb。

11.13 分层渲染

本节将通过一个汽车案例和吉他案例来讲解分层渲染的实际应用，在制作之前首先来了解一下层渲染面板。

11.13.1 分层渲染基础

根据项目要求分层渲染基本分为两种：一种是根据物体的类别进行粗略分层，如根据镜头内容分为角色层、道具层、背景层等，或者根据场景分别为前景层、中景层、背景层，这种分类方式主要用于长篇剧集，整体工作量大，不需要调整细节，而采用这种分层方式便于后期制作人员整体控制效果；另一种分层方式是按物体的视觉属性精细分层，如分为颜色层、高光层、阴影层、反射层、折射层、发光层等，当把一个物体视觉属性分为如此多的层次后，后期控制的可能性大大增强，可以调节出非常丰富的效果，这种分层方法适用于比较精细的制作，如广告、电影或动画长片。这里我们要讲解的是第2种。

在Maya中分层渲染有一个专门的编辑区域，叫做渲染层，如图11-298所示。

图 11-298

默认情况下，在渲染层中有一个masterLayer（渲染总层），场景中所有的物体灯光都在该层中。

关于层渲染的操作，与Display（显示）层的操作非常相似。下面介绍一下层渲染的工具栏。

01 Move selection up list（在层列表中向上移动选择的层）：用来调整层的顺序，将选择的层向上移动。选择不是位于最上方的层，单击该图标按钮，每单击一次，层向上移动一个位置。

02 Move selection down list（在层列表中向下移动选择的层）：可以调整层的顺序，将选择的层向下移动。

03 Create new empty layer（创建一个新层）：单击该图标可以在渲染层上创建一个层，默认命名为

layer1，但是创建出的是一个空白的渲染层，其中没有任何对象。

04 Create new layer and assign selected objects（创建新层并将选择的对象添加其中）：可以创建一个新的渲染层，并将当前选择的对象置于新建的渲染层中。

05 ：控制这个层的可渲染性，如果单击就会变成红色叉的图标，则表示不可渲染。

06 ：当该层渲染完成一次之后会变成红色，可以用于渲染测试。

07 ：渲染设置。

如果在当前的渲染层中进行属性修改，并不会影响其他图层中的这个属性设置。

11.13.2 汽车分层渲染

本节的案例是为汽车进行分层渲染，层的划分包括以下几部分。

01 基本的颜色。

02 OA层。

03 阴影层。

04 车部件的通道层。

11.13.2.1 颜色层

基本的颜色层，使用默认层直接进行渲染就可以了。

Step01 打开随书配套光盘中的DVD02\scene\scene\chap11\mb\car_start.mb。

Step02 在状态栏的渲染区中单击渲染图标 进行渲染，结果如图11-299所示。

Step03 在渲染窗口中，执行菜单File>Save Image（文件>保存图像）命令。

Step04 在弹出的Save Image（保存图像）窗口中，从Look in（连接）下拉列表中选择图片保存的路径，在File name（文件名称）栏中输入图片文件的名称，在Files of type（文件类型）下拉列表中选择图片文件的PNG格式，然后单击Save（保存）按钮，将渲染出的图片保存到相应的路径下，如图11-300所示。

图 11-299   图 11-300

11.13.2.2 Occlusion层设置

Occlusion层是软件模仿全局灯光照明，形成的物体之间的接触阴影状态，能用来增加画面厚重感和真实感。

下面介绍Occlusion层设置的具体操作。

Step01 在Outliner（大纲）视图中选择group1（组1），即汽车模型组和Lofted Surface（放样曲面），也就是地面，如图11-301所示。

Step02 在通道盒中找到层渲染区域。在工具图标栏中单击图标 ，创建新层并将选择的汽车和地面添加其中，会自动创建出一个Layer1层，并将Layer1修改为Occlusion，如图11-302所示。

双击Layer1名称，可以修改层名称；也可以在要修改名称的层上单击鼠标右键，从弹出的菜单中选择第一项，即层的名称，在弹出的Edit Layer（编辑层）窗口中也可以修改层的名称。

Step03 在Render（渲染）面板中选择Occlusion层，单击鼠标右键，从弹出的菜单中选择Attributes（属性）选项，如图11-303所示，打开Occlusion层的属性。

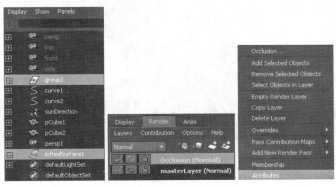

图 11-301　　　　　　图 11-302　　　　　　图 11-303

Step04 在打开的Occlusion层的Attributes Edit（属性编辑器）中，单击Presets（预设）按钮，如图11-304所示。

Step05 在弹出的菜单中选择Occlusion选项，如图11-305所示。

Step06 在状态栏的渲染区中单击渲染图标　进行渲染，结果如图11-306所示。

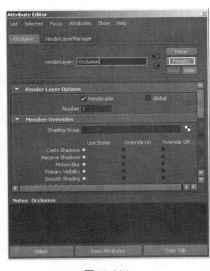

图 11-304　　　　　　图 11-305　　　　　　图 11-306

Step07 在渲染窗口中执行菜单File>Save Image（文件>保存图像）命令，与保存颜色层的图片方法是一致的，将图片的名称命名为Occlusion进行保存。

11.13.2.3 阿尔法通道设置

阿尔法通道在后期合成中是非常有用的，接下来我们渲染汽车整体的阿尔法通道。

Step01 在Outliner（大纲）视图中选择group1（组1），即汽车模型组，在层渲染区域的工具图标栏中单击图标　，创建新层并将选择的汽车添加到该层中，修改层名称为Alpha_car。

Step02 在状态栏的渲染区中单击渲染图标　进行渲染，结果如图11-307所示。

Step03 在这里我们只需要汽车轮廓的一个通道，单击显示通道图标，如图11-308所示。

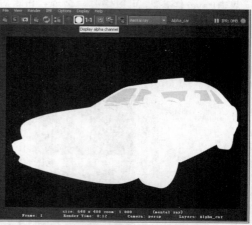

图11-307　　　　　　　　　　　　　　　　　图 11-308

Step04 对渲染出来的汽车的阿尔法通道图像进行保存，命名为Alpha_car。

在保存窗口中选择Flie of type（文件类型）时，一定要使用带有Alpha通道信息的文件格式，如PNG、TGA。

11.13.2.4 阴影的阿尔法通道

Step01 在Outliner（大纲）视图中，选择汽车模型组和地面，在层渲染区域的工具图标栏中单击图标，创建新层并将选择的汽车和地面添加到该层中，并修改层名称为Alpha_Shadow。

Step02 在Alpha_Shadow层中，为地面指定Use Background（使用背景）类型，在打开的Use Background Attributes（使用背景属性）栏中，设置Reflectivity（反射率）值为0，Reflection Limt（反射限制）值为0，如图11-309所示。

对于这一层的渲染要求是只要投影的阿尔法通道，那么车模型的信息就不能被渲染，所以需要对车的渲染可见属性进行设置。

Step03 在Outliner（大纲）视图中打开group1（组1），选择其中的车的一个部件Archmodels55_06_carpaint，打开其属性，在Render Stats（渲染状态）栏中取消勾选Primary Visibility（基本可视）选项，如图11-310所示，这样这部分的模型在渲染时可见信息就不会被计算，但是产生的投影信息会被计算。

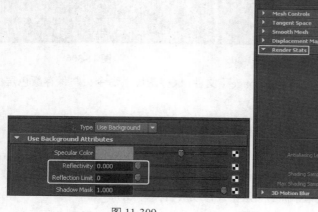

图 11-309　　　　　　　　　　　　　图 11-310

加其中，会自动创建出一个Layer1层，并将Layer1修改为Occlusion，如图11-302所示。

双击Layer1名称，可以修改层名称；也可以在要修改名称的层上单击鼠标右键，从弹出的菜单中选择第一项，即层的名称，在弹出的Edit Layer（编辑层）窗口中也可以修改层的名称。

Step03 在Render（渲染）面板中选择Occlusion层，单击鼠标右键，从弹出的菜单中选择Attributes（属性）选项，如图11-303所示，打开Occlusion层的属性。

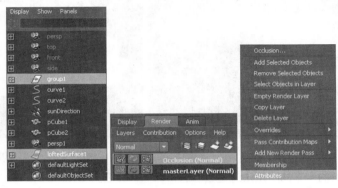

图 11-301　　　　　图 11-302　　　　　图 11-303

Step04 在打开的Occlusion层的Attributes Edit（属性编辑器）中，单击Presets（预设）按钮，如图11-304所示。

Step05 在弹出的菜单中选择Occlusion选项，如图11-305所示。

Step06 在状态栏的渲染区中单击渲染图标 进行渲染，结果如图11-306所示。

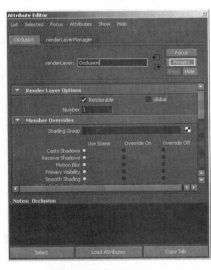

图 11-304　　　　　图 11-305　　　　　图 11-306

Step07 在渲染窗口中执行菜单File>Save Image（文件>保存图像）命令，与保存颜色层的图片方法是一致的，将图片的名称命名为Occlusion进行保存。

11.13.2.3 阿尔法通道设置

阿尔法通道在后期合成中是非常有用的，接下来我们渲染汽车整体的阿尔法通道。

Step01 在Outliner（大纲）视图中选择group1（组1），即汽车模型组，在层渲染区域的工具图标栏中单击图标 ，创建新层并将选择的汽车添加到该层中，修改层名称为Alpha_car。

Step02 在状态栏的渲染区中单击渲染图标 进行渲染，结果如图11-307所示。

Step03 在这里我们只需要汽车轮廓的一个通道，单击显示通道图标，如图11-308所示。

图11-307

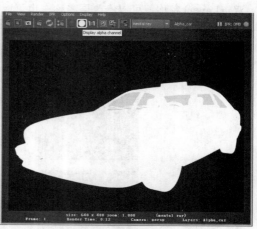

图 11-308

Step04 对渲染出来的汽车的阿尔法通道图像进行保存，命名为Alpha_car。

在保存窗口中选择Flie of type（文件类型）时，一定要使用带有Alpha通道信息的文件格式，如PNG、TGA。

11.13.2.4 阴影的阿尔法通道

Step01 在Outliner（大纲）视图中，选择汽车模型组和地面，在层渲染区域的工具图标栏中单击图标 📷，创建新层并将选择的汽车和地面添加到该层中，并修改层名称为Alpha_Shadow。

Step02 在Alpha_Shadow层中，为地面指定Use Background（使用背景）类型，在打开的Use Background Attributes（使用背景属性）栏中，设置Reflectivity（反射率）值为0，Reflection Limt（反射限制）值为0，如图11-309所示。

对于这一层的渲染要求是只要投影的阿尔法通道，那么车模型的信息就不能被渲染，所以需要对车的渲染可见属性进行设置。

Step03 在Outliner（大纲）视图中打开group1（组1），选择其中的车的一个部件Archmodels55_06_carpaint，打开其属性，在Render Stats（渲染状态）栏中取消勾选Primary Visibility（基本可视）选项，如图11-310所示，这样这部分的模型在渲染时可见信息就不会被计算，但是产生的投影信息会被计算。

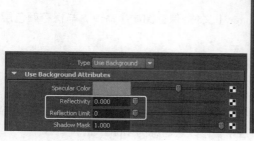

图 11-309

图 11-310

　　用同样的方法，在Outliner（大纲）视图中分别选择车的其他部件，将属性中Render Stats（渲染状态）栏下的Primary Visibility（基本可视）选项取消，详细的操作步骤参见教学视频。接下来我们讲述如何取消Physical Sun and Sky（物理天光）的背景。

Step04　在状态栏的渲染区中单击渲染设置图标，打开渲染设置窗口，选择Indirect Lighting（间接照明）标签，在Environment（环境）栏中单击Physical Sun and Sky（物理天光）后面的显示下游图标按钮，如图11-311所示，进入mia_physicalsky1节点的属性面板。

Step05　在mia_physicalsky1节点的属性面板的Shading（着色）栏中勾选Use Background（使用背景）选项，如图11-312所示。

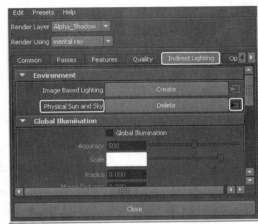
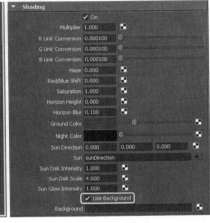

图 11-311　　　　　　　　　　　　　　　　图 11-312

Step06　在状态栏的渲染区中单击渲染图标进行渲染，渲染完成之后，在渲染窗口中单击显示通道图标，结果如图11-313所示。

图 11-313

Step07　对阴影通道的图像进行保存，将其名称命名为Alpha_Shadow。

　　对需要进行单独调节的车的部件，如车轮胎、车窗等单独渲染其阿尔法通道。

Step01　在Outliner（大纲）视图中选择group1（组1），即车模型组；在层渲染区域的工具图标栏中单击图标，创建新层并将选择的汽车添加到该层中，并修改层名称为Alpha_Car parts。

Step02　在Outliner（大纲）视图中选择group1（组1），为整个车指定已有的Use Background1（使用背景1）材质。

Step03　选择车身模型，为其指定一个新的材质，或者将其原来的材质重新指定给车身都可以，因为这里我们需要的只是阿尔法通道信息。

Step04 在状态栏的渲染区中单击渲染设置图标，打开渲染设置窗口；选择Features（特征）标签，在Rendering Features（渲染特征）栏中取消勾选Final Gathering（最终聚焦）选项，如图11-314所示。

Step05 在状态栏的渲染区中单击渲染图标■进行渲染，渲染完成之后，在渲染窗口中单击显示通道图标，结果如图11-315所示。

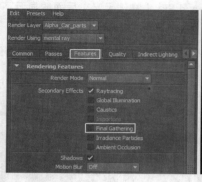

图 11-314

图 11-315

Step06 对车身的通道图像进行保存，将其名称命名为Alpha_Car parts_carpaint。

Step07 选择车身模型，为其指定已有的Use Background1（使用背景1）材质。

用同样的方法分别对轮胎、轮胎内圈、车灯、车玻璃进行单独的渲染，并保存通道图片，依次命名为Alpha_Car parts_tires、Alpha_Car parts_rims、Alpha_Car parts_headlight glass和Alpha_Car parts_glass。

> **注：**
> 规范的命名，在文件管理中，尤其是在团队合作中是一项非常重要的工作。

在Maya中的渲染工作结束了，接下来重要的一步是后期合成。后期合成使用的软件很多，当然在这个简单的静帧图片的案例中我们可以使用Adobe Photoshop。

11.13.3 分层渲染——疯狂吉他

下面开始制作疯狂吉他分层渲染。

11.13.3.1 创建灯光

Step01 打开随书配套光盘中的DVD02\scene\scene\chap11\mb\jita_start.mb场景文件，如图11-316所示。

Step02 打开渲染设置窗口，设置Render Using（渲染使用）为mental ray，并在Common（常规）选项卡中设置Image Size（图像尺寸）的Presets（预设）为HD720。

Step03 创建一个摄影机，打开分辨率指示器，进入摄影机视图，调节角度，并将摄影机锁定，如图11-317所示。

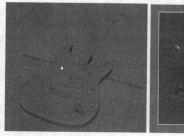

图 11-316

图 11-317

用同样的方法，在Outliner（大纲）视图中分别选择车的其他部件，将属性中Render Stats（渲染状态）栏下的Primary Visibility（基本可视）选项取消，详细的操作步骤参见教学视频。接下来我们讲述如何取消Physical Sun and Sky（物理天光）的背景。

Step04 在状态栏的渲染区中单击渲染设置图标 ，打开渲染设置窗口，选择Indirect Lighting（间接照明）标签，在Environment（环境）栏中单击Physical Sun and Sky（物理天光）后面的显示下游图标按钮，如图11-311所示，进入mia_physicalsky1节点的属性面板。

Step05 在mia_physicalsky1节点的属性面板的Shading（着色）栏中勾选Use Background（使用背景）选项，如图11-312所示。

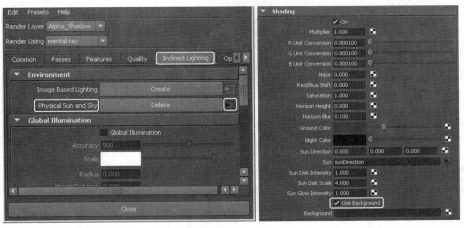

图 11-311　　　　　　　　　　　　　　图 11-312

Step06 在状态栏的渲染区中单击渲染图标 进行渲染，渲染完成之后，在渲染窗口中单击显示通道图标，结果如图11-313所示。

图 11-313

Step07 对阴影通道的图像进行保存，将其名称命名为Alpha_Shadow。

对需要进行单独调节的车的部件，如车轮胎、车窗等单独渲染其阿尔法通道。

Step01 在Outliner（大纲）视图中选择group1（组1），即车模型组；在层渲染区域的工具图标栏中单击图标 ，创建新层并将选择的汽车添加到该层中，并修改层名称为Alpha_Car parts。

Step02 在Outliner（大纲）视图中选择group1（组1），为整个车指定已有的Use Background1（使用背景1）材质。

Step03 选择车身模型，为其指定一个新的材质，或者将其原来的材质重新指定给车身都可以，因为这里我们需要的只是阿尔法通道信息。

基础

建模

渲染

动画

特效

Step04 在状态栏的渲染区中单击渲染设置图标 ，打开渲染设置窗口；选择Features（特征）标签，在Rendering Features（渲染特征）栏中取消勾选Final Gathering（最终聚焦）选项，如图11-314所示。

Step05 在状态栏的渲染区中单击渲染图标 进行渲染，渲染完成之后，在渲染窗口中单击显示通道图标，结果如图11-315所示。

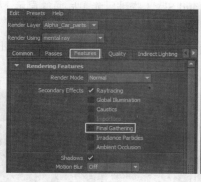

图 11-314　　　　　　　　　　　　　　图 11-315

Step06 对车身的通道图像进行保存，将其名称命名为Alpha_Car parts_carpaint。

Step07 选择车身模型，为其指定已有的Use Background1（使用背景1）材质。

用同样的方法分别对轮胎、轮胎内圈、车灯、车玻璃进行单独的渲染，并保存通道图片，依次命名为Alpha_Car parts_tires、Alpha_Car parts_rims、Alpha_Car parts_headlight glass和Alpha_Car parts_glass。

 注：

规范的命名，在文件管理中，尤其是在团队合作中是一项非常重要的工作。

在Maya中的渲染工作结束了，接下来重要的一步是后期合成。后期合成使用的软件很多，当然在这个简单的静帧图片的案例中我们可以使用Adobe Photoshop。

11.13.3 分层渲染——疯狂吉他

下面开始制作疯狂吉他分层渲染。

11.13.3.1 创建灯光

Step01 打开随书配套光盘中的DVD02\scene\scene\chap11\mb\jita_start.mb场景文件，如图11-316所示。

Step02 打开渲染设置窗口，设置Render Using（渲染使用）为mental ray，并在Common（常规）选项卡中设置Image Size（图像尺寸）的Presets（预设）为HD720。

Step03 创建一个摄影机，打开分辨率指示器，进入摄影机视图，调节角度，并将摄影机锁定，如图11-317所示。

图 11-316　　　　　　　　　　　　　图 11-317

Step04 在渲染设置窗口中，勾选Indirect Lighting（间接照明）选项卡下的Final Gathering（全局照明）下的Final Gathering（全局照明）选项，并单击Environment（环境）卷展栏下的Image Based Lighting（基于图像照明）后的Create（创建）按钮，导入随书配套光盘中的DVD02\scene\scene\chap11\maps\DigitalTutors_office.hdr贴图，如图11-318所示。

Step05 创建一个聚光灯，并进入灯光视图，调整灯光角度，如图11-319所示。

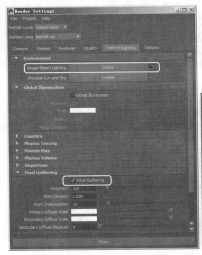 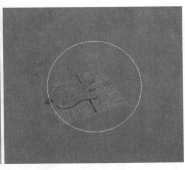

图 11-318　　　　　　　　　　　图 11-319

Step06 进入聚光灯的属性编辑器面板，设置Spot Light Attributes（聚光灯属性）卷展栏中的Penumbra Angle（半影角度）和Dropoff（衰减）值为20、10，设置Color（颜色）为淡橘色，将Intensity（强度）设置为0.6，并勾选Shadows（阴影）卷展栏下的Raytrace Shadow Attributes（光线追踪阴影属性）下的Use Ray Trace Shadows（使用光线追踪阴影）选项，如图11-320所示。

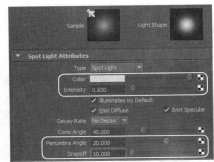 

图 11-320

Step07 将当前的聚光灯复制出来一盏，进入其灯光视图调节角度，并将该灯光的颜色设置为墨绿色，将强度设置为0.3，进行渲染，如图11-321所示。

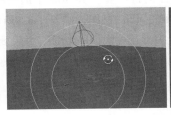 

图 11-321

Step08 再次复制出来一盏聚光灯，调整其角度，如图11-322所示，将其颜色设置为暗紫色，强度为0.3，进行渲染，效果如图11-323所示。

图 11-322　　　　　　　　　　图 11-323

如果觉得当前的效果还不是很满意，可以再调节主聚光灯的颜色，使其更深一些。

Step09 为吉他赋予一个Lambert材质，并将材质颜色调节得亮一些，再次渲染，效果如图11-324所示。

图 11-324

11.13.3.2 制作材质

Step01 选择地面，为其赋予一个Blinn材质，并为其Color（颜色）属性链接一张随书配套光盘中的DVD02\scene\scene\chap11\maps\MetalFloorsBare0026_2_M.jpg贴图，如图11-325所示。

Step02 进入地面材质的place2dTexture节点属性面板，设置其Repeat UV（UV重复）均为60，这样地面花纹的平铺就会更密集，如图11-326所示。

图 11-325　　　　　　　　　　　　　　　图 11-326

Step03 进入地面的材质属性面板，对其高光属性进行设置，并为其添加一个随书配套光盘中的DVD02\scene\scene\chap11\maps\MetalFloorsBare0026_2_M.jpg凹凸贴图，如图11-327所示。

Step04 下面制作吉他材质，选择吉他主体部分，为其赋予一个Blinn材质，并设置其颜色为湖蓝色，选择环境球，将其旋转，调节到一个合适的角度，使吉他的反射更强一些，只对吉他部分进行渲染观察，如图11-328所示。

Step05 接下来调节吉他材质的高光属性，如图11-329所示。

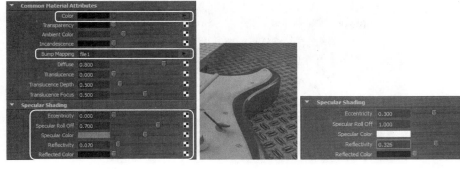

图 11-327　　　　　　图 11-328　　　　　　图 11-329

Step06 进行渲染，观察吉他主体材质效果，如图11-330所示。

Step07 为吉他琴弦部分赋予一个暗红色的Blinn材质，并设置其材质属性，如图11-331所示。

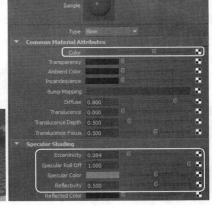

图 11-330　　　　　　　　　　　　　　　图 11-331

Step08 为吉他所有螺丝和按键赋予一个Blinn材质，将其调节成金属质感，如图11-332所示。

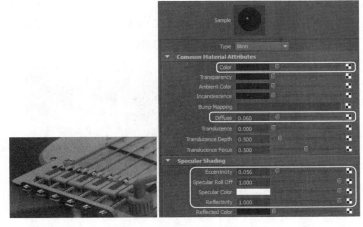

图 11-332

Step09 同样为吉他其他部分也赋予材质，为吉他手柄部分赋予木头材质，琴弦部分赋予金属材质，吉他主体部分的板面赋予白色的Blinn材质，具体的操作方法，可参见随书配套光盘中的教学视频，效果如图11-333所示。

基础 建模 渲染 动画 特效

图 11-333

11.13.3.3 制作分层

Step01 在制作分层之前，先将地面材质调节得亮一些。

Step02 在Render（渲染）层编辑面板中，创建一个层，并在该层上单击鼠标右键，在弹出的菜单中选择Attributes（属性），打开其属性编辑器窗口，单击Presets（预设），从弹出的菜单中选择Occlusion（闭合），进行渲染，渲染OA层，命名为occ，如图11-334所示。

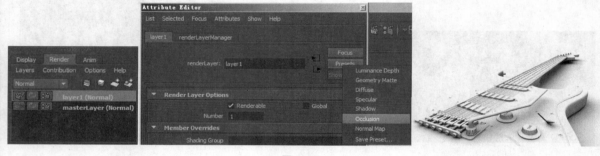

图 11-334

Step03 渲染好后，在图片上单击鼠标右键，选择File>Save Image（文件>保存图像）命令，将其保存。

Step04 再次在Render（渲染）层编辑面板中新建一层，为吉他赋予Lambert材质，在渲染设置中选择Maya Software（Maya软件）渲染，并在Render Options（渲染选项）下的Post Precessing（后期处理）中，单击Environment fog（环境雾）后的棋盘格按钮，如图11-335所示。

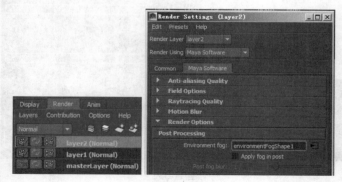

图 11-335

Step05 打开吉他的envFogMaterial属性编辑器面板，对其属性进行设置，然后将渲染图像输出，命令为zep，如图11-336所示。

图 11-336

Step06 再次在渲染层面板中创建一个新层，将环境雾删除，为吉他赋予一个Surface Shader（表面材质），并设置其材质的Out Color（输出颜色）为红色，同样为地面赋予一个蓝色的Surface Shader（表面材质），渲染并输出，命名为id，如图11-337所示。

图 11-337

Step07 最后渲染一个颜色层，命名为color，如图11-338所示。

图 11-338

11.13.3.4 后期处理

分层渲染完成之后，最后需要在后期处理软件Affter Effects中，将渲染的occ、zip、id、color层导入，进行后期处理，具体的处理方法可参见随书配套光盘中的教学视频，这里不再赘述，最终效果如图11-339所示，最终场景文件可参见随书配套光盘中的DVD02\scene\scene\chap11\mb\jita_end.mb。

基础
建模
渲染
动画
特效

图 11-339

11.14 Mental Ray卡通材质——大卡车

本节的主要内容是讲解卡通材质的制作。卡通材质的制作方法有很多，本节是利用mental ray渲染器中默认的线框与材质阴影组中的线框来制作外轮廓线，利用Toon（卡通）菜单中提供的三色材质制作卡通颜色，最后通过Adobe Photoshop软件合成为一张静帧图片。

本节涉及以下知识点。

01 卡通线。

02 Toon（卡通）材质。

03 辉光特效。

11.14.1 卡通线

在之前的案例中讲解过线框渲染的内容。下面通过卡车线框的制作，来进一步学习线框功能。

Step01 打开随书配套光盘中的DVD02\scene\scene\chap11\mb\lorry_start.mb。

利用上一节讲解的渲染层知识来设置线框属性。

Step02 在Outliner（大纲）视图中，选择group1（组1），即卡车模型。在通道盒中找到层渲染区域，在工具图标栏中单击图标 ，创建新层并将选择的卡车添加其中。

Step03 选择卡车模型，为卡车指定一个新的Surface Shader（曲面着色器）材质，并设置Surface Shader（表面着色器）的Out Color（输出颜色）为白色，拖动Out Color（输出颜色）后面的滑块到最右边，如图11-340所示。

Step04 执行菜单Window>Rendering Editors>Hypershade（窗口>渲染编辑器>材质编辑器）命令，打开材质编辑器。

Step05 在材质编辑器中选择Surface Shader1（曲面着色器1），单击展开输出节点图标 ，展开Surface Shader1（曲面着色器1）的输出节点Surface Shader1SG（表面着色器1SG）的材质组，如图11-341所示。

图 11-340   图 11-341

Step06 双击Surface Shader1SG（曲面着色器1SG），打开其属性，选择mental ray属性，找到Contours（轮廓）栏，勾选Enable Contour Rendering（使用轮廓渲染）选项，设置Color（颜色）为黑色，Width（宽度）值为0.8，如图11-342所示。

除了材质组的设置还无法渲染出效果外，还需要对渲染设置窗口中的参数进行设置。

Step07 在状态栏的渲染区中单击渲染设置图标，打开渲染设置窗口。在Render Using（渲染使用）下拉列表中选择mental ray选项，再选择Quality（质量）标签，设置属性，如图11-343所示。

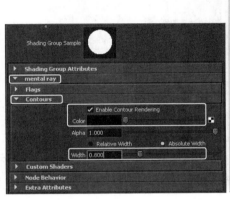

图 11-342　　　　　　　　图 11-343

Step08 选择Features（特征）标签，打开Contours（轮廓）栏，勾选Enable Contours Rendering（使用轮廓渲染）选项，设置Over-Sample（采样）值为30，如图11-344所示。

Step09 在Contours（轮廓）栏中单击Draw By Sample Contrast（依据采样对比度绘画）前的三角形，打开其包含的属性，设置Normal Contrast（法线对比度）值为10，如图11-345所示。

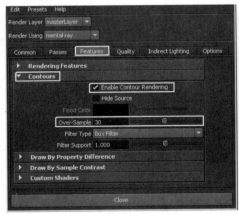
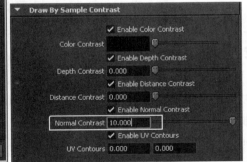

图 11-344　　　　　　　　图 11-345

下面对渲染场景的大小进行修改。

Step10 在渲染设置窗口中选择Common（通用）标签，在Image Size（图片大小）栏的Presets（预设）下拉列表中选择2k Square（2k正方形）选项，如图11-346所示。

Step11 调整一个渲染角度，并通过执行窗口菜单View>Bookmarks>Edit Bookmarks（视图>书签>编辑书签）命令，在打开的Bookmark Editor（书签编辑器）中单击New Bookmark（新书签）按钮，创建一个cameraView1（摄影机视图1）标签，如图11-347所示。为当前摄影机的角度做一个记号，如果改变了摄影机角度，通过创建的这个标签可以回到当前的摄影机角度。

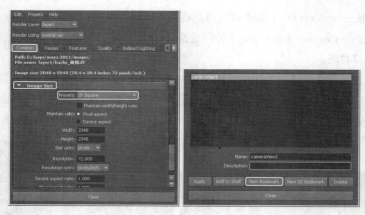

图 11-346　　　　　　　　　　　图 11-347

摄影机的背景颜色默认为黑色。在本案例中，模型设置为了白色，线框设置为了黑色，所以需要将背景颜色设置为白色。

Step12　执行窗口菜单View>Camera Attributes Editor（视图>摄影机属性编辑器）命令，打开当前摄影机属性，在Environment（环境）栏中设置Background Color（背景颜色）为白色，如图11-348所示。

Step13　在状态栏的渲染区中，单击渲染图标 进行渲染，结果如图11-349所示，将其保存为PNG文件。

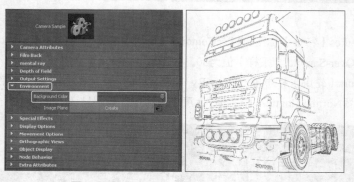

图 11-348　　　　　　　　　　　图 11-349

11.14.2 Toon（卡通）材质参数

Maya为用户提供了多种制作卡通效果的方法。除了Maya Vector（Maya矢量）渲染器，还可以利用着色器的属性及工具节点，对某些着色器进行二维卡通材质的制作，也可以使用Maya提供的Toon（卡通）材质实现卡通效果。

在Rendering（渲染）模块下，Toon（卡通）菜单如图11-350所示。

下面简单介绍一下Toon（卡通）菜单中的Assign Fill Shader（指定填充材质）。

执行菜单Toon>Assign Fill Shader（卡通>指定填充材质）命令，打开Assign Fill Shader（指定填充材质）子菜单，如图11-351所示。

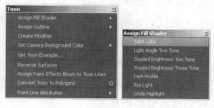

图 11-350　　　　　　图 11-351

01 Solid Color（纯色）。

使用没有变化的颜色填充曲面，创建Surface Shader（曲面着色器），设置颜色为白色，如图11-352所示。

02 Light Angle Two Tone（灯光角度双色卡通）。

创建Ramp Shader（渐变着色器），并设置颜色的输入类型为Light Angle（灯光角度）、漫反射值等属性，如图11-353所示。

03 Shaded Brightness Two Tone（材质亮度双色卡通）。

创建Ramp Shader（渐变着色器），并设置颜色输入类型为Brightness（亮度）、高光值等其他属性，如图11-354所示。

04 Shaded Brightness Three Tone（材质亮度三色卡通）。

创建Ramp Shader（渐变着色器），并设置颜色输入类型为Brightness（亮度）、高光值等其他属性，如图11-355所示。

图 11-352　　　　　　图 11-353　　　　　　图 11-354　　　　　　图 11-355

05 Dark Profile（黑暗剖面）。

创建Ramp Shader（渐变着色器），并设置颜色、漫反射值及半透明度等其他属性，如图11-356所示。

06 Rim Light（边缘灯光）。

创建Ramp Shader（渐变着色器），并设置颜色、漫反射值及半透明度等其他属性，边有白色的高光，如图11-357所示。

07 Circle Highlight（环绕加亮区）。

创建Ramp Shader（渐变着色器），并设置颜色、漫反射值及高光颜色等其他属性，如图11-358所示。

图 11-356　　　　　　图 11-357　　　　　　图 11-358

下面简单介绍一下Ramp Shader（渐变着色器），之所以使用Ramp Shader（渐变着色器）来制作卡通效果，是因为Ramp Shader（渐变着色器）特有的渐变属性。例如，为Color（颜色）属性增加了一个渐变控制器，这样增加了颜色的可控性和丰富程度。在材质编辑器中创建一个Ramp Shader（渐变着色器），打开Ramp Shader（渐变着色器）的属性，如图11-359所示。

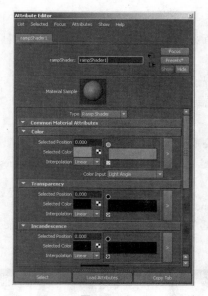

图 11-359

下面以颜色属性为例，介绍一下渐变着色器的使用。

01 Selected Position（选择的位置）。

显示颜色块的位置，位置的数值为0~1之间。

02 Selected Color（选择的颜色）。

用来显示拾取的颜色。右侧的长条颜色框是用来添加和编辑颜色的。

03 Interpolation（插值）。

控制颜色过渡的方式，下拉列表中有4个选项分别是None（没有）、Linear（线性）、Smooth（平滑）和Spline（样条线），如图11-360所示。

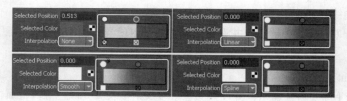

图 11-360

单击右侧的按钮图标，弹出ramp Shader1.color（渐变着色器的颜色定位）对话框，如图11-361所示。展开颜色条，便于颜色的编辑。

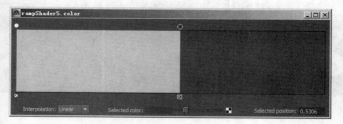

图11-361

单击长条上的颜色区域，会弹出一个上面是圆圈下面是方块的色块。在左侧的颜色区拾取颜色，圆点用来移动色块位置，方块用来关闭添加的颜色。根据材质的颜色在Interpolation（插值）下拉列表中选择合适的过渡方式。

04 Color Input（颜色输入）。

控制颜色如何在曲面上扩散，下拉列表中有4种模式可供选择，如图11-362所示。

图 11-362

（1）Light Angle（灯光角度）：颜色在模型上呈现的位置取决于灯光与曲面法线的角度，也就是说，在颜色条上左侧的颜色会出现在模型直接照明少的部位，右侧的颜色则出现在模型直接照明多的部分，如图11-363所示。

（2）Facing Angle（面向角度）：显示的颜色取决于曲面和查看方向之间的角度，也就是曲面与摄影机之间的角度。越靠近摄影机的地方显示的是颜色条上右侧的颜色，越远离摄影机的地方显示的是左侧的颜色，如图11-364所示。

（3）Brightness（亮度）：根据场景中的灯光亮度来确定颜色的显示，也就是最亮的部分显示颜色中右侧的颜色，最暗的部分显示左侧的颜色，如图11-365所示，这种模式适用于创建卡通材质。

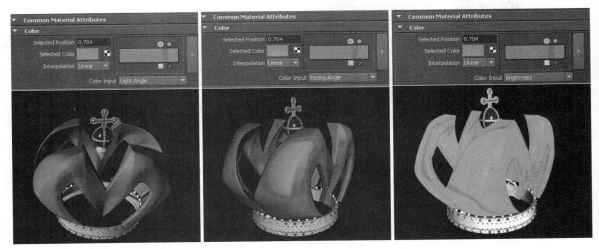

| 图 11-363 | 图 11-364 | 图 11-365 |

（4）Normalized Brightness（标准亮度）：这个选项与Brightness（亮度）是非常类似的，但是Normalized Brightness（标准亮度）对光的变化不会做出太大的改变。保持第一次渲染时的灯光设置对它的影响。

11.14.3 Toon（卡通）材质应用

下面分别为车体、车上的金属及轮胎指定Shaded Brightness Three Tone（材质亮度三色卡通）材质，为车灯赋予一个新Blinn材质。

首先在场景中布置一盏灯光。

Step01 回到层渲染的主层中，在场景中创建一盏平行光，并调整缩放和旋转参数，如图11-366所示。

Step02 打开平行光的属性，在Shadows（阴影）属性下勾选Use Ray Trace Shadows（使用光线追踪阴影）选项，并设置Light Angle（灯光角度）值为2，Shadow Rays（阴影边缘柔化）值为10，如图11-367所示。

图 11-366　　　　　　　　　　图 11-367

下面对车体颜色进行卡通材质的制作。首先需要对橘黄色的车体部分进行选择，可以利用着色器来达到选择的目的。

Step03　打开材质编辑器，在body_color着色器上单击鼠标右键，从弹出的菜单中选择Select Object With Material（使用材质选择物体）选项，选择使用body_color着色器的所有模型，如图11-368所示，这样就选中了场景中车体的模型。

Step04　在选中车体模型的情况下，执行菜单Toon>Assign Fill Shader>Shaded Brightness Three Tone（卡通>指定填充材质>材质亮度三色卡通）命令，如图11-369所示。

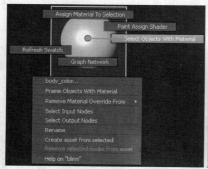

图 11-368　　　　　　　　　　　　图 11-369

Step05　执行完命令后，会自动为车体模型添加一个名称为threeToneBrightnessShader（材质亮度三色卡通）的Ramp Shader（渐变着色器）。打开threeToneBrightnessShader（材质亮度三色卡通）属性，选择颜色渐变器中上面的原点，在Selected Color（选择的颜色）后面的颜色区域修改颜色，分别对3个颜色依次进行设置，左侧颜色设置如图11-370所示，中间的颜色设置如图11-371所示，右边的颜色设置如图11-372所示。

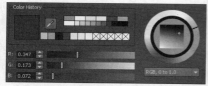

图 11-370　　　　　　　　　　　　图 11-371

图 11-372

Step06　为了丰富车身的卡通颜色，可以设置threeToneBrightnessShader（材质亮度三色卡通）的高光属性，如图11-373所示。

图 11-373

　　下面为车体上的金属制作卡通材质。

　　Step07　在材质编辑器的Metal6着色器上单击鼠标右键，从弹出的菜单中选择Select Object With Material（使用材质选择物体）选项，选中车体上的金属模型。

　　Step08　在选中车体金属的情况下，也执行菜单Toon>Assign Fill Shader>Shaded Brightness Three Tone（卡通>指定填充材质>材质亮度三色卡通）选项，并设置新创建的threeToneBrightnessShader1（材质亮度三色卡通1）颜色，从左到右分别如图11-374所示。

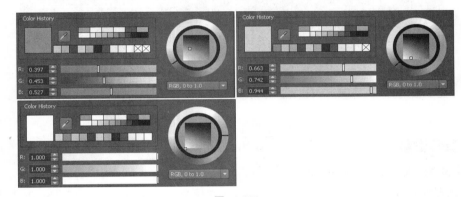

图 11-374

　　为卡车轮胎制作材质。

　　Step09　在材质编辑器的default_material01着色器上单击鼠标右键，从弹出的菜单中选择Select Object With Material（使用材质选择物体）选项，选中轮胎的模型。

　　Step10　选中车轮胎的情况下，执行菜单Toon>Assign Fill Shader>Shaded Brightness Three Tone（卡通>指定填充材质>材质亮度三色卡通）命令，并设置新创建的threeToneBrightnessShader2（材质亮度三色卡通2），颜色从左到右分别如图11-375所示。

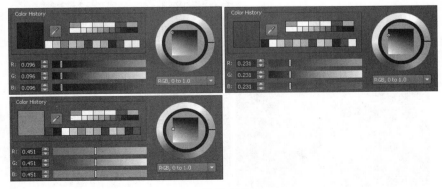

图 11-375

　　为车灯制作材质。

Step11　在场景中选择卡车的前灯并单击鼠标右键，从弹出的菜单中选择Assign Favorite Material>Blinn（指定常用的材质>Blinn）选项，为车灯指定一个Blinn材质，并设置车灯的颜色为黄色，设置Special Effect（特殊效果）栏中的Glow Intensity（辉光强度）值为2，如图11-376所示。

调节卡车玻璃的材质。

Step12　在场景中选择卡车的玻璃，按Ctrl+A组合键打开其属性，找到对应的着色器，设置其属性，Color（颜色）为深灰色，Transparency（透明）为浅灰色，Diffuse（漫反射）值为1，Eccentricity（离心率）为0，如图11-377所示。

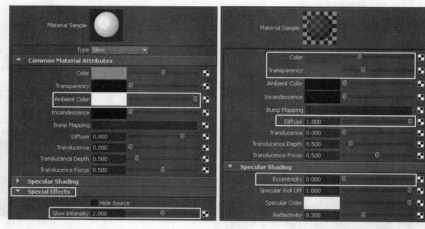

图 11-376　　　　　　　　　　图 11-377

11.14.4　渲染设置

渲染前要设置地面的材质和渲染参数。

Step01　选择地面后单击鼠标右键，在弹出的菜单中选择Assign Favorite Material>Use Background（指定常用的材质>使用背景）选项，为地面指定Use Background（使用背景）材质，并设置Use Background（使用背景）属性，如图11-378所示。

Step02　在渲染设置窗口中打开Features（特征）面板，取消勾选Contours（轮廓）栏下的Enable Contour Rendering（使用轮廓渲染）选项，如图11-379所示。

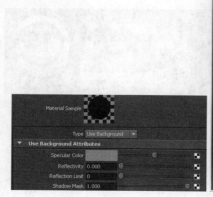

图 11-378

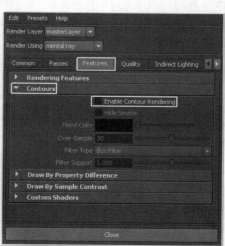

图 11-379

Step03 渲染图像的大小要与之前渲染的线框一致。选择Common（通用）标签，在Image Size（图片大小）栏下的Presets（预设）下拉列表中选择2k Square（2k正方形）选项，如图11-380所示。

Step04 除了文件大小要一致，渲染的角度也要一致，这时，我们在前面的操作中设置的视图标签就非常有用了。执行视图窗口菜单View>Bookmarks>cameraView1（视图>书签>摄影机视图）命令，就可以回到渲染线框时的渲染角度。

Step05 在状态栏的渲染区中单击渲染图标■进行渲染，结果如图11-381所示，并保存为PNG文件。

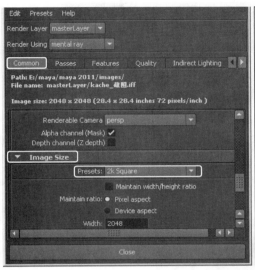

图 11-380

图 11-381

最后一步是将渲染保存的线框和卡车颜色进行合成，最终场景文件可参见随书配套光盘中的DVD02\scene\scene\chap11\mb\lorry_end.mb。

11.15 SSS材质——鸡蛋

本节主要讲解3S材质。在前面讲解mental ray渲染器时，大致讲述了一下mental ray的材质系统。本节讲到的3S材质也是mental ray材质中的一种。

本节涉及的知识点如下。

01 3S材质的基础知识与misss_fast_Simple_maya材质属性。

02 3S材质应用。

03 分层渲染。

11.15.1 SSS材质基础

SSS（又称3S）是Sub Surface Scattering的简称，中文翻译为次表面散射。在真实世界中，当光线穿过物体时，光线在材质内部就会散射，然后从与射入点不同的地方射出表面，最终呈现出半透明的效果，如皮肤、玉、蜡、大理石等，3S材质就是用来模拟这种效果的。在Maya中常用的3S材质有两种：一钟是misss_fast_Simple_maya，还有一种是用来模拟人皮肤的misss_fast_skin_maya。

创建misss_fast_Simple_maya材质的操作如下。

Step01 打开材质编辑器，在Create（创建）面板中选择mental ray下的Materials（材质）选项，在右侧的列表中单击misss_fast_Simple_maya节点，如图11-382所示，这就是本节要使用到的3S材质。

Step02 创建完成之后，材质节点网络如图11-383所示。

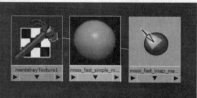

图 11-382   图 11-383

在节点的名称上有一条红线，说明这个节点是不可用的，需要将渲染器设置为mental ray之后就可以使用了。

Step03 打开渲染设置窗口，在Rendering Using（渲染使用）下拉列表中选择mental ray，misss_fast_Simple_maya材质就可以使用了。

双击misss_fast_Simple_maya，可以打开其属性窗口，如图11-384所示。

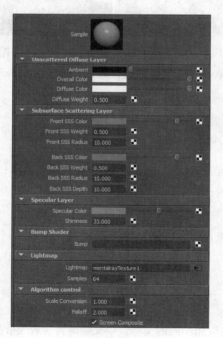

图 11-384

01 Unscattered Diffuse Layer（非散射漫反射层）。

（1）Ambient（环境）：用来设置环境光的颜色，或是通过添加材质来改变环境光的属性。

（2）Overall Color（整体颜色）：控制材质整体的颜色。

（3）Diffuse Color（漫反射颜色）：用来设置漫反射部分的颜色。

（4）Diffuse Weight（漫反射权重）：用来设置漫反射颜色的权重值。

02 Subsurface Scattering Layer（次表面散射层）。

影响misss_fast_Simple_maya材质的主要参数设置在Subsurface Scattering Layer（次表面散射层）栏中，各种3S材质效果也主要是由这些参数调整出来的。

（1）Front SSS Color（正面3S颜色）：控制正面曲面散射的颜色。

（2）Front SSS Weight（正面3S权重）：控制正面曲面散射的权重。

（3）Front SSS Radius（正面3S半径）：控制正面曲面散射的半径。灯光将沿着这个距离进行散射。

（4）Back SSS Color（背面3S颜色）：控制背面曲面散射的颜色。

（5）Back SSS Weight（背面3S权重）：控制背面曲面散射的权重。

（6）Back SSS Radius（背面3S半径）：控制背面曲面散射的半径。

（7）Back SSS depth（背面3S的深度）：控制背面曲面散射的深度。一般半径和深度设置一样的数值。

（8）Specular Color（高光颜色）：控制高光的颜色。

（9）Shininess（光泽度）：控制高光的范围和光泽度。

（10）Bump（凹凸）：通过连接纹理节点控制3S材质的凹凸。

（11）Lightmap（光子贴图）：默认用来连接mentalray Texture节点。

（12）Samples（采样）：控制3S材质的采样。数值越大，渲染效果越细腻。

03 Algorithm control（算法控制）。

（1）Scale Conversion（缩放转换）：控制散射转换的因数。

（2）Falloff（衰减）：控制衰减强度。

（3）Screen Composite（屏幕合成）：勾选该项，可以使用柔和的方式将层进行合成。

11.15.2 misss_fast_Simple_maya材质应用

本小节使用3S材质中的misss_fast_Simple_maya材质来模拟鸡蛋的材质效果。

Step01 创建一个NURBS球体，调整成鸡蛋形状，如图11-385所示。

Step02 创建一盏平行灯光来照亮场景中的模型，放大平行光并调整其照射的方向和位置，如图11-386所示，并在其属性编辑器的Shadows（阴影）栏中勾选Reytrace Shadow Attributes（光线追踪阴影属性）下的Use Ray Trace Shadows（使用光线追踪阴影）选项，并设置其颜色为淡淡的暖色。

图 11-385　　　　　　　　图 11-386

Step03 复制一盏平行光，调整其角度，对其背面进行补光，如图11-387所示，并设置其颜色为淡淡的冷色，设置Intensity（强度）为0.4。

Step04 再次复制一盏平行光，调整其角度作为轮廓光，如图11-388所示，将其颜色设置为白色。

Step05 进行渲染，效果如图11-389所示。

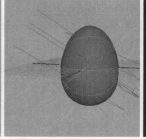

图 11-387　　　　　　　　　　　图 11-388　　　　　　　　　　图 11-389

Step06　在大纲视图中选择所有平行光，进行打组，并将其向上移动，如图11-390所示。

Step07　打开材质编辑器窗口，在mental ray下的Materials（材质）栏中单击创建一个misss_fast_Simple_maya材质，并将其赋予鸡蛋，进行渲染，如图11-391所示。

图 11-390　　　　　　　　　　　　　　　　　图 11-391

Step08　此时发现鸡蛋表面有许多高光点，这里可以将补光和轮廓光的属性编辑器Directional Light Attributes（平行光属性）栏中的Emit Specular（发射高光）关闭，这样就只有主光的高光。

Step09　选择鸡蛋，进入其misss_fast_simple_maya属性编辑器面板，对其属性进行设置，渲染效果如图11-392所示。

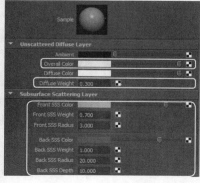

图 11-392

Step10　观察此时鸡蛋的表面噪点过多，可以在其misss_fast_simple_maya属性编辑器面板的Lightmap（光子贴图）中将Samples（采样）设置为2048，设置Algorithm control（算法控制）下的Scale Conversion（缩放转换）为2，再次进行渲染，如图11-393所示。

Step11 可以根据效果，对轮廓光再进行调整，将其颜色设置为淡蓝色，强度设置为0.5，再次进行渲染，如图11-394所示。

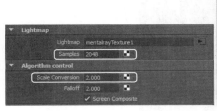

图 11-393　　　　　　　　　　　图 11-394

Step12 如果觉得当前的鸡蛋颜色不够红，还可以调节材质属性编辑器的Front SSS Color（正面3S颜色）。

Step13 仍然在鸡蛋材质的属性编辑器窗口中，设置Specular Layer（高光层）下的Shininess为33，在Bump Shader（凹凸材质）栏中单击Bump（凹凸）后的棋盘格按钮，为其连接一个3D Textures（3D纹理）中的Cloud（云）纹理，并设置该纹理的Bump Depth（凹凸深度）为0.1，如图11-395所示。

图 11-395

Step14 再次进行渲染，最终效果如图11-396所示。

图 11.396

至此，本案例全部制作完成，更详细的操作步骤可参见随书配套光盘中的教学视频，最终场景文件可参见随书配套光盘中的DVD02\scene\scene\chap11\mb\SSS_jidan.mb。

11.16 SSS材质——小风扇

本小节通过3S材质来制作一个小风扇的材质效果，首先来了解一下misss_fast_skin_maya材质的基本属性。

11.16.1 misss_fast_skin_maya基本属性

misss_fast_skin_maya材质是常用的3S材质之一，通常用来模拟皮肤，misss_fast_skin_maya材质属性如图11-397所示。

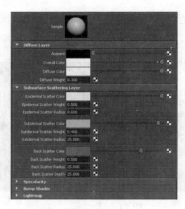

图 11-397

misss_fast_skin_maya材质属性与misss_fast_Simple_maya基本属性是一致的，但misss_fast_skin_maya材质属性要比misss_fast_Simple_maya的属性更丰富。下面对misss_fast_skin_maya属性中控制3S材质的Subsurface Scattering Layer中的主要参数进行讲解。

01 Epidermal Scatter Color（表皮散射颜色）：控制表皮散射的颜色。

02 Epidermal Scatter Weight（表皮散射权重）：控制表皮散射的权重。

03 Epidermal Scatter Radius（表皮散射半径）：控制光线穿过表皮时的散射半径。

04 Subdermal Scatter Color（次表面散射颜色）：控制次表面散射的颜色。

05 Subdermal Scatter Weight（次表面散射权重）：控制次表面散射的权重。

06 Subdermal Scatter Radius（次表面散射半径）：控制光线穿过次表面时的散射半径。

07 Back Scatter Color（背面散射颜色）：控制背面散射的颜色。

08 Back Scatter Weight（背面散射权重）：控制背面散射的权重。

09 Back Scatter Radius（背面散射半径）：控制光线穿过背面时散射的半径。

10 Back Scatter Depth（背面散射深度）：控制光线穿过背面时传播的深度。

11.16.2 创建灯光

Step01 打开随书配套光盘中的DVD02\scene\scene\chap11\mb\SSS_xiaofengshan_start.mb场景文件，如图11-398所示。

Step02 在场景中创建一个NURBS平面作为地面，如图11-399所示。

Step03 选择风扇模型，为其赋予一个Lambert材质，并将其颜色调得亮一些，如图11-400所示。

图 11-398

图 11-399

图 11-400

Step04 在渲染设置窗口中设置图像尺寸为640×480，创建一个摄影机，进入摄影机视图调整角度，并打开分辨率指示器，将摄影机锁定，如图11-401所示。

Step05 在场景中创建一盏聚光灯，并进入灯光视图调整角度，如图11-402所示。

Step06 进入聚光灯的属性编辑器面板，设置其颜色为淡蓝色，Cone Angle（锥化角度）为40，

Penumbra Angle（半影角度）为20，并开启其光线追踪阴影，进行渲染，如图11-403所示。

 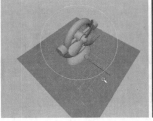 

图 11-401　　　　　　　　　图 11-402　　　　　　　　　图 11-403

Step07　再次复制一盏聚光灯，调整角度，并设置其颜色为暖色调，强度设置为0.5，关闭阴影，进行渲染，如图11-404所示。

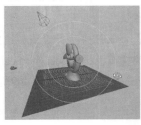 

图 11-404

Step08　再复制一盏灯光，调整角度，使其从风扇下方照射，并设置其颜色为淡紫色，进行渲染，如图11-405所示。

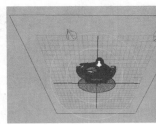 

图 11-405

Step09　再复制一盏聚光灯，调整角度，设置颜色为白色，强度为0.2，进行渲染，如图11-406所示。

Step10　再次打一盏聚光灯，调整角度，设置颜色为粉紫色，进行渲染，如图11-407所示。

  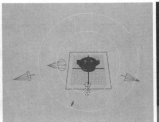 

图 11-406　　　　　　　　　　　　　　　　　图 11-407

11.16.3 设置材质

Step01　将除了主光之外的所有灯光的Emit Specular（发射高光）关闭。

Step02　打开材质编辑器窗口，在mental ray下的Materials（材质）栏中单击创建一个misss_fast_skin_ maya材质，将其赋予风扇模型，进行渲染，如图11-408所示。

图 11-408

Step03 进入misss_fast_skin_maya属性编辑器面板，对其属性进行设置，设置Diffuse Color（漫反射颜色）为淡橘色、Epidermal Scatter Color（表皮层颜色）为橘黄色、Subdermal Scatter Color（真皮层颜色）为橘红色、Back Scatter Color（反向散射颜色）为深红色，进行渲染，如图11-409所示。

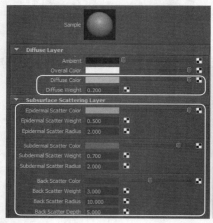

图 11-409

Step04 将Lightmap（光子贴图）栏中的Samples（采样）值设置为2048，这样就可以去除风扇上的杂点，再次渲染，风扇上的噪点就会减少，如图11-410所示。

Step05 对Specularity（高光）栏中的属性也进行调整，如图11-411所示。

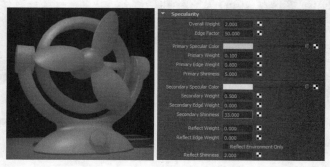

图 11-410　　　　　　　　图 11-411

Step06 打开材质编辑器窗口，选择风扇的材质球，执行Edit>Duplicate>Shading Network（编辑>复制>

材质网络）命令，将当前材质再复制出来一个。

Step07 选择风扇扇叶部分，将复制出来的材质球赋予扇叶，并调节扇叶材质球的属性，将其整体颜色调节得淡一些，进行渲染，如图11-412所示。

图 11-412

11.16.4 添加场景

Step01 在场景中再创建一个摄影机，并进入摄影机视图调整角度，执行视图菜单View>Image Plane>Import Image（视图>图形平面>导入图像）命令，导入一张桌面图片，读者可以搜索自己喜欢的图片进行添加，如图11-413所示。

图 11-413

Step02 打开渲染设置窗口，设置Image Size（图像尺寸）中的Width（宽度）和Height（高度）为2560和1440，这样渲染窗口就与图像大小相匹配了。

Step03 选择新创建的摄影机，按Ctrl+G键对其打一个组，将视图调整窗为双视图，将左侧视图调整成camera2视图，如图11-414所示。

Step04 为了更便于观察，可以执行视图菜单Panels>Tear Off Copy（面板>撕下并拷贝）命令，将左侧视图提取出来，然后在透视图中使用渲染和缩放工具对摄影机的组进行调整，使其匹配图像角度，如图11-415所示。

图 11-414   图 11-415

Step05 在摄影机视图中，使用缩放工具将地板沿z轴放大，使其与桌面匹配，如图11-416所示。

图 11-416

Step06 选择所有灯光，将其打一个组，选择风扇的组合风扇组，再次打一个组，选择风扇和灯光的组，对其进行移动缩放，调整位置，如图11-417所示。

图 11-417

Step07 选择风扇组，使用渲染工具对其进行渲染，使其有一些角度上的变化，如图11-418所示。

图 11-418

Step08 下面根据图像的颜色来修改灯光的颜色，使其匹配图像效果。选择主光源，在其属性编辑器的Raytrace Shadow Attributes（光线追踪阴影属性）栏中的Light Radius（灯光半径）设置为2，设置Shadow Rays（阴影光线）为20，并将Shadow Color（阴影颜色）调节得淡一些，进行渲染，如图11-419所示。

Step09 选择地面为其赋予一个UseBackground材质，在其属性编辑器中，设置Reflectivity（反射率）和Reflection Limit（反射次数）均为0，如图11-420所示。

图 11-419   图 11-420

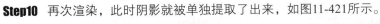

Step10 再次渲染，此时阴影就被单独提取了出来，如图11-421所示。

图 11-421

观察当前效果，阴影盖住了图像上的物体，并且过长，下面进行调节。

Step11 进入主光源视角，调节主光的角度，并选择所有灯光，将其向左旋转一些，如图11-422所示。

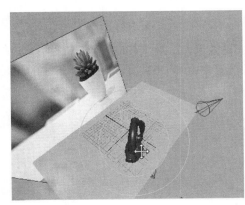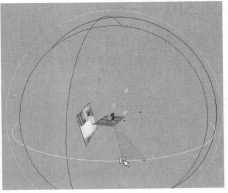

图 11-422

Step12 将主光的颜色设置为淡黄色，设置其Raytrace Shadow Attributes（光线追踪阴影属性）栏中的Light Radius（灯光半径）为1，使阴影边缘不要过于虚化，并选择风扇材质，进入其属性编辑器面板，设置Diffuse Weight（漫反射权重）为0.5，使其亮一些，再次渲染，如图11-423所示。

图 11-423

最后需要对场景进行分层渲染，分别输出风扇单独层和阴影层，分层渲染的方法在前面小节中已经讲过，这里不再赘述，并在After Effects中对其进行后期处理，详细的操作步骤可参见随书配套光盘中的教学视频，最终效果如图11-424所示。

基础

建模

渲染

动画

特效

图 11-424

拓展训练01——魔戒

本次拓展训练将利用分层渲染来制作一个金戒指的效果，如图11-425所示，详细的操作过程请参考配套光盘中的教学视频，最终场景文件可参见随书配套光盘中的DVD02\scene\scene\chap11\mb\tuozhan_mojie_end.mb。

制作流程与相关知识点如下。

01 制作场景模型并展UV。

02 创建灯光。

03 调节材质。

04 分层渲染及后期处理。

图 11-425

拓展训练02——小号

本次拓展训练主要利用分层渲染来制作一个小号的效果，如图11-426所示，详细的操作过程请参考配套光盘中的教学视频，最终场景文件可参见随书配套光盘中的DVD02\scene\scene\chap11\mb\tuozhan_ xiaohao_end.mb。

制作流程与相关知识点如下。

01 创建灯光。

02 调节材质。

03 分层渲染。

04 后期合成。

图 11-426

基础

建模

渲染

动画

特效

第12章 绑定设置

在三维动画的制作流程中,绑定设置在建模和动画之间起到了一个桥梁的作用,它将静止的无生命的模型变成可动的活生生的角色。绑定工作就是要根据角色需要,通过我们所掌握的技术,提出一个符合角色动画需要的控制方案,以便于动画师可以随心所欲地塑造角色的性格特征。

绑定本身包括的内容是很广泛的,我们这里所指的绑定特指Maya中关于骨骼设定方面的内容,包括3大部分,它们分别如下。

01 骨骼的创建。

02 骨骼的动力学设定,IK、Constrain(约束)在骨骼中的作用。

03 蒙皮。

本章我们将学习Maya骨骼绑定的相关知识,共分为12节进行讲解,内容涉及有关基础绑定知识、物体命名规则、骨骼的基础知识、IK与FK的相关知识、约束的基础知识、蒙皮和权重,以及变形器基础等内容。案例内容主要包含机械类物体的绑定、人物的绑定、四足动物的绑定及昆虫的绑定等。

12.1 骨骼

12.1.1 骨骼构成方式

Maya中的骨骼由一系列带有父子层级关系的关节和关节链组成,关节间的父子关系在建立骨骼时由系统自动建立。

01 关节和骨头。

关节是骨骼中骨头之间的连接点,关节的转动可带动骨头的方位发生变化。创建一条关节链时,第一个建立的骨节点叫做根骨,就是一套骨骼中层级最高的关节,一套骨骼中只能有一个根关节。

而父关节可以是骨骼中任意的关节,位于父关节之下的关节称为子关节,父关节的运动会带动子关节的运动,在Outliner(大纲)视图中可以很清楚地看出它们之间的层级关系,如图12-1所示,选择根骨就可以将整个骨骼选中。

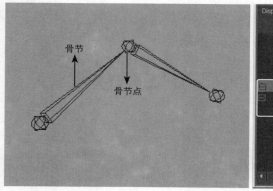

图 12-1

02 关节链。

关节链是由多个关节与骨头连接在一起组合成的,它的层级是单一的,如图12-2所示。

03 肢体链。

肢体链是由多个关节链组合而成的，父级关节下的多个子关节都是同级关系，它是一种树状结构，如图12-3所示。

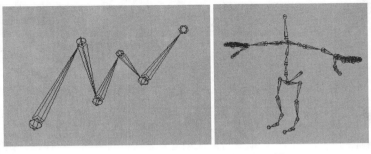

图 12-2   图 12-3

12.1.2 创建骨骼

可以通过菜单Skeleton>Joint Tool（骨骼>骨骼工具）命令来创建骨骼，也可以通过工具架上Animation（动画）标签中的骨骼工具 来创建骨骼，如图12-4所示。

图 12-4

在选择了Joint Tool（骨骼工具）命令以后，鼠标指针会变成 形状。此时，在场景中单击鼠标左键创建一个骨节点，然后再在场景中的任意地方继续单击鼠标左键，创建下一个骨节点，此时两个骨节点之间就会生成一节骨节，接着还可以继续单击创建，创建完成后按键盘上的Enter键确定，如图12-5所示。

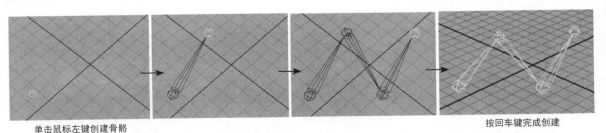

单击鼠标左键创建骨骼   按回车键完成创建

图 12-5

在创建骨骼时，也可以只创建一个骨节点，选择骨骼工具，在场景中单击鼠标左键，创建一个骨节点，直接按键盘上的回车键完成操作即可。

在前面骨骼的构成中已经讲到骨骼是以父子关系的形式相连的，所以在创建完了几个单一的关节后，如果还想要它们之间相连接，就可以使用P键创建父子关系，先选择要作为子关节的骨节点，再加选要作为父关节的骨节点，按键盘上的P键即可完成创建，如图12-6所示。

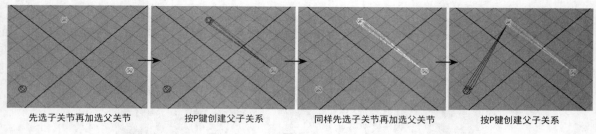

先选子关节再加选父关节　　　　按P键创建父子关系　　　　同样先选子关节再加选父关节　　　　按P键创建父子关系

图 12-6

在骨骼链中，一个父关节可以有多个子关节，但是一个子关节不能有多个父关节。

12.1.3 骨骼操作

使用Skeleton（骨骼）菜单下的一些命令可以在创建骨骼时，对骨骼进行操作，如图12-7所示。

01 Insert Joint Tool（插入骨骼工具）。

使用该工具可以在已有的骨骼任意层级的关节下插入关节，在想要插入骨骼的关节上单击，然后向该关节的子层级骨头上拖曳即可插入一节骨骼，如图12-8所示。

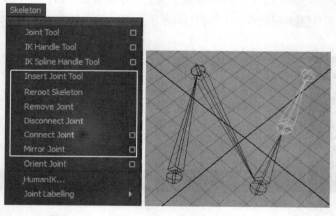

图 12-7　　　　　　　　　图 12-8

02 Reroot Skeleton（重新设置根关节）。

使用该命令可以将当前所选择的骨节点设置成根骨，从而改变骨骼的层级关系，选择要设置为根骨的骨节点，执行该命令，如图12-9所示。

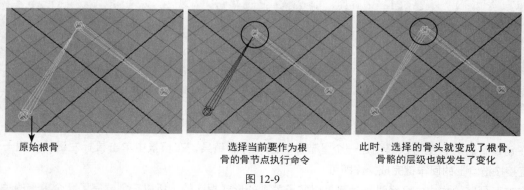

原始根骨　　　　　　　　选择当前要作为根　　　　　　此时，选择的骨头就变成了根骨，
　　　　　　　　　　　　骨的骨节点执行命令　　　　　　骨骼的层级也就发生了变化

图 12-9

03 Remove Joint（移除骨骼）。

使用该工具，可以移除除根骨外的任何一个关节，选择要移除的骨节点，执行该命令即可，如图12-10所示。

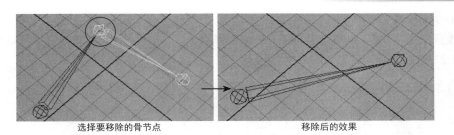

选择要移除的骨节点　　　　　　　　　　移除后的效果

图 12-10

04 Disconnect Joint（断开骨骼）。

使用该命令可以断除根骨以外的任何关节和关节链，将一段骨骼分成两段骨骼，选择要断开的骨节点，执行该命令即可，如图12-11所示。

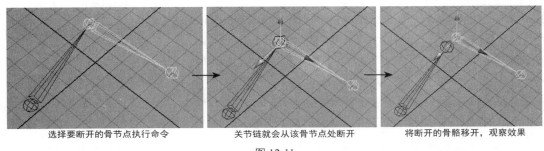

选择要断开的骨节点执行命令　　关节链就会从该骨节点处断开　　将断开的骨骼移开，观察效果

图 12-11

05 Connect Joint（结合骨骼）。

使用该命令可以将骨骼链通过连接骨节点来结合成一个骨骼，选择一条骨骼链加选另一条骨骼链上的骨节点，执行该命令即可，如图12-12所示。

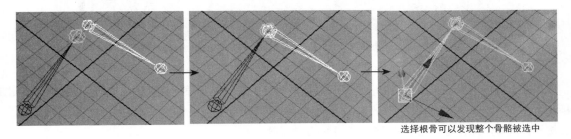

选择根骨可以发现整个骨骼被选中

图 12-12

要注意的是使用结合骨骼命令结合起来的骨骼链与正常创建出来的骨骼链是有区别的，结合出来的骨骼只是把骨骼结合了起来，它们之间并没有形成真正的父子关系，观察Outliner（大纲）视图就可以发现它们之间的区别，如图12-13所示。

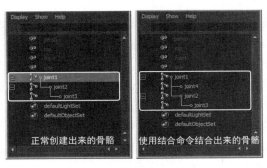

正常创建出来的骨骼　　使用结合命令结合出来的骨骼

图 12-13

基础

建模

渲染

动画

特效

06 Mirror Joint（镜像骨骼）。

用于镜像复制肢体骨骼，镜像复制的前提是所制作的骨骼是对称的形态，选择需要镜像的骨骼，执行该命令即可，如图12-14所示。

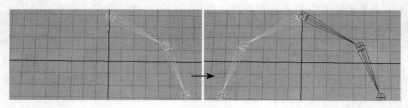

图 12-14

12.1.4 显示骨骼轴向

选择骨骼，执行菜单Display>Transform Display>Local Rotation Axes（显示>变换显示>局部旋转轴）命令，即可显示骨骼的轴向，如图12-15所示。

在状态栏中单击选择组件类型按钮，选择选择多类型组件，选择骨骼上的任意轴向，可以对其进行位移、旋转、缩放等操作，这里对其进行旋转，对其方向进行更改，如图12-16所示。

选择骨骼，单击鼠标右键，在弹出的菜单中选择Select Hierarchy（选择层级）命令选择骨骼的层级，使用旋转工具沿z轴旋转，可以发现，此时骨骼链出现了偏移，如图12-17所示。

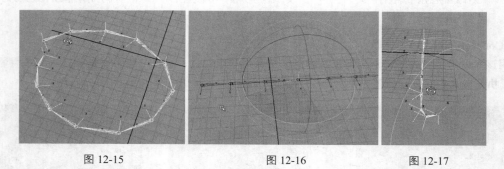

图 12-15   图 12-16   图 12-17

所以在选择所有骨骼进行旋转时，必须保证所有骨骼的轴向是一致的，否则在旋转的过程中就会出现偏移。

更详细的骨骼操作可参见随书配套光盘中的教学视频。

12.2 IK/FK基本操作

骨骼的运动控制可以采用两种方式：正向运动学（英文为forward kinematics，缩写为FK）和反向运动学（英文为inverse kinematics，缩写IK）。

因为骨骼系统带有父子层级关系，父关节的转动会带动子关节转动，如果直接使用骨骼系统制作动画，需要从上层关节开始向下层关节逐级向下设置关键帧，这种方式被称为正向运动学，简称FK。

有些情况下使用FK制作动画会非常困难，例如，拳击运动中的直拳或者攀岩运动，前者要求角色的手沿一条直线运动，后者要将手固定在一个点上。由于身体的运动会带动胳膊的运动，要在活动父关节的情况下固定肢体末端的运动轨迹是很困难的，解决这个问题的最好办法是用肢体末端关节的位置带动其父关节的转动，即反向运动控制，简称IK。

下面通过一些简单的操作来了解IK与FK的应用。

Step01 在场景中创建3套骨骼链，如图12-18所示。

Step02 选择第一套骨骼，单击菜单Skeleton>IK Handle Tool（骨骼>IK手柄工具）后的方块按钮，打开其选项窗口，设置Current solver（当前解算器）为Single-Chain Solver（单链解算器），此时鼠标指针变成十字状，在第一套骨骼的根骨和底3节骨骼上单击鼠标创建IK，如图12-19所示。

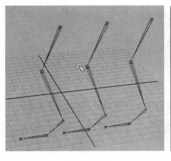
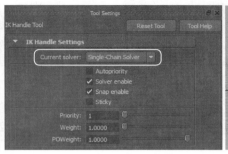
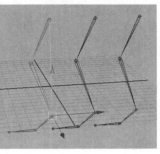

图 12-18　　　　　　　　　　　　　　　　　图 12-19

Step03 再次设置Current solver（当前解算器）为Rotate-Plane Solver（旋转平面解算器），为第2套骨骼添加旋转平面IK，如图12-20所示。

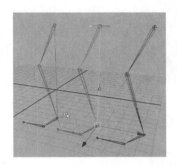

图 12-20

观察单链IK和旋转平面IK手柄，可以发现旋转平面IK手柄上方有一个圆环，而单链IK手柄则没有，这个圆环就代表IK骨骼的指向方向，如在场景中创建一个球体，选择球体加选旋转平面IK手柄，执行菜单Constrain>Pole Vector（约束>极向量约束）命令，此时移动球体，骨骼就会跟随球体移动，如图12-21所示。

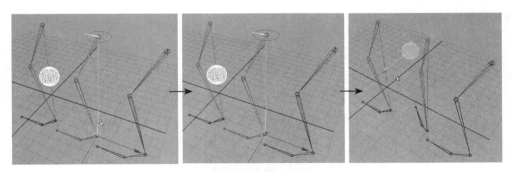

图 12-21

单链IK和旋转平面IK手柄的唯一区别是，旋转平面IK手柄可以进行极向量约束，单链IK不能进行极向量约束。

IK骨骼的优点就是操作方便，只需要移动一个轴向即可调整骨骼。但是调节精确度不高，而FK骨骼则需要调整每一节骨骼，不易操作，但是精确度高。所以在一套绑定中，IK和FK是需要并存的。

另外，在Skeleton（骨骼）菜单中还有一个IK Spline Handle Tool（线性IK手柄工具），线性IK常用于人物的脊椎、动物的尾巴或者绳子等物体。

Step01 在场景中创建一条骨骼链，如图12-22所示。

Step02 执行IK Spline Handle Tool（线性IK手柄工具）命令，为骨骼链创建线性IK，如图12-23所示。

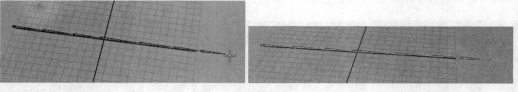

图 12-22　　　　　　　　　　　　　　图 12-23

Step03 线性IK的手柄是不能移动的，它是通过线性IK中的曲线来操作的，在大纲中可以看到，如图12-24所示，选择曲线，单击鼠标右键，选择Control Vertex（控制点），选择线上的控制点进行移动，即可控制骨骼，如图12-25所示。

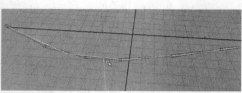

图 12-24　　　　　　　　　　　图 12-25

更详细的IK/FK介绍可参见随书配套光盘中的教学视频。

12.3 创建IK——驱动杆的绑定

在本节中，将通过一个驱动杆的绑定设置来学习如何创建骨骼和IK，以及如何使用方向和点约束，制作过程非常简单，创建模型→创建Locator（定位器）→创建骨骼→使用约束→创建IK，通过这几个步骤就可以快速完成驱动杆的绑定设置。

本案例的最终效果如图12-26所示。

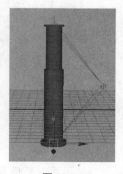

图 12-26

12.3.1 创建驱动杆模型

首先来制作驱动杆的模型。

Step01 按键盘上的F3键，进入Polygons（多边形）模块，在Create（创建）菜单中取消勾选Polygon Primitives>Interactive Creation（多边形基本体>交互式创建）命令，如图12-27所示。

技巧：
使用非交互式创建模式创建几何体，在新建基本几何体后，几何体会自动出现在场景网格中心。

Step02 在Polygons（多边形）工具架上单击多边形圆柱体工具，此时在场景网格中心就会创建出一个多边形圆柱体，如图12-28所示。

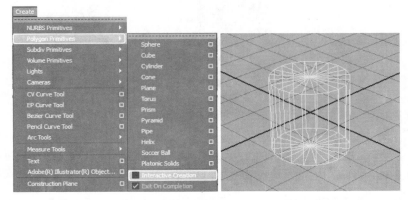

图 12-27　　　　　　　　图 12-28

Step03 在通道盒中，将INPUTS（输入）中PolygonCylinder1下的Subdivsions Caps（盖的细分）值修改为0，此时圆柱体的盖就没有了细分，如图12-29所示。

Step04 按键盘上的R键，用鼠标缩放圆柱体的y轴，将其拉长一些，如图12-30所示。

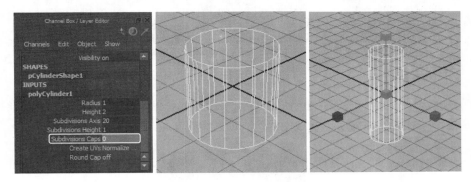

图 12-29　　　　　　　　图 12-30

Step05 按Ctrl+D键复制出一个圆柱体，使用缩放工具将其缩小一些，并将其向上移动至图12-31所示的位置。

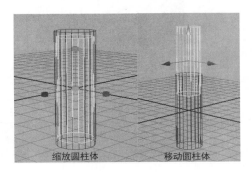

图 12-31

Step06 按键盘上的5键以实体模式显示物体，然后选择下面的圆柱体，按键盘上的F11键，进入圆柱体的Face（面）元素模式，选择该圆柱体顶部的面，如图12-32所示。

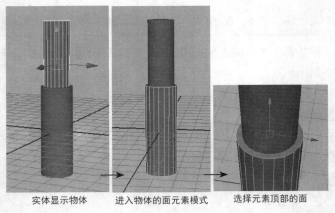

实体显示物体　　　进入物体的面元素模式　　　选择元素顶部的面

图 12-32

Step07 单击工具架上的挤出按钮，此时就会出现一个挤出操纵器，单击挤出操纵杆上任意一个方块，切换为缩放操纵轴，将面向内缩放一些，如图12-33所示。

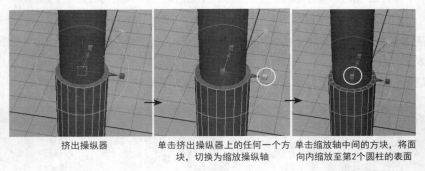

挤出操纵器　　　单击挤出操纵器上的任何一个方　　单击缩放轴中间的方块，将面
　　　　　　　　块，切换为缩放操纵轴　　　向内缩放至第2个圆柱的表面

图 12-33

Step08 按键盘上的G键，重复上一步的挤出操作，单击挤出操纵器的y移动轴，将面向下移动至圆柱体的底部，在场景空白区域单击鼠标左键完成操作，如图12-34所示。

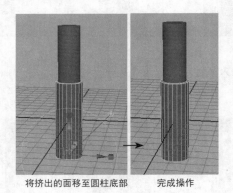

将挤出的面移至圆柱底部　　　完成操作

图 12-34

 技巧：

按键盘上的G键可以重复上一步的操作。

Step09 接下来可以对圆柱体做一些修饰，可以在上面圆柱的顶部和下面圆柱的底部制作一些挤出

效果。首先需要在上面圆柱的顶部和下面圆柱的底部分别加一圈线，选择上面的圆柱，执行菜单Edit Mesh>Insert Edge Loop Tool（编辑网格>插入环形边工具）命令，此时，鼠标指针变成了▷形状，在上面的圆柱顶部的任意一条边上单击鼠标左键，此时一条环形边就添加完成了，在场景空白处单击鼠标左键完成操作，如图12-35所示。

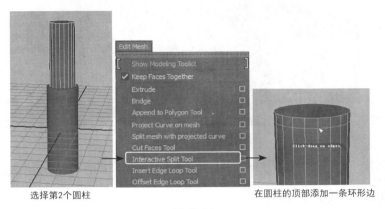

选择第2个圆柱　　　　　　　　　　在圆柱的顶部添加一条环形边

图 12-35

Step10　再选择下面的圆柱体，仍然使用Insert Edge Loop Tool（插入环形边工具）命令在下面的圆柱的底部添加一条环形边，在场景空白处单击鼠标左键完成操作，如图12-36所示。

Step11　选择移动工具，仍然保持下面的圆柱处于选中的状态，按键盘上的F11键，进入圆柱的Face（面）元素模式，选择圆柱底部的一个面，然后按住键盘上的Shift键，双击与该面相邻的一个面，即可选中一圈的环形面，如图12-37所示。

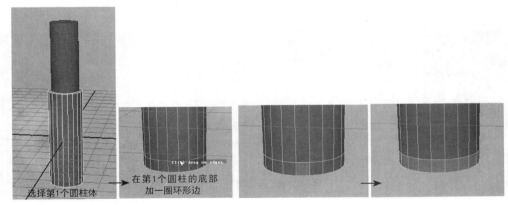

在第1个圆柱的底部加一圈环形边

选择第1个圆柱体

图 12-36　　　　　　　　　　　　图 12-37

Step12　单击工具架上的挤出按钮，向外拖曳挤出操纵器的z移动轴，将环形面挤出，在场景空白处单击鼠标左键完成操作，如图12-38所示。

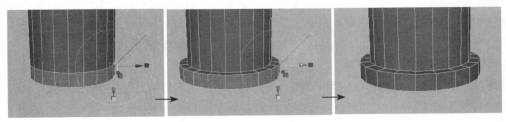

图 12-38

Step13 选择上面的圆柱体顶部一圈的环形面，使用挤出命令进行挤出，如图12-39所示。

Step14 单击场景空白处完成操作，至此，驱动杆的模型制作完毕，最终效果如图12-40所示。

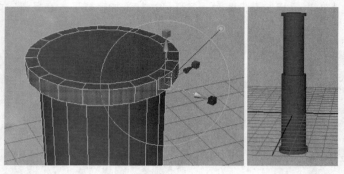

图 12-39　　　　　　　　　图 12-40

驱动杆的模型制作完毕之后，下面开始绑定的设置，首先需要创建Locator（定位器）。

12.3.2　创建Locator（定位器）

Locator（定位器）不会被渲染出来，所以常常是用Locator（定位器）作为约束的目标，或者作为动画的控制器。

Step01 执行菜单Create>Locator（创建>定位器）命令，创建一个Locator（定位器），可以按键盘上的4键切换到线框显示模式，以方便观察Locator（定位器）的位置，并切换到Side（侧视图），将其移动到第2个圆柱体的顶端，如图12-41所示。

Step02 按键盘上的Ctrl+D组合键再复制一个Locator（定位器），并移动到第1个圆柱体的底端，如图12-42所示。

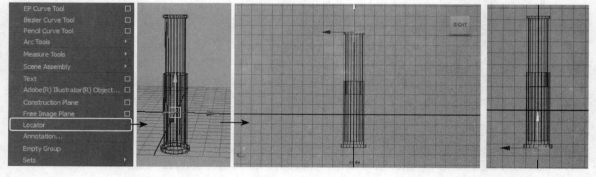

图 12-41　　　　　　　　　　　图 12-42

12.3.3　建立父子关系

接下来就需要将圆柱体P给Locator（定位器），作为它的子物体，在进行操作之前，首先通过一个小练习来了解一下父子关系。

所谓父子关系，就是将一个物体P给另一个物体，这时，两个物体之间就建立了父子关系，子物体将会跟着父物体移动、旋转和缩放。

Step01 单击工具架上的球体按钮，创建一个球体，再单击工具架上的立方体按钮，创建一个立方体，如图12-43所示。

Step02 选择立方体，按住键盘上的Shift键加选球体，再按键盘上的P键，这样立方体就P给了球体作为球体的子物体了，如图12-44所示。

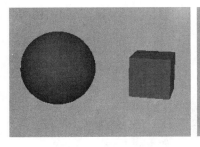

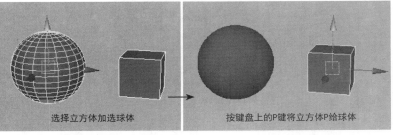

图 12-43

选择立方体加选球体　按键盘上的P键将立方体P给球体

图 12-44

执行菜单Window>Outliner（窗口>大纲）命令，打开大纲视图，可以观察到立方体已经在球体的层级下。

Step03 选择球体，进行移动、缩放、旋转等操作，立方体也会进行相同的操作，如图12-45所示。

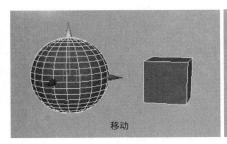

移动

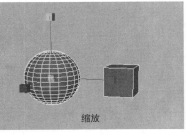

缩放

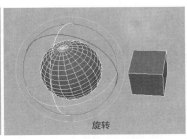

旋转

图 12-45

> **注：**
> 在进行父子关系操作时，要先选择作为子物体的物体，再选择父物体，然后按键盘上的P键进行操作。

在了解了父子关系的用法之后，下面将圆柱体P给Locator（定位器），作为Locator（定位器）的子物体。

Step04 切换到Persp（透视图），选择顶上的圆柱体，按住Shift键加选顶部的locator（定位器），按键盘上的P键，这样圆柱体就作为了Locator（定位器）的子物体，如图12-46所示。

Step05 选择下面的圆柱体，按住键盘上的Shift键加选下面的Locator（定位器），然后按键盘上的P键，将下面的圆柱体P给下面的Locator（定位器），如图12-47所示。

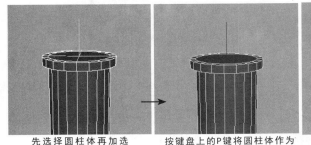

先选择圆柱体再加选　　　按键盘上的P键将圆柱体作为
Locator（定位器）　　　Locator（定位器）的子物体

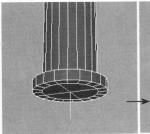

先选择圆柱体再加选locator
（定位器）

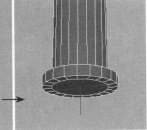

按键盘上的P键将圆柱体作为
Locator（定位器）的子物体

图 12-46　　　　　　　　　　　　　图 12-47

Step06 下面需要将两个圆柱体隐藏，在软件界面右下角的Display（显示）选项卡中，单击 按钮创建一个层，如图12-48所示。

Step07 选择两个圆柱体，在新建的层上单击鼠标右键，从弹出的菜单中选择Add Selected Objects（添加选择的对象）选项，此时两个圆柱体会被添加到这个新建的层中，然后单击层前面的 V 按钮，将两个圆柱体隐藏，如图12-49所示。

图 12-48

基础　建模　渲染　动画　特效

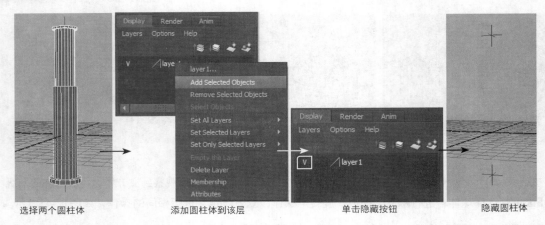

| 选择两个圆柱体 | 添加圆柱体到该层 | 单击隐藏按钮 | 隐藏圆柱体 |

图 12-49

12.3.4 创建骨骼

接下来开始创建骨骼。

Step01 按键盘上的F2键，切换到Animation（动画）模块，执行菜单Skeleton>Joint Tool（骨骼>骨骼工具）命令，在场景网格中心创建一个骨节点，如图12-50所示。

Step02 按键盘上的Ctrl+D组合键复制一个骨节点，按键盘上的V键将其向下移动捕捉到下面的Locator（定位器）上，如图12-51所示。

Step03 再次复制一个骨节点，按键盘上的V键将其向上移动捕捉到上面的Locator（定位器）上，如图12-52所示。

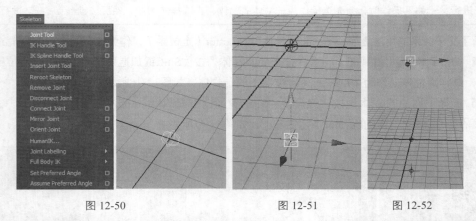

图 12-50　　　　　　　　图 12-51　　　　　　　　图 12-52

Step04 下面选择中间的骨节点，在通道盒中将Translate X/Y/Z（X/Y/Z位移）设置为0，然后将其沿*x*轴向外移动，然后再沿*y*轴向上移动一些，如图12-53所示。

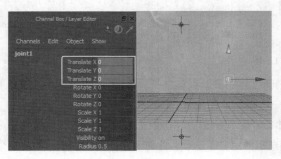

图 12-53

Step05 选择下面的骨节点，按住键盘上的Shift键加选中间的骨节点，再按键盘上的P键，此时两个骨节点之间就连接了一节骨节，如图12-54所示。

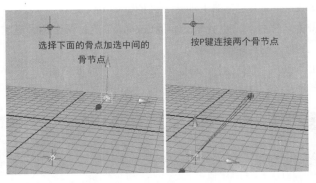

图 12-54

Step06 选择中间的骨节点，加选上面的骨节点，然后按P键，如图12-55所示。

Step07 在软件界面右下角的Display（显示）选项卡中，单击层前面的■按钮，将两个圆柱体显示出来，如图12-56所示。

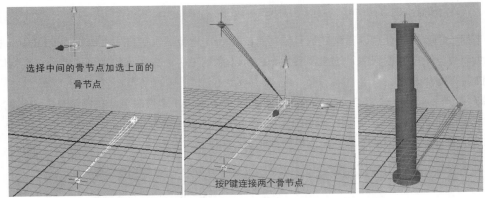

图 12-55   图 12-56

至此，骨骼设定完毕，下面开始进行约束操作。

Step01 选择上面的Locator（定位器），按住Shift键加选下面的Locator（定位器），然后单击菜单Constrain>Aim（约束>目标）命令后的■按钮，打开Aim Constrain Options（目标约束选项）窗口，勾选Maintain offset（保持偏移）选项，然后单击Apply（应用）按钮，如图12-57所示。

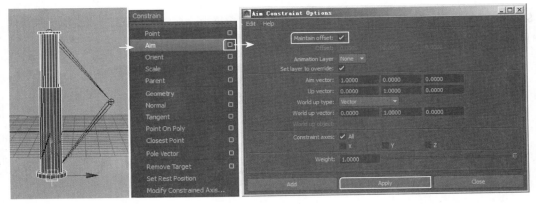

图 12-57

Step02 执行了方向约束之后，后选择的Locator（定位器）也就是底下的Locator（定位器）的通道盒中的Rotate X/Y/Z（旋转X/Y/Z）选项变成了蓝色，此时说明约束操作成功，如图12-58所示。

Step03 再选择下面的Locator（定位器）加选上面的Locator（定位器），按G键重复上一步的方向约束操作，此时选择的Locator（定位器），也就是上面的Locator（定位器）的通道盒中的Rotate X/Y/Z（X/Y/Z旋转）选项变成了蓝色，此时说明约束操作成功。

Step04 选中上面的Locator（定位器），移动时发现它可以瞄准下面的Locator（定位器）进行移动，但是将其向上移动时，移动得太多会把它拖曳出去，如图12-59所示。

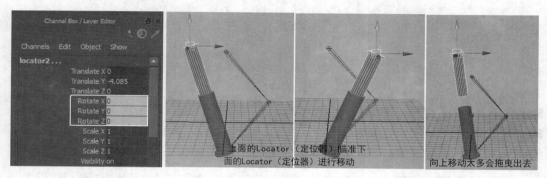

图 12-58   图 12-59

所以下面我们就需要使用前面创建的骨骼来对Locator（定位器）进行一个约束，使Locator（定位器）在移动时可以有一个限制的尺度，这里需要用到Point（点约束）命令。点约束可以控制一个物体与另一个物体空间位置点完全重合。

Step05 选择上面的一个骨点，按Shift键加选上面的Locator（定位器），执行菜单Constrain>Point（约束>点）命令，此时可以发现上面的Locator（定位器）的通道盒中的Translate X/Y/Z（X/Y/Z位移）和Rotate X/Y/Z（X/Y/Z旋转）选项变成了蓝色，说明约束成功，如图12-60所示。

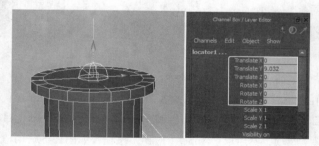

图 12-60

Step06 再选择下面的骨点并加选下面的Locator（定位器），按G键执行上一次的点约束操作，如图12-61所示。

图 12-61

现在只进行点约束是不够的，移动骨节，骨节也是可以随意拉长的，所以下面需要创建IK来对骨骼进行约束。

12.3.5　创建IK

Step01　单击层前面的 V 按钮，将圆柱体隐藏，然后在工具架上打开Animation（动画）选项卡，单击IK手柄工具 ，在上面的骨点上单击，然后再单击下面的骨点，此时两个骨点中间就会出现一条线，该线就是IK手柄，如图12-62所示。

Step02　再单击层前面的 按钮，将圆柱体显示出来，如图12-63所示。

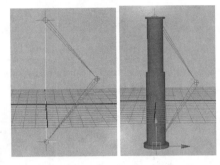

图 12-62　　　　图 12-63

Step03　此时，移动IK手柄，驱动杆就会有一个限制，如图12-64所示。

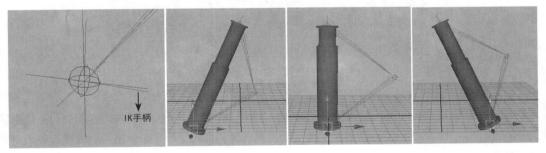

图 12-64

至此，一个驱动杆的绑定设置就完成了。读者朋友可以根据以上所学到的命令进行其他的绑定设置，最终场景文件可参见随书配套光盘中的DVD02\scene\scene\chap12\mb\qudonggan.mb。

12.4　约束应用技术

约束是用一个或多个物体的位置、方向和缩放来控制另外一些物体的位置、方向和缩放，以此来辅助我们创建一些有特殊要求的动画。

在角色动画制作中，Maya在Constrain（约束）菜单中提供了9种类型的约束，如图12-65所示。

01 Point（点）约束。

点约束能够使一个物体的运动带动另一个物体的运动，这种约束在一种情况下非常有用，就是将一个物体的运动匹配到另一个物体上。例如，女人戴的耳钉，可以创建一个Locator（定位器）与耳钉建立点约束，然后将Locator（定位器）与女人的耳朵建立父子关系。

创建点约束，可以先选择一个或多个约束物体，再选择被约束物体。如图12-66所示，Locator（定位器）控制立方体，要先选择Locator（定位器），按住键盘上的Shift键加选立方体，然后移动Locator（定位器），立方体就会跟着移动。

基础　建模　渲染　动画　特效

图 12-65

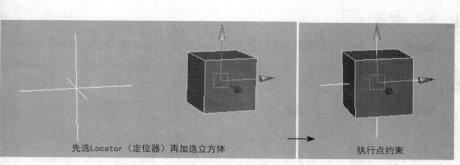

先选Locator（定位器）再加选立方体　　　　执行点约束

图 12-66

单击Point（点）约束命令后的■按钮，打开Point Constraint Options（点约束选项）窗口，在该窗口中可以对Point（点）约束的选项进行设置，如图12-67所示。

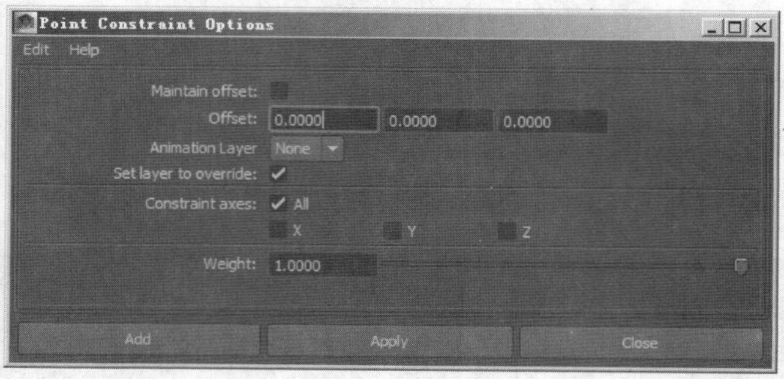

图 12-67

Maintain offset（保持偏差）：在创建点约束时，目标体与约束对象之间可能会有位置差异，有时我们可能希望保持这个位置差。例如，用头骨约束耳环时，我们希望耳环保持在耳朵的位置上而不是直接放在头骨的位置上，Maintain offset（保持偏差）选项就用来设置创建约束时是否保持两者的位置差，系统默认不勾选此选项。

Offset X/Y/Z（X/Y/Z偏移）：这一组参数只有在Maintain offset（保持偏差）选项为非勾选状态时才可用，这一组参数为点约束指定一个目标偏差，系统默认为0，也就是没有偏差。

Constraint axes（约束轴）：这一组选项可以指定同时约束3个轴向的位置或只约束部分轴向位置。

All（全部）：约束全部3个轴向的位置，系统默认勾选该选项。

X/Y/Z：指定哪些轴向的位置由目标体控制。

Weight（权重）：设置约束对象的位置受目标体影响的程度。

02 Aim（目标）约束。

用目标物体控制被约束物体的方向，使被约束物体的一个轴向总是瞄准目标物体，这就是方向约束。方向约束在动画制作中的应用非常广泛，如舞台灯光。方向约束在角色设定中的主要用途是作为眼球运动的定位器，约束物体能约束物体的方向，使被约束物体总是瞄准约束物体，下面用实例的方式说明这个功用。

Step01 创建一个Locator（定位器）和一个球体。

Step02 选择目标物体Locator（定位器），然后按住键盘上的Shift键加选球体，执行菜单Constrain>Aim（约束>目标约束）命令，此时，移动Locator（定位器），球体就会随着Locator（定位器）的方向移动，如图12-68所示。

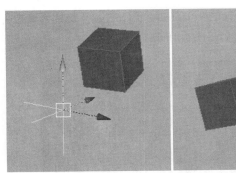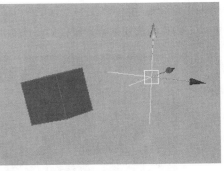

图 12-68

单击Aim（目标）命令后的■按钮，打开Aim Constraint Options（方向约束选项）窗口，在该窗口中可以对Aim（目标）约束的选项进行设置，如图12-69所示。

图 12-69

Aim vector（目标向量）：按约束对象自身坐标系指定一个方向，此方向将指向目标点。

Up vector（上向向量）：按约束对象自身坐标系指定一个不同于Aim vector（目标向量）的方向，此方向用于避免约束对象绕Aim vector（目标向量）转动。

World up type（世界上向类型）：世界向上方向的定义方式，约束对象的Up vector（上向向量）要根据外部坐标系统（世界）定义其方向。

World up vector（世界上向向量）：当World up type（世界上向类型）参数设置为Vector（向量）时此参数可用，按世界坐标系指定一个向量，用来定义约束对象的Up Vector（上向向量）。

World up Object（世界上向物体）：当World up type（世界上向类型）参数设置为Object Up（对象上向）或Object Rotation Up（物体旋转上向）时，此参数可用，在输入栏中输入场景中一个物体名称，使用这个物体来控制约束Up Vector（上向向量）。

03 Orient（方向）约束。

旋转约束匹配一个或多个物体的方向，此约束对同时控制多个物体的反向是非常有用的。例如，列队的士兵，给一个角色的头部制作动画，再将其他角色的头部用旋转约束关联到刚刚制作了动画的角色头上，使所有的角色同时朝向一个相同的方向。

创建Orient（方向）约束的过程与创建Point（点）约束的过程基本一致。

Step01 选择一个或多个目标体。

Step02 加选约束对象。

Step03 执行Orient（方向）约束命令。

单击Orient（方向）命令后的■按钮，打开Orient Constraint Options（旋转约束选项）窗口，在该窗口中可以对Orient（方向）约束的选项进行设置，如图12-70所示。

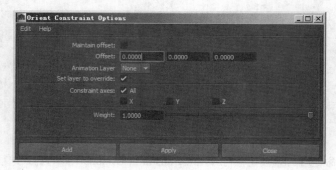

图 12-70

此窗口中的参数功能可参考Point（点）约束命令的参数窗口，这里不再赘述。

04 Scale（缩放）约束。

Scale（缩放）约束可以使物体跟随一个或多个物体缩放，创建方法与Orient（方向）约束一样。

单击Scale（缩放）命令后的方盒按钮，打开Scale Constraint Options（缩放约束选项）窗口，在该窗口中可以对Scale（缩放）约束的选项进行设置，如图12-71所示。

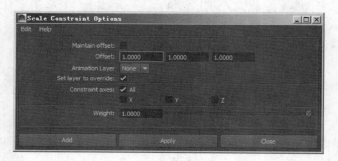

图 12-71

05 Parent（父子）约束。

使用Parent（父子）约束可以使约束对象像目标体的子物体一样跟随目标体运动，它们会保持当前的相对空间方位，包括位置与方向。父子约束也可以使约束对象受多个目标体的均衡控制。

在使用Parent（父子）约束时，约束对象不会变成目标体层级结构中的一部分，但它却会像目标体的子物体一样受其控制。

Parent（父子）约束并不完全等同于Point（点）约束与Orient（方向）约束效果的叠加，在使用Parent（父子）约束时，转动目标体，约束对象绕世界轴转动。使用Point（点）约束和Orient（方向）约束时，转动目标体，约束对象绕自身轴转动，如图12-72所示。

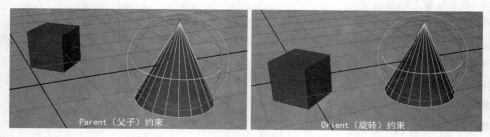

图 12-72

Parent（父子）约束的创建方法与Orient（方向）约束一样。

单击Parent（父子）命令后的方盒按钮，打开Parent Constraint Options（父子约束选项）窗口，在该窗口中可以对Parent（父子）的选项进行设置，如图12-73所示。

图 12-73

Constraint axes（约束轴）栏分为两组：Translate（位置）和Rotate（旋转），用来指定约束位置轴和方向轴的方式，可以采用All（全部）或单通道方式来控制。

Translate（位置）：指定是采用All全约束方式还是X/Y/Z分通道方式来约束位置轴。

Rotate（旋转）：指定是采用All全约束方式还是X/Y/Z分通道方式来约束方向轴。

06 Geometry（几何体）约束。

Geometry（几何体）约束的作用是将约束对象捕捉到几何体的表面点上，这样目标体的变形会带动约束对象发生位移，但Geometry（几何体）约束对象的Translate（位置）属性通道不会被锁定，因此可以给约束对象设置动画。

07 Normal（法线）约束。

该约束控制的是约束对象的方向，Aim（目标）约束、Orient（方向）约束和Parent（父子）约束都是控制约束对象的方向，Aim（目标）约束用目标体的位置控制约束对象的方向，Orient（方向）约束和Parent（父子）约束是用目标体的方向控制约束对象的方向。Normal（法线）约束控制约束对象自身的一个方向[Aim Vector（目标向量）]与目标体表面的法相方向一致，当约束对象在目标表面上移动时，可以用Geometry（几何体）约束来实现，其方向发生变化。

08 Tangent（切线）约束。

Tangent（切线）约束用曲线作为目标物体控制约束对象的方向，用曲线形状来控制约束对象的方向。

09 Point On Poly（多边形上的点）约束。

Point On Poly（多边形上的点）约束可以将一个对象约束到一个指定的点、线或面上，在实际应用中，该约束可以用来将纽扣约束在衣服上。

10 Closest Point（最近的点）约束。

Closest Point（最近的点）约束可以快速地测量到网格上最近的点。

11 Pole Vector（极向量）约束。

Pole Vector（极向量）约束使极向量终点跟随目标体移动，在角色设定中，胳膊关节链的IK旋转平面手柄的极向量经常被限制在角色后面的定位器上。在一般情况下我们运用极向量约束是为了在操纵IK旋转平面手柄时避免意外的反转，当手柄向量接近或与极向量相交时，反转会出现，使用极向量约束可以让两者之间不相交。我们可以在动画模块下的Constrain（约束）菜单中调用这些约束工具。

更详细的讲解可参见随书配套光盘中的教学视频，在了解了这几种约束类型之后，下面就来对驱动轴进行约束操作。

12.5 约束——驱动轴的绑定

本节来讲解一个驱动轴的绑定，在上一节中已经讲到了利用一些约束来制作驱动杆的绑定；在这一节中继续利用约束来制作一个驱动轴的绑定，并且进一步地延伸，制作出一个机械类的驱动轴的动画效果，本节案例的最终效果截图如图12-74所示。

图 12-74

12.5.1 制作驱动轴模型

首先创建驱动轴的模型。

Step01 先来制作模型的驱动杆。在工具架上单击Polygons（多边形）标签，单击圆柱体按钮，在场景中创建一个圆柱体，如图12-75所示。

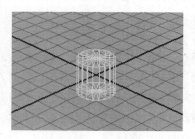

图 12-75

Step02 打开通道盒，在通道盒中单击INPUTS（输入）下的polyCylinder1选项，将其打开，在polyCylinder1选项下将圆柱体的Subdivisions Axis（轴的细分）值设置为10，并将Subdivisions Cap（盖的细分）值设置为0，如图12-76所示。

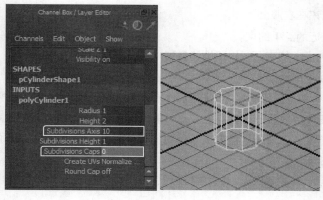

图 12-76

Step03 按键盘上的5键以实体模式显示圆柱体，选择圆柱体，单击鼠标右键，在弹出的菜单中选择 Face（面）元素模式，选择圆柱体顶部的面，如图12-77所示。

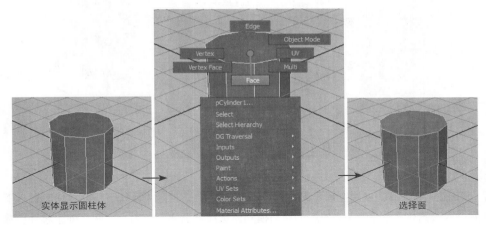

图 12-77

Step04 单击工具架上的挤出按钮,使用挤出操纵器的缩放操纵轴将面向内缩放，然后按键盘上的G 键重复上一步的挤出操作，沿挤出操纵器的y轴将面向下移动，如图12-78所示。

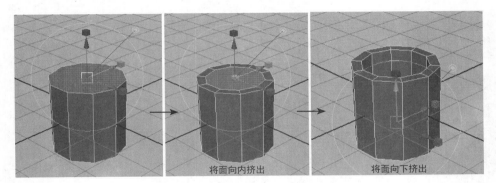

将面向内挤出　　　将面向下挤出

图 12-78

Step05 选择移动工具，在圆柱体上单击鼠标右键，从弹出的菜单中选择Vertex（顶点）元素模式，选择圆柱体上面的所有顶点，将其沿y轴向上移动，然后再次在圆柱体的顶点上单击鼠标右键，从弹出的标签菜单中选择Object Mode（对象模式），单击选择模型，如图12-79所示。

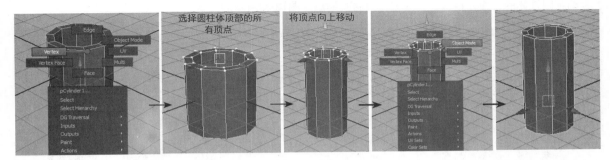

选择圆柱体顶部的所　　　将顶点向上移动
有顶点

图 12-79

Step06 再次创建一个圆柱体，将其沿y轴向上移动，并进入通道盒，同样设置其Subdivisions Axis（轴的细分）值为10，Subdivisions Cap（盖的细分）值为0，如图12-80所示。

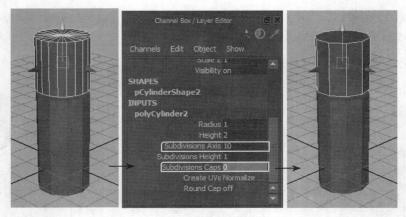

图 12-80

Step07 按键盘上的R键，使用缩放工具将这个圆柱体缩小一些，并且向下移动，使其置入下面的大圆柱体内，然后进入该圆柱体的Vertex（顶点）元素模式，选择上面的所有顶点，将其向上移动，最后切换到对象模式，如图12-81所示。

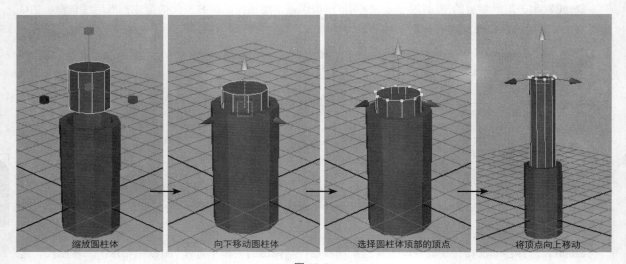

缩放圆柱体　　　　向下移动圆柱体　　　　选择圆柱体顶部的顶点　　　　将顶点向上移动

图 12-81

Step08 接下来创建模型的连动杆，单击工具架上的立方体工具 ，在场景中创建一个立方体，将其向上移动至圆柱体的上面，接着使用缩放工具将其缩放至图12-82所示的形状。

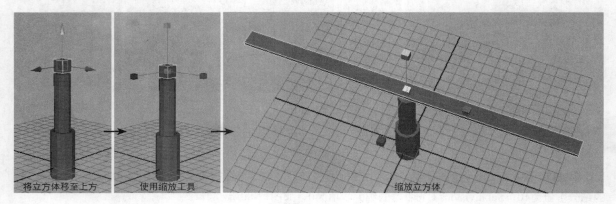

将立方体移至上方　　　　使用缩放工具　　　　缩放立方体

图 12-82

Step09 单击圆柱体按钮，再次创建一个圆柱体，将其移至上方，并调节其通道盒的Rotate X（x轴旋转）值为90，Subdivision Caps（盖的细分）值为0，将其稍微向下移动一些，如图12-83所示。

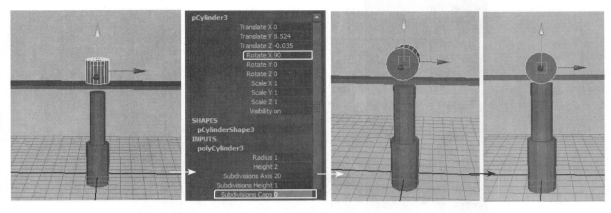

图 12-83

Step10 单击工具架上的管状体工具，在场景中创建一个管状体，将其移至立方体的右侧，在通道盒中将Rotate X（x轴旋转）值设为90，使用缩放工具将其拉长一些，然后切换到前视图，将其位置对准，如图12-84所示。

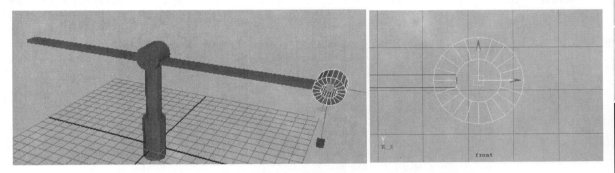

图 12-84

Step11 切换到透视图，下面需要将管状体和立方体合并在一起，选择管状体并加选立方体，进入Polygons（多边形）模块，执行菜单Mesh>Combine（网格>合并）命令，将立方体和管状体合并起来，如图12-85所示。

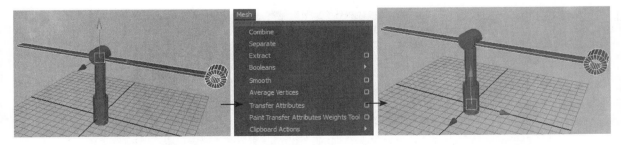

图 12-85

Step12 合并立方体和管状体之后，发现其坐标轴偏移到了下方，所以现在需要回归中心轴，执行菜单Modify>Center Pivot（修改>中心轴）命令，此时中心轴就回归到了对象本身，如图12-86所示。

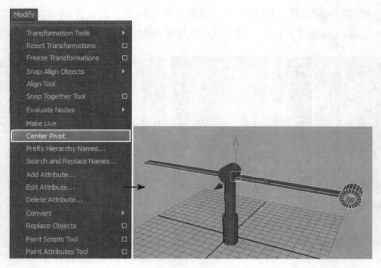

图 12-86

Step13 接下来需要对底部的圆柱体进行进一步的调整，选择底部的圆柱体，执行菜单Edit Mesh>Insert Edge Loop Tool（编辑网格>插入环形边工具）命令，在圆柱体的底部添加两条环形边，如图12-87所示。

Step14 在圆柱体上单击鼠标右键，从弹出的菜单中选择Face（面）元素模式，在圆柱体上选择对应的两个面，如图12-88所示。

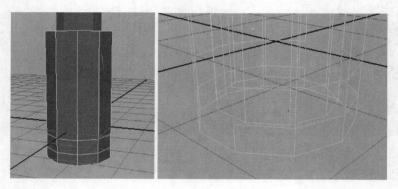

图 12-87   图 12-88

Step15 单击工具架上的挤出工具，沿y轴挤出选择的两个面，如图12-89所示。

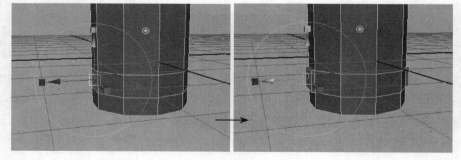

图 12-89

Step16 按键盘上的G键重复上一步的挤出操作，继续沿y轴挤出两个面，如图12-90所示。

Step17 按键盘上的G键继续重复上一步的挤出操作，沿y轴继续向前挤出两个面，如图12-91所示。

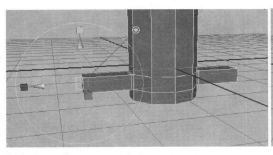
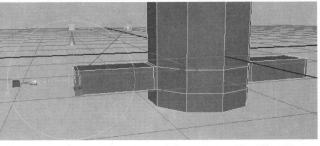

图 12-90　　　　　　　　　　　图 12-91

Step18　继续执行挤出操作，将面向内进行挤出缩放，如图12-92所示。

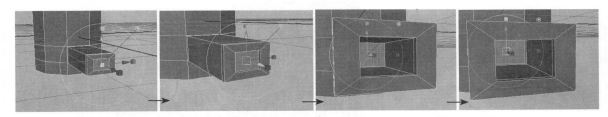

图 12-92

Step19　因为需要将下面的圆柱体进行平滑操作，所以在该圆柱体上添加一些边。选择底部的圆柱体，执行菜单Edit Mesh>Insert Edge Loop Tool（编辑网格>插入环形边工具）命令，在圆柱体的顶部和底部添加一些环形边，如图12-93所示。

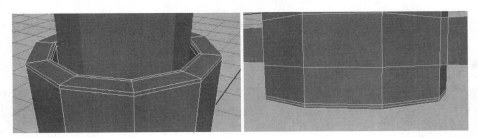

图 12-93

Step20　加完边后，按键盘上的3键，平滑显示底部的圆柱体，如图12-94所示。

Step21　下面再调节上面的圆柱体，首先进入该圆柱体的Vertex（顶点）元素模式，选择该圆柱体顶部的一圈顶点，将其向上移动，使其插入该圆柱体上面的圆柱体内，如图12-95所示。

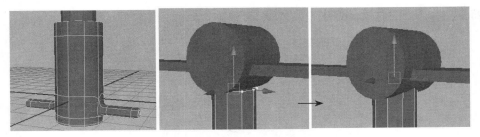

图 12-94　　　　　　　　　　图 12-95

Step22　再对上面的圆柱体加线，为了方便观察，可以按键盘上的Shift+I键来单独显示选择的物体，同样执行Insert Edge Loop Tool（插入环形边工具）命令，在上面的圆柱体的顶部和底部分别加线，加完线以后，再在场景空白处单击，按键盘上的Shift+I组合键将其他物体显示出来，如图12-96所示。

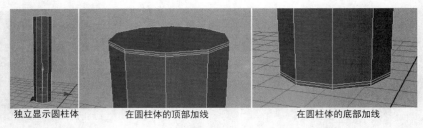

独立显示圆柱体　　　　在圆柱体的顶部加线　　　　　　在圆柱体的底部加线

图 12-96

Step23 再次创建一个圆柱体，并在其通道盒中将Rotate X（x轴旋转）值设置为90，将其沿x轴旋转90°，将Subdivision Caps（盖的细分）值调节为0，如图12-97所示。

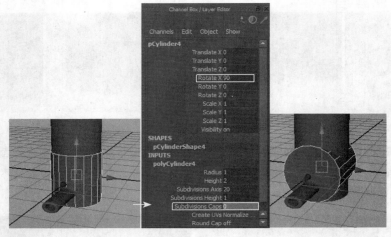

图 12-97

Step24 切换到前视图，将新创建的圆柱体缩小，并对位到图12-98所示的位置。

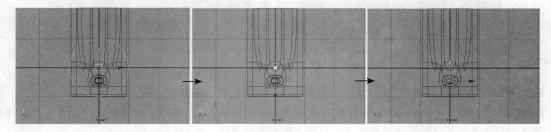

图 12-98

Step25 再次切换回透视图，使用旋转工具将其沿y轴拉长，如图12-99所示。

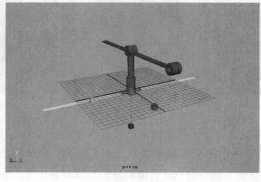

图 12-99

Step26 下面还需要制作一个大轮盘。还是创建一个圆柱体，将其移动到驱动杆的右侧，并在其通道盒中将Rotate X（x轴旋转）值调节为90，将Subdivision Caps（盖的细分）值调节为0，如图12-100所示。

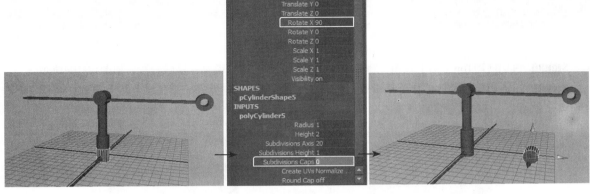

图 12-100

Step27 使用缩放工具将其放大一些，并压扁一些，调整成图12-101所示的形状。

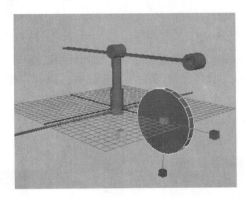

图 12-101

Step28 按键盘上的Ctrl+D组合键，再次复制出一个轮盘作为连接轴，将其移动出来，并使用缩放工具缩小拉长，然后插入到轮盘中，如图12-102所示。

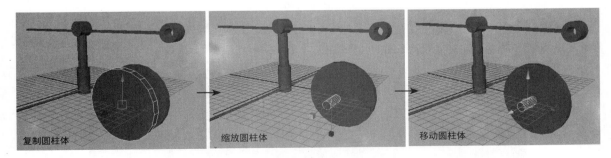

图 12-102

Step29 切换到前视图，将连接轴移动到轮盘的左侧，再次按Ctrl+D组合键，将其复制一个并移动至轮盘的右侧，然后再切换到透视图，将第2个连接轴移动至轮盘的另一侧，如图12-103所示。

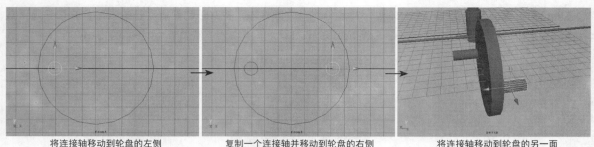

将连接轴移动到轮盘的左侧　　　　复制一个连接轴并移动到轮盘的右侧　　　　将连接轴移动到轮盘的另一面

图 12-103

Step30 再切换到Top（顶）视图，将两个连接轴的位置再调整得更加精确一些，如图12-104所示。

Step31 下面再来对整体的模型稍微做一些调整。首先切换到透视图，选择模型最上面的连动杆，进入其顶点元素模式，选择左侧的所有顶点，将其沿*x*轴向右移动，调整得短一些，如图12-105所示。

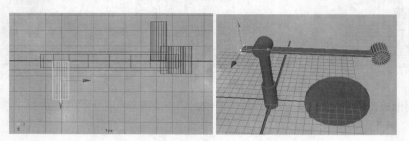

图 12-104　　　　　　　　　　　　　图 12-105

Step32 选择驱动杆下面的圆柱体，按键盘上的1键，退出平滑显示模式，进入其顶点元素模式，选择圆柱体底部的所有顶点，使用移动工具将其沿*y*轴向下移动一些；再选择圆柱体顶部的所有顶点，将其也向下移动一些，如图12-106所示。

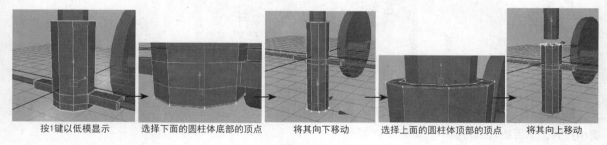

按1键以低模显示　　　选择下面的圆柱体底部的顶点　　　将其向下移动　　　选择上面的圆柱体顶部的顶点　　　将其向上移动

图 12-106

Step33 再选择驱动杆上面的圆柱体，进入其顶点元素模式，选择圆柱体底部的所有顶点，使用移动工具将其沿*y*轴向下拖动，使其插入到下面的圆柱体内，如图12-107所示。

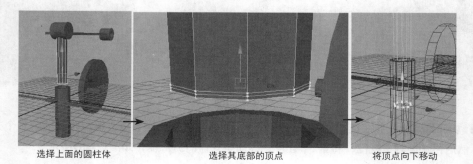

选择上面的圆柱体　　　　　选择其底部的顶点　　　　　将顶点向下移动

图 12-107

至此，驱动轴的模型就制作完成了，下面需要移动驱动轴各部分模型的中心轴的位置。

12.5.2 移动中心轴

移动中心轴的目的主要是为了使驱动轴在做旋转时，能按一个正确的中心轴进行旋转。

Step01 切换到前视图，选择驱动杆下面的圆柱体，按键盘上的D键不放将中心轴沿y轴移动到图12-108所示的位置。

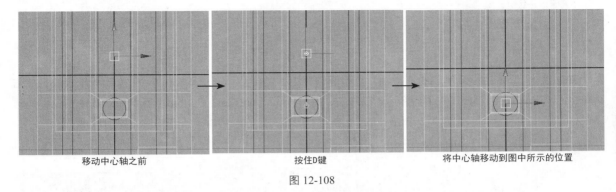

移动中心轴之前　　　　　　　　按住D键　　　　　　　　将中心轴移动到图中所示的位置

图 12-108

Step02 再选择驱动杆上面的圆柱体，使用同样的方法将其中心轴移动到图12-109所示的位置。

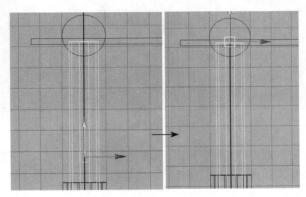

图 12-109

Step03 选择连动杆，使用与上面同样的方法，将其中心轴移动到图12-110所示的位置。

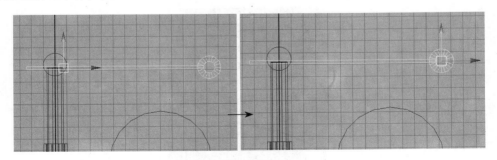

图 12-110

至此，各个物体的中心轴就移动完毕了，下面开始对它们进行约束。

12.5.3 制作约束

Step01 首先需要将驱动杆最顶端的连接轴作为连动杆的子物体，切换到透视图，选择驱动杆最顶端的连接轴，按住Shift键加选连动杆，然后按键盘上的P键，为两个物体创建父子关系，如图12-111所示。

基础

建模

渲染

动画

特效

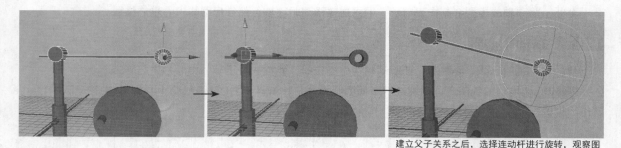

建立父子关系之后，选择连动杆进行旋转，观察图
中效果

图 12-111

Step02 选择驱动杆最顶端的连接轴，加选驱动杆上面的圆柱体，进入Animation（动画）模块，单击菜单Constrain>Point（约束>点）命令后的■按钮，打开Point Constraint Options（点约束选项）窗口，勾选Maintain offset（保持偏移）选项，单击Apply（应用）按钮，将两个物体进行点约束，如图12-112所示。

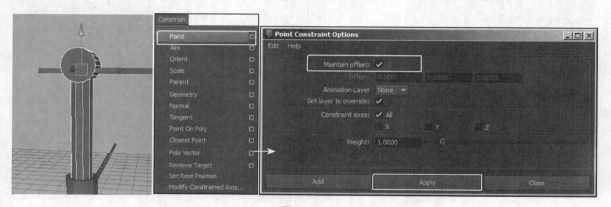

图 12-112

 注：

在进行点约束后，被约束物体通道盒中的TranslateX/Y/Z（X/Y/Z位移）属性会变成蓝色，如图12-113所示，这些变成蓝色的属性可以Key帧，制作动画。

图 12-113

Step03 再次选择驱动杆最顶端的连接轴，加选驱动杆下面的圆柱体，单击菜单Constrain>Aim（约束>目标）命令后的■按钮，打开Aim Constraint Options（目标约束选项）窗口，在窗口中勾选Maintain offset（保持偏移）选项，单击Apply（应用）按钮应用约束，如图12-114所示。

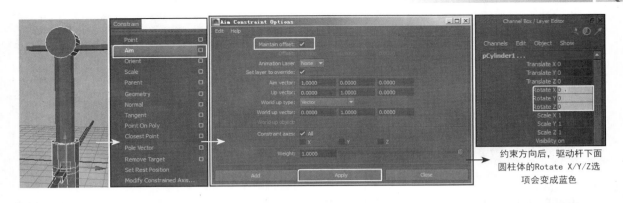

约束方向后，驱动杆下面
圆柱体的Rotate X/Y/Z选
项会变成蓝色

图 12-114

Step04 选择驱动杆下面的圆柱体，加选上面的圆柱体，单击菜单Constrain>Orient（约束>方向）命令后的□按钮，打开Orient Constraint Options（方向约束选项）窗口，在窗口中勾选Maintain offset（保持偏移）选项，单击Apply（应用）按钮执行约束，如图12-115所示。

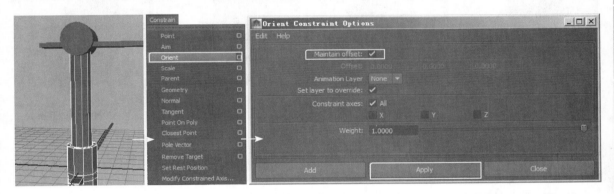

图 12-115

Orient（方向）约束主要是对被约束的物体进行方向上的约束，所以在执行完Orient（方向）约束后，被约束物体的Rotate X/Y/Z（X/Y/Z约束）属性会变成蓝色，可以对这些属性Key帧制作动画，如图12-116所示。

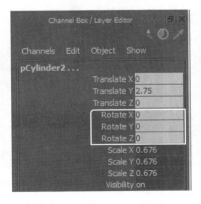

图 12-116

在做完这些约束之后，使用旋转工具旋转连动杆，会发现驱动杆会随着连动杆的运动做一些连动效果，如图12-117所示。

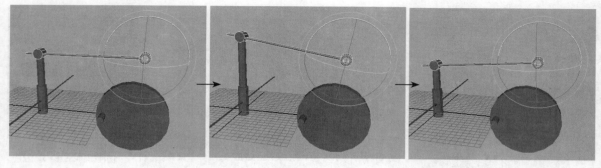

图 12-117

Step05 接下来，需要将大轮盘上的两个小的连接轴作为大轮盘的子物体。选择左侧的小连接轴并加选轮盘，按P键将左侧的小连接轴作为轮盘的子物体，再选择右侧的小连接轴并加选轮盘，按P键将右侧的小连接轴作为轮盘的子物体，如图12-118所示。

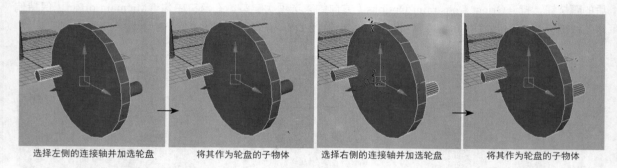

选择左侧的连接轴并加选轮盘　　　　将其作为轮盘的子物体　　　　选择右侧的连接轴并加选轮盘　　　　将其作为轮盘的子物体

图 12-118

Step06 接下来，再对连动杆的位置进行调节，选择连动杆，使用缩放和移动工具将其移动至与轮盘上的连接轴相接，如图12-119所示。

Step07 再来调整轮盘的位置，将其向左侧移动，使其与连接轴能够对接上，如图12-120所示。

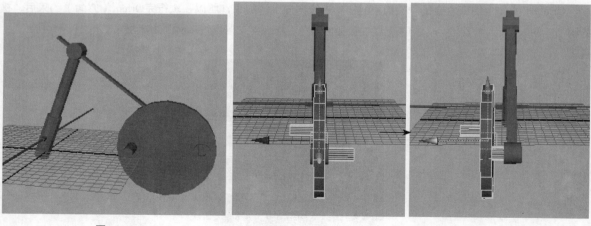

图 12-119　　　　　　　　　　　　　　　　　　　图 12-120

Step08 下面将对接在一起的两个连接轴进行点约束，选择轮盘上的连接轴并加选连动杆上的连接轴，单击菜单Constrain>Point（约束>点）命令后的■按钮，打开Point Constraint Options（点约束选项）窗口，勾选Maintain offset（保持偏移）选项，单击Apply（应用）按钮，将两个物体进行点约束，如图12-121所示。

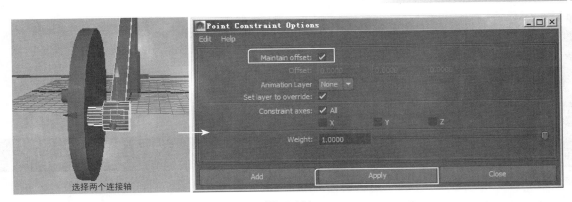

选择两个连接轴

图 12-121

此时，选择大轮盘进行旋转观察效果，可以发现轮盘带动着整体的运动。

最后，可以为轮盘制作一个旋转的动画，来观察驱动轴的运动效果。

12.5.4 制作动画

Step01 选择轮盘，当时间轴处于第1帧的时候，将其通道盒的Rotate Z（z轴旋转）值设置为0，并在该属性上单击鼠标右键，从弹出的菜单中选择Key Selected（Key所选择的）选项，为其设置一帧关键帧，如图12-122所示。

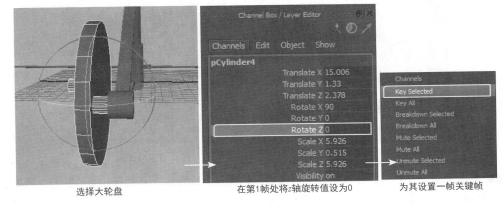

选择大轮盘　　　　　　　在第1帧处将z轴旋转值设为0　　　　为其设置一帧关键帧

图 12-122

为其设置过关键帧后，该属性会变成红色，时间轴的第1帧也变成了红色，如图12-123所示。

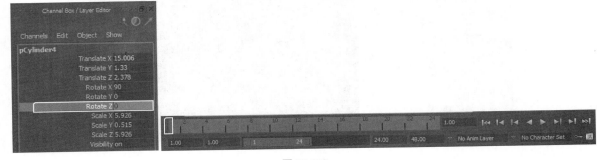

图 12-123

Step02 再将时间轴滑块移动到第24帧处，将Rotate Z（z轴旋转）值设置为360，在Rotate Z（z轴旋转）属性上单击鼠标右键，从弹出的菜单中选择Key Selected（Key所选择的）选项，为其设置一帧关键帧，如图12-124所示。

图 12-124

此时，单击动画播放按钮 ▶，就可以看到驱动轴的动画。

播放动画时，可以发现驱动杆在运动时，上面的圆柱体会脱离下面的圆柱体，如图12-125所示。

所以接下来需要对驱动杆的模型进行调整。

Step03 选择驱动杆上面的圆柱体，进入其顶点元素模式，选择底部的一圈顶点，使用移动工具将其向下移动，使其插入下面的圆柱体内，在移动时可以发现由于移动轴是世界坐标，所以无法将其沿物体自身的方向移动，如图12-126所示。

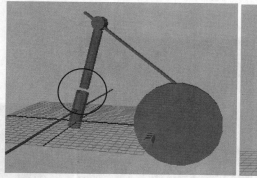

图 12-125　　　　　　　　　　　图 12-126

Step04 此时需要使用物体的自身坐标来进行移动，保持使用移动工具选择顶点的状态，双击界面左侧的工具盒上的移动工具 ，打开Tool Settings（工具设置）面板，在面板Move Settings（移动设置）栏中的Move Axis（移动轴向）选项区中选择Object（对象）选项，如图12-127所示。

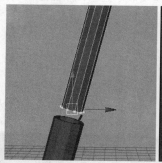
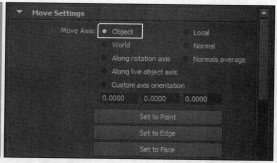

图 12-127

Step05 此时可以发现，移动坐标轴已经变成了物体自身坐标，然后再将选择的顶点向下移动，使其插入下面的圆柱体内，如图12-128所示。

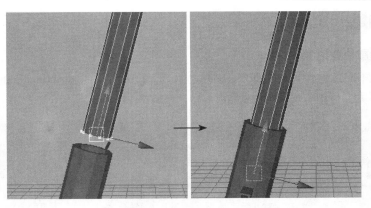

图 12-128

Step06 再次播放动画，可以发现驱动杆下面的圆柱体有些短，以致于上面的圆柱体在运动时会穿出来，此时可以使用与上面同样的方法对下面的圆柱体进行调整，效果如图12-129所示。

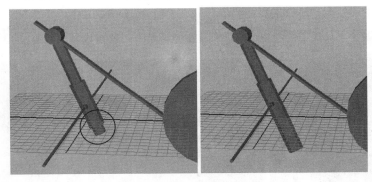

图 12-129

至此，驱动轴的右侧部分就制作完成了，左侧部分与右侧是同样的道理，这里不再制作，最终场景文件可参见随书配套光盘中的DVD02\scene\scene\chap12\mb\qudongzhou.mb。

12.6 变形器应用技术

本节我们来了解一下Maya中的变形器，变形器主要在动画模块的Create Deformers（创建变形器）菜单中，如图12-130所示。

图 12-130

12.6.1 融合变形器

12.6.1.1 创建融合变形器

Step01 打开随书配套光盘中的DVD02\scene\scene\chap12\mb\ronghebianxingqi.mb的初始场景文件，如图12-131所示，将场景文件中的头部模型复制出一份，如图12-132所示。

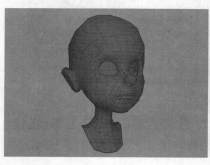 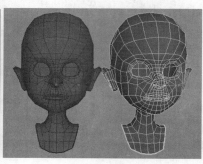

图 12-131　　　　　　　　　　　图 12-132

Step02 使用软选择工具选择模型的右眼，将其粗略调整为闭合的状态，如图12-133所示。

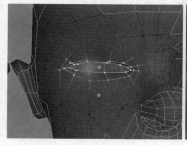 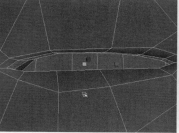 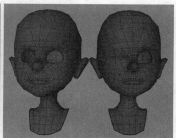

图 12-133

Step03 将原始模型再次复制，放置至左侧眼睛闭合的模型右侧，使用同样的方法制作出模型左眼闭合的效果，如图12-134所示。

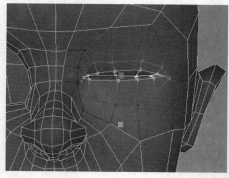 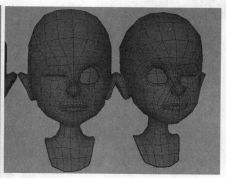

图 12-134

下面具体介绍融合变形命令的用法，这一命令多用于调节人物的表情。

Step04 切换至Animation（动画）模块，单击菜单栏Create Deformers>Blend Shape>▢（创建变形器>▢），打开Create Blend Shape Options（创建融合变形选项）窗口，单击Edit>Reset Settings（编辑>重置设置）命令，将属性窗口重置。依次选择变形物体和原始物体，单击Create Blend Shape Options（创建融合变形选项）窗口下方的Create（创建）按钮，如图12-135所示。

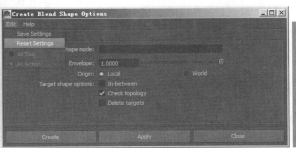
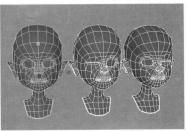

图 12-135

技巧：

在进行融合变形操作时，选择物体的先后顺序是先选择变形物体，后选择原始物体。在场景中存在两个或两个以上的物体时，应当最后选择原始物体，变形物体的选择顺序可不分先后。

Step05 单击Window>Animation Editors>Blend Shape（窗口>动画编辑器>混合变形）命令打开Blend Shape（融合变形）窗口，其中BlendShape1就是之前创建的融合变形，它对应两个变形器，分别对应PolySurface3和PolySurface2。BlendShape1的正下方共有7个按钮，它们分别是Delete（删除）、Add Base（添加）、Key All（为所有对象设置关键帧）、Reset All（全部重置）、Select（选择）和Key（设置关键帧），其中Select（选择）按钮通常用于选择BlendShape，如图12-136所示。

Step06 选择场景中右侧的两个变形物体，按下Ctrl+H键将其隐藏，调整PloySurface3和PolySurface2对应的滑杆，让模型的眼睛产生睁闭的效果，如图12-137所示。

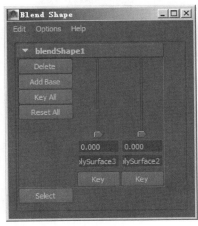

图 12-136

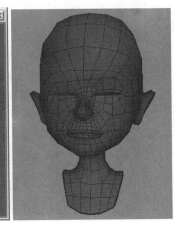

图 12-137

在应用BlendShape时要注意以下两点。

01 必须使用复制原始物体来制作变形物体，这样原始物体和变形物体上的点是一一对应的。

02 不能对复制的物体进行冻结变换的操作。

Step07 单击Blend Shape（融合变形）窗口中的Delect（删除）按钮，重新添加BlendShape。依次选择第二个模型和原始模型，使用前面讲述的方法创建一个BlendShape1；然后，依次选择第三个模型和原始模型，创建一个BlendShape2，如图12-138所示。

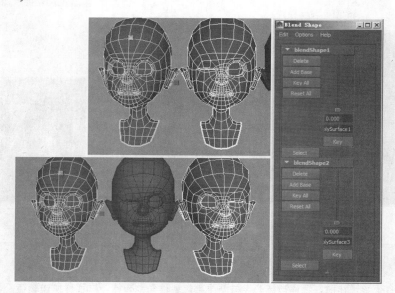

图 12-138

Step08 调整Blend Shape（融合变形）窗口中PolySurface2对应的滑杆，将其移动至最顶端，此时对应的数值为1，观察场景中的原始模型，可以看到右眼产生了与第二个模型相同的效果。但是，在随后移动BlendShape2的滑杆时，可以看到原始模型的左眼逐渐闭合，而右眼却慢慢恢复至原始的睁开状态，如图12-139所示。

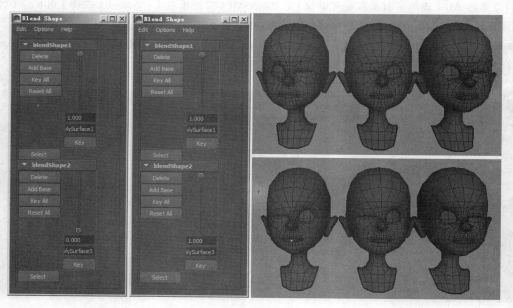

图 12-139

 技巧：
> 在为同一个原始模型创建了多个融合变形器时，这些变形器不能同时对原始模型起作用。所以，对于同一个原始模型，我们仅能创建一个融合变形器，否则在制作的时候就会出现问题。

12.6.1.2 融合变形器的基本属性

Step01 对于如下场景，场景中有两个条形的长方体，设置了一定的分段，第二个物体是由第一个物体添加弯曲变形器制作得到的。依次选择原始的条形长方体和弯曲长方体，使用默认设置为其创建一个BlendShape，此时如果直接调节Blend Shape（融合变形）窗口中的滑杆，原始物体发生变形的过程会非常不规则，并不是我们想要得到的逐渐弯曲的效果，如图12-140所示。

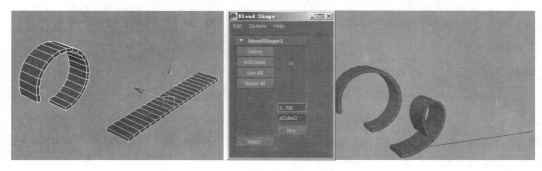

图 12-140

Step02 此时我们可以创建多个中间状态的模型，在创建融合变形时勾选Inbetween选项，则这一问题可以得到圆满解决，如图12-141所示。

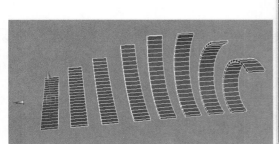
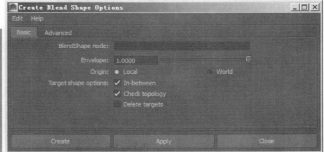

图 12-141

Step03 再次调节Blend Shape（融合变形）窗口中的滑杆，可以看到条形长方体的弯曲过程变得规则，如图12-142所示。

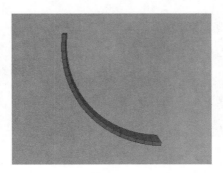

图 12-142

12.6.2 晶格变形器

12.6.2.1 创建融合变形器

Step01 选择场景中的模型，切换至Animation（动画）模块，单击Create Deformers>Lattice（创建变形器>晶格变形器）命令，如图12-143所示。

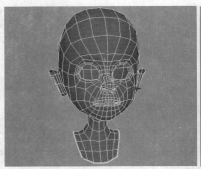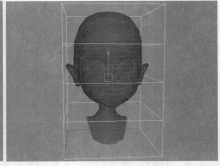

图 12-143

Step02 在Channel Box/Layer Editor（通道盒/图层编辑器）中可以调节晶格的分段，如图12-144所示。单击右键可以切换至晶格点模式。选择需要调整的晶格点，使用变换（移动、旋转、缩放）工具对其进行调整，模型的形状也会随之发生改变，如图12-145所示。

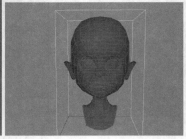

图 12-144

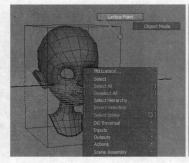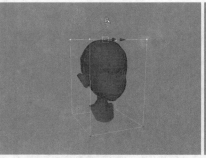

图 12-145

12.6.2.2 主要属性及参数

01 基础晶格及原始晶格

Step01 创建一个圆柱体，为其添加晶格变形器，将3个轴向的分段数设置为2。选择顶部的点进行缩放，将其调整为锥状，如图12-146所示。

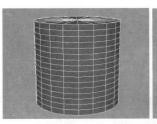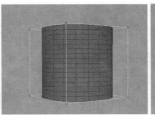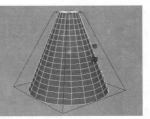

图 12-146

Step02 查看大纲，可以看到创建的晶格包括两个部分，即ffd1Lattice（基础晶格）和ffd1Base（原始晶格），如图12-147所示。

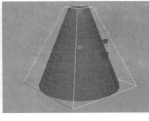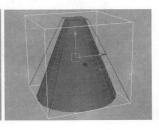

图 12-147

Step03 一般情况下，ffd1Base在场景中是隐藏的，仅在处于选择状态时会显示出来；并且，ffd1Base不可以随意移动，当其移出物体所在区域时，物体会恢复未添加晶格时的状态。而对于ffd1Lattice，当对其执行移动操作时，内部的物体会随之发生运动，并且，选中物体，将其移出ffd1Lattice的过程中，物体的形态会发生微妙的变化，如图12-148所示。

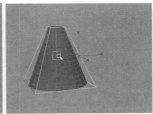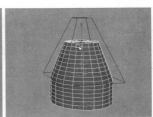

图 12-148

02 晶格的段数。

Step01 按Ctrl+Z组合键恢复至刚建立晶格时的状态，在通道盒中将ffd1LatticeShape的T Divisions（T段数）设置为4，右键切换至晶格点模式，缩放中部的点，如图12-149所示。

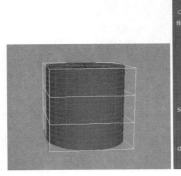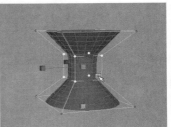

图 12-149

Step02 选择pCylinder1，在通道盒中展开INPUTS选项，将ffd1的3个方向的段数由2调高为8，观察场景视图，可以看到物体变得圆滑，如图12-150所示。

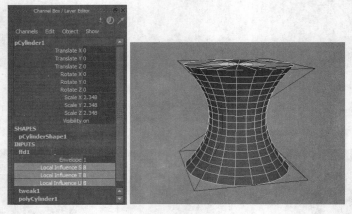

图 12-150

12.6.3 簇变形器

12.6.3.1 创建簇变形器

簇变形器可以控制一个对象的一组顶点，如控制点、顶点或晶格点。

Step01 如图12-151所示，接上一小节的场景模型进行制作。

Step02 选择模型上顶部的四个晶格点，如图12-152所示。

Step03 此时会出现一个C簇点标志，移动该标志即可改变模型形状，如图12-153所示。

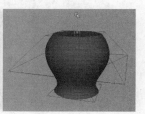

图 12-151   图 12-152   图 12-153

12.6.3.2 簇变形器的基本属性

单击菜单Create Deformers>Cluster>□（创建变形器>簇>□），打开其选项窗口，如图12-154所示。

图 12-154

该窗口有两个标签栏，分别是Basic（基本）和Advanced（高级）。

01 Basic（基本）。

Mode（模式）：勾选Relative（相对），只有簇会影响变形，簇父对象的变换不会影响变形效果，取消勾选该选项，则簇父对象的变换将影响变形效果。

02 Advanced（高级）。

单击Advanced（高级）标签，如图12-155所示。

图 12-155

Deformation order（变形顺序）：指定变形器在对象变形顺序中的位置。

● Default（默认）：将当前变形放置在变形节点的上游，默认放置与Before（前置）类似，当使用默认放置为对象创建多个变形时，结果是一个变形链，变形链的顺序与创建变形的顺序相同。

● Before（前置）：选择该选项，在创建变形后，Maya将当前变形放置在对象变形节点的上游，在对象的历史中，变形将被放置在对象的Shape（形状）节点前面。

● After（后置）：选择该选项，Maya将当前变形放置在对象变形节点的下游，使用后置功能可在对象历史的中间创建一个中间变形形状。

● Split（分离放置）：选择该选项，Maya把变形分成两个变形链。使用分离放置能同时以两种方式变形一个对象，从一个原始形状创建两个最终形状。

● Parallel（平行放置）：选择该选项，Maya将当前的变形节点和对象历史的上游节点平行放置，然后将已有上游节点和当前变形效果融合在一起。需要融合同时作用于一个对象的几个变形的效果时，该选项非常有用。平行融合节点为每一个变形提供了一个权重通道，可编辑平行融合节点的权重，来实现多样的融合效果。

● Front of chain（变形链之前）：该选项只有在Blend Shape（融合变形）中才有。Blend Shape（融合变形）常常需要在绑定骨骼并蒙皮后的角色上创建变形效果，如表情动画。Front of chain（变形链之前）放置能够确保Blend Shape（融合变形）作用在蒙皮之前。如果作用顺序颠倒，当使用骨骼动画角色时，将出现不必要的双倍变形效果。使用Front of chain（变形链之前）放置功能，在可变形对象的形状历史中，Blend Shape（融合变形）节点总是在所有其他变形和蒙皮节点的前面，但不是在任何扭曲节点的前面。

 注：

Maya中顶点和控制点是无法直接建立父子关系的，要通过创建簇的方式来间接实现其父子关系。另外，我们还可以设定簇对每个顶点或控制点影响的权重，要调整簇的权重，可以在Component Editor（组件编辑器）中进行或使用画笔绘制簇的权重。每一个簇都包含一个簇变形手柄，在场景中，簇的手柄是一个C形图标。

12.6.4 非线性变形器

该选项的子菜单中有6种非线性变形器，如图12-156所示。

图 12-156

下面对该子菜单进行介绍。

12.6.4.1 Bend（弯曲）

沿圆弧弯曲所选对象。弯曲变形器可以沿圆弧弯曲任何可变形的对象。该选项对角色的设定和建模很有帮助，弯曲变形器有可控制弯曲效果的手柄。

Step01 在场景中创建一个书束，可以使用特殊复制的方法进行创建，如图12-157所示。

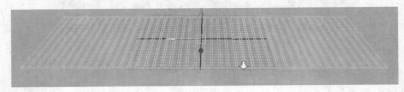

图 12-157

Step02 执行菜单Create Deformers>Nonlinear>Bend（创建变形器>非线性>弯曲）命令，为其添加弯曲变形器，如图12-158所示。

Step03 将弯曲变形器沿x轴和z轴分别旋转90°，在其通道盒中设置bend1中的Curvature（曲度）可以调节变形器的弯曲度，如图12-159所示。

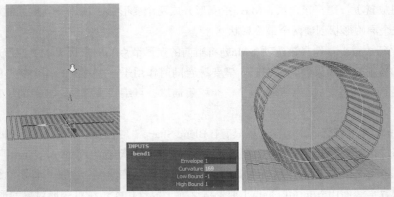

图 12-158　　　　　　　　　图 12-159

Step04 调节Low Bound（下界）值为0，此时左侧书束就被打平，调节High Bound（高界）为2.2，此时弯曲变形器右侧变长，如图12-160所示。

Step05 使用缩放工具将弯曲变形器缩小，再次将High Bound（·高界）调大为8.3，使用旋转工具旋转弯曲变形器，此时书束就卷在了一起，如图12-161所示。

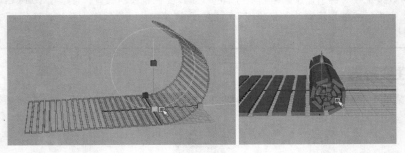

图 12-160　　　　　　　　　图 12-161

单击菜单Create Deformers>Nonlinear>Bend>□（创建变形器>非线性>弯曲>□），打开其选项窗口，如图12-162所示，可以对其参数进行设置。

图 12-162

该窗口有两个标签栏，分别是Basic（基本）和Advanced（高级）。

Basic（基本）

01 Low bound（下限）：设定弯曲变形在*y*轴负方向的最低位置。该参数的最大值为0，最小值为-10，默认值为-1。

02 High bound（上限）：设定弯曲变形在*y*轴正方向的最高位置。该参数的最大值为10，最小值为0，默认值为1。

03 Curvature（曲率）：设定弯曲的程度。该参数值为正值时，向*x*轴正向弯曲；为负值时，向*x*轴负向弯曲。该参数值最大为4，最小为–4，默认值为0，即没有任何弯曲。

12.6.4.2 Flare（扩张）

将所选对象沿两个轴向创建扩张变形。该选项对角色设定和建模很有帮助。

Step01 在场景中创建一个球体，执行菜单Create Deformers>Nonlinear>Flare（创建变形器>非线性>扩张）命令，为其添加扩张变形器，如图12-163所示。

Step02 在其通道盒的Flare中调节其属性可以改变球体形状，如图12-164所示。

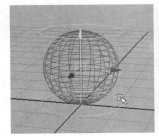

图 12-163

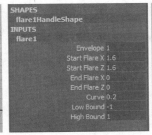

图 12-164

单击Create Deformers>Nonlinear>Flare>□（创建变形器>非线性>扩张>□），打开其选项窗口，可以对其属性进行设置，如图12-165所示。

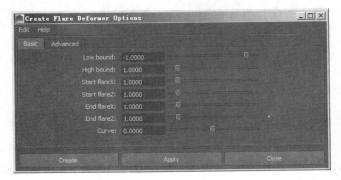

图 12-165

该窗口包含两个标签栏，分别介绍如下。

Basic（基本）

关于Low bound（下限）和High bound（上限）在前面已经讲解过，这里不再重复介绍。

01 Start flareX（X向起始扩张值）：设定变形在x轴向的起始位置。该参数最大值为10，最小值为0，默认值为1。

02 Start flareZ（Z向起始扩张值）：设定变形在z轴向的起始位置。该参数最大值为10，最小值为0，默认值为1。

03 End flareX（X向结束扩张值）：设定变形在x轴向的结束位置。该参数最大值为10，最小值为0，默认值为1。

04 End flareZ（Z向结束扩张值）：设定变形在z轴向的结束位置。该参数最大值为10，最小值为0，默认值为1。

05 Curve（曲线）：设定在下限和上限之间曲线曲率的数量。该参数值为0时，没有弯曲；参数值为正值时，曲线向外凸起；为负值时，曲线向内凹陷。该参数最大值为10，最小值为0，默认值为0。

12.6.4.3 Sine（正弦）

将所选对象创建正弦变形。正弦变形器对角色设定和建模很有帮助。正弦变形器可沿着正弦波改变一个对象的形状。

Step01 在场景中创建一个立方体，将其拉长，并添加分段，如图12-166所示。

Step02 选择长方体，执行菜单Create Deformers>Nonlinear>Sine（创建变形器>非线性>正弦）命令，并在其通道盒中调整其属性，改变长方体的形状，如图12-167所示。

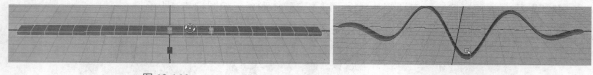

图 12-166   图 12-167

单击菜单Create Deformers>Nonlinear>Sine>□（创建变形器>非线性>正弦>□），打开其选项窗口，如图12-168所示。

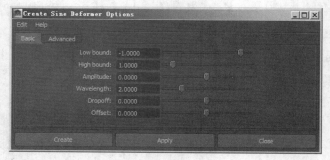

图 12-168

Basic（基本）

关于Low bound（下限）和High bound（上限）在前面已经讲解过，这里不再重复介绍。

设定弯曲变形在y轴正方向的最高位置。该参数的最大值为10，最小值为0，默认值为1。

01 Amplitude（振幅）：设定正弦曲线的振幅（波的最大数量）。该参数最大值为5，最小值为-5，默认值为0，即无波动。

02 Wavelength（波长）：设定正弦曲线的波长，从而决定正弦曲线频率。波长越短，频率值越大；波长越长，频率值越小。该参数最大值为10，最小值为-0.1，默认值为2。

03 Dropoff（衰减）：设定振幅的衰减方式。该参数值为负值时，向操纵手柄的中心衰减；该参数值为正值时，从操纵手柄中心向外衰减。该参数最大值为1，最小值为-1，默认值为0，即无偏移振幅衰减。

04 Offset（偏移）：设定正弦曲线偏移操纵手柄中心的程度。该参数最大下限值为10，最小值为-10，默认值为0，即无偏移。

12.6.4.4 Squash（挤压）

对所选对象创建挤压变形效果，可挤压或拉伸模型。

Step01 在场景中创建一个球体，执行菜单Create Deformers>Nonlinear>Squash（创建变形器>非线性>挤压）命令，为其添加挤压变形器，如图12-169所示。

Step02 在其通道盒中设置属性，可以改变球体的形状，将其拉长或压扁，如图12-170所示。

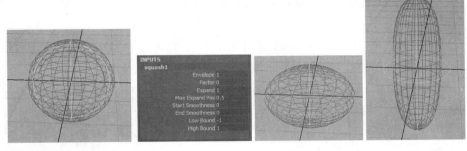

图 12-169　　　　　　　　　　图 12-170

单击菜单Create Deformers>Nonlinear>Squash>□（创建变形器>非线性>挤压>□），打开其选项窗口，如图12-171所示。

图 12-171

Basic（基本）

关于Low bound（下限）和High bound（上限）在前面已经讲解过，这里不再重复介绍。

01 Start smoothness（起始平滑度）：设定挤压变形在起始端的平滑程度。该参数最大值为1，最小值为0，默认值为0。

02 End smoothness（结束平滑度）：设定挤压变形在结束端的平滑程度。该参数最大值为1，最小值为0，默认值为0。

03 Max expand position（最大扩展位置）：设定在上限位置和下限位置之间的最大扩展范围中心。该参数最大值为0.99，最小值为0.01，默认值为0.5。

04 Expand（扩展）：设定挤压变形的扩展程度。该参数最大值为1.7，最小值为0，默认值为1。

05 Factor（挤压因数）：设定挤压变形的程度。该参数小于0则挤压模型，大于0则拉伸模型。该参数最大值为10，最小值为-10，默认值为0。

12.6.4.5 Twist（螺旋）

为所选对象创建螺旋变形效果。

Step01 在场景中创建一个半球体，执行菜单Create Deformers>Nonlinear>Flare（创建变形器>非线性>扩张）命令，并在其通道盒中调整其属性，将半球体调节成图12-172所示的形状。

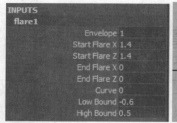

图 12-172

Step02 选择半球体，清空历史，使用缩放工具将其拉长，如图12-173所示，并为其添加Twist（螺旋）变形器，调节其通道盒中的属性，将半球体调节成图12-174所示的形状。

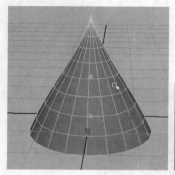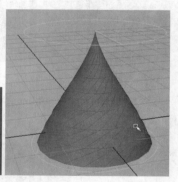

图 12-173　　　　　　　　　　　图 12-174

Step03 选择半球的部分面，使用挤出命令对其进行挤出，选择顶部的点，使用软选择工具将其缩小，这样就制作出了一个冰激淋奶油的形状，如图12-175所示。

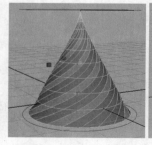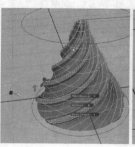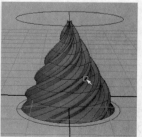

图 12-175

Step04 再制作出冰激淋的桶，如图12-176所示。

单击菜单Create Deformers>Nonlinear>Twist>□（创建变形器>非线性>螺旋>□），打开其选项窗口，如图12-177所示。

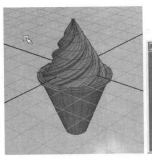
图 12-176

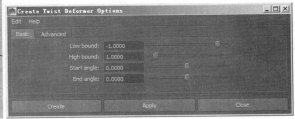
图 12-177

Basic（基本）

关于Low bound（下限）和High bound（上限）在前面已经讲解过，这里不再重复介绍。

01 Start angle（起始角度）：设定螺旋变形的起始角度。

02 End angle（结束角度）：设定螺旋变形的结束角度。

12.6.4.6 Wave（波浪）

为所选对象创建波浪变形效果。

Step01 在场景中创建一个平面，并添加分段，执行Create Deformers>Nonlinear>Wave（创建变形器>非线性>波浪）命令，为其添加波浪变形器，如图12-178所示。

Step02 在其通道盒中调节其属性，可以调节波形，调节Offset（偏移）值可以调节出水波纹的效果，如图12-179所示。

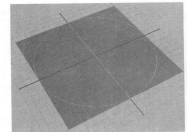
图 12-178

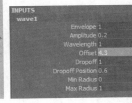

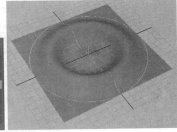
图 12-179

单击菜单Create Deformers>Nonlinear>Wave>□（创建变形器>非线性>波浪>□），打开其选项窗口，如图12-180所示。

图 12-180

Basic（基本）

01 Min radius（最小半径）：设定波浪变形的最小半径。该参数的最大值为10，最小值为0，默认值为0。

02 Max radius（最大半径）：设定波浪变形的最大半径。该参数的最大值为10，最小值为0，默认值为1。

其他选项在前面已经讲过，这里就不再赘述了。

12.6.5 抖动变形器

下面介绍抖动变形器，这种变形器主要用于得到轻微颤动的效果。

12.6.5.1 创建抖动变形器

Step01 在场景中创建一个立方体，并添加分段，进行平滑处理，如图12-181所示。

Step02 将时间结束帧设置为150，在第1帧处，将立方体移至画面左侧，设置一帧关键帧，在第30帧处将立方体移至画面右侧，并设置一帧关键帧，如图12-182所示。

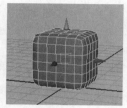
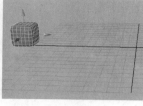
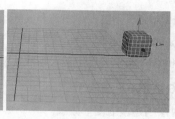

图 12-181　　　　　　　　　　图 12-182

Step03 执行菜单Window>Animation Editors>Graph Editor（窗口>动画编辑器>曲线编辑器）命令，打开Graph Editor（曲线编辑器）窗口，选择Translate X属性，选择其动画曲线，单击█按钮将曲线打平，如图12-183所示。

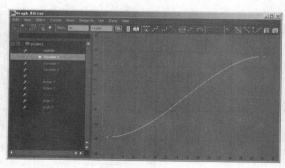

图 12-183

Step04 选择立方体，执行菜单Create Deformers>Nonlinear>Jiggle Deformer（创建变形器>非线性>抖动变形器）命令，为立方体添加抖动变形。

Step05 执行Edit Deformers>Paint Jiggle Weights Tool（编辑编辑器>绘制抖动权重工具）命令，为立方体绘制权重，使下半部分不受影响，如图12-184所示。

Step06 此时播放动画，就可以看到立方体的抖动效果，如图12-185所示。

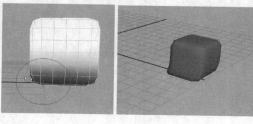

图 12-184　　　　　　图 12-185

12.6.5.2 抖动变形器的基本属性

单击Create Deformers>Jiggle Deformer>□（创建变形器>抖动变形器>□），打开选项窗口，如图12-186所示。

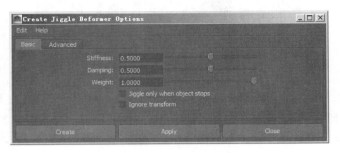

图 12-186

Basic（基本）

01 Stiffness（硬度）：设定抖动变形的硬度，调节范围为0~1，参数值越大，抖动动作越僵硬。

02 Damping（阻尼）：设定抖动变形的阻尼值，可控制抖动变形的程度，参数值越大，抖动程度越小。

03 Weight（权重）：设定抖动变形的权重。参数值越大，抖动程度越大。

04 Jiggle only when object stops（仅当对象停止时抖动）：只在对象停止运动时开始抖动变形。

05 Ignore transform（忽略变形）：抖动变形时，忽略对象的位置变换。抖动仅应用于设定动画的点，而不应用于对象上设定动画的变形节点。例如，如果给一个袋鼠设定边跳边讲话的动作，那么可以通过将变形节点的属性设为跳跃运动设定关键帧，并且通过给嘴上的点设定关键帧使嘴部进行运动，如果勾选该选项，则只有嘴部会产生抖动的效果。

12.7 驱动关键帧应用技术

本节将介绍驱动关键帧应用技术，这一技术在制作动画的过程中应用得非常广泛。下面通过一个口红的案例介绍驱动关键帧的制作。

在制作之前，首先要分析口红是如何运动的，运动过程中口红的结构会有哪些变化。旋转口红的底部，顶部的膏体会随之旋转上升。下面就来制作这一运动过程。

Step01 打开随书配套光盘中的DVD02\scene\scene\chap12\mb\kouhuong.mb场景文件，在Outliner（大纲）视图中选择group1，将口红膏体对应的两个模型设置为一个组，如图12-187所示。

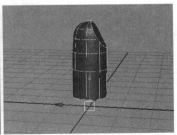

图 12-187

Step02 创建一个圆环，切换至Animation（动画）模块，为需要进行旋转的口红底部创建一个圆环控制器，调整大小及位置，将其重命名为con_crv，如图12-188所示。

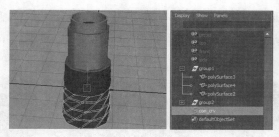

图 12-188

Step03 依次选择口红底部和con_crv，按下P键将其作为con_crv的子物体。由于口红的底部仅发生y轴向的旋转，所以选择圆环控制器，在con_crv通道盒中将其除Roatate Y（y轴旋转）之外的所有属性锁定并隐藏，如图12-189所示。

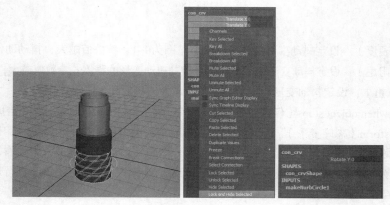

图 12-189

Step04 执行菜单Animate>Set Driven Key>Set…（动画>设置关键帧>设置…）命令，打开Set Driven Key（设置驱动关键帧）窗口，上方是Driver（驱动物体）列表，下方是Driven（被驱动物体）列表，左边的方框对应名称，右边的方框对应名称属性，如图12-190所示，下面设置口红底部旋转驱动膏体的效果。

Step05 选择con_crv，单击Set Driven Key（设置驱动关键帧）窗口中的Load Driver（导入驱动物体）按钮，则con_crv及其对应的属性被导入至Driver（驱动物体）窗口中，然后选择膏体对应的Group2，单击Load Driven（导入被驱动物体）按钮，将Group2及其对应属性导入Driven（被驱动物体）列表中，如图12-191所示。

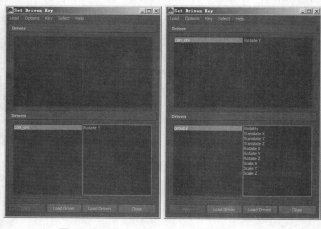

图 12-190　　　　　　　图 12-191

Step06 在制作驱动动画时，可以选择一个属性驱动单个属性或多个属性的方式。对于口红的运动，底部在旋转的过程中，驱动膏体上升并发生旋转。在Set Driven Key（设置驱动关键帧）窗口的Driver（驱动物体）列表中选择con_crv的Rotate Y属性，在Driven（被驱动物体）列表中选择Translate Y和Rotate Y属性，单击Key（设置关键帧）按钮，如图12-192所示，此时查看通道盒，可以看到被驱动的属性颜色变为红色，如图12-193所示。

Step07 在通道盒中将con_crv的Rotate Y属性修改为90，如图12-194所示，即将con_crv绕y轴旋转90°。

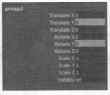

图 12-192　　　　　　　图 12-193　　　　　　　图 12-194

Step08 选择Group2，将其向上移动一定的距离，同时旋转一定的角度，如图12-195所示。

Step09 单击Set Driven Key（设置驱动关键帧）窗口中的Key（设置关键帧）按钮，此时，对con_crv执行旋转操作，即可看到膏体旋转进出口红底部的效果，如图12-196所示。

图 12-195　　　　　　　　　　图 12-196

在通道盒中选择需要删除的驱动属性，单击右键选择Break Connection（断开连接）命令，即可将已有的驱动关键帧删除。

驱动关键帧应用的领域非常广泛，包括表情制作、变形金刚动画等。

至此，本案例全部制作完成，更详细的操作方法可参见随书配套光盘中的教学视频，最终场景文件可参见随书配套光盘中的DVD02\scene\scene\chap12\mb\kouhong_end.mb。

12.8 路径动画应用技术——游动的海豚

本节通过一个海豚的案例讲解路径动画应用技术。

Step01 打开随书配套光盘中的DVD02\scene\scene\chap12\mb\haitun.mb场景文件，场景中有一个海豚的

模型，如图12-197所示，下面为其创建一条曲线路径。

Step02 执行菜单Create>CV Curve Tool（创建>CV曲线工具）命令，在海豚模型的周围绘制一条路径曲线，切换至CV曲线点模式，在三维空间中调整曲线的形状，如图12-198所示。

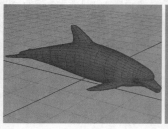 

图 12-197　　　　　　　　　　　图 12-198

Step03 选择模型，按下Shift键加选曲线，在Animation（动画）模式下，单击菜单Animate>Motion Paths>Attach to Motion Path>□（动画>运动路径>添加至运动路径>□），打开其选项窗口，执行菜单Edit>Reset（编辑>重置）命令恢复至默认设置，如图12-199所示。

图 12-199

01 Time range（时间范围）：有Time Slider（时间滑块）、Start（开始）、Start/End（开始/结束）3个选项。

02 Time Slider（时间滑块）：选择该选项时，路径动画的时长与时间轴设置的时长相同，下面的Start time（开始）和End time（结束时间）参数显示为冻结。

Step04 本案例中，将时间轴的长度设置为100帧，如图12-200所示。

03 Start（开始时间）、Start/End（开始/结束时间）：点选这两者时，可以使用下方的Start time（开始时间）和End time（结束时间）填写数值来控制路径动画的时间范围，如图12-201所示。

图 12-200　　　　　　　　　　　图 12-201

04 Follow（跟随）：取消Follow（跟随）选项的勾选时，Front axis（前向轴）和Up axis（竖直轴）选项均显示为冻结，则路径不约束物体的旋转。默认情况下勾选该选项。

Step05 单击Attach（添加）命令，可以看到海豚附着至路径的起点处，播放动画，可以看到海豚沿路径运动的效果，如图12-202所示。

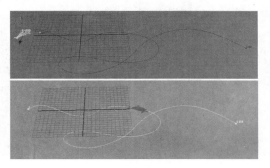

图 12-202

Step06 如果想要修改路径动画的结束时间，可以单击路径曲线的末端，按Ctrl+A组合键打开属性窗口，将Time（时间）修改为50帧即可，如图12-203所示。

图 12-203

Step07 使用同样的方法可以修改路径动画的起始时间。单击路径曲线的起始段，按Ctrl+A组合键打开属性窗口，将起始时间修改为10帧，如图12-204所示。

图 12-204

Step08 选择海豚模型，查看通道盒，可以看到海豚模型的变换和旋转属性均处于约束状态，如图12-205所示。

图 12-205

Step09 选项窗口中的其他参数也可以在通道盒和属性面板中调节。选择路径，按下Ctrl+A键打开属性面板，切换至motionPath1标签， Follow（跟随）选项的勾选可以切换其下方属性是否冻结，如图12-206所示。

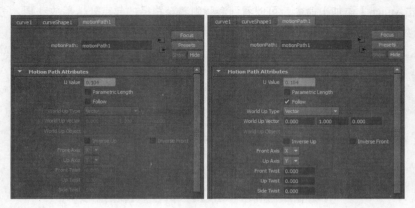

图 12-206

下面一一讲解Follow（跟随）下方的属性参数。

01 World Up Type（世界向上向量类型）：为约束模型的参数之一，可以控制模型向前运动的方向，它决定了模型在路径上的朝向是否正确，默认类型为Vector（向量），它可以用下方的World Up Vector（世界向上向量）参数来控制，它的3个数值分别控制向量的X、Y和Z方向。当第2个数值为1时，代表物体的向上轴向始终指向世界的y轴向，对应的Up Axis（向上轴向）为Y。

Step10 执行Display>Transform Display>Local Rotation Axes（显示>显示变换>本地旋转轴）命令，可以在场景视图中显示物体的轴向，如图12-207所示。

Step11 当World Up Vector（世界向上向量）取值为1、0、0时，则y轴始终指向世界坐标系的x轴，如图12-208所示。

图 12-207

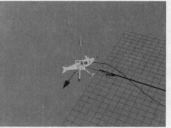

图 12-208

Step12 将World Up Vector（世界向上向量）还原为0、1、0。下面介绍World Up Type（世界向上向量）类型中除World Up Vector（世界向上向量）之外另一种常用的Object Up（物体向上）方式。

Step13 创建一个Polygon（多边形）球体，将其重命名为a，如图12-209所示。

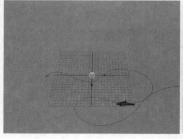

图 12-209

Step14 下面将路径动画与球体a之间制作一个连接。选择路径，进入属性面板的motionPath1标签，在World Up Type（世界向上类型）后的下拉列表中选择Object Up（物体向上）方式，在World Up Object（世界向上物体）后的空白框中输入球体的名称a，如图12-210所示，这样海豚模型与球体之间就建立了一种关系，即海豚的y轴始终指向球体，当球体发生运动时，海豚的轴向也随之发生改变，如图12-211所示。

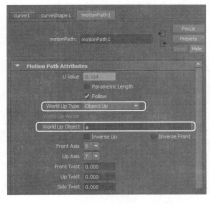

图 12-210

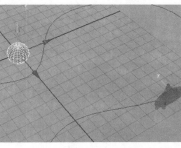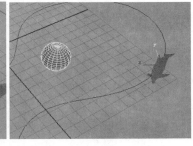

图 12-211

Step15 删除球体。下面介绍Inverse Up（反转向上）和Inverse Front（反转向前）。

Step16 勾选Inverse Up（反转向上）时，物体原先的向上轴向y变为向下，如图12-212所示。

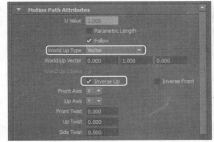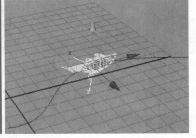

图 12-212

Step17 勾选Inverse Front（反转向前）时，会将物体的向前轴向反转，如图12-213所示。

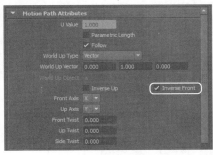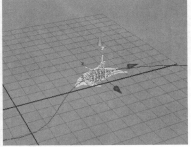

图 12-213

02 Front Axis（向前轴向）：为始终沿着路径向前运动的轴向。

03 Up Axis（向上轴向）：垂直于物体指向世界空间上方的轴向。

可使用下拉菜单对这两个轴向进行设置。

04 Front Twist（向前扭曲）：调整该值，物体会沿着向前运动的方向发生扭曲，如图12-214所示。

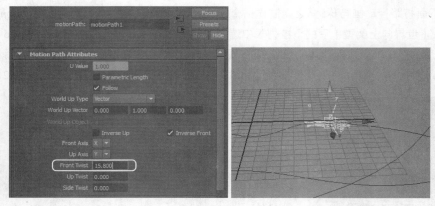

图 12-214

05 Up Twist（向上扭曲）：调整该值，物体会沿着竖直方向发生扭曲，如图12-215所示。

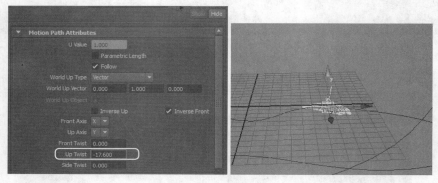

图 12-215

06 Side Twist（侧面扭曲）：调整该值，物体会在路径两侧的方向上发生扭曲，如图12-216所示。

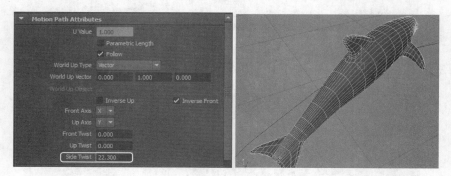

图 12-216

使用右键菜单可以为这3个参数设置动画关键帧，如图12-217所示。

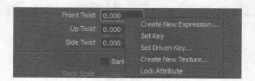

图 12-217

07 Bank（偏移）：勾选该选项之后，模型产生了轻微的偏移，如图12-218所示。

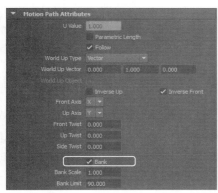
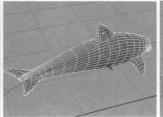

图 12-218

这一参数主要控制物体运动至弯道处受到离心力产生的自然倾斜，可以用Bank Scale（偏移缩放）、Bank Limit（偏移范围）两个参数进行控制，如图12-219所示。

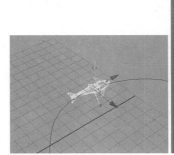
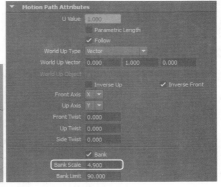

图 12-219

Step18 将路径动画的开始和结束时间设置为0至50。

Step19 执行菜单Animate>Motion Paths>Set Motion Path Key（动画>路径动画>设置路径关键帧）命令，则系统会将当前帧设置为路径关键帧。创建完成之后，路径上会出现这一关键帧的标示，使用鼠标左键将其在路径上拖曳，从而调整这一关键帧在路径上的空间位置，物体运动的速率也会随之发生改变，如图12-220所示。使用键盘Delete（删除）键可将这一关键帧直接删除。

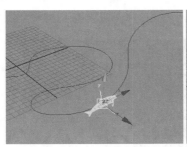
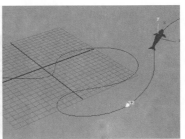

图 12-220

调整后的速率可以在Graph Editor（曲线编辑器）中查看。

Step20 执行Animate>Motion Paths>Flow Path Object（动画>路径动画>路径晶格）菜单命令，可以为物体添加一个晶格。在通道盒中可以调整晶格的段数，则物体在路径上运动时发生的形变会更加柔和，如图12-221所示。

基础
建模
渲染
动画
特效

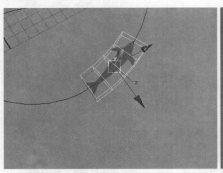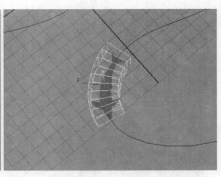

图 12-221

至此，海豚模型的路径动画应用就介绍完毕，更详细的操作步骤可参见随书配套光盘中的教学视频，最终场景文件可参见随书配套光盘中的DVD02\scene\scene\chap12\mb\haitun.end.mb。

12.9 人物全身绑定

下面讲解人物的全身绑定。打开随书配套光盘中的DVD02\scene\scene\chap12\mb\renwubangding_start.mb初始场景文件，如图12-222所示。

图 12-222

12.9.1 全身骨骼设定

Step01 在进行骨骼匹配之前，可以在软件右下角的层编辑器中为模型创建一个显示层，避免在骨骼匹配时误选到场景中的模型，如图12-223所示。

Step02 首先匹配手臂骨骼。单击菜单Skeleton>Joint Tool>□（骨骼>关节工具>□）命令，打开Tool Settings（工具设置）面板，单击Reset Tool（重置工具）按钮对当前工具进行重置，如图12-224所示。

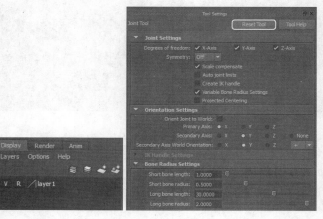

图 12-223　　　　　　　图 12-224

12.9.1.1 手臂骨骼设定

Step01 首先匹配手臂的骨骼，注意将骨节点放置在关节的位置。切换至透视图，将整条骨骼向上移动至手臂的位置，如图12-225所示。

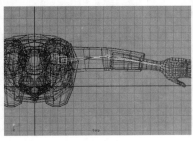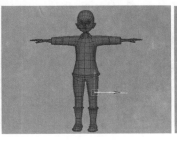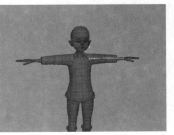

图 12-225

Step02 检查各个角度，微调各骨节点的位置，如图12-226所示。

图 12-226

12.9.1.2 手掌及手指骨骼设定

Step01 下面创建手指的关节。切换至顶视图，按照手部关节的分布，首先绘制食指的骨骼，然后，绘制另外3根手指的骨骼，如图12-227所示。

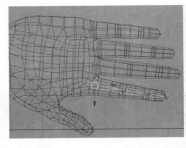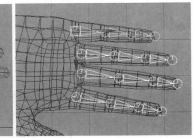

图 12-227

Step02 绘制拇指骨骼。配合工具栏上的工具和快捷键P键，将手部骨骼补充完整，如图12-228所示。

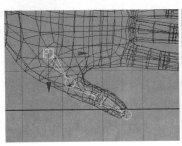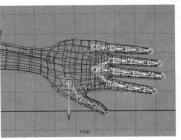

图 12-228

基础

建模

渲染

动画

特效

Step03 切换至透视图，将手部骨骼向上移动，直至与模型的手部基本吻合，如图12-229所示。

Step04 放大视图，配合使用移动和旋转工具精确调节各骨节点的位置，如图12-230所示。

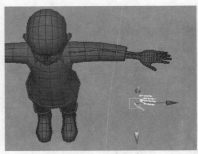 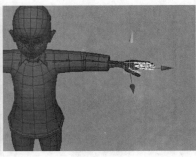 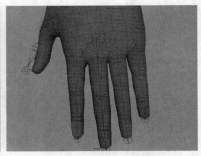

图 12-229　　　　　　　　　　　　　　　　　　图 12-230

Step05 选择手部除拇指外的4节骨骼，依次执行菜单Edit>Select Hierarchy（编辑>选择层级）命令，并单击状态栏中的■按钮显示这4节骨骼的层级及轴向，如图12-231所示，可以看到它们的y轴方向均为竖直向上。

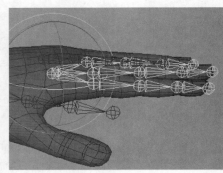 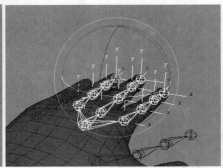

图 12-231

Step06 选择拇指的骨骼，再次执行上述的两个命令，可以看到拇指骨骼的y轴亦为竖直向上，如图12-232所示，但是拇指的正面是朝向一侧的，所以这里需要将拇指骨骼的方向和拇指的朝向调整为一致。微调拇指骨骼各关节的位置，配合旋转工具调整各关节的方向，如图12-233所示。

Step07 单击菜单栏上的■图标，对拇指骨骼的轴进行调整，如图12-234所示。

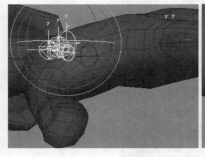 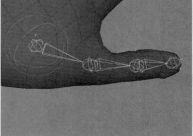 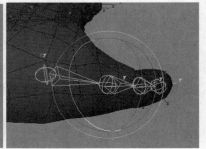

图 12-232　　　　　　　　图 12-233　　　　　　　　图 12-234

Step08 单击菜单栏上的■图标，退出轴层级模式。选择手腕处胳膊骨骼的第一个骨节点，按Ctrl+D组合键将其复制，按Shift+P组合键将其独立出来，调整位置。加选手部所有骨骼，按下P键将其连接至这一骨节点上，如图12-235所示。

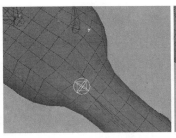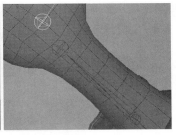

图 12-235

Step09 依次选择手部的5根手指的骨骼和新建的骨节点，按P键将手指骨骼作为这一骨节点的子物体，如图12-236所示。

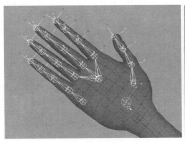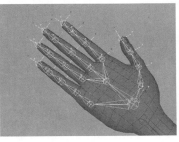

图 12-236

Step10 依次选择连接后的手部骨骼和手腕处的骨节点，按下P键将其连接在一起，微调各骨节点的位置，如图12-237所示。

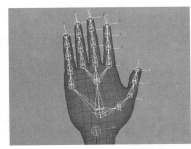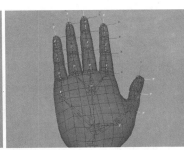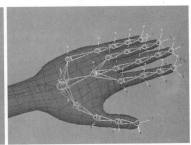

图 12-237

Step11 选择手腕处的骨节点，单击 图标，使用旋转工具调整它的轴向，如图12-238所示。

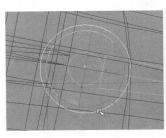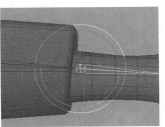

图 12-238

Step12 单击状态栏中的 按钮，关闭骨骼的层级及轴向显示。

12.9.1.3 肩部骨骼设定

下面创建肩部的骨骼。

基础

建模

渲染

动画

特效

Step01 切换至前视图，单击工具栏上的 ☑图标，在肩部创建一个骨节点。依次选择手部骨骼和这一骨节点，按下P键将其连接在一起，如图12-239所示。

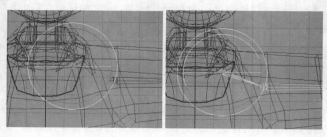

图 12-239

Step02 切换至透视图，调整肩部骨节点的位置，按住D键将其向后移动，如图12-240所示。

图 12-240

至此，左侧骨骼制作完成，右侧骨骼可以通过镜像的方法得到。

12.9.1.4 腿部骨骼设定

下面制作腿部骨骼。

Step01 切换至侧视图，单击工具栏上的 ☑图标，在左视图自上而下创建腿部和前脚掌的骨骼，如图12-241所示。

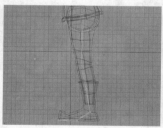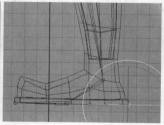

图 12-241

Step02 创建足跟部的节点，依次选择这一骨节点脚踝处的骨节点，按P键将其连接，如图12-242所示。

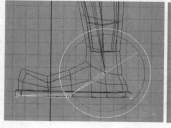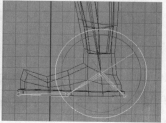

图 12-242

Step03 切换至透视图，将这一骨骼移动至模型内部，如图12-243所示。

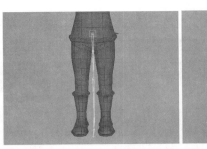

图 12-243

Step04 切换至顶视图，在脚的两侧创建两个骨节点；然后，在透视图中将其向下移至脚底的位置，如图12-244所示。

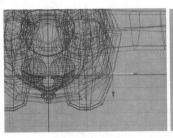

图 12-244

Step05 微调这两个骨节点的位置，将其连接至足尖的骨骼上。至此，腿部和脚部的骨骼制作完成，如图12-245所示。

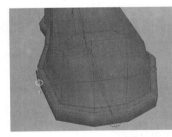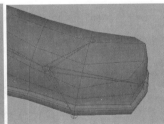

图 12-245

12.9.1.5 腰部骨骼设定

下面制作腰部骨骼。

Step01 执行Create>CV Curve Tool（创建>CV曲线工具）菜单命令，在侧视图中绘制一条曲线，在图层编辑器中关闭身体模型的显示，如图12-246所示。

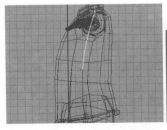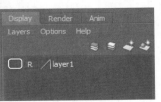

图 12-246

Step02 在菜单栏上设置选择的优先级。选择曲线，按Ctrl+A组合键打开属性面板，在Component

Display（显示元素）卷展栏中勾选Disp CV（显示CV点）选项，如图12-247所示。

图 12-247

Step03 当前曲线上的点数过少，下面进行调整。切换至Surface（曲面）模块，单击菜单Edit Curves>Rebuild Curve>□（编辑曲线>重置曲线>□），打开Rebuild Curve Options（重置曲线选项）窗口，将Number of spans（段数）设置为8，如图12-248所示。

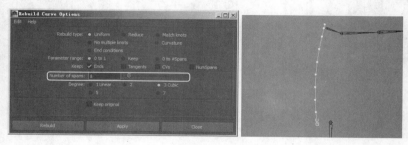

图 12-248

Step04 单击工具栏上的 图标，按下V键启用吸附点功能，依照曲线上的点从下往上绘制腰部骨骼；然后，在大纲中选择作为参考线的曲线并删除，如图12-249所示。

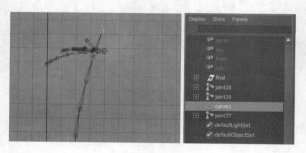

图 12-249

Step05 在图层编辑器中开启身体模型的显示，在屁股的位置创建一个骨节点作为根骨骼。配合P键将脊柱骨骼的尾端与其相连，然后将腿部与脊柱骨骼相连，如图12-250所示。

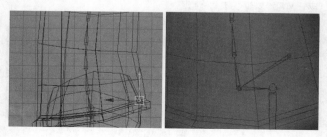

图 12-250

12.9.1.6 头颈

下面创建头颈骨骼。

Step01 选择 工具，依次在颈部和头顶单击鼠标创建一段骨骼；然后，在口腔创建一段骨骼，如图12-251所示。

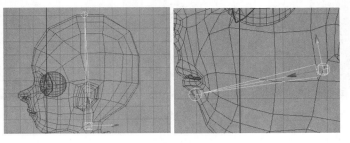

图 12-251

Step02 重设选择的优先级，配合使用P键将口腔和头部骨骼相连接，如图12-252所示。

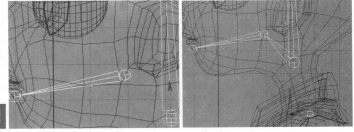

图 12-252

Step03 将头颈骨骼与脊柱骨骼相连接，如图12-253所示。

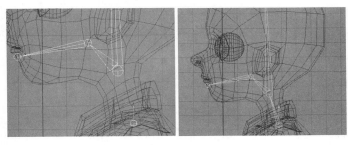

图 12-253

Step04 将肩部骨骼与胸廓的骨骼相连，如图12-254所示。

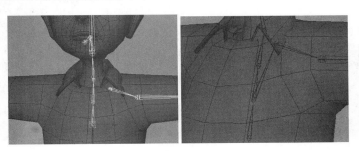

图 12-254

Step05 下面对骨骼进行镜像操作。单击菜单Skeleton>Mirror Joint> （骨骼>镜像骨节> ），打开

基础

建模

渲染

动画

特效

Mirror Joint Tool Options（镜像骨节工具选项）窗口，将Mirror Across（镜像轴）设置为*yz*轴，选择腿部骨骼，单击Apply（应用）按钮，如图12-255所示。

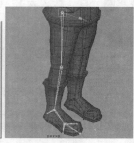

图 12-255

Step06 使用同样的方法镜像手臂骨骼，如图12-256所示。

图 12-256

至此，全身的骨骼设定完成，下面进行骨骼名称的设定，便于进一步进行权重设定（可以快速选择需要刷取权重的区域）等工作，更详细的操作方法可参见随书配套光盘中的教学视频，最终场景文件可参见随书配套光盘中的DVD02\scene\scene\chap12\mb\renwubangding_qsggsd.mb。

12.9.2 骨骼名称设定

Step01 执行Modify>Search and Replace Names…（修改>查找并替换名称…）菜单命令，打开Search Replace Options（查找替换选项）窗口，可以看到需要Search for（查找）的字段为joint，在Replace with（替换为）一栏中输入thumb，选择场景中的拇指骨骼，单击Apply（应用）按钮，如图12-257所示。

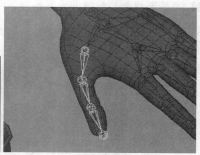

图 12-257

Step02 随后，选择食指骨骼，在Replace with（替换为）一栏中输入index，单击Apply（应用）按钮，如图12-258所示。

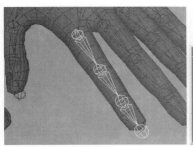

图 12-258

Step03 选择中指骨骼，在Replace with（替换为）一栏中输入index。使用同样的方法将无名指骨骼重命名为ring，将小拇指骨骼重命名为pinky，如图12-259所示。

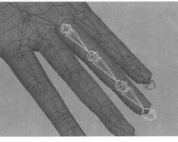

图 12-259

Step04 选择手指全部骨骼，将其重命名为finger。选择手部骨骼，将其重命名为hand。随后选择手腕骨骼，重命名为wrist，如图12-260所示。

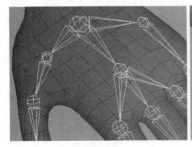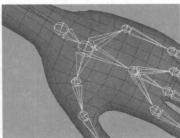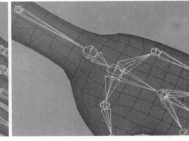

图 12-260

Step05 选择小臂骨骼，将其重命名为fore arm。选择大臂骨骼，重命名为upper arm。随后选择肩部骨骼，将其重命名为shoulder，如图12-261所示。

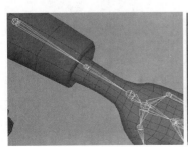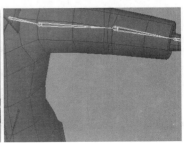

图 12-261

Step06 将头部、颈部、头顶骨骼分别重命名为neck、head和head top，如图12-262所示。

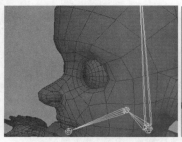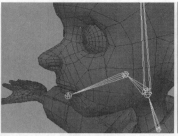

图 12-262

Step07 将嘴部、唇边、胸廓骨骼分别重命名为mouth、mouth top及chest，如图12-263所示。

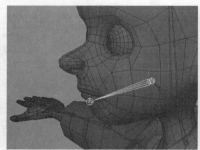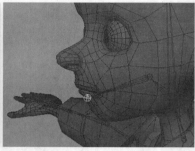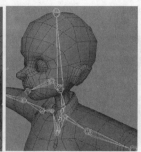

图 12-263

Step08 选择腰部骨骼，在Search Replace Options（查找替换选项）窗口中将其重命名为spine，将根骨骼和尾椎骨骼在通道盒中分别重命名为root和master，如图12-264所示。

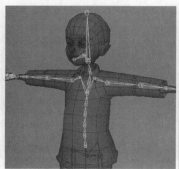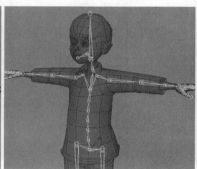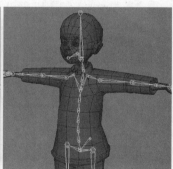

图 12-264

Step09 将大腿、小腿和脚部骨骼分别在通道盒中重命名为thigh、skin及foot，如图12-265所示。

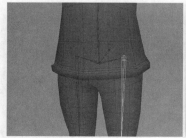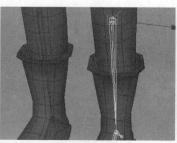

图 12-265

Step10 将足跟、前脚掌及足尖骨骼在通道盒中分别重命名为heel、ball和toe，如图12-266所示。

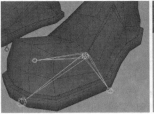

图 12-266

Step11 将脚掌两边的两个骨节点在通道盒中分别重命名为ball_r和ball_l，如图12-267所示。

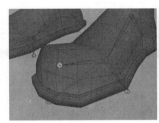

图 12-267

Step12 在通道盒中逐一检查各段骨骼名称是否正确。下面使用前缀来区分骨骼的左右。

Step13 执行Modify>Prefix ierarchy Names（修改>添加名称前缀）菜单命令打开窗口，选择右手的骨骼，输入r_，则右手各节骨骼名称前面均添加了r_前缀，如图12-268所示。

图 12-268

Step14 对右腿执行同样的操作，为左手和左腿骨骼添加l_作为前缀，如图12-269所示。

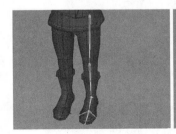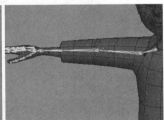

图 12-269

至此，骨骼名称设定完毕，更详细的操作方法可参见随书配套光盘中的教学视频，最终场景文件可参见随书配套光盘中的DVD02\scene\scene\chap12\mb\renwubangding_ggmcsd.mb。

12.9.3 控制器设定

下面讲解控制器的设定。为便于操作，这里控制器的设定是使用脚本插件实现的。这种插件的制作方法非常简单，仅需将编写的脚本文档存放至Maya\2014-x64\Scripts文件夹下，图标文件统一存放至Maya\2014-x64\prefs\icons文件夹即可在Maya中调用该插件，如图12-270所示。

基础　建模　渲染　动画　特效

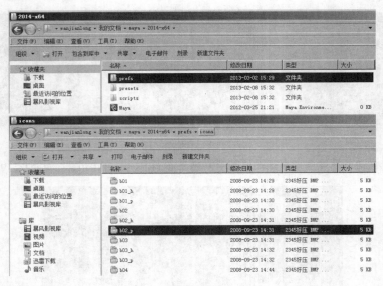

图 12-270

Step01 使用写字板打开随书配套光盘提供的DVD02\scene\scene\chap12\控制器脚本\controllers.mel脚本文件。在Maya2014中打开Script Editor，在面板上单击鼠标右键，从弹出的快捷菜单中选择New Tab（新建标签）命令，在Source Type（源类型）窗口中单击MEL，新建一个MEL标签，将脚本粘贴至MEL标签的文本框中，单击▶按钮执行语句，此时场景中会出现一个创建控制器的插件面板，如图12-271所示。

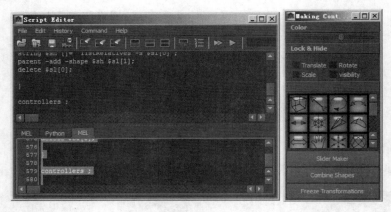

图 12-271

Step02 单击█按钮，在场景中创建一个脚部控制器，将其移动至和脚吻合的位置，配合软选择工具调整控制器的形状，使其刚好包裹住脚部模型的外围，如图12-272所示。

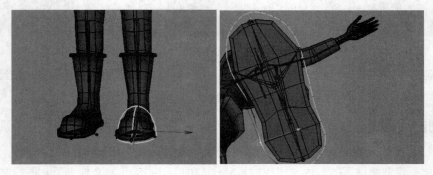

图 12-272

Step03 下面为膝盖创建定位器。单击 ⚠ 按钮创建定位器的外形，将枢轴点移至控制器顶部，按下V键将其吸附至膝盖骨骼上，旋转90°，使用缩放工具将其调整至合适的大小，如图12-273所示。

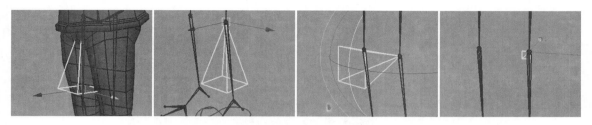

图 12-273

Step04 下面创建FK。单击 💧 按钮创建控制器的外形，按下V键将其吸附至膝盖骨骼上，旋转90°，使用缩放工具将其调整至合适的大小，如图12-274所示。

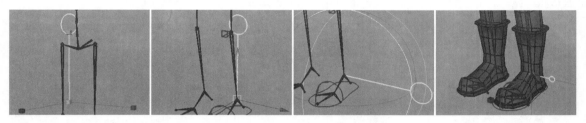

图 12-274

Step05 在图层编辑器中隐藏身体骨骼。选择脚踝处的FK控制器，按Ctrl+D组合键将其复制两次，按V键将其放置至膝盖和胯骨的位置，如图12-275所示。

Step06 下面创建腰部控制器。这里仅需要一个简单的圆环作为外形即可。单击菜单栏上Curves（曲线）标签下的 ◎ 图标，在场景中新建一个圆环，调整大小及位置，将其吸附至腰椎骨骼的底部，重命名为final_crv，如图12-276所示。

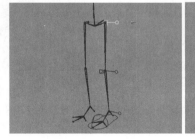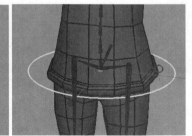

图 12-275   图 12-276

Step07 下面创建一个控制全身的控制器。按Ctrl+D组合键将其复制，使用缩放工具将其放大。切换至曲线点模式，调整前后左右4个顶点的位置，如图12-277所示。

图 12-277

基础
建模
渲染
动画
特效

Step08 选择腰部控制器，按Ctrl+D组合键将其复制并向上移动，将其缩放得小一些，使用旋转工具对角度进行微调，如图12-278所示。

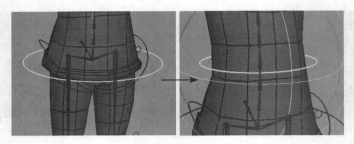

图 12-278

Step09 继续制作胸部控制器。配合Ctrl+D组合键将腹部控制器复制并向上移动，切换至曲线点模式，调整形状。微调胸部、腹部、腰部控制器的位置、尺寸及角度，如图12-279所示。

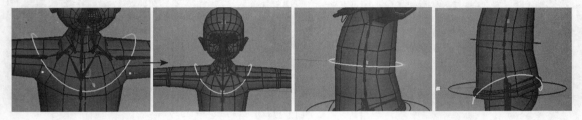

图 12-279

Step10 下面创建肩部控制器。在图层编辑器中隐藏模型的显示，单击 按钮创建控制器的外形，按V键将其吸附至肩部骨骼上，使用缩放工具将其调整至合适的大小，如图12-280所示。

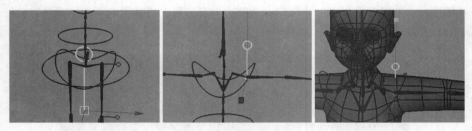

图 12-280

Step11 整个手臂的控制分为两类，一部分为IK，另一部分为FK。单击 按钮创建手腕控制器的外形，按V键将其吸附至手腕骨骼上，微调位置、角度和尺寸，如图12-281所示。

Step12 单击菜单栏上Curves（曲线）标签下的 图标，在场景中新建一个圆环，调整大小及位置，将其吸附至手腕骨骼上，如图12-282所示。

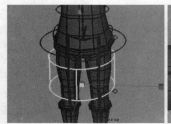
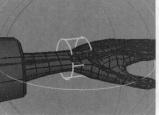
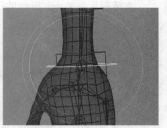

图 12-281　　　　　　　　　　　　　　图 12-282

Step13 选择手腕圆环控制器，按Ctrl+D组合键将其复制并移动吸附至肘部骨骼处，微调位置、角度及尺寸，如图12-283所示。

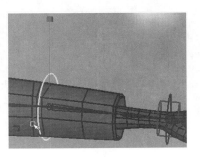

图 12-283

Step14 同样，选择肘部圆环控制器，按Ctrl+D组合键将其复制并移动吸附至肩部骨骼处，微调位置、角度及尺寸。切换至曲线点模式，将这一圆环调整成向内凹陷的马鞍状，如图12-284所示。

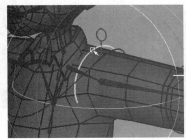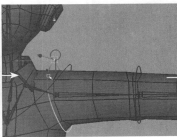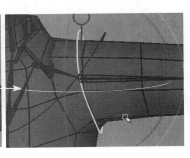

图 12-284

Step15 下面制作头部控制器。选择腰部控制器并复制，按V键将其移动吸附至颈部骨骼处，调整角度及尺寸，如图12-285所示。

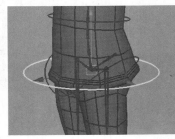

图 12-285

Step16 选择膝盖处的定位器，按Ctrl+D组合键将其复制，移动吸附至肘关节处，旋转180°，如图12-286所示。

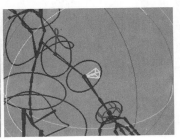

图 12-286

基础

建模

渲染

动画

特效

Step17 在通道盒中将手腕处的两个控制器分别重命名为r_hand_ik_crv和r_hand_fk_crv，如图12-287所示。

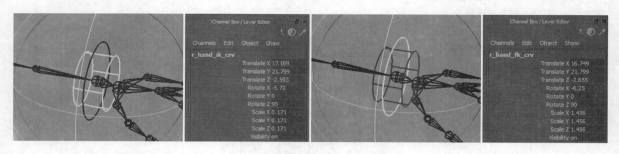

图 12-287

Step18 选择前臂处的控制器及定位器，将其分别重命名为r_fore_arm_crv及r_hand_lot_crv，如图12-288所示。

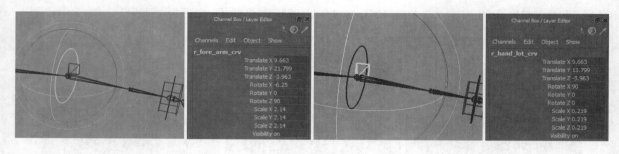

图 12-288

Step19 将大臂处的控制器及定位器分别重命名为r_upper_arm_crv和r_shoulder_crv，如图12-289所示。

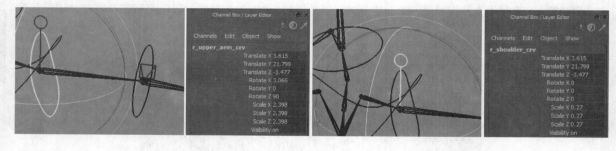

图 12-289

Step20 将头部控制器和胸部控制器分别重命名为head_crv和chest_crv，如图12-290所示。

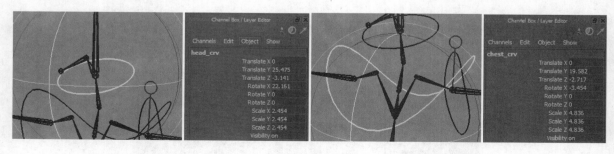

图 12-290

Step21 将腰部和根骨骼的控制器分别重命名为waist_crv和root_crv，如图12-291所示。

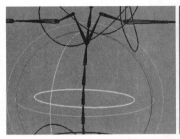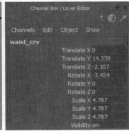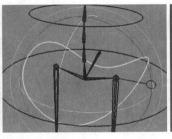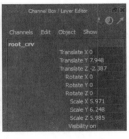

图 12-291

Step22 将主控制器和大腿控制器分别重命名为master_crv及r_thigh_fk_crv，如图12-292所示。

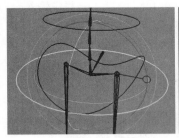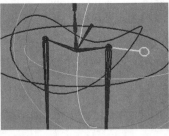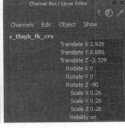

图 12-292

Step23 将膝盖定位器和控制器分别重命名为r_skin_fk_crv和leg_lot_crv，如图12-293所示。

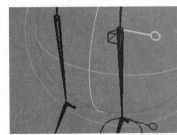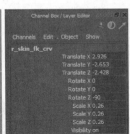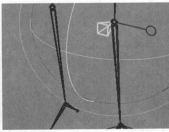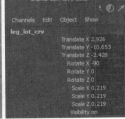

图 12-293

Step24 将脚部和脚踝控制器分别重命名为r_foot_crv及r_foot_fk_crv，如图12-294所示。

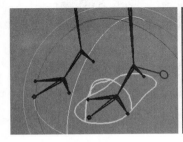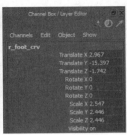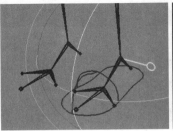

图 12-294

Step25 选择右侧所有控制器，按键盘上的Ctrl+D组合键将其复制，然后按Ctrl+G组合键将其设置为一个组，生成group1，在通道盒中将它的Scale X修改为-1，将其对称至左侧，如图12-295所示。

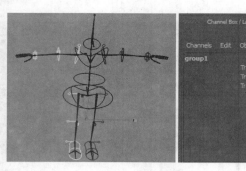

图 12-295

Step26 在大纲中将左侧控制器全选，执行Modify>Search and Replace Names…（修改>查找并替换名称…）命令，打开Search Replace Options（查找替换选项）窗口，在Search for（查找）一栏中输入r，Replace with（替换为）一栏中输入l，单击Apply（应用）按钮，如图12-296所示。

Step27 继续修改左侧控制器的名称，将group1解组，全选所有控制器，将其统一设置为一个组并且重命名为crv_grp，如图12-297所示。

图 12-296　　　　　　　　　　　　　　　　　　　　图 12-297

Step28 在大纲中选择master，它对应场景中创建的所有骨骼。按Ctrl+G组合键将其设置为一个组并重命名为joint_grp。选择final，它对应角色的模型，将其重命名为mod_grp，如图12-298所示。

图 12-298

至此，控制器及其名称设定完成，更详细的操作可参见随书配套光盘中的教学视频，最终场景文件可参见随书配套光盘中的DVD02\scene\scene\chap12\mb\renwubangding_kzqsd.mb。

12.9.4 手臂绑定

下面讲解手臂的绑定。

12.9.4.1 初步处理

在对手臂进行绑定之前，先要对模型进行冻结变换。当前的绑定结果存在一个问题，手臂上的控制器冻结之后，物体自身的轴向会出现问题。所以，在进行冻结操作之前，先对圆环进行复位。

Step01 选择r_hand_fk_crv，在通道盒中将Translate X、Translate Y、Translate Z均设置为0，则该控制器

会回到世界坐标轴中心位置，如图12-299所示。

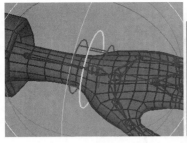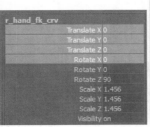

图 12-299

Step02 执行Modify>Freeze Transformations（修改>冻结变换）命令，按Ctrl+G组合键将其设置为一个组，并按Shift+P组合键将其提取出来，将其重命名为r_hand_fk_crv_grp。调整位置，将其吸附至手臂骨骼上，旋转至合适的角度，如图12-300所示。选择r_hand3，执行Display>Transform Display>Local Rotation Axes（显示>显示变换>本地旋转轴）命令显示轴向，当前的轴向并不正确，如图12-301所示。

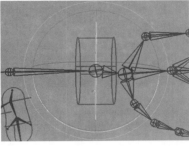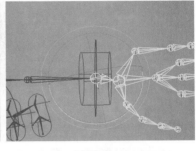

图 12-300　　　　　　　　　　　　　　　　　　图 12-301

Step03 切换至顶视图，依次单击工具栏上的和图标，使用旋转工具对其进行初调，如图12-302所示。

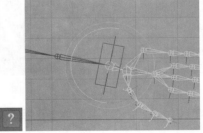

图 12-302

Step04 显示模型图层，单击图标，调整手部骨节点r_ball227的位置，如图12-303所示。

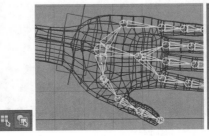

图 12-303

Step05 关闭模型图层，切换回轴向调整模式，继续调节r_hand3的轴向。调整完成后，切换回物体模式，继续调节r_ball227的位置，如图12-304所示。

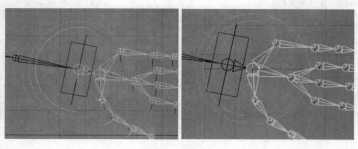

图 12-304

Step06 调整r_hand_fk_crv_grp的角度，如图12-305所示。

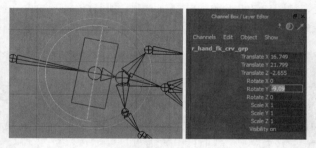

图 12-305

Step07 选择r_hand_ik_crv，在通道盒中设置参数，使其归位至世界坐标轴中心，如图12-306所示。

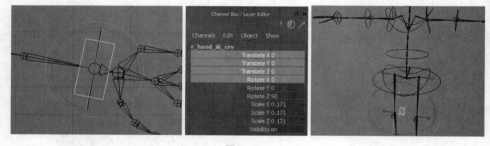

图 12-306

Step08 按Ctrl+G组合键，将其设置为一个组，重命名为r_hand_ik_crv_grp。r_hand_ik_crv并不位于世界坐标轴的中心，单击场景视图上方导航栏中的▦按钮显示网格，按下X键将其吸附至网格中心，如图12-307所示。

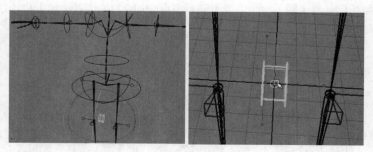

图 12-307

Step09 执行Modify>Freeze Transformations（修改>冻结变换）命令，按Shift+P组合键将其分离出来。

选择该组，按V键将其吸附至手腕骨骼处，如图12-308所示。

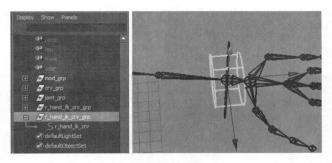

图 12-308

Step10 切换至顶视图，调整它的角度。选择组中的物体r_hand_ik_crv，可以看到它的变换参数均为0，如图12-309所示。

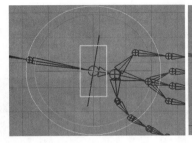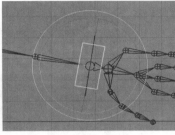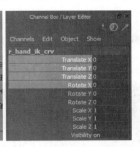

图 12-309

Step11 同理，选择r_fore_arm_crv，将它的变换参数归0，如图12-310所示。

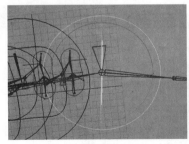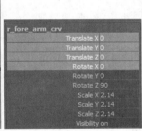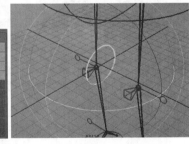

图 12-310

Step12 按Ctrl+G组合键将其设置为一个组，并重命名为r_fore_arm_crv_grp；选择该组，按Shift+P组合键将其提取出来，吸附至肘关节处；切换至顶视图，将其旋转至合适的角度，如图12-311所示。

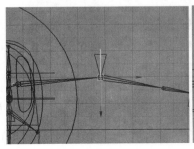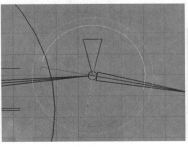

图 12-311

12.9.4.2 IK设置

Step01 切换至Animation（动画）模块，单击菜单Skeleton>IK Handle Tool>□（骨骼>IK手柄工具>□），打开IK Handle Settings（IK手柄设置）窗口，重置当前设置，选择RP解算器，在手臂骨骼处创建生成ikHandle1，如图12-312所示。

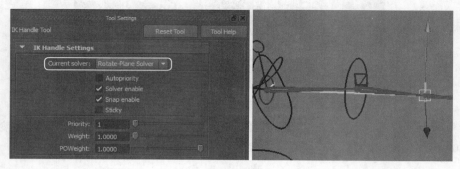

图 12-312

Step02 打开Hypershade（材质编辑器），单击█图标展开材质节点，选择effector1节点。按D+V组合键将轴心点吸附至手腕骨节点处，如图12-313所示。

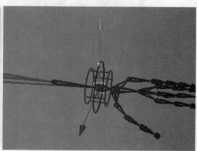

图 12-313

Step03 依次选择r_hand_ik_crv与ik_Handle1，执行Constrain>Point>□（约束>点约束>□）菜单命令，单击Point Constrain Options（点约束选项）窗口中的Edit>Reset Settings（编辑>重置设置）命令重置参数，勾选Maintain offset（保持偏移），单击Apply（应用）按钮，如图12-314所示。

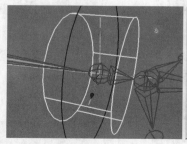

图 12-314

Step04 选择r_hand_lot_crv及l_hand_lot_crv，将其整体向后移动，执行Modify>Freeze Transformations（修改>冻结变换）命令将其冻结。依次选择r_hand_lot_crv及ikHandle1，执行Constrain>Pole Vector（约束>极向量约束）菜单命令，为其创建一个极向量约束，如图12-315所示。

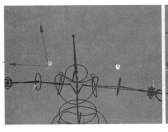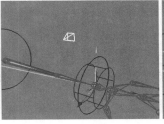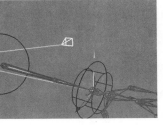

图 12-315

Step05 选择r_hand_lot_crv并移动，可以看到手部骨骼跟随运动的效果，如图12-316所示。

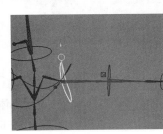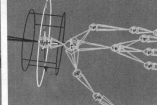

图 12-316

12.9.4.3 FK设置

Step01 选择r_upper_arm_crv及r_shoulder_crv，执行Modify>Freeze Transformations（修改>冻结变换）命令，将它们的变换参数属性冻结，如图12-317所示。

Step02 依次选择r_hand_fk_crv及r_hand3，执行Constrain>Orient（约束>方向约束）菜单命令，为其创建一个保持偏移的方向约束，旋转r_hand_fk_crv，整个手掌均跟随其发生旋转，如图12-318所示。

图 12-317   图 12-318

Step03 依次选择r_hand_fk_crv和r_hand3，执行Constrain>Point（约束>点约束）命令，为其创建一个点约束，此时，移动r_hand_ik_crv，手掌和手臂跟随运动的效果如图12-319所示。

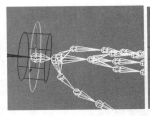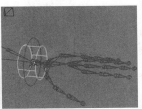

图 12-319

Step04 依次选择r_fore_arm_crv及r_fore_arm，执行Constrain>Orient（约束>方向约束）菜单命令，为其创建一个保持偏移的方向约束，如图12-320所示。使用同样的方法为r_upper_arm_crv及r_upper_arm创建一个同样的方向约束。此时如果旋转r_fore_arm_crv，整根手臂的骨骼没有发生任何变化，这是因为ikHandle1的ikBlend是开启的。

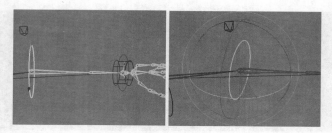

图 12-320

Step05 为解决这一问题，选择r_hand_fk_crv，在通道盒中执行菜单Edit>Add Attribute（编辑>添加属性）命令为其添加属性，在Long Name（长名称）一栏中输入R_IKFK，将Data Type（数据类型）设置为Enum，在Enum Names（枚举名称）栏目中选择Green，将其重命名为IK，将Blue重命名为FK，单击Add（添加）按钮进行添加，如图12-321所示。

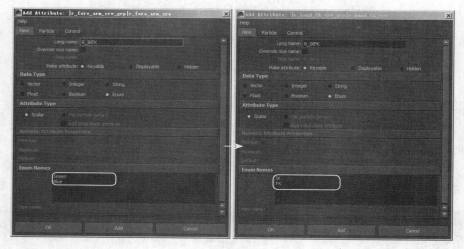

图 12-321

Step06 执行Animate>Set Driven Key>Set…（动画>设置驱动关键帧>设置…）菜单命令，将r_hand_fk_crv导入Driver（驱动物体）列表，在右侧属性中选择RIKFK。将ikHandle1导入Driven（被驱动物体）列表，选择Ik Blend作为被驱动属性，单击Key（设置关键帧）按钮。将r_hand_fk_crv的RIKFK设置为FK，将对应的ikHandle1的Ik Blend设置为0，单击Key（设置关键帧）按钮再次设置一帧关键帧，如图12-322所示。

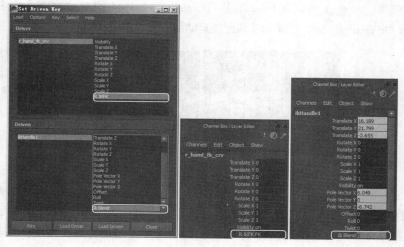

图 12-322

Step07 选择r_upper_arm_crv并旋转，可以看到手臂骨骼跟随旋转的效果，但是，肘部圆环r_fore_arm_crv并未发生跟随运动，下面解决这一问题。打开大纲，选择r_fore_arm_crv_grp，依次选择r_fore_arm_crv_grp及r_upper_arm_crv，按P键将前者设置为后者的子物体，再次旋转r_hand_fk_crv，可以看到得到了正确的效果，如图12-323所示。

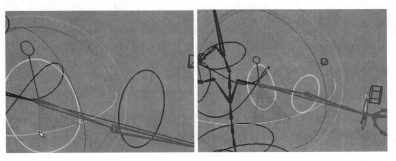

图 12-323

Step08 依次选择r_fore_arm_crv及r_hand_fk_crv_grp，执行Constrain>Parent（约束>父子约束）命令，旋转r_upper_arm_crv，可以看到r_fore_arm_crv及r_hand_fk_crv_grp均发生跟随运动，如图12-324所示。

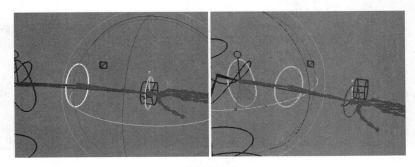

图 12-324

Step09 选择r_hand3，执行Display>Transform Display>Location Axis（显示>显示变换>本地轴向）菜单命令，取消轴向的显示。选择r_hand_fk_crv，切换为IK模式，移动该控制器，手臂跟随运动，如图12-325所示。

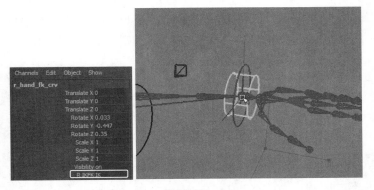

图 12-325

Step10 依次选择r_fore_arm及r_fore_arm_crv，执行Constrain>Point（约束>点约束）命令为其创建一个点约束。同样，为r_upper_arm及r_upper_arm_crv创建一个点约束。此时选择r_hand_ik_crv，可以看到整只手臂的骨骼和控制器跟随运动的效果，如图12-326所示。

基础 建模 渲染 动画 特效

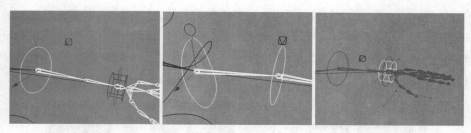

图 12-326

Step11 打开Set Driven Key（设置驱动关键帧）窗口，将r_hand_fk_crv导入驱动物体列表，r_upper_arm_crv导入被驱动物体列表，设置前者的RIKFK为FK，让前者的RIKFK驱动后者的Visibility（可见性）属性，单击Key（关键帧）按钮。在通道盒中查看r_hand_fk_crv的状态为IK，选择r_upper_arm_crv，将Visibility（可见性）设置为off（关闭），单击Key（关键帧）按钮，如图12-327所示。

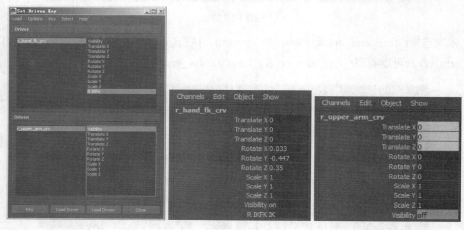

图 12-327

Step12 将r_hand_fk_crv切换为FK模式，将r_upper_arm_crv的Visibility（可见性）设置为on，如图12-328所示。

Step13 将r_hand_ik_crv及r_hand_lot_crv导入Driven（被驱动）物体列表，此时的r_hand_fk_crv为FK模式，将r_hand_ik_crv及r_hand_lot_crv的Visibility（可见性）设置为off，选择Visibility（可见性）作为被驱动属性，单击Key（设置关键帧）按钮，设置r_hand_fk_crv的R IKFK为IK模式，将r_hand_ik_crv及r_hand_lot_crv的Visibility（可见性）设置为on，单击Key（设置关键帧）按钮，如图12-329所示。

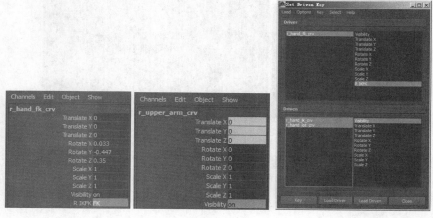

图 12-328　　　　　　　　　　　图 12-329

Step14 设置完成后，可以看到IK状态下移动r_hand_ik_crv和r_hand_lot_crv的效果如图12-330所示。

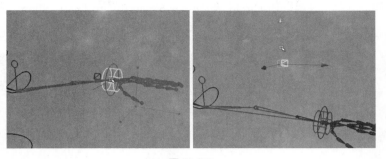

图 12-330

Step15 在FK状态下，可以通过旋转r_fore_arm_crv和r_upper_arm_crv来调整手臂的角度，如图12-331所示。

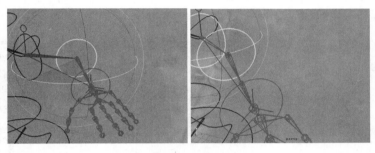

图 12-331

12.9.4.4 绑定手指

下面介绍手指控制器的制作方法。

Step01 在菜单栏的Curves（曲线）选项卡中单击◎图标创建一个圆环，按Ctrl+G组合键将其设置为一个组，按V键吸附至手部，旋转90°，缩小一定的比例。显示模型图层，微调它的角度，如图12-332所示。

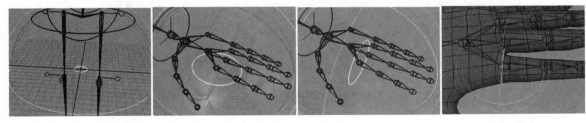

图 12-332

Step02 按Ctrl+D组合键将其复制出一份，吸附至第二个关节处，微调尺寸及角度，使用同样的方法得到第三个关节处的控制器，如图12-333所示。

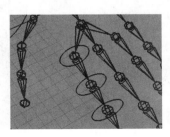

图 12-333

Step03 依次选择nurbsCircle1及r_elbow5，单击Constrain>Orient（约束>方向约束）菜单命令为其创建一个方向约束。使用同样的方法为nurbsCircle2及r_elbow6、nurbsCircle3及r_elbow7创建方向约束，如图12-334所示。

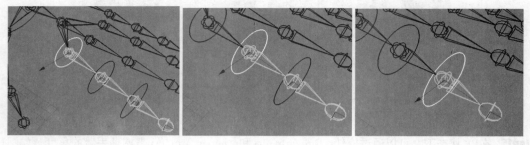

图 12-334

Step04 依次选择r_elbow5及group2，执行Constrain>Parent（约束>父子约束）菜单命令。使用同样的方法为r_elbow6及group3、r_ball25及group1创建父子约束，如图12-335所示。

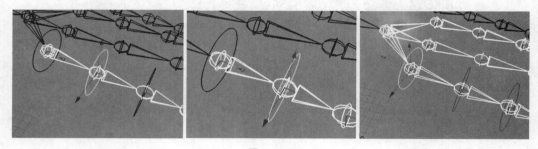

图 12-335

Step05 这样，旋转各关节处的控制器，即可对手指进行弯曲，如图12-336所示。

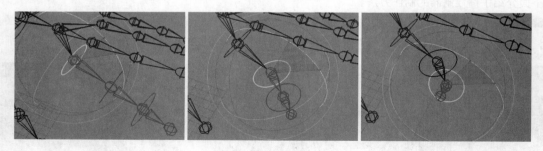

图 12-336

Step06 在大纲中选择group1、group2和group3，将其拖曳至crv_grp下方，将r_hand_fk_crv_grp及r_hand_ik_crv_grp也拖曳至crv_grp下方，如图12-337所示。

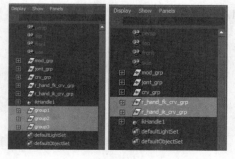

图 12-337

12.9.4.5 绑定手腕

Step01 选择r_hand_fk_crv，在通道盒中选择Rotate X（*x*轴旋转）属性，执行Edit>Expression Editor（编辑>表达式编辑器）命令，打开Expression Editor（表达式编辑器）窗口，复制属性名称r_hand_fk_crv_rotateX，如图12-338所示。

图 12-338

Step02 选择r_wrist，打开表达式编辑器，输入如下语句"r_wrist.rotateX=r_hand_fk_crv.rotateX*0.5;"，即控制器旋转一定角度时，手腕骨骼旋转的程度为控制器旋转角度的一半，单击Create（创建）按钮生成表达式，如图12-339所示。

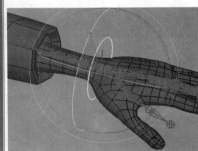

图 12-339

12.9.4.6 绑定肩部

Step01 下面对肩部进行绑定。单击菜单Skeleton>IK Handle Tool>□（骨骼>IK手柄工具>□），打开Tool Settings（工具设置）窗口，将Current solver（当前解算器）设置为Single-Chain Solver（单链模式），在肩骨骼处点击鼠标两次，创建ikHandle2，如图12-340所示。

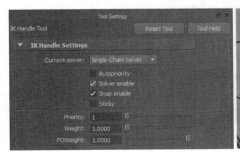
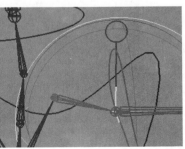

图 12-340

Step02 依次选择r_shoulder_crv及ikHandle2，为其创建一个勾选了保持偏移的点约束，此时，移动r_shoulder_crv，可以得到耸肩的效果，如图12-341所示。

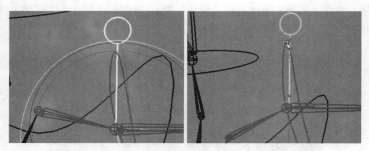

图 12-341

Step03 选择ikHandle1与ikHandle2，按Ctrl+G组合键，将其设置为一个组并重命名为ik_grp，如图12-342所示。

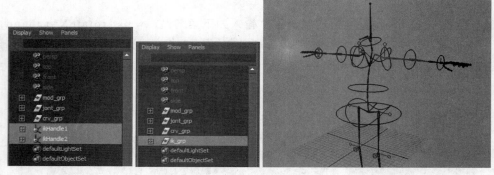

图 12-342

至此，右侧手臂绑定完毕，左侧手臂可使用同样的方法进行绑定，此处就不再赘述，更详细的操作可参见随书配套光盘中的教学视频，最终场景文件可参见随书配套光盘中的DVD02\scene\scene\chap12\mb\renwubangding_sbbd.mb。

12.9.5 腿部绑定

下面进行腿部绑定。

Step01 首先进行添加IK的操作。打开菜单Skeleton>IK Handle Tool（骨骼>IK 手柄工具）命令选项窗口，将Current solver（当前解算器）设置为Rotate-Plane Solver（旋转平面解算器），使用鼠标左键依次单击腿部两端骨节点，为腿部骨骼创建一段IK，如图12-343所示。

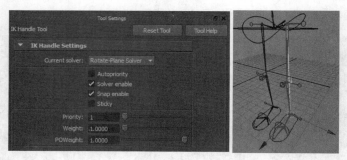

图 12-343

Step02 选择膝盖定位器，将其向前移动。执行Modify>Freeze Transformations（修改>冻结变形）菜单命令将其冻结，如图12-344所示。

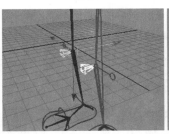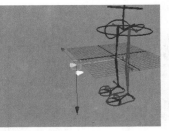

图 12-344

Step03 依次选择右侧定位器leg_lot_crv及刚刚添加的脚部IK，执行Constrain>Pole Vector（约束>极向量）命令，为其添加一个极向量约束，此时，移动leg_lot_crv，腿部骨骼会发生跟随运动，如图12-345所示。

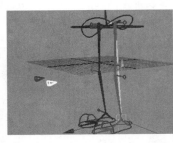

图 12-345

Step04 下面使用3k9组的方法为前脚掌添加控制器。选择■工具，将Current solver（当前解算器）设置为Single-Chain Solver（单链解算器）方式，用鼠标左键依次单击脚跟和脚中部骨骼，创建生成ikHandle4，再次用鼠标左键依次单击脚中部骨骼和脚尖部骨骼，创建生成ikHandle5，如图12-346所示。

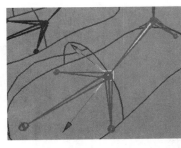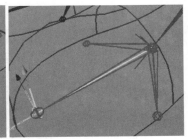

图 12-346

Step05 选择ikHandle3，按Ctrl+G组合键将其设置为一个组Group4，按D+V组合键将该组的轴心点吸附至脚中心的位置。同样，将ikHandle4亦设置为一个组Group5，按D+V组合键将该组的轴心点吸附至脚尖的位置。将ikHandle5设置为Group6，将它的轴心点亦放置至脚掌中心的骨节点处，如图12-347所示。

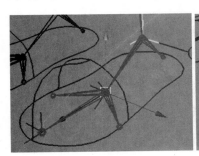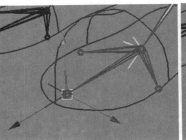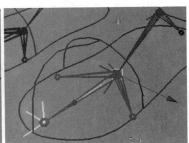

图 12-347

Step06 在大纲中选择Group4及Group5，按Ctrl+G组合键将其设置为Group7，按D+V组合键将轴心点吸附至脚尖的位置，如图12-348所示。

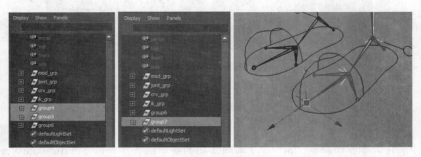

图 12-348

Step07 选择Group6和Group7，按Ctrl+G组合键将其设置为Group8，按D+V组合键将轴心点吸附至脚尖左侧骨节点上，如图12-349所示。

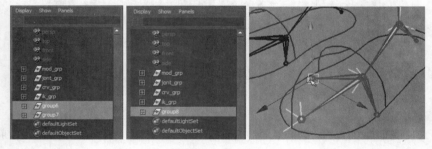

图 12-349

Step08 选择Group8，按Ctrl+G组合键，设置为Group9，按D+V组合键将轴心点吸附至脚尖右侧骨节点上，如图 12-350所示。

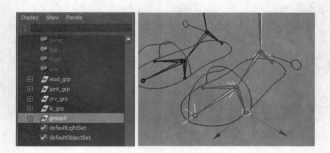

图 12-350

Step09 选择Group9，再次按Ctrl+G组合键，设置为Group10，按D+V组合键将轴心点吸附至脚跟处，如图12-351所示。

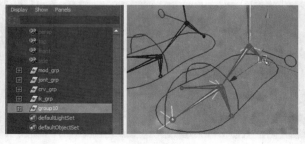

图 12-351

Step10 选择Group10，按Ctrl+G组合键，设置为Group11，按D+V组合键将轴心点吸附至脚踝处。再次按Ctrl+G组合键，将Group11设置为Group12，如图12-352所示。

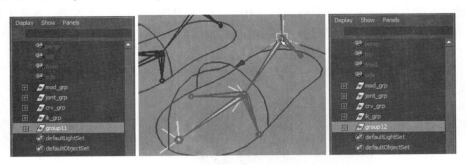

图 12-352

Step11 选择脚部控制器r_foot_crv，执行Modify>Freeze Transformations（修改>冻结变形）菜单命令将其冻结。依次选择Group12和r_foot_crv，按P键将前者作为后者的子物体。此时，移动r_foot_crv，可以看到IK及骨骼跟随运动的效果，如图12-353所示。

Step12 下面将IK及FK添加至root_crv上。选择master_crv、root_crv、waist_crv、chest_crv，执行Modify>Freeze Transformations（修改>冻结变形）菜单命令将其冻结，如图12-354所示。选择root_crv，在通道盒中执行Edit>Add Attribute（编辑>添加属性）命令，打开Add Attribute（添加属性）对话框。

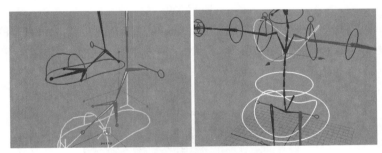

图 12-353 图 12-354

Step13 在Name（选项卡）的Long Name（长名称）栏目中输入R ikfk，在Enum Names（名称列表）中选择Green，将其重命名为ik，然后，选择Blue，将其重命名为fk，单击Add（添加）按钮，如图12-355所示。

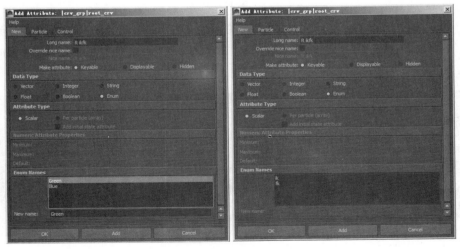

图 12-355

Step14 执行Animate>SetDrivenKey>Set…（动画>设置关键帧>设置…）菜单命令，打开Set Driven Key（设置关键帧）窗口，选择root_crv，单击Load Driver（导入驱动物体）命令将其导入驱动物体列表，在右侧选择Rkfk属性，选择ikHandle3、ikHandle4、ikHandle5，将其导入被驱动物体列表，选择Ik Blend作为被驱动属性，单击Key（设置关键帧）按钮，结果如图12-356所示。

图 12-356

Step15 在通道盒中将root_crv切换为fk状态，将ikHandle3、ikHandle4、ikHandle5的Ik Blend设置为0，单击Key（设置关键帧）按钮，如图12-357所示。

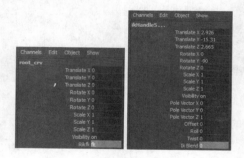

图 12-357

Step16 依次选择r_thigh_fk_crv及r_thigh，执行Constrain>Orient（约束>方向）菜单命令为其创建一个方向约束。使用同样的方法为r_skin_fk_crv和r_skin，以及r_foot_fk_crv和r_foot各创建一个方向约束，如图12-358所示。

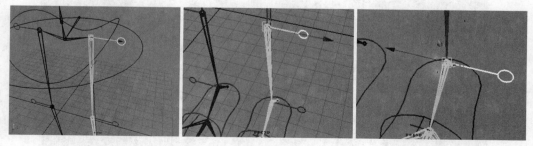

图 12-358

Step17 将r_foot_fk_crv作为r_skin_fk_crv的子物体，将r_skin_fk_crv作为r_thigh_fk_crv的子物体。选择

r_thigh_fk_crv并旋转，效果如图12-359所示。

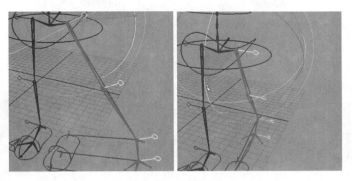

图 12-359

Step18 选择r_foot_fk_crv，按Ctrl+D组合键复制生成r_foot_fk_crv1，按V键将其吸附至前一节骨骼处。配合Ctrl键选择r_thigh_fk_crv、r_skin_fk_crv、r_foot_fk_crv及r_foot_fk_crv1，执行Modify>Freeze Transformations（修改>冻结变形）菜单命令将其冻结。依次选择r_foot_fk_crv1及r_ball，执行Constrain>Orient（约束>方向约束）菜单命令为其创建一个方向约束。然后，调换选择顺序，依次选择r_ball及r_foot_fk_crv1，执行Constrain>Point（约束>点约束）菜单命令为其创建一个点约束，如图12-360所示。

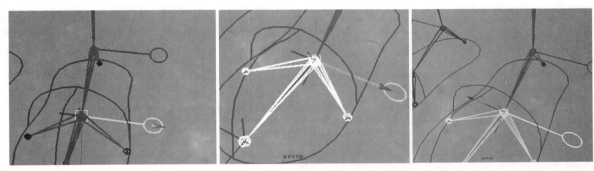

图 12-360

Step19 依次选择r_foot及r_foot_fk_crv，创建点约束。依次选择r_skin及r_skin_fk_crv，再次创建一个点约束。选择root_crv，将Rikfk设置为ik，此时，移动r_foot_crv，其余部分跟随运动的效果如图12-361所示。

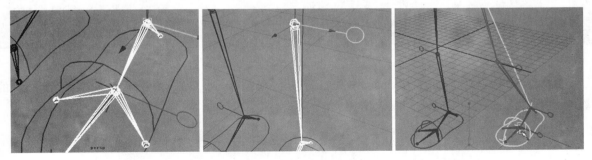

图 12-361

Step20 选择r_heel，按Ctrl+C组合键。选择r_foot_crv，在通道盒中单击Edit>Add Attribute（编辑>添加属性）命令打开属性添加窗口，在Data Type（数据类型）卷展栏中选择Float（浮点型），将名称设置为heel Y，单击Add（添加）按钮，如图12-362所示。

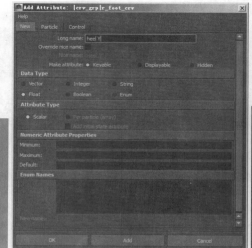

图 12-362

Step21 使用同样的方法依次添加Heel Z、R Ball R、R Ball L、R Foot、R Foot Y属性。选择Heel Y属性，执行Window>General Editors>Connection Editor（窗口>常规编辑器>连接编辑器）菜单命令，打开连接编辑器，将Heel Y加载到左栏，在大纲中展开r_foot_crv，选择group10，将其加载到右栏，将Outputs（输出）设置为heelY，Inputs（输入）设置为rotateY。此时，用鼠标中键在通道盒中拖曳，调整HeelY的值，脚部骨骼会在y轴方向上发生旋转，如图12-363所示。

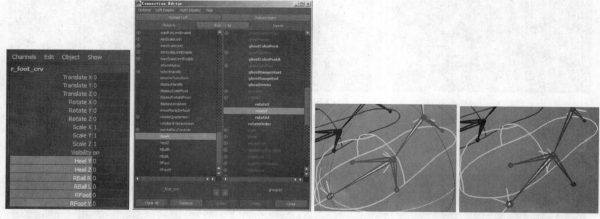

图 12-363

Step22 使用同样的方法，将Outputs（输出）设置为heelZ，Inputs（输入）设置为rotateX，调整heelZ的数值，脚部的骨骼变化如图12-364所示。

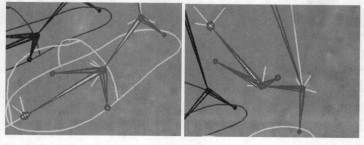

图 12-364

Step23 在大纲中选择group8，将其加载到右栏，将Outputs（输出）设置为r ball r，Inputs（输入）设置为rotateZ，调整r ball r的数值，脚部骨骼变化如图12-365所示。

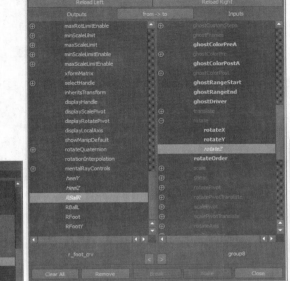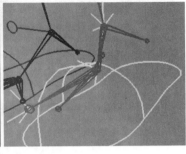

图 12-365

Step24 选择group9，将其加载到右栏，将Outputs（输出）设置为r ball l，Inputs（输入）设置为rotateZ，调整r ball l的数值，脚部骨骼变化如图12-366所示。

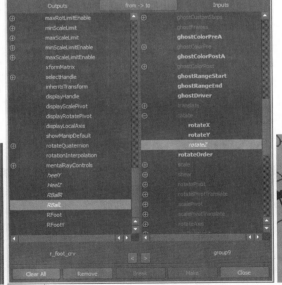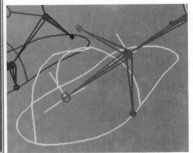

图 12-366

Step25 选择group7，将Outputs（输出）设置为r foot，Inputs（输入）设置为rotateX，再次在输出栏中选择r foot y，在输入栏中选择rotate Y，如图12-367所示。

图 12-367

Step26 此时，调整R foot和R foot Y的数值，脚部骨骼的变化如图12-368所示。

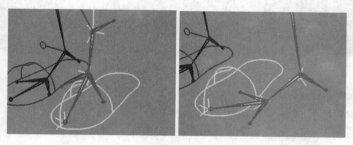

图 12-368

至此，腿部骨骼设定完毕，更详细的操作可参见随书配套光盘中的教学视频，最终场景文件可参见随书配套光盘中的DVD02\scene\scene\chap12\mb\renwubangding_tbbd.mb。

12.9.6 腰部绑定

下面进行腰部绑定。

Step01 执行Skeleton>IK Spine Handle Tool>□（骨骼>IK样条手柄工具>□）命令，打开工具设置窗口，单击Reset Tool（重置工具）命令还原默认工具设置，如图12-369所示。

Step02 依次单击需要创建手柄的骨骼的起始骨节点和结束骨节点，为其添加IK手柄，如图12-370所示。

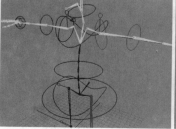
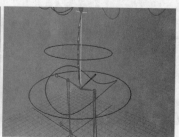

图 12-369   图 12-370

Step03 使用IK手柄对骨骼的控制是通过IK曲线的调节来实现的，这一曲线可以在大纲中选定，如图12-371所示。

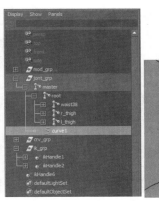
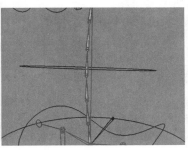

图 12-371

Step04 单击■按钮将一曲线在场景中孤立显示。右键切换至曲线点模式，框选中间位置的两个顶点，单击菜单Create Deformers>Cluster>□（创建变形器>簇变形器>□），打开Cluster Options（簇选项窗口），保证Relative（相对）选项处于勾选状态，单击Apply（应用）命令，这样就在所选的两个曲线点的中间位置处创建了一个簇点，如图12-372所示。

图 12-372

Step05 依次为曲线的两个端点各创建一个簇点，这样，这段IK就具备了3个簇点。设置图层编辑器，将模型显示出来，单击■按钮将其他对象显示出来。在大纲中选择第一个簇点，按Ctrl+A组合键打开属性编辑器，进入cluster 1HandleShape标签，调整簇点的z轴坐标，将其移至身体外部，如图12-373所示。

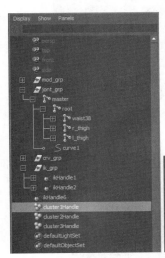

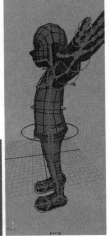

图 12-373

Step06 使用同样方法将另外两个簇点移出身体外部，便于调节，如图12-374所示。

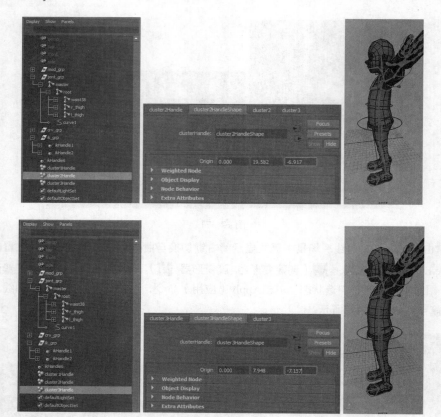

图 12-374

Step07 选择这3个簇点，按P键将其设置为根骨骼的子物体，设置结果如图12-375所示，选择根骨骼并移动，可以看到簇点及身体的其余部分发生跟随移动。

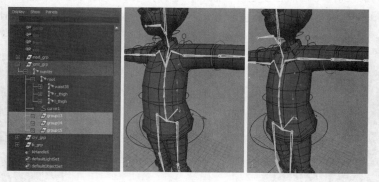

图 12-375

Step08 选择任一簇点并移动，可以看到它所控制的区域骨骼跟随运动的效果，如图12-376所示。

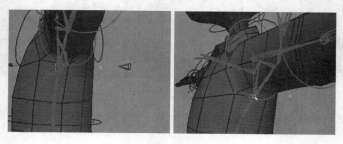

图 12-376

Step09 依次选择root_crv和cluster3Handle，单击菜单Constrain>Point>□（约束>点约束>□），打开选项窗口，设置如下，单击Apply（应用）按钮，创建一个点约束，如图12-377所示。

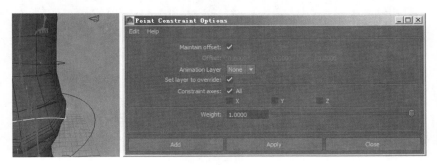

图 12-377

Step10 使用同样的方法，分别为waist_crv和cluster1Handle，以及chest_crv和cluster2Handle，各自创建一个点约束，如图12-378所示。

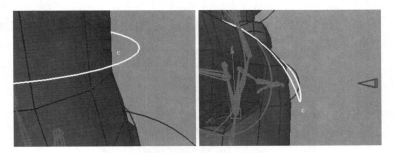

图 12-378

Step11 使用P键，将root_crv、waist_crv、chest_crv作为根骨骼控制器master_crv的子物体，如图12-379所示。

Step12 依次选择跟骨骼控制器master_crv和根骨骼master，执行constrain>parent（约束>父子约束）命令，为其创建一个父子约束。此时，选择master_crv并移动，可以看到身体骨骼随之移动的效果，如图12-380所示。

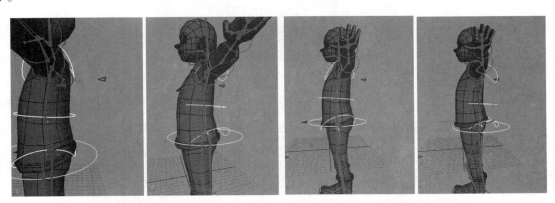

图 12-379　　　　　　　　　　　　　　　　　　图 12-380

Step13 下面对肩部骨骼及控制器进行进一步的设置。依次选择r_shoulder_crv和chest_crv，按P键，将前者作为后者的子物体。选择master_crv并移动，可以看到肩部跟随身体正确移动的效果。选择chest_crv并横向旋转，可以看到此时的上身没有发生任何运动，如图12-381所示，这是错误的，下面进行调整。

基础　建模　渲染　动画　特效

图 12-381

Step14 执行Window>General Editors>Connection Editor（窗口>常用编辑器>连接编辑器）菜单命令，打开Connection Editor（连接编辑器）窗口，选择chest_crv，单击Reload Left（加载至左侧）按钮，将其导入Outputs（输出）窗口中，选择rotate>rotateY（旋转>旋转Y）作为输出属性，使用Reload Right（加载至右侧）按钮将ikHandle6导入Inputs（输出）窗口中，选择twist（扭曲）作为输入属性，如图12-382所示。

图 12-382

Step15 此时，选择chest_crv并横向旋转，可以看到腰部骨骼随之发生旋转的效果，如图12-383所示。

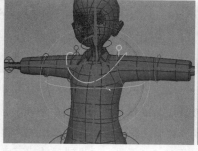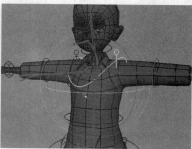

图 12-383

Step16 此时，旋转waist_crv，上身的骨骼未发生变化。依次选择chest_crv及waist_crv，按P键，将前者作为后者的子物体，再来旋waist_crv，可以看到得到了正确的效果，如图12-384所示。

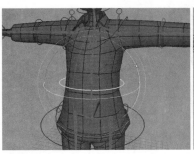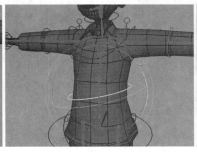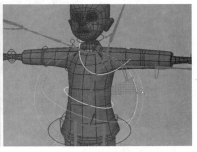

图 12-384

Step17 分别选择master_crv和root_crv并移动，此时的效果如图12-385所示。

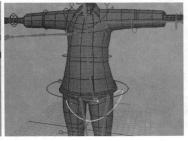

图 12-385

Step18 在大纲中选择ikHandle6，将其拖曳至ik_grp下方，如图12-386所示。

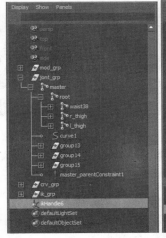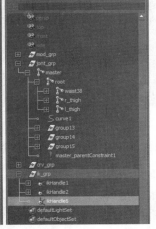

图 12-386

至此，腰部设置基本完成，更详细的操作可参见随书配套光盘中的教学视频，最终场景文件可参见随书配套光盘中的DVD02\scene\scene\chap12\mb\renwubangding_ybbd.mb。

12.9.7 全局设定

下面进行全局设定。

Step01 首先，选择head_crv，执行Modify>Freeze Transformations（修正>冻结变换）命令，将它的变换属性冻结。按Shift键加选头部骨骼head，执行Constrain>Orient（约束>方向约束）命令，为其创建一个方向

基础

建模

渲染

动画

特效

约束，如图12-387所示。

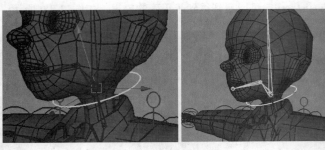

图 12-387

Step02 依次选择head和head_crv，执行Constrain>Point（约束>点约束）命令，为其创建一个点约束。这样，选择master_crv并移动时，脖子上的控制器head_crv也会发生跟随运动，如图12-388所示。

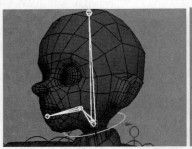

图 12-388

Step03 选择head_crv，在前后和左右方向上进行旋转，当前的效果如图12-389所示。

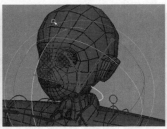

图 12-389

Step04 单击菜单栏上Curves（曲线）标签下的⊙图标，在场景中新建一个圆环，调整大小及位置，将其放置在角色模型的脚底，将其重命名为final_crv，如图12-390所示。

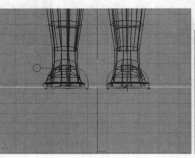

图 12-390

Step05 选择final_crv，执行Modify>Freeze Transformations（修正>冻结变换）命令，将它的变换属性

冻结。

Step06 依次选择final_crv和crv_grp，首先执行Constrain>Parent（约束>父子约束）命令，为其创建一个父子约束，然后单击菜单Constrain>Scale>口（约束>缩放>口），打开缩放选项窗口，勾选Maintain Offset（保持偏移）选项，单击Apply（应用）按钮，如图12-391所示。

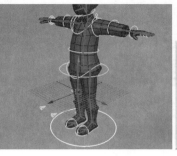

图 12-391

Step07 再分别将final_crv和ik_grp创建一个父子约束和缩放约束，将final_crv和jont_grp创建缩放约束，然后，在大纲中选择除final_crv之外的所有对象，按Ctrl+G组合键将其整体设置为一个组，将其重命名为final，如图12-392所示。

图 12-392

Step08 此时，在图层编辑器中将模型隐藏。选择final，可以对所有骨架和控制器进行整体移动、旋转和缩放，如图12-393所示。

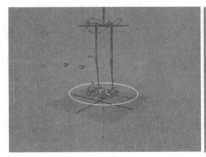
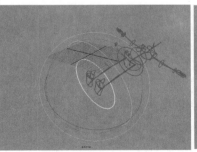

图 12-393

Step09 将模型显示出来，下面为骨骼执行蒙皮操作。选择眼睛模型，在大纲中将其重命名为l_eye和r_eye。在final>mod_grp层级下选择除l_eye和r_eye外的所有模型，加选根骨骼，单击菜单Skin>Bind Skin>Smooth Bind>口（蒙皮>绑定蒙皮>平滑绑定>口），打开Smooth Bind Options（平滑绑定选项）窗口，重置选项，单击Apply（应用）按钮进行蒙皮，如图12-394所示。

基础
建模
渲染
动画
特效

图 12-394

Step10 依次选择两只眼睛和head_top，按P键，将前者作为后者的子物体。选择head_crv并旋转，头部跟随运动的效果如图12-395所示。

图 12-395

Step11 对master_crv、root_crv及final执行变换操作的效果如图12-396所示。

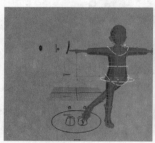

图 12-396

至此，全局设定完毕，更详细的操作可参见随书配套光盘中的教学视频，最终场景文件可参见随书配套光盘中的DVD02\scene\scene\chap12\mb\renwubangding_qjsd.mb。

12.9.8 最终整理

下面对眼睛等细节部分进行最终的整理。

Step01 执行菜单Create>Locator（创建>定位器）菜单命令，创建一个定位器Locator1，将其放置至左眼的位置，按Ctrl+D组合键复制生成Locator2，将其放置至右眼的位置，如图12-397所示。

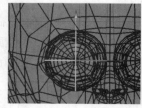
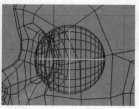

图 12-397

Step02 选择Locator1和Locator2，执行Modify>Freeze Transformations（修改>冻结变换）菜单命令，将它们的变换属性冻结。依次选择l_eye和Locator1，按P键将前者作为后者的子物体，同样将r_eye作为Locator2的子物体，同时选择Locator1和Locator2，将其作为head_top的子物体。

Step03 选择头部模型，单击鼠标右键切换为点模式，在导航栏中打开Show（显示）菜单，取消Joints（骨骼）的显示。框选左眼周的点，执行Create Deformers>Cluster>□（创建变形器>簇>□）菜单命令，打开Cluster Options（簇选项窗口），勾选Relative（相对）选项，单击Apply（应用）按钮，如图12-398所示。

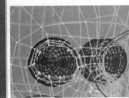

图 12-398

Step04 选择头部模型，单击菜单Edit Deformers>Paint Cluster Weights Tool>□（编辑变形器>绘制簇权重工具>□），打开其选项窗口，在Paint operation（绘制选项）中将Value（值）设置为0.1，选择Smooth（平滑）模式，在左眼框处绘制簇的权重，单击Flood（覆盖）按钮调节笔触的浓度，如图12-399所示。

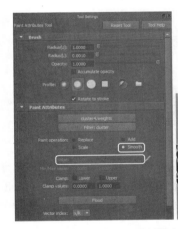

图 12-399

Step05 将簇的轴心点移动至眼球中心位置。依次选择Locator1和簇点，执行Constrain>Orient>□（约束>方向约束>□）菜单命令，打开Orient Constrain Option（方向约束选项）窗口，单击Edit>Reset（编辑>重置），勾选Maintain offset（保持偏移），单击Apply（应用）按钮，移动簇点，眼球跟随运动的效果如图12-400所示。

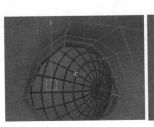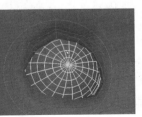

图 12-400

Step06 单击Animation（动画）选项卡中的■图标，创建一个Locator3，将其放置至左眼的正前方。执行Modify>Freeze Transformations（修改>冻结变换）菜单命令，将它的变换属性冻结。执行Display>Transform Display>Local Rotation Axes（显示>变换显示>本地轴向）菜单命令，显示定位器轴向。依次选择Locator3和Locator1，执行Constrain>Aim>□（约束>目标>□）菜单命令，为其创建一个目标约束，勾选Maintain offset（保持偏移），将Aim Vector（目标矢量）设置为z轴，单击Apply（应用）按钮，如图12-401所示。

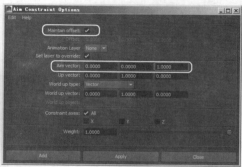

图 12-401

Step07 此时，移动Locator3，可以看到眼睛跟随运动的效果，如图12-402所示，将Locator3重命名为l_eye_lot_crv。依次选择l_eye_lot_crv及head_crv，按P键将前者作为后者的子物体。

图 12-402

Step08 在导航栏中执行Show>Joint（显示>骨骼）菜单命令显示骨骼，依次选择簇点及head_top，按P键将前者作为后者的子物体。移动定位器，可以看到眼球跟随转动的效果。旋转head_crv，得到的效果如图12-403所示。

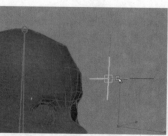

图 12-403

Step09 选择头部模型，单击菜单Skin>Edit Smooth Skin>Paint Skin Weights Tool>□（蒙皮>编辑柔性蒙皮>绘制蒙皮权重工具>□）命令，打开工具设置面板，在Normal Weights（常规权重）后的下拉列表中选择Off关闭高级模式。首先绘制头部，使用画笔工具将整个头部的权重绘制为白色，如图12-404所示，注意避免遗漏鼻孔和脖子的位置。

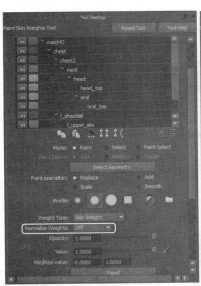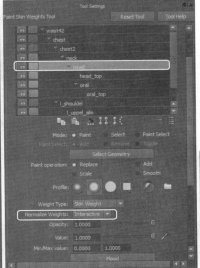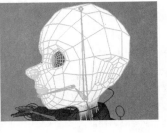

图 12-404

Step10 下面绘制嘴部。选择嘴部骨骼，将时间轴长度设置为50帧，在第1帧处设置一帧关键帧，在第30帧处将oral绕z轴向下旋转约25°。使用笔刷将嘴巴和下巴绘制成略张开的状态，如图12-405所示。

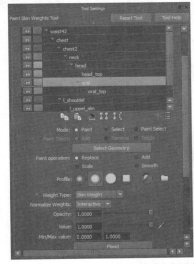

图 12-405

Step11 多次单击Flood（覆盖）按钮进行平滑处理［此时Paint operation（绘制操作）会变为Smooth（平滑）状态］，得到下唇微微张开的效果。将笔刷切换回Replace（替换）状态，将笔刷的Value（数值）调整为0，将上唇部位的权重擦除，如图12-406所示。

图 12-406

Step12 将笔刷重新切换至Add（添加）状态，使用笔刷进行绘制。切换回Smooth（平滑）状态，多次单击Flood（覆盖）按钮平滑整个效果，如图12-407所示。

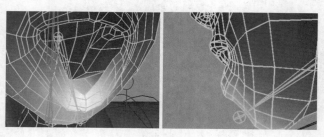

图 12-407

Step13 移动时间滑块，嘴部张开的效果如图12-408所示。

图 12-408

Step14 嘴部顶端是不需要权重的，下面进行调整。选择oral_top，选择Replace（替换）模式，将Value（值）设置为0，单击Flood（覆盖）按钮，如图12-409所示。

Step15 同样，选择head_top，单击Flood（覆盖）按钮，效果如图12-410所示。

图 12-409　　　　　　　　　　　　　　　　图 12-410

Step16 下面继续对头部进行修改。选择头部，切换为Add（添加）模式，将Value（值）设置为1，继续对头部进行绘制，如图12-411所示。

Step17 切换为Smooth（平滑）模式，单击Flood（覆盖）按钮进行平滑。选择oral，多次单击Flood（覆盖）按钮，将嘴部的凸起平滑掉，如图12-412所示。

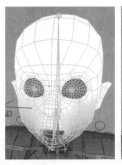 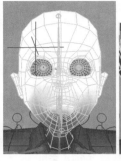 

图 12-411   图 12-412

Step18 取消场景中骨骼和IK的显示，移动事件滑块，嘴部张开的效果如图12-413所示。

图 12-413

其余部位的变形动画也可以使用同样的方法进行制作，这里只讲解了人体绑定的半边身体绑定，另外半边身体绑定的方法相同，这里就不再赘述，具体的操作可参见随书配套光盘中的教学视频，最终场景文件可参见随书配套光盘中的DVD02\scene\scene\chap12\mb\renwubangding_zzzl.mb。

12.10 Box表情综合绑定

本节将学习一个盒子表情绑定的案例。

12.10.1 创建模型

首先介绍模型的创建。

12.10.1.1 创建面部

Step01 单击菜单栏上Polygon（多边形）标签下的 ▦ 图标，在场景中创建一个立方体，调节大小和位置，将3个轴向的段数均设置为10，为其指定一个土黄色的Surface Shader（表面材质），如图12-414所示。

   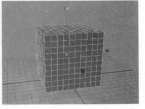

图 12-414

Step02 单击菜单栏上Toon（卡通）标签下的█图标，为其添加卡通边框，在属性编辑器中调整边框颜色和宽度，如图12-415所示。

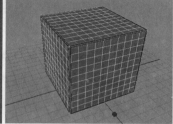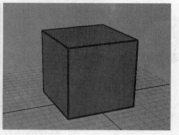

图 12-415

12.10.1.2 创建眼睛

下面创建角色的眼睛。

01 第一组眼睛模型。

下面制作第一组眼睛模型。

Step01 单击⬤图标创建一个球体，将其移至场景前方，在x轴方向旋转90°，移至场景上方，按Ctrl+D组合键将其复制，将新生成的球体向下移动，如图12-416所示。

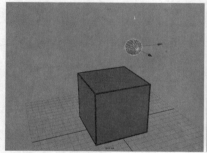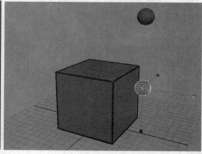

图 12-416

Step02 使用缩放工具调整这一球体的尺寸，如图12-417所示。

图 12-417

Step03 为其赋予表面材质，将颜色设置为白色，如图12-418所示。

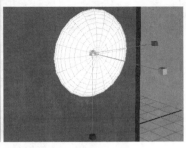

图 12-418

Step04 按Ctrl+D组合键将其复制，缩小并向前移动，为其赋予一个表面材质，将颜色设置为咖啡色，将其与眼白一起放置至面部左侧，调整尺寸，如图12-419所示。

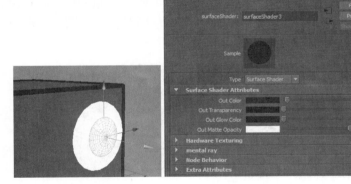

图 12-419

Step05 选择创建好的左侧眼白和眼仁，按Ctrl+D组合键将其复制并移动至面部右侧，至此，第一组眼睛模型就制作完成了，如图12-420所示。

图 12-420

02 第二组眼睛模型。

下面制作第二组眼睛模型。

Step01 复制眼白部分并向前移动，删除上半部分和背面的面，使用挤出工具制作出一个半圆形的饼状物，如图12-421所示。

基础

建模

渲染

动画

特效

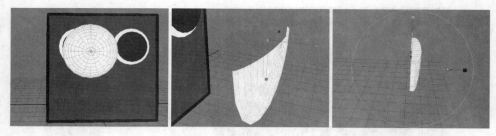

图 12-421

Step02 选择这一模型，按下Ctrl+D键将其复制，缩小尺寸并前移，为其制定与之前相同的眼仁颜色，如图12-422所示。

图 12-422

Step03 选择眼白顶部的面，切换至Polygon（多边形）模式，执行Edit Mesh>Duplicate Face（编辑网格>复制面）命令，将这部分面复制出一份，单击菜单栏上Polygons（多边形）选项卡中的█工具进行挤出，如图12-423所示。

图 12-423

Step04 向下移动并缩放，为其赋予与眼仁部分相同的材质。将第一组眼睛的眼白部分进行复制、缩小，放置到第二组眼睛的左下角处作为泪珠，如图12-424所示。

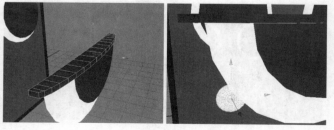

图 12-424

Step05 选择第二组眼睛，按Shift+P组合键将其拆分，重新框选场景中的这组眼睛模型，按Ctrl+G组合键将其设置为一个组，将该组轴心点放置至几何中心处并重命名为R_eye2_grp，如图12-425所示。

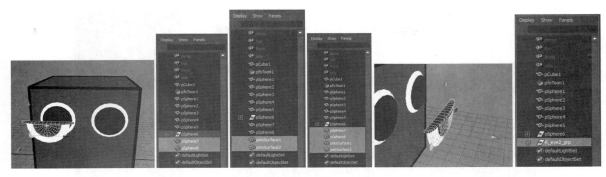

图 12-425

Step06 选择第一组眼睛的左眼部分，按Ctrl+G组合键将其设置为一个组，将该组轴心点放置至几何中心处，重命名为R_eye1_grp，将右眼部分删除，如图12-426所示。

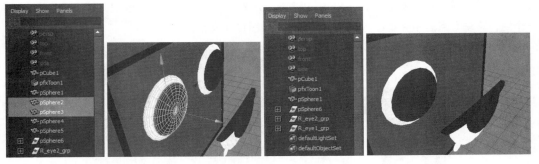

图 12-426

03 第三组眼睛模型。

下面制作第三组眼睛模型。

复制第一组眼睛模型的眼仁部分两次，分别作为第三组眼睛的眼仁和高光部分，调整大小及位置，赋予材质。框选这两个模型，按Shift+P组合键将其分离出来。重新框选后按Ctrl+G组合键将其设置为一个组并重命名为R_eye3_grp，并将轴心点放置在几何体中心位置，如图12-427所示。

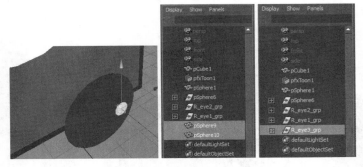

图 12-427

04 第四组眼睛模型。

下面制作第四组眼睛模型。

Step01 选择第二组眼睛的眼睑部分，按Ctrl+D组合键将其复制，移动至场景的最前方位置。单击菜单栏上Polygons（多边形）标签下的█图标，创建一个平面，将其移动至第四组眼睛眼睑模型的正下方，旋转90°，调整尺寸及段数，如图12-428所示。

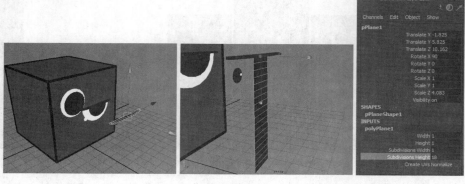

图 12-428

Step02 单击菜单栏中的 ■ 工具进行挤出，继续微调宽度，为其赋予白色表面材质，模拟出眼泪夺眶而出的效果。框选眼睑及眼泪模型，按下Shift+P键将其分离。再次框选这两个模型，按Ctrl+G组合键将其设置为一个组，将轴心点居中并重命名为R_eye4_grp，如图12-429所示。

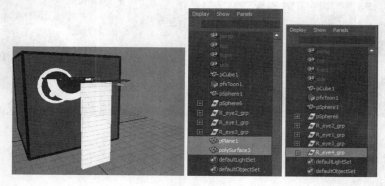

图 12-429

下面对这4组眼睛模型进行镜像。

Step03 选择这4组眼睛模型，按Ctrl+D组合键进行复制，将复制得到的4组模型设置为一个组，将通道盒中的ScaleX参数设置为-1，重命名对称过来的4组眼睛模型，按Shift+P组合将其分离出来，删除group1，如图 12-430所示。

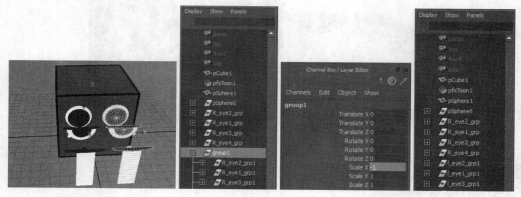

图 12-430

Step04 框选全部眼睛模型，按Ctrl+G组合键将其设置为一个组，重命名为eye_grp，按Ctrl+H组合键将其隐藏，如图12-431所示。

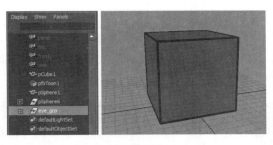

图 12-431

12.10.1.3 创建腮红

下面制作两腮的红晕。

Step01 按Ctrl+D组合键将场景上方的球体复制，向下移动，将其缩放成饼状，微调尺寸及位置，将其放置到左侧眼睛位置的下方并为其赋予浅咖啡色表面材质。复制左侧模型并将其摆放至对称的右侧，如图12-432所示。

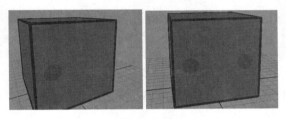

图 12-432

Step02 将第一组眼睛显示出来，继续调整两边腮红的尺寸及位置，如图12-433所示。

图 12-433

至此，腮红部分创建完成。

12.10.1.4 创建嘴巴

下面创建嘴巴模型。

01 第一组嘴巴模型。

单击菜单栏上Polygons（多边形）标签下的█图标，在场景中创建一个立方体，调整段数、尺寸及位置，为其指定一个较深的咖啡色表面材质，移动模型至紧贴面部的位置并微调尺寸，如图12-434所示。

图 12-434

02 第二组嘴巴模型。

Step01 单击█图标创建另一个立方体，调整段数、尺寸及位置。再次创建一个立方体，移动至场景最前方，切换至顶点模式，框选底面的点，使用缩放工具将其调整为尖尖的牙齿形状，摆放至嘴巴的一边，如图12-435所示。

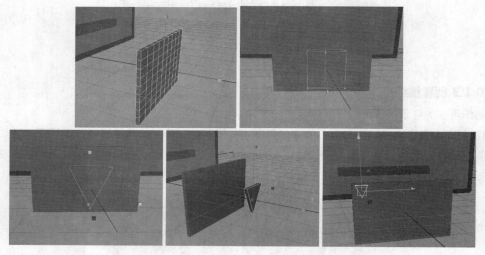

图 12-435

Step02 分别为嘴巴和牙齿赋予鲜红色和白色的表面材质。单击菜单栏Toon（卡通）标签下的█图标，为嘴巴添加卡通边框，在属性编辑器中调整边框颜色和宽度，如图12-436所示。

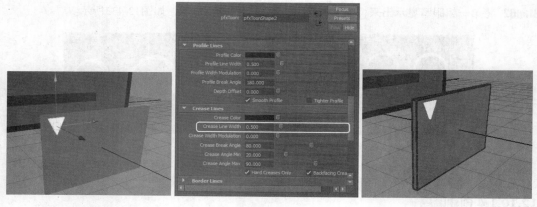

图 12-436

Step03 继续调整第一颗牙齿的尺寸和位置，按Ctrl+D组合键复制出一份并移动，然后重复按Shift+D组合键等距复制出上排牙齿，微调整体位置，如图12-437所示。

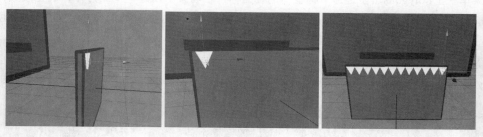

图 12-437

Step04 复制上排牙齿，在通道盒中为ScaleY添加一个负号使其反向，将其向下移动至下嘴唇处，如图12-438所示。

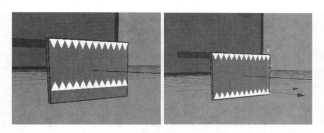

图 12-438

Step05 框选场景中的嘴部模型，按Ctrl+G组合键将其设置为一个组，将其重命名为mouth2_grp。将第一组嘴巴模型重命名为mouth1，将两颊的腮红分别重命名为l_face与r_face，如图12-439所示。

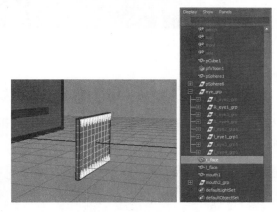

图 12-439

03 第三组嘴巴模型。

Step01 复制场景顶部的球体，将其下移并调整尺寸，为其赋予红色表面材质。单击菜单栏Toon（卡通）标签下的█图标，为嘴巴添加卡通边框，在属性编辑器中调整边框颜色和宽度，如图12-440所示。

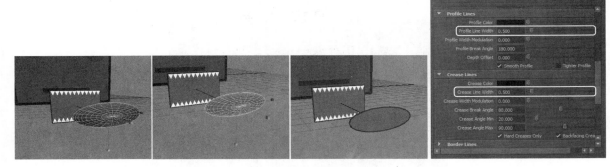

图 12-440

Step02 将pfxToon2移出来，将第三组嘴巴模型重命名为mouth3。选择mouth1、mouth2_grp和mouth3，按Ctrl+G组合键将其设置为一个组并重命名为mouth_grp，如图12-441所示。至此，嘴巴模型基本制作完成。下面简单对场景进行整理。

Step03 删除场景中多余的球体。选择pCube1、r_face和l_face，按Ctrl+G组合键将其设置为一组并重命名为box_grp。选择所有边框线，按下Ctrl+G键将其设置为另一组并重命名为other_grp，如图12-442所示。

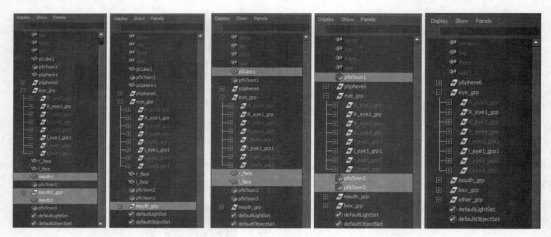

图 12-441　　　　　　　　　　　　　　图 12-442

12.10.1.5 眉毛

下面制作眉毛的模型。

Step01 选择第一组嘴巴模型并复制，移动至左侧眼睛的上方作为眉毛，微调尺寸及位置，为其设置一个深咖啡色的表面材质，复制左侧眉毛至右侧，如图12-443所示。

图 12-443

Step02 选择两边眉毛，按Shift+P组合键将其分离出来，重命名为L_brow和R_brow，按Ctrl+G组合键将其设置为一个组，重命名为brow_grp，如图12-444所示。

图 12-444

Step03 选择眼部模型，按Shift+H组合键将其全部显示，将所有眼睛均移至面部的位置，如图12-445所示。

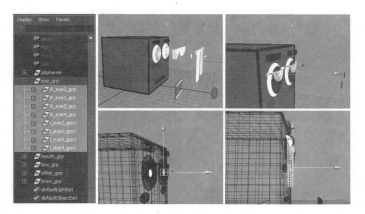

图 12-445

Step04 同样，将所有嘴巴模型均移至面部。选择场景中所有物体，对其清空历史，按Ctrl+G组合键将其设置为一个组，重命名为mod_grp，如图12-446所示。

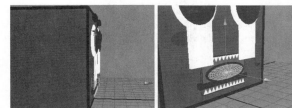

图 12-446

至此，角色及表情模型制作完毕，更详细的操作可参见随书配套光盘中的教学视频，最终场景文件可参见随书配套光盘中的DVD02\scene\scene\chap12\mb\box_cjmx.mb。

12.10.2 创建控制器

下面对模型进行绑定。

Step01 在大纲中选择mod_grp，单击图层编辑器Display（显示）选项卡中的 按钮，创建一个显示层，将其重命名为boxMod，如图12-447所示。

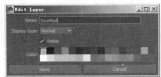

图 12-447

Step02 下面绘制控制器。单击菜单Create>Create CV Curve Tool> （创建>创建CV曲线工具> ），打开其选项窗口，在Curve degree（曲线等级）中选择1Linear（1线性），在顶视图中绘制一个正方形图框，如图12-448所示。

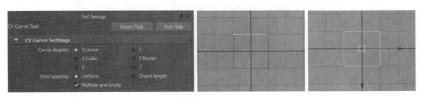

图 12-448

Step03 选择该矩形，按Ctrl+D组合键复制两次，生成Curve2和Curve3，选择Curve2并放大。框选这3根曲线，执行Modify>Freeze Transformations（修改>冻结变换）命令清空历史。按Ctrl+H组合键将Curve3隐藏。单击▤按钮打开 Script Editor（脚本编辑器），在MEL选项卡中输入"parent –s add;"，如图12-449所示。

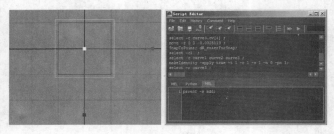

图 12-449

Step04 在大纲的Display（显示）菜单中勾选Shapes（形状），将第2个矩形线框的形态节点添加至第一个矩形中，即在大纲中选择curveShape2和curve1，单击Script Editor（脚本编辑器）中的▶按钮，运行刚刚输入的语句，此时curveShape2被添加至curve1层级之下，将curve2删除，如图12-450所示。

图 12-450

Step05 此时原先的两个矩形变为一根曲线。显示场景中的模型，将曲线尺寸缩放得大一些。在大纲中取消Display（显示）菜单中Shapes（形状）的勾选，选择curve1，将其重命名为root_crv，作为总控制器，如图12-451所示。

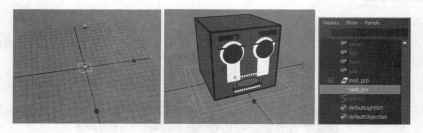

图 12-451

Step06 选择curve3，将其显示出来，调整位置及尺寸。按Ctrl+D组合键将其复制，向上移动并旋转90°，调整尺寸，将其作为面部控制器，如图12-452所示。

图 12-452

Step07 选择curve4，按Ctrl+D组合键将其复制，调整尺寸并下移，将其作为嘴部控制器。单击工具栏Curves标签下的◯按钮，创建一个圆环作为左眼控制器，如图12-453所示。

Step08 依次按Ctrl+D组合键及Ctrl+G组合键，将其复制并生成一个组，在通道盒中将ScaleX设置为-1，使用相同的方法制作出两只眉毛，如图12-454所示。

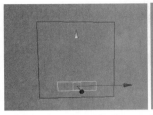
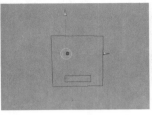
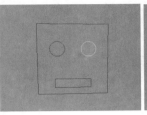
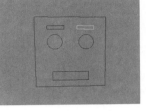

图 12-453　　　　　　　　　　　　　　　　　　图 12-454

Step09 将curve3重命名为rota_crv。框选所有表情控制器，按Ctrl+G组合键将其设置为一个组group3，删除group1及group2，将其重命名为face_crv_grp，将面部、嘴部、右眼、左眼、右侧眉毛、左侧眉毛控制器分别重命名为box_crv、mouth_crv、R_eye_crv、L_eye_crv、R_brow_crv及L_brow_crv，如图12-455所示。

Step10 在大纲中选择root_crv、rota_crv、face_crv_grp，按Ctrl+G组合键将其打一个组，重命名为crv_grp，如图12-456所示。

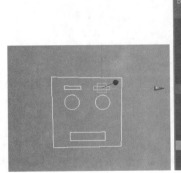

图 12-455　　　　　　　　　　　　　　图 12-456

Step11 选择所有控制器，执行Modify>Freeze Transformations（修改>冻结变换）命令，并清空历史。

Step12 选择box_crv，按Ctrl+A组合键打开属性窗口，在box_crv标签的Display（显示）卷展栏下勾选Template（模板）选项，使其在场景中不会被选择，如图12-457所示。

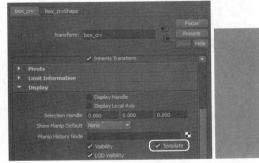
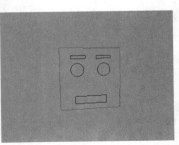

图 12-457

Step13 选择R_eye_crv，打开属性窗口中的Drawing Overrides（绘制覆盖）卷展栏，将Color（颜色）设置为柠檬黄。使用同样的方法，为场景中的其余控制器制定便于区分的颜色，如图12-458所示。

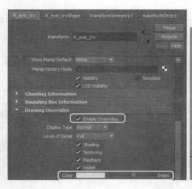

图 12-458

Step14 在大纲中选择控制器组crv_grp，单击层编辑器Display（显示）选项卡中的按钮，为其创建一个新层并重命名为crvGrp，如图12-459所示。

Step15 微调face_crv_grp的尺寸及位置，将其移至场景前方，如图12-460所示。

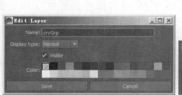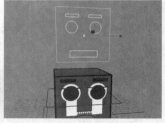

图 12-459　　　　　　　　图 12-460

至此，模型控制器制作完成，更详细的操作可参见随书配套光盘中的教学视频，最终场景文件可参见随书配套光盘中的DVD02\scene\scene\chap12\mb\box_cjkzq.mb。

12.10.3 绑定设置

选择root_crv，在通道盒中单击Edit>Add Attribute（编辑>添加属性）命令，在New（新建）标签的Long name（长名称）空白框中输入box Face。选择Enum，选择Enum Names列表中的Green，在New Name（新名称）中输入face1。将Blue重命名为face2，继续添加face3、face4，单击Add（添加）按钮，为root_crv添加一个box Face属性，其中包含4个选项，如图12-461所示。

图 12-461

12.10.3.1 眼睛绑定

Step01 选择root_crv，在Animation（动画）模式下执行菜单Animate>Set Driven Key>Set…（动画>设置关键帧>设置…）命令，打开Set Driven Key（设置驱动关键帧）窗口。

Step02 选择root_crv，单击Load Driver（导入驱动物体）按钮，将其添加至Driver（驱动物体）列表中，选择右侧的Box Face属性。选择R_eye1_grp和L_eye1_grp1，单击Load Driven（导入被驱动物体）按钮，将其添加至Driven（被驱动物体）列表中，在右侧列表中选择Visibility（可见性）属性，在通道盒中将Visibility（可见性）设置为on，单击Key（设置关键帧）按钮，如图12-462所示。

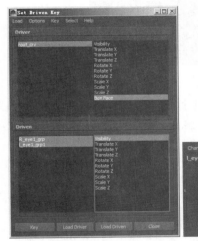  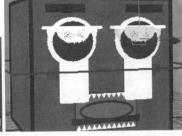

图 12-462

Step03 选择R_eye2_grp、R_eye3_grp、R_eye4_grp、L_eye3_grp1、L_eye4_grp1、L_eye2_grp1，单击Load Driven（加载被驱动物体）按钮，将其加载至被驱动物体列表中，在右侧选择Visibility（可见性）属性。在通道盒中将Visibility（可见性）属性设置为off，单击Key（设置关键帧）按钮，如图12-463所示。

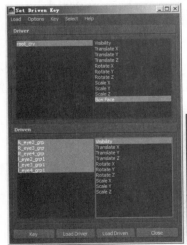  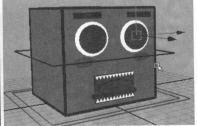

图 12-463

Step04 在通道盒中将root_crv的Box Face属性设置为face2，将R_eye2_grp和L_eye2_grp1导入Driven（被驱动物体）列表中，选择Visibility（可见性）属性，在通道盒中将Visibility（可见性）属性设置为on，单击Key（设置关键帧）按钮，如图12-464所示。

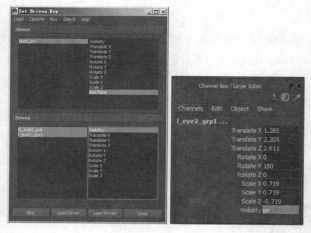

图 12-464

Step05 将R_eye1_grp、R_eye3_grp、R_eye4_grp、L_eye1_grp1、L_eye3_grp1、L_eye4_grp1导入至被驱动列表中，设置通道盒中的Visibility（可见性）属性为off，单击key（设置关键帧）按钮，如图12-465所示。

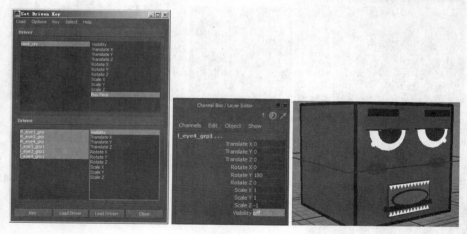

图 12-465

Step06 在通道盒中将root_crv的Box Face属性设置为face3，将L_eye3_grp1和R_eye3_grp导入Driven（被驱动物体）列表中，选择Visibility（可见性）属性，在通道盒中将Visibility（可见性）属性设置为on，单击Key（设置关键帧）按钮，如图12-466所示。

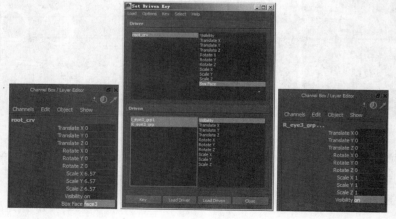

图 12-466

Step07 将除L_eye3_grp1和R_eye3_grp外的所有眼睛导入Driven（被驱动物体）列表中，选择Visibility（可见性）属性，在通道盒中将Visibility（可见性）属性设置为off，单击Key（设置关键帧）按钮，如图12-467所示。

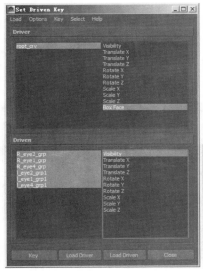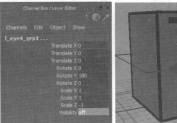

图 12-467

Step08 在通道盒中将root_crv的Box Face属性设置为face4，将L_eye4_grp1及R_eye4_grp加载至Driven（被驱动物体）列表中，在右侧选择Visibility（可见性）属性，在通道盒中将Visibility（可见性）设置为on，单击Key（设置关键帧）按钮，如图12-468所示。

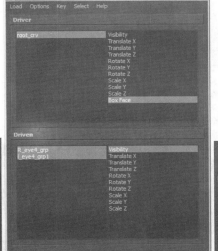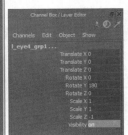

图 12-468

Step09 将除L_eye4_grp1及R_eye4_grp外的所有眼睛加载至Driven（被驱动物体）列表中，在右侧选择Visibility（可见性）属性，在通道盒中将Visibility（可见性）设置为off，单击Key（设置关键帧）按钮，如图12-469所示。

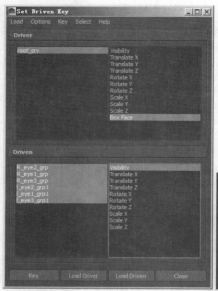

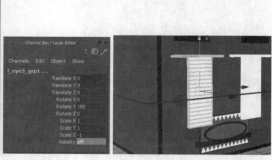

图 12-469

12.10.3.2 嘴巴绑定

Step01 下面设置嘴部。设置root_crv的Box Face为face1，在Driven（被驱动物体）列表中导入mouth1，在右侧列表中选择Visibility（可见性）属性，将通道盒中的Visibility（可见性）设置为on（开启），单击Key（设置关键帧）按钮，如图12-470所示。

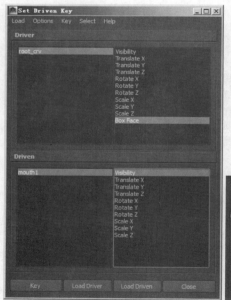

图 12-470

Step02 将mouth2_grp和mouth3导入Driven（被驱动物体）对话框，在右侧属性窗口中选择Visibility（可见性），将通道盒中的Visibility（可见性）设置为off（关闭），单击Key（设置关键帧）按钮，如图12-471所示。

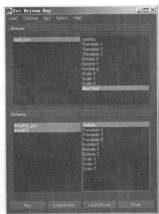

图 12-471

Step03 继续在Driven（驱动关键帧）对话框中将pfxToon2、pfxToon3导入被驱动物体列表，在右侧选择Visibility（可见性）属性，将通道盒中的Visibility（可见性）属性设置为off（关闭），单击Key（设置关键帧）按钮，如图12-472所示。

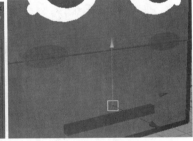

图 12-472

Step04 将Box Face切换为face2，在Driven（驱动关键帧）对话框中将mouth3导入被驱动物体列表，在右侧选择Visibility（可见性）属性，将通道盒中的Visibility（可见性）属性设置为on（开启），单击Key（设置关键帧）按钮，如图12-473所示。

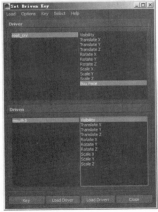

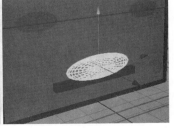

图 12-473

Step05 将mouth1、mouth2_grp导入被驱动物体列表中，在右侧选择Visibility（可见性）属性，将通道盒中的Visibility（可见性）属性设置为off（关闭），单击Key（设置关键帧）按钮，如图12-474所示。

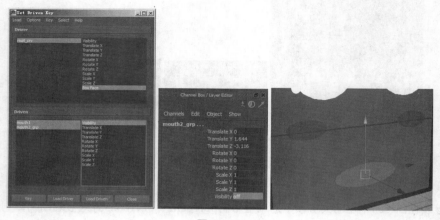

图 12-474

Step06 将pfxToon2导入被驱动物体列表中，在右侧选择Visibility（可见性）属性，将通道盒中的Visibility（可见性）属性设置为off（关闭），单击Key（设置关键帧）按钮，如图12-475所示。

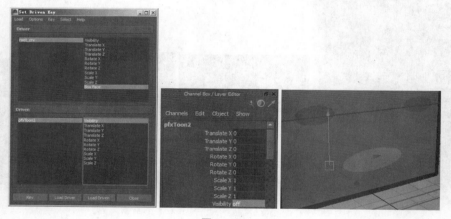

图 12-475

Step07 将Box Face切换为face3，在Driven（驱动关键帧）对话框中将mouth2_grp导入被驱动物体列表，在右侧选择Visibility（可见性）属性，将通道盒中的Visibility（可见性）属性设置为on（开启），单击Key（设置关键帧）按钮，如图12-476所示。

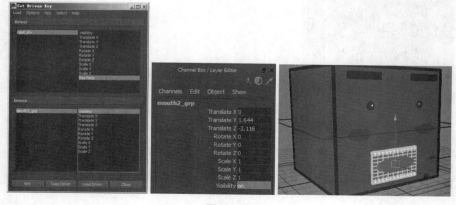

图 12-476

Step08 将mouth3、mouth1导入被驱动物体列表，在右侧选择Visibility（可见性）属性，将通道盒中的Visibility（可见性）属性设置为off（关闭），单击Key（设置关键帧）按钮，如图12-477所示。

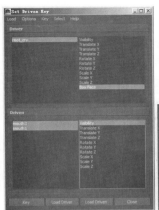

图 12-477

Step09 将pfxToon2导入被驱动物体列表，在右侧选择Visibility（可见性）属性，将通道盒中的Visibility（可见性）属性设置为on（开启），单击Key（设置关键帧）按钮，如图12-478所示。

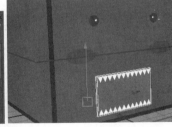

图 12-478

Step10 将pfxToon3导入被驱动物体列表，在右侧选择Visibility（可见性）属性，将通道盒中的Visibility（可见性）属性设置为off（关闭），单击Key（设置关键帧）按钮，如图12-479所示。

图 12-479

Step11　将root_crv的Box Face切换为face4，在Driven（驱动关键帧）对话框中将mouth2_grp、mouth3导入被驱动物体列表，在右侧选择Visibility（可见性）属性，将通道盒中的Visibility（可见性）属性设置为off（关闭），单击Key（设置关键帧）按钮，如图12-480所示。

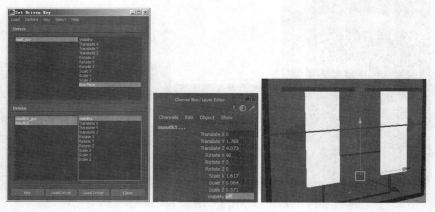

图 12-480

Step12　将pfxToon2导入被驱动物体列表，右侧选择Visibility（可见性）属性，将通道盒中的Visibility（可见性）属性设置为off（关闭），单击Key（设置关键帧）按钮，如图12-481所示。

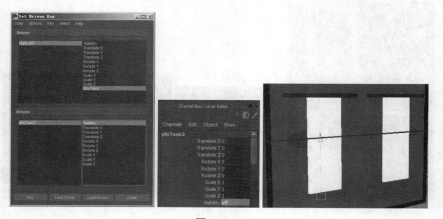

图 12-481

Step13　将mouth1导入被驱动物体列表，右侧选择Visibility（可见性）属性，将通道盒中的Visibility（可见性）属性设置为on（开启），单击Key（设置关键帧）按钮，如图12-482所示。

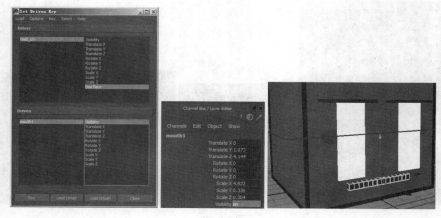

图 12-482

12.10.3.3 眉毛绑定

下面设置眉毛。

Step01 首先将眉毛的整体位置下调。选择R_bow和L_bow，将其导入被驱动物体列表，选择可见性属性。将Face1和Face4时二者的可见性设置为on，Face2和Face3则设为off，如图12-483所示。

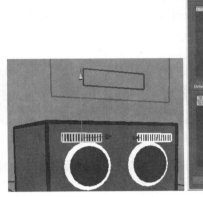

图 12-483

Step02 最终，Face1、Face2、Face3、Face4所对应的表情如图12-484所示。

图 12-484

至此，表情模型绑定完毕，更详细的操作可参见随书配套光盘中的教学视频，最终场景文件可参见随书配套光盘中的DVD02\scene\scene\chap12\mb\box_bdsz.mb。

12.10.4 表情绑定

下面进行表情部分绑定。

Step01 限制眼睛控制器在y轴和x轴上的最大值和最小值。选择右侧眼睛的控制器R_eye_crv，打开Attribute Editor（属性编辑器）面板，切换到R_eye_crv标签下，在Limit Information（限制信息）卷展栏中调节Translate（平移）卷展栏下的参数值，左眼控制器同理，如图12-485所示。

图 12-485

Step02 为了方便观察，同时选中两个眼睛的控制器，将通道盒中除TranslateX、Translate Y和RotateZ之外的参数全部锁定并隐藏，然后将TranslateX和Translate Y的值归零，如图12-486所示。

图 12-486

Step03 用相同的方法限制眉毛控制器的最大值和最小值，如图12-487和图12-488所示。然后同时选中两个眉毛控制器，将通道盒中除TranslateX、Translate Y和RotateZ之外的参数全部锁定并隐藏，同时将TranslateX和Translate Y的值归零，如图12-489所示。

图 12-487　　　　　　　　　　图 12-488　　　　　　　　　　图 12-489

嘴部控制器同理，这里不再赘述，具体操作方法可参见随书配套光盘中的教学视频。下面对控制器进行关联。

Step04 执行菜单Window>General Editors>Connection Editor（窗口>常规编辑器>连接编辑器）命令，打开Connection Editor（连接编辑器）窗口，将右眼睛的控制器R_eye_crv加载到Connection Editor（连接编辑器）的左侧，然后打开Outliner（大纲）窗口，选中eye_grp下的右眼模型R_eye1_grp，将其导入Connection Editor（连接编辑器）的右侧，并对其平移属性translate做关联，如图12-490所示。

图 12-490

用相同的方法将左眼睛的控制器L_eye_crv与左眼睛模型L_eye1_grp进行translate关联，将眉毛的控制器与眉毛模型进行translate和rotate关联，将嘴部控制器与嘴部模型进行translate和rotate关联。

注：

为了防止关联出现意外，在进行关联之前，需要先对模型进行冻结变换操作（Modify>Freeze Transformations）。

Step05 选择root_crv控制器，在通道盒下的Box Face中选择face2，如图12-491所示。

Step06 选择右眼控制器R_eye_crv，将其加载到Connection Editor（连接编辑器）的左侧，然后将右眼睛模型R_eye2_grp加载到Connection Editor（连接编辑器）的右侧，对其translate和rotate进行连接，如图12-492所示。

图 12-491　　　　　　　　　　　　　　　　图 12-492

用相同的方法对左眼睛控制器和左眼模型进行translate和rotate关联，同时对嘴部控制器和嘴部模型进行关联。

Step07 选择眼睛模型的操纵器，按Insert键，重新设置操纵器的位置，使其位于眼睛睫毛处，如图12-493所示。

关于face3和face4的绑定方法与face1和face2完全相同，读者可参见前面的讲解以及教学视频进行操作，这里不再赘述，下面制作眉毛的表情动画。

Step08 回到face1表情，选择角色的眉毛模型R_brow，执行Create Deformers>Nonlinear>Bend（创建变形器>非线性>弯曲变形器）命令，为眉毛添加一个弯曲变形效果，并在通道盒中将Rotate Z的值设置为90，如图12-494所示，调节bend1下的Curvature（曲率）参数，测试眉毛的弯曲效果，如图12-495所示。

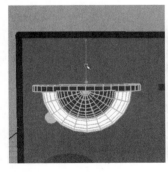  

图 12-493　　　　　　　　　图 12-494　　　　　　　　　图 12-495

用相同的方法为另一侧眉毛也添加弯曲变形器。

Step09 添加控制器。创建两个方形和两个圆环控制器，调整其大小和位置，如图12-496所示。

Step10 为圆环控制器命名，左侧圆环名称为R_eye_brow_crv，右侧圆环名称为L_eye_brow_crv，然后在大纲中将这4个控制器拖入face_crv_grp中。

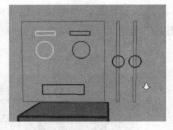

图 12-496

Step11 更改控制器的颜色，方便观察。选择左侧圆环控制器R_eye_brow_crv，打开属性编辑器面板，展开Drawing Overrides（绘制覆盖）卷展栏，将Color（颜色）值设置为黄色，如图12-497所示，用相同的方法将右侧圆环L_eye_brow_crv设置为红色。

Step12 选择两个圆环控制器，执行Modify>Freeze Transformations（修改>冻结变换）命令，然后在通道盒中将除Translate Y之外的所有属性锁定并隐藏，如图12-498所示。

图 12-497　　　　　　　　图 12-498

Step13 对两个圆环的Translate Y属性限定最大值和最小值，如图12-499所示。

图 12-499

Step14 打开Set Driven Key（设置驱动关键帧）窗口，将R_eye_brow_crv加载到Driver（驱动）栏内，将bend1Handle的Curvature参数加载到Driven（被驱动）栏内，用R_eye_brow_crv的Translate Y来驱动bend1的Curvature属性，并单击Key（关键帧）按钮，如图12-500所示。

图 12-500

Step15 调节角色右侧眉毛的控制器R_eye_brow_crv到最大值的状态，如图12-501所示，然后相应地调节通道盒中bend1下的Curvature（曲率）属性值为88左右，并单击Key（关键帧）按钮，如图12-502所示，此时眉毛的弯曲效果如图12-503所示。

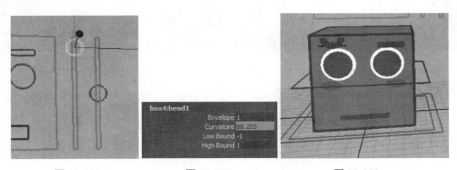

图 12-501　　　　　图 12-502　　　　　图 12-503

Step16 同理，将R_eye_brow_crv调到最小值的状态，并相应地调节通道盒中bend1下的Curvature（曲率）属性值为-85左右，并单击Key（关键帧）按钮，此时眉毛的弯曲效果如图12-504所示。

Step17 用相同的方法调节左侧眉毛的弯曲效果，这里不再赘述，调节后的效果如图12-505和图 12-506所示。

图 12-504　　　　　图 12-505　　　　　图 12-506

Step18 选择右侧眉毛的变形器bend1Handle，并加选右侧的眉毛模型R_brow，按P键，左侧眉毛同理，使变形器作为眉毛的父对象，这样在调节眉毛控制器时，眉毛也会随之运动，如图12-507所示。

图 12-507

Step19 最后选择两个眉毛的变形器bend1Handle和bend2Handle，按Ctrl+H组合键将其隐藏，这样face1的眉毛表情就设置完成了。

Step20 用相同的方法还可以设置各种嘴部的表情动画，这不再赘述，详细的操作过程请参见本小节相关的教学视频，效果如图12-508所示。

图 12-508

下面设置face4的眼睛流泪的动画效果。

Step21 切换到face4表情，如图12-509所示。选择右侧眼睛下的pPlane1模型，执行Create Deformers>Nonlinear>Sine（创建变形器>非线性>正弦）命令，在通道盒中调节sine1下各参数的值，如图12-510所示，观察效果，如图12-511所示。

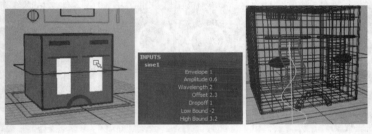

图 12-509　　　　图 12-510　　　　图 12-511

用相同的方法调节左侧眼睛的效果。

Step22 创建一个长方形控制器和一个圆形控制器L_eye_brow_crv2，并放置在图12-512所示的位置，用于调节眼泪流动的频率。

Step23 对圆环控制器执行冻结变换操作。然后限制圆环控制器的最大和最小值，打开圆环控制器的属性编辑器，调节Translate（平移）下Trans Limit Y的参数值，如图12-513所示，最后将通道盒中除了Translate Y和Visibility之外的属性全部隐藏。

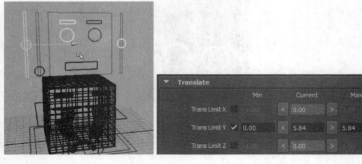

图 12-512　　　　　　　图 12-513

Step24 选择sine1Handle变形器，在通道盒中选择sine1下的Offset（偏移）属性，然后执行通道盒菜单

Edit>Expressions（编辑>表达式）命令，打开Expression Editor（表达式编辑）窗口，书写表达式Expression1并单击Create（创建）按钮，如图12-514所示。

用相同的方法为sine2Handle变形器的sine2下的Offset（偏移）属性创建表达式Expression2。

Step25 此时播放动画，观察效果，如图12-515所示，face4呈现出流泪的表情动画。如果对流泪的效果不满意，还可以在通道盒中调节sine下的参数值，如Amplitude（幅度）、Wavelength（波长）等。

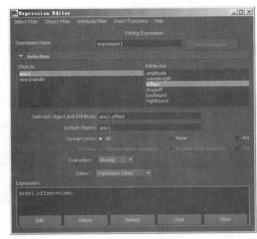

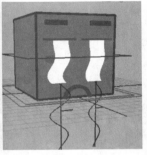

图 12-514　　　　　　　　　　　　图 12-515

通过编辑表达式来调节和控制眼泪流动的速度。

Step26 选择L_eye_brow_crv2控制器，打开Expression Editor（表达式编辑）窗口，按照图12-516所示编辑之前书写的表达式Expression1，然后单击Edit（编辑）按钮，Expression2同理。

Step27 测试效果，将L_eye_brow_crv2分别调至最大值和最小值，播放动画，对比眼泪角色眼泪流动的效果，发现速率发生了变化。

Step28 选择sine1Handle，加选右侧眼睛下的pPlane1模型，按P键；选择sine2Handle，加选左侧眼睛下的pPlane1模型，按P键，对其做父子关系，然后将sine1Handle和sine2Handle隐藏。

Step29 为控制器做显示和隐藏设置。打开Set Driven Key（设置驱动关键帧）窗口，将root_crv控制器导入Driver栏内，将box_crv5和L_eye_brow_crv2导入Driven栏内，用root_crv中的Box Face来驱动box_crv5和L_eye_brow_crv2的visibility属性，如图12-517所示，然后单击Key（关键帧）按钮。

图 12-516　　　　　　　　　　　　图 12-517

Step30 切换到face1，由于face1中的角色没有流泪效果，因此将Visibility设置为off，如图12-518所示，然后在Set Driven Key（设置驱动关键帧）窗口单击Key（关键帧）按钮，face2、face3同理。

图 12-518

Step31 最后将face1~face4中不需要的控制器隐藏，将需要的控制器显示出来，最终face1~face4的控制器如图12-519所示。

图 12-519

至此，box表情绑定制作完毕，更详细的操作可参见随书配套光盘中的教学视频，最终场景文件可参见随书配套光盘中的DVD02\scene\scene\chap12\mb\box_bqbd01.mb和box_bqbd02.mb。

12.10.5 身体部分绑定

下面进行身体部分的绑定。

Step01 在Outliner（大纲）中选择mod_grp，即整个模型，然后执行Create Deformers>Nonlinear>Bend（创建变形器>非线性>弯曲）命令，为其添加一个弯曲变形，如图12-520所示。

Step02 调整弯曲变形器。在Outliner（大纲）中选择mod_grp下的eye_grp、mouth_grp、box_grp、other_grp和brow_grp，如图12-521所示，同样为其添加一个弯曲变形器bend5Handle，并在通道盒中将Scale X/Y/Z的值设置为4，如图12-522所示。

图 12-520　　　　　　　　图 12-521　　　　　　　　图 12-522

Step03 按4键，使模型以网格的方式显示，然后在通道盒的bend5栏中调节弯曲变形器的参数，如图12-523所示；按5键，使模型以实体的方式显示，同时测试模型的弯曲效果，如图12-524所示。

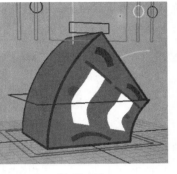

<table>
<tr><td>INPUTS</td></tr>
<tr><td>bend5</td></tr>
</table>

Envelope	1
Curvature	0
Low Bound	0
High Bound	3.4

图 12-523　　　　　　　　　　图 12-524

Step04　设置驱动动画。选择模型的rota_crv控制器，执行Animate>Set Driven Key>Set（动画>设置驱动关键帧>设置）命令，打开Set Driven Key（设置驱动关键帧）窗口，单击Load Driver（加载驱动对象）按钮，将rota_crv控制器加载进来。

Step05　在Outliner（大纲）中选择Bend5Handle，并单击通道盒中Bend5栏下的Curvature（曲率）参数，然后单击Set Driven Key（设置驱动关键帧）窗口中的Load Driven（加载被驱动对象）按钮，将弯曲变形器的曲率属性导入进来，如图12-525所示。

Step06　在Set Driven Key（设置驱动关键帧）窗口中选择rota_crv中的Rotate Z和Bend5中的Curvature，单击Key（关键帧）按钮，为其驱动动画设置关键帧，如图12-526所示。

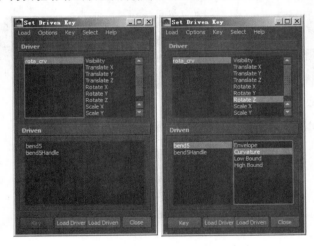

图 12-525　　　　　　　　　　图 12-526

Step07　分别向左和右旋转rota_crv控制器并配合调节模型的bend5弯曲变形器，使其方向保持一致，如图12-527所示，然后分别单击Key（关键帧）按钮，为其设置关键帧。

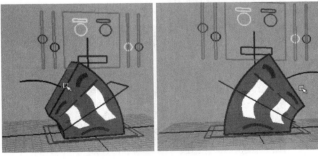

图 12-527

Step08 限制最大和最小值。保持rota_crv控制器的选中状态，打开Attribute Editor（属性编辑器）面板，展开Rotate（旋转）卷展栏，参数设置如图12-528所示。

图 12-528

Step09 用相同的方法再为模型添加一个弯曲变形器bend6Handle并设置驱动动画，用rota_crv控制器的Rotate X来驱动bend6的Curvature（曲率），单击Key按钮设置关键帧，如图12-529所示。

Step10 分别向前和后旋转rota_crv控制器并配合调节模型的bend6弯曲变形器，使其方向保持一致，如图12-530所示，然后分别单击Key（关键帧）按钮，为其设置关键帧。

图 12-529

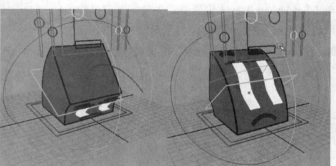

图 12-530

Step11 按照图12-531所示为rota_crv控制器设置最大和最小值。

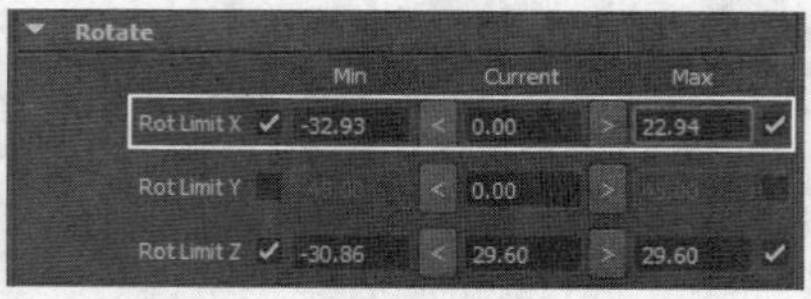

图 12-531

Step12 在outliner（大纲）中再次选择mod_grp，为其添加一个Twist（旋转）变形器，并在通道盒中将Scale X/Y/Z的值设置为5，同时设置INPUTS下twist1的参数，如图12-532所示。

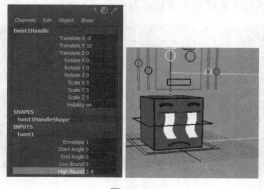

图 12-532

Step13 选择rota_crv控制器，执行window>General Editors>Connection Editor（窗口>常规编辑器>连接编辑器）命令，打开Connection Editor（连接编辑器）窗口，单击Reload Left（加载左侧）按钮，将rota_crv控制器加载到左侧，然后选择twist1的End Angle参数，将其加载到右侧，并将左侧的rotateY与右侧的endAngle做连接，如图12-533所示。

Step14 旋转rota_crv控制器，观察模型的效果，如图12-534所示。

 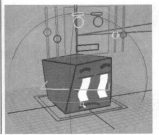

图 12-533　　　　　　　　　　　图 12-534

从上图可以看到，当控制器想向左旋转时，模型却向右旋转，方向恰好相反，下面解决这个问题。

Step15 选择rota_crv控制器，执行Window>Rendering Editors>Hypershade（窗口>渲染编辑器>超材质编辑器）命令，打开（材质编辑器）窗口，执行菜单栏中的Graph>Add Selected to Graph（图表>添加所选到图表）命令，将rota_crv控制器添加进来；然后用相同的方法将twist1变形器的End Angle属性也添加进来，如图12-535所示。

Step16 打断rota_crv与twist1之间的链接，然后创建一个reverse（反转）节点，如图12-536所示。

图 12-535　　　　　　　　　　　图 12-536

Step17 将rota_crv输出中的rotate>rotateY链接到reverse的input>inputX上，然后将reverse输出中的output1>outputX链接到tweist1的endAngle属性上。链接好之后，再次测试场景中模型跟随控制器运动的方向，如图12-537所示，可见现在模型能够跟随控制器旋转的方向运动了。

Step18 整理Outliner（大纲）窗口。使用Ctrl+H组合键将twist1Handle、bend5Handle和bend6Handle隐藏，然后将other_grp从mod_grp中提出来，并将twist1Handle、bend5Handle和bend6Handle放在other_grp中，接着将root_crv从crv_grp中提取出来，将mod_grp放入root_crv中，最后将crv_grp放入root_crv中，最终效果如图12-538所示。

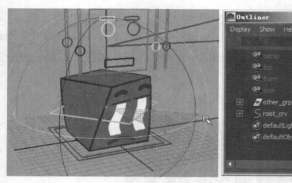

图 12-537   图 12-538

至此，盒子绑定就制作完成了，更详细的操作步骤可参见随书配套光盘中的教学视频，最终场景文件可参见随书配套光盘中的DVD02\scene\scene\chap12\mb\box_stbd.mb，读者可以通过调节各个控制器来测试盒子局部运动的效果。

12.11 四足动物马的绑定

通过本节内容可以了解到四足动物的绑定方法，其绑定原理与人物的绑定原理是一样的，首先需要创建骨骼。

12.11.1 设定骨骼

在进行马的骨骼设定时，同样需要考虑马的形体特征、运动特征，以及身体各个部分的移动限度运动的灵活性等。

12.11.1.1 创建根骨和身体骨骼

Step01 打开随书配套光盘文件DVD02\scene\scene\chap12\mb\ma_bangding.mb，在场景中有一个马的模型，如图12-539所示。

Step02 首先切换到Side（侧视图），打开Joint Tool（骨骼工具）的选项设置窗口，将Orientation（方向）选项设置为None（无），如图12-540所示。

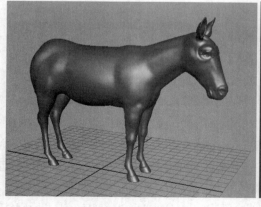

图 12-539

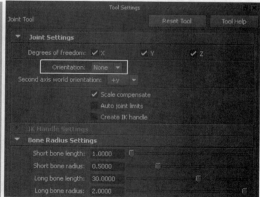

图 12-540

Step03 在马的臀部单击创建一个根骨骼，按Enter键确定，如图12-541所示。

Step04 继续使用Joint Tool（骨骼工具）在马的躯干部分创建一条骨骼，如图12-542所示，创建完成之后可以按住键盘上的D键，对每一节骨骼的位置进行微调。

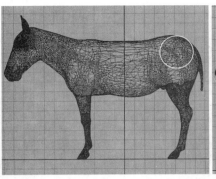
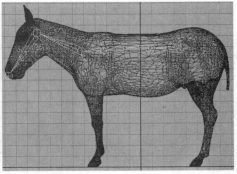

图 12-541　　　　　　　　　　　图 12-542

至此，马的根骨和身体部分的骨骼就创建完成了，接下来创建四肢的骨骼。

12.11.1.2 创建四肢骨骼

Step01　在Side（侧视图）中，使用Joint Tool（骨骼工具）在马的前腿处创建一条骨骼，并进入Persp（透）视图，将骨骼对好位置并对每节骨骼进行微调，如图12-543所示。

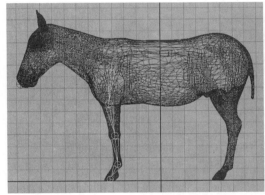

图 12-543

Step02　仍然在Side（侧）视图中，使用同样的方法为马的后腿设置骨骼，并进入Persp（透）视图中，对骨骼进行对位，如图12-544所示。

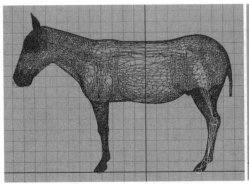

图 12-544

12.11.1.3 创建尾巴和耳朵骨骼

Step01　在Side（侧）视图中，使用骨骼工具在马的尾巴处创建一条骨骼，如图12-545所示。

基础

建模

渲染

动画

特效

Step02 仍然在侧视图中，在马耳朵处创建一条骨骼，并进入透视图调整其位置，如图12-546所示。

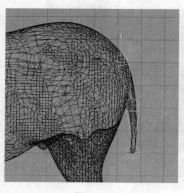
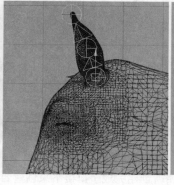
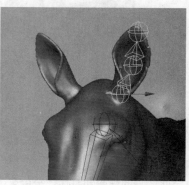

图 12-545 　　　　　　　　　　　　　图 12-546

12.11.1.4 父子关系链接——连接骨骼

Step01 在场景中选择耳朵处的骨骼并加选头部骨骼，按键盘上的P键进行父子关系连接，如图12-547所示。

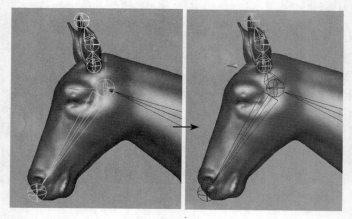

图 12-547

Step02 选择马前腿骨骼，加选脊椎的第一节骨骼，按键盘上的P键进行父子关系连接，如图12-548所示。

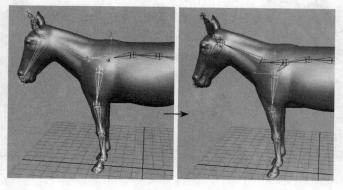

图 12-548

Step03 选择马后腿的骨骼并加选脊椎的最后一节骨骼，按键盘上的P键进行父子关系连接，如图12-549所示。

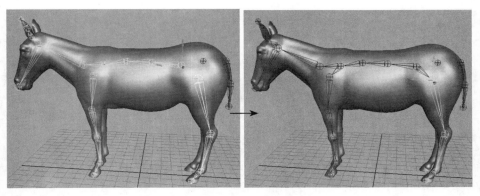

图 12-549

Step04 选择腿部骨骼，加选脊椎的最后一节骨骼，按键盘上的P键进行父子关系连接，如图12-550所示。

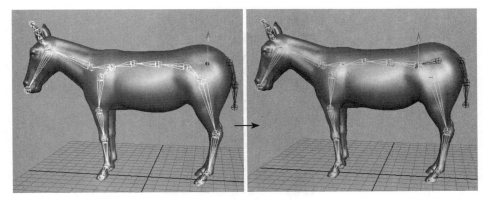

图 12-550

Step05 选择尾巴骨骼加选根骨骼，按键盘上的P键进行父子关系连接，如图12-551所示。

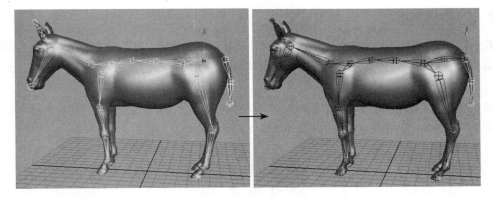

图 12-551

至此，已经将马的骨骼连接完成，下一步只需要对骨骼进行镜像即可。

12.11.1.5 镜像骨骼

Step01 选择马耳朵骨骼，单击菜单Skeleton>Mirror Joint（骨骼>镜像骨骼）命令后的■按钮，打开Mirror Joint Options（镜像骨骼选项）设置面板，将Mirror across（镜像方向）设置为*yz*选项，然后单击Apply（应用）按钮应用，如图12-552所示。

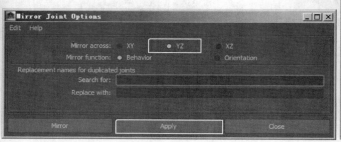

图 12-552

Step02 使用同样的方法，将马的前腿和后腿都进行镜像，如图12-553所示。

图 12-553

至此，马的骨骼就设定完毕了，下面进行控制器的设定。

12.11.2 设定控制器

Step01 在场景中创建一个立方体，利用CV Curve Tool（CV曲线工具）命令沿立方体边线绘制，制作一个线框立方体控制器，制作完成之后对线框立方体控制器进行回归Center Pivot（中心轴）操作，如图12-554所示。

Step02 在软件右下角的层面板中，单击Layer1前面的V按钮，将马模型隐藏，然后选择线框立方体控制器，将其复制出来一个，并按键盘上的V键将其捕捉到马的根骨上，如图12-555所示。

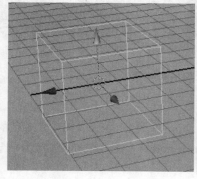
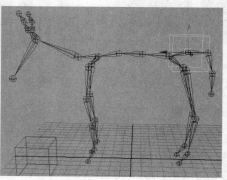

图 12-554　　　　　　　　　图 12-555

Step03 将马模型显示出来，选择线框立方体控制器，并进入其顶点元素编辑模式，将线框立方体调节成图12-556所示的形状。

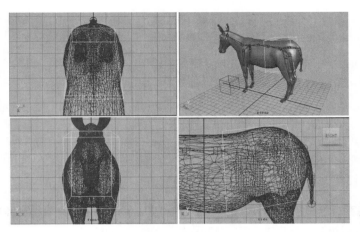

图 12-556

Step04 选择线框立方体控制器，将其复制出来一个，移动到马的左前蹄处，进入其顶点元素编辑模式，将其调节成图12-557所示的形状。

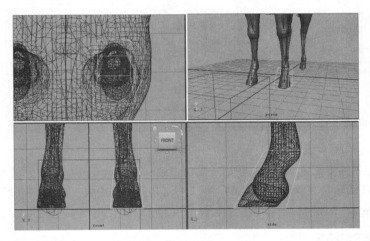

图 12-557

Step05 在层面板中将马模型隐藏，选择制作好的马蹄部的控制器，按住键盘上的D键和V键，将其中心轴移动捕捉到马蹄上面的骨骼上，然后将其复制出来3个，并分别捕捉移动到马的其他3个马蹄处（要捕捉在其他3个马蹄上面的骨骼上），如图12-558所示。

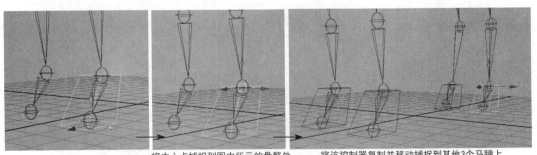

将中心点捕捉到图中所示的骨骼处　　将该控制器复制并移动捕捉到其他3个马蹄上

图 12-558

基础

建模

渲染

动画

特效

Step06 创建一个NURBS圆（保证该圆在网格中心点的位置），将其复制出来一个，并捕捉移动到脖子的根部骨骼处，将其沿 x 轴旋转一下，将模型显示出来，以模型为参照将圆调整成合适的大小，如图12-559所示。

图 12-559

Step07 将模型隐藏，选择刚刚调节好的脖子根部的圆，将其复制出来一个，并移动捕捉到头部骨骼处，将模型显示出来，以模型为参照圆进行缩放和旋转，如图12-560所示。

Step08 再次利用马脖子处的圆，制作出两个小的圆控制器，摆放到图12-561所示的位置。

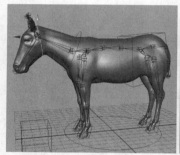
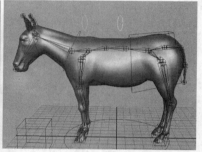

图 12-560   图 12-561

Step09 将场景中的线框立方体删除。单击工具盒中的Persp/Outliner（透视/大纲）按钮，将视图切换成大纲视图和透视图显示，在Outliner（大纲）视图中选择所有的曲线，如图12-562所示，对其进行删除History（历史）、Freeze Transformations（冻结变换）、回归Center Pivot（中心轴）操作。

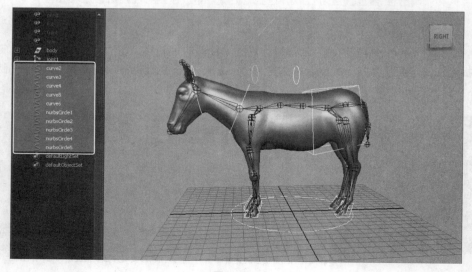

图 12-562

Step10　保持曲线处于被选中的状态，在场景中减选马脚底的大圆，按键盘上的Ctrl+G组合键将选中的曲线打一个组，命名为Line，如图12-563所示。

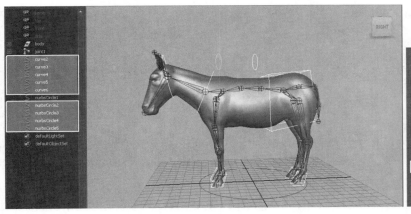

图 12-563

至此，控制器就设定完成了，接下来对骨骼进行蒙皮。

Step11　选择马的根骨（选中所有的骨骼）并加选模型，执行菜单Skin>Bind Skin>Smooth Bind（蒙皮>绑定蒙皮>平滑绑定）命令，对马进行蒙皮操作，如图12-564所示。

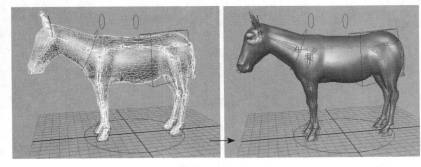

图 12-564

12.11.3　IK设定

Step01　在工具架的Animation（动画）标签下双击■按钮，打开IK Handle Tool（IK手柄工具）面板，设置Current solver（当前解算器）为ikRPsolver（ikRP解算器），然后分别在马的四肢的大腿根部骨骼和脚踝骨骼处创建一个IK，如图12-565所示。

Step02　在IK Handle Tool（IK手柄工具）面板中，设置Current solver（当前解算器）为ikSCsolver（ikSC解算器），然后分别为马的四肢的脚踝骨骼和脚底骨骼处创建IK，如图12-566所示。

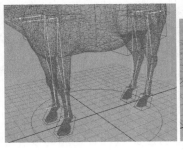
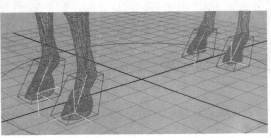

图 12-565　　　　　　　　　　　图 12-566

Step03 将模型隐藏起来，选择左侧马前蹄的IK，将其打一个组，生成group1，将该组的轴心点移动吸附到脚踝骨骼处，如图12-567所示。

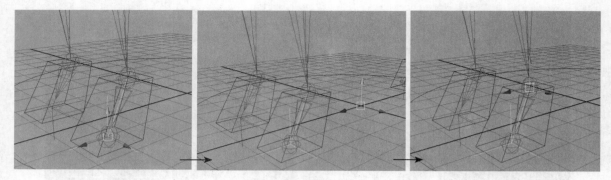

图 12-567

Step04 再选择脚踝处的IK，将其打一个组，生成group2，将该组的轴心点移动吸附到脚底骨骼处，如图12-568所示。

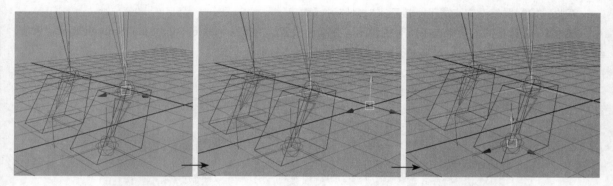

图 12-568

Step05 在大纲视图中选择group1和group2，将其打一个组，生成group3，再加选脚部的立方体控制器，按键盘上的P键，将组作为立方体控制器的子物体，如图12-569所示。

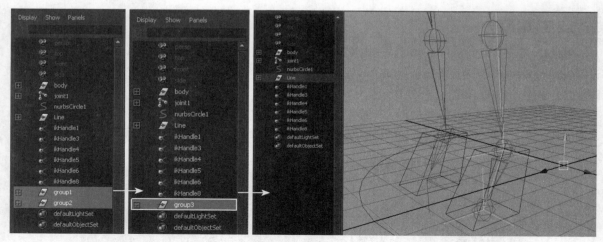

图 12-569

此时，选择马的左前腿进行移动，马的前腿就可以移动了。

同样的道理，马的其他3条腿的IK制作与马的左前腿的制作方法是一样的，读者可以自己完成，这里就不再进行讲解。

IK设定完毕，接下来还需要为马的四肢制作极向量约束。

Step06 创建一个Locator（定位器），将其吸附到马的左前腿膝盖骨骼处，并对其进行复制，然后吸附到右前腿的膝盖骨骼处，并将这两个Locator（定位器）沿z轴移动出来一些，如图12-570所示。

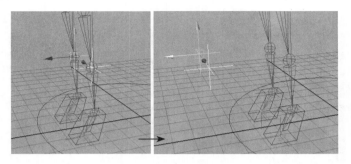

图 12-570

Step07 再复制出两个Locator（定位器），并将其吸附到马的两条后腿膝盖骨骼上，然后再选择这两个Locator（定位器），将其沿z轴移动出来，如图12-571所示。

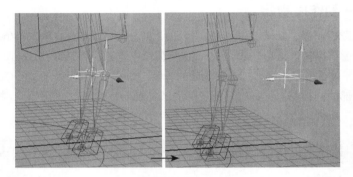

图 12-571

Step08 选择4个Locator（定位器），对其进行删除History（历史）、Freeze Transformations（冻结变换）操作。

Step09 选择马左前腿的Locator（定位器），加选脚踝处的IK手柄，执行Pole Vector（极向量）约束，如图12-572所示。

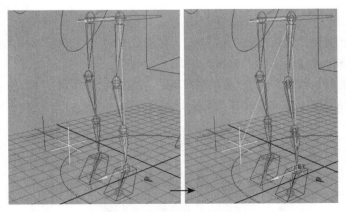

图 12-572

使用同样的方法，对马的其他3条腿也进行Pole Vector（极向量）约束，如图12-573所示。

Step10 下面分别将4个Locator（定位器）作为4个立方体脚底控制器的子物体。

基础　建模　渲染　动画　特效

　　将模型显示出来，如果模型出现图12-574所示的问题，这是由于没有绘制权重造成的，我们可以选择模型，执行菜单Skin>Detach Skin（蒙皮>断开蒙皮）命令，将其蒙皮先断开，然后再次执行菜单Skin>Bind Skin>Smooth Bind（蒙皮>绑定蒙皮>平滑蒙皮）命令，将其再次蒙皮，就可以解决模型出现的问题。

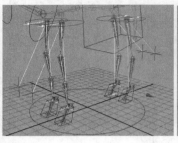

图 12-573　　　　　　　　　　　　　　图 12-574

　　至此，腿部的IK就制作完毕了，下面使用约束命令制作马的控制器。

12.11.4　约束——制作控制器

Step01　选择头部圆控制器，加选头部骨骼，如图12-575所示，单击菜单Constrain>Orient>▣（约束>方向>▣），在其选项窗口中勾选Maintain offset（保持偏移）选项，然后单击Apply（应用）按钮应用。

Step02　选择马脖子处的圆控制器，加选脖子处的骨骼，如图12-576所示，进行Orient（方向）约束。

Step03　选择马头部的圆控制器，加选马脖子处的圆控制器，如图12-577所示，按键盘上的P键，对其进行父子关系连接。

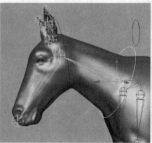
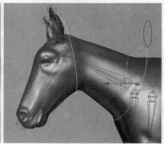

图 12-575　　　　　　　　图 12-576　　　　　　　　图 12-577

　　Step04　选择头部的骨骼并加选头部的圆控制器，如图12-578所示，执行Point（点）约束命令，注意要勾选其选项窗口中的Maintain offset（保持偏移）选项。

　　Step05　选择脖子处的骨骼并加选脖子处的圆控制器，如图12-579所示，执行Point（点）约束命令，注意要勾选其选项窗口中的Maintain offset（保持偏移）选项。

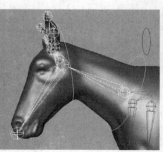

图 12-578　　　　　　　　图 12-579

Step06 选择马脖子处的圆控制器，在其通道盒中将Translate X/Y/Z（X/Y/Z位移）、Scale X/Y/Z（X/Y/Z缩放）及Visibility（可视）属性选中，单击鼠标右键，从弹出的菜单中选择Lock and Hide Selected（锁定并隐藏选择）命令，将选中的属性锁定并隐藏，如图12-580所示。

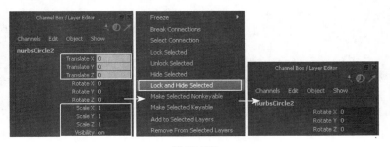

图 12-580

 注：

这里将不需要的属性隐藏是为了在后面制作动画时，避免对不必要的属性设置关键帧，如图12-580所示的Translate X/Y/Z（X/Y/Z位移）属性已经被设定了Point（点）约束，如果再次对其设置关键帧，它就会变成绿色，此时就会出现错误，一个属性不能同时被控制两次，所以在制作完控制器后要将每个控制器不需要的属性进行锁定并隐藏。

使用同样的方法将马头部的圆控制器的Translate X/Y/Z（X/Y/Z位移）、Scale X/Y/Z（X/Y/Z缩放）及Visibility（可视）属性也进行Lock and Hide Selected（锁定并隐藏）。

Step07 将模型隐藏起来，在工具架的Animation（动画）标签下单击线性IK按钮，在马的脊椎骨骼上创建一个线性IK，如图12-581所示。

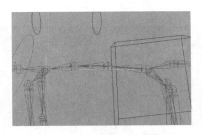

图 12-581

Step08 取消勾选视图菜单Show>Joints（显示>骨骼）和IK Handles（IK手柄）命令，隐藏场景中的骨骼和IK手柄。

Step09 选择刚创建的线性IK的曲线，并进入其顶点元素模式，选择第一个顶点，单击Create Deformers>Cluster>□（创建变形器>簇>□），在其选项窗口中勾选Relative（相对的）选项，然后单击Apply（应用）按钮，为其创建一个簇点，如图12-582所示。

图 12-582

Step10 选择曲线，进入其顶点元素模式，选择中间的两个顶点，使用上面的方法为其创建一个簇点，如图12-583所示。

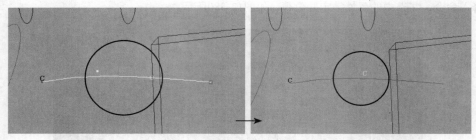

图 12-583

Step11 仍然使用上面的方法，选择曲线的最后一个顶点，为其创建一个簇点，如图12-584所示。

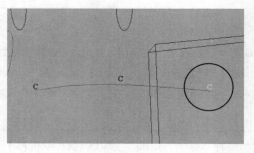

图 12-584

Step12 将模型显示出来，在大纲视图中选择cluster1Handle，按Ctrl+A组合键将其属性编辑器打开，在其属性编辑器中选择cluster1HandleShape标签，在该标签下Origin（原点）右侧的Y框中按住Ctrl键拖动鼠标调节数值，将cluster1Handle（第一个簇点）移动出来，如图12-585所示。

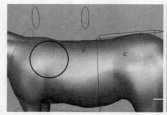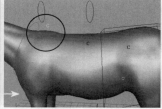

图 12-585

Step13 使用上面的方法，将cluster2Handle和cluster3Handle也移动出来，如图12-586所示。

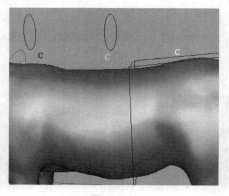

图 12-586

Step14 执行视图菜单Show>All（显示>全部）命令，将骨骼和IK手柄都显示出来。

Step15 将模型隐藏，选择马身体上方的第1个椭圆形控制器，将其轴心点捕捉吸附到脊椎骨的第1节骨骼上，如图12-587所示。

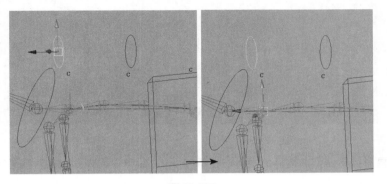

图 12-587

Step16 选择马臀部的立方体控制器，将其轴心点吸附移动至脊椎骨的最后一节骨骼上，如图12-588所示。

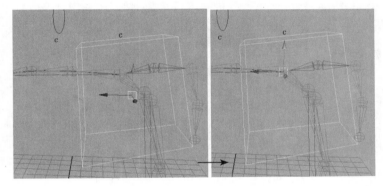

图 12-588

Step17 选择臀部的立方体控制器并加选第3个簇点，执行Point（点）约束命令，如图12-589所示。

Step18 选择马上面的第2个椭圆控制器，加选第2个簇点，执行Point（点）约束命令，如图12-590所示。

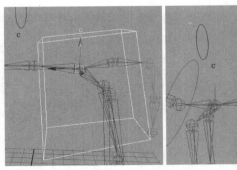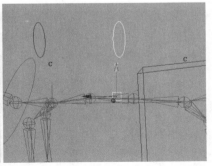

图 12-589　　　　　　　图 12-590

Step19 选择马上面的第1个椭圆形控制器，加选第1个簇点，执行Point（点）约束命令，如图12-591所示。

Step20 在场景中创建一个圆，并将其调整成一个星形的形状，然后将其移动捕捉至马的脊椎的最后一节骨骼上，将模型显示出来；再将星形控制器沿x轴旋转一下，做一下调整，最后对其进行删除History（历史）、Freeze Transformations（冻结变换）操作，如图12-592所示。

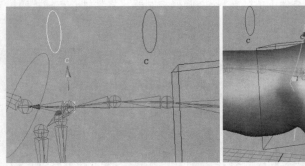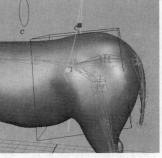

图 12-591　　　　　　　　　图 12-592

Step21　选择星形控制器，加选马的根骨，执行Parent（父子）约束命令，对其进行子父体约束，如图12-593所示。

Step22　选择马的臀部立方体控制器，加选星形控制器，如图12-594所示，按键盘上的P键对其进行父子关系连接。

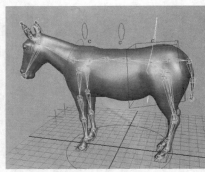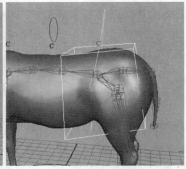

图 12-593　　　　　　　　　图 12-594

Step23　再分别将马上面的两个椭圆形控制器和马脖子处的圆控制器分别作为星形控制器的子物体，如图12-595所示。

Step24　选择3个簇点并加选马的根骨，如图12-596所示，按键盘上的P键进行父子关系连接。

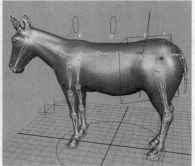

图 12-595　　　　　　　　　图 12-596

至此，马的控制器就制作完成了，接下来需要对场景进行最后的整理。

12.11.5 整理场景

首先选择要作为总控制器的大圆，在大纲视图中将其命名为zong，如图12-597所示。

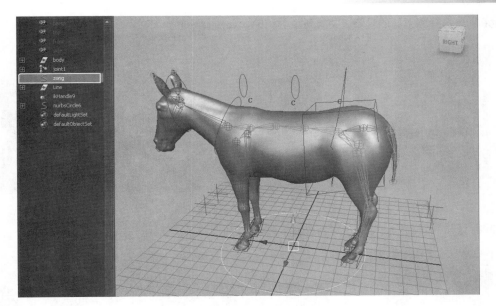

图 12-597

下面需要为骨骼进行重新命名，以便于后期权重的绘制。

12.11.5.1 为骨骼重新命名

Step01 选择马的左后腿，执行菜单Modify>Search and Replace Names（修改>搜索并替换名称）命令，打开Search Replace Options（搜索替换选项）窗口，在Search for（搜索）输入框中输入要替换的名称，这里输入joint，在Replace with（替换）输入框中输入替换后的名称，这里输入z h tui，并选择Hierarchy（层级）选项，然后单击Apply（应用）按钮，如图12-598所示。

图 12-598

Step02 使用同样的方法将马的右后腿、左前腿和右前腿分别重命名为y h tui、z q tui和y q tui。

Step03 选择马的头部骨骼，在Search Replace Options（搜索替换选项）窗口中将其名称替换成tou，如图12-599所示。

图 12-599

Step04 再选择脖子处的骨骼，将其重命名为bo，如图12-600所示。

图 12-600

Step05 选择马尾巴处的骨骼，将其重命名为wei，如图12-601所示。

图 12-601

Step06 选择马脊椎骨的最后一节，将其重命名为yao，如图12-602所示。

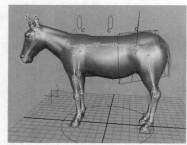

图 12-602

Step07 选择马根骨，将其重命名为gen，如图12-603所示。

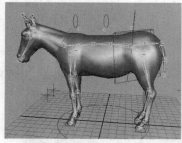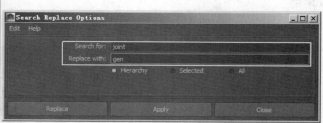

图 12-603

至此，就完成了骨骼重新命名操作，接下来需要对控制器进行整体的调整。

12.11.5.2 整体调整控制器

Step01 进入大纲视图，选择nurbsCircle6，按住鼠标中键将其拖曳到Line组下，如图12-604所示。

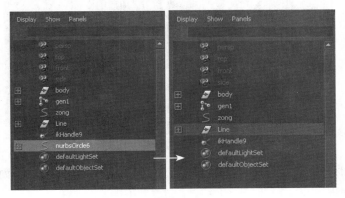

图 12-604

Step02 选择ikHandle9，将其打一个组，命名为ik，如图12-605所示。

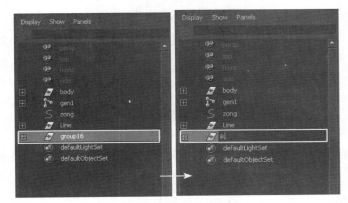

图 12-605

Step03 选择gen1，将其打一个组，并命名为gu，如图12-606所示。

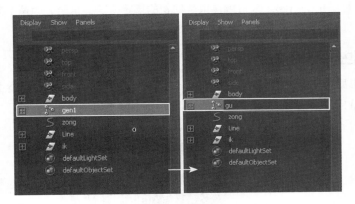

图 12-606

Step04 选择zong控制器，加选Line，进行Parent（父子）和Scale（缩放）约束。

Step05 选择zong控制器，加选ik，进行Scale（缩放）约束。

Step06 选择zong控制器，加选gu，进行Scale（缩放）约束。

Step07 在大纲视图中选择所有对象，将其打一个组，并命名为ma，如图12-607所示。

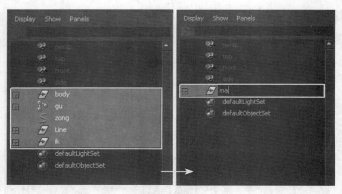

图 12-607

Step08 最后还可以为马的左右两侧的控制器设置不同的颜色，以便于区分，如图12-608所示，设置控制器颜色的内容在前面进行人物绑定时已经介绍过，这里就不再进行讲解。

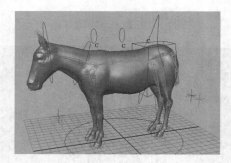

图 12-608

至此，本案例全部制作完成，最终场景文件可参见随书配套光盘中的DVD02\scene\scene\chap12\mb\ma_bangding_end.mb。

12.12 七星瓢虫的绑定

本节将通过对七星瓢虫进行绑定来讲解昆虫类动物的绑定方法，这里分为两节来对七星瓢虫的绑定进行讲解，首先是七星瓢虫的骨骼设定，然后是骨骼绑定。

12.12.1 七星瓢虫的骨骼设定

Step01 打开随书配套光盘中的DVD02\scene\scene\chap12\mb\qxpc_start.mb，这里已经保留了之前制作七星瓢虫绑定时的控制器，如图12-609所示，在之后的绑定中就不用再制作控制器了。

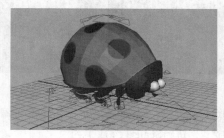

图 12-609

Step02 在软件界面右下角的层面板中，单击Control:ball-Layer1层前面的V字按钮，将场景中的曲线控制器隐藏起来。

接下来开始创建骨骼，首先创建根骨。

Step03 切换到侧视图，使用创建骨骼工具，在七星瓢虫的翅膀上创建一节根骨，按回车键完成创建，如图12-610所示。

Step04 在图12-611所示的位置分别创建3节骨骼。

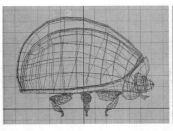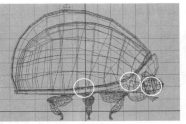

图 12-610 图 12-611

Step05 切换到透视图，选择头部的骨骼并加选头部根部的骨骼，按P键进行父子连接，如图12-612所示。

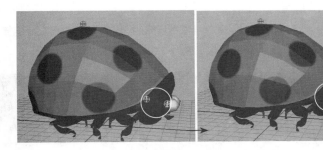

图 12-612

Step06 选择头部根部的骨骼，加选身体底部处的骨骼，按P键进行父子关系连接，如图12-613所示。

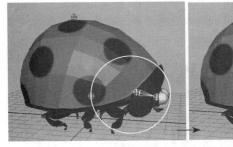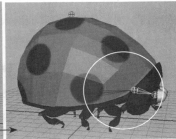

图 12-613

Step07 选择身体底部处的骨骼，加选身体顶端的骨骼，按P键进行父子关系连接，如图12-614所示。

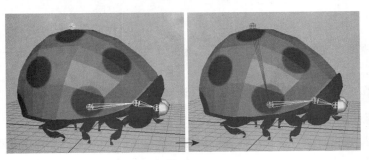

图 12-614

基础

建模

渲染

动画

特效

下面开始创建七星瓢虫的腿部骨骼。

12.12.1.1 创建腿部骨骼

Step01 切换到顶视图，在七星瓢虫的腿部创建一节骨骼，并切换到透视图，将骨骼放置在七星瓢虫的大腿处，如图12-615所示。

Step02 在七星瓢虫的小腿处分别创建两节骨骼，如图12-616所示。

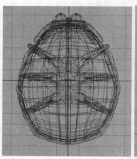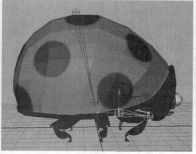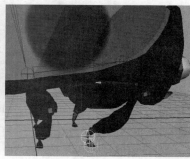

图 12-615　　　　　　　　　　　　　　　　图 12-616

Step03 选择小腿关节上的骨骼并加选大腿关节上的骨骼，按P键进行父子关系连接；选择脚部的骨骼并加选小腿关节上的骨骼，按P键进行父子关系连接，如图12-617所示。

图 12-617

Step04 使用同样的方法，创建七星瓢虫其他两条腿的骨骼，如图12-618所示。

Step05 再分别选择腿部的3节骨骼，加选身体底部的骨骼，按P键进行父子关系连接，如图12-619所示。

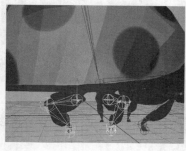

图 12-618　　　　　　　　　　　　图 12-619

Step06 在大纲视图中选择huahua，也就选择了七星瓢虫模型，在层面板中新建一个层，并将模型添加到该层中。

至此，七星瓢虫的腿部骨骼就创建完成了，接下来对骨骼进行镜像。

12.12.1.2 镜像骨骼

Step01 选择七星瓢虫的模型，在层面板中新建一个层（Layer1），并将模型添加到该层中，单击Layer1层前面的第2个方块按钮，出现T字，此时模型将被模板化显示，如图12-620所示。

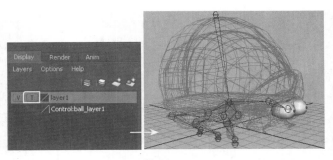

图 12-620

Step02 选择右侧的一节腿部骨骼，单击Skeleton>Mirror Joint>□（骨骼>镜像骨骼>□），打开选项窗口，设置Mirror across（镜像轴向）为yz，单击Apply（应用）按钮，如图12-621所示。

图 12-621

Step03 使用同样的方法将其他两条腿部的骨骼也进行镜像，如图12-622所示。

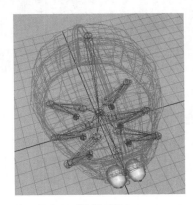

图 12-622

接下来，创建七星瓢虫翅膀的骨骼。

12.12.1.3 创建翅膀骨骼

Step01 切换到侧视图，使用骨骼工具在七星瓢虫的翅膀处创建一节骨骼，如图12-623所示。

Step02 切换到透视图，两次单击层面板中Layer1层前面的T字形按钮，取消模板显示，然后调节翅膀骨骼的位置，如图12-624所示。

在这里，我们先不连接七星瓢虫的翅膀骨骼与根骨，做完蒙皮之后，再对其进行连接，可以少绘制一些权重。

Step03 选择翅膀骨骼，将其复制出来一个，在其通道盒中将Scale X（x轴缩放）设置为-1，将复制出来的翅膀骨骼调整到另一侧，如图12-625所示。

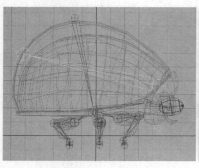 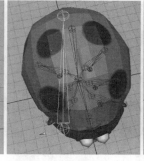 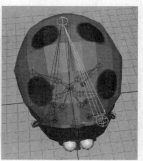

图 12-623　　　　　　　图 12-624　　　　　　　图 12-625

至此，七星瓢虫的骨骼就设定完了，在下一节中将对骨骼进行绑定设置。

12.12.2　七星瓢虫的骨骼绑定

本小节来对七星瓢虫的骨骼进行绑定，通过本实例的制作，读者将学习到Channel Control（通道控制）及Expression Editor（表达式编辑器）的应用。

首先，需要对骨骼进行蒙皮。

选择七星瓢虫的身体和头部，加选骨骼，执行菜单Skin>Bind Skin>Smooth Skin（蒙皮>绑定蒙皮>平滑蒙皮）命令，进行蒙皮，如图12-626所示。

图 12-626

12.12.2.1 设定IK——腿部绑定

Step01　使用IK Handle Tool（IK手柄工具），将其选项窗口中的Current solver（当前解算器）设置为ikRPsolver（ikRP解算器）选项，分别在七星瓢虫6条腿的大腿根部的骨骼和脚踝骨骼处创建一条IK，如图12-627所示。

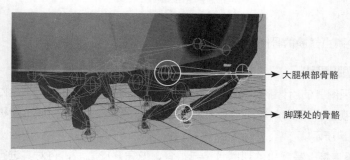

图 12-627

下面需要对控制器进行一些调整，因为在之前，已经对当前保留的控制器进行了设置，所以这里需要将控制器进行还原。

Step02　在层面板中单击Control:ball-Layer1层前面的第1个方块按钮，将控制器显示出来。

Step03 首先需要选择6个脚部控制器，如图12-628所示，并将其通道盒中的数值还原为0。

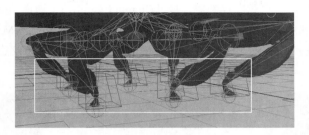

图 12-628

选择七星瓢虫左侧的任意一个脚部控制器，可以发现，由于当前保留的控制器在之前已经设定过，所以在其通道盒中有一些属性已经被删除了，如图12-629所示。

图 12-629

如果这里想要还原这些被删除的属性，可以通过Window>General Editors>Channel Control（窗口>常规编辑器>通道控制）命令进行还原。

Channel Control（通道控制）命令可以控制通道盒中要显示的属性条目。

在设置动画时，为了避免误操作，我们常常要将不需要的关键帧属性从Channel Box（通道盒）中移除出去，或者将某些需要关键帧的属性添加到Channel Box（通道盒）中，这时可以执行菜单Window>General Editors>Channel Control（窗口>常规编辑器>通道控制）命令，来编辑某个通道是否显示在Channel Box（通道盒）中。

Channel Control（通道控制）窗口如图12-630所示，单击"Move>>（向右移动）"按钮即可在Channel Box（通道盒）中隐藏不需要显示的属性。

选择 Nonkeyable Hidden（隐藏非关键帧）一栏下的属性，单击"<<Move（向左移动）"按钮即可在Channel Box（通道盒）中显示隐藏的属性，如图12-631所示。

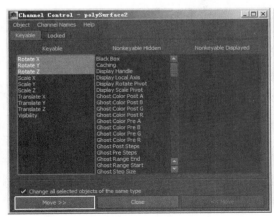

图 12-630　　　　　　　　　　　　　　　　　　图 12-631

这里需要还原瓢虫左侧的3个脚部控制器的Rotate（旋转）属性。

Step04 选择左侧的其中一个脚部控制器，打开Channel Control（通道控制）窗口，在 Nonkeyable Hidden（隐藏非关键帧）栏中选择Rotate X/Y/Z（X/Y/Z旋转）属性，单击"<<Move（向左移动）"按钮将其输入到Keyable（可关键帧）栏中，此时在其通道盒中的Rotate X/Y/Z（X/Y/Z旋转）属性就显示出来了，如图12-632所示。

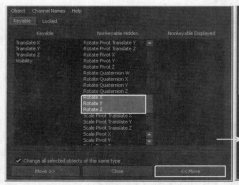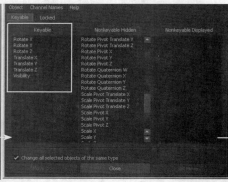

图 12-632

Step05 使用同样的方法，将瓢虫左侧其他两个脚部控制器的Rotate X/Y/Z（X/Y/Z旋转）属性也进行还原，还原之后，可以发现Rotate X/Y/Z（X/Y/Z旋转）属性呈灰色显示，然后选择Rotate X/Y/Z（X/Y/Z旋转）属性，单击鼠标右键，从弹出的菜单中选择Unlock Selected（解锁选择）命令为其进行解锁。

Step06 选择6个脚部控制器，删除其History（历史）。

Step07 选择其中一个脚部控制器，加选IK，如图12-633所示，执行Point（点）约束命令。

在执行Point（点）约束时，一定要勾选其选项窗口中的Maintain offest（保持偏移）选项。

Step08 使用同样的方法，对其他几条腿的脚部控制器和IK分别进行Point（点）约束。

Step09 选择任意一条腿的脚部控制器，加选脚踝处的骨骼，如图12-634所示，进行Orient（方向）约束。

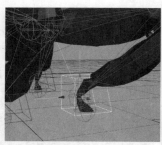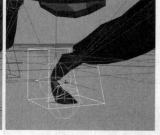

图 12-633　　　　　图 12-634

Step10 使用同样的方法，对其他几条腿的脚部控制器和IK分别进行Orient（方向）约束。

下面再来调整瓢虫周围的6个棱锥形控制器，在之前制作时，将6个棱锥控制器与脚部控制器做了父子关系连接，这里需要先将它们之间的父子关系打断。

Step11 选择6个棱锥形控制器，如图12-635所示，执行菜单Edit>Unparent（编辑>解除父子关系）命令，将其与脚部控制器解除父子关系连接。

Step12 仍然选择6个棱锥形控制器，对其进行删除History（历史）和Freeze Transformations（冻结变换）操作。

整理完6个棱锥形控制器后，就可以对其进行Pole vector（极向量）约束了。

Step13 选择其中一个棱锥形控制器，并加选与其对应的腿部的IK，如图12-636所示，进行Pole vector（极向量）约束。

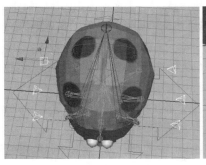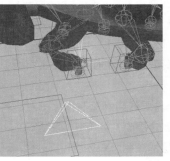

图 12-635　　　　　　　　　图 12-636

Step14 使用同样的方法，将其他几条腿也进行极向量约束。

Step15 再分别将6个棱锥形控制器作为脚部控制器的子物体。

至此，瓢虫腿部的绑定就完成了。

12.12.2.2 翅膀绑定

接下来进行瓢虫翅膀的绑定。

Step01 选择两个翅膀，分别将两个翅膀的通道盒中的属性进行Unlock Selected（解锁选择）操作。

Step02 进入到顶视图，选择翅膀末端的两节骨骼，将其向瓢虫头部移动一些，并将两个骨骼调节到图12-637所示的位置。

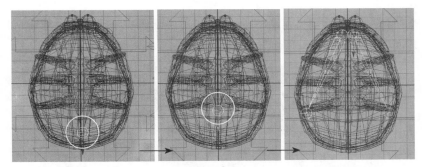

图 12-637

Step03 切换到透视图，选择翅膀顶端的两节骨骼，按住D键将其向上移动一些，如图12-638所示。

Step04 选择瓢虫一侧的翅膀，加选骨骼，如图12-639所示，执行Smooth Skin（平滑蒙皮）命令，对其进行蒙皮，使用同样的方法，将瓢虫另一侧的翅膀也进行蒙皮。

此时，选择翅膀骨骼，进行旋转，就可以控制翅膀的张合了，如图12-640所示。

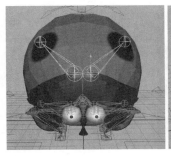

图 12-638　　　　　　图 12-639　　　　　　图 12-640

基础

建模

渲染

动画

特效

Step05 选择两个翅膀和两个翅膀骨骼，在层面板中新建一个层（Layer2），将两个翅膀和翅膀骨骼添加到新建的层中，并将其隐藏。

大家都知道，在瓢虫外层的翅膀下还有一层很薄的翅膀，下面就来为内层的翅膀进行绑定。

Step06 首先选择瓢虫内层的两个翅膀，将其通道盒中的属性进行解锁，并将Visibility（可视）属性Break Connections（断开连接）。

Step07 再选择两个内层的翅膀，在层面板中创建一个新的层（Layer3），将两个内层的翅膀添加到该层中。

Step08 将两个内层的翅膀复制出来一对，再在层面板中创建一个新的层（Layer4），将复制出来的两个内层的翅膀添加到该层中，并将其隐藏起来。

当前有两套内层的翅膀：Layer3和Layer4，现在将Layer4隐藏，先为Layer3的翅膀创建骨骼。

Step09 切换到顶视图，使用创建骨骼工具，为Layer3翅膀创建一节骨骼，并进入透视图对其位置进行调整，如图12-641所示。

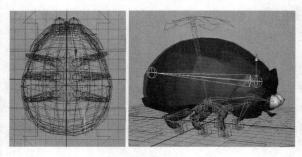

图 12-641

Step10 选择创建好的骨骼，将其复制出来一个，并将通道盒中的Scale X（*x*轴缩放）设置为-1，将其镜像到另一侧，如图12-642所示。

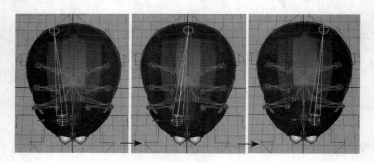

图 12-642

Step11 分别对两个翅膀和两个骨骼进行Smooth Bind（平滑绑定），此时，选择骨骼进行旋转，Layer3的翅膀就可以跟着旋转了，如图12-643所示。

图 12-643

Step12 分别选择layer3的两个翅膀骨骼，加选身体中心的骨骼，按P键进行父子关系连接，如图12-644所示。

图 12-644

Step13 选择Layer3的翅膀的两根骨骼，将其添加到Layer3层中，然后将Layer3隐藏起来。

Step14 将Layer2显示出来，将Layer2的翅膀的两根骨骼与瓢虫身体中心的骨骼进行父子关系连接，如图12-645所示。

图 12-645

至此，瓢虫翅膀的绑定就设定完成了，接下来制作瓢虫的展翅设定。

12.12.2.3 表达式——展翅设定

瓢虫的展翅设定是瓢虫绑定中最难的一个环节，将会涉及到驱动关键帧及Expression（表达式）的应用。

Step01 选择瓢虫顶部的总控制器，在其通道盒中需要为其添加几个属性，添加属性的操作在前面的章节中已经介绍过了，这里就不再赘述，这里为总控制器添加了3个属性，分别是shan、kai及zui，其中shan为列举属性，kai和zui属性的范围都是0~10，如图12-646所示。

图 12-646

Step02 执行菜单Animate>Set Driven key>Set（动画>设定驱动关键帧>设置）命令，打开Set Driven Key（设定驱动关键帧）窗口，在场景中选择瓢虫顶部的总控制器，在Set Driven Key（设定驱动关键帧）窗口中单击Load Driver（载入驱动物体）按钮，将总控制器载入到Driver（驱动物体）栏中，再选择Layer2的翅膀的两根骨骼，单击Load Driven（载入被驱动物体）按钮，将其载入到Driven（被驱动物体）栏中，如图12-647所示。

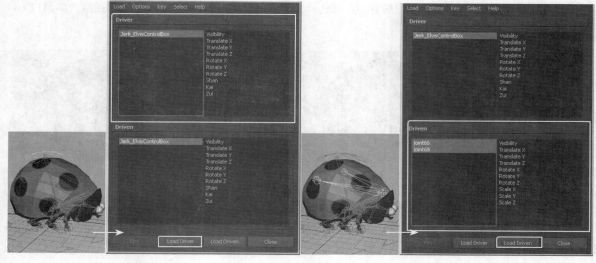

图 12-647

Step03 在Set Driven Key（设定驱动关键帧）窗口的Driver（驱动物体）栏中选择kai属性，再在Driven（被驱动物体）栏中选择Roate Y（*y*轴旋转）属性，单击Key（关键帧）按钮，让总控制器的kai属性来控制Layer2骨骼的*y*轴旋转，如图12-648所示。

Step04 选择总控制器，在其通道盒中将kai属性设置为10，选择layer2翅膀右侧的骨骼，将其沿*y*轴旋转一定的角度，单击Key（关键帧）按钮，为其设置关键帧；再选择Layer2翅膀左侧的骨骼，将其沿*y*轴旋转一定的角度，单击Key（关键帧）按钮，为其设置关键帧，如图12-649所示，此时，调节总控制器的kai属性就可以控制Layer2翅膀的张合动作了。

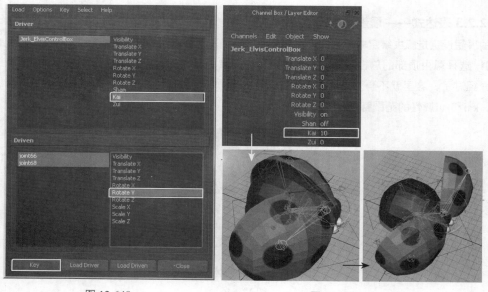

图 12-648   图 12-649

Step05 将Layer2隐藏起来，显示Layer3，再设置Layer3的翅膀。

Step06 在场景中选择Layer3翅膀的两节骨骼，在驱动关键帧窗口中单击Load Driven（载入被驱动物体）按钮，将其导入到Driven（被驱动物体）栏中，如图12-650所示。

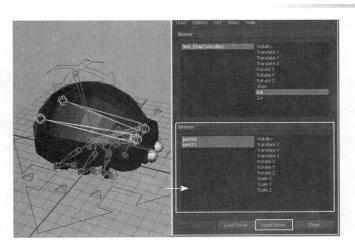

图 12-650

Step07 在驱动关键帧窗口的Driver（驱动物体）栏中选择kai属性，再在Driven（被驱动物体）栏中选择Rotate X/Y/Z（X/Y/Z旋转）属性，单击Key（关键帧）按钮，为其设置关键帧，如图12-651所示。

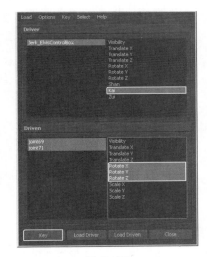

图 12-651

Step08 将Layer2显示出来，将总控制器的kai属性设置为10，将Layer2的翅膀展开作为参考，再来调节Layer3的翅膀。

Step09 选择Layer3翅膀右侧的骨骼，将其沿y轴旋转一定的角度，在驱动关键帧窗口中单击Key（关键帧）按钮，为其设置关键帧；再选择Layer3翅膀左侧的骨骼，将其沿y轴旋转一定的角度（与右侧骨骼角度一致），同样单击Key（关键帧）按钮为其设置关键帧，此时，调节总控制器的kai属性就可以控制Layer2和Layer3的翅膀的张合动作了，如图12-652所示。

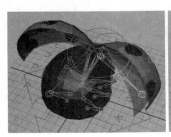 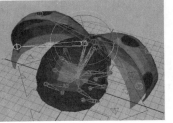

图 12-652

Step10 将Layer2隐藏起来，使用创建骨骼工具在场景空白处创建一节骨骼，然后将该骨骼进行复制，并分别吸附到图12-653所示的位置。

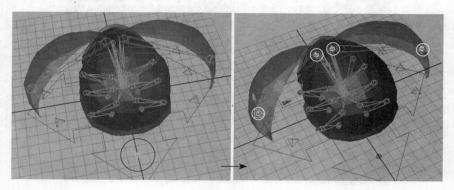

图 12-653

Step11 将Layer3和Layer1隐藏起来，选择图中所示的1骨骼并加选2骨骼，按P键进行父子关系连接；再选择3骨骼并加选4骨骼，按P键进行父子关系链接，这样就创建出了第二套骨骼，如图12-654所示。

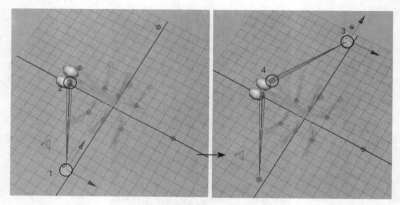

图 12-654

Step12 将Layer1和Layer3显示出来，选择Layer3的两个翅膀，按Ctrl+D键将其复制出来第2套，并对复制出来的这套翅膀的通道盒中的属性进行Unlock Selected（解锁选择），如图12-655所示。

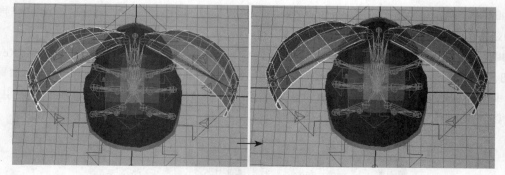

图 12-655

Step13 保持复制出来的第2套翅膀处于选中状态，在Layer3上单击鼠标右键，从弹出的菜单中选择Remove Selected Objects（移除选择对象）命令，将复制出来的翅膀从Layer3中提取出来，然后将Layer3隐藏，如图12-656所示。

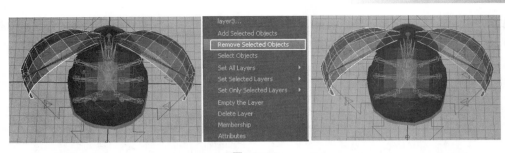

图 12-656

Step14 分别将复制出来的第2套翅膀和新创建出来的第2套骨骼进行Smooth Bind（平滑绑定），如图12-657所示。

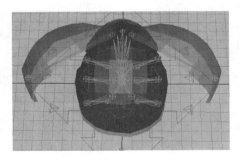

图 12-657

Step15 选择复制出来的第2套翅膀和新创建出来的第2套骨骼，在层面板中新建一个层（Layer5），将其添加到该层中。

Step16 再分别将新创建出来的第2套骨骼与瓢虫身体中心的骨骼进行父子连接，如图12-658所示。

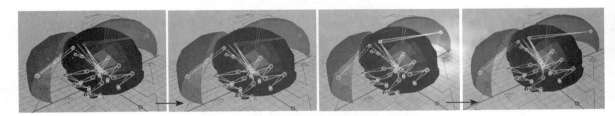

图 12-658

Step17 隐藏Layer5，显示Layer4，在场景中选择Layer4的两个翅膀，如图12-659所示，将其删除；并在层面板的Layer4上单击鼠标右键，从弹出的菜单中选择Deleted Layer（删除层）命令，将Layer4删除。

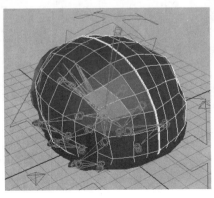

图 12-659

Step18 将Layer3显示出来，选择Layer3的两个翅膀，在驱动关键帧窗口中单击Load Driven（载入被驱动物体）按钮，将其导入到Driven（被驱动物体）栏中，如图12-660所示。

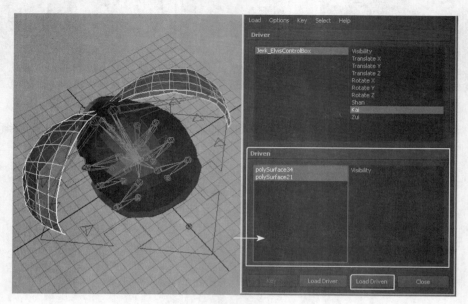

图 12-660

下面我们需要让总控制器的shan属性来控制Layer3的翅膀的隐藏和显示。

Step19 在驱动关键帧窗口的Driver（驱动物体）栏中选择shan属性，再在Driven（被驱动物体）栏中选择Visibility（可视）属性，单击Key（关键帧）按钮，为其设置关键帧，如图12-661所示。

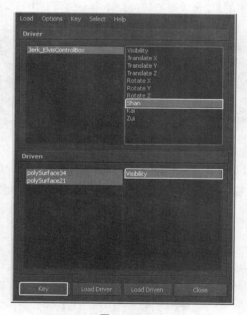

图 12-661

Step20 选择总控制器，在其通道盒中将shan属性设置为on，此时，在场景中会出现两个新的翅膀，这是由于之前在制作时遗留下来的翅膀，所以这里需要将后显示出来的两个翅膀删除，如图12-662所示。

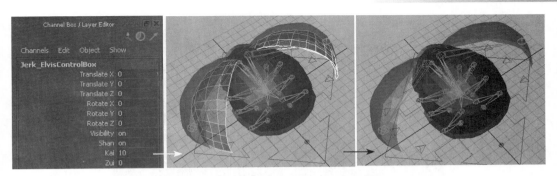

图 12-662

Step21 选择Layer3的两个翅膀，在其通道盒中，将其Visibility（可视）属性设置为off，在驱动关键帧窗口中单击Key（关键帧）按钮，为其设置关键帧，如图12-663所示。

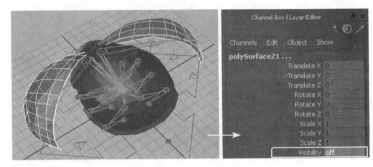

图 12-663

Step22 将Layer3隐藏，显示Layer5，选择Layer5的两个翅膀，在驱动关键帧窗口中单击Load Driven（载入被驱动物体）按钮，将Layer5的两个翅膀载入到Driven（被驱动物体）栏中，如图12-664所示。

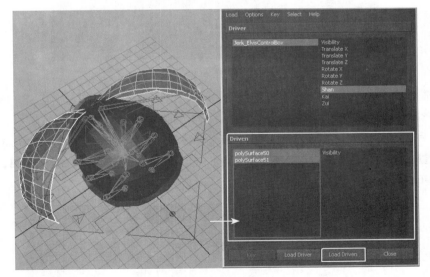

图 12-664

Step23 将总控制器的shan属性设置为on，在驱动关键帧窗口的Driver（驱动物体）栏中选择shan，在Driven（被驱动物体）栏中选择Visibility（可视）属性，单击Key（关键帧）按钮为其设置关键帧，如图12-665所示。

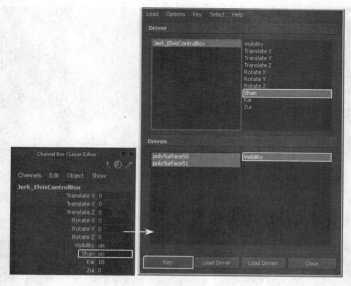

图 12-665

Step24 将总控制器通道盒中的shan属性设置为off，选择Layer5的两个翅膀，将其通道盒中的Visibility（可视）属性设置为off，在驱动关键帧窗口中单击Key（关键帧）按钮为其设置关键帧，如图12-666所示。

图 12-666

此时，调节总控制器的shan属性，就可以控制Layer3和Layer5翅膀之间的切换了，接下来，需要为Layer5翅膀写一个Mel脚本来控制翅膀的扇动。

Step25 在写Mel之前，首先要对Layer5翅膀的两个骨骼重新命名，隐藏Layer3，选择Layer5翅膀左侧的骨骼，在其通道盒的属性名称处双击，为其重命名为z_chi，再选择Layer5翅膀右侧的骨骼，为其重命名为y_chi，如图12-667所示。

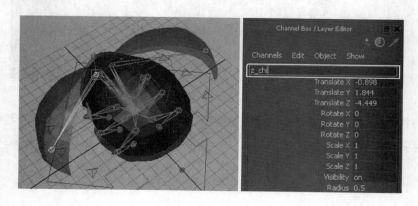

图 12-667

Step26 选择Layer5翅膀右侧的骨骼，在其通道盒中选择Rotate Z（z轴旋转）属性，执行通道盒菜单Edit>Expression（编辑>表达式）命令，打开Expression Editor（表达式编辑器）窗口，如图12-668所示。

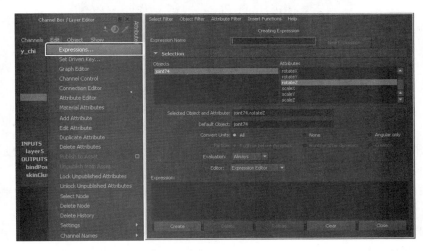

图 12-668

Step27 在Expression Editor（表达式编辑器）窗口的Expression（表达式）栏中，输入"y_chi.rotateZ=(sin(time));"，单击Create（创建）按钮创建，如图12-669所示。

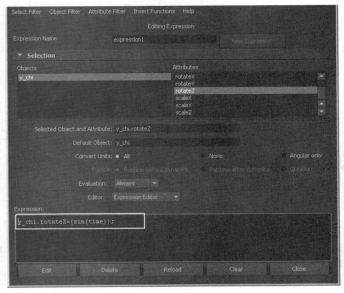

图 12-669

此时，播放时间轴，可以发现Layer5右侧的翅膀已经可以轻微扇动了，当前的扇动动作有些过小，所以还需要调整表达式。

Step28 在Expression Editor（表达式编辑器）窗口的Expression（表达式）栏中，将表达式修改为"y_chi.rotateZ=(sin(time*30)*30);"，单击Edit（编辑）按钮编辑，如图12-670所示。

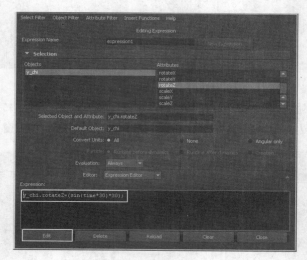

图 12-670

此时，再次播放时间轴，可以发现Layer5右侧的翅膀可以更大幅度扇动了，下面再写Layer5左侧的翅膀表达式。

Step29 在Expression Editor（表达式编辑器）窗口的Expression（表达式）栏中，复制表达式"y_chi.rotateZ=(sin(time*30)*30);"，然后单击Close（关闭）按钮，将窗口关闭。

Step30 再选择Layer5左侧的翅膀，在其通道盒中选择Rotate Z（z轴旋转）属性，执行通道盒菜单Edit>Expression（编辑>表达式）命令，打开Expression Editor（表达式编辑器）窗口；将上一步复制的表达式粘贴到Expression（表达式）栏中，并将表达式修改为"z_chi.rotateZ=(sin(time*30)*-30);"，单击Create（创建）按钮，如图12-671所示，然后单击Close（关闭）按钮将窗口关闭。

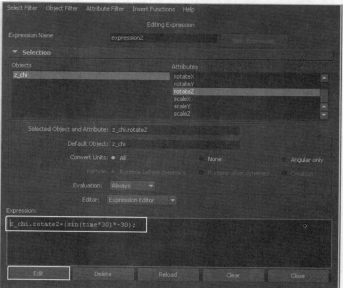

图 12-671

此时，播放时间轴，就可以看到Layer5的两个翅膀进行扇动了。

至此，瓢虫的展翅设定就制作完成了。

Step31 下面将隐藏的层都显示出来，选择总控制器，将其通道盒中的shan属性设置为off，kai属性设置为0，将瓢虫的翅膀闭上。

Step32 选择瓢虫的总控制器，加选根骨，如图12-672所示，进行Point（点）约束和Orient（方向）约束。

至此，移动总控制器，就可以控制瓢虫整个身体的运动了。

12.12.2.4 头部绑定

下面对头部进行绑定设置。

Step01 创建一个圆，单击Layer1前面的V按钮隐藏模型，将圆吸附到脖子骨骼处，如图12-673所示。

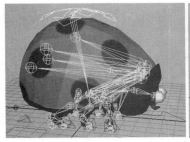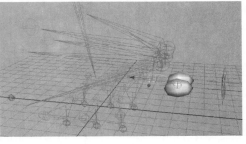

图 12-672   图 12-673

Step02 将模型显示出来，对圆进行旋转和缩放，将其调整为图12-674所示的形状。

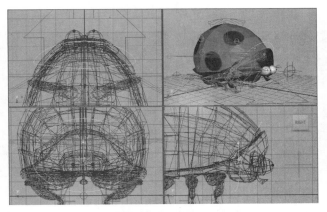

图 12-674

Step03 对头部控制器进行删除History（历史）和Freeze Transformations（冻结变换）操作。

Step04 选择头部控制器，加选头部骨骼，如图12-675所示，进行Orient（方向）约束。

Step05 选择右侧的眼球，加选头部顶端的骨骼，如图12-676所示，按P键对其进行父子关系连接。

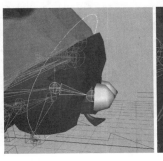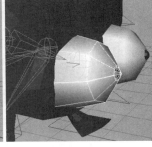

图 12-675   图 12-676

Step06 使用同样的方法将瓢虫左侧的眼球与头部顶端的骨骼也进行父子关系连接。

至此，头部的控制器就制作完成了。

12.12.2.5 眼睛绑定

下面开始进行眼睛的绑定。

Step01 在眼睛的前面创建一个眼睛的控制器，如图12-677所示，眼睛控制器的制作在前面制作人物绑定的时候已经介绍过了，这里就不再进行赘述。

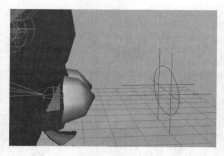

图 12-677

Step02 选择眼睛控制器，对其进行删除History（历史）和Freeze Transformations（冻结变换）的操作。

Step03 在视图菜单Show（显示）中取消勾选Joint（骨骼）命令，选择右侧的Locator（定位器）控制器并加选瓢虫右侧的眼球，如图12-678所示，进行Aim（目标）约束。

Step04 再选择左侧的Locator（定位器），加选瓢虫左侧的眼球，如图12-679所示，进行Aim（目标）约束。

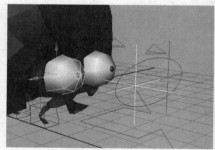
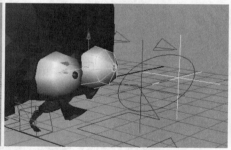

图 12-678   图 12-679

在执行Aim（目标）约束时，一定要勾选其选项窗口中的Maintain offest（保持偏移）选项。

Step05 分别将两个Locator（定位器）作为圆的子物体，如图12-680所示。

下面制作瓢虫的眨眼绑定。

Step06 选择眼睛控制器，在其通道盒中添加一个Eye属性，如图12-681所示，其范围为10~0。

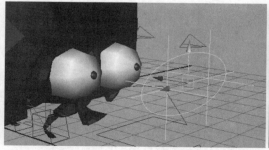

图 12-680   图 12-681

Step07 打开Set Driven Key（设定驱动关键帧）窗口，选择眼睛控制器，单击Load Driver（载入驱动物体）按钮，将其导入到Driver（驱动物体）栏中，再选择瓢虫的两个黑色眼珠，单击Load Driven（载入被驱动物体）按钮，将其导入到Driven（被驱动物体）栏中，如图12-682所示。

Step08 在Set Driven Key（设定驱动关键帧）窗口的Driver（驱动物体）栏中选择Eye属性，在Driven（被驱动物体）栏中选择Scale Z（z轴缩放）属性，单击Key（关键帧）按钮，为其设置关键帧，如图12-683所示。

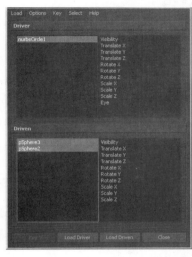
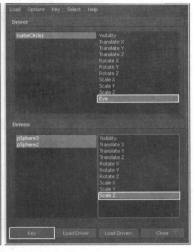

图 12-682　　　　　　　　　　　　图 12-683

Step09 将眼睛控制器的Eye属性值设置为10，使用缩放工具将两个黑色眼珠压扁，如图12-684所示，然后在驱动关键帧窗口中单击Key（关键帧）按钮，为其设置关键帧。

图 12-684

此时，调节眼睛控制器的Eye属性就可以控制瓢虫的眨眼动作了。

Step10 选择眼睛控制器，加选头部控制器，如图12-685所示，按P键对其进行父子关系连接。

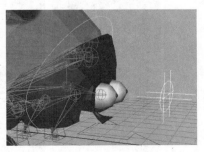

图 12-685

Step11 选择瓢虫后面的一个无用的骨骼，如图12-686示，将其删除。

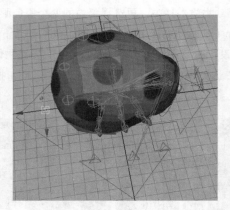

图 12-686

至此，瓢虫的绑定就制作完成了，接下来，我们需要对控制器做一下整体的整理。

12.12.2.6 整理控制器整体

Step01 选择瓢虫下面的十字形总控制器，如图12-687所示，执行菜单Edit>Unparent（编辑>解除父子关系）命令，将其提取出来。

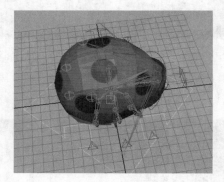

图 12-687

Step02 打开大纲视图，选择body和Line，如图12-688所示，执行菜单Edit>Unparent（编辑>解除父子关系）命令，也将其提取出来。

Step03 在大纲视图中选择nurbsCircle2，如图12-689所示，按住鼠标中键，将其拖曳到Line中。

图 12-688　　　　　图 12-689

Step04 选择所有的IK，按Ctrl+G组合键将其打组，并命名为ik，如图12-690所示。

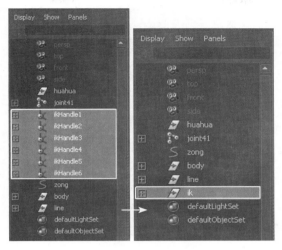

图 15-690

Step05 选择Joint41，将其打一个组，并命名为gu，如图12-691所示。

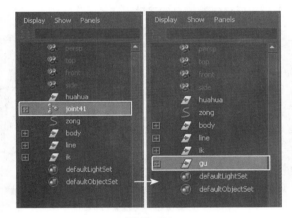

图 12-691

Step06 选择zong并加选Line，进行Parent（父子）约束和Scale（缩放）约束。

Step07 选择zong并加选ik，进行Scale（缩放）约束。

Step08 选择zong并加选gu，进行Scale（缩放）约束。

Step09 再选择zong~gu，按住鼠标中键将其拖动到huahua中，如图12-692所示。

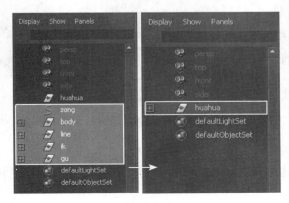

图 12-692

Step10 选择头部控制器，加选瓢虫顶部的总控制器，如图12-693所示，按P键进行父子关系连接。

图 12-693

至此，控制器的整体调整就完成了，最后再为瓢虫进行一个表情设定。

12.12.2.7 融合变形——表情设定

Step01 选择瓢虫身体，如图12-694所示，将其复制出来一个，并对复制出来的身体通道盒中的属性进行Unlock Selected（解锁选择），然后将复制的身体移动出来。

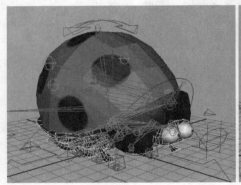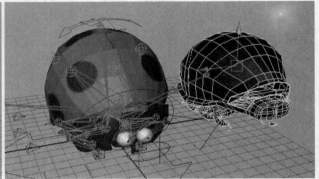

图 12-694

Step02 选择复制出来的瓢虫身体，进入其顶点元素模式，将其嘴部调整得大一些，然后退出顶点元素模式，如图12-695所示。

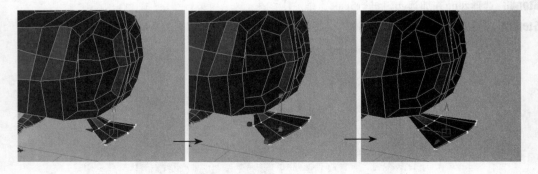

图 12-695

Step03 选择复制出来的瓢虫身体，加选原始瓢虫身体，如图12-696所示，执行菜单Create Deformers>Blend Shape（创建变形>融合变形）命令。

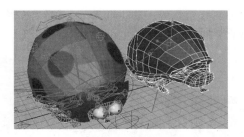

图 12-696

Step04 执行菜单Window>Animation Editors>Blend Shape（窗口>动画编辑器>融合变形）命令，打开Blend Shape（融合变形）窗口，调节滑块，就可以控制瓢虫的嘴部表情。

Step05 打开Set Driven Key（设定驱动关键帧）窗口，选择瓢虫顶部的总控制器，单击Load Driver（载入驱动物体）按钮，将其导入到Driver（驱动物体）栏中；再在Blend Shape（融合变形）窗口中单击Select（选择）按钮，在驱动关键帧窗口中单击Load Driven（载入被驱动物体）按钮，将其导入到Driven（被驱动物体）栏中，如图12-697所示。

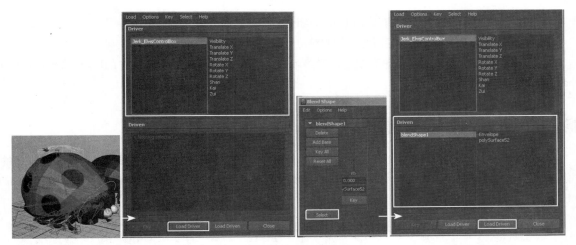

图 12-697

Step06 在驱动关键帧窗口的Driver（驱动物体）栏中选择Zui属性，再在Driven（被驱动物体）栏中选择polySurface52属性，单击Key（关键帧）按钮设置关键帧，如图12-698所示。

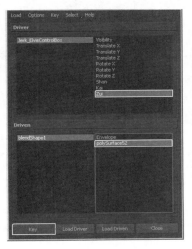

图 12-698

Step07 将总控制器的Zui属性值设置为10，在Blend Shape（融合变形）窗口中将滑块调整为1，在驱动关键帧窗口中单击Key（关键帧）按钮设置关键帧，如图12-699所示。

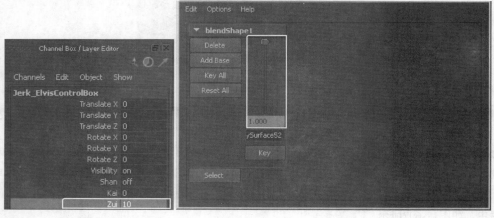

图 12-699

Step08 选择复制出来的瓢虫身体，按Ctrl+H组合键隐藏。

此时，调整总控制器的Zui属性就可以控制瓢虫的嘴部表情了。

至此，七星瓢虫的绑定就全部完成了，最终场景文件可参见随书配套光盘中的DVD02\scene\scene\chap12\mb\qxpc_end.mb。

➤➤ 拓展训练01——弹簧绑定

本次拓展训练将通过非线性变形器来制作一个弹簧的绑定效果，最终效果如图12-700所示，详细的操作过程可请参考配套光盘中的教学视频，最终场景文件可参见随书配套光盘中的DVD02\scene\scene\chap12\mb\tanhuang.mb。

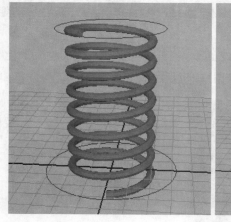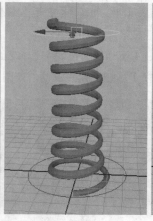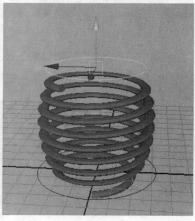

图 12-700

弹簧绑定的制作流程如下。

01 创建弹簧模型。

02 制作控制器。

03 绑定弹簧。

04 最终整理。

拓展训练02——动力学烟雾特效绑定

　　本次拓展训练将使用喷射器来制作一个动力学烟雾特效的绑定，最终效果如图12-701所示，详细的操作方法可参见随书配套光盘中的教学视频，最终场景文件可参见随书配套光盘中的DVD02\scene\scene\chap12\mb\ywbd.mb。

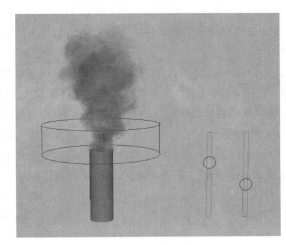

图 12-701

动力学烟雾特效绑定的制作流程如下。

01 创建控制器。

02 绑定设置。

03 最终整理。

Chapter 13
第13章 动画制作

　　动画是一门相当复杂的技术和艺术形式，说它是艺术，是因为动画所呈现出来的效果能够给人们带来美的享受；说它是技术，是因为在制作动画的过程中会用到大量的动画原理和各种技巧，因此要想学好动画首先就要有信心、耐心和毅力。

　　当然，读者不必太担心，因为Maya在动画技术上为我们提供了非常多的命令工具，使用这些命令工具就可以自由灵活地调节对象及角色的任何动作，为场景中的角色及对象赋予生动鲜活的形象。

　　为此，本章将通过6个实例来具体讲解动画制作的基本流程和方法，这些实例包括：盒子翻转动画、小球弹跳动画、卷轴动画、人物喝水动画和人物行走动画、人物标准两足行走动画，这些都是最简单也是最基本的动画形式，相信读者在学习了这些实例之后不但能掌握一定调节动画的技巧，而且对调节动画也能产生浓厚的兴趣。好了，下面大家就跟随我一起进入第1个实例学习吧。

13.1 动画基础——盒子翻转

　　本节我们将通过一个盒子翻转动画练习来了解一下在调节动画时经常用的一些命令和窗口。

　　Step01　在场景中创建一个立方体，并将其通道盒中的Scale X/Y/Z（x/y/z轴缩放）设置为3，设置Translate Y（y轴位移）为1.5，将立方体放大并向上移动一些，如图13-1所示。

　　Step02　将立方体移至网格左侧，按住键盘上的D键和V键移动并吸附轴心点到立方体的顶点上，如图13-2所示。

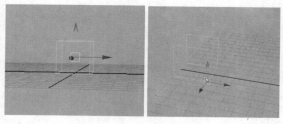

图 13-1　　　　　　　　　　图 13-2

　　Step03　将时间滑块移至第1帧处，按下键盘上的S键设置一帧关键帧，此时在时间条上被设置关键帧处会出现一个红杠，其通道盒中的所有属性会以红色标示，如图13-3所示。

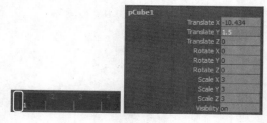

图 13-3

　　Step04　这里不希望对立方体的所有属性都设置关键帧，只想对其旋转属性设置关键帧，在通道盒中选择所有设置关键帧的属性，单击鼠标右键，在弹出的菜单中选择Break Connections（断开连接）命令，将关键帧删除，如图13-4所示。

Step05 将时间滑块移至第1帧处，在立方体的通道盒中选择Rotate Z（z轴旋转）属性，单击鼠标右键，在弹出的菜单中选择Key Selected（为所选对象设置关键帧）命令，这样就可以对单独的某个属性设置关键帧，如图13-5所示。

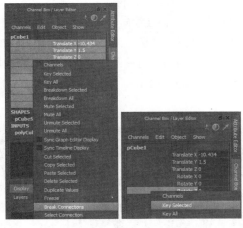

图 13-4   图 13-5

Step06 在时间线上移动时间滑块至第10帧，可以在时间线右侧的当前帧输入框中输入10，也可以将时间滑块移至第10帧处，如图13-6所示。

Step07 设置通道盒中的Rotate Z（z轴旋转）为 – 90，再次单击鼠标右键，选择Key Selected（为所选对象设置关键帧）命令，为其设置一帧关键帧，如图13-7所示。

图 13-6   图 13-7

Step08 这样就完成了一个Key帧动画，拖动时间滑块就可以看到立方体向前翻转。

Step09 如果想要改变当前时间线的长度，可以拖动时间线下方的时间条，也可以在时间条右侧的输入框中输入相应的帧数改变时间长度，如图13-8所示。

图 13-8

Step10 选择立方体，按键盘上的Ctrl+G组合键为其打一个组，此时观察大纲视图，就多了一个group1，如图13-9所示。

图 13-9

Step11 此时选择group1，观察时间线上并没有关键帧，这是因为前面我们是为pCube1设置的关键帧，选择pCube1就可以看到时间线上的关键帧，这里也可以为立方体的组设置关键帧。

Step12 选择group1，将时间滑块移至第10帧处，为其Rotate Z（z轴旋转）设置一帧关键帧，将时间滑块移至第20帧处，设置Rotate Z（z轴旋转）为－90，再次设置一帧关键帧。

Step13 此时播放动画，就可以看到立方体连续向前翻转的动画。

Step14 此时观察动画的播放速度过快，这是因为帧速率没有设置正确，单击软件右下角的▦按钮，打开Preferences（预设）窗口，在Time Slider（时间滑块）栏中可以对动画的一些设置属性进行调节，将Playback speed（播放速率）设置为Real-time［24fps］（24帧每秒），该选项是制作动画时常用的播放速率，如图13-10所示。

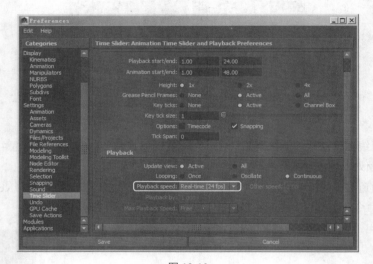

图 13-10

Step15 此时再次播放动画，播放速度就正常了。

Step16 另外，我们也可以在Graph Editor（曲线编辑器）中对动画曲线进行调节，执行菜单Window>Animation Ediotrs>Graph Editor（窗口>动画编辑器>曲线编辑器）命令，打开Graph Editor（曲线编辑器）窗口，左侧栏中显示了设置关键帧的对象，选择对象，按F键最大化显示对象的动画曲线，如图13-11所示。

Step17 此时立方体的运动是初始慢中间快，如果希望其匀速运动，可以在曲线编辑器中框选动画曲线，单击工具架上的▦按钮，将曲线打平，如图13-12所示。

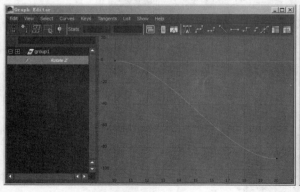

图 13-11

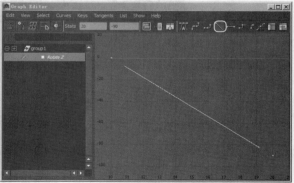

图 13-12

这样盒子翻转的动画就讲解完了，这种制作动画的方式在具体应用中还是比较广泛的，希望读者能够熟练掌握，这样在需要的时候才能够应用自如。

更详细的操作步骤可参见随书配套光盘中的教学视频。

13.2 小球弹跳动画

本节来学习制作小球弹跳的动画，在开始进行动画制作之前，我们首先需要了解一下小球弹跳的动画原理，在了解了小球弹跳的动画运动规律后，就能快速地制作小球弹跳动画了。

13.2.1 动画原理讲解

制作小球弹跳动画需要掌握两点：timeing（时间节奏）和Spacing（空间幅度），掌握了这两点，在制作小球弹跳动画时就会比较方便。

不同质量的小球，timeing（时间节奏）和Spacing（空间幅度）是不同的。如果制作一个弹力非常大的小球时，它的时间节奏就会比较快，空间幅度就会非常大，弹跳次数也较多；如果制作一个质量比较大的球体，它的时间就会比较短，运动幅度也会较小，所以只需要改变timeing（时间节奏）和Spacing（空间幅度）就可以调节出不同质量的小球。

图13-13所示为小球弹跳的二维运动轨迹，小球在下落到地面的过程中进行加速运动，再次弹起时进行减速运动，逐渐向前弹跳，弹跳的高度逐步递减。

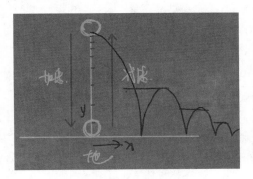

图 13-13

13.2.2 动画制作

在了解了小球弹跳的动画基本原理后，本小节开始动画制作。

Step01 打开随书配套光盘中的DVD02\scene\scene\chap13\ball_start.mb"场景文件，如图13-14所示。

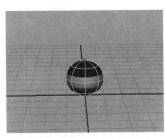

图 13-14

Step02 执行菜单Display>Heads Up Display>Current Frame（显示>抬头显示>当前帧）命令，在当前视图中显示当前帧，并打开分辨率指示器，选择摄影机，进入其属性编辑器窗口，对其属性进行设置，如图13-15所示。

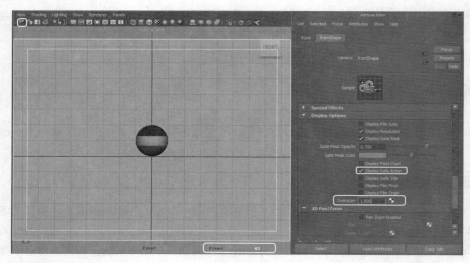

图 13-15

Step03 单击软件右下角的■按钮，打开Preferences（预设）窗口，选择Settings（设置）选项，设置Time（时间）为Film（24fps），在Time Slider（时间滑块）栏中，将Playback speed（播放速率）设置为Real-time［24fps］（24帧每秒），单击Save（保存）按钮，如图13-16所示。

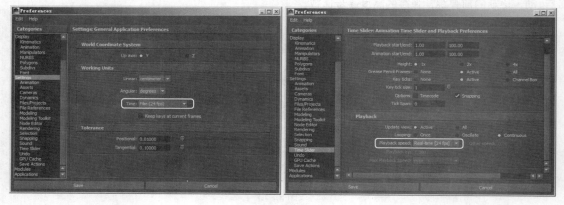

图 13-16

Step04 将时间滑块移至第1帧处，将小球沿y轴向上移动，并为其Translate Y（y轴位移）设置关键帧，如图13-17所示。

Step05 将时间滑块移至第10帧处，将Translate Y（y轴位移）设置为1，再次设置一帧关键帧，如图13-18所示。

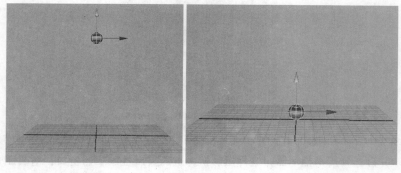

图 13-17　　　　　　　　　　　　　图 13-18

Step06 再分别在第20帧和30帧处，为小球的Translate Y（y轴位移）属性分别设置一帧关键帧。

Step07 执行菜单Window>Animation Ediotrs>Graph Editor（窗口>动画编辑器>曲线编辑器）命令，打开Graph Editor（曲线编辑器）窗口，按F键全显动画曲线，并选择第20帧处的关键帧，将其向上移动一些，如图13-19所示。

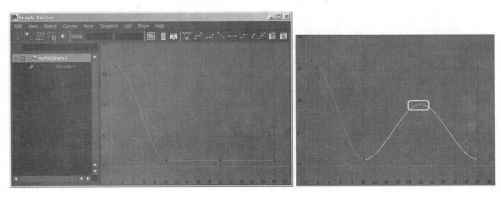

图 13-19

Step08 选择第10帧和第30帧处的关键帧，单击工具架上的■按钮将曲线打平，单击■按钮将曲线打成直线切线，单击■按钮将切线打断，如图13-20所示。

Step09 调节动画曲线的切线，将曲线调节成抛物线状，制作出小球的加速运动效果，如图13-21所示。

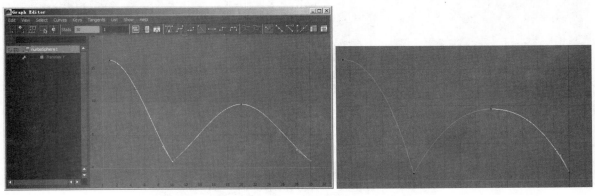

图 13-20   图 13-21

Step10 此时播放动画，可以看到小球下落的加速效果，但是当前的速度有些过慢，在时间线上按住Shift键框选关键帧，对其进行移动，分别将第2、3、4帧移动至第8、16、24帧处，如图13-22所示。

图 13-22

Step11 将时间滑块移至第38、50、60、68、74、78、82、85、87、88帧处，以16帧为基础每两帧递减，分别为Translate Y（y轴位移）属性设置一帧关键帧，如图13-23所示。

图 13-23

Step12 将时间滑块移至第31帧处，将小球向上移动一些，并为Translate Y（y轴位移）属性设置一帧关键帧；在第44、55、64、71、76、80帧处，调节小球位置，设置关键帧，如图13-24所示。

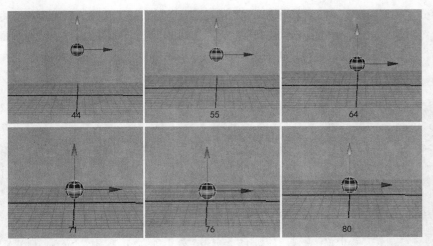

图 13-24

Step13 进入动画曲线编辑器中，选择下半部分的所有关键帧，执行Step08的操作，如图13-25所示。

Step14 选择上半部分的所有关键帧，将其打平，如图13-26所示。

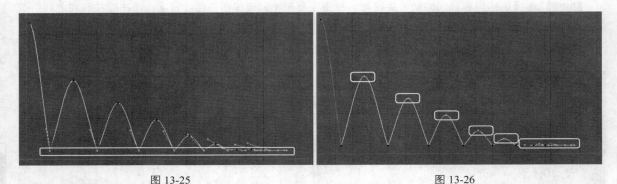

图 13-25　　　　　　　　　　　　　　　　　图 13-26

Step15 依次调节上半部分的关键帧，使其高度在上一帧高度的一半偏上的位置，如图13-27所示。

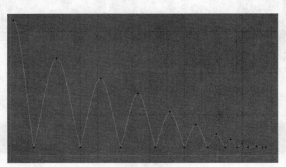

图 13-27

Step16 下面通过添加关键帧的方法来调节小球的加速减速运动，这里以8~24帧为例进行讲解，移动时间条，将时间范围控制在8~24帧，如图13-28所示。

图 13-28

Step17 选择小球，在第12和20帧处，分别为Translate Y（*y*轴位移）属性设置一帧关键帧。

Step18 在曲线编辑器中，选择添加的第12和第20帧处的关键帧，按住Shift键将其向上移动，将曲线调整成抛物线的形状，并同时配合调整8和24帧的切线，如图13-29所示。

Step19 使用同样的方法将其他部分的曲线也进行调整，如图13-30所示。

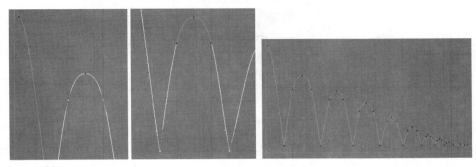

图 13-29　　　　　　　　　　　　　　图 13-30

Step20 切换到前视图，调整好视图位置，如图13-31所示，在时间线上单击鼠标右键，单击Playblast后的方格按钮，打开其选项窗口，对其属性进行设置，指定一个拍屏路径，单击Playblast（拍屏预览）按钮进行拍屏，观察最终效果，如图13-32所示。

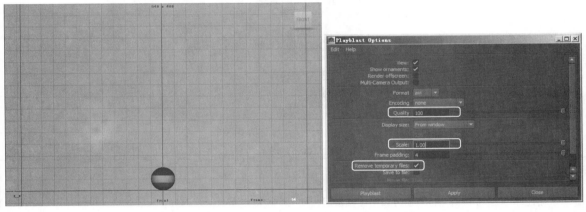

图 13-31　　　　　　　　　　　　　　图 13-32

至此，本案例全部制作完毕，更详细的操作步骤可参见随书配套光盘中的教学视频，最终场景文件可参见随书配套光盘中的DVD02\scene\scene\chap13\ball_end.mb。

13.3 卷轴动画

在本章的第3个实战内容中，将教会读者借助于Bend（弯曲）变形工具制作一个卷轴动画。Bend（弯曲）变形工具在动画制作中的应用还是比较广泛的，读者可以在本实例的学习过程中仔细体会。

卷轴动画的整个制作过程包括创建卷轴、添加变形器、制作手柄、调节卷轴动画等。

下面请读者跟我来系统地学习卷轴动画的制作方法。

13.3.1 创建卷轴

Step01 打开Maya软件，新建一个场景视图。

Step02 在视图中创建一个NURBS平面，如图13-33所示。

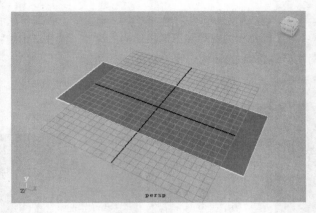

图 13-33

Step03 确定该平面为选中状态，打开右侧的Channel Box（通道盒），调节Patches U（U向面片）和Patches V（V向面片）的参数，对平面的U向和V向进行分段，分别将数值设置为20和3，如图13-34和图13-35所示。

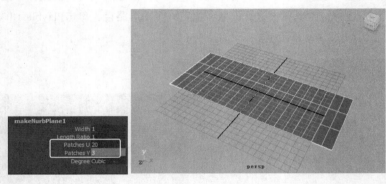

图 13-34   图 13-35

 注：

通道盒中的参数值，也可通过单击该参数后在视图中拖曳鼠标中键来调节。

Step04 使用缩放工具适当调节一下平面的大小，这样卷轴模型就制作完成了，如图13-36所示。

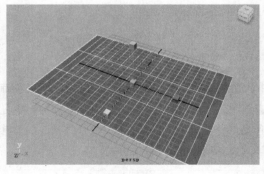

图 13-36

13.3.2 添加变形工具

Step01 首先要在菜单选择器中将Maya切换到Animation（动画）模块，如图13-37所示。

Step02 保持平面的选中状态，在菜单栏中执行Create Deformers>Nolinear>Bend（创建变形>非线性>弯曲）命令，如图13-38所示，给该平面创建一个Bend（弯曲）变形工具，如图13-39所示。

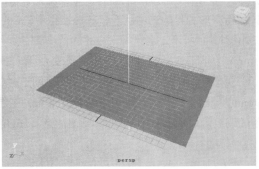

图 13-37　　　　　图 13-38　　　　　　　　　　图 13-39

Step03 保持变形器为选中状态，在右侧Channel Box（通道盒）中调节Rotate Z（z轴向旋转）数值为90°，如图13-40所示，使该变形工具与平面保持水平平行状态，如图13-41所示。

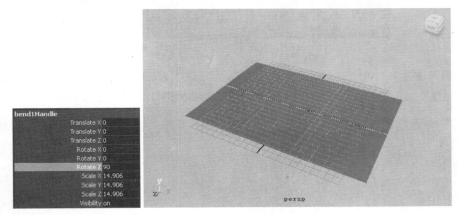

图 13-40　　　　　　　　　图 13-41

> **注：**
> 如果不调节变形工具的角度，使其保持原来与平面垂直的状态，那么在调节Bend（弯曲）值时，平面将不会产生任何效果，读者可自行尝试。

Step04 在Channel Box（通道盒）中用鼠标左键单击Curvature（曲度）选项，如图13-42所示，然后在视图中按住鼠标中键并左右拖曳，观察曲面的变化，如图13-43和图13-44所示。

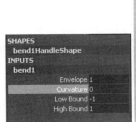

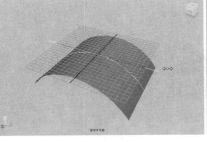

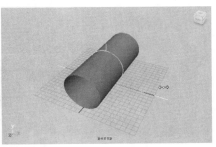

图 13-42　　　　　　　图 13-43　　　　　　　　图 13-44

Curvature（曲度）：弯曲的程度，负值表明弯曲变形器朝x轴负方向弯曲，正值表明弯曲变形器朝x轴正向弯曲。调节范围为−4.0000~4.0000，默认值为0.0000。

由上图可见，视图中的曲面随着鼠标的拖曳发生了弯曲变形。

Step05 保持变形工具的选中状态，将通道栏中的Curvature（曲度）值设置为180，Low Bound（下限）值设置为0，如图13-45所示，场景视图中平面的右侧被展平了，如图13-46所示。

Low Bound（下限）：该参数用于设置变形沿对象局部y轴负向的下限，只有负值或者0（最小值为-10）时，可通过调节滑块为−10.0000~0.0000之间选择Low Bound（下限）数值，默认该值为−1.0000。

High Bound（上限）：该参数用于设置变形沿对象局部y轴正向的上限，该参数只有正值（最小值为0）时，可通过调节滑块从0.0000~10.0000到之间选择High Bound（上限）数值，默认该值为1.0000。

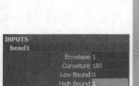

图 13-45   图 13-46

Step06 将通道盒中的High Bound（上限）数值设置为2，使变形工具向左延伸，按下键盘上的W键，沿x轴移动卷轴的变形工具，卷轴左侧呈现卷曲和展平的效果，如图13-47和图13-48所示。

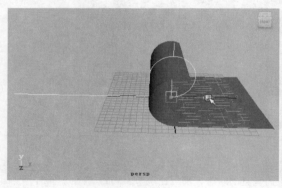
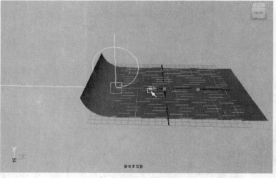

图 13-47   图 13-48

Step07 选择卷轴的变形工具，使用缩放工具来调节它的大小，从而使其与卷轴的大小相匹配，如图13-49所示。

图 13-49

Step08 将bend1的Curvature（曲度）设置为0。

Step09 使用Step02~Step08的方法为卷轴的右侧再创建一个Bend（弯曲）变形工具。

Step10 在通道盒中设置bend2的参数，如图13-50所示。

Step11 将bend1的Curvature（曲度）设置为180，切换到前视图，适当调节两个变形工具的大小和形状，使其看起来与bend1的大小相同，如图13-51所示。

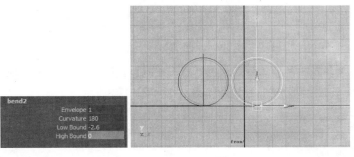

图 13-50 图 13-51

13.3.3 添加手柄

Step01 创建一个圆柱体，可使用Extrude（挤出）等命令，将该圆柱体调节成手柄的形状，如图13-52所示。读者可根据本书所讲过的建模知识来制作该手柄，这里就不具体讲解手柄的制作过程了。

Step02 选择该手柄，调节通道栏中的RotateX值为90，使手柄与卷轴呈平行状态，如图13-53所示。

图 13-52 图 13-53

Step03 调节手柄的大小、位置和长度，使其与卷轴相匹配，可在前视图和顶视图中进行调节，如图13-54和图13-55所示。

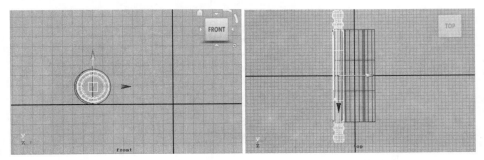

图 13-54 图 13-55

Step04 选择已设置好的手柄，按Ctrl+D组合键进行复制，然后使用Step03的方法，将卷轴右侧的手柄也设置好，如图13-56所示。

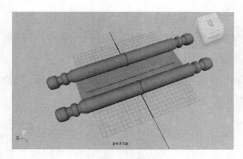

图 13-56

Step05 分别选择卷轴左右两侧的手柄和控制器，按P键对其设置父子关系。现在测试一下，移动卷轴的变形工具，可见手柄跟随控制器进行移动，如图13-57和图13-58所示。

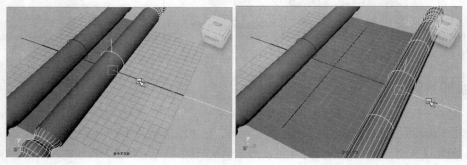

图 13-57　　　　　　　　　　　　　　　　　　图 13-58

13.3.4 设置动画

Step01 调节时间滑块下面的播放结束时间，将其设置为100帧，如图13-59所示。

图 13-59

Step02 在时间滑块上，用鼠标左键单击第1帧的位置，如图13-60所示，然后调节卷轴右侧的控制器，使卷轴右侧呈展平状态，按S键，为当前的起始帧设置一个动画，如图13-61所示。

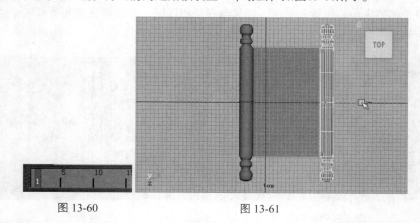

图 13-60　　　　　　　　　　　图 13-61

Step03 单击时间滑块的第50帧，如图13-62所示，然后向x轴负方向移动卷轴右侧的控制器，将卷轴调节成向里卷曲的效果，然后按S键，如图13-63所示。

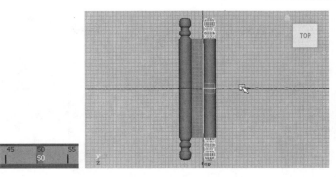

图 13-62　　　　　　　　　　　　　　图 13-63

Step04　重复Step02和Step03的方法，将卷轴左侧的动画也设置好。

13.3.5　设置播放速度

　　单击播放按钮 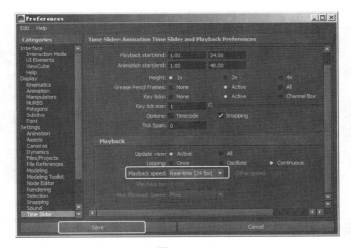 测试一下动画，可能会出现动画的播放速度比较快的情况，这时可以单击Maya右下角的■图标，在打开的Preferences（参数）面板中，将Playback speed（播放速度）设置为Real-time（24fps），并单击Save（保存）按钮，如图13-64所示。

图 13-64

　　至此，卷轴动画全部制作完成了，最终场景文件可参见随书配套光盘中的DVD02\scene\scene\chap13\juanzhou.mb。

13.4　人物喝水动画

　　本实例是制作一个和尚喝水的简单动画，与前面的3个实例相比，这个动画会有一定的难度，因为首先模型就比较复杂，不像调节小球或者盒子动画那么简单，其次绑定的模型上有很多控制器。我们要很好地区分这些控制器，弄清楚它们分别都是对模型的哪个部分起作用的，只有先把这些准备工作做足了才能正式进入调节动画的阶段。

　　由于在本书第12章中已经详细讲解了角色的绑定，因此这里就不再对控制器做详细的讲解了。

13.4.1　调节动画之前的准备工作

　　Step01　打开随书配套光盘中的DVD02\scene\scene\chap13\renwuheshui_start.mb，如图13-65所示，这是一个绑定好的人物角色模型。

Step02 单击角色腰部的梯形控制器并选择移动工具，将其沿y轴负方向移动，然后再沿x轴负方向将腰向后并向下稍微移动一点，给角色设定一个坐姿，如图13-66所示。

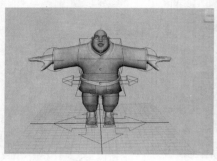
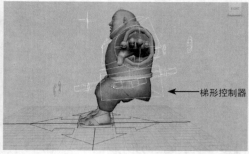

图 13-65 图 13-66

Step03 在场景中创建一个长方体作为桌子，使用缩放和移动工具来调节它的大小和位置，将其放置于角色胸前，如图13-67所示。

Step04 再创建一个圆柱体，通过Extrude（挤出）等命令来制作一个水杯，并将它放在桌子的适当位置，如图13-68所示。

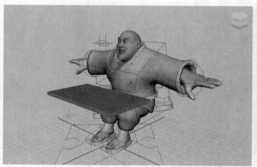
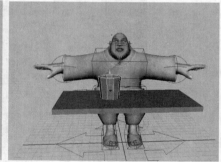

图 13-67 图 13-68

13.4.2 设置初始动作

Step01 选择角色右手手腕上的控制器并单击移动工具，将角色的手臂沿z轴正向移动一段距离，如图13-69所示。

Step02 使用旋转工具使它的右手指与右臂方向保持一致，再使用移动工具将手沿y轴负方向移动一段距离，使其恰好扶在桌子的右侧，调节好的效果如图13-70所示。

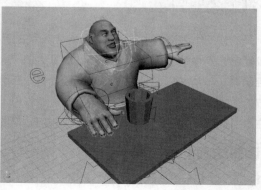

图 13-69 图 13-70

注:

在设置的过程中可能会出现手指穿过桌子的现象,这时我们应该对手指的方向进行逐个调节。打开通道栏,如图13-71所示,A代表大拇指,B代表食指,C代表中指,D代表无名指,E代表小指,单击任意手指的代表字母,然后在场景中按住鼠标中键左右拖曳,可调节各手指的弯曲程度,这里我们将手指调节为恰好放在桌子上为止。

图 13-71

Step03 使用同样的方法将左手的位置和姿势也设置好,如图13-72所示。

Step04 为了使角色看起来更加自然生动,我们可以再对角色的脚部、头部等设定一个姿势。选择左脚脚部控制器,同样使用旋转工具将左脚脚尖向外旋转一些角度,右脚同样如此,调节之后的效果如图13-73所示。

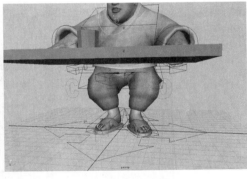

图 13-72　　　　　　　　　　　　　　　　　图 13-73

Step05 由于接下来是和尚喝水的动作,因此在初始动作中还应该调节一下头部的控制器,将和尚的脸部转向水杯的方向,并使其眼睛正望着水杯,如图13-74所示。

图 13-74

Step06 在时间滑块上单击第0帧的位置，然后单击工具架上的■按钮，将之前所调节的全部对象设置为一个关键帧。

这里需要注意一点，当很多控制器都需要同时设置关键帧时，逐个选择会很麻烦，而且很容易忘记之前选择了哪些控制器，这时有一个很好的方法来解决这个问题，即编写脚本，其具体方法如下。

Step01 单击Maya右下角的Script Editor（脚本编辑器），打开其对话框，如图13-75所示。

Step02 单击工具栏上的Clear History（清除历史）按钮■，将之前运行过的脚本全部清空，如图13-76所示。

图 13-75　　　　　　　　　　　　　　　　　　图 13-76

Step03 选择角色上需要设置关键帧的所有控制器，这时所有控制器就会出现在Script Editor（脚本编辑器）中，如图13-77所示。

Step04 再选择Script Editor（脚本编辑器）中的所有控制器，单击并拖曳鼠标中键，将所有控制器都拖曳到工具架上，这时将弹出图13-78所示的对话框。

图 13-77　　　　　　　　　　　　　　　　图 13-78

Step05 单击MEL按钮，即将脚本作为MEL类型保存在工具架上，此时工具架上就出现了新建好的一个设置关键帧的标签，如图13-79所示。

图 13-79

这样一个工具架上的快捷标签就设置好了。

到此，初始动作已设置完成了，下面我们开始制作角色喝水的动画。

13.4.3 设置喝水动画

Step01 在时间滑块上单击第10帧的位置，如图13-80所示，然后使用移动和旋转等工具调节右手的姿势，可在通道盒中直接输入参数，使手处于恰好握住杯子的状态，如图13-81所示。

图 13-80   图 13-81

Step02 由于手从放在桌子上到拿水杯之间还需要有一个胳膊抬起的动作，为使动作看起来更加自然，在第5帧的位置处，如图13-82所示，为右手设置一个抬起的姿势，并按S键，设置一个关键帧，如图13-83所示。

图 13-82   图 13-83

Step03 单击杯子，按Ctrl+D组合键，复制出一个杯子。

Step04 保持杯子的选中状态，再单击手部的控制器，按P键，将杯子设置为手部控制器的子对象。

Step05 选择该杯子，如图13-84所示，单击时间滑块的第9帧的位置，如图13-85所示，然后再设置通道盒中的Visibility（可见）参数为 − 1（杯子不可见），即属性为off（关闭），并用鼠标右键单击，在弹出的菜单中选择Key Selected（所选择的关键帧），为其设置一个关键帧，如图13-86所示。

图 13-84   图 13-85   图 13-86

Step06 保持该状态，单击时间滑块的第10帧的位置，如图13-87所示，将通道盒中的Visibility（可见）

参数设为1（杯子可见），即属性为on（打开），并用鼠标右键单击，在弹出的菜单中选择Key Selected（所选择的关键帧），为其设置一个关键帧，如图13-88所示。

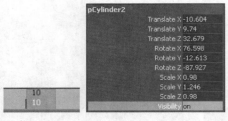

图 13-87　　　　　图 13-88

Step07　选择原杯子，如图13-89所示，在时间滑块上单击第9帧，如图13-90所示，再将通道盒中的Visibility（可见）设置为On（打开）（使原杯子可见），如图13-91所示，然后设置关键帧。

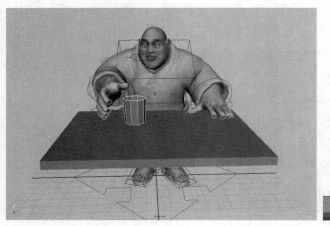

图 13-89　　　　　　　　　　　图 13-90　　　　　　图 13-91

Step08　保持原杯子的选中状态，选择第10帧，如图13-92所示，然后将Visibility（可见）设置为off（关闭）（使原杯子不可见），如图13-93所示。再设置一个关键帧，现在桌子上显示的是复制的杯子。

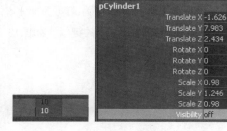

图 13-92　　　　　图 13-93

通过对杯子隐藏和可见的设置我们知道，当手未接触到杯子时，桌子上显示的是原来的杯子，此时手与杯子之间并没有父子关系；而当手握住杯子时，桌子上显示的是复制出来的杯子，此时杯子是手的子对象，也就是当手运动时，杯子也会跟着运动。这是本实例所讲的重点内容，读者需要反复揣摩其中原理。

Step09　再单击时间滑块上的第10帧位置，调节腰部的姿势，并为梯形控制器设置一个关键帧，因为后面我们会对腰部设置一个喝水时向后倾的动画，所以现在先为其当前的状态设置一个关键帧。

Step10　单击时间滑块上的第20帧位置，同样使用前面所讲的方法调节手和胳膊的位置，使手正好端着杯子放在嘴边，按S键设置一个关键帧，使角色做出喝水的姿势，如图13-94所示。

Step11　再配合调节一下身体和头的位置，如身体向后倾斜，头微微抬起等，使动作看起来更自然。

Step12 角色在喝水的时候嘴应该是张开的，眼睛最好再稍微闭住，这样会看起来更加真实，因此我们可以调节面部表情的控制器来达到这个目的，如图13-95所示。

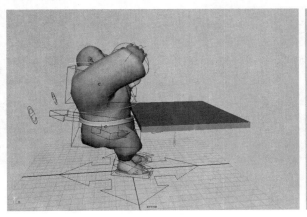 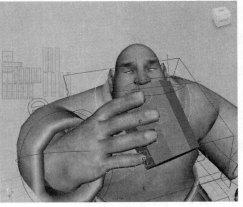

图 13-94   图 13-95

Step13 这时角色的左手还是很僵硬的状态，在喝水的时候也可以为其设置一个动作，如抬起，读者可根据自己的意愿来制作，这里不再一一讲解了。

好了，人物喝水的动画就讲到这里，最终场景文件可参见随书配套光盘中的DVD02\scene\scene\chap13\renwuheshui_end.mb，这个实例主要是让读者能够掌握动画中对物体的隐藏与显示这个知识点，这在制作跟随动画时的用途是非常广泛的，希望读者朋友反复练习，加深理解。

13.5 人物标准两足行走动画

本节我们先来初步学习一下人物两足行走的动画，下一节中将学习制作一个完整的人物行走动画。

13.5.1 场景基本设置

Step01 打开随书配套光盘中的DVD02\scene\scene\chap13\biaozhunliangzu_start.mb场景文件，如图13-96所示。

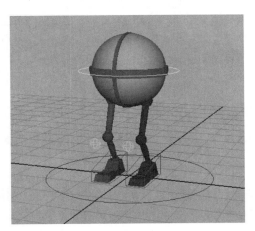

图 13-96

Step02 单击状态栏上的█按钮，关闭面的选择，使模型不会被选中。

Step03 单击█按钮，打开Preferences（预设）窗口，对属性进行设置，单击Save（保存）按钮，如图13-97所示。

基础 建模 渲染 动画 特效

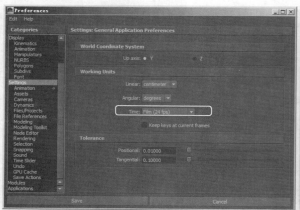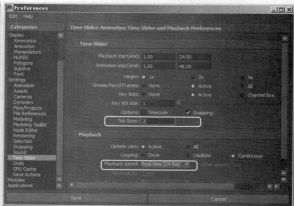

图 13-97

13.5.2 人物行走动画原理

本小节来了解一下人物行走的动画原理，图13-98所示为人物行走的关键帧姿势。

图 13-98

人物在行走时身体是向前扑并同时站稳不致摔倒的过程，行走时身体往往会倾斜，走得越慢，身体越平衡，走的越快，身体越失衡，人物行走最显著的特征就是手足运动呈交叉反向运动。

另外，在行走时，人体躯干会呈现出高低起伏的状态，身体的上下移动赋予了人物的重力感，当身体下落时能感受到重量，腿伸直时没有承载重量，在下降位置时双腿弯曲，身体主动下降就感受到了重量，如图13-99所示，另外在制作人物行走动画时还需要注意一个很关键的因素——节奏感。

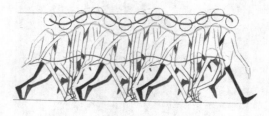

图 13-99

在了解了人物行走的基本原理后，下面开始制作，首先需要设定出人物行走的关键帧姿势，如图13-98所示，首先设定出第1和第5的关键帧姿势，然后再添加中间帧姿势，最后调节动画曲线。

13.5.3 关键姿势设定

Step01 首先调节人物两只脚部的控制器，并配合通道盒中的Roll和Ball属性，设定出两只脚的初始姿势，如图13-100所示。

Step02 使用旋转工具调节头部控制器，使头部微微向右转动一些，如图13-101所示。

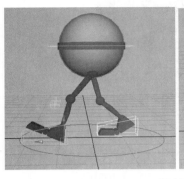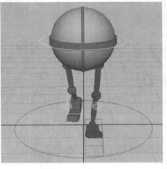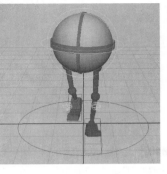

图 13-100　　　　　　　　　　　　　　　　图 13-101

Step03 选择除总控制器外所有的关键帧，在第0和24帧处分别为其设置一帧关键帧。

Step04 移至第12帧处，分别将两腿交叉，调整至相反的方向，并将头部角度也调至相反方向，如图13-102所示。

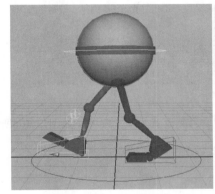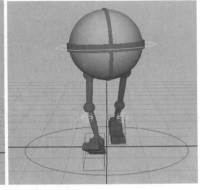

图 13-102

Step05 在第6帧处，将左腿（蓝色）伸直，右腿（红色）抬起，身体的重心转移到左腿上，选择控制器，设置一帧关键帧，如图13-103所示。

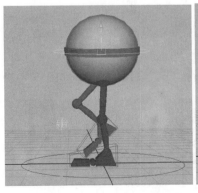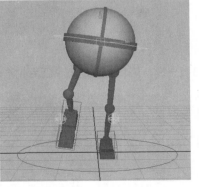

图 13-103

Step06 同理，在第18帧处，正好与18帧是相反的，左腿抬起右腿落地，选择控制器，设置一帧关键帧，如图13-104所示。

基础

建模

渲染

动画

特效

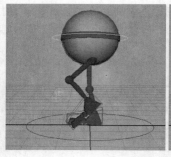
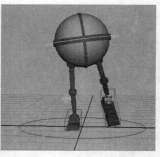

图 13-104

Step07 此时，播放动画，就可以看到基本行走动画了。

Step08 下面在第3帧处，调低点姿势，左腿着地，身体向下移动，如图13-105所示。

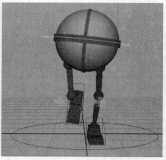

图 13-105

Step09 在第9帧处，调节高点Pose，选择控制器，为其设置一帧关键帧，如图13-106所示。

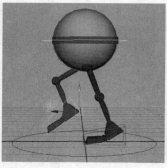
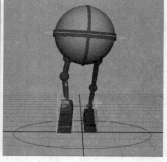

图 13-106

Step10 同第3帧一样，第15帧也是一个低点，进行调节，设置关键帧，如图13-107所示。

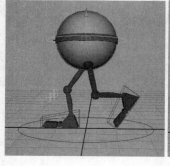
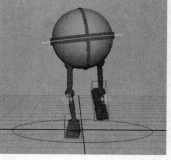

图 13-107

Step11 同第9帧一样，第21帧也是一个高点，进行调节，设置关键帧，如图13-108所示。

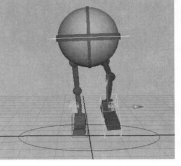

图 13-108

至此，人物行走的关键帧姿势就全部设定完成了，下面调节动画曲线，使动画更加流畅。

13.5.4 调节动画曲线

Step01 单击软件左侧视图布局中的 图按钮，将视图调节成透视图与曲线编辑器视图。

Step02 选择头部控制器，执行曲线编辑器菜单View>Infinity（视图>循环）命令，将曲线循环打开，如图13-109所示。

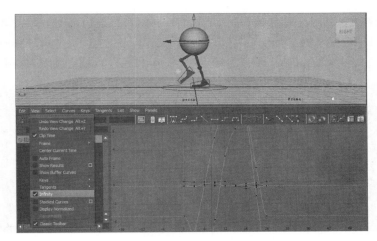

图 13-109

Step03 在曲线编辑器左侧栏中选择Translate X，执行菜单Curves>Pre Infinity（曲线>前向循环）和Post Infinity（后向循环）命令，将曲线的前向循环和后向循环打开，如图13-110所示。

Step04 选择曲线上的关键帧，调节其切线手柄，使其首尾连接得更加平滑，如图13-111所示。

图 13-110   图 13-111

Step05 使用同样的方法将其他几个属性的曲线也进行调整，分别如图13-112所示。

图 13-112

Step06 使用同样的方法将两只脚部的动画曲线也进行调整，调整方法同理，这里不再赘述，详细的调节步骤可参见随书配套光盘中的教学视频。

Step07 调节完成之后，播放动画，观察效果，此时人物行走流畅许多。

13.5.5 向前循环走制作

前面我们制作出了人物原地循环走动画，那么如何制作向前循环走的动画呢？本节将对向前循环走的动画制作进行讲解。

Step01 选择人物总控制器，在第0帧处，为其Translate Z（z轴位移）设置一帧关键帧。

Step02 选择左腿（蓝色）的控制器，进入曲线编辑器窗口，在左侧栏中选择Translate Z（z轴位移），在右侧窗口中框选其0~12帧中间的关键帧，将其删除，并选择0和12帧，单击■按钮将其打平，如图13-113所示。

图 13-113

Step03 以同样的方法，将右腿（红色）的动画曲线也打平，如图13-114所示。

图 13-114

Step04 在曲线编辑器中选择左腿控制器Translate Z（z轴位移）属性0和12帧的关键帧，按键盘上的Ctrl+C组合键进行复制。

Step05 回到场景中选择总控制器，将时间滑块移至第0帧处，回到曲线编辑器中，按Ctrl+V键粘贴，并选择12帧的关键帧，在Stats的第2个输入框中将值改为正值，并选择两帧关键帧，单击■按钮将其打平，如图13-115所示。

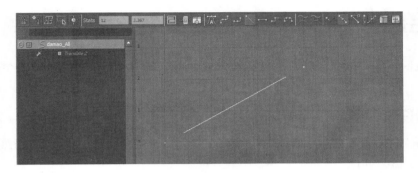

图 13-115

Step06 同样的方法，将Step03中调节的右脚的两帧关键帧也进行复制粘贴，需要注意在粘贴时需要将时间滑块移至第12帧处，如图13-116所示。

Step07 选择最后一帧，将其向上移动，并打平，如图13-117所示。

图 13-116　　　　　　　　　　图 13-117

Step08 此时播放动画，就完成了一个完整的人物向前走动画。

Step09 保持总控制的选中状态，在曲线编辑器中，选择第24帧关键帧，执行菜单View>Infinity（视图>循环）命令，将其循环打开，并执行Curves>Post Infinity>Cycle with Offset（曲线>向后循环>循环并偏移）命令，这样人物就可以一直向前循环走了，如图13-118所示。

图 13-118

Step10 选择左脚控制器，在曲线编辑器的左侧栏中选择所有属性，执行Curves>Post Infinity>Cycle with Offset（曲线>向后循环>循环并偏移）命令，同样对右脚和头部、两个极向量也执行相同操作。

Step11 将时间结束帧延长，播放动画，一个人物向前循环走的动画就制作完成了。

至此，本案例全部制作完成，更详细的操作步骤可参见随书配套光盘中的教学视频，最终场景文件可参见随书配套光盘中的DVD02\scene\scene\chap13\biaozhunliangzu_end.mb。

13.6 人物行走动画

上一节中我们学习了如何制作人物两足行走的动画练习，本节将结合手部来制作一个完整的人物行走动画。

13.6.1 初步设置

Step01 打开随书配套光盘中的DVD02\scene\scene\chap13\renwuxingzou_start.mb，仍然是上一节所使用的和尚角色，如图13-119所示。

Step02 首先使用移动工具沿y轴负方向移动控制角色上半身的梯形控制器，使和尚先呈曲腿站立，如图13-120所示。

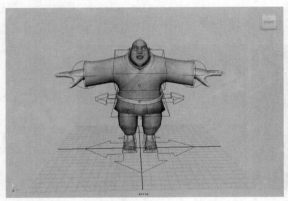
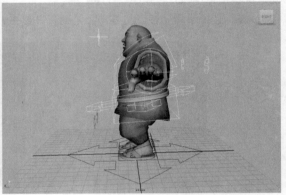

图 13-119   图 13-120

13.6.2 设置脚部与腿部动画

Step01 下面设置和尚脚部的动画，单击时间滑块第0帧，如图13-121所示，然后使用移动工具沿z轴正负方向分别调解其左脚和右脚的控制器，这里笔者设置的是左脚在前，右脚在后，如图13-122所示，设置好后分别为控制左右脚的控制器设置关键帧。

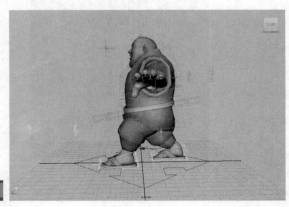

图 13-121   图 13-122

Step02 单击时间滑块的第24帧，使和尚保持Step01所设置的动作不变，分别为脚部控制器设置一个关键帧。

Step03 单击时间滑块的第12帧，如图13-123所示，使用移动工具将和尚左右脚的位置进行交换，也就是右脚在前，左脚在后，如图13-124所示，分别为脚部控制器设置一个关键帧。

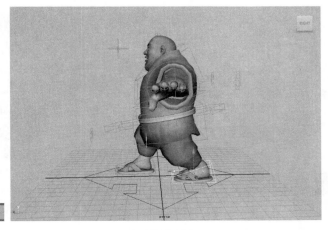

图 13-123   图 13-124

Step04 选择控制上半身的梯形控制器，然后单击时间滑块第0帧，按下S键设置一个关键帧，保持和尚姿势不变，再单击第24帧和第12帧，分别设置两个关键帧。

由于人在走路的过程中身体的高度始终是变化的，当两条腿一前一后均落在地面的时候是最低的状态；当只有一条腿着地，另外一条腿抬起时才是最高的，因此我们在第0、12、和24帧将身体沿y轴负方向移动一段距离，在第6帧和第18帧将身体沿y轴正向移动一段距离。

Step05 单击第6帧，如图13-125所示，使用移动工具调节梯形控制器，使其沿y轴正向移动，将和尚的身体设置为直立状态，如图13-126所示，按下S键设置一个关键帧。

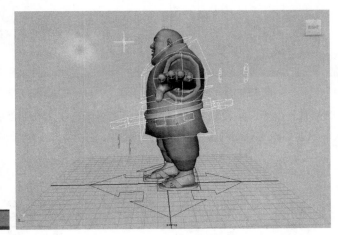

图 13-125   图 13-126

Step06 第18帧与第6帧相同，按S键，设置腰部控制器的关键帧。

Step07 人在正常行走时，脚与地面并不是始终保持平行的，而是脚尖稍稍朝下，脚跟比脚尖要高一点，因此单击时间滑块第6帧，如图13-127所示，使用移动工具将右脚控制器沿y轴向上移动一段距离，然后再调节工具盒中的TOP参数，使脚部沿x轴方向倾斜，这里笔者将TOP值设置为5.1，如图13-128所示，设置好后按S键设置一个关键帧，如图13-129所示。

基础

建模

渲染

动画

特效

TOP：用于控制脚掌的抬起高度。

MID：用于控制脚跟的抬起高度。

BEF：用于控制脚踝的旋转角度（以脚踝为旋转轴）。

HOU：用于控制脚踝的旋转角度（以脚跟为旋转轴）。

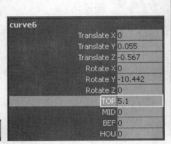
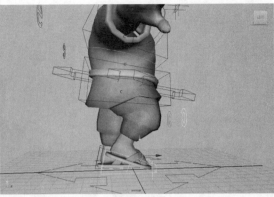

图 13-127   图 13-128   图 13-129

Step08 单击时间滑块上的第10帧，如图13-130所示，这时右脚已经向前迈了一步，但脚掌尚未完全着地（脚跟着地，脚尖未着地），所以使用旋转工具将右脚设置成图13-131和图13-132所示的姿势。

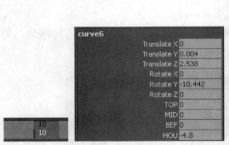
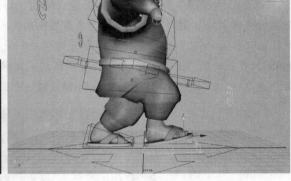

图 13-130   图 13-131   图 13-132

Step09 单击时间轴上的第24帧，如图13-133所示，再调节一下右腿腿部的姿势，如图13-134所示，将其弯曲程度再增大一点，并设置一个关键帧，效果如图13-135所示，这样看起来更加自然。

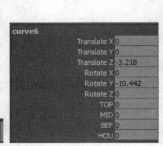

图 13-133   图 13-134   图 13-135

Step10 由于第0帧与第24帧是相同的，因此在时间滑块第24帧处单击鼠标右键，从弹出的菜单中执行Copy（复制）命令，如图13-136所示，然后单击第0帧，再单击鼠标右键，从弹出的菜单中执行Paste（粘贴）即可，如图13-137所示。

图 13-136   图 13-137

Step11 单击时间滑块上的第2帧，如图13-138所示，由于此时右脚正准备抬起迈步，腿部应该是伸直的，所以在通道盒中将MID参数还原为0，如图13-139所示，使腿呈伸直的状态，如图13-140所示，然后按S键设置关键帧。

图 13-138   图 13-139   图 13-140

Step12 此时右脚的脚跟看起来不太舒服，因此再调节一下工具盒中的TOP参数值，如图13-141所示，使脚跟再抬起一些，如图13-142所示。

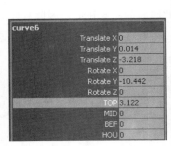 

图 13-141   图 13-142

左脚与右脚的制作方法完全相同，读者可参考右脚的设置方法自己来调节一下左脚的动画，这里就不重复讲解了。

这就是走路动画中腿部的整个动作过程，读者可单击播放按钮进行测试。

13.6.3 设置上半身动画

Step01 选择时间滑块上的第0帧，使用移动工具控制上半身的梯形控制器，使身体呈向前倾的状态，如图13-143和图13-144所示，第24帧也同样如此，这样走路看起来就更加真实了。

图 13-143　　　　　　　　　　　　　图 13-144

由于人在走路时身体并不是始终朝前的，而是要左右摆动，因此下面我们就来调节一下身体随脚部摆动的动画。

Step02 选择时间滑块上的第0帧，如图13-145所示，单击控制和尚上半身的梯形控制器，再单击旋转工具旋转腰部控制器，按S键设置一个关键帧，使和尚在迈出左脚的同时身体向右摆动，如图13-146和图13-147所示。

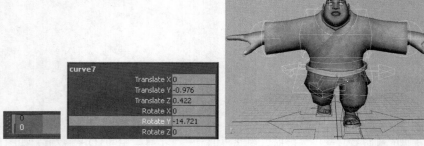

图 13-145　　　　　图 13-146　　　　　　　　　图 13-147

Step03 使用"13.6.2 设置脚部与腿部动画"中的Step10所讲解的方法，将刚刚做好的第0帧身体向右的摆动复制到第24帧。

Step04 选择时间滑块上的第12帧，如图13-148所示，此时和尚右脚在前，因此身体应该向左摆动，根据前面所讲的知识使用旋转工具调节梯形控制器，如图13-149和图13-150所示，按下S键设置一个关键帧。

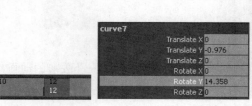

图 13-148　　　　　图 13-149　　　　　　　　　图 13-150

Step05 人在正常走路时，肩部与臀部的摆动方向是相反的，因此我们还需要设置一下肩部的动画，单击时间滑块第0帧，如图13-151所示，此时和尚的左脚在前，选择其胸部方形控制器，再选择旋转工具，将其沿y轴正向旋转一个角度，如图13-152和图13-153所示，按下S键设置一个关键帧。

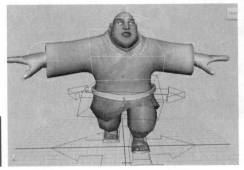

图 13-151　　　　　图 13-152　　　　　　　　　　图 13-153

Step06 同理，在第24帧保持肩部摆动方向不变，再设置一个关键帧。

Step07 单击时间滑块上的第12帧，如图13-154所示，此时和尚右脚在前，因此肩部与Step05中所设置的方向恰好相反，使用旋转工具调节，如图13-155和图13-156所示，按S键设置关键帧。

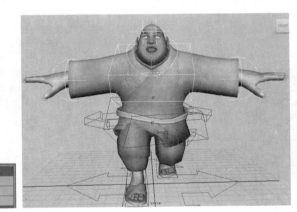

图 13-154　　　　　图 13-155　　　　　　　　　　图 13-156

Step08 单击胸部方形控制器，然后执行菜单Window>Animation Editors>Graph Editor（窗口>动画编辑器>曲线编辑器）命令，打开Graph Editor（曲线编辑器），如图13-157所示。

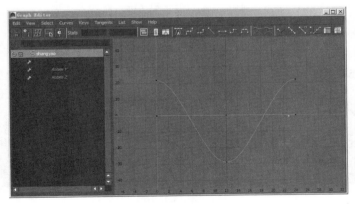

图 13-157

Step09 在Graph Editor（曲线编辑器）中选择RotateY的第0帧和第24帧处的关键帧，如图13-158所示，单击工具栏中的Flat Tangents（水平切线）图标按钮━，使其切线与x轴呈平行状态，如图13-159所示。

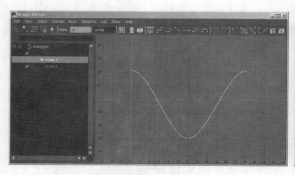
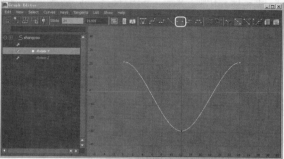

<table>
<tr><td>图 13-158</td><td>图 13-159</td></tr>
</table>

Flat Tangents（水平切线）：使关键帧的切线入切方向和切出方向均为水平方向，这种运动方式是减速–停止–加速的过程。

单击播放按钮测试一下和尚走路的动画，看起来已经比较自然了。

13.6.4 设置手臂动画

Step01 使用移动工具和旋转工具对和尚的手部控制器进行调节，效果如图13-160所示。

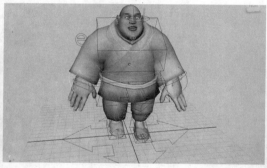
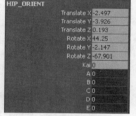

图 13-160

Step02 单击时间滑块上的第0帧，此时和尚左脚在前，右脚在后，因此要将手臂方向设置为右手向前摆，左手向后摆，为了使和尚走路看起来更加自然，手臂的姿势也可以设置得随意一些，读者可根据自己的想法来设置，手臂不要太僵硬，设置好后分别对左右手控制器设置关键帧，笔者设置的手臂如图13-161所示。

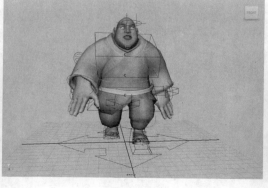

图 13-161

Step03 分别选择两只手的控制器，将第0帧所设置的姿势复制并粘贴到第24帧。

Step04 单击时间滑块上的第12帧，将两只手的方向设置为与Step02恰好相反的方向，也就是左手向前摆，右手向后摆，设置好后按S键设定关键帧，如图13-162所示。

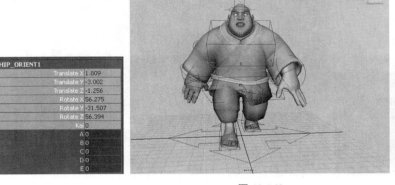
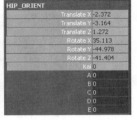

图 13-162

Step05 单击时间滑块上的第6帧，此时正是手臂摆动到重合的位置，并且手臂垂直向下，设置好后按S键设置关键帧，如图13-163所示。

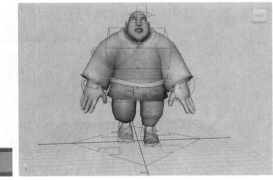

图 13-163

Step06 第18帧同样如此，设置好后按S键设定关键帧。

现在大家来单击播放按钮测试一下。走路动画已经基本成型，但是手掌看起来比较僵硬，下面我们可以继续对手掌进行调整。

Step07 选择手部控制器，在通道盒中选择A、B、C、D、E五个手指的参数，并用鼠标右键单击，在弹出的菜单中选择Break Connections（断开连接），现在手指动画已经被取消，如图13-164所示。

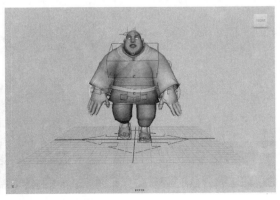

图 13-164

Step08 再次选择A、B、C、D、E参数对其进行整体调节,分别将两只手掌调节呈握拳状态,如图13-165所示。

图 13-165

Step09 再次打开Graph Editor(曲线编辑器),对手部控制器的移动曲线进行调节,也就是将Translate Y和 Translate Z的曲线首尾关键帧处的切线打平,如图13-166所示。

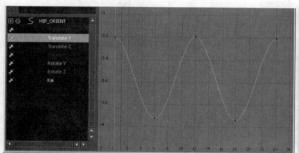
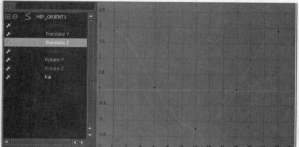

图 13-166

播放一下,现在手部的动画就自然多了。

13.6.5 设置头部动画

人在走路的过程中头也是有小幅度摆动的,虽然不太明显,但又是必不可少的,因此下面我们来调节头部的动画。

Step01 单击时间滑块第0帧,根据人行走的习惯,此时头部应该是向右摆动的,使用旋转工具沿y轴正向对头部控制器旋转一个角度,按S键设置关键帧,如图13-167所示。

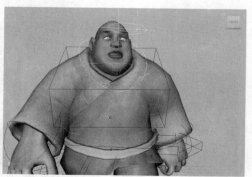
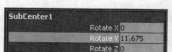

图 13-167

Step02 第24帧同样如此，因此同样按S键设置关键帧。

Step03 单击时间滑块上的第12帧，头部的摆动恰好与第0帧的摆动方向相反，因此调节好后按S键设置关键帧，如图13-168所示。

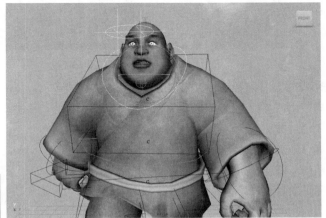

图 13-168

Step04 现在一个完整的走路动画就设置完成了，大家可以再次单击播放按钮来测试，如果不满意还可以打开Graph Editor（曲线编辑器）对任意部位的动画曲线进行调整，直到看起来舒服为止。

另外，我们还可以通过调节表情动画使和尚在走路的过程中具有个性特征，读者可尝试将和尚的表情设置为高兴、愤怒、平静等，这里就不详细讲解了，最终场景文件可参见随书配套光盘中的DVD02\scene\scene\chap13\renwuxingzou_end.mb。

拓展训练——小球撞墙动画制作

本次拓展训练将制作一个小球撞墙的动画练习，详细的操作过程请参考配套光盘中的教学视频，最终效果如图13-169所示。

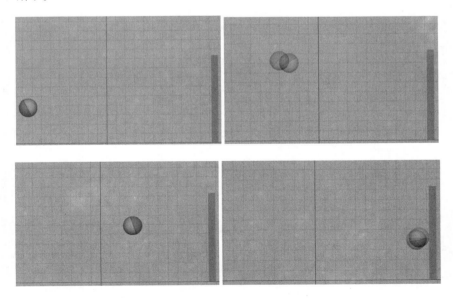

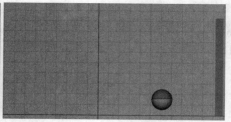

图 13-169

小球撞墙的制作流程与相关知识点如下。

01 确定小球关键点位置。

02 添加细节。

03 调节动画曲线。

04 制作小球旋转动画。

05 预览动画。

Chapter 14
第14章 基础特效

粒子系统通常用来描述大量的有体积的自然景观，如云、水、烟、尘、漫天的蝗虫等。粒子系统所涉及的内容非常多，也是整款软件中最富于变化的部分。为了方便用户使用，Maya提供了一系列预设的效果，用户可以通过简单的操作迅速制作出一些常用的特效，这些预设效果放在Dynamics（动力学）菜单组的Effects（特效）菜单下，包括Create Fire（创建火）、Creat Smoke（创建烟）、Create Fireworks（创建焰火）、Create Lightning（创建闪电）、Create Shatter（创建破碎）、Create Curve Flow（创建线流体）、Create Surface Flow（创建面流体）和Delete Surface Flow（删除面流体）等。

14.1 粒子基础

Maya的动力学模块分为两个，分别是Dynamics（动力学）和nDynamics（n动力学），两种模块类似，nDynamics（n动力学）是通过Nucleus结算器来实现的。

Dynamics（动力学）菜单组：从状态栏的菜单选择器中选择Dynamics（动力学）或按键盘上的F5键，将主菜单切换到Dynamics（动力学）菜单组，如图14-1所示。

图 14-1

除了窗口菜单，还可以使用动力学工具架快速执行命令，如图14-2所示。

图 14-2

动力学菜单组包括Particles（粒子）、Fluid Effects（流体）、Fluid nCache、Field（场）、Soft/Rigid Bodies（软体/刚体）、Effects（特效）、Solvers（解算器）和Hair（头发）等菜单，其中Particles（粒子）、Fields（场）两个菜单与粒子系统紧密相关，其他菜单中也有涉及粒子系统的内容，但相对较少。

创建粒子系统：创建粒子的方法有很多种，最常用的方法就是直接用Particle Tool（粒子工具）创建或用Create Emitter（创建发射器）发射粒子。

14.1.1 直接创建粒子

在Maya中可以通过Particles>Particle Tool（粒子>粒子工具）命令直接创建粒子，通过菜单参数的组合变化，可以实现创建单点粒子、绘制粒子、创建阵列粒子。

Step01 执行菜单Particles>Particle Tool（粒子>粒子工具）命令，在场景中单击鼠标创建粒子。

Step02 按住键盘上的D键来移动粒子的位置。

Step03 创建完成后，按键盘上的回车键完成操作。

Step04 在Outliner（大纲）中就可以看到创建的粒子，如图14-3所示。

Step05 单击菜单Particles>Particle Tool>□（粒子>粒子工具>□），打开其选项窗口，设置Number of particles（粒子数量）为10，Maximum radius（最大半径）为3，再次在场景中单击创建，可以直接创建出一组数量为10，最大半径为3的粒子，如图14-4所示。

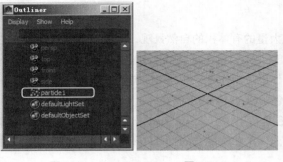

图 14-3　　　　　　　　图 14-4

14.1.2 发射粒子

另一种常用的方法是用发射器发射粒子，如图14-5所示。Maya中可以创建独立的粒子发射器来发射粒子，也可以直接从物体上发射粒子。独立发射器有Omni（点）、Directional（方向）和Volume（体积）3种基本类型，其中体积发射器又分为很多种。物体发射器有4种：Omni（点）、Directional（方向）、Surface（曲面发射器）和Curve（曲线）。

14.1.3 粒子基本属性

粒子系统之所以能产生千变万化的效果，是因为粒子系统具有大量丰富的特性参数供用户调节使用，单击菜单Particles>Particle Tool>□（粒子>粒子工具>□），打开其选项窗口，如图14-6所示。

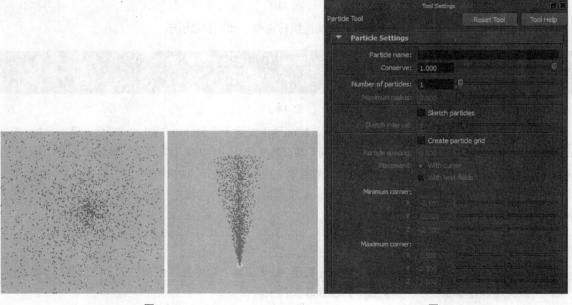

图 14-5　　　　　　　　　　　　　　　图 14-6

01 Particle name（粒子名称）：可输入粒子的名称。

02 Conserve（保持）：当粒子的速度和加速度由动力场的作用控制时，该参数可影响粒子的运动，调整运动粒子在帧与帧之间的动力学速度。

03 Number of particles（粒子数量）：设定在场景中单击一次可生成的粒子数量，例如，设定该数值为10，则每次单击就会生成10个粒子。该参数只有在关闭Create Particle Grid（创建粒子网格）时，才可以被激活。

04 Maximum radius（最大半径）：Number of particles（粒子数量）大于1时，可设定要创建的粒子所占用空间的最大半径。粒子数量不变时，该参数值越小，粒子占用空间越小，密度越大。该参数只有在关闭Create Particle Grid（创建粒子网格）时，才可以被激活。

05 Sketch particles（绘画粒子）：勾选该项，可用绘画的方式来连续不间断地创建粒子，Maya会根据鼠标移动的轨迹来创建粒子。关闭该项，则在鼠标每次点击的位置有间隔地创建粒子。

06 Sketch Interval（绘画间隔）：以绘画方式创建粒子时，设置粒子之间的间隔，如图14-7所示。

07 Create Particle Grid（创建粒子网格）：勾选该项，可基于网格来创建粒子阵列，如矩形、立方体等形状。

08 Particle Spacing（粒子间隔）：设定粒子阵列中粒子与粒子间的距离，如图14-8所示。

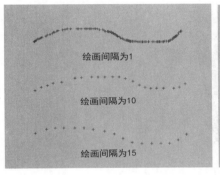
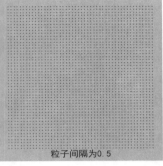
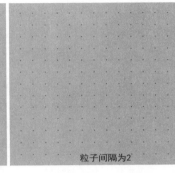

图 14-7　　　　　　　　　　　　　　　　　　图 14-8

09 Placement（定位）。

（1）With Cursor（使用光标）：直接使用鼠标在视图的不同位置单击两下，确定粒子阵列的左上角和右下角，按回车键结束粒子的创建。

（2）With Text Fileds（使用文本域）：可以在文本域中输入粒子阵列对角线上两个角点的精确坐标，以创建粒子阵列。

10 Minimum Corner（最小角）：输入要创建的粒子阵列最小角角点的坐标值。

11 Maximum Corner（最大角）：输入要创建的粒子阵列最大角角点的坐标值。

另外，还可以在创建好粒子后，进入其属性编辑器面板中对其属性进行设置，如图14-9所示。

图 14-9

在这些属性中最重要的包括粒子的Particle Render Type（粒子渲染类型）、Lifespan Attributes(生命属性）、Color(颜色)等。粒子系统最终以什么样的形态出现在画面中，这取决于粒子的渲染类型。粒子共有10种渲染类型，分别是Points（点）、MultiPoint（多点）、Streak（条纹）、MultiStreak（多条）、Sprites（精灵）、Spheres（球形）、Numeric（数字）、Blobby Surface（s/w）［融合表面（s/w）］、Cloud（s/w）［云（s/w）］和Tube（s/w）［管（s/w）］。这10种类型的粒子在渲染结果上存在巨大的差异，按渲染方式被归为两类：Points（点）、MultiPoint（多点）、Streak（条纹）、MultiStreak（多条纹）、Sprites（精灵）、Spheres（球形）、Numeric（数字）采用显卡渲染，被称为硬件粒子；Blobby Surface（s/w）［融合表面（s/w）］、Cloud（s/w）［云（s/w）］和Tube（s/w）［管（s/w）］被称为软件粒子。图14-10所示为各种粒子的渲染类型。

硬件粒子是由显卡完成的，软件粒子要使用表面材质或体积材质，其渲染出的形状外观与材质有很大关系。

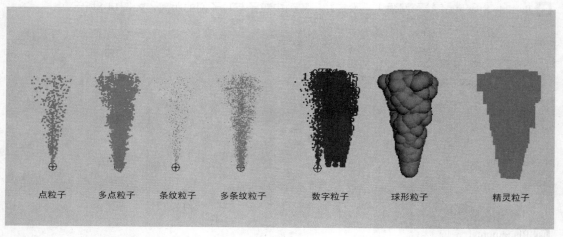

| 点粒子 | 多点粒子 | 条纹粒子 | 多条纹粒子 | 数字粒子 | 球形粒子 | 精灵粒子 |

图 14-10

粒子的Lifespan Attributes（生命属性）是一个很重要的属性，因为粒子系统有很多变化，如颜色、尺寸、运动状态等都可以基于生命值调节。粒子的生命属性可以在Attribute Editor（属性编辑器）中粒子形状节点选项卡下的Lifespan Attributes（生命属性）卷展栏中查看和修改，Lifespan Attributes（生命属性）卷展栏下的属性控制如何定义粒子生命，下面是定义粒子生命值的一些属性。

01 Lifespan Mode（生命模式）：指定用什么模式来定义粒子生命，有以下几种预设的生命值。

（1）Live forever（永生）：所有的粒子都不会死，这是系统默认设置。

（2）Constant（常数）：所有粒子具有同样的生命值，先生成的先消失，后生成的后消失。粒子生命的长短由Lifespan（生命周期）属性定义。

（3）Random range（随机范围）：粒子的生命值并不是一个固定值，会在一个范围内随机选用。如果选择此选项，Lifespan（生命周期）参数和Lifespan Random（生命随机范围）参数变为亮显，表示可用。

（4）LifespanPP only（单粒子生命）：表示每个粒子单独定义其生命值。

02 Lifespan（生命周期）：定义粒子生命值，配合Constant（常数）或Random range（随机范围）方式。

03 Lifespan Random（生命随机范围）：定义粒子生命值的变化，配合Random range（随机范围）方式。

04 General Seed（种子）：控制粒子生命值随机变化的计算，配合Random range（随机范围）方式。Seed是随机函数的一个专业词汇，控制是否产生相同的随机值。

14.1.4 粒子基础应用

下面通过一个小案例，来学习粒子的基础应用。

Step01 单击菜单Particles>Particle Tool>□（粒子>粒子工具>□），打开其选项窗口，勾选Sketch particles（绘画粒子），设置Number of particles（粒子数量）和Maximum radius（最大半径）分别为26和2.958，在场景中绘制出图14-11所示的形状。

Step02 选择粒子，执行菜单Fields>Vortex（场>漩涡场）命令，打开Preferences（预设）窗口，设置Time Slider（时间滑块）中的Plauback speed（播放速度）为Play every frame（按每帧播放），将时间结束帧设置得长一些，播放动画，此时粒子就会受到漩涡场的影响发散开来，如图14-12所示。

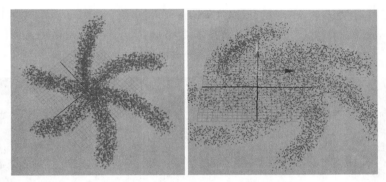

图 14-11　　　　　　　　　　　图 14-12

Step03 选择粒子，进入其属性编辑器的ParticleShape选项卡中，设置General Control Attributes（常规控制属性）栏中的Dynamics Weight（动力学权重）和Conserve（恒定）值为1和0.9，再次播放粒子受场影响的权重就会减小，如图14-13所示。

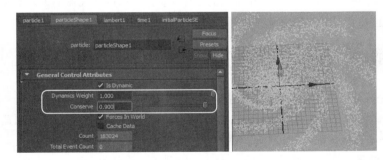

图 14-13

Step04 仍然在其属性编辑器中，单击Add Dynamic Attributes（添加动力学属性）栏中的Color（颜色）按钮，在弹出的Particle Color（粒子颜色）窗口中勾选Add Per Object Attribute（添加没对象属性），并单击Add Attributes（添加属性）按钮，如图14-14所示。

图 14-14

Step05 此时在Render Attributes（渲染属性）栏中就多了Color Red/Green/Blue（红色/绿色/蓝色）3个属性，分别设置这3个属性值为0.8、0.3、0.1，单击Current Render Type（当前渲染类型）按钮，勾选Color Accum（颜色堆叠）选项，并使用Maya Hardware（Maya硬件）对粒子进行渲染，如图14-15所示。

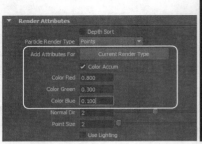

图 14-15

Step06 这里还可以改变粒子的形状，设置Particle Render Type（粒子渲染类型）为MultiPoint（多点），再次单击Current Render Type（当前渲染类型）按钮刷新属性，设置Multi Radius（多点半径）和Multi Count（多点数量）为0.927和3，再次渲染，此时粒子就会更多，如图14-16所示。

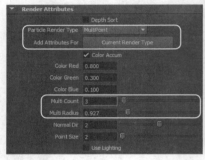

图 14-16

这样，就制作出了一个星云的效果，更详细的步骤可参见随书配套光盘中的教学视频，最终场景文件可参见随书配套光盘中的DVD02\scene\scene\chap14\mb\xingyun.mb。

14.2 粒子发射器应用——张牙舞爪的粒子

本节将通过一个张牙舞爪的粒子效果，来了解粒子发射器的使用方法。

Step01 执行菜单Particles>Create Emitter（粒子>创建发射器）命令，在场景中创建一个发射器，将时间结束帧设置得长一些，播放动画，此时从发射器中发射出了粒子，如图14-17所示。

Step02 选择发射器，进入其属性编辑器的emitter选项卡，在Basic Emitter Attributes（基本发射器属性）栏中设置Cycle Emission（循环发射）为Frame(timeRandom on)，此时粒子将会以直线发射，如图14-18所示。

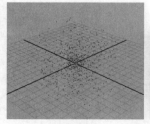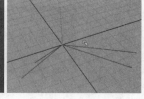

图 14-17　　　　　　　　　　　图 14-18

Step03 仍然在Basic Emitter Attributes（基本发射器属性）栏中，设置Rate(Particles/Sec)（速率）为300，这样粒子的数量就会增多。

Step04 选择粒子，进入其属性编辑器的ParticleShape选项卡，在Lifespan Attributes（生命属性）栏中设置Lifespan Mode（生命模式）为Constant（恒定），Lifespan（生命周期）为5，使粒子在5秒内死亡，播放动画，观察粒子发射效果，如图14-19所示。

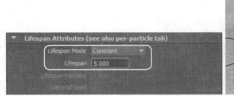
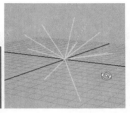

图 14-19

Step05 选择粒子，执行菜单Fields>Turbulence（场>扰乱场）命令，并在扰乱场的属性编辑器中，设置Turbulence Field Attributes（扰乱场属性）栏的Attenuation（衰减）为0，播放动画，此时粒子就会被扰乱，如图14-20所示。

图 14-20

Step06 此时的粒子并没有抖动效果，下面需要通过表达式来实现抖动效果。仍然在Turbulence Field Attributes（扰乱场属性）栏中，在Phase Y（y轴相位）属性上单击鼠标右键，从弹出的菜单中选择Create New Expression（创建新的表达式）命令，在Expression Editor（表达式编辑器）窗口的Expression（表达式）栏中输入"turbulenceField1.phaseY=time;"，单击Create（创建）按钮创建，如图14-21所示。

Step07 在Turbulence Field Attributes（扰乱场属性）栏中，设置Magnitude（强度）为1，将Playback speed（播放速率）设置为Real-time［24fps］（24帧每秒），选择粒子，进入其属性编辑器，设置其Rate(Particles/Sec)（速率）为200，此时播放动画，粒子就会缓慢地发射，并轻微地抖动，如图14-22所示。

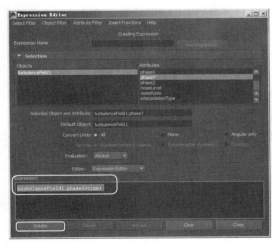
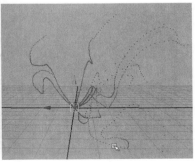

图 14-21   图 14-22

Step08 选择发射器，进入其属性编辑器面板，在Distance/Direction Attributes（距离/方向属性）栏中，调节Min Distance（最小距离）和Max Distance（最大距离）值，可以改变粒子与发射器之间的距离，如图14-23所示，这里不修改这两个数值。

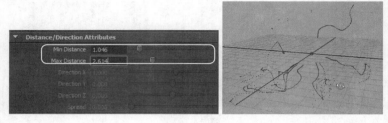

图 14-23

Step09 仍然在发射器的属性编辑器面板中，在Basic Emission Speed Attributes（基本发射速度属性）栏中，设置Speed（速度）和Speed Random（随机速度）值为0.2和7.190，这样粒子发射的速度就会减慢，并随机发射，如图14-24所示。

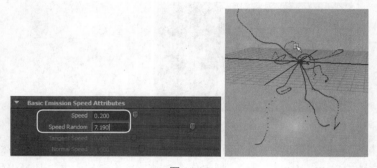

图 14-24

Step10 如果觉得粒子的生命周期过长，可以将粒子的Lifespan（生命周期）设为3，使其在3秒内死亡。

Step11 选择粒子，进入其ParticleShape属性编辑器面板，单击Add Dynamic Attributes（添加动力学属性）栏中的Color（颜色）按钮，在弹出的Particle Color（粒子颜色）窗口中勾选Add Per Particle Attribute（添加每粒子属性）选型，单击Add Attribute（添加属性）按钮，添加一个每粒子属性。

Step12 此时在Per Particle(Array) Attributes（每粒子属性）栏中就增加了一个RGB PP属性，在该属性上单击鼠标右键，从弹出的菜单中单击Create Ramp（创建渐变），为其添加一个渐变，再次在该属性上单击鼠标右键，选择<-arrayMapper1.outColorPP>Edit Ramp（<-arrayMapper1.outColorPP>编辑渐变）命令，进入渐变面板，调整渐变颜色为湖蓝到深蓝的渐变，如图14-25所示。

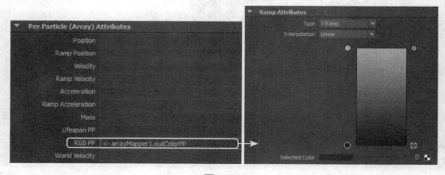

图 14-25

Step13 按6键显示粒子颜色，并在粒子的ParticleShape属性编辑器面板中，勾选Render Attributes（渲染属性）栏中的Color Accum（颜色堆叠）选项，按Alt+B键将视图背景调节为黑色，播放动画，观察粒子效果，如图14-26所示。

Step14 此时观察效果，如果觉得不满意，可以继续对扰乱场、发射速率、粒子数量进行调整，以及对扰乱场的Phase X/Z（*x/z*轴相位）也添加表达式，来丰富粒子扰乱效果，最终效果如图14-27所示。

图 14-26   图 14-27

更详细的操作步骤可参见随书配套光盘中的教学视频，最终场景文件可参见随书配套光盘中的DVD02\scene\scene\chap14\mb\zywz.mb。

14.3 粒子替代基础应用——群蜂飞舞

上一节我们学习了粒子发射器的应用，这一节将通过一个平面来发射粒子，然后利用Instancer（Replacement）［实例（替代）］命令制作出群蜂飞舞的效果。

14.3.1 制作替换对象

Step01 打开随书配套光盘中的DVD02\scene\scene\chap14\mb\mifeng_start.mb场景文件，在场景中有一只蜜蜂模型，如图14-28所示，播放动画，该蜜蜂带有动画，翅膀会循环扇动。

图 14-28

Step02 在大纲中选择蜜蜂模型，将时间滑块移至第1帧处，单击菜单Edit>Duplicate Special（编辑>特殊复制）后的方格按钮，打开其选项窗口，勾选Duplicate input graph（复制输入节点）选项，单击Apply（应用）按钮，将蜜蜂复制出9个，如图14-29所示。

图 14-29

特效

Step03 在大纲中选择最后复制出来的蜜蜂insect8，打开Graph Editor（曲线编辑器）窗口，选择其动画曲线，将其向后移动一帧，如图14-30所示。

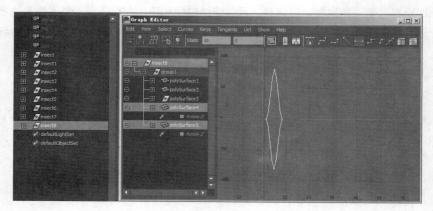

图 14-30

Step04 以此类推，将insect7/6/5/4/3/2/1和insect蜜蜂的翅膀动画曲线，分别向后移动2、3、4、5、6、7、8、9帧，蜜蜂的翅膀形态如图14-31所示，播放动画可以观察到几只蜜蜂的扇翅频率都不同。

图 14-31

Step05 在大纲中选择所有蜜蜂，将其打组，将组命名为insect_grp，并将组隐藏。

14.3.2 创建发射器

Step01 在场景中创建一个NURBS平面，如图14-32所示。

Step02 选择平面，单击菜单Particles>Emit from Object（粒子>从对象发射）后的方格按钮，打开其选项窗口，设置Emitter type（发射类型）为Surface（曲面），单击Create（创建）按钮创建，将时间结束帧设置得长一些，播放动画，此时就会从平面发射粒子，如图14-33所示。

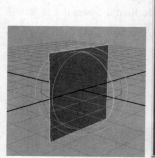

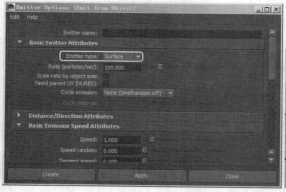

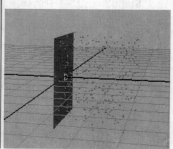

图 14-32

图 14-33

Step03 选择粒子，进入其particleShape属性编辑器面板，在Emission Attributes（发射属性）栏中设置Max Count（最大数量）为50，此时再次播放动画，只会从平面发射出50个粒子，如图14-34所示。

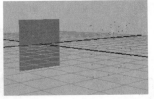

图 14-34

Step04 打开大纲窗口，展开insevt_grp组，选择组中的所有对象，执行菜单Particles>Instancer(Replacement)（粒子>替代）命令，这样粒子就被替换成了蜜蜂，如图14-35所示。

观察此时的蜜蜂，可以发现每只蜜蜂的扇翅频率都是一样的，下面通过表达式来解决这个问题。

14.3.3 创建表达式

Step01 选择粒子，进入其particleShape属性编辑器面板，在Add Dynamic Attributes（添加动力学属性）栏中单击General（常规）按钮，在打开的Add Attribute（添加属性）窗口的Long name（长命名）中输入insect，勾选Per particle（美粒子）选项，单击Add（添加）按钮添加，如图14-36所示。

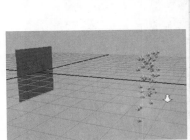

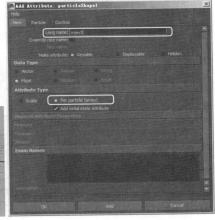

图 14-35　　　　　　　　　　　　图 14-36

Step02 此时在Per Particle(Array) Attributes（每粒子属性）栏中就出现了一个Insect属性，在该属性上单击鼠标右键，从弹出的菜单中选择Creation Expression（创建表达式）命令，在打开的Expression Editor（表达式编辑器）面板的Expression（表达式）栏中输入"particleShape1.insect=rand(9);"，单击Create（创建爱你）按钮创建，如图14-37所示。

图 14-37

Step03 创建好表达式后，在Instancer（替代）栏中，勾选Allow All Data Types（允许所有数据类型），在General Options（常规选项）下设置Object Index（对象）为insect，如图14-38所示。

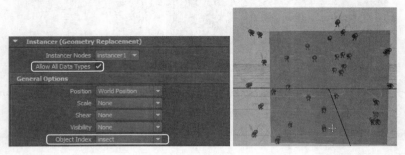

图 14-38

Step04 将平面隐藏，选择粒子蜜蜂，执行菜单Fields>Newton（场>牛顿场）命令，并进入牛顿场的属性编辑器面板，设置其Attenuation（衰减）为0，将牛顿场向上移动一些，播放动画，此时蜜蜂就会被牛顿场吸引，如图14-39所示。

Step05 观察此时的蜜蜂，发现蜜蜂在追逐时的方向是错误的，这里可以再次回到粒子属性编辑器面板的Instancer（替代）栏中，设置Rotation Options（方向选项）中的Aim Direction（目标方向）为Velocity（速度），如图14-40所示，这样蜜蜂就会按照自身的速度方向追逐。

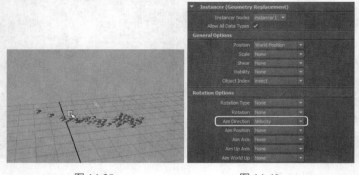

图 14-39   图 14-40

Step06 再为蜜蜂添加一个Turbulence（扰乱场），同样将其属性编辑器中的Attenuation（衰减）设置为0，将Magnitude（强度）设置为3，这样蜜蜂在追逐时就会比较随机。

Step07 再将Newton（牛顿场）的Magnitude（强度）设置为10，使牛顿场的吸力更强一些，将粒子的Max Count（最大数量）设置为100，使蜜蜂的数量更多一些，如果觉得蜜蜂过小，可以在大纲中选择insect_grp组中的所有蜜蜂，将其放大。

Step08 再次播放动画，就可以看到群蜂追逐的效果，如图14-41所示。

图 14-41

至此，本案例制作完成，更详细的步骤可参见随书配套光盘中的视频教学，最终场景文件可参见随书配套光盘中的DVD02\scene\scene\chap14\mb\mifeng_end.mb。

14.4 粒子替代综合应用——石块爆炸

通过前面的学习，我们已经初步掌握了粒子替代的简单用法，这一节将更加深入地了解粒子替代的综合用法，利用表达式制作石块爆炸的效果。

14.4.1 创建粒子替代

Step01 按键盘上的F5键切换到Dynamics（动力学）模块，单击菜单Particles>Create Emitter >■（粒子>创建发射器>■），打开选项窗口，调整Emitter type（发射器类型）为Omni（点）类型，Rate(particles/sec)（速率）为50，单击Create（创建）按钮，在场景网格中心就会出现一个粒子发射器，如图14-42所示。

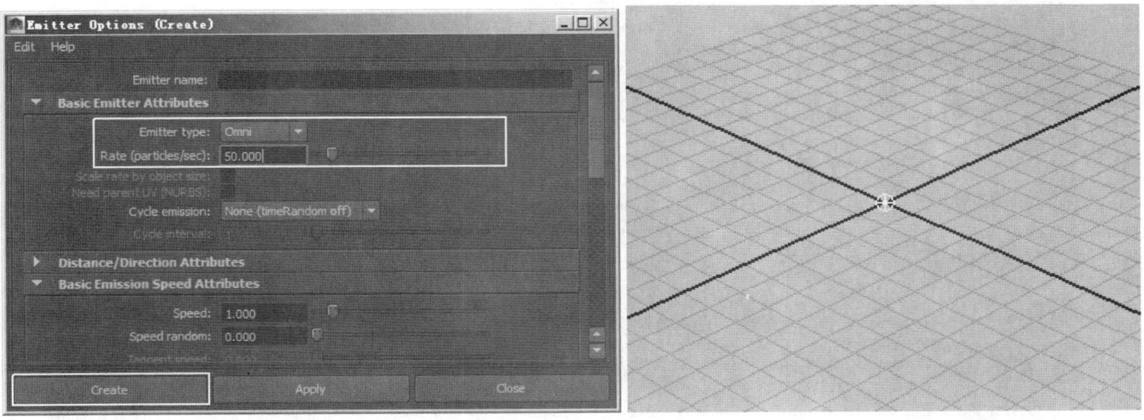

图 14-42

Step02 将动画播放范围结束时间设置为50，播放动画，发射器就会发射出粒子，如图14-43所示。

Step03 执行菜单Create > Polyon Primitives > Cube（创建>多边形基本体>立方体）命令，创建一个立方体，使用加边、调整顶点位置等操作，将长方体修改为石块形状的对象，如图14-44所示。

Step04 选择石块模型，单击菜单Particles>Instancer（Replacement）>■[粒子>实例（替代）>■]，打开选项窗口，单击Create（创建）按钮，粒子发射器发射的粒子都被替换成石块模型，如图14-45所示，按Ctrl+H组合键将石块模型隐藏。

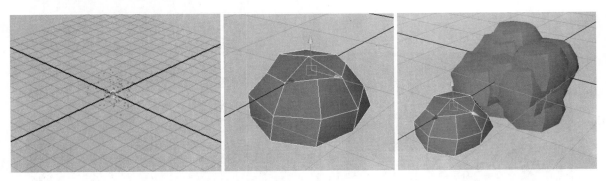

图 14-43　　　　　　　　　　图 14-44　　　　　　　　　　图 14-45

此时，播放动画，发射器就会发射出石块模型的粒子，可以发现当前所有的石块都是一样的大小，下面就需要对其进行设置，让其大小有一些随机的变化。

14.4.2 编辑粒子替代

Step01 在大纲视图中选择Particle1粒子，进入其属性编辑器面板，选择Particleshape1标签，找到Add Dynamic Attributes（添加动力学属性）卷展栏，单击General（常规）按钮，弹出Add Attribute（添加属性）对话框，在Long name（长名称）输入框中输入com，在Attribute Type（属性类型）中勾选Per particle（array）［每粒子（阵列）］选项，单击OK按钮，如图14-46所示。

Step02 此时，在Per Particle（Array）Attributes［每粒子（阵列）属性］卷展栏下多了一个Com的属性，如图14-47所示。

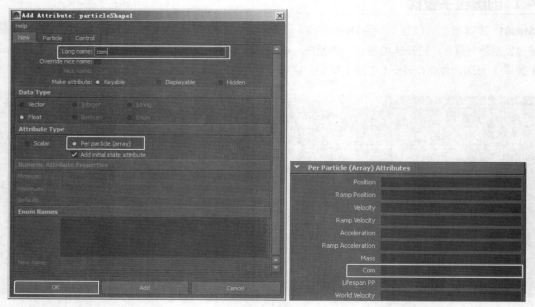

图 14-46　　　　　　　　　　　　　　　　　　　　　图 14-47

Step03 在Com属性的输入栏中单击鼠标右键，从弹出的菜单中选择Creation Expression（创建表达式）命令，在弹出的Expression Editor（表达式编辑器）窗口的Expression（表达式）输入框中输入"particleShape1.com=rand(0.2,1);"，单击Create（创建）按钮，如图14-48所示。

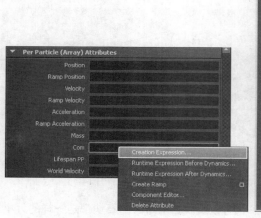
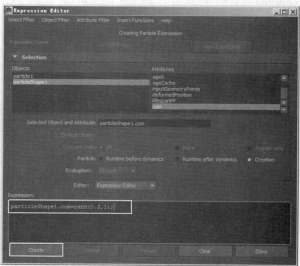

图 14-48

Step04 展开Instancer（Geometry Replacement）［实例（几何替代）］卷展栏，勾选Allow All Data Types（允许所有数据类型）选项，修改Scale（缩放）为com，此时，生成的石块就有了大小的随机变化，如图14-49所示。

播放动画观察效果可以发现，当前石块射出的速度有些过慢，所以接下来需要对其发射速度做一些调整。

Step05 在大纲视图中选择emtter1发射器，进入其通道盒，设置Speed（速度）值为5，再次播放动画，发射出的粒子速度明显加快了，如图14-50所示。

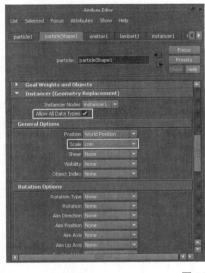
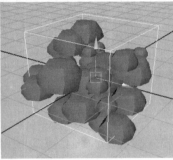
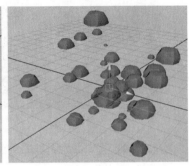

图 14-49　　　　　　　　　　　　　　　　　　　　　图 14-50

观察此时的效果，发现石块在射出时，方向都是一致的，所以接下来再来调节石块的发射角度。

14.4.3　调节粒子属性

Step01 在大纲视图中选择Particle1粒子，进入其属性编辑器面板，选择Particleshape1标签，找到Add Dynamic Attributes（添加动力学属性）卷展栏，单击General（常规）按钮，弹出Add Attribute（增加属性）窗口，在Long name（长命名）中输入com1，单击OK（确定）按钮，如图14-51所示。

图 14-51

Step02 此时，在Per Particle（Array）Attributes［每粒子（阵列）属性］卷展栏下又多了一个Com1的属性，如图14-52所示。

Step03 在com1属性的输入栏中单击鼠标右键，从弹出的菜单中选择Creation Expression（创建表达式）命令，在弹出的Expression Editor（表达式编辑器）窗口的Expression（表达式）输入框中输入"particleShape1.com1=rand(-360,360);"，单击Edit（编辑）按钮，如图14-53所示。

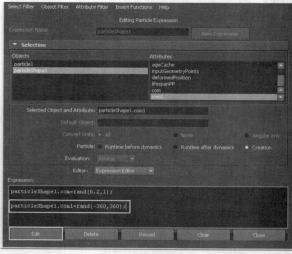

图 14-52　　　　　　　　　　　　　　　　图 14-53

播放动画，可以看到石块的角度还是没有发生变化，所以接下来还需要对其进行一些设置。

Step04 展开Instancer（Geometry Replacement）［实例（几何替代）］卷展栏，勾选Allow All Data Types（允许所有数据类型）选项，修改Rotation（旋转）为com1，如图14-54所示。

Step05 播放动画，可以看到发射出的石块粒子有了角度倾斜的随机变化，如图14-55所示。

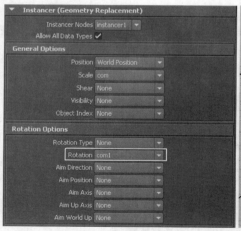

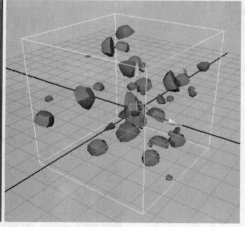

图 14-54　　　　　　　　　　　　　　　　图 14-55

石块模型有了角度和大小的随机变化，我们还希望石块在发射的时候不断地进行旋转变化，下面就对其进行调整。

Step06 使用与前面相同的方法，在Add Dynamic Attributes（添加动力学属性）卷展栏中单击General（常规）按钮，弹出Add Attribute（添加属性）窗口，在Long name（长名称）输入框中输入com2，单击OK（确定）按钮，如图14-56所示。

Step07 此时，在Per Particle（Array）Attributes［每粒子（阵列）属性］卷展栏下就多了一个Com2的属性，如图14-57所示。

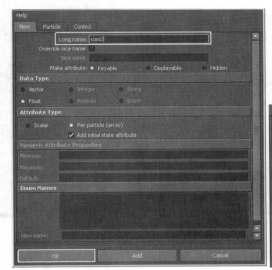

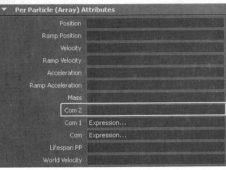

图 14-56   图 14-57

Step08 在com2属性的输入栏中单击鼠标右键，从弹出的菜单中选择Creation Expression（创建表达式）命令，在弹出的Expression Editor（表达式编辑器）窗口的Expression（表达式）输入框内输入"particleShape1.com2=rand(1,2);"，单击Edit（编辑）按钮，如图14-58所示。

Step09 现在我们需要的是在运动过程中旋转，所以需要勾选Runtime before dynamics（在动力学之前运行）选项，在Expression（表达式）输入框内输入"particleShape1.com1+=particleShape1.com2;"，单击Create（创建）按钮，如图14-59所示，关闭窗口。

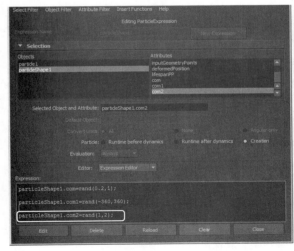

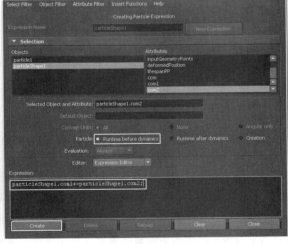

图 14-58   图 14-59

Step10 播放动画，可以看到发射出的石块粒子在发射过程中有了旋转的变化，如图14-60所示。

Step11 在大纲视图中选择pCube1原始石块模型，按Shift+H组合键将其显示出来，在模型上单击鼠标右键，选择Assign Favorite Material>Lambert（指定喜爱的材质>Lambert）选项，为石块模型指定一个Lambert材质，在弹出的Lambert3属性编辑器面板中，单击Color（颜色）右侧的■按钮，在弹出的Create Render Node（创建渲染节点）窗口中单击Rock（岩石）按钮，如图14-61所示。

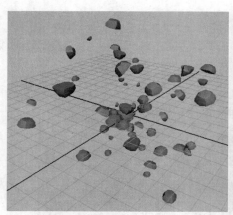
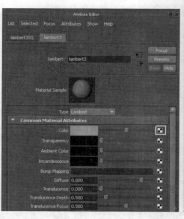

图 14-60   图 14-61

Step12 按键盘上的6键显示对象的材质，如图14-62所示。

Step13 在大纲视图中选择pCube1原始石块，按键盘上的Ctrl+H键将其隐藏。

下面通过为发射器的速率设置关键帧来模拟爆破效果。

Step14 在大纲视图中选择emitter1发射器，进入其通道盒面板，将时间滑块移至第1帧处，将Rate（速率）设置为10，在该属性上单击鼠标右键，从弹出的菜单中选择Key Selected（为所选择的对象设置关键帧）命令，为其设置关键帧，如图14-63所示。

Step15 再将时间滑块移至第8帧处，将Rate（速率）设置为500，为其设置关键帧；将时间滑块移至第10帧处，将Rate（速率）设置为0，为其设置关键帧。

Step16 再次播放动画，就会看到石块爆破的效果，如图14-64所示。

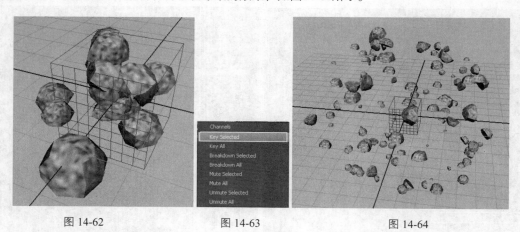

图 14-62   图 14-63   图 14-64

观察效果，发现当前爆破的速度还有些过慢，接下来再来为其速度设置关键帧。

Step17 将时间滑块移至第1帧处，为emitter1发射器通道盒中的Speed（速度）属性设置关键帧，再将时间滑块移至第8帧处，将Speed（速度）属性设置为30，再为其设置关键帧。

Step18 还可以通过执行菜单Window>Animation Editors>Graph Editor（窗口>动画编辑器>曲线编辑器）命令，打开Graph Editor（曲线编辑器），在窗口左侧选择Speed（速度）属性，在曲线编辑区将Speed的动画曲线调节成图14-65所示的形态，这样爆破的效果就会更加强烈，详细的调节步骤请参考配套光盘中的教学视频。

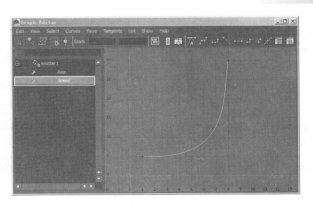

图 14-65

此时，再次播放动画，石块的爆破效果就更加强烈了。

接下来就要制作爆破时出现的红光效果。

Step19 在大纲视图中选择particle1粒子，单击Particles>Emit from Object>■（粒子>从对象进行发射>■），打开选项窗口，设置Emitter type（发射类型）为Omni（点）选项，将Rate（particle/sec）（速率）设置为50，单击Create（创建）按钮，如图14-66所示。

Step20 播放动画，此时就会以particle1粒子为发射器再次产生出新的particle2粒子，如图14-67所示。

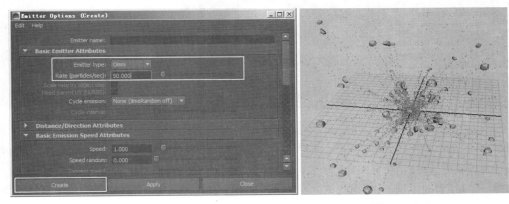

图 14-66   图 14-67

Step21 在大纲视图中选择Particle2粒子，在其属性编辑器中，将Render Attributes（渲染属性）卷展栏中的particle Render Type（粒子渲染类型）设置为MultiStreak（多条纹）选项，单击Current Render Type（当前渲染类型）按钮，勾选Color Accum（颜色累加）选项，将Line Width（线宽度）、Multi Radius（多边半径）及Tail Size（拖尾大小）分别设置为2、1.457、−61.589，效果如图14-68所示。

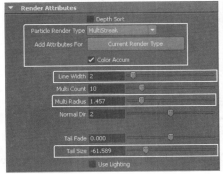
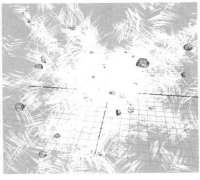

图 14-68

Step22 在Add Dynamic Attributes（添加动力学属性）卷展栏中，单击Color（颜色）按钮，在弹出的Particle Color（粒子颜色）窗口中勾选Add Per Particle Attribute（添加每粒子属性）选项，单击Add Attribute（添加属性）按钮。

Step23 此时，在Per Particle（Array）Attribute［每粒子（阵列）属性］卷展栏中就多了一个RGB PP属性，在该属性右侧的输入栏中单击鼠标右键，从弹出的菜单中选择Create Ramp（创建渐变）命令，再在出现的"<- arrayMapper1.outColorPP"一行字上单击鼠标右键，从弹出的菜单中选择<- arrayMapper1.outColorPP>Edit Ramp（<- arrayMapper1.outColorPP>编辑渐变）命令。

Step24 在弹出的Ramp（渐变）属性编辑器面板中，将Ramp（渐变）的颜色条设置成图14-69所示的颜色，播放动画观察效果，如图14-70所示。

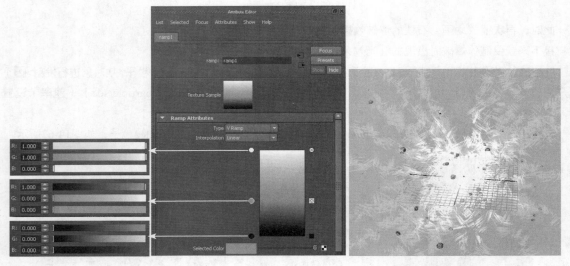

图 14-69   图 14-70

Step25 在大纲视图中展开Particle1，选择emitter2，进入其通道盒面板，将Rate（速率）和Speed（速度）都设置为10。

Step26 连续按键盘上的Alt+B组合键，直至将视图背景设置为黑色，播放动画，观看最终效果，如图14-71所示。

图 14-71

至此，本案例全部制作完成，最终场景文件可参见随书配套光盘中的DVD02\scene\scene\chap14\mb\skbz.mb。

14.5 场

在前面的实例中我们已经接触过场的应用，本节来详细讲解Maya中的场。

关于场的命令都在Fields（场）菜单中，如图14-72所示。

01 Air（空气场）：常用来模拟气流，如风吹、拖尾、扇动等效果来影响粒子的运动。

02 Drag（拖动力场）：模拟为运动物体施加的摩擦力或阻力。

03 Gravity（重力场）：使物体受重力作用，模拟地球的重力，在固定的方向加速物体的运动。

04 Newton（牛顿场）：模拟万有引力作用下物体的运动，如行星的运动等。

05 Radial（放射力场）：使用放射场可以排斥或吸引被影响物体。

06 Turbulence（扰动场）：使被影响物体产生不规则的运动。

07 Uniform（统一力场）：使物体在某个方向上匀速运动。

08 Vortex（旋涡力场）：旋涡场使被影响物体做环状的漩涡运动。

09 Volume Axis（体积轴场）：在体积中按照不同方向移动粒子，物体的运动与体积轴相关。

10 Volume Curve（体积曲线场）：创建一个体积曲线场，通过体积曲线场可将影响对象（包括粒子和n粒子）沿曲线向各个方向运动，另外也可以定义曲线环的半径大小。

11 Use Selected as Source of Field（使用所选对象作为场源）：设定场源，力场从所选物体处开始作用，并将力场设定为所选物体的子物体。

12 Affect Selected Object(s)（影响所选对象）：连接所选物体与所选力场，使其受力场的影响。

14.5.1 场的创建

Step01 在场景中创建一个粒子网格，如图14-73所示。

图 14-72　　　　　　　　　图 14-73

Step02 选择粒子，执行菜单Fields>Air（场>空气场）命令，此时在场景中心就出现了一个空气场，播放动画，此时粒子就被空气场吹动起来，如图14-74所示。

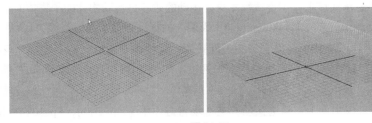

图 14-74

执行菜单Window>Relationship Editors>Dynamic Relationships（窗口>关系编辑器>动力学关系）命令，

打开Dynamic Relationships Editor（动力学关系编辑器）窗口，观察粒子与场是否已经连接，或者通过该窗口进行连接，如图14-75所示。

14.5.2 场的基本属性

这里以Air（空气场）为例介绍场的基本属性。

单击菜单Fields>Air（场>空气场）后的方格按钮，打开其选项窗口，如图14-76所示。

图 14-75

图 14-76

01 Air field name（空气场名称）：输入要创建的空气场的名称。

02 Wind（风）：设定空气场的参数，模拟风的效果。

03 Wake（拖尾）：设定空气场的参数，模拟空气被运动物体扰乱并被向前拖曳时的运动效果。

04 Fan（扇动）：设定空气场的参数，模拟扇动空气，使其呈扇形向外扩张的效果。

05 Magnitude（强度）：设定空气场的强度，控制空气在其运动方向上的移动速度。该参数值越大，则空气场的力量越大。如果参数值为正值，空气场把被影响物体向外推；参数值为负值时，空气场会吸引被影响物体。

06 Attenuation（衰减）：设定空气场的衰减程度。该参数值越大，空气场的强度随距离的增加而衰减的速度越快。当该参数值为0时，空气场的强度为恒量，不受距离的影响，负值无效。

07 Direction X/Y/Z（X/Y/Z方向）：设定空气运动的方向。

08 Speed（速度）：设定被影响物体匹配空气速度的快慢。当参数值为1时，物体将与空气的运动保持同步；当参数值为0时，物体不受空气场影响，相当于关闭空气场。

09 Inherit velocity（继承速度）：当空气场本身是运动的或它是运动物体的子物体时，该参数指定了空气场的运动速度影响Direction（方向）和Magnitude（强度）的程度。该参数值最大为1，最小为0。

10 Inherit rotation（继承旋转）：当空气场是旋转的且随物体一起旋转时，则空气场的旋转会影响空气场所产生的风的运动。勾选该项，可影响空气场的速度。如果选择"Wind"或"Fan"类型的空气场，则Maya自动勾选该项。

11 Component only（仅组件）：勾选该项，空气场将力作用于Direction、Speed和Velocity属性共同决定的方向上，而且力仅用于加快速度，比空气场运动慢的物体将受影响，比空气场运动快的物体继续以原来的速度运动。如果选择"Wake"类型的空气场，则Maya自动勾选该项。

12 Enable spread（打开扩散）：指定是否使用"Spread Angle（扩散角度）"。勾选该项，空气场只对处于扩散角度范围内的物体起作用。关闭该项，空气场则对在Max Distance范围内的物体起作用。

13 Spread（扩散）：当启用Enable Spread（打开扩散）时，空气场的影响范围是一个圆锥形的区域，可设定圆锥形区域的角度。该参数值为1时，在空气场前面180°范围内的所有物体都可以被空气场影响；当值为0时，仅正前方的物体可受空气场影响。

14 Use max distance（使用最大距离）：勾选该项，空气场只对在Max Distance（最大距离）范围内的物体起作用。关闭此项时，无论被影响物体距离空气场有多远，空气场都会对物体起作用。

15 Max distance（最大距离）：设定空气场影响范围的最大距离。

16 Volume shape（体积形状）：设定体积的形状，可选项包括None（无）、Cube（立方体）、Sphere（球体）、Cylinder（圆柱体）、Cone（圆锥体）和Torus（圆环体）。

17 Volume Exclusion（体积排除）：勾选该项，当前体积范围内的部分不受空气场的作用；相反，如果关闭该项，则当前体积范围之外的部分不受空气场的作用。

18 Volume offset X/Y/Z（体积偏移X/Y/Z）：设定体积偏移力场的距离。Volume Offset（体积偏移）是在局部（Local）坐标空间中工作的，所以旋转体积时，这里设定的体积偏移也将随之旋转。

19 Volume sweep（体积扫掠）：设定体积的旋转角度。在这5类发射体积中，Sphere（球体）、Cylinder（圆柱体）、Cone（圆锥体）和Torus（圆环体）都是回转体，是绕某个轴旋转生成的；而Volume sweep（体积扫掠）是定义旋转角度的，该参数对立方体体积无效。

20 Section radius（截面半径）：设定圆环体积的截面圆的半径，该参数值越大，环形体积发射器越粗。该参数值为0时，环形就变为一个圆。

在创建了空气力场之后，按键盘上的Ctrl+A组合键打开其属性编辑器，从而对空气场的各属性参数进行修改和调整，如图14-77所示。

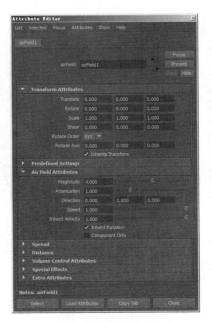

图 14-77

Transform Attributes（变换属性）卷展栏中的参数主要用来定义空气力场的位置、旋转和大小等基本属性。相对简单，这里不再逐一介绍。

对于Predefined Settings（预定义设置）、Air Field Attributes（空气力场属性）、Spread（扩散）、

Distance（距离）和Volume Control Attributes（体积控制属性）卷展栏中的大部分参数在选项窗口中已有介绍，这里不再赘述。

01 Falloff Curve（衰减曲线）：仅当勾选Distance（距离）卷展栏中的Use Max Distance（使用最大距离）选项时，该卷展栏才可用。

在用一个场来施加力时，有些时候受力的对象可能会因力的作用而发生沉降现象，而通过应用该曲线就可以调节所施加的力。例如，通过缩放场力，从而使其在由Max distance（最大距离）所定义的边界处产生平滑的衰减到0的效果，如果值的区间为0到1，那么0对应场的中心位置，1对应Max distance（最大距离）的位置。

02 Axial Magnitude（轴向强度）：为沿体积轴缩放场创建一个梯度渐变效果。

03 Curve Radius（曲线半径）：为缩放体积轴曲线的截面半径创建一个梯度渐变效果，该属性只对曲线型体积形状有效。

04 Apply Per Vertex（应用每顶点）：设置场从对象发射出来的位置。如果勾选该选项，那么所选对象的每个点（CV、粒子、顶点）将受到场的均等力度的影响；如果取消勾选该选项，那么场只能在指定点的平均位置发挥作用。

这里只介绍了属性编辑器里的部分基本属性，有关场更详细的介绍可参见随书配套光盘中的教学视频。

14.6 场的应用——雪花飘散

本节将利用场来制作一个雪花飘散的效果。

Step01 在场景中创建一个多边形平面，并将其放大，向上移动，如图14-78所示。

Step02 选择平面，单击菜单Particles>Emit from Object（粒子>从对象发射）命令后的方格按钮，打开其选项窗口，设置Emitter type（发射类型）为Surface（曲面），单击Create（创建）按钮，此时在大纲视图中可以发现，在平面层级下就有一个发射器，如图14-79所示。

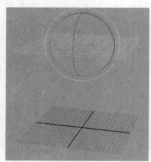
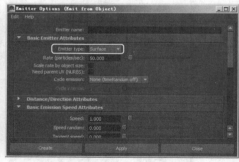

图14-78　　　　　　　　　　　　　　　　图14-79

Step03 将时间线加长，播放动画，此时就从平面上发射出了粒子，但是目前粒子是向上发射的，这是由于平面的法线是朝上的，如图14-80所示。

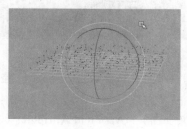

图14-80

Step04 这里可以将平面旋转 – 180°，此时粒子就会向下发射。

Step05 选择粒子，执行菜单Fields>Gravity（场>重力场）命令，为粒子添加一个重力场，再次播放动画，此时粒子就会向下降落，但是下落速度过快，如图14-81所示。

Step06 选择重力场，进入其通道盒面板，设置Magnitude（强度）值为2；选择粒子，进入其属性编辑器面板的ParticleShape选项卡，设置General Control Attributes（常规控制属性）栏中的Conserve（恒定）值为0.8，如图14-82所示。

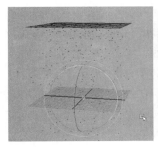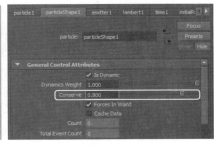

图 14-81　　　　　　　　　　图 14-82

Step07 再次播放动画，此时粒子的下落速度就会减慢，但是此时粒子的数量过多，选择发射器，进入其通道盒面板，设置Rate（速率）为5，这样粒子的数量就会减少。

Step08 下面改变粒子的形状。选择粒子，进入其ParticleShape属性编辑器面板，在Render Attributes（渲染属性）栏中，设置Particle Render Type（粒子渲染类型）为Spheres（球体），并单击Current Render Type（当前渲染类型）按钮，设置Radius（半径）值为0.3，如图14-83所示。

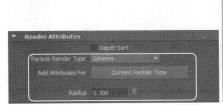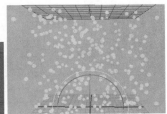

图 14-83

Step09 在Add Dynamic Attributes（添加动力学属性）栏中，单击Color（颜色）按钮，在弹出的Particles Color（粒子颜色）窗口中勾选Add Per Object Attribute（添加每对象属性），单击Add Attribute（添加属性）按钮添加属性。

Step10 此时在Render Attributes（渲染属性）栏中就会出现Color Red/Green/Blue（红色/绿色/蓝色）3个属性，将这3个属性均设置为1，也就是白色，此时粒子就会变成白色，如图14-84所示。

图 14-84

Step11 为了使雪花在飘动时有一些随机变化，选择粒子，执行Turbulence（扰乱场）命令，再次播放，雪花在飘落时就会有一些扰动的效果。

> **技巧：**
> 如果在添加场时，没有选择粒子，粒子与场没有关联，可以选择粒子加选场，执行菜单Fields>Affect Selected Object(s)（场>影响所选对象）命令，这样就可以将场和粒子关联。

Step12 打开Preferences（预设）窗口，在Time Silder（时间滑块）中，设置Playback speed（播放速率）为Real-time［24fps］（24帧每秒）。

Step13 此时播放动画，会发现雪花的下落速度会变得很慢，这就需要继续设置粒子的Conserve（恒定）值为0.9、重力场的Magnitude（强度）值为8、发射器的Rate（速率）为10、扰动场的Magnitude（强度）为20，这样再次播放动画，就可以看到零星的雪花飘落的效果，如图14-85所示。

Step14 在粒子的ParticleShape属性编辑器面板中，单击Add Dynamic Attributes（添加动力学属性）栏中的General（常规）按钮，在打开的Add Attributes（添加属性）窗口的Particle（粒子）选项卡中，选择RadiusPP（每粒子半径）选项，单击Add（添加）按钮添加，如图14-86所示。

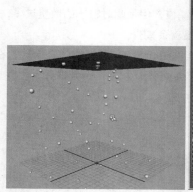

图 14-85　　　　　　图 14-86

Step15 此时在Per Particle(Array)Attribtues（每粒子属性）栏中就添加了一个Radius PP（每粒子半径）属性，在该属性上单击鼠标右键，选择Create Expression（创建表达式）命令，在Expression Editor（表达式编辑器）中创建表达式"particleShape1.radiusPP=rand(0.2,0.5)；"，如图14-87所示。

Step16 此时播放动画，雪花就会产生大小不一的随机效果，如图14-88所示。

图 14-87　　　　　　图 14-88

Step17 将平面隐藏，选择粒子，单击Air（空气场）命令后的方块按钮，在其选项窗口中单击Wind（风）按钮，单击Create（创建）按钮，为粒子添加一个风场，并在其属性编辑器中设置空气场的Attenuation（衰减）为0，Direction（方向）为（1，0，0），使风沿着X方向吹动，如图14-89所示。

Step18 此时播放动画，雪花就会受到风场的影响，向一侧飘动，如图14-90所示。

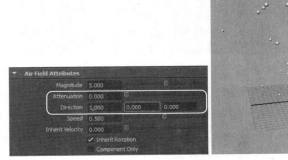
图 14-89

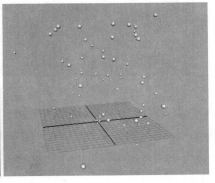
图 14-90

至此，本案例全部制作完成，读者还可以根据自己的需要继续对雪花效果进行调整，更详细的操作步骤可参见随书配套光盘中的教学视频，最终场景文件可参见随书配套光盘中的DVD02\scene\scene\chap14\mb\xuehua.mb。

14.7 粒子颜色继承

本节将制作一个通过曲面来发射粒子，并继承图片上颜色信息的案例效果。

Step01 在场景中创建一个NURBS平面，如图14-91所示。

Step02 选择曲面，单击菜单Particles>Emit from Object（粒子>从对象发射）后的方格按钮，打开其选项窗口，设置Emitter type（发射类型）为Surface（曲面），单击Create（创建）按钮创建。

Step03 选择发射器，进入其通道盒面板，设置Rate（速率）为10000，这里我们希望粒子从平面发射出来，不进行运动，可以将发射器通道盒中的Speed（速度）设置为0，将时间结束帧加长，播放动画，此时从平面发射出粒子，如图14-92所示。

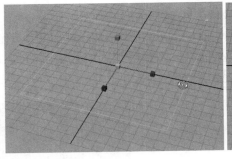
图 14-91

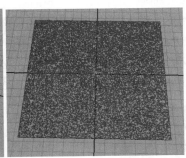
图 14-92

Step04 选择发射器，进入其属性编辑器面板，在Texture Emission Attributes（纹理发射属性）栏中，单击Particle Color（粒子颜色）后的棋盘格按钮，在弹出的Create Render Node（创建渲染节点）窗口中选择File（文件）节点，在file属性面板中，单击Image Name（图像名称）后的文件夹按钮，找到随书配套光盘中的DVD02\scene\scene\chap14\maps\emit_color.jpg图像，如图14-93所示。

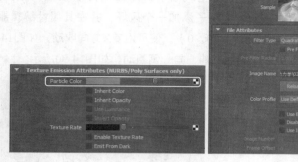

图 14-93

Step05 仍然在Texture Emission Attributes（纹理发射属性）栏中，勾选Inherit Color（继承颜色）选项。

Step06 选择粒子，进入其ParticelShape属性编辑器面板，在Add Dynamic Attributes（添加动力学属性）栏中单击Color（颜色）按钮，在弹出的Particle Color（粒子颜色）窗口中勾选Add Per Particle Attribute（添加每粒子属性）选项，单击Add Attribute（添加属性）按钮添加。

Step07 将平面隐藏，播放动画，此时粒子就会继承图片颜色发射，如图14-94所示。

Step08 观察此时的效果，发现图片形状有些变形，可以在大纲中选择平面，将其显示出来，并使用缩放工具将其拉长，如图14-95所示。

图 14-94   图 14-95

Step09 如果觉得粒子的发射速度还不够快，可以继续增大粒子的Rate（速率）值，这里增大到100 000，再将平面隐藏，播放动画，效果如图14-96所示。

那么能否将图像隐藏后只将人物抠出来呢？这就需要用到Alpha通道。

Step10 选择发射器，进入其属性编辑器面板，在Texture Emission Attributes（纹理发射属性）栏中单击Texture Rate（纹理速率）后的棋盘格按钮，找到随书配套光盘中的DVD02\scene\scene\chap14\maps\emit_rate.jpg图像，将其导入，并勾选Enable Texture Rate（激活纹理速率）选项，如图14-97所示。

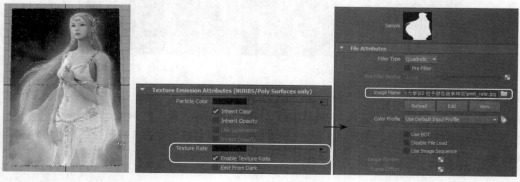

图 14-96   图 14-97

Step11 再次播放动画,此时粒子只会继承人像部分的颜色,如图14-98所示。

Step12 如果我们希望当前生成的状态成为初始状态,可以选择粒子,执行菜单Solvers>Initial State>Set for Selected(解算器>初始状态>设置所选对象)命令,这样将时间滑块移动到起始帧,当前状态就是初始状态。

Step13 设置完初始状态后,选择发射器,进入其属性编辑器面板,将其Basic Emitter Attributes(基本发射属性)栏中的Rate(速率)设置为0,使其不再发射粒子。

Step14 下面还可以为其添加场,使其效果更加丰富。选择粒子,执行菜单Fields>Turbulence(场>扰乱场)命令,并将扰乱场属性编辑器中的Attrnuation(衰减)设置为0,Magnitude(强度)设置为10,也可以为其Phase Y(y轴相位)添加时间变量的表达式,播放动画,可以看到粒子散开的效果,如图14-99所示。

 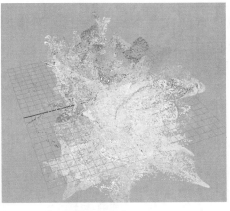

图 14-98   图 14-99

至此,本案例全部制作完成,更详细的操作步骤可参见随书配套光盘中的教学视频,最终场景文件可参见随书配套光盘中的DVD02\scene\scene\chap14\mb\ysjc.mb。

14.8 布料

本节将讲解Maya中的布料。

14.8.1 创建布料

Step01 将Maya切换到nDynamic(n动力学)模块。

Step02 在场景中创建一个多边形平面对象,并为其赋予材质,读者可以根据喜好赋予不同的材质,如图14-100所示。

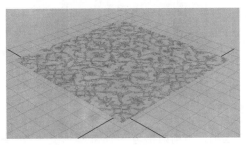

图 14-100

注：

布料解算只支持多边形对象，不支持NURBS对象。

Step03 按Alt+Shift+D组合键对平面清除历史，也可以执行菜单Edit>Delete by Type>History（编辑>按类型删除>历史）命令将对象清空历史，并执行菜单Modify>Freece Transformations（修改>冻结变换）命令对平面冻结变换。

 注：

清空历史和冻结变换，是在创建布料时比较重要的两步操作，否则解算的布料将会出现错误。

Step04 在场景中再次创建一个多边形圆柱体，并调整大小，摆放好其位置，同样对其清空历史和冻结变换，如图14-101所示。

Step05 选择平面，执行菜单nMesh>Create nCloth（n网格>创建n布料）命令，选择圆柱体，执行菜单nMesh>Create Passive Collider（n网格>创建被动碰撞体）命令，将时间线加长，播放动画，此时平面就会下落，与圆柱体发生碰撞，如图14-102所示。

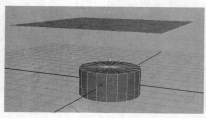 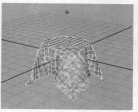

图 14-101   图 14-102

14.8.2 nCloth（n布料）的基本属性

在创建了n布料后，可以按Ctrl+A键打开其属性编辑器，在nClothShape选项卡中对其属性进行设置，如图14-103所示。

图 14-103

01 Enable（启用）：勾选该选项，当前网格与一个n布料对象的行为类似，并且它包含在Maya内核解算器的运算中。如果关闭该选项，则当前网格与一个常规的多边形对象类似，并且它不包含在Maya内核解算器的运算中。

02 Collisions（碰撞）：可通过修改Collisions（碰撞）中的属性参数，来改变布料碰撞时的特性。

• Collide（碰撞）：勾选该选项，当前的n布料对象将与被动对象、n粒子对象，以及其他共享相同内核解算器的n布料对象产生碰撞；取消勾选该选项，则不产生碰撞。

• Self Collide（自碰撞）：勾选该选项，当前的n布料对象将与自身的输出网格产生碰撞；取消勾选该选项，n布料自身将不产生碰撞。

• Collision Flag（碰撞标记）：定义当前n布料对象的哪个组件参与碰撞，有Vertex（点）、Edge（边）、Face（面）3个选项。

• Self Collision Flag（自碰撞标记）：定义当前n布料对象在自身碰撞作用中参与的组件。自碰撞标记同样定义着n布料自身碰撞的体积类型。

• Collide Strength（碰撞强度）：控制n布料对象与其他内核对象之间碰撞的强度。默认值为1，对象自身或与其他内核对象之间完全碰撞；当数值介于0到1之间时，不能完全碰撞；当数值为0时，关闭对象间的碰撞。

• Collision Layer（碰撞层）：指定当前的n布料对象到一个指定的碰撞层中。碰撞层的作用就是定义共享同一个Maya内核解算器下的n布料、n粒子和被动对象之间的交互影响。当对n布料衣服进行分层时，设置相应的碰撞层可实现特殊的互碰效果。

• Thickness（厚度）：定义当前n布料对象碰撞体积的深度或半径。n布料碰撞体积就是当计算自碰撞或被动对象碰撞时，偏离Maya内核解算器所使用的n布料点、线和面的不可渲染表面。

• Self Collide Width Scale（自身碰撞宽度缩放）：为当前的n布料对象定义一个自碰撞缩放数值。自碰撞宽度缩放允许对n布料的输出网格厚度进行缩放，以改善布料自碰撞效果。例如，自碰撞宽度缩放值为1，自碰撞的宽度或深度与n布料的厚度是相同的数值。

• Solver Display（解算器显示）：定义显示在当前场景中的n布料对象的Maya内核解算器信息。解算器显示可帮助更好地检测n布料解算中可能发生的任何异常情况。

• Display Color（显示颜色）：定义当前n布料对象的碰撞体积的颜色。只有场景视图显示模式设置为Shading>Smooth Shade Selected Items（着色>平滑着色所选项）或者Shading>Flat Shade Selected Items（着色>平坦着色所选项）时，该属性才可见。

• Bounce（弹力）：控制当前n布料对象的弹性强度，它定义了在与其自身发生碰撞，与被动对象、n粒子或其他共享相同Maya内核解算器的n布料对象发生碰撞时n布料的偏转和反弹强度。n布料对象弹性强度取决于质地或材质的类型，例如，弹性为0的n布料将不会产生弹性（如混凝土），而弹性为0.9的n布料对象则富有弹力（如橡胶），布料弹性默认值为0。

• Friction（摩擦力）：控制当前n布料对象的摩擦力强度，它定义了共享同一个Maya内核解算器的n布料自碰撞与被动对象、n粒子对象或者其他n布料子物体碰撞时的反向作用力强度。一个n布料对象的摩擦强度取决于质地或材质的类型，例如，摩擦力为0的n布料将十分光滑（如丝绸），而摩擦力为1的n布料将十分粗糙（如粗麻布）。n布料对象的Stickiness（黏性）值影响着摩擦效果。

• Stickiness（黏性）：粘性控制n布料对象与其他n系统对象（n布料、n粒子或被动对象）发生碰撞时的吸引强度。Stickiness（黏性）与Friction（摩擦力）这两个属性类似，黏性是在法线方向上的黏合力，而摩擦力则是切线方向上的作用力。与摩擦力一样，黏性值是两个碰撞对象的碰撞总和，因此要想得到完全的黏性效果，碰撞对象的黏性值和摩擦力应该均为1。

• Collision Properties Maps（碰撞属性贴图）：该部分属性决定了布料与其他nCloth（布料）或者被动碰撞体发生碰撞时的表现效果。

03 Dynamic Properties（动力学特性）。

• Stretch Resistance（抗拉伸）：定义当前n布料对象在受到拉力时的抗拉伸程度。

基础　建模　渲染　动画　特效

- Compression Resistance（抗压力）：定义当前n布料对象的抗压力程度。

- Bend Resistance（抗弯曲）：定义n布料对象在受到张力时的抗弯曲程度。

- Bend Angle Dropoff（弯曲角度衰减）：通过当前n布料对象的弯曲角度，定义抗弯曲改变的程度。

- Shear Resistance（抗剪切）：定义当前n布料对象抗剪切的程度。

- Restitution Angle（还原角度）：是指没有力作用于n布料时，当前n布料对象沿着边向静止形态恢复的最大弯曲角度。

- Restitution Tension（还原张力）：是指没有力作用于n布料时，当前n布料对象的链接在恢复静止长度前的拉伸程度。

- Rigidity（硬度）：定义当前n布料对象接近刚体的程度。

- Deform Resistance（抗变形）：定义n布料对象保持其当前形态的能力。

- Use Polygon Shells（使用多边形壳）：勾选启用该选项，则将刚性和变形阻力应用到nCloth网格的各个多边形壳。

- Input Mesh Attract（输入网格吸引）：定义当前n布料被其输入网格形状吸引的程度。

- Input Attract Damp（输入吸引阻尼）：定义输入网格吸引的弹性效果。

- Input Motion Drag（输入运动阻力）：指定应用于nCloth对象的运动力的强度，该对象被吸引到其动画输入网格的运动。

- Rest Length Scale（静止长度缩放）：起始帧的布料长度在进行动力学缩放后的静止长度，默认值为1。

- Bend Angle Scale（弯曲角度缩放）：起始帧的布料弯曲角度在进行动力学缩放后的静止角度。

- Mass（质量）：定义当前布料的基本质量。

- Lift（抬升）：定义作用于当前n布料对象的抬升力大小。

- Drag（拖曳）：定义作用于当前n布料对象的拖曳力大小，拖曳力是平行于产生阻力的相对气流的空气动力学的分力，默认值是0.05。

- Tangential Drag（切线拖曳）：改变与当前n布料对象的表面切线相关的拖曳效果。

- Damp（阻尼）：定义当前n布料的运动受阻尼的影响程度。

- Stretch Damp（拉伸阻尼）：定义造成当前n布料拉伸的速度阻尼值。

- Scaling Relation（比例关系）：定义动力学属性方式。

- Ignore Solver Gravity（忽略解算器重力）：开启后，解算器的Gravity（重力）就不会对当前的n布料对象产生作用。

- Ignore Solver Wind（忽略解算器风力）：开启后，解算器的Wind（风力）不会对当前n布料对象产生作用。

04 Force Field Generation（产生力场）：产生一个力场，用于推动（正向力场）n粒子对象和其他n布料对象远离当前n布料，或者吸引（负向力场）n粒子对象和其他n布料对象至当前n布料。只能在内核对象上施加一个力场，而该内核对象应该是和产生力场的n布料对象共享同一个内核解算器。

- Force Field（力场）：设置力场的方向，也就是n布料对象产生力场的部分。

- Field Magnitude（场强）：设置力场的强度。

- Field Distance（场距）：当启用Force Field（力场）时，设置对象到产生力场的n布料表面的距离（以场为单位）。

- Field Scale（场缩放）：设置一个力场缩放渐变，用于改变沿着场距的场强。

- Force Field Maps（力场贴图）：Field Magnitude Map Type（场强贴图类型）、Field Magnitude Map（场强贴图）参数定义了当前n布料对象的场强贴图类型。

这里只介绍了基本属性，更详细的操作可参见随书配套光盘中的教学视频。

14.9 晶格——融化

本案例中将利用Lattice（晶格）命令控制软体融化，模拟出类似水流的效果，案例效果如图14-104所示。

图 14-104

14.9.1 创建场景模型

首先，需要将场景模型创建出来。

Step01 执行菜单Create >Polygon Primitives>Plane（创建>多边形基本体>平面）命令，创建一个平面。

Step02 执行菜单Create > Polygon Primitives > Cylinder（创建>多边形基本体>圆柱体）命令，创建一个圆柱体，并在其通道盒中展开polyCylinder2，将Subdivisions Height（高度细分）和Subdivisions Caps（盖的细分）值都设置为20，并对其进行缩放，然后将其放置到平面的上方，如图14-105所示。

14.9.2 创建晶格

Step01 按F2键切换为Animation（动画）模块，在场景中选择圆柱体，执行菜单Create Deformers>Lattice（创建变形>晶格）命令，为圆柱体创建晶格，并在其通道盒中调整S/T/U Divisions（S/T/U细分）值为11、14、11，增加晶格的分布数量，如图14-106所示。

图 14-105　　　　　　　　　图 14-106

Step02 在大纲视图中选择ffd1Lattice晶格对象，按F5键切换到Dynamics（动力学）模块，执行菜单Soft/Rigid Bodies>Create Soft Body（软体/刚体>创建软体）命令，为晶格对象创建一个软体。

Step03 保持ffd1Lattice晶格对象处于选中状态，执行菜单Fields>Gravity（场>重力场）命令，为晶格对象再添加一个重力场，给它一个向下的重力。

Step04 调整动画播放范围结束时间为100，播放动画，如图14-107所示。

图 14-107

可以看到圆柱体在重力的影响下，直线下落，直接穿过了平面，并没有与平面发生碰撞，这不是我们期望的结果，所以需要给圆柱体和平面对象做一个碰撞的连接，让它们之间产生碰撞。

14.9.3 设置碰撞

Step01 在大纲视图中选择ffd1Lattice晶格对象，加选pPlane1平面对象，执行菜单Particles>Make Collide（粒子>建立碰撞）命令，再次播放动画，对象之间就会产生碰撞，如图14-108所示。

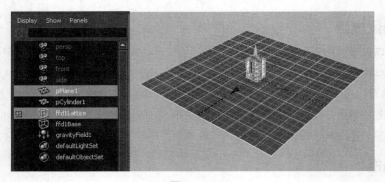

图 14-108

此时，在播放动画时，晶格碰撞到平面时会被弹起来，接下来需要将其弹力取消。

Step02 选择平面，在其通道盒中更改Resilience（弹力）值为0，再次播放动画，晶格对象就不再弹起，而会贴附在平面上，如图14-109所示。

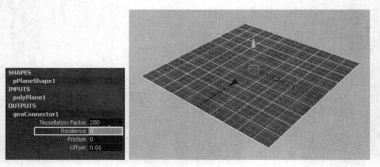

图 14-109

Step03 在大纲视图中选择gravityField1重力场，按Ctrl+A组合键打开重力场的属性编辑器，展开Distance（距离）卷展栏，勾选Use Max Distance（使用最大距离）选项，如图14-110所示。

Step04 仍然在Distance（距离）卷展栏中，在Max Distance（最大距离）输入框中单击鼠标右键，从弹出的菜单中选择Create New Expression（创建新的表达式）命令，如图14-111所示。

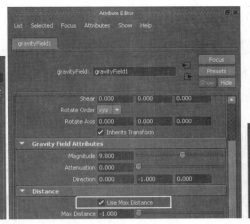

图 14-110　　　　　　　　　　　　　　　　　　　图 14-111

Step05　在弹出的Expression Editor（表达式编辑器）窗口的Expression（表达式）栏中输入"gravityField1.maxDistance=15+time;"，单击Edit（编辑）按钮。将动画播放结束时间设置为200，播放动画，此时，圆柱体就会按照重力最大距离的影响下落，如图14-112所示。

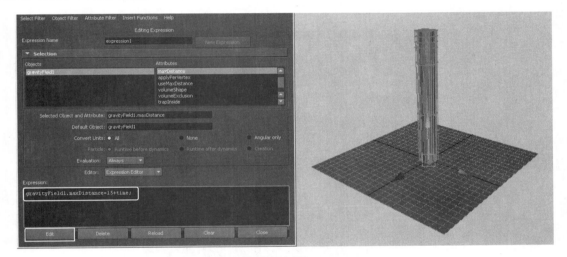

图 14-112

> 📢 **技巧：**
> 表达式中的15代表距离常量，time代表逐帧，随着时间的增加，距离逐渐增大，重力影响的范围逐渐增大。

Step06　在大纲视图中选择ffd1Lattice晶格对象，执行Fields>Air（场>风场）命令，为晶格对象添加风场。

Step07　在大纲视图中选择airField1风场对象，按Ctrl+A组合键，打开风场的属性编辑器，展开Predefined settings（预设置）卷展栏，单击Wake（尾流）按钮，继续展开Air Field Attributes（风力场属性）卷展栏，设置Magnitude（大小）值为30，如图14-113所示。

Step08　仍然在Air Field Attributes（风力场属性）卷展栏中，将Direction（方向）属性的y轴值设置为0，在x轴输入框中单击鼠标右键，从弹出的菜单中选择Create New Expression（创建新的表达式）命令，如图14-114所示。

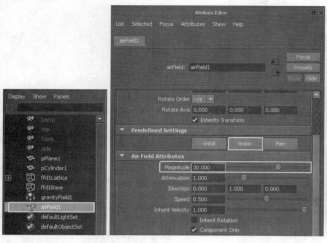

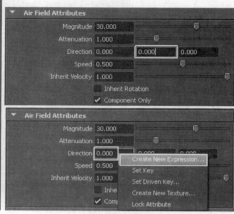

图 14-113　　　　　　　　　　　　　　　　　图 14-114

Step09　在弹出的Expression Editor（表达式编辑器）窗口的Expression（表达式）栏中输入"airField1. directionX=rand(-1,1);airField1.directionZ=rand(-1,1);"，单击Create（创建）按钮，如图14-115所示，然后关闭窗口。

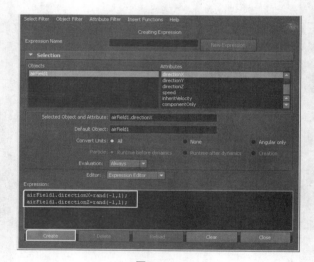

图 14-115

Step10　播放动画，可以看到下落的晶格圆柱体紧贴平面沿着一侧滑动，如图14-116所示。

Step11　在airField1风场的属性编辑器中，展开Spread（扩散）卷展栏，勾选Enable Spread（启用扩散）选项，再次播放动画，可以看到类似流水的效果就制作出来了，如图14-117所示。

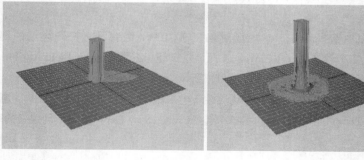

图 14-116　　　　　　　　　　　　　　　　　图 14-117

Step12 执行菜单File > Save Scene（文件>保存场景）命令，将场景保存，这样，一个简单的融化特效就制作成功了。

最终场景文件可参见随书配套光盘中的DVD02\scene\scene\chap14\mb\jgrh.mb。

14.10 粒子烟花特效

烟花是一种常见的特效，无论是影视剧还是游戏动画，都可以见到它们的身影。这种烟花效果我们不仅可以手动进行创建，也可以使用Maya内置的模块自动生成。

两种方法各有优势，手动创建比较灵活，可以创建各种不同的烟花效果，缺点是设置比较繁琐。而使用Maya内置模块自动生成的方法非常简单，但是效果比较单一，读者可以根据自己的喜好选择任意一种创建方法。

又因为烟花特效使用的领域比较广泛，要求的效果也多种多样，所以我们还是需要掌握它的手动创建方法，这样才能制作出令人满意的烟花效果。

14.10.1 手动创建烟花

Step01 在场景中创建一个NURBS平面，将其拉长，如图14-118所示。

Step02 选择曲面，单击菜单Particles>Emit from Object（粒子>从对象发射）命令后的方块按钮，打开其选项窗口，设置Emitter type（发射类型）为Surface（曲面），单击Create（创建）按钮创建。

Step03 将时间线加长，播放动画，此时粒子就会从平面发射出来，但是此时发射的粒子过多，选择发射器，进入其属性编辑器面板，设置Rate（速率）为4，将Speed（速度）设置为10，如图14-119所示。

Step04 此时再次播放动画时，可以发现喷射出的粒子数量明显减少了，速度明显加快了，如图14-120所示。

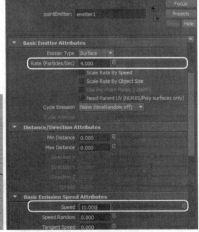

| 图 14-118 | 图 14-119 | 图 14-120 |

Step05 选择发射出来的粒子，执行菜单Fields>Gravity（场>重力场）命令，为粒子添加重力场，再次播放动画，可以发现粒子在发射出来后向下降落，但是粒子弹起的高度不够，所以这里需要再次增大发射器的Speed（速度）为30，这样粒子就会在弹出一定的高度后再向下降落。

Step06 为了方便观察，这里选择粒子，进入其属性编辑器面板，在Render Attributes（渲染属性）栏中设置Particle Render Type（粒子渲染类型）为Spheres（球体），如图14-121所示。

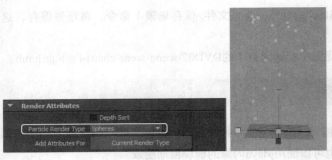

图 14-121

Step07 在场景中创建一个摄影机，并进入摄影机视图，调整视图角度，打开分辨率指示器，如图14-122所示，调整好视图角度后，选择摄影机，进入其通道盒面板，选择所有属性，单击鼠标右键，选择Lock Selected（锁定所选）命令将属性锁定，这样摄影机就不会再移动了。

Step08 选择粒子进入其属性编辑器面板，在Lifespan Attributes(see also per-particle tab)（生命周期属性）栏中，设置Lifespan（生命周期）和Lifespan Random（生命周期随机值）为3和1.5，这样粒子就会在3秒内随机死亡，如图14-123所示。

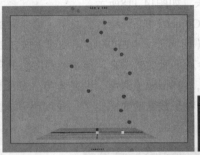

图 14-122

图 14-123

目前，只有这些粒子制作烟花是达不到效果的，在当前粒子的基础上再制作出两批粒子，分别作为当前粒子的拖尾和爆炸效果。

14.10.1.1 制作烟花拖尾

Step01 在大纲视图中选择Particle1粒子，单击菜单Particles>Emit from Object>□（粒子>从对象发射>□），打开选项窗口，调整Emitter Type（发射器类型）为Omni（点）类型，单击Create（创建）按钮，新建一个发射粒子系统，如图14-124所示。

Step02 播放动画，可以看到Particle1粒子产生了拖尾效果，如图14-125所示。

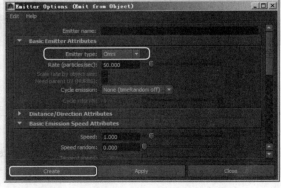

图 14-124

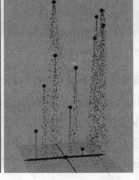

图 14-125

Step03 在大纲中展开Particle1，选择emitter2，进入其通道盒面板，设置Speed（速度）为0.5，这样粒子的拖尾角度就会变小。

Step04 在大纲视图中选择Particle2粒子，进入其属性编辑器，展开Lifespan Attributes(see also per-particle tab)（生命周期属性）卷展栏，调整Lifespan Mode（生命周期模式）为Random range（随机范围），Lifespan（生命周期）为1.5，Lifespan Random（生命周期随机值）为0.5，使粒子1.5在0.5秒内随机死亡。

14.10.1.2 粒子的爆炸效果

下面制作烟花爆开的效果。

Step01 在大纲视图中再次选择Particle1粒子，执行菜单Particles>Emit from Object（粒子>从物体发射）命令，创建一个发射粒子系统。

Step02 此时播放动画，粒子1在发射时就会产生两套拖尾粒子，如图14-126所示。

Step03 在大纲视图中选择Particle1粒子，执行菜单Particles>Per-Point Emission Rates（粒子>每点发射速率）命令，此时，进入Particle1粒子的属性编辑器中的Per Particle（Array）Attributes[每粒子（阵列）属性]卷展栏，其下的属性中多了两个新的属性Emitter 3Rate PP和Emitter 2Rate PP，如图14-127所示。

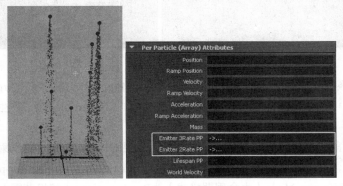

图 14-126   图 14-127

Step04 在Emitter 2Rate PP属性后的输入栏中单击鼠标右键，从弹出的菜单中选择Create Ramp（创建渐变）命令，此时，在该属性后的输入框中出现 "<- arrayMapper3.outValuePP"，在这行字上单击鼠标右键，从弹出的菜单中选择<- arrayMapper3.outValuePP>Edit Ramp（<- arrayMapper3.outValuePP>编辑渐变）命令，如图14-128所示。

Step05 此时，将会弹出Ramp属性编辑器，将Ramp贴图的颜色条修改为黑色到白色的渐变，如图14-129所示。

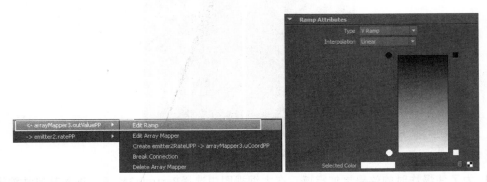

图 14-128   图 14-129

Step06 单击Ramp属性编辑器上方的 ▶ 按钮，打开arrayMapper1标签，展开Array Mapper Attributes

（阵列映射属性）卷展栏，设置Max Value（最大值）为100，以控制Particle2粒子产生的最大数量，如图14-130所示。

Step07 再回到Per Particle（Array）Attributes［每粒子（阵列）属性］卷展栏中，在Emitter 3Rate PP属性右侧的输入框中单击鼠标右键，从弹出的菜单中选择Create Ramp（创建渐变）命令。

Step08 再在输入框中出现的 "<- arrayMapper4.outValuePP" 字上单击鼠标右键，从弹出的菜单中选择<- arrayMapper4.outValuePP>Edit Ramp（<- arrayMapper4.outValuePP>编辑渐变）命令，弹出Ramp贴图属性编辑器面板。

Step09 将Ramp（渐变）贴图的颜色条设置成图14-131所示的颜色。

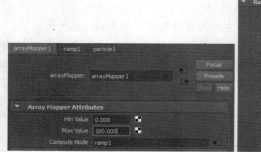

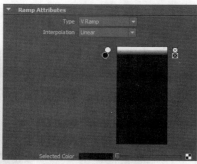

图 14-130　　　　　　　　　　　　　图 14-131

Step10 再次单击属性编辑器上方的 ▶ 按钮，打开arrayMapper2标签，展开Array Mapper Attributes（阵列映射属性）卷展栏，设置Max Value（最大值）为500，控制Particle3粒子产生的最大数量，播放动画，观察效果，如图14-132所示。

观察效果发现，当前粒子爆炸的效果还是不太理想，需要对Particle3粒子的发射器做一些设置。

Step11 选择粒子3，进入其属性编辑器面板，在Lifespan Attributes(see also per-particle tab)（生命周期属性）卷展栏中，设置Lifespan Mode（生命周期模式）为Random range（随机范围），调整Lifespan Mode（生命周期模式）为Random range（随机范围），Lifespan（生命周期）为1，Lifespan Random（生命周期随机值）为0.5，使粒子1在0.5秒内随机死亡。

Step12 在大纲视图中选择emitter3发射器，进入其通道盒，将Speed（速度）设置为10，播放动画可以看到，粒子在空中会产生爆开效果，如图14-133所示。

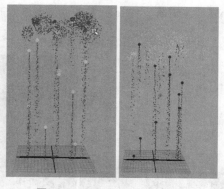

图 14-132　　　　　　图 14-133

Step13 为了使爆炸时的效果更加震撼，在大纲视图中选择Particle3粒子，进入其属性编辑器，在Render Attributes（渲染属性）卷展栏中将Particle Render Type（粒子渲染类型）设置为MultiStreak（多条纹），并单击Current Render Type（当前渲染类型）按钮，对Multi Radius（多点半径）、Tail Size（拖尾大小）等参数进行设置，如图14-134所示。

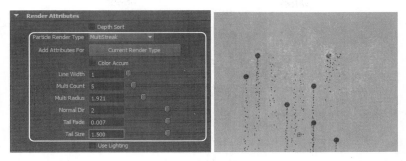

图 14-134

Step14 选择Particle2，进入其属性编辑器面板，在Render Attributes（渲染属性）卷展栏中将Particle Render Type（粒子渲染类型）设置为MultiStreak（多条纹），并单击Current Render Type（当前渲染类型）按钮，对其参数进行调节，如图14-135所示。

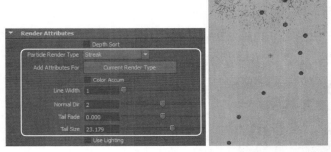

图 14-135

14.10.1.3 制作粒子颜色

Step01 在大纲中选择Particle3，在其ParticleShape属性编辑器的Add Dynamic Attributes（添加动力学属性）卷展栏中单击Color（颜色）按钮，打开Particle Color（粒子颜色）窗口，勾选Add Per Particle Attribute（添加每粒子属性）选项，单击Add Attribute（添加属性）按钮。

Step02 此时在Per Particle(Array)Attributes（每粒子属性）卷展栏中添加了一个RGB PP属性，在该属性上单击鼠标右键，选择Create Expression（创建表达式）命令，在Expression Editor（表达式编辑器）的Expression（表达式）栏中输入"particleShape3.rgbPP=rand(<<0,0,0>>,<<1,1,1>>);"，单击Create（创建）按钮创建，如图14-136所示。

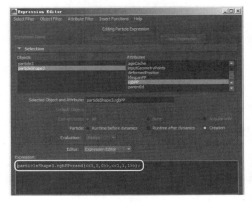

图 14-136

Step03 按6键显示材质，播放动画，此时可以看到爆开烟花的颜色，如图14-137所示。

图 14-137

Step04 使用同样的方法，为拖尾粒子Particle2也添加表达式"particleShape2.rgbPP=rand(<<0,0,0>>,<<1,1,1>>);"，为其添加颜色。

当前烟花的颜色是整体五颜六色，而现实中的烟花应该是一簇一种颜色，下面进行调整。

Step05 选择Particle3，在Add Dynamic Attributes（添加动力学属性）卷展栏中单击General（常规）按钮，在Add Attribute（添加属性）面板的Particle（粒子）选项卡中，选择ParentId选项，单击Add（添加）按钮添加，如图14-138所示。

Step06 此时在Per Particle(Array)Attributes（每粒子属性）卷展栏中添加了一个Parent ID选项，为其添加表达式"seed(parentId);"，如图14-139所示。

图 14-138   图 14-139

Step07 以同样的方法为Particle2也添加Parent ID选项，并添加表达式"seed(parentId);"。

Step08 此时播放动画，爆开的烟花和拖尾的烟花颜色就变成了一簇一种颜色，如图14-140所示。

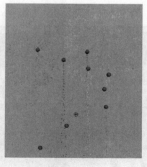

图 14-140

Step09 选择Particle1，在其属性编辑器的Render Attributes（渲染属性）栏中，设置Particle Render Type（粒子渲染类型）为Points（点）。

Step10 将Particle2和Particle3属性编辑器的Render Attributes（渲染属性）栏中的Use Lighting（使用灯光）和Color Accum（颜色堆叠）打开，此时烟花的颜色就会比较亮，按Alt+B组合键将视图背景调节为黑色，播放动画，观察此时效果，如图14-141所示。

Step11 如果觉得烟花的数量还不够多，可以继续调节粒子的Particle Render Type（粒子渲染类型）为MultiStreak（多条纹），并增大其Multi Count（多重数量）值。

Step12 至此，烟花效果制作完成，最后可以在Render Settings（渲染设置）窗口设置Image Size（图像大小）栏中的Width（宽度）和Height（高度）为1024和1200，并适当调整摄影机的位置，调整好视图角度，如图14-142所示。

图 14-141　　　　　图 14-142

Step13 最后在时间线上单击鼠标右键，从弹出的菜单中选择Playblast（拍屏）命令，对制作好的效果进行拍屏输出，观察最终效果。

至此，本案例全部制作完成，更详细的操作可参见随书配套光盘中的教学视频，最终场景文件可参见随书配套光盘中的DVD02\scene\scene\chap14\mb\yanhua.mb。

14.10.2 预设焰火

在上一小节中讲解了手动制作烟火的效果，在本小节中就来讲解一下Maya中自带的烟花效果。

Step01 执行菜单Effects>Create Fireworks（特效>创建烟火）命令，在场景网格中心就会出现一个发射器，如图14-143所示。

Step02 将动画播放范围结束时间设置为200，按键盘上的6键显示材质，播放动画，观察效果，如图14-144所示。

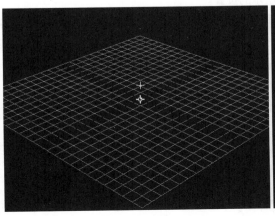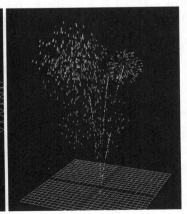

图 14-143　　　　　图 14-144

基础

建模

渲染

动画

特效

Step03 单击渲染按钮■进行渲染，观察最终效果，如图14-145所示。

图 14-145

14.11 粒子碰撞事件——下雨特效

本节将利用粒子碰撞来制作雨滴落到地面上时与地面碰撞出现的水花效果。飞出的水花与地面的碰撞紧密相关，包括时间、速度等。如果用发射粒子来制作，会比较繁琐，因此本案例使用了粒子与对象碰撞来定义事件发生的技术——Particle Collision Event（粒子碰撞事件）。

14.11.1 创建平面发射器

Step01 执行菜单Create>Polygon Primitives>Plane（创建>多边形基本体>平面）命令，创建一个地面，使用移动和缩放工具将平面放置到图14-146所示的位置。

Step02 按键盘上的Ctrl+D组合键将平面复制出一个，放置在上方作为天空，并按5键实体显示模型，如图14-147所示。

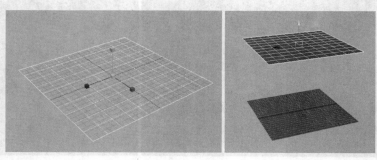

图 14-146   图 14-147

Step03 按F5键切换为Dynamics（动力学）模块，在场景中选择天空平面，单击菜单Particles>Emit from Object>□（粒子>从物体发射>□），打开选项设置窗口，调整Emitter type（发射器类型）为Surface（曲面）类型，单击Create（创建）按钮，新建一个发射粒子系统，如图14-148所示，关闭窗口。

Step04 调整动画播放范围结束时间为100，播放动画，可以发现当前从表面发射出的粒子是向上发射的，所以需要将平面沿x轴旋转$-180°$，再次播放动画粒子就会向下发射了，如图14-149所示。

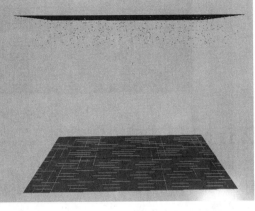

图 14-148　　　　　　　　　　　　　　　图 14-149

 技巧：

从对象发射粒子时，是依据对象的法线方向发射粒子的。如果发射粒子的方向不是我们想要的方向，可以通过进入Polygons（多边形）模块，执行Normals>Reverse（法线>反转）命令反转对象的法线来改变粒子发射的方向，也可以通过旋转对象来改变粒子发射的方向。

Step05 观察效果可以发现当前粒子的发射速度过慢，所以需要在大纲视图中选择Particle1粒子，执行Fields>Gravity（场>重力场）命令，为粒子添加一个重力场，提高粒子运动速度。

Step06 在大纲视图中展开pPlane2，选择emitter1发射器，在其通道盒中更改emitter1发射器属性，设置Rate（发射率）值为50，Speed（速度）值为5，这时发射出粒子的数量明显减少了，如图14-150所示。

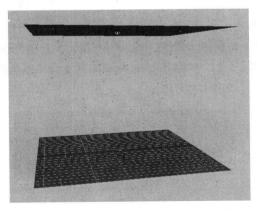

图 14-150

Step07 在大纲视图中选择刚创建出来的Particle1粒子，按Ctrl+A组合键打开其属性编辑器，选择particleShape1标签，展开Render Attributes（渲染属性）卷展栏，设置Particle Render Type（粒子渲染类型）为Streak（条纹），单击Current Render Type（当前渲染类型）按钮，勾选Color Accum（颜色累加）选项，修改Tail Size（拖尾大小）值为8.6，如图14-151所示，效果如图14-152所示。

基础

建模

渲染

动画

特效

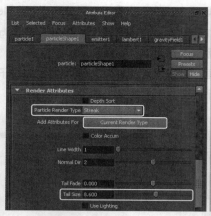

图 14-151　　　　　　　　　　　　　　　　　图 14-152

14.11.2　建立碰撞

Step01　在大纲视图中选择Particle1粒子，加选pPlane1地面，执行菜单Particle>Make Collide（粒子>制造碰撞）命令，在地面与粒子之间建立碰撞关系，粒子接触到地面时就会向上弹起，如图14-153所示。

观察效果可以发现，当前粒子向上弹起的弹力非常大，所以下面需要调整其弹力值。

Step02　选择地面，在其通道盒中展开geoConnector2，更改Resilience（弹力）值为0.2，为了方便观察，这里可以将场景网格隐藏，再次播放动画，雨滴弹起的幅度就比较小了，如图14-154所示。

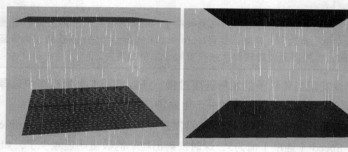

图 14-153　　　　　　　　　　　　　　　　　图 14-154

Step03　在大纲视图中选择Particle1粒子，进入其属性编辑器，展开Lifespan Attributes（see also per-particle tab）（生命周期属性）卷展栏，调整Lifespan Mode（生命周期模式）为Random range（随机范围），设置Lifespan（生命周期）为2，设置Lifespan Random（生命周期随机）为1.5，将发射出的粒子生命值设置为1.5～2秒之间随机死亡，如图14-155所示。

图 14-155

Step04　在大纲视图中选择Particle1粒子，执行菜单Particle>Particle Collision Event Editor（粒子>粒子碰撞事件编辑器）命令，打开Particle Collision Event Editor（粒子碰撞事件编辑器）窗口。

Step05　在Particle Collision Event Editor（粒子碰撞事件编辑器）窗口中，找到Event Type（事件类型）参数组，勾选Type（类型）属性的Emit（发射）选项，单击Create Event（创建事件）按钮创建粒子碰撞事件，此时，就会产生出Particle2，如图14-156所示，关闭窗口。

Step06 播放动画，此时，碰撞发生后有更多的粒子产生，如图14-157所示。

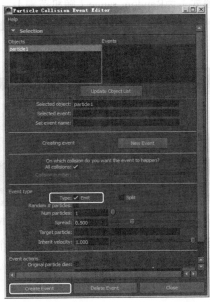

图 14-156   图 14-157

14.11.3 创建二次碰撞

Step01 在大纲视图中选择产生出来的Particle2粒子，执行菜单Fields>Gravity（场>重力场）命令，为粒子添加一个重力场，提高Particle2粒子的运动速度。

Step02 选择Particle2粒子，加选地面，执行菜单Particle>Make Collide（粒子>创建碰撞）命令，将Particle2粒子与地面建立碰撞关系，如图14-158所示。

Step03 选择地面，在其通道盒中展开geoConnector2，更改Resilience（弹力）值为0.3，再次播放动画，Particle2粒子弹起的幅度就比较小了，如图14-159所示。

图 14-158   图 14-159

Step04 在大纲视图中选择Particle2粒子，按Ctrl+A组合键打开其属性编辑器，选择ParticleShape2标签，展开Render Attributes（渲染属性）卷展栏，设置Particle Render Type（粒子渲染类型）为MultiPoint（多点）类型，单击Current Render Type（当前渲染类型）按钮，勾选Color Accum（颜色累加）和Use Lighting（使用灯光）选项，修改Multi Count（多点数量）和Multi Radius（多点半径）为22和0.861，如图14-160所示，效果如图14-161所示。

Step05 仍然在Particle2的属性编辑器面板中，展开Lifespan Attributes（see also per-particle tab）（生命周期属性）卷展栏，调整Lifespan Mode（生命周期模式）为Random range（随机范围），设置Lifespan（生命周期）为0.5，设置Lifespan Random（生命周期随机）为0.1，将喷射出的粒子生命值设置为0.1~0.5秒之间随机死亡。再次播放场景动画，效果如图14-162所示。

图 14-160   图 14-161   图 14-162

Step06 执行菜单File > Save Scene（文件>保存场景）命令，将场景保存，这样，一个简单的雨滴碰到地面溅起水花的特效就制作完成了，最终场景文件可参见随书配套光盘中的DVD02\scene\scene\chap14\mb\xiayu.mb。

14.12 曲线软体

在本节中，将使用动力学软体命令，结合弹簧、线流体等命令制作一个简单的动画，效果如图14-163所示。

14.12.1 创建软体

Step01 执行菜单Create>NURBS Primitives>Sphere（创建>NURBS基本体>球体）命令，创建一个球体，将其缩放到合适的大小。

Step02 按Ctrl+D组合键复制出一个球体，调整两个NURBS球体之间的位置，如图14-164所示。

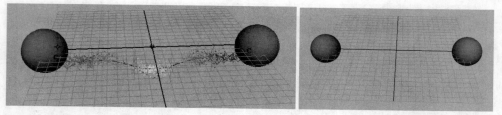

图 14-163   图 14-164

Step03 切换到Front（前）视图，执行菜单Create>CV Curve Tool（创建>控制点曲线工具）命令，在两个球体之间绘制一条曲线，如图14-165所示。

Step04 切换到Persp（透）视图，保持曲线被选中状态，按F4键切换为Surfaces（曲面）模块，执行菜单Edit Curves>Rebuild Curve（编辑曲线>重建曲线）命令对曲线进行重置，效果如图14-166所示。

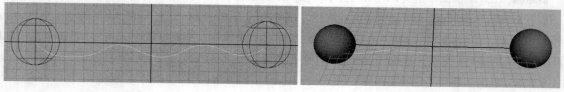

图 14-165   图 14-166

Step05 仍然保持曲线被选中状态，执行菜单Edit>Delete by Type>History（编辑>按类型删除>历史）命令，删除曲线的构造历史。

Step06 按F5键切换到Dynamics（动力学）模块，单击菜单Soft/Rigid Bodies>Create Soft Body>■（软体/刚体>创建软体>■），打开选项窗口，设置Creation options（创建选项）为Duplicate,make original soft（复制，创建原始软体）选项，勾选Hide non-soft object（隐藏非软体对象）和Make non-soft a goal（创建一个非软体目标）选项，单击Create（创建）按钮，如图14-167所示。

图 14-167

Step07 打开大纲视图，可以看到原始曲线进行了隐藏，生成了一条新的曲线，在新创建曲线的层级下会产生一个粒子节点，如图14-168所示。

图 14-168

Step08 仍然在大纲视图中选择Curve1Particle粒子节点，执行菜单Fields>Gravity（场>重力场）命令，为粒子添加一个重力场。

此时，播放动画，就可以发现曲线已经产生了抖动的效果。

Step09 在大纲视图中选择Curve1Particle，在场景中被选中的曲线上单击鼠标右键，从弹出菜单中选择Particle（粒子）选项，如图14-169所示，然后再在场景中框选中间的3个粒子，如图14-170所示。

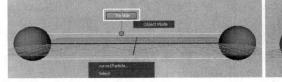

图 14-169　　　　　　　　　　图 14-170

Step10 执行菜单Window>General Editors>Component Editor（窗口>常规编辑>组件编辑器）命令，打开Component Editor（组件编辑器），在窗口中选择Particles（粒子）标签，设置goalPP（每粒子目标）下3个选项的权重值为0.2，如图14-171所示，关闭窗口。

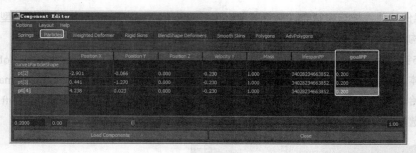

图 14-171

Step11 这样，在同样的重力影响下，这3个粒子所受的影响就会比较大，将动画播放范围结束时间设置为200，播放动画，效果如图14-172所示。

观察效果可以发现，当前曲线下坠的幅度过大，所以下面需要对其进行调整。

Step12 在大纲视图中选择Curve1Particle粒子节点，在其通道盒中调整Goal Weight[0]（目标权重[0]）值为1，再次播放动画，效果如图14-173所示。

图 14-172   图 14-173

14.12.2　创建弹簧

Step01 在大纲视图中选择Curve1Particle粒子节点，单击菜单Soft/Rigid Bodies>Create Springs>▣（软体/刚体>创建弹簧>▣），打开选项窗口，设置Creation method（创建模式）为Wireframe（线框），单击Create（创建）按钮，如图14-174所示。

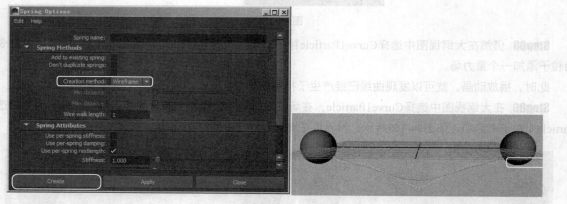

图 14-174

Step02 在大纲视图中选择spring1弹簧，进入其通道盒，将Stiffness（硬度）设置为5，这样，弹簧在弹起时就会很有硬度，如图14-175所示。

Step03 在大纲视图中选择已被隐藏的copyOfcurve1曲线，按键盘上的Shift+H组合键将其显示出来，如图14-176所示。

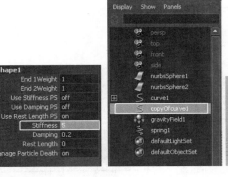 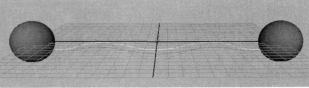

图 14-175　　　　　　　　　　　　　　　　　图 14-176

Step04 按键盘上的4键，以线框模式显示，保持copyOfcurve1曲线被选中的状态，在曲线上单击鼠标右键，从弹出的菜单中选择Control Vertex（控制点）组件模式，选择曲线左端的两个CV点，并按F2键进入Animation（动画）模块，执行菜单Create Deformers>Cluster（创建变形器>簇）命令，为选择的CV点创建簇，如图14-177所示。

 注：

在创建簇点时，要打开Cluster（簇）选项窗口，确保Relative（相对的）选项为未勾选状态。

Step05 选择创建出来的簇，加选球体，如图14-178所示，按键盘上的P键，将簇作为球体的子物体。

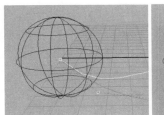 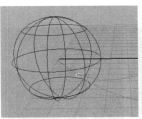 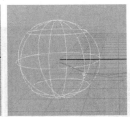

图 14-177　　　　　　　　　　　　　图 14-178

Step06 使用同样的方法，对曲线右端的两个CV点也执行同样的操作，并将创建出来的簇点作为右侧球体的子物体。

Step07 连接完成之后，在大纲视图中选择copyOfcurve1曲线，按键盘上的Ctrl+H组合键将其隐藏。

至此，球体与曲线就连接完成了，下面在对球体设置关键帧时，球体和曲线之间就会产生连接。

Step08 选择右侧的球体，将动画时间滑块移至第1帧处，按键盘上的S键设置关键帧，再分别将时间滑块移至第30帧和第60帧处，分别移动球体的位置，为其设置关键帧，如图14-179所示。

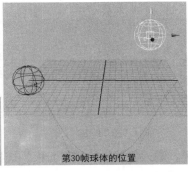

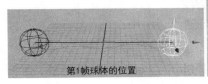 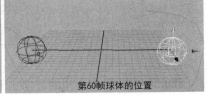

第1帧球体的位置　　　　　　　第30帧球体的位置　　　　　　　第60帧球体的位置

图 14-179

Step09 同样也可以为左侧的球体设置关键帧，如图14-180所示。

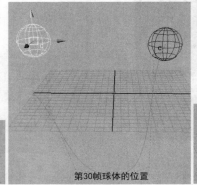

第1帧球体的位置   第30帧球体的位置   第60帧球体的位置

图 14-180

Step10 播放动画观察效果，曲线就会随着球体的运动而运动了。

14.12.3 创建线流体

Step01 在大纲视图中勾选菜单Display>Shapes（显示>节点）命令，将对象的层级显示出来，如图14-181所示。

Step02 在大纲视图中展开curve1，选择curveShape1，按F5键切换到Dynamics（动力学）模块，执行菜单Effects>Create Curve Flow（特效>创建线流体）命令，此时，就会在曲线上产生一个发射器，如图14-182所示。

图 14-181   图 14-182

Step03 播放动画，可以看到从左侧的球体会发射出粒子并沿着曲线路径流向右侧的球体，效果如图14-183所示。

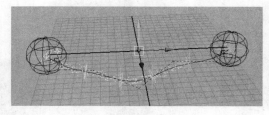

图 14-183

Step04 选择发射出来的流体粒子，进入其属性编辑器面板，选择Flow _ ParticleShape标签，展开Render Attributes（渲染属性）卷展栏，设置Particle Render Type（粒子渲染类型）为MultiPoint（多点），单击Current Render Type（当前渲染类型）按钮，勾选Color Accum（颜色累加）选项，修改Multi Count（多点数量）和Multi Radius（多点半径）值为9和0.760，如图14-184所示。

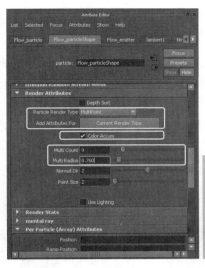

图 14-184

Step05 展开Add Dynamic Attributes（添加动力学属性）卷展栏，单击Color（颜色）按钮，弹出Particle Color（粒子颜色）窗口，勾选Add Per Particle Attribute（添加每粒子属性）选项，单击Add Attribute（添加属性）按钮，如图14-185所示。

Step06 此时，在Per Particle（Array）Attributes［每粒子（阵列）属性］卷展栏下就多了一个RGB PP属性，在RGB PP属性的输入栏中单击鼠标右键，从弹出菜单中选择Create Ramp（创建渐变）命令，在输入栏中会出现一行"<-arryMapper3.outColorPP"，说明此属性已经与另一个节点建立了关联关系，如图14-186所示。

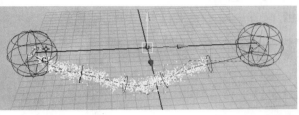

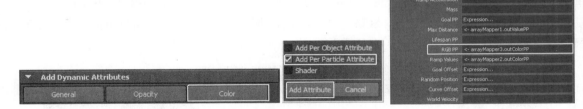

图 14-185　　　　　　　　　　　　　　　　图 14-186

Step07 按键盘上的6键以显示对象材质，播放动画，可以看到五颜六色的粒子效果，如图14-187所示。

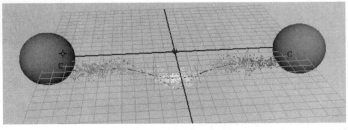

图 14-187

Step08 执行菜单File > Save Scene（文件>保存场景）命令，将场景保存，这样，一个简单的曲线软体特效就制作完成了，最终场景文件可参见随书配套光盘中的DVD02\scene\scene\chap14\mb\quxianruanti.mb。

14.13 闪电特效

在影视大片中我们经常会看到闪电、激光剑之类的神奇效果，感觉非常不可思议，它们是如何制作出来的呢？想必这个问题困扰了很多Maya的初学者，这一节就带领大家运用一个简单的特效命令制作出非常绚丽的闪电效果，如图14-188所示。

Step01 执行菜单Create>Polygon Primitives>Sphere（创建>多边形基本体>球体）命令，创建一个球体，将其缩放到合适的大小。

Step02 按Ctrl+D组合键复制出一个球体，调整两个球体之间的位置，如图14-189所示。

图 14-188   图 14-189

 技巧：

用来连接闪电的两个对象是不定的，可以是两个多边形对象，也可以是两个NURBS对象，也可以是两个Locator。

Step03 按F5键切换到Dynamics（动力学）模块，在场景中选择两个球体，执行菜单Effects>Create Lightning（特效>创建闪电）命令，此时，在两个球体之间就生成了一道闪电，如图14-190所示。

Step04 单击渲染按钮进行渲染，观察效果。在大纲视图中选择刚才生成的Lightning1，在其通道盒中会有一系列的属性可供设置，如图14-191所示。

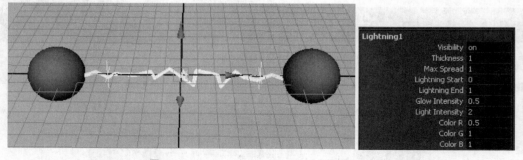

图 14-190   图 14-191

这些属性全部是用户自定义属性，与生成的闪电中控制动画、材质及外形的属性建立了关联关系。

01 Thickness（粗细）：控制闪电的粗细。该值不能为0，如果为0就渲染不出效果。

02 Max Spread（最大延伸）：控制闪电的抖动程度。

03 LightningStart/LightningEnd（闪电起点/闪电终点）：将生成闪电的对象作为起始点和终结点，控制闪电的起始与结束位置，可以对其设置关键帧来模拟闪电射出的动画效果。

04 Glow Intensity（辉光强度）：控制闪电辉光的强度。

05 Light Intensity（闪电亮度）：控制闪电的亮度。

06 ColorR/ColorG/ColorB（红色/绿色/蓝色）：控制闪电的颜色。

读者可以对以上属性进行调节，观察效果。

在移动任意一个球体时，闪电也会随之改变，如图14-192所示，在移动闪电上面的Locator时，闪电也会随之改变形态，如图14-193所示。

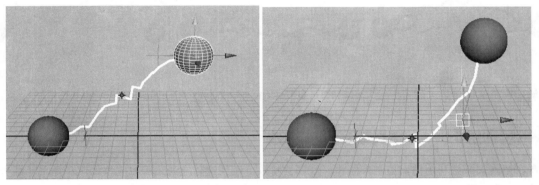

图 14-192　　　　　　　　　　图 14-193

 注：

Lightning（闪电）还有一些参数是一旦生成之后就不能更改的，这些参数在生成之前可在命令选项窗口中设置。

单击Effects>Create Lightning>□（特效>创建闪电>□），打开其选项窗口，如图14-194所示。

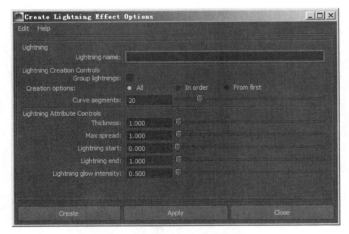

图 14-194

01 Lightning name（闪电名称）：输入要创建的闪电的名称。

02 Group Lightnings（闪电组）：勾选此项，将生成的闪电打组，此项只有在选择3个或3个以上的对象制作闪电时才起作用，选择3个或3个以上的对象制作闪电时会生成多个闪电，是将每一个闪电单独放在Outliner（大纲）视图中，还是将其打组，取决于是否勾选该选项。

03 Creation Options（创建选项）：此选项只对选择3个或3个以上的对象制作闪电才有作用，每个闪电只在两个对象间生成，此选项控制选择对象与闪电之间的关系，如图14-195所示。

All（全部）：所有选择对象两两之间产生闪电。

In Order（按顺序）：按先后顺序生成闪电。

From First（从首选）：从所选的第一个对象到其他每一个选择对象间生成闪电。

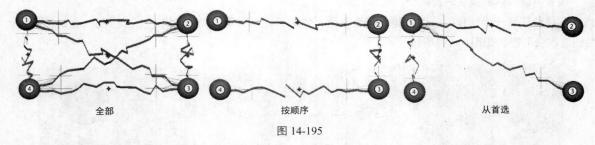

全部　　　　　　　　　　　按顺序　　　　　　　　　　从首选

图 14-195

最终场景文件可参见随书配套光盘中的DVD02\scene\scene\chap14\mb\shandiantexiao.mb。

▶▶ 拓展训练01——精灵粒子烟雾特效

本次拓展训练将利用精灵粒子来制作一个烟雾特效，使用这种方法还可以制作如汽车尾气、烟尘等效果，最终效果如图14-196所示，更详细的操作步骤可参见随书配套光盘中的教学视频，最终场景文件可参见随书配套光盘中的DVD02\scene\scene\chap14\mb\smoke.mb。

其制作流程如下。

01 制作基本模型。

02 创建发射器。

03 设置粒子属性。

04 创建精灵粒子。

05 创建表达式。

06 添加场。

07 最终整理。

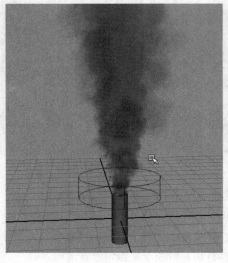

图 14-196

▶▶ 拓展训练02——粒子替代植物生长特效

本次拓展训练将应用粒子替代和笔划替代来制作一个植物生长特效，最终效果如图14-197所示，更详细的操作步骤可参见随书配套光盘中的教学视频，最终场景文件可参见随书配套光盘中的DVD02\scene\scene\chap14\mb\zwsz.mb。

其制作流程如下。

01 使用画笔特效创建植物。

02 制作植物无缝循环动画。

03 将植物转换为多边形。

04 使用脚本创建替代物体。

05 创建地面。

06 创建粒子生长效果。

07 创建粒子替代。

图 14-197

Chapter 15

第15章 综合特效

在Maya中，粒子显示为点、条纹、球形、融合表面或其他类系，它通过多种方法来进行显示和运动，例如，关键帧、表达式和各种动力场。

从前面的章节中，我们已经对粒子的属性、表达式的应用和各种渲染效果有了初步的了解，从这章开始将对它们进行更加深入的了解。

粒子表达式比其他类型的表达式更为复杂，可以用表达式控制物体的所有粒子，或者分别控制每个粒子，粒子表达式的执行不同于其他的表达式，若要熟练掌握粒子表达式，需要更多地研究它，下面我们就通过各种不同的案例来具体了解一下。

15.1 动力学表达式——群集动画特效

本节练习主要学习大量模型粒子替代的基础知识，以及Maya中动力学表达式的一些用法。

15.1.1 创建粒子网格

Step01 打开随书配套光盘中的DVD02\scenes\scenes\Chap15\mb\qjdh.mb，按6键显示材质效果，场景中有一个绑定好的瓢虫模型，如图15-1所示。

Step02 选择瓢虫上方的十字控制器，进入其通道盒，在其通道盒中将kai属性设置为10，将Shan设置为on，如图15-2所示，播放动画就可以看到瓢虫的扇翅效果。

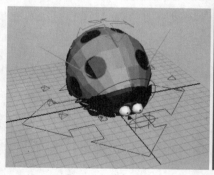

图 15-1　　　　　　　　　　　　　　　　图 15-2

Step03 选择瓢虫底部的十字控制器，使用缩放工具将瓢虫缩小一些，如图15-3所示。

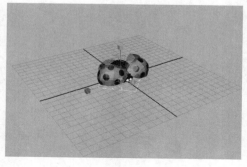

图 15-3

Step04 在大纲视图中选择huahua，在软件右下角的层编辑器中单击Layer1前方的第一个按钮，将其隐藏。

Step05 单击Particles>Particle Tool>□（粒子>粒子工具>□），打开其选项窗口，勾选Create particle grid（创建粒子网格）选项，设置Particle spacing（粒子间距）值为10，如图15-4所示。

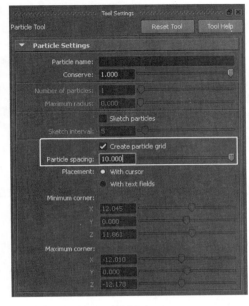

图 15-4

这里的Particle spacing（粒子间距）用于控制创建出来的粒子与粒子之间的间距。图15-5所示为分别将该值设置为不同数值时，创建出来的粒子效果。

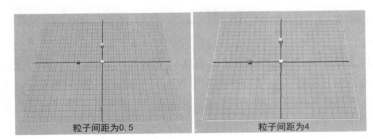

图 15-5

Step06 这里，就将Particle spacing（粒子间距）设置为10来进行创建，设置完数值后，将鼠标指针移动到视图上，此时，鼠标指针会变成十字状，在场景网格的左上角单击鼠标，再在网格右下角单击鼠标，按Enter键进行创建，如图15-6所示。

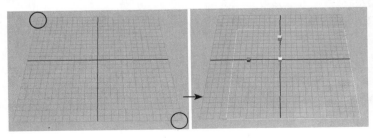

图 15-6

这里，可以在大纲视图中选择Particle1粒子，按Ctrl+A组合键打开属性编辑器，选择particleShape1（粒子节点1）标签，在Render Attributes（渲染属性）卷展栏中将Particle Render Type（粒子渲染类型）设置为Spheres（球形），此时，场景中的粒子就变成了球形，可以看到创建了9个粒子，如图15-7所示。

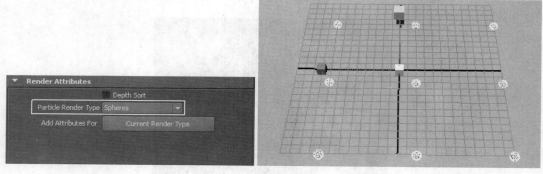

图 15-7

Step07 为了方便之后的操作，这里将Particle Render Type（粒子渲染类型）设置为Points（点）类型。

15.1.2 创建粒子替代

Step01 在软件右下角的层编辑器中，单击Layer1前方的第一个按钮，将瓢虫显示出来。

接下来需要将瓢虫动画每一帧的模型形态复制出来，这里需要用到InstCopy插件，用这款插件来帮助我们完成逐帧模型的复制。

Step02 将随书配套光盘中的DVD02\scene\scene\chap15\插件\instCopy.mel插件复制到 "C:\Documents and Settings\计算机名称\My Documents\maya\2014\scripts" 中。

Step03 在软件下方的MEL栏中输入 "instCopy"，如图15-8所示，按回车键确定。

图 15-8

Step04 此时，将会弹出Instance Copier（实例拷贝）窗口，将Start Frame（起始帧）设置为1，End Frame（结束帧）设置为24，By Frame（间隔帧）设置为2，在大纲视图中选择huahua，然后再在Instance Copier（实例拷贝）窗口中单击Make（创建）按钮，每隔2帧复制1个，一共复制出12只瓢虫模型，如图15-9所示。

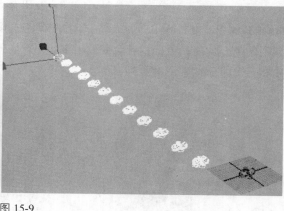

图 15-9

Step05 在大纲视图中选择huahua，按Ctrl+H组合键将其隐藏，再在大纲视图中选择复制出来的12只瓢虫模型，单击Particles>Instancer（Replacement）>□［粒子>实例（替代）>□］，打开其选项窗口，将Cycle（循环）选项设置为Sequence（序列），然后单击Create（创建）按钮，如图15-10所示。

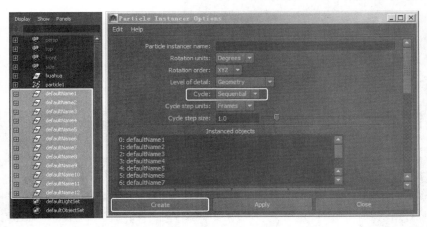

图 15-10

Step06 此时，可以看到场景中的粒子已经被瓢虫模型所替代，保持复制出来的12只瓢虫处于选中状态，按Ctrl+H组合键隐藏起来，再单击层编辑器中Control:ball_Layer1前面的第1个按钮，将瓢虫的控制器隐藏，如图15-11所示。

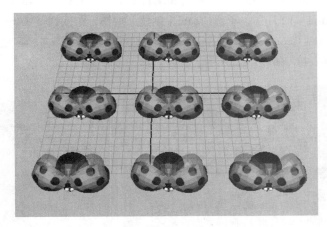

图 15-11

Step07 播放动画，瓢虫的翅膀就可以自动扇翅，但是扇翅的节奏都是一样的，下面就对其进行调整。

15.1.3 编辑粒子替代

瓢虫的运动状态都一样，给人一种不真实的感觉，为了避免一样的形态，这里需要更改粒子替代的属性。

Step01 在大纲视图中选择Particle1粒子，进入其属性编辑器面板，选择Particleshape1（粒子节点1）标签，找到Add Dynamic Attributes（添加动力学属性）卷展栏，单击General（常规）按钮，在弹出的Add Attribute（添加属性）窗口的Long name（长名称）中输入"com"，勾选Per particle（array）［每粒子（阵列）］选项，单击Add（添加）按钮，如图15-12所示。

Step02 此时，在Per Particle（Array）Attributes［单粒子（阵列）属性］卷展栏下多了一个Com属性，如图15-13所示。

基础

建模

渲染

动画

特效

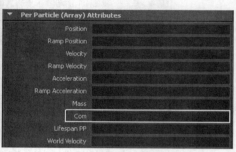

图 15-12   图 15-13

Step03 在Com属性的输入栏中单击鼠标右键，从弹出的菜单中选择Creation Expression（创建表达式）命令，在弹出的Expression Editor（表达式编辑器）窗口的Expression（表达式）输入框内输入"particleShape1.com=rand（12）;"，单击Create（创建）按钮，如图15-14所示。

Step04 展开Instancer（Geometry Replacement）［替代（几何更换）］卷展栏，修改Cycle Start Obiect（循环开始物体）类型为com，如图15-15所示。

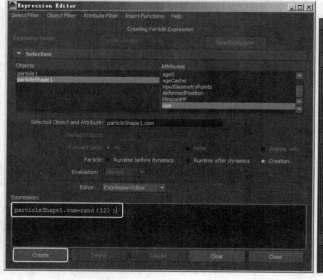

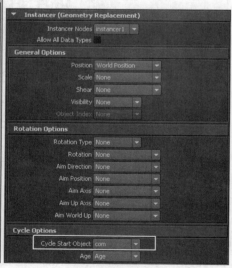

图 15-14   图 15-15

Step05 再次播放动画，每个瓢虫在自动扇翅时，节奏都会不同。

15.1.4　增加动力场

现在的瓢虫排列得非常整齐，我们需要给粒子添加扰乱场，扰乱场可以使被影响物体产生无规律的运动，扰乱场和其他场搭配使用可以模拟自然界中某些物体（如空气、水）的无规律运动。

Step01 在大纲视图中选择Particle1粒子，执行菜单Fields>Turbulence（场>扰乱场）命令，为粒子添加扰乱场。

Step02 在大纲视图中选择turbulenceField1扰乱场，在其通道盒中设置Magnitude（强度）值为10，Attenuation（衰减）值为0，如图15-16所示。

Step03 将动画播放范围结束时间设置为200，播放动画，可以看到瓢虫在扰乱场的作用下做无规则运动，如图15-17所示。

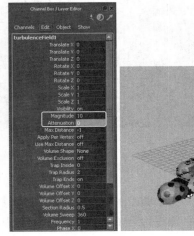

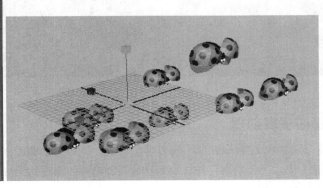

图 15-16   图 15-17

Step04 在大纲视图中选择Particle1粒子，执行菜单Fields>Air（场>空气场）命令，为粒子添加空气场。

Step05 在大纲视图中选择airField1空气场，在通道盒中设置DirectionY（y轴方向）数值为0，DirectionZ（z轴方向）数值为–1，如图15-18所示。

Step06 播放动画，可以看到瓢虫在扰乱场和空气场的共同作用下，沿着z轴的负方向飞行，如图15-19所示。

图 15-18   图 15-19

Step07 执行菜单File > Save Scene（文件>保存场景）命令，将场景保存，瓢虫群集特效就制作完成了。

至此，本案例全部制作完成，最终场景文件可参见随书配套光盘中的DVD02\scene\scene\chap15\mb\qjdh_end.mb。

15.2 粒子烟雾特效

通过本节粒子烟雾效果的制作，来了解如何制作粒子材质，以及通过表达式来调整粒子的颜色、明暗、大小，案例效果如图15-20所示。

图 15-20

15.2.1 创建粒子发射器

Step01 按F5键切换到Dynamics（动力学）模块，执行菜单Particles>Create Emitter（粒子>创建发射器）命令，创建一个粒子发射器，并将动画播放范围结束时间设置为50，播放动画，就会从粒子发射器中发射出粒子，如图15-21所示。

Step02 执行Create>Cameras>Camera and Aim（创建>摄影机>目标摄影机）命令，创建一个目标摄影机，如图15-22所示。

Step03 对摄影机的位置进行调整，如图15-23所示。

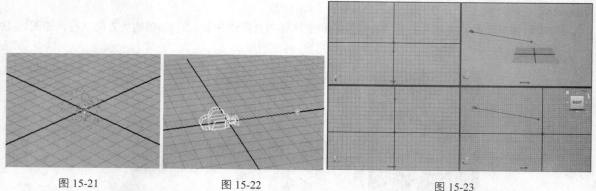

图 15-21   图 15-22   图 15-23

Step04 在大纲视图中展开camera1 _ group，选择camera1，进入其通道盒面板，选择Translate X/Y/Z（x/y/z轴位移）和Rotate X/Y/Z（x/y/z轴旋转）属性，并在选择的属性上单击鼠标右键，从弹出的菜单中选择Lock Selected（锁定所选对象）命令，将其锁定。

Step05 在大纲视图中选择camera1 _ aim，进入其通道盒面板，使用同上的方法将其Translate X/Y/Z（x/y/z轴位移）和Rotate X/Y/Z（x/y/z轴旋转）属性也进行锁定。

Step06 执行视图菜单Panels>Perspective>Camera1（面板>透视图>摄影机1）命令，进入摄影机视图，单击视图工具架的（分辨率指示器）按钮，打开分辨率指示器，如图15-24所示。

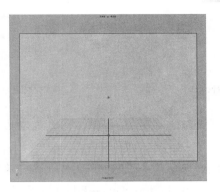

图 15-24

Step07 单击软件右上角的（渲染设置）按钮，打开Render Settings（渲染设置）窗口，在Image Size（图像大小）卷展栏下将Presets（预设）设置为Custom（自定义），将Width（宽度）设置为1 024，将Height（高度）设置为300，按回车键确定，如图15-25所示。

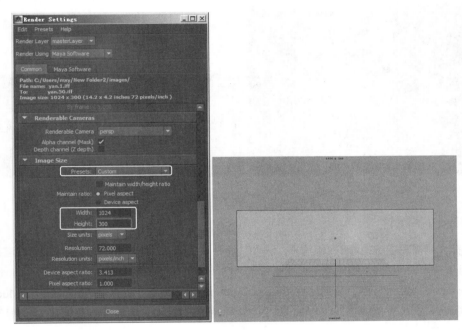

图 15-25

Step08 在大纲视图中选择emitter1发射器，分别在第1帧处和第50帧处为发射器设置关键帧，如图15-26所示。

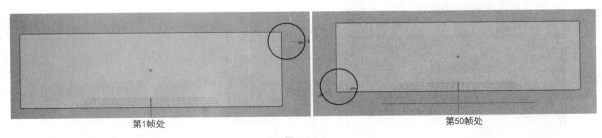

第1帧处　　　　　　　　　　　　　　　　　第50帧处

图 15-26

Step09 播放动画，观看效果，如图15-27所示。

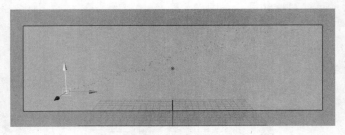

图 15-27

观察效果可以发现，当前发射器向下坠落时有点过于直，所以接下来需要对其动画曲线进行调节。

Step10 执行菜单Window>Animation Editors>Graph Editors（窗口>动画编辑器>曲线编辑器）命令，打开Graph Editors（曲线编辑器）窗口，在窗口左侧选择Translate Y（y轴位移）属性，将其曲线调整为图15-28所示的效果。

Step11 再次播放动画，粒子坠落时就会产生一定的弧度了，如图15-29所示。

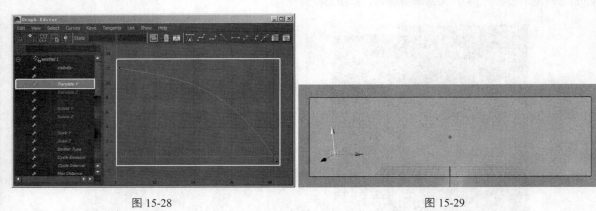

图 15-28   图 15-29

15.2.2 编辑粒子属性

Step01 在大纲视图中选择Particle1粒子，进入其属性编辑器面板，在Render Attributes（渲染属性）卷展栏中将Particle Render Type（粒子渲染类型）设置为Cloud（s/w）［云（s/w）］，找到Lifespan Attributes（see also per-particle tab）［生命周期属性（see also per-particle tab）］卷展栏，将Lifespan Mode（生命周期模式）设置为Constant（固定），将Lifespan（生命周期）设置为2，在场景中按5键以实体显示，观察效果，如图15-30所示。

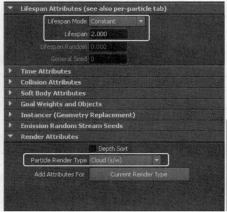

图 15-30

Step02 单击软件右上角的 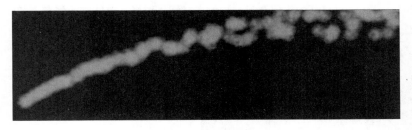 （渲染当前帧）按钮进行渲染，观察效果，如图15-31所示。

图 15-31

观察效果可以发现，当前烟雾的材质是蓝色的，并不是我们想要的效果，所以接下来需要调整其材质。

15.2.3 替换粒子材质

Step01 执行菜单Fluid Effects>Create 3D Container（流体特效>创建3D容器）命令，在场景中创建一个3D容器，如图15-32所示。

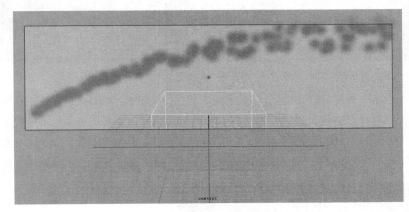

图 15-32

Step02 执行菜单Fluid Effects>Get Fluid Example（流体特效>获取流体实例）命令，打开Visor（遮板）窗口，在窗口左侧选择Smoke（烟），然后在右侧窗口中的Puffball.ma上单击鼠标右键，选择弹出的Import Maya File Puffball.ma命令，如图15-33所示。

Step03 此时，在场景中就会出现Puffball球形烟雾流体，如图15-34所示。

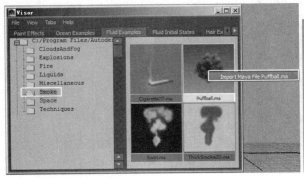

图 15-33

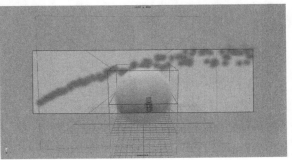

图 15-34

下面，我们就来为当前的Puffball球形烟雾流体的材质与制作的烟雾材质做一个替换。

Step04 在大纲视图中选择Puffball_fluid1，进入其属性编辑器面板，单击Presets（预设）按钮，在弹出的菜单中选择Save fluidShape Preset（保存流体节点预设）命令，在弹出的Save Attribute Preset（保存属性
预设）窗口中单击Save Attribute Preset（保存属性预设）按钮，对当前流体进行保存，如图15-35所示。

图 15-35

Step05 保持Puffball＿fluid1球形烟雾流体处于选中状态，按键盘上的Delete键将其删除。

Step06 在场景中选择之前创建的3D容器，在其属性编辑器面板中单击Presets（预设）按钮，从弹出的
菜单中选择Move>Puffball＿fluidShape1>Replace（球形烟雾＿流体节点1>替换）命令，如图15-36所示。

Step07 此时，之前保存的Puffball＿fluid1球形烟雾流体就会出现在当前的3D容器中，如图15-37所示。

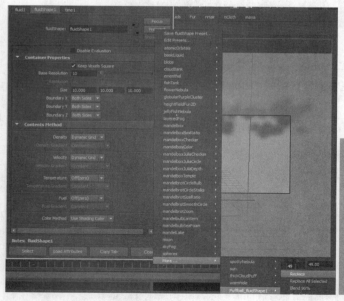

图 15-36

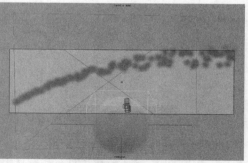

图 15-37

Step08 执行菜单Window>Rendering Editors>Hypershade（窗口>渲染编辑器>材质编辑器）命令，
打开Hypershade（材质编辑器）窗口，在窗口中就出现了一个fluidShape1（流体节点1）的材质球，如图
15-38所示。

图 15-38

Step09 在场景中选择当前3D容器，加选烟雾粒子，回到材质编辑器窗口中，单击 ![按钮]（输入和输出连接）按钮，将3D容器和烟雾粒子的节点展开，如图15-39所示。

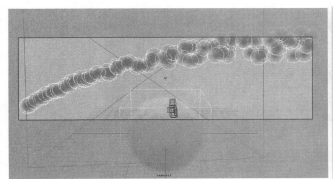

图 15-39

Step10 在材质编辑器中单击选择Particle1粒子节点，然后在fluidShape1流体节点上单击鼠标右键，从弹出的菜单中选择Assign Material To Selection（指定材质到选择的对象）命令，将流体材质赋予烟雾粒子，如图15-40所示。

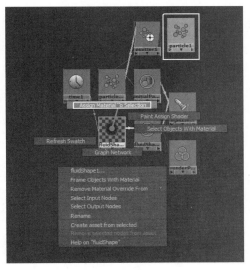

图 15-40

基础

建模

渲染

动画

特效

Step11 此时，场景中的烟雾粒子就变成了绿色，说明已经为其赋予了材质，选择当前场景中的3D容器，按键盘上的Ctrl+H组合键将其隐藏，如图15-41所示。

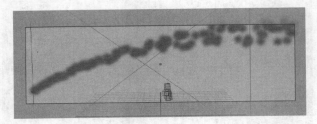

图 15-41

 注：

这里一定不能将3D容器删除，如果将其删除，当前的烟雾粒子材质也会被删除。

Step12 单击 ■（渲染当前帧）按钮，对当前烟雾进行渲染，观察效果，如图15-42所示。

图 15-42

观察当前的烟雾效果，还不是很理想，下面将对其继续进行调节。

15.2.4 创建粒子表达式

Step01 在场景中选择烟雾粒子，进入其属性编辑器面板，选择ParticleShape1（粒子节点1）标签，在Add Dynamic Attributes（添加动力学属性）卷展栏下单击General（常规）按钮，在弹出的Add Attribute（添加属性）窗口中单击Particle（粒子）标签，选择radiusPP（每粒子半径）属性，单击Add（添加）按钮，如图15-43所示。

图 15-43

Step02 此时，在Per particle（Array）Attributes［每粒子（阵列）属性］卷展栏下就多了一个Radius PP（每粒子半径）属性，如图15-44所示。

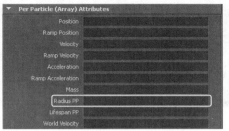

图 15-44

Step03 在Radius PP（每粒子半径）属性上单击鼠标右键，从弹出的菜单中选择Create Ramp（创建渐变）命令，再在该属性输入框出现的一行"<-arrayMapper1.outValuePP"文字上单击鼠标右键，从弹出的菜单中选择<-arrayMapper1.outValuePP>Edit Ramp（<-arrayMapper1.outValuePP>编辑渐变）命令，进入ramp3属性编辑器面板，并将ramp3（渐变3）的颜色条设置成上黑下白的渐变，如图15-45所示。

Step04 播放动画，可以看到烟雾粒子有了锥形的效果，如图15-46所示。

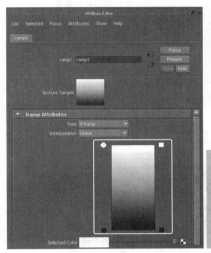

图 15-45

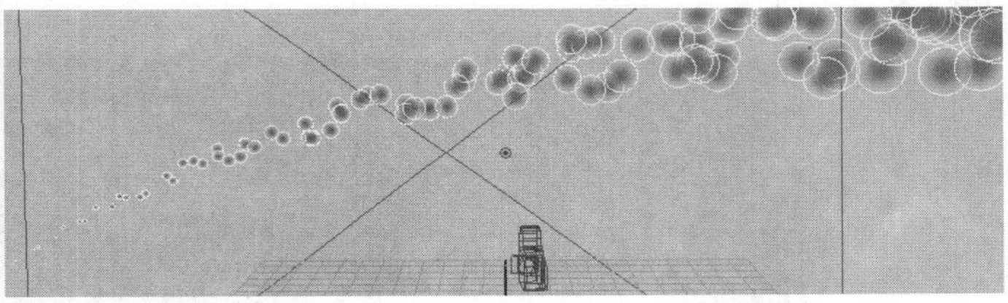

图 15-46

观察效果可以发现，当前的锥形效果太过明显，下面对其进行调整。

Step05 在ramp3（渐变3）的属性编辑器面板中单击██按钮，在弹出的arrayMapper1（阵列映射1）属性编辑器面板中，将Min Value/Max Value（最小值/最大值）设置为0.5和1.5，如图15-47所示。

Step06 再次播放动画，效果就会比之前好一些了，如图15-48所示。

图 15-47

图 15-48

基础

建模

渲染

动画

特效

Step07 单击 （渲染当前帧）按钮进行渲染，观察效果，如图15-49所示。

图 15-49

观察效果发现，当前粒子有些稀少，所以接下来需要对其发射速率做一些调整。

Step08 将时间滑块移至第1帧处，选择发射器，进入其通道盒面板，将Rate（速率）设置为100，并在该属性上单击鼠标右键，从弹出的菜单中选择Key Selected（为所选对象设置关键帧）命令，为其设置关键帧，再将时间滑块移至第50帧处，将Rate（速率）设置为100，并为其设置关键帧。

Step09 再次播放动画，粒子明显就厚重了许多，如图15-50所示。

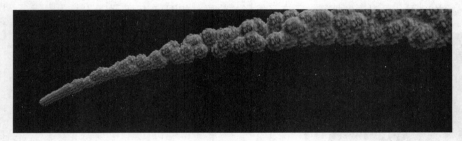

图 15-50

Step10 打开材质编辑器窗口，找到Particle Sampler（粒子采样）节点，单击创建，如图15-51所示。

图 15-51

下面将对Particle Sampler（粒子采样）节点与fluidShape1（流体节点1）进行连接，通过连接来制作烟雾粒子材质的虚实关系。

Step11 在Particle Sampler（粒子采样）节点上按住鼠标中键，将其拖动到fluidShape1（流体节点1）节点上，释放鼠标，在弹出的菜单中选择Other（其他）选项，如图15-52所示。

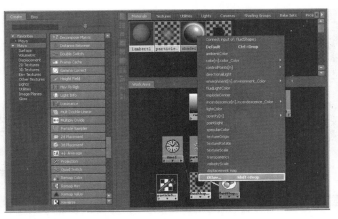

图 15-52

Step12 弹出Connection Editor（连接编辑器）窗口，在Outputs（输出）栏中选择userScalar1PP（每粒子使用标量1）属性，再在Inputs（输入）栏中选择amplitude（振幅）属性，如图15-53所示，关闭窗口。

Step13 选择烟雾粒子，进入其属性编辑器面板，在Add Dynamic Attributes（添加动力学属性）卷展栏中单击General（常规）按钮，在弹出的Add Attribute（添加属性）窗口的Particle（粒子）标签下选择UserScalar1PP（每粒子使用标量1）属性，单击Add（添加）按钮，如图15-54所示。

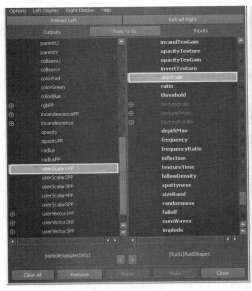

图 15-53

图 15-54

Step14 此时，在Per Particle（Array）Attributes［每粒子（阵列）属性］卷展栏中就多了一个UserScalar1PP（每粒子使用标量1）属性，在该属性后的输入框中单击鼠标右键，从弹出的菜单中选择Create Ramp（创建渐变）命令，在出现的"<- arrayMapper2.outValuePP"上单击鼠标右键，选择<- arrayMapper2.outValuePP>Edit Ramp（<- arrayMapper2.outValuePP>编辑渐变）命令，弹出ramp4（渐变4）属性编辑器。

Step15 在ramp4（渐变4）的属性编辑器面板中，将ramp4（渐变4）的颜色条设置成上黑下白的渐变，如图15-55所示。

Step16 单击 ▦ （渲染当前帧）按钮，可以发现当前烟雾的末端会变暗，如图15-56所示。

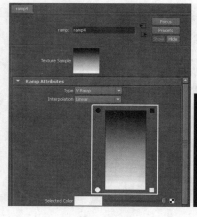

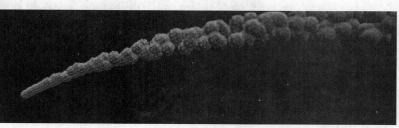

图 15-55   图 15-56

接下来，我们还需要制作出烟雾虚实的变化。

Step17 回到材质编辑器窗口，在Particle Sampler（粒子采样）节点上按住鼠标中键，将其拖动到fluidShape1（流体节点1）上，释放鼠标，从弹出的菜单中选择Other（其他）选项，在弹出的Connection Edtior（连接编辑器）窗口的Outputs（输出）栏中选择userVector1PP（每粒子使用向量1）属性，再在Inputs（输入）栏中选择transparency（透明度）属性，如图15-57所示，关闭窗口。

Step18 在场景中选择烟雾粒子，进入其属性编辑器面板，在Add Dynamic Attributes（添加动力学属性）卷展栏中单击General（常规）按钮，在弹出的Add Attribute（添加属性）窗口的Particle（粒子）标签下选择userVector1PP（每粒子使用向量1）属性，单击Add（添加）按钮，如图15-58所示。

图 15-57   图 15-58

Step19 此时，在Per Particle（Array）Attributes［每粒子（阵列）属性］卷展栏中就多了一个UserVector1PP（每粒子使用向量1）属性，在该属性后的输入框中单击鼠标右键，从弹出的菜单中选择Create Ramp（创建渐变）选项，在出现的"<- arrayMapper3.outColorPP"字上单击鼠标右键，选择<-arrayMapper3.outColorPP>Edit Ramp（<- arrayMapper3.outColorPP>编辑渐变）命令，弹出ramp5（渐变5）属性编辑器面板。

Step20 在ramp5（渐变5）属性编辑器面板中，将Interpolation（插入）设置为Exponential Down（向下指数），将颜色条设置为图15-59所示的颜色。

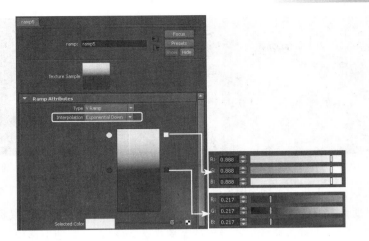

图 15-59

Step21 单击 ■（渲染当前帧）按钮进行渲染，当前烟雾的末端会变虚，如图15-60所示。

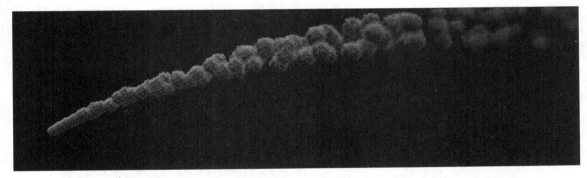

图 15-60

接下来，需要对烟雾的颜色进行调节。

Step22 在材质编辑器中选择fluidShape1（流体节点1）着色器，进入其属性编辑器面板，展开Shading卷展栏，将Incandescence（自发光）卷展栏下的颜色条设置成图15-61所示的颜色。

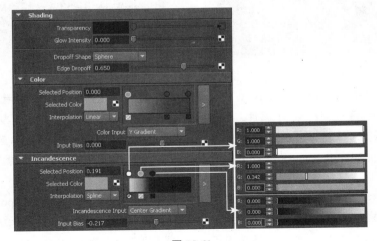

图 15-61

Step23 单击 ■（渲染当前帧）按钮进行渲染，观察效果，如图15-62所示。

基础

建模

渲染

动画

特效

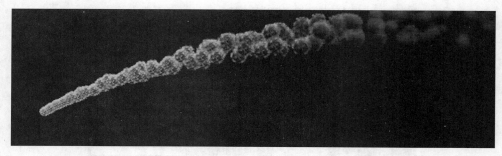

图 15-62

观察效果可以发现，当前火焰燃烧的地方过大，下面继续对其进行调节。

Step24 进入材质编辑器窗口，在Particle Sampler（粒子采样）上按住鼠标中键，将其拖动到fluidShape1（流体节点1）上释放鼠标，在弹出的菜单中选择Other（其他）选项，在弹出的Connection Editor（连接编辑器）窗口的Outputs（输出）栏中选择userScalar2PP（每粒子使用标量2）属性，再在Inputs（输入）栏中选择incandescenceInputBias（自发光输入偏移）属性，如图15-63所示，关闭窗口。

Step25 在场景中选择烟雾粒子，进入其属性编辑器面板，单击Add Dynamic Attributes（添加动力学属性）卷展栏中的General（常规）按钮，在弹出的Add Attribute（添加属性）窗口的Particle（粒子）标签中选择userScalar2PP（每粒子使用标量2）属性，单击Add（添加）按钮，如图15-64所示。

图 15-63   图 15-64

Step26 此时，在Per Particle（Array）Attributes［每粒子（阵列）属性］卷展栏中就多了一个User Scalar2PP（每粒子使用标量2）属性，在该属性后的输入框中单击鼠标右键，从弹出的菜单中选择Create Ramp（创建渐变）选项，在出现的"<- arrayMapper4.outValuePP"字上单击鼠标右键，选择<-arrayMapper4.outValuePP>Edit Ramp（<- arrayMapper4.outValuePP>编辑渐变）命令，弹出ramp6（渐变6）属性编辑器面板。

Step27 在ramp6（渐变6）属性编辑器面板中，将Interpolation（插入）设置为Exponential Down（向下指数），将颜色条设置成上白下黑的渐变，如图15-65所示。

Step28 在ramp6（渐变6）属性编辑器面板中单击按钮，在弹出的arrayMapper4（阵列映射4）标签中，将Min Value（最小值）设置为－0.2，单击（渲染当前帧）按钮进行渲染，观察效果，如图15-66所示。

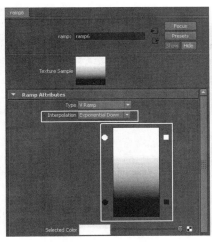

图 15-65   图 15-66

Step29 设置完成之后，可以按F6键切换到Rendering（渲染）模块，执行菜单Render>Bath Render（渲染>批渲染）命令，渲染出动画序列就可以浏览烟雾动画效果了。

Step30 执行菜单File>Save Scence（文件>保存场景）命令，将文件保存。至此，烟雾效果就制作完成了。

最终场景文件可参见随书配套光盘中的DVD02\scene\scene\chap15\mb\lzyw.mb。

15.3 动力场——飞舞的蒲公英

动力场可以模拟自然界中各种力的运动，这一节我们将利用体积场、重力场、扰乱场、空气场配合前面所讲的知识，来制作飞舞的蒲公英效果，如图15-67所示。

图 15-67

15.3.1 创建粒子

Step01 单击Particles>Create Emitter>■（粒子>创建发射器>■），打开选项窗口，调整Emitter type（发射器类型）为Volume（体积）类型，单击Create（创建）按钮，新建一个发射粒子系统，并使用缩放工具将其放大一些，然后使用移动工具将其移动到网格上方，如图15-68所示。

Step02 调整动画播放范围结束时间为200，单击主窗口右下方的▶（向前播放）按钮，播放动画，从方盒中心发射出点状的粒子，如图15-69所示。

Step03 再次使用缩放工具对发射器进行调整，如图15-70所示。

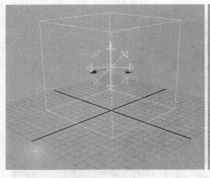
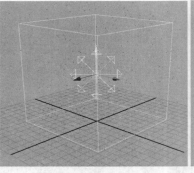
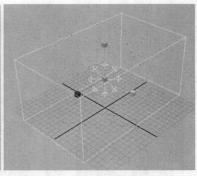

图 15-68　　　　　　　　　　　　图 15-69　　　　　　　　　　　　图 15-70

Step04　进入其通道盒面板，设置Away From Center（远离中心）值为0，Away From Axis（离轴）值为0，再次播放动画时，发射的粒子将被约束在体积发射器内部进行发射，如图15-71所示。

现在粒子发射的数量比较多，需要更改发射器的发射数量。

Step05　在大纲视图中选择Particle1粒子，按Ctrl+A组合键打开属性编辑器，选择ParticleShape1（粒子节点1）标签，展开Emission Attributes（see also emitter tabs）［发射属性（see also emitter tabs）］卷展栏，设置Max Count（最大数量）值为200，这样体积发射器只发射200个粒子，如图15-72所示。

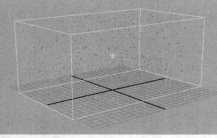
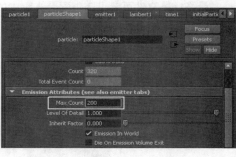

图 15-71　　　　　　　　　　　　　　　　　　　　　　　　图 15-72

 注：

Max Count（最大数量）值为-1时，代表发射粒子无穷大，只要时间范围够长，粒子会一直进行发射。

Step06　在大纲视图中选择emitter1发射器，进入其通道盒面板，设置Rate（速率）为10 000，如图15-73所示，这时喷射出的200个粒子将会在很短的时间内一次性全部显示出来。

Step07　在大纲视图中选择Particle1粒子，按Ctrl+A组合键，打开属性编辑器，选择ParticleShape1（粒子节点1）标签，展开Render Attributes（渲染属性）卷展栏，单击Particle Render Type（粒子渲染类型）右侧的下拉菜单，选择Sprites（精灵）选项，粒子的形态发生了变化，按5键显示粒子实体，如图15-74所示。

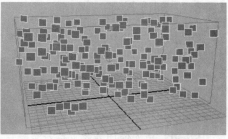

图 15-73　　　　　　　　　　　　　　　　　　　　图 15-74

Step08 选择场景中的所有物体，按Ctrl+H组合键全部隐藏起来，以备后用。

接下来利用Maya内部资源来创建蒲公英的效果。

15.3.2　创建蒲公英贴图

Step01 执行菜单Window>General Editors>Visor（窗口>常规编辑器>遮板）命令，打开Visor（遮板）窗口，在Paint Effects（画笔特效）标签下，单击窗口左侧的flowers（花）选项，然后在右侧窗口单击选择dandelion（蒲公英）画笔，如图15-75所示。

图 15-75

Step02 关闭窗口，回到场景中，按住B键不放拖曳鼠标左键，将画笔笔触调大一些，在视图中拖动鼠标，创建出一个蒲公英，如图15-76所示。

这里，我们只需要蒲公英上面的一部分，但是由于Paint Effects（画笔特效）对象是不能进行编辑的，所以需要将Paint Effects（画笔特效）对象转换成多边形。

Step03 保持蒲公英被选中的状态，执行菜单Modify>Convert>Paint Effects to Polygons（修改>转换>画笔特效到多边形）命令，将蒲公英转换成多边形，如图15-77所示。

Step04 使用选择工具，选择蒲公英下面的两片叶子，将其删除，如图15-78所示。

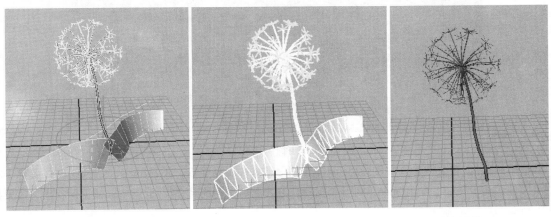

图 15-76　　　　　　　　　　图 15-77　　　　　　　　　　图 15-78

Step05 单击工具栏上的█（渲染当前帧）按钮，渲染蒲公英模型，效果如图15-79所示。

Step06 在Render View（渲染窗口）中执行File>Save Image...（文件>保存图像...）命令，将渲染出来的图像命名为"pugongying"，保存为Targa格式，以备后用。

Step07 在大纲视图中选择strokeDandelion1（蒲公英笔触）、curveDandelion（蒲公英曲线）和dandelionMeshGroup（蒲公英组），将其删除。

Step08 在大纲视图中选择emitter1发射器和Particle1粒子，按Shift+H组合键将其显示出来。

15.3.3 编辑粒子

Step01 在场景中选择Sprites（精灵）粒子，单击鼠标右键，从弹出的菜单中选择Assign Favorite Material>Lambert（指定喜爱的材质>Lambert）命令，指定一个Lambert材质，如图15-80所示。

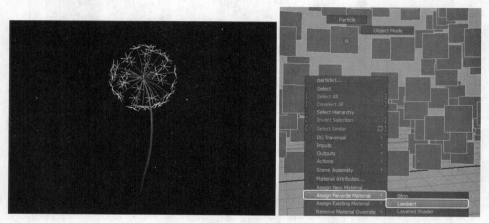

图 15-79   图 15-80

Step02 此时，在右侧就会弹出Lambert的属性编辑器面板，单击Color（颜色）选项后面的█按钮，弹出Create Render Node（创建渲染节点）窗口，在Create Render Node（创建渲染节点）窗口中单击File（文件）按钮，如图15-81所示。

图 15-81

Step03 此时，将会在软件右侧弹出File（文件）属性编辑器面板，单击Image Name（图像名称）右侧的█（文件预览）按钮，弹出Open（打开）窗口，导入之前创建的蒲公英贴图，按6键显示材质，效果如图15-82所示。

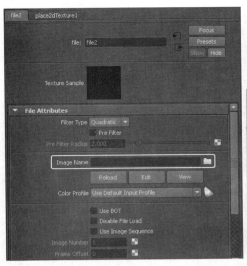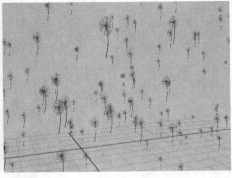

图 15-82

> **注：**
> 因为蒲公英贴图有Alpha通道信息，所以赋予贴图后，会产生镂空效果。

Step04 选择发射器，使用缩放工具将其再放大一些，然后播放动画观察效果，如图15-83所示。

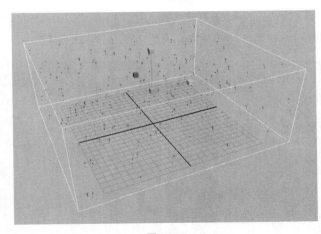

图 15-83

观察当前的蒲公英，发现形态非常统一，大小、方向都一样，所以接下来需要对它的大小、旋转等进行调整。

Step05 在大纲视图中选择Particle1粒子，按Ctrl+A组合键打开其属性编辑器，选择ParticleShape1（粒子节点1）标签，展开Add Dynamic Attributes（添加动力学属性）卷展栏，单击General（常规）按钮，弹出Add Attribute（添加属性）窗口，在Particle（粒子）标签下选择spriteScaleXPP（每粒子精灵x轴缩放）、spriteScaleYPP（每粒子精灵y轴缩放）和spriteTwistPP（每粒子精灵旋转）属性，单击Add（添加）按钮，如图15-84所示。

Step06 此时，在Per Particle（Array）Attributes［每粒子（阵列）属性］卷展栏下就多了3个属性，如图15-85所示。

图 15-84　　　　　　　　　　　　　　　　　　　　　图 15-85

　　首先为每粒子的x轴和y轴缩放值写表达式。

Step07　分别在Sprite Scale X pp（每粒子精灵x轴缩放）和Sprite Scale Y pp（每粒子精灵y轴缩放）属性的输入栏中单击鼠标右键，从弹出菜单中选择Create Expression（创建表达式）选项，在弹出的Expression Editor（表达式编辑器）窗口的Expression（表达式）栏中输入"particleShape1.spriteScaleXPP=rand（0.5,1）；"和"particleShape1.spriteScaleYPP=rand（0.5,1）；"，如图15-86所示。

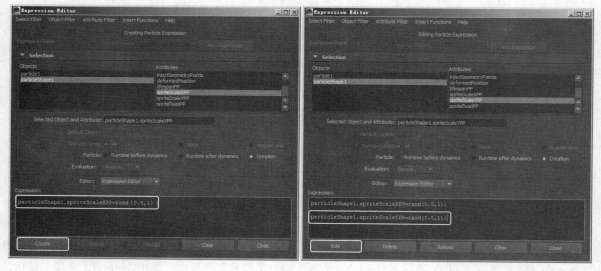

图 15-86

　　其次为每一个粒子的旋转值写表达式。

Step08　在Sprite Twist pp（每粒子精灵旋转）属性的输入栏中单击鼠标右键，从弹出菜单中选择Creation Expression（创建表达式）选项，在弹出的Expression Editor（表达式编辑器）窗口的Expression（表达式）栏中输入"particleShape1.spriteTwistPP=rand（-360,360）；"，单击Edit（编辑）按钮，如图15-87所示。

Step09　单击软件右下角的 ▶（向前播放）按钮，播放动画，可以看到粒子有了大小和旋转的随机变化，如图15-88所示。

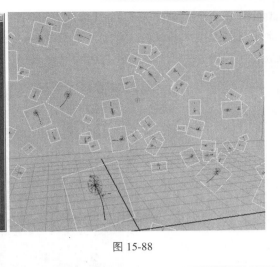

图 15-87 图 15-88

15.3.4 添加动力场

Step01 在大纲视图中选择Particle1粒子，执行菜单Fields>Turbulence（场>扰乱场）命令，为粒子添加一个扰乱场，播放动画，蒲公英就会随意飘动了。

Step02 保持Particle1粒子选中的状态，执行菜单Fields>Gravity（场>重力场）命令，为粒子添加一个重力场，并进入其通道盒面板，设置Magnityde（大小）值为0.1，如图15-89所示，让蒲公英自由下落，播放动画，观察效果。

图 15-89

如果希望蒲公英在自由下落的过程中还会产生自身的旋转，那么可以继续为其添加表达式。

Step03 选择Particle1粒子，进入其属性编辑器面板，选择ParticleShape1（粒子节点1）标签，在Add Dynamic Attributes（添加动力学属性）卷展栏中单击General（常规）按钮，在弹出的Add Attribute（添加属性）窗口New（新建）标签下的Long name（长名称）中输入"com"，并勾选Per particle（array）［每粒子（阵列）］选项，单击Add（添加）按钮，如图15-90所示。

Step04 此时，在Per Particle（Array）Attributes［每粒子（阵列）属性］卷展栏中就多了一个Com属性，在该属性后的输入框中单击鼠标右键，从弹出的菜单中选择Creation Expressiom（创建表达式）命令，在弹出的Expression Editor（表达式编辑器）窗口的Expression（表达式）栏中输入"particleShape1.com=rand（-5,5）;"，单击Edit（编辑）按钮，如图15-91所示。

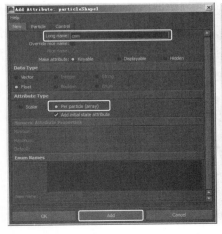

图 15-90 图 15-91

Step05　仍然在Expression Editor（表达式编辑器）窗口中，勾选Runtime before dynamics（动力学之前运行时间）选项，在Expression（表达式）栏中输入"particleShape1.spriteTwistPP+=particleShape1.com;"，单击Create（创建）按钮，如图15-92所示。

图 15-92

Step06　播放动画，观察效果，此时蒲公英就有了自身的旋转效果了。

Step07　选择Particle1粒子，执行菜单Fields>Air（场>空气场）命令，为蒲公英添加一个空气场。下面要为空气场设置关键帧，让其在运动的过程中带动蒲公英飘动。

Step08　在大纲视图中选择airField1空气场，将动画时间滑块移至第1帧处，将空气场移动到发射器的左侧，按S键设置关键帧，将时间滑块移至第50帧处，将空气场移至发射器的右侧，设置关键帧，如图15-93所示。

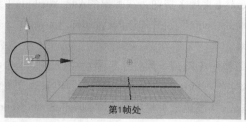
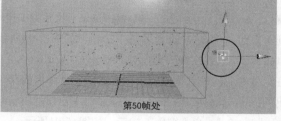

图 15-93

Step09　播放动画观察效果，发现当前的空气场力度过大，所以这里需要对空气场的力度和范围做一些调整。选择空气场，进入其通道盒面板，在Magnitude（力度）和Max Distance（最大距离）属性上单击鼠标右键，从弹出的菜单中选择Break Connections（打断连接）命令将其连接打断，然后分别将这两个属性设置为2和10，播放动画观察效果，如图15-94所示。

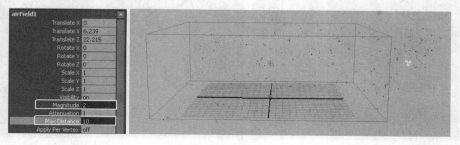

图 15-94

观察效果可以发现，当前蒲公英在受到空气场扰动时，在速度上并没有进行旋转，所以下面需要对其进行调节。

Step10 选择Particle1粒子，进入其属性编辑器面板，在Per Particle（Array）Attributes［每粒子（阵列）属性］卷展栏中Com属性后的输入框中单击鼠标右键，从弹出的菜单中选择Creation Expression（创建表达式）命令，打开Expression Editor（表达式编辑器）窗口，勾选Runtime before dynamics（动力学之前运行时间）选项，在Expression（表达式）栏中将表达式修改为"float$speed=mag（velocity）;" "particleShape1.spriteTwistPP+=particleShape1.com*$speed;"，单击Edit（编辑）按钮，如图15-95所示。

图 15-95

Step11 播放动画，可以看到受到空气场影响的蒲公英旋转的速度就会快一些了。

至此，蒲公英粒子部分就设置完成了，接下来为其添加一个背景，使效果更加完美一些。

15.3.5 添加背景

Step01 在当前透视图中，执行视图菜单View>Image Plane>Import Image（视图>图像平面>导入图像）命令，在弹出的Open（打开）窗口中找到随书配套光盘中的DVD02\scene\scene\chap15\maps\风景.jpg，单击Open（打开）按钮将其导入，场景中就会出现图像背景，如图15-96所示。

图 15-96

Step02 选择导入的图像平面，进入其属性编辑器面板，将Size X/Y（*x/y*轴缩放）值设置为1.7和1.2，将图像平面放大一些，如图15-97所示。

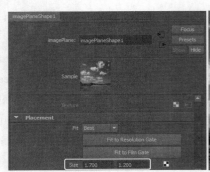

图 15-97

观察效果可以看到，当前蒲公英不是很明显，所以我们可以再对其颜色进行调整。

Step03 选择Particle1粒子，进入其属性编辑器面板，选择ParticleShape1（粒子节点1）标签，单击Add Dynamic Attributes（添加动力学属性）卷展栏下的Color（颜色）按钮，在弹出的Particle Color（粒子颜色）窗口中勾选Add Per Particle Attribute（添加每粒子属性）选项，单击Add Attribute（添加属性）按钮。

Step04 此时，在Render Attributes（渲染属性）卷展栏下就多了一个Color Red/Green/Blue（颜色红/绿/蓝）属性，将这3个属性值都设置为1，然后单击Current Render Type（当前渲染类型）按钮，勾选Use Lighting（使用灯光）选项，如图15-98所示。

Step05 选择发射器，按Ctrl+H键将其隐藏，单击当前透视图工具架上的 ▩ （网格）按钮，将网格隐藏，播放动画观察最终效果，如图15-99所示。

图 15-98　　　　　　　　　　　　　　　　图 15-99

Step06 最后，我们可以在时间滑块上单击鼠标右键，从弹出的菜单中选择Playblast（拍屏）命令后的 ▣ 按钮，打开选项窗口，将Scale（大小）设置为1，勾选Save to file（保存文件）选项，单击Browse按钮指定一个保存的路径，单击Playblast（拍屏）按钮进行拍屏，如图15-100所示。

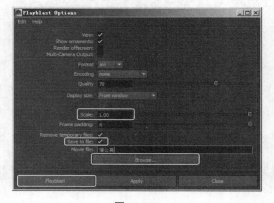

图 15-100

拍屏完成之后，读者可以到保存的路径下找到拍摄好的avi视频文件进行播放，观察蒲公英飞舞动画效果。

至此，飞舞的蒲公英就制作完成了，最后执行菜单File > Save Scene（文件>保存场景）命令，将场景保存即可，最终场景文件可参见随书配套光盘中的DVD02\scene\scene\chap15\mb\fwdpgy.mb。

15.4 粒子碰撞——大爆炸效果

在上一章中，我们学习了简单爆炸效果的制作，本节我们将利用之前学过的知识，配合场、碰撞等命令，利用表达式制作出一个大爆炸的效果，如图15-101所示。

图 15-101

15.4.1 创建地面和爆炸物

Step01 在场景中创建一个多边形平面，作为地面，并将其放大。

Step02 再创建一个多边形球体，并将其向上位移一个单位，如图15-102所示。

图 15-102

15.4.2 创建粒子

Step01 单击Particles>Create Emitter>▣（粒子>创建发射器>▣），打开选项窗口，执行菜单Edit>Reset Setting（重置设置）命令，将选项窗中的属性重置，单击Create（创建）按钮，创建一个新的粒子发射器。

Step02 将动画播放范围结束时间设置为100，播放动画观察粒子发射效果。

Step03 在大纲视图中选择emitter1发射器，进入其通道盒面板，将Emitter Type（发射器类型）设置为Direction（方向）类型，将Direction X、Y、Z（x、y、z轴方向）数值分别设置为0、1、0，让粒子沿y轴发射，如图15-103所示。

Step04 按键盘上的T键打开操作手柄，单击下方的钟表按钮，拖曳上方的操作手柄，打开其扩展角度，如图15-104所示。

Step05 此时，播放动画，粒子就会朝上并以一定的扩展角度进行发射，如图15-105所示。

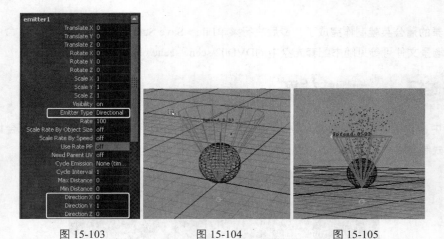

图 15-103　　　　　　　　　图 15-104　　　　　　　　　图 15-105

Step06 选择发射出来的粒子，进入其属性编辑器面板，选择ParticleShape1（粒子标签1）标签，将Emission Attributes（发射属性）栏中的Max Count（最大数量）设置为50，此时再次播放动画，就会只发射出50个粒子，如图15-106所示。

Step07 选择粒子，执行菜单Fields>Gravity（场>重力场）命令，为粒子添加重力场，并选择发射器，在其通道盒中将Speed（速度）值设置为10，Speed Random（随机速度）设置为9，播放动画，粒子就会随机喷射出来并受到重力场的作用下落。

Step08 仍然在发射器的通道盒面板中，将Rate（速率）设置为1000，这样粒子喷射的强度就会更大，然后将发射器向上移动一些，如图15-107所示。

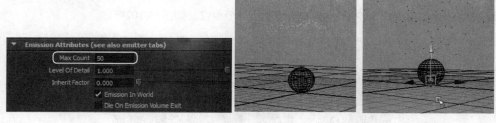

图 15-106　　　　　　　　　　　　　图 15-107

15.4.3 创建碰撞

Step01 选择粒子，加选平面，单击Particle>Make Collide>▣（粒子>创建碰撞>▣），打开选项窗口，设置Resilience（弹力）值为0.2，Friction（摩擦力）值为0.3，降低Offset（偏移）值，单击Create（创建）按钮，如图15-108所示。

图 15-108

Step02 选择粒子，进入其属性编辑器面板的ParticleShape选项卡，在Render Attributes（渲染属性）栏中，将Particle Render Type（粒子渲染类型）设置为Spheres（球体），并单击Current Render Type（当前渲染类型）按钮，设置Radius（半径）为0.2，如图15-109所示。

Step03 此时播放动画，粒子就会喷射出来，下落到地面后与地面发生碰撞，如图15-110所示。

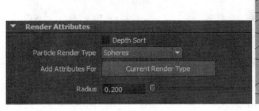

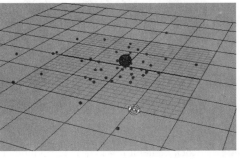

图 15-109   图 15-110

 注：

如果在发射时，有部分粒子直接穿透地面下落，可以将发射器向上移动一些即可。

Step04 观察此时的效果，粒子在喷射时缺乏层次感，这里可以选择粒子，在其通道盒中，设置Level Of Detail（细节层次）为0.2，如图15-111所示。

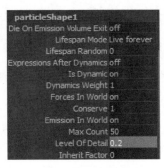

图 15-111

Step05 观察此时的效果，如果觉得扩展角度还不够，可以加大扩展角度，也可以将Speed（速度）也加大一些。

15.4.4 创建粒子替代

下面制作石头替代物体，这里借助一个脚本文件来进行制作。

Step01 使用写字板打开随书配套光盘中的DVD02\scene\scene\chap15\mb\插件\rockGen.mel文件，按键盘上的Ctrl+A组合键全选所有脚本，并按Ctrl+C键复制。

Step02 回到Maya中，打开脚本编辑器面板，在脚本编辑区，按键盘上的空格键加鼠标右键，在弹出的快捷菜单中选择New Tabs（新建标签）命令，新建一个MEL标签，按键盘上的Ctrl+V组合键，将脚本复制出来，并单击▶按钮执行，如图15-112所示。

Step03 再次新建一个MEL标签，将rockGen插件名称复制进来，再次单击▶按钮执行，打开Rock Generator窗口，如图15-113所示。

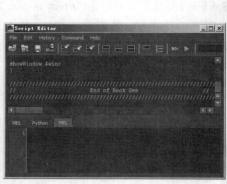

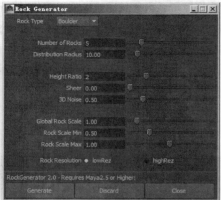

图 15-112　　　　　　　　　　　　　　　　图 15-113

Step04　在Rock Generator窗口中，设置Number of Rocks（石头数量）为20，Rock Scale Min（最小石头大小）为0.1，Rock Scale Max（最大石头大小）为0.5，单击Generate（生成）按钮生成一套石头模型，如图15-114所示。

Step05　单击视图工具架上的 ▣ 按钮，将石头单独显示出来，框选所有石头模型，打开吸附网格工具，将所有石头吸附到网格中心位置，如图15-115所示。

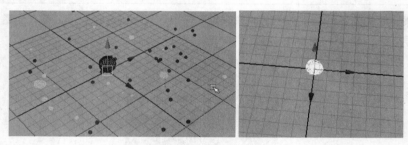

图 15-114　　　　　　　　　　　　图 15-115

Step06　选择所有石头模型，执行Freeze Transformtions（冻结变换）命令，并按Ctrl+H组合键将石头模型隐藏，单击视图工具架的 ▣ 按钮，将其他模型显示出来。

Step07　在大纲中展开bolderGroup1，选择所有石头模型，单击菜单Particles>Instancer(Replacement)> ▣ （粒子>替代> ▣ ），打开其选项窗口，执行菜单Edit>Reset Setting（重置设置）命令，将选项窗中的属性重置，单击Create（创建）按钮，创建粒子替代，此时，场景中的每个粒子上都会有一个石头模型，如图15-116所示。

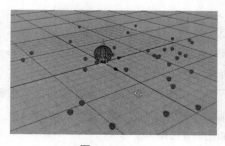

图 15-116

15.4.5　编辑粒子替代

Step01　在大纲视图中选择Particle1粒子，进入其属性编辑器面板，选择Particleshape1标签，在Add

Dynamic Attributes（添加动力学属性）卷展栏下单击General（常规）按钮，弹出Add Attribute（添加属性）窗口，在New（新建）标签下的Long name（长名称）输入框中输入instance_pp，勾选Per particle（array）[每粒子（阵列）]选项，单击Add（添加）按钮，如图15-117所示。

Step02 此时，在Per Particle（Array）Attributes[每粒子（阵列）属性]卷展栏下就多了一个instance_pp属性，在该属性右侧的输入框上单击鼠标右键，从弹出的菜单中选择Creation Expression（创建表达式）命令，在弹出的Expression Editor（表达式编辑器）窗口的Expression（表达式）栏中输入"particleShape1.instance_pp=rand(0,20);"，单击Create（创建）按钮，如图15-118所示。

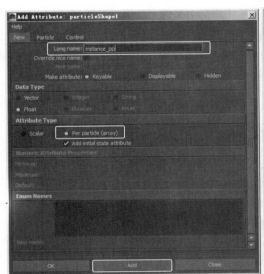
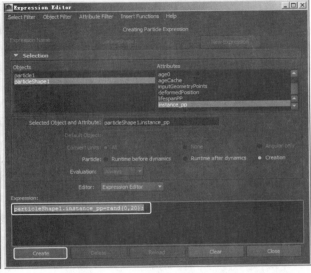

图 15-117　　　　　　　　　　　　　　　图 15-118

Step03 展开Instancer（Geometry Replacement）[替代（几何更换）]卷展栏，勾选Allow All Data Types（允许所有数据类型）选项，修改Object Index（对象索引）类型为instance_pp，如图15-119所示。

Step04 播放动画，可以看到发射出的粒子石块就包含了之前创建的20个石块类型，如图15-120所示。

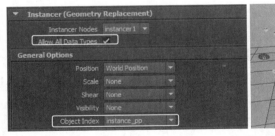
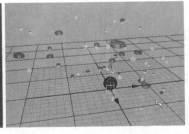

图 15-119　　　　　　　　　　　　图 15-120

Step05 在大纲视图中选择Particle1粒子，在其属性编辑器面板的Render Attributes（渲染属性）卷展栏中，将Particle Render Type（粒子渲染类型）设置为Points（点）类型。

Step06 选择发射器，将时间线移至第5帧处，设置其通道盒中的Rate（速率）为0，并为其设置一帧关键帧，再将时间线移至第6帧处，设置Rate（速率）为1000，再次设置一帧关键帧，这样在爆炸时就有一个缓冲效果。

Step07 将时间线移至第5帧处，选择球体，在其通道盒中设置Visibility（可见）为On，设置一帧关键帧，将时间线移至第6帧处，设置Visibility（可见）为Off，再次设置一帧关键帧。

这样，球体爆炸的效果就完成了。

15.4.6 调节粒子属性

当前发射的粒子比较规范，我们希望发射出来的石块模型有一定倾斜角度的随机变化，下面就来对其进行调节。

Step01 在大纲视图中选择Particle1粒子，进入其属性编辑器面板，选择Particleshape1标签，在Add Dynamic Attributes（添加动力学属性）卷展栏下单击General（常规）按钮，弹出Add Attribute（添加属性）窗口，在Long name（长名称）输入框中输入twice_pp，勾选Per particle（array）［每粒子（阵列）］选项，单击Add（添加）按钮添加，如图15-121所示。

Step02 此时，在Per Particle（Array）Attributes［单粒子（阵列）属性］卷展栏下就多了一个twice pp属性，在该属性右侧的输入框中单击鼠标右键，从弹出的菜单中选择Creation Expression（创建表达式）命令，在Expression Editor（表达式编辑器）窗口的Expression（表达式）栏中内输入"particleShape1.twice_pp=rand(-360,360);"，单击Edit（编辑）按钮，如图15-122所示。

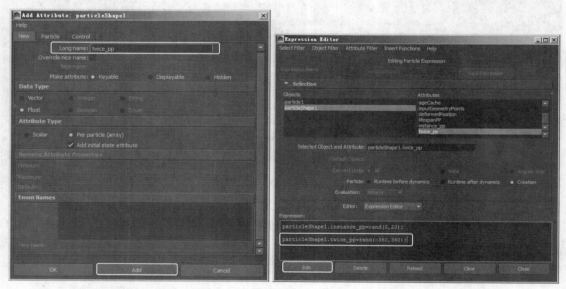

图 15-121　　　　　　　　　　　　　　　图 15-122

Step03 展开Instancer（Geometry Replacement）［替代（几何更换）］卷展栏，修改Rotation Options（旋转选项）卷展栏中的Rotation（旋转）值为twice_pp，如图15-123所示。

Step04 播放动画，可以看到发射出的石块替代粒子有了倾斜的随机变化，如图15-124所示。

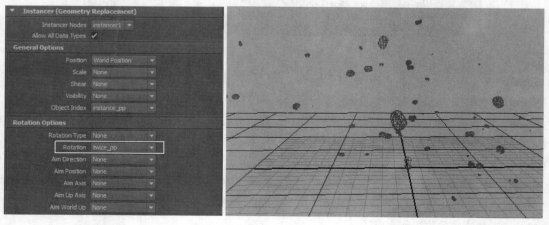

图 15-123　　　　　　　　　　　　　　　图 15-124

石块模型有了倾斜的随机变化，我们还希望石块在运动过程中不断地进行旋转变化。

Step05 继续使用与前面相同的方法为粒子添加rand_pp属性，并为其添加一个"particleShape1.rand_pp=rand(-5,5);"表达式，如图15-125所示。

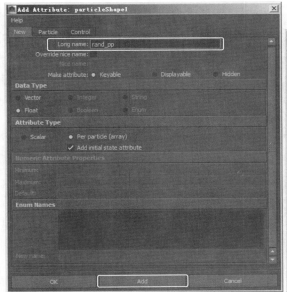

图 15-125

Step06 仍然在Expression Editor（表达式编辑器）窗口中，选择Runtime before dynamics（在动力学之前运行）选项，在Expression（表达式）栏中输入"particleShape1.twice_pp+=particleShape1.rand_pp;"，单击Create（编辑）按钮，如图15-126所示。

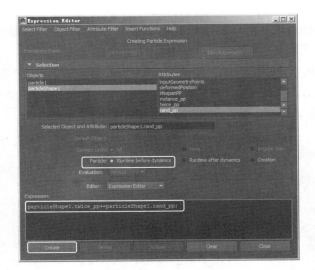

图 15-126

Step07 播放动画，可以看到发射出的替代粒子有了旋转的变化。

观察此时的效果可以发现，当前石块落到地面后还在继续进行旋转，所以我们还需要对其表达式进行进一步的修改。

Step08 使用同样的方法再添加一个speed_pp属性，然后在Velocity（速率）属性上单击鼠标右键，为其创建表达式，如图15-127所示。

Step09 此时播放动画，石头在落地后就不会进行旋转了，但是此时石头在空中时自转过快，这里可以在表达式编辑器中选择Creation（创建）选项，修改"particleShape1.rand_pp=rand(-5,5);"为particleShape1. rand_pp=rand(-2,2);，如图15-128所示。

图 15-127

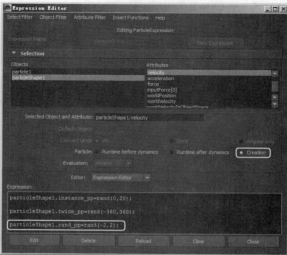
图 15-128

Step10 另外，我们也可以通过修改"particleShape1.speed_pp=mag(particleShape1.velocity);"为"particleShape1.speed_pp=mag(particleShape1.velocity)/10;"来改变石头自转速度。

再次播放动画，石块自转的速度就减慢了。

15.4.7 创建石块拖尾

下面为其添加拖尾效果。

Step01 选择Particle1粒子，执行菜单Particles>Emit from Object（粒子>从物体发射）命令，新建一个发射粒子系统，播放动画，可以看到石块产生了拖尾效果，如图15-129所示。

Step02 在大纲视图中，展开Particle1粒子，选择emitter2发射器，进入其通道盒，调整Speed（速度）值为0，选择Particle1，在其通道盒中将Max Count（最大数量）设置为20，此时播放动画，粒子的拖尾就成了一条线，如图15-130所示。

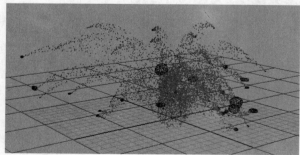
图 15-129

图 15-130

Step03 如果希望粒子拖尾有一些扩散效果，可以在大纲中展开Particle1粒子，选择emitter2发射器，进入其通道盒，设置Max Distance（最大距离）为0.2，Speed（速度）为0.2，此时播放动画，效果如图15-131所示。

Step04 在大纲视图中选择刚创建出来的Particle2粒子，进入其属性编辑器面板，选择ParticleShape2

标签，展开Lifespan Attributes（see also per-particle tab）卷展栏，调整Lifespan Mode（生命模式）为 Random range（随机范围），Lifespan（生命值）为2，Lifespan Random（生命值随机）为1，将喷射出 的粒子生命值设置为2~1秒，如图15-132所示。

图 15-131　　　　　　　　　　　　　　　　　图 15-132

　　将时间结束帧设置为150，播放动画，观察效果，Particle2粒子在2~1秒之间死亡，在石块落到地面 后，Particle2粒子还在继续发射粒子，还需要对其进行调节。

Step05　在大纲中选择Particle1，执行菜单Particles>Per-Point Emission Rates（粒子>每点发射速率）命令。

Step06　此时进入Particle1的属性编辑器面板，在Per Particle(Array)Attributes（每粒子属性）栏中就多了 一个Emitter 2Rate PP（每粒子发射速率）属性，在该属性上单击鼠标右键，选择Creation Expression（创建 表达式）命令，打开Expression Editor（表达式编辑器）窗口，再运行下创建表达式，如图15-133所示。

　　此时播放动画，石块在落到地面后，拖尾粒子就会渐渐消失，为了使粒子在喷射时多一些效果，下面 为其添加场。

Step07　选择Particle1，执行菜单Fields>Turbulence（场>扰乱场）命令，并设置扰乱场属性编辑器 Volume Control Attributes（体积控制属性）栏中的Volume Shape（体积形状）为Cube（立方体）。

Step08　在场景中将场放大，并调节位置，使其能影响到粒子，如图15-134所示。

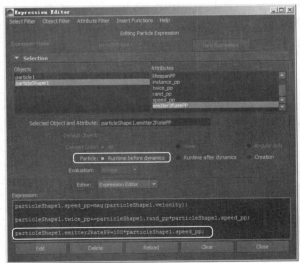
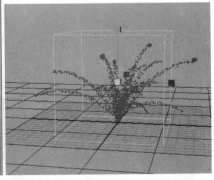

图 15-133　　　　　　　　　　　　　　　　图 15-134

Step09　进入扰乱场的通道盒面板，设置Magnitude（强度）为25，Frequency（频率）值为0.5，此时播 放动画，粒子在爆破时就会产生扰乱效果。

Step10　选择Particle2，同样为其添加扰乱场，并设置其通道盒中的Magnitude（强度）为1，Attenuation （衰减）为0。

Step11 如果希望其变化更明显一些，可以进入turbulenceField2的属性编辑器面板，在Turbulence Field Attributes（扰乱场属性）栏的Phase Z（z轴相位）属性上单击鼠标右键，从弹出的菜单中选择Creation New Expression（创建新的表达式）命令，在Expression Editor（表达式编辑器）中创建表达式，如图15-135所示。

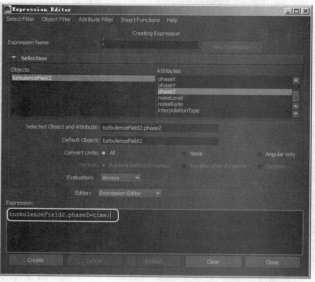

图 15-135

这样，石块爆炸的拖尾效果就会比较随机，下面设置粒子拖尾的渲染类型。

Step12 进入Particle2的属性编辑器面板，在Render Attributes（渲染属性）栏中，设置Particle Render Type（粒子渲染类型）为Cloud(s/w)（云），播放动画，观察效果，如图15-136所示。

Step13 仍然在Particle2的属性编辑器面板的Add Dynamic Attributes（添加动力学属性）栏中，单击General（常规）按钮，在Add Attribute（添加属性）面板的Particle（粒子）选项卡中选择radius PP（半径PP）属性，单击Add（添加）按钮添加，如图15-137所示。

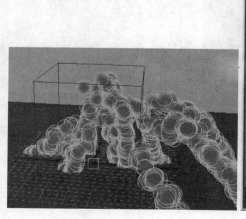

图 15-136　　　　　　　　　　　图 15-137

Step14' 此时，在Per Particle（Array）Attributes［每粒子（阵列）属性］卷展栏中多了一个Radius PP

（半径PP）属性，在该属性上单击鼠标右键，从弹出的菜单中选择Creation Ramp（创建渐变），再在该属性上单击鼠标右键，选择<- arrayMapper1.outValuePP>Edit Ramp，将渐变条设置为上白下黑的渐变，如图15-138所示。

Step15 再次播放动画，此时粒子拖尾就会呈锥状，如图15-139所示。

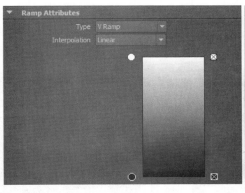
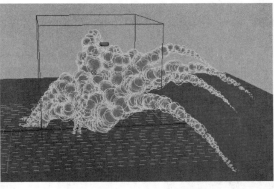

图 15-138　　　　　　　　　图 15-139

Step16 仍然在渐变属性编辑器面板中单击■按钮，在Array Mapper Attributes（排列映射属性）栏中设置Min Value（最小值）为0.2，Max Value（最大值）为1.5，这样，粒子拖尾的锥状大小就会比较自然，如图15-140所示。

图 15-140

15.4.8 制作材质

Step01 打开材质编辑器窗口，在Volumetric（体积）中创建一个Particle Colud（粒子云）材质，并将其指定给Particle2，如图15-141所示。

Step02 在场景中创建一盏平行光，并调节其角度、位置，如图15-142所示。

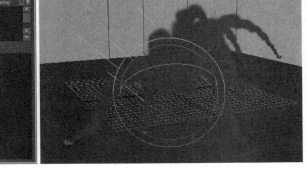

图 15-141　　　　　　　　　图 15-142

Step03 在平行光属性编辑器面板中，勾选Raytrace Shadow Attributes（光线追踪阴影）栏中的Use Ray Trace Shadows（使用光线追踪阴影）选项，并打开Render Settings（渲染设置）窗口，勾选Maya Software（Maya软件）选项卡中Raytracing Quality（光线追踪质量）下的Raytracing（光线追踪）选项，打开灯光的阴影。

Step04 进行渲染，效果如图15-143所示。

Step05 在材质编辑器中选择Utilities（工具）选项，创建一个Particle Sampler（粒子采样）和Reverse（转换）节点，如图15-144所示。

图 15-143　　　　　　　　　　　　　　　　　　图 15-144

Step06 按住鼠标中间拖曳Particle Sampler（粒子采样）节点至Reverse（转换）节点上，在弹出的菜单中选择Other（其他），在Connection Editor（连接编辑器）窗口的Outputs（输出）栏中选择OpacityPP，在Inputs（输入）栏选择input中的inputX/Y/Z，如图15-145所示。

Step07 在Reverse（转换）节点上按住鼠标中键，将其拖曳至ParticleCloud节点上，在弹出的菜单中选择transparency（透明度）选项，如图15-146所示。

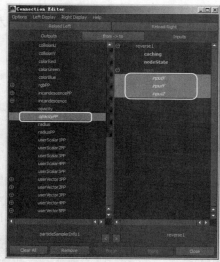

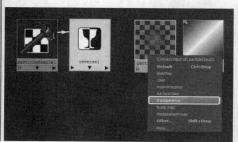

图 15-145　　　　　　　　　　　　　　　　图 15-146

Step08 选择Particle2，在其属性编辑器Add Dynamic Attributes（添加动力学属性）栏中单击Opacity（不透明度）按钮，在Particle Opacity（粒子不透明度）窗口中勾选Add Per Particle Attribute（添加每粒子属性）选项，单击Add Attribute（添加属性）按钮添加属性。

Step09 此时在Per Particle(Array) Attributes（每粒子属性）栏中多了一个Opacity PP（每粒子不透明度）属性，在该属性上单击鼠标右键，选择Create Ramp（创建渐变）命令，再次单击鼠标右键，选择<-arrayMapper2.outValuePP>Edit Ramp命令，在渐变面板中修改渐变颜色，再次渲染，如图15-147所示。

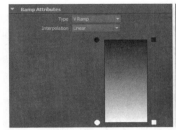

图 15-147

Step10 选择Particle2，进入其PartcileCloud选项卡，设置其Color（颜色）为灰色，并设置其他属性，再次渲染，此时粒子拖尾就变成了灰色，如图15-148所示。

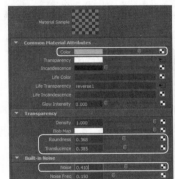

图 15-148

Step11 选择Particle2，进入其ParticleShape属性编辑器面板，单击Add Dynamic Attributes（添加动力学属性）栏中的General（常规）按钮，打开Add Attribute（添加属性）窗口，选择incandescencePP属性，单击Add（添加）按钮添加，如图15-149所示。

图 15-149

Step12 在Per Particle(Array)Attributes（每粒子属性）栏中的Incandescence PP属性上单击鼠标右键，从弹出的菜单中选择Create Ramp（创建渐变）命令，为其添加黑色到橘黄色到乳白色的渐变，如图15-150所示。

Step13 打开材质编辑器窗口，选择ParticleCloud2材质，单击▣按钮将其展开，按住鼠标中键拖曳ParticleSamplerInfo节点至ParticleCloud2上，释放鼠标，在弹出的菜单中选择Other（其他）选项，在打开的Connection Editor（连接编辑器）窗口Outputs（输出）栏中选择incandescencePP，在Inputs（输入）栏中选择incandescence，如图15-151所示。

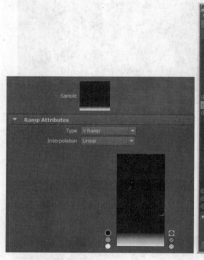

图 15-150   图 15-151

Step14 再次渲染，烟尘就有了火光效果，如图15-152所示。

Step15 使用前面同样的方法，再为Particle2添加一个UserScalar 1PP属性，如图15-153所示。

Step16 同样为添加的User Scalar 1 PP创建一个上黑下白的Ramp，如图15-154所示。

图 15-152   图 15-153   图 15-154

Step17 在材质编辑器中，按住鼠标中键拖曳ParticleSamplerInfo节点至ParticleCloud2上，释放鼠标，从弹出的菜单中选择Other（其他）选项，在打开的Connection Editor（连接编辑器）窗口Outputs（输出）栏中选择userScalarPP，在Inputs（输入）栏中选择glowIntensity，如图15-155所示。

Step18 这样，烟雾的火光部分就有了辉光效果，辉光的强弱可以通过创建的Ramp（渐变）来调节，还可以配合粒子2的材质进行更细致的调节，最终效果如图15-156所示。

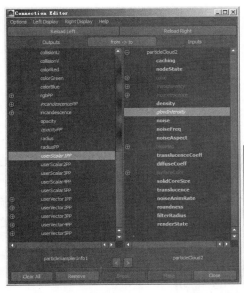

图 15-155

图 15-156

Step19 最后在场景中创建一个摄影机，并进入摄影机视图调整其角度，打开分辨率指示器，锁定摄影机，对其中一帧进行渲染，如图15-157所示。

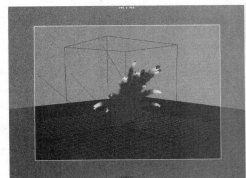

图 15-157

至此，本案例全部制作完成，更详细的操作步骤可参见随书配套光盘中的教学视频，最终场景文件可参见随书配套光盘中的DVD02\scene\scene\chap15\mb\dabaozha.mb。

15.5 流体烟雾

流体烟雾的效果是在工作区的某个位置创建3D流体发射容器，通过对流体形状节点内密度、旋涡、最大深度、阻力等参数的调节逐步得到的。

下面就通过具体的实例来讲解流体烟雾的应用。

15.5.1 创建流体

Step01 执行菜单Fluid Effects>Create 3D Container with Emitter（流体特效>创建3D发射容器）命令，创建一个3D发射容器，并将其移动至网格上方，如图15-158所示。

Step02 在大纲视图中展开fluid1，选择fluidEmitter1流体发射器，将其移动到容器的底端，便于观察发射烟雾的效果，如图15-159所示。

基础 建模 渲染 动画 特效

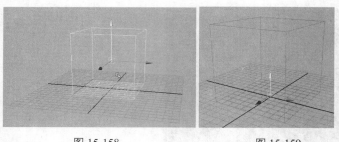

图 15-158　　　　　　　　　　图 15-159

15.5.2　编辑流体

Step01　在大纲视图中选择fluid1流体，单击Fluid Effects>Extend Fluid>▣（流体特效>扩展流体>▣），打开选项窗口，设置Extend Y by（y轴扩展）值为2，单击Apply（应用）按钮两次，流体容器在y轴向上延伸4个单位，如图15-160所示。

图 15-160

注：

这里在设置流体容器高度时，不能使用缩放工具对其进行缩放，使用缩放工具进行缩放会影响流体的分辨率。

Step02　保持fluid1流体处于选中状态，按Ctrl+A组合键打开属性编辑器面板，选择fluidShape1标签，在Container Properties（容器属性）卷展栏下修改以下属性。

取消勾选Keep Voxels Square（保持三维方形）选项。

设置ResolutionX/Y/Z（X/Y/Z分辨率）为15、30、15，可以设定3D容器在X、Y、Z3个方向上的分辨率，分辨率越高，流体效果越好，细节越丰富，但渲染时间和交互播放速度也越慢。

设置Boundary X/Y/Z（X/Y/Z边界）为None（无），可以设置流体在X、Y、Z3个方向上没有边界，如图15-161所示。

图 15-161

Step03　展开Contents Method（内容方法）卷展栏，单击Temperature（温度）右侧的下拉列表框，选择Dynamic Grid（动力学网格）选项，如图15-162所示，这样在后面为流体添加材质的时候，就会产生颜色的反馈。

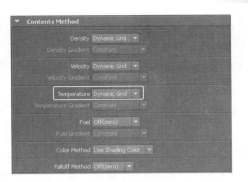

图 15-162

Step04　将时间结束帧设置为200，播放动画观察流体烟雾效果，如图15-163所示。

可以看到当前流体烟雾产生得比较缓慢，这里就需要加快流体产生的速度。

Step05　仍然在fluid1流体属性编辑器中，展开Dynamic Simulation（动态模拟）卷展栏，设置Simulation Rate Scale（模拟率）值为3，Damp（阻尼）数值为0.07，如图15-164所示，再次播放动画就可以明显感觉到流体产生的速度加快了。

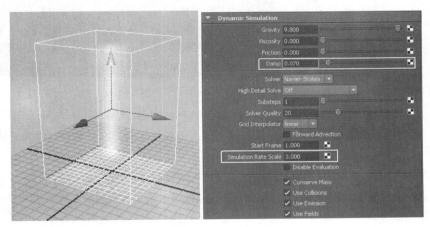

图 15-163　　　　　　　　　　　　　　图 15-164

Step06　展开Contents Details（细节内容）卷展栏，打开Density（密度）卷展栏，调整Density Scale（密度缩放）数值为0.8，增加流体的密度；继续打开Velocity（速度）卷展栏，设置Swirl（漩涡）值为4，Noise（噪波）值为0.08，如图15-165所示，播放动画，流体就会产生左右晃动的效果，如图15-166所示。

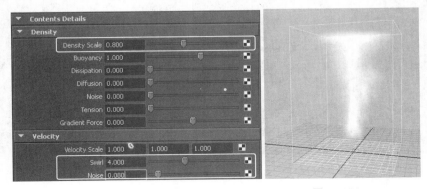

图 15-165　　　　　　　　　　　　　图 15-166

Step07　继续打开Turbulence（扰乱）卷展栏，设置Strength（强度）为0.2，Frequency（频率）为0.3，Speed（速度）为0.4，如图15-167所示。

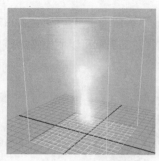

图 15-167

Step08 再次播放动画，流体就会更加随机自然了，如图15-168所示。

烟雾的形态制作得差不多了，下面需要增加烟雾的颜色，产生类似于火焰的效果。

Step09 在属性编辑器中展开Shading（明暗）卷展栏，设置Transparency（透明度）RGB=0.248，将Color（颜色）卷展栏中的Selected Color（选择颜色）设置为黑色，将Incandescence（自发光）卷展栏中颜色条上的3种颜色位置进行调节，并将Input Bias（输入偏心率）设置为0.3，对Opacity（不透明度）卷展栏中的对比值图标进行设置，如图15-169所示。

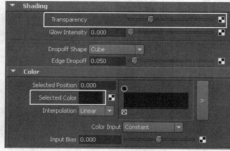

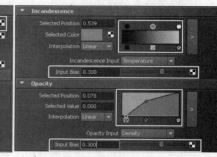

图 15-168   图 15-169

Step10 单击渲染按钮，对当前流体烟雾进行渲染，效果如图15-170所示。

观察效果可以发现，烟雾表面没有过渡的纹理变化，没有立体感，接下来对烟雾表面进行纹理细节的添加。

Step11 在fluid1流体属性编辑器中展开Textures（纹理）卷展栏，勾选Texture Color/Incandescence/Opactiy（纹理颜色/自发光/不透明度）3个选项，在Texture Time（纹理时间）右侧的输入框中输入"=time*0.5"，如图15-171所示，按回车键确定，此时输入框就变成了紫色，让纹理随着时间变化而变化。

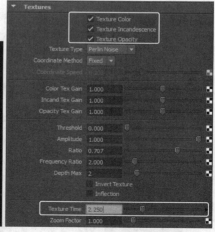

图 15-170   图 15-171

Step12 接着在Texture Origin Y（y轴纹理原点）选项输入框中单击鼠标右键，从弹出的菜单中选择Create New Expression（创建新的表达式）命令，在弹出的Expression Editor（表达式编辑器）窗口的Expression（表达式）栏中输入"fluidShape1.textureOriginY +=0.5;"，单击Create（创建）按钮，此时输入框就变成了黄色，使纹理原点沿着y轴产生翻腾的效果，增加纹理细节，如图15-172所示。

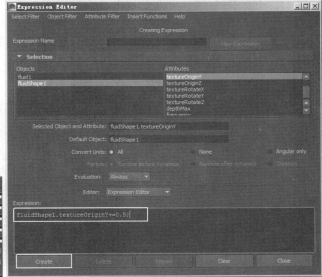

图 15-172

Step13 播放动画，找到合适的一帧，单击渲染按钮进行渲染，观察效果，如图15-173所示。

图 15-173

观察效果，当前的烟雾纹理效果还不是很理想，接下来可以继续对其进行调节。

Step14 勾选Textures（纹理）卷展栏中的Inflection（发射）选项，并展开Lighting（照明）卷展栏，勾选Self Shadow（自身阴影）选项，让烟雾自身产生阴影，如图15-174所示。

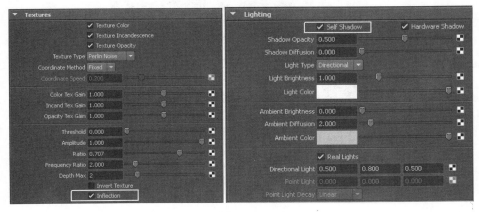

图 15-174

Step15 再次播放动画，找到合适的一帧，单击渲染按钮进行渲染，观察效果，如图15-175所示。

如果觉得当前的红色效果不是很好，还可以将Shading>Incandescence（明暗>自发光）卷展栏下颜色条中的3种颜色设置为黑灰白的渐变颜色，将烟雾颜色改为灰色。

烟雾的效果，需要反复调节其属性编辑器面板中的属性，才能得到理想的效果，具体的调节过程，这里就不再进行阐述，读者可观看配套教学视频。

烟雾调节的最终效果如图15-176所示。

图 15-175　　　　　　　　　图 15-176

设置完成之后，可以按F6键切换到Rendering（渲染）模块，执行菜单Render>Bath Render（渲染>批渲染）命令，渲染出动画序列就可以浏览烟雾的动画效果了。

Step16 调节完成之后，执行菜单File > Save Scene（文件>保存场景）命令，将场景保存，一个流体烟雾特效就制作成功了。

至此，本案例全部制作完成，视频教学中提供了另外一种调节流体烟雾效果的方法，最终场景文件读者可参见随书配套光盘中的DVD02\scene\scene\chap15\mb\liutiyanwu.mb。

15.6 纤尘特效

我们经常会在影视剧或动画片中看到魔法师挥动魔术棒产生纤尘的效果，相信初学者都非常期望自己也能制作出这种魔幻的效果，这一节我们就尝试利用路径动画命令配合粒子发射器来制作这种魔幻效果，如图15-177所示。

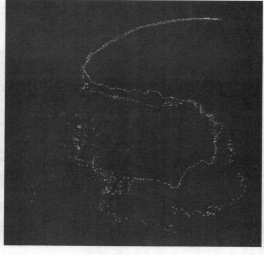

图 15-177

在使用粒子的Sprite（精灵）渲染类型时，可以在单粒子上显示纹理图像或图像序列，单粒子可以显示相同或不同的图像或图像序列。使用不同的纹理图像类型时，可以通过粒子的精灵片创建烟、云雾星空等效果。

在为Sprite（精灵）赋予纹理图像前，Sprite（精灵）显示为小矩形。不管摄影机的位置和方向如何，图像总是直接面对摄影机。

如果纹理图像缺少Alpha通道，图像不透明；如果纹理图像有Alpha通道，Sprite使用图像的透明度。为避免显示矩形，必须使原始纹理图像的外围部分透明，如图15-178所示。

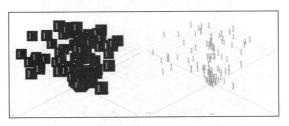

图 15-178

15.6.1 创建贴图

Step01 执行菜单Create> Lights>Point Light（创建>灯光>点光源）命令，在场景中创建一个点光源，按Ctrl+A组合键打开属性编辑器，展开Light Effects（灯光特效）卷展栏，单击Light Glow（灯光光晕）选项右侧的■按钮，将会自动添加Optical FX Attributes（光学特效属性），如图15-179所示。

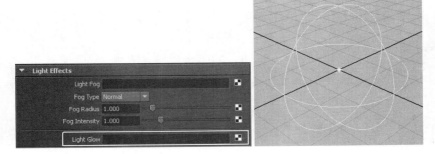

图 15-179

Step02 单击渲染按钮进行渲染，观察光晕效果，如图15-180所示。

图 15-180

Step03 在点光源的opticalFX属性编辑器面板中，可以通过Glow Attributes（辉光属性）栏中的Glow Color（辉光颜色）和Glow Intensity（辉光强度）来调节辉光的颜色和强度，如图15-181所示，这里笔者调节了橘黄色、黄色、湖蓝色、深蓝色、紫色、粉色、白色7种颜色，设置合适的输出图像大小，分别进行渲染输出，读者可在随书配套光盘中找到。

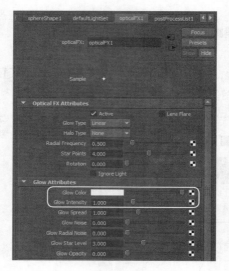

图 15-181

15.6.2 创建粒子动画

Step01 按Ctrl+N组合键新建一个场景，并进入Front（前）视图中，执行菜单Create>CV Curve Tool（创建>控制点曲线工具）命令，创建一条CV曲线，并使用渲染工具将其立起来，如图15-182所示。

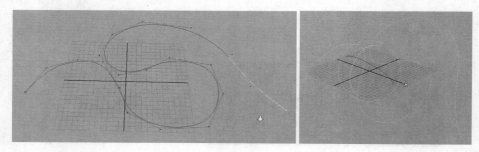

图 15-182

Step02 进入曲线的顶点组件编辑模式，调节曲线的顶点，使其有一些层次感，如图15-183所示。

图 15-183

Step03 切换到透视图，在曲线上单击鼠标右键，从弹出的菜单中选择Object Mode（对象模式）。

Step04 单击菜单Particles>Create Emitter>▢（粒子>创建发射器>▢），打开选项窗口，执行菜单Edit>Reset Setting（编辑>重置设置）命令，单击Create（创建）按钮，新建一个发射粒子系统。

Step05 将时间范围结束帧设置为80，选择粒子发射器，然后加选曲线，如图15-184所示，按F2键切换到Animation（动画）模块，单击菜单Animate>Motion Paths>Attach to Motion Path>▣（动画>运动路径>添加到运动路径>▣），打开其选项窗口，设置End time（结束时间）为60，单击Attach（连接）按钮，为粒子发射器建立路径动画，此时，粒子发射器就会吸附到曲线上，而曲线的首尾会显示出当前动画时间线的起始帧和结束帧，如图15-185所示。

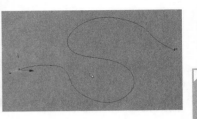

图 15-184   图 15-185

Step06 单击主窗口右下方的▶（向前播放）按钮，播放动画，观察粒子发射器的运动，粒子发射器在向前运动的同时产生了大量的粒子，如图15-186所示。

Step07 如果觉得设置的路径时间不合适，可以选择曲线上的帧数，按Ctrl+A键打开其属性编辑器窗口，在positionMarkShape选项卡中设置Time（时间）为50，如图15-187所示。

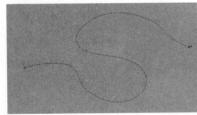

图 15-186   图 15-187

Step08 在大纲中选择emitter1，将时间线移至第40帧处，设置Rate（速率）为500，为其设置一帧关键帧，将时间线移至第50帧处，设置Rate（速率）为0，再次设置一帧关键帧，此时播放动画，发射器在结束时就不会继续发射粒子。

Step09 选择粒子，进入其ParticleShape属性编辑器面板，在Lifespan Attributes(see also per-particle tab)（生命周期属性）栏中设置Lifespan Mode（生命周期模式）为Random range（随机范围），Lifespan（生命周期）为1，Lifespan Random（生命周期范围）为0.5，如图15-188所示。

Step10 选择发射器，在其通道盒中设置Speed（速度）值为0.5，使粒子有一些扩展角度。

Step11 选择粒子，执行菜单Fields>Gravity（场>重力场）命令，为粒子添加重力场，这样粒子在运动过程中就会受到重力影响下落，如图15-189所示。

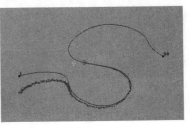

图 15-188   图15-189

Step12 为了使粒子运动时更加随机，这里再为其添加一个Fields>Turbulence（场>扰乱场）命令，并设置其通道盒中的Magnitude（衰减）值为0，Frequency（频率）为0.4，Inherit Factor（继承速度）为0.05，播放动画，粒子在运动时就会产生随机效果，如图15-190所示。

图 15-190

15.6.3 制作精灵粒子材质

Step01 在大纲视图中选择产生的Particle1粒子，按Ctrl+A组合键，打开属性编辑器面板，选择ParticleShape1标签，展开Render Attributes（渲染属性）卷展栏，设置Particle Render Type（粒子渲染类型）为Sprites（精灵片）选项，粒子的形态发生了变化，在场景中按5键以实体显示粒子，如图15-191所示。

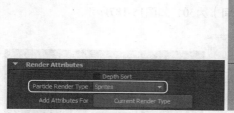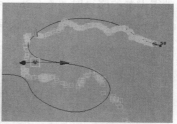

图 15-191

Step02 选择Sprites（精灵片）粒子，单击鼠标右键，在弹出的快捷菜单中选择Assign Favorite Material>Lambert（指定喜爱的材质>兰伯特）命令，为精灵片粒子赋予一个兰伯特材质。

Step03 此时，在右侧会弹出Lambert材质的属性编辑器面板，单击Color（颜色）选项后面的■按钮，弹出Create Render Node（创建渲染节点）窗口，单击File（文件）按钮。

Step04 在弹出的file1属性编辑器面板中，单击Image Name（图像名称）右侧的■（文件预览）按钮，在弹出的Open（打开）窗口中找到之前保存好的Light灯光图像（DVD02\scenes\scenes\chap15\maps\w1.tga），将其导入，在场景中按6键显示材质，如图15-192所示。

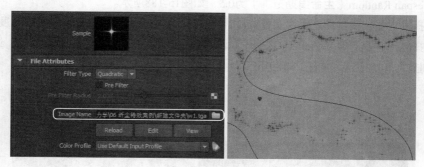

图 15-192

Step05 选择Particle1粒子，进入其属性编辑器面板，在Render Attributes（添加属性）卷展栏中，勾选Use Lighting（使用照明）选项，并进入粒子的兰伯特材质属性编辑器，调节Incansescence（自发光）

属性为白色，如图15-193所示，此时粒子的颜色就会变亮。

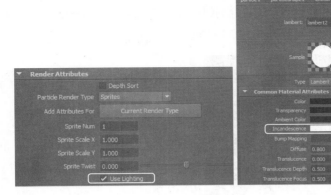

图 15-193

Step06 仍然在粒子的材质编辑器窗口，单击Color（颜色）属性后的█按钮，进入file面板，调节Color Balance（颜色平衡）栏中的Color Offset（颜色偏移）和Alpha Gain（不透明度增益）值，使粒子的颜色更加鲜亮一些，如图15-194所示。

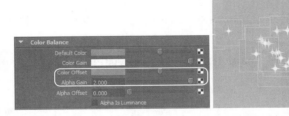

图 15-194

Step07 选择粒子，进入其ParticleShape属性编辑器窗口，展开Add Dynamic Attributes（添加动力学属性）卷展栏，单击General（常规）按钮，在Add Attribute（添加属性）窗口的Particle（粒子）选项卡中选择spriteNumPP属性，单击Add（添加）按钮添加，如图15-195所示。

Step08 在Per Particle(Array) Attributes（每粒子属性）卷展栏中就多了一个Sprite Num PP属性，在该属性上单击鼠标右键，选择Creation Expression（创建表达式）命令，在Expression Editor（表达式编辑器）窗口中输入"particleShape1.spriteNumPP=rand(7);"，单击Create（创建）按钮创建，如图15-196所示。

图 15-195

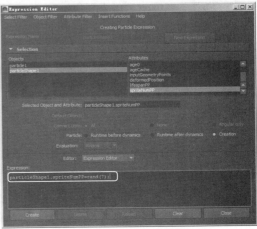

图 15-196

Step09 再次进入粒子的lamber属性编辑器窗口，单击Color（颜色）后的■按钮，进入file面板，勾选Use Image Sequence（使用图像序列）选项，勾选Interactive Sequence Caching Options（交互序列缓存选项）栏中的Use Interactive Sequence Caching（使用交互序列缓存）选项，并设置Sequence End（结束序列）为7，此时粒子图像就出现了之前创建的7张图像，如图15-197所示。

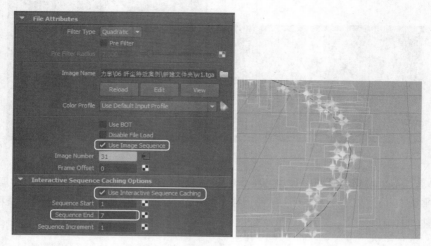

图 15-197

Step10 使用前面同样的方法为粒子添加spriteScaleXPP、spriteScaleYPP、spriteTwistPP属性，如图15-198所示。

Step11 为Sprite Twist PP属性添加"particleShape1.spriteTwistPP=rand(-360,360);"表达式，单击Edit（编辑）按钮，如图15-199所示。

图 15-198

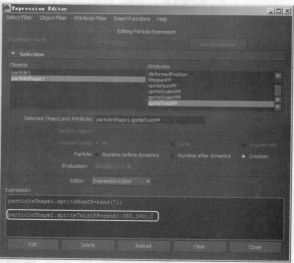

图 15-199

Step12 进入粒子的ParticleShape属性编辑器，在Add Dynamic Attributes（添加动力学属性）栏中单击General（常规）按钮，在Add Attribute（添加属性）面板New（新建）选项卡的Long name（长命名）中输入rand，勾选Per particle(Array)（每粒子阵列）选项，单击Add（添加）按钮添加。

Step13 为Rand属性添加表达式，如图15-200所示。

Step14 仍然在表达式编辑器中，选择Runtime before dynamics（在解算前运行）选项，在表达式栏中输入"particleShape1.spriteTwistPP+=particleShape1.rand;"，如图15-201所示。

 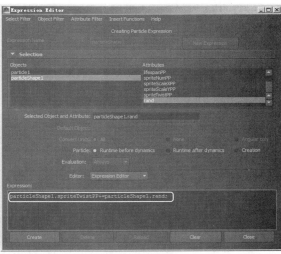

图 15-200   图 15-201

Step15 此时，再次播放动画，粒子在运动时就会随机旋转，如图15-202所示。

Step16 再为Sprite Scale Y PP创建表达式，使粒子有一些大小的随机效果，如图15-203所示。

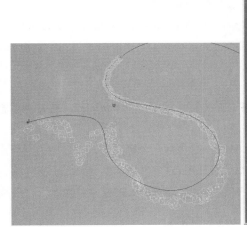 

图 15-202   图 15-203

Step17 再次播放动画，粒子就会产生大小不一的随机效果，如图15-204所示。

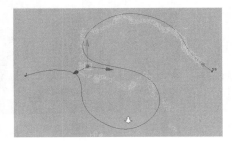

图 15-204

Step18 仍然在表达式编辑器中，在Runtime before dynamics（在解算前运行）方式中创建表达式，如图15-205所示。

Step19 再次播放动画，此时粒子在运动时就产生了忽大忽小的效果。

Step20 选择粒子，执行菜单Edit>Duplicate Special>▣（编辑>特殊复制>▣），打开其选项窗口，勾选 Duplicate input graph（复制输入节点）选项，单击Apply（应用）按钮复制，这样就会复制出粒子的所有节点，这里在大纲视图中将复制出来的曲线、重力场和扰乱场删除，只保留复制出来的发射器和粒子，如图 15-206所示。

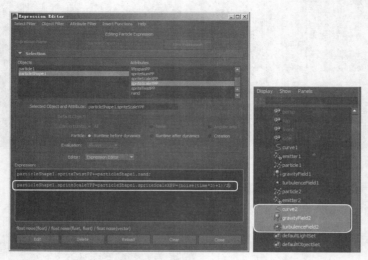

图 15-205   图 15-206

Step21 选择复制出来的发射器加选曲线，执行菜单Animate>Motion Paths>Attach to Motion Path>▣（动画>运动路径>添加到运动路径>▣），打开其选项窗口，设置End time（结束时间）为50，单击Attach（连接）按钮创建路径动画。

Step22 此时播放动画，就会有两套粒子进行发射。

Step23 选择emitter2，在其属性编辑器中设置Speed（速度）值为0，选择Particle2，在其通道盒中设置 Inherit Factor（继承因数）为0。

Step24 使用前面为Particle1添加扰乱场相同的方法为Particle2添加一个扰乱场。

Step25 也可以为Particle2重新指定一个白色的星光材质，如图15-207所示。

Step26 最后将场景中的曲线和场隐藏，按键盘上的Alt+B组合键将视图背景调节为黑色，播放动画，观察最终效果，如图15-208所示。

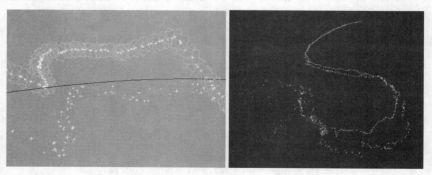

图 15-207   图 15-208

至此，本案例全部制作完毕，更详细的操作步骤可参见随书配套光盘中的教学视频，最终场景文件可参见随书配套光盘中的DVD02\scene\scene\chap15\mb\xianchen.mb。

15.7 主动刚体和被动刚体——不倒翁

本节将使用刚体来制作一个不倒翁的案例效果。

Step01 打开随书配套光盘中的DVD02\scene\scene\chap15\mb\budaoweng_start.mb场景文件，场景中有一个不倒翁模型，如图15-209所示。

Step02 在场景中创建一个多边形平面，并将其放大，如图15-210所示。

图 15-209   图 15-210

 注：

在创建地面时，需要保证地面与不倒翁之间保持一定的距离，切勿有所穿插，这样在进行刚体解算时，刚体和碰撞体才能进行正确的解算。

Step03 在大纲中选择BDW_mod，也就是不倒翁模型的组，执行菜单Soft/Rigid Bodies>Create Active Rigid Body（柔体/刚体>创建主动刚体）命令，将不倒翁创建为主动刚体。

Step04 选择地面，执行菜单Soft/Rigid Bodies>Create Passive Rigid Body（柔体/刚体>创建被动刚体）命令，将地面创建为被动刚体。

Step05 在大纲中选择BDW_mod，执行菜单Fields>Gravity（场>重力场）命令，为不倒翁添加重力场。

Step06 将时间线延长，播放动画，此时不倒翁就会下落到地面上。

Step07 在场景中创建一个多边形球体，如图15-211所示。

Step08 选择球体，执行Create Active Rigid Body（创建主动刚体）命令，并为其添加Gravity（重力场），此时播放动画，球体和不倒翁都会下落与地面碰撞，如图15-212所示。

图 15-211   图 15-212

Step09 这并不是我们想要的效果，这里希望球体与不倒翁发生碰撞，选择球体，在其通道盒中设置Initial Velocity（初始速度）为 – 10，再次播放动画，球体会与不倒翁发生碰撞，将不倒翁撞落到地面外，如图15-213所示。

Step10 在大纲中选择BDW_mod，按4键以线框显示模型，可以看到不倒翁的中心有一个×标志，如图15-214所示，在通道盒中将Center Of Mass Y（y轴质心点）设置为0，如图15-215所示，此时×标志就会移到不倒翁的底部，这样不倒翁就不会倒了。

图 15-213

图 15-214

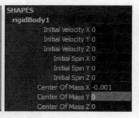
图 15-215

Step11 此时播放动画，不倒翁就不会掉落到地面下，但还是会向前滑动，如图15-216所示。

Step12 仍然保持BDW_mod的选中状态，在其通道盒中设置Mass（质量）为20，此时播放动画，不倒翁不会向前滑动了，但是不倒的效果消失了。

Step13 此时，就需要再次调节质心点，将质心点继续向下移动一些，这样就制作出了不倒翁的效果，如图15-217所示。

图 15-216

图 15-217

Step14 还可以配合调节球体的初始速度、质量等属性来制作出不同的效果。

至此，本案例全部制作完成，更详细的操作步骤可参见随书配套光盘中的教学视频，最终场景文件可参见随书配套光盘中的DVD02\scene\scene\chap15\mb\budaoweng_end.mb。

15.8 柔体——镜面案例

本节将使用柔体命令来制作一个镜面案例效果。

Step01 打开随书配套光盘中的DVD02\scene\scene\chap15\mb\routi.mb，场景中有一个镜面模型，如图15-218所示。

图 15-218

Step02 选择镜框，为其赋予一个Blinn材质，并设置材质的Color（颜色）为棕色，同样为镜面也赋予一个Blinn材质，并设置材质Color（颜色）为浅蓝色，如图15-219所示。

Step03 再创建一个多边形圆锥体，并对其角度和大小进行调整，如图15-220所示。

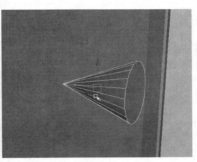

图 15-219　　　　　　　　　图 15-220

Step04 为圆锥体赋予一个Lambert材质，并设置其Color（颜色）为红色。

Step05 选择镜面模型，执行菜单Soft/Rigid Bodies>Create Soft Body>▣（柔体/刚体>创建柔体>▣），打开其选项窗口，设置Creation options（创建选项）为Duplicate，make copy soft（复制，使副本成为柔体）选项，并勾选Hide non-soft object（隐藏非柔体对象）和Make non-soft a goal（设定非柔体为目标）选项，单击Create（创建）按钮创建，如图15-221所示。

Step06 在大纲中展开copyOfpolySurface，选择copyOfpolySurface1Particle，执行菜单Soft/Rigid Bodies>Create Springs>▣（柔体/刚体>创建弹簧>▣），打开其选项窗口，设置Creation method（创建方式）为Wireframe（线框），单击Create（创建）按钮创建，如图15-222所示。

图 15-221　　　　　　　　　　图 15-222

Step07 此时镜面上就出现了线框状的弹簧，如图15-223所示。

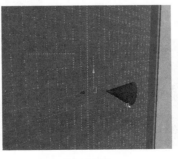

图 15-223

Step08 选择圆锥体，将时间滑块移至第1帧处，为其Translate X/Y/Z（*x/y/z*轴位移）设置一帧关键帧，将时间滑块移至第100帧处，将圆锥体向后移动一些，再次为Translate X/Y/Z（*x/y/z*轴位移）设置一帧关键帧，如图15-224所示。

Step09 在大纲中展开copyOfpolySurface，选择copyOfpolySurface1Particle，单击视图工具架上的███按钮，只显示粒子，在粒子上单击鼠标右键，选择Particle（粒子），选择最中心的一个粒子，加选圆锥体尖端的顶点，如图15-225所示。

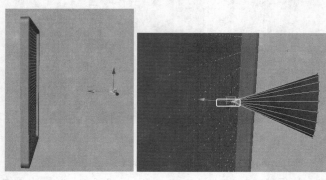

图 15-224   图 15-225

Step10 执行菜单Soft/Rigid Bodies>Create Springs>□（柔体/刚体>创建弹簧>□），打开其选项窗口，设置Creation method（创建方式）为All（所有），单击Create（创建）按钮创建。

Step11 此时圆锥体和镜面上的一个粒子之间就创建了一根弹簧，播放动画，圆锥体会将镜面拉扯起来，如图15-226所示。

Step12 在大纲中分别选择spring1和2，将其springShape属性编辑器中的Stiffness（硬度）均设置为200，此时再次播放动画，镜面就被拉扯得更强烈，如图15-227所示。

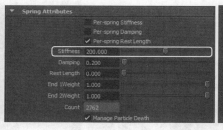

图 15-226   图 15-227

Step13 在大纲中展开copyOfpolySurface，选择copyOfpolySurface1Particle，在其copyOfpolySurface1ParticleShape属性编辑器中，设置polySurfaceShape1值为0.15，这样镜面就会被全部拉扯起来，如图15-228所示。

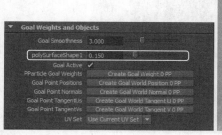

图 15-228

Step14 仍然在copyOfpolySurface1Particle的copyOfpolySurface1ParticleShape属性编辑器中，设置Render Attributes（渲染属性）栏中的Particle Render Type（粒子渲染类型）为Spheres（球体），并单击Current Render Type（当前渲染类型）按钮，设置Radius（半径）值为0.01，此时粒子会以球体显示，如图15-229所示。

Step15 切换到侧视图，将粒子单独显示，并在其copyOfpolySurface1ParticleShape属性编辑器中，设置Goal Weights and Objects（Goal权重对象）中的polySurfaceShape1值为1。

Step16 在粒子上单击鼠标右键，选择Particle（粒子），框选中心的粒子，如图15-230所示。

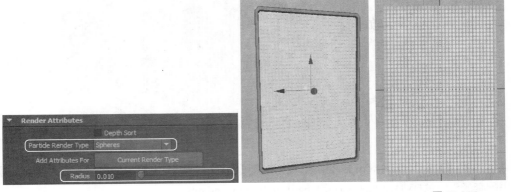

图 15-229　　　　　　　　　　　　　　　图 15-230

Step17 执行菜单Winsow>General Editors>Component Editor（窗口>常规编辑器>组件编辑器）命令，打开Component Editor（组件编辑器）窗口，将goalPP栏中的权重值均设置为0.15，如图15-231所示。

Step18 此时外侧的一圈粒子权重值就为1，内侧的粒子为0.15，然后将粒子的渲染类型再设置为Points（点）类型，此时播放动画，镜面周围被固定，如图15-232所示。

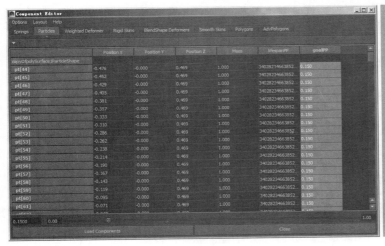 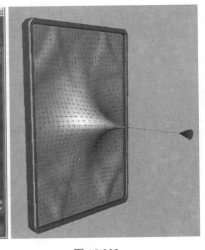

图 15-231　　　　　　　　　　　　　　　图 15-232

Step19 在大纲中选择spring2，将时间滑块移至第140帧处，进入spring2的springShape2属性编辑器窗口，为Stiffness（硬度）设置一帧关键帧；将时间滑块移至第141帧处，设置Stiffness（硬度）为0，再次设置一帧关键帧。

Step20 此时再次播放动画，在第141帧处，弹簧就会松开，如图15-233所示。

Step21 如果觉得当前粒子的波动过大，可以再次选择中间部分的粒子，进入Component Editor（组件编辑器）窗口，将goalPP栏中的权重值均设置为0.2，此时再次播放动画，镜面的波动强度就会减小。

Step22 也可以在大纲中选择spring2，将时间滑块移至第140帧处，设置其通道盒中的Stiffness（硬度）为100，为其设置关键帧，这样也会减小镜面的波动强度。

Step23 最后将粒子和弹簧隐藏，播放动画，观察最终效果，如图15-234所示。

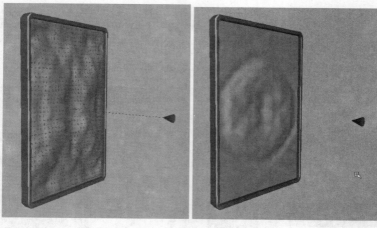

图 15-233 图 15-234

至此，本案例全部制作完毕，更详细的操作步骤可参见随书配套光盘中的教学视频，最终场景文件可参见随书配套光盘中的DVD02\scene\scene\chap15\mb\routi_end.mb。

15.9 nCloth布料系统——飘零的落叶

本节我们通过风吹树叶这个案例来讲解nCloth布料系统的使用方法，案例效果如图15-235所示。

图 15-235

15.9.1 创建树

Step01 执行菜单Window>General Editors>Visor（窗口>常规编辑器>遮板）命令，打开Visor（遮板）窗口，在Paint Effects（画笔特效）标签的左侧窗口中单击trees（树）选项，然后在右侧窗口单击选择birchBlowingLight（桦木）画笔，将窗口关闭，如图15-236所示。

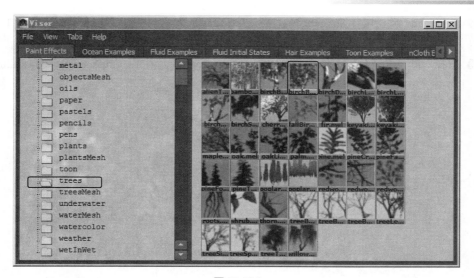

图 15-236

Step02 在场景中，按住键盘上的B键，拖动鼠标左键，将笔触放大一些，然后在场景网格上绘制一棵树木，并按6键显示树木材质，如图15-237所示。

Step03 将动画的时间范围调整到100帧，单击主窗口右下方的 ▶（向前播放）按钮，播放动画，可以看到树枝随着时间的变化左右摆动，这是Paint Effects（画笔特效）植物内置的动画效果，读者朋友可以尝试一下。

由于Paint Effects（画笔特效）植物无法进行编辑，所以我们需要将其转换为多边形物体。

Step04 使用选择工具选择树，执行菜单Modify>Convert>Paint Effects to Polygons（修改>转换>笔刷特效到多边形）命令，将Paint Effects植物转换成多边形，如图15-238所示。

图 15-237

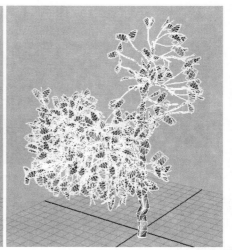

图 15-238

转换完成的模型分为树干、树叶两部分，单击主窗口右下方的 ▶（向前播放）按钮，播放动画，可以看到树枝随着时间的变化左右摆动，动画并没有被删除，而是保留了下来。

15.9.2 创建布料

Step01 将菜单选择器切换为nDynamics模块。

Step02 选择树叶，执行菜单nMesh>Create nCloth命令，将树叶创建成布料，单击主窗口右下方的▶（向前播放）按钮，播放动画，可以看到树叶会逐渐下落，如图15-239所示。

Step03 选择树叶，加选树干，执行菜单nConstraint>Component to Component（nConstraint>成员到成员）命令，将树叶和树干做一个连接，如图15-240所示。

图 15-239 　　　　　　　　　　　　　图 15-240

Step04 按Ctrl+A组合键打开属性编辑器，选择dynamicConstraintShape1标签，展开Dynamic Constraint Attributes（动力学约束属性）卷展栏，单击Connection Method（连接方法）右侧的下拉列表框，选择Within Max Distance（在最大距离内）选项，此时，树木只会在树叶之间进行连接而不会连接到树干了，如图15-241所示。

图 15-241

为了加快预览效果，我们也可以取消Dynamic Constraint Attributes（动力学约束属性）卷展栏中Display Connections（显示连接）的勾选，在场景视图中取消连接的绿色显示。

15.9.3 编辑布料

单击主窗口右下方的▶（向前播放）按钮，播放动画，可以发现布料解算比较缓慢，不能实时预览，为了加速解算，这里需要对树叶的布料节点进行一些调整。

Step01 选择树叶，按Ctrl+A键打开属性编辑器，选择nClothShape1选项卡，展开Collisions（碰撞）卷展栏，取消Self Collide（自碰撞）选项的勾选，关闭树叶的自碰撞，如图15-242所示。

Step02 展开Dynamic Properties（动力学属性）卷展栏，设置Lift（上升）值为0.8，为下落的树叶增加向上飘动的效果，如图15-243所示。

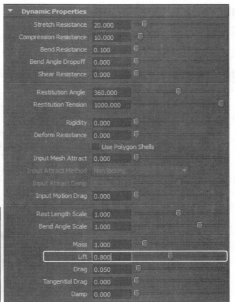

图 15-242　　　　　　　　　　　　　　　　图 15-243

Step03　在大纲视图中选择dynamicConstraintShape1，进入其属性编辑器面板，展开Connection Density Range（连接密度范围）卷展栏，设置Glue Strength（胶合强度）数值为0.05，减小胶合强度的数值，这样在外力的作用下，树叶容易和树干分离，如图15-244所示。

Step04　选择nucleus1标签，展开Gravity and Wind（重力和风）卷展栏，设置Wind Speed（风速）值为20，给树叶增加一个外力，如图15-245所示。

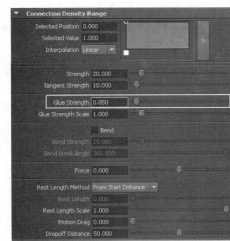

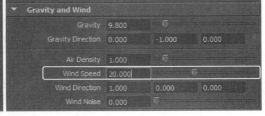

图 15-244　　　　　　　　　　　　　　　　图 15-245

15.9.4　创建缓存

缓存允许将动力学仿真存储到磁盘或内存中，使用动力学缓存，可以在播放动画时无需等待计算，就可以看到正确的结果。

它有以下优点。

01　提高渲染效率，特别是使用多处理器进行批渲染时，Maya在磁盘缓存中读取数据而无需重新计算。

02　提高场景播放速度并可拖动时间滑块。

Step01 选择场景中所有物体，单击菜单nCache>Create New Cache>■（nCache>创建新的缓存>■），打开选项窗口，勾选Start/End（起始/结束）选项，将Start/End（起始/结束）设置为1和100，单击Apply（应用）按钮，如图15-246所示。

Step02 等待缓存结束，播放动画，就可以观看到指定缓存中风吹落叶的效果，如图15-247所示。

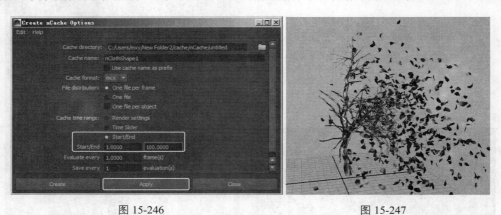

图 15-246   图 15-247

设置完成之后，可以按F6键切换到Rendering（渲染）模块，执行菜单Render>Bath Render（渲染>批渲染）命令，渲染出动画序列就可以浏览树叶飘落的动画效果了。

执行File > Save Scene（文件>保存场景）命令，将场景保存，风吹落叶的动画效果就制作完成了，最终场景文件可参见随书配套光盘中的DVD02\scene\scene\chap15\mb\shuye.mb。

15.10 窗帘动画

一旦创建柔体，就意味着我们可以使用力场、碰撞等动力学来控制几何体了，所以我们可以应用力场和柔体来制作模型，把柔体动力学视为一种建模手段，同样我们还可以对Wire（线）变形器、Lattice（晶格）等应用柔体，使用力场来影响变形器。

这一节中，我们将为平面物体创建柔体，然后为柔体创建动力学弹簧，在统一场的作用下制作窗帘随风摆动的动画效果，最终结果如图15-248所示。

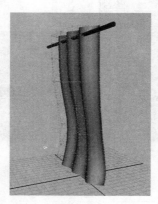

图 15-248

15.10.1 创建柔体

Step01 执行菜单Create>NURBS Primitives>Plane（创建>NURBS基本体>平面）命令，创建一个平面对象，并进入其通道盒，展开makeNurbPlane1卷展览，设置Patches U和V值均为6，对其大小进行调整，如图15-249所示。

图 15-249

Step02 将平面沿z轴旋转90° ，并使用移动、缩放命令将平面调整至图15-250所示的位置。

Step03 切换到顶视图，在平面对象上单击鼠标右键，弹出快捷菜单，选择Control Vertex（控制点）编辑模式，框选图15-251所示的3排点，使用移动工具将其向外移动出来一些，制作出窗帘的形态，结果如图15-252所示。

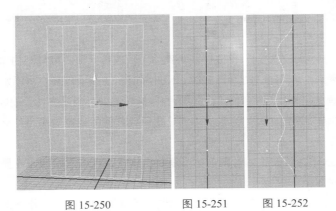

图 15-250   图 15-251   图 15-252

Step04 切换到透视图，在窗帘对象上单击鼠标右键，从弹出的菜单中选择Object Mode（对象模式）选项。

Step05 执行菜单Create > Polygon Primitives > Cylinder（创建>多边形基本体>圆柱体）命令，创建出一个圆柱体，使用移动、旋转、缩放工具，调整它的位置和大小，将其作为窗帘杆，如图15-253所示。

接下来为窗帘和圆柱体添加材质，既便于大家辨认，也为看起来美观。

Step06 选择窗帘，单击鼠标右键，在弹出的快捷菜单中选择Assign Favorite Material>Blinn（指定中意的材质>布林）命令，为其指定一个Blinn材质。

Step07 在右侧弹出的blinn1材质的属性编辑器中，将Color（颜色）设置为红色，窗帘就变成了红色，如图15-254所示。

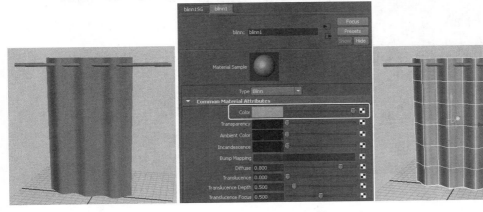

图 15-253   图 15-254

Step08 使用同样的方法，为窗帘杆设置一个黑色的Blinn材质，如图15-255所示。

Step09 选择窗帘，按F5键切换到Dynamics（动力学）模块，单击Soft/Rigid Bodies>Create Soft Body>□（柔体/刚体>创建柔体>□），打开选项窗口，在Creation Options（创建选项）右侧的下拉列表中选择Duplicate，Make Copy Soft（复制，使复制成为柔体）选项，然后勾选Hide non-soft object（隐藏非柔体对象）和Make non-soft a goal（设定非柔体为目标）选项，单击Apply（应用）按钮，如图15-256所示。

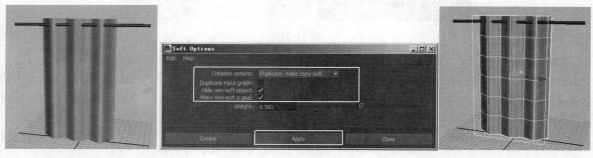

图 15-255   图 15-256

Duplicate，Make Copy Soft（复制，使复制成为柔体）：选择此项，可复制物体并将物体的复制品创建为柔体，而不改变原始物体。选择此项，可将Make Non-Soft a Goal项打开，将原始物体作为柔体的目标物体，这样柔体将跟随动画的目标物体。编辑柔体粒子的目标权重，可创建弹性运动或轻摇效果。

Make Non-Soft a Goal（设定非柔体为目标）：设定原始几何体或复制品为目标物体，使柔体跟踪目标或向目标物体移动。

Hide Non-Soft Object（隐藏非柔体对象）：当复制物体，并且将原始物体或复制品创建为柔体时，勾选该项，则非柔体对象被隐藏。

有了柔体，接下来需要为柔体绘制权重，控制哪些部分受影响，哪些部分不受影响，这样在动力场的影响下才会产生运动。

Step10 选择copyOfnurbsPlane1柔体，执行菜单Soft/Rigid Bodies>Paint Soft Body Weights Tool（柔体/刚体>绘画柔体权重工具）命令，在其工具设置面板中将Value（值）设置为0，对窗帘下半部分进行绘制，并使用Smooth（平滑）类型对权重进行平滑处理，为柔体绘制权重，如图15-257所示。

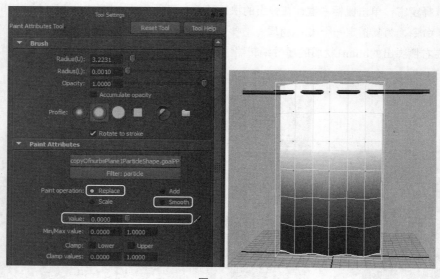

图 15-257

15.10.2 创建统一场

Step01 保持柔体对象的选择状态，执行菜单Fields>uniform（场>统一场）命令，为柔体添加统一场，将统一场移动到窗帘前方，这里需要注意统一场的影响方向，可通过通道盒中的Direction X/Y/Z（x/y/z方向）属性来设置，如图15-258所示

Step02 将时间范围设置为200，播放动画观察效果，如图15-259所示。

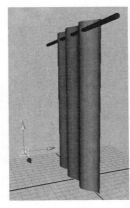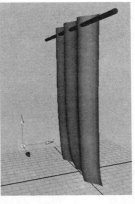

图 15-258　　　　　图 15-259

 注：
统一场可以在某个方向上使被影响的物体匀速运动。

15.10.3 创建弹簧

Step01 在大纲视图中选择copyOfnurbsPlane1柔体，单击菜单Soft/Rigid Bodies >Create Springs>□（柔体/刚体>创建弹簧>□），打开选项窗口，在Creation Method（创建方式）右侧的下拉列表框中选择Wireframe（线框），设置Wire walk length（线框步长）值为2，单击Create（创建）按钮，如图15-260所示。

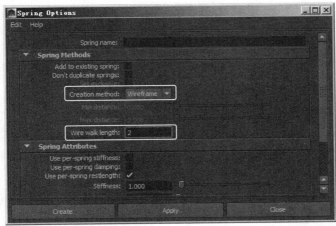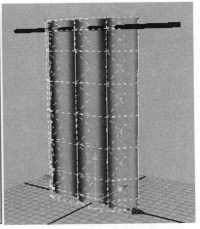

图 15-260

Step02 在大纲视图中选择spring1弹簧，进入其通道盒，将Stiffness（硬度）值设置为5，如图15-261所示。

Step03 播放动画可以看到窗帘下部摆动的幅度比较小，显得比较僵硬，为了得到比较好的效果，可以继续对其进行调节。

Step04 在大纲视图中选择uniformField1统一场，进入其通道盒，将Magnitude（大小）设置为10。

再次播放动画，观察效果可以发现，当前窗帘的上半部分飘动幅度不是很大，这是由于权重的原因，所以下面需要对其权重做进一步的绘制。

Step05 选择copyOfnurbsPlane1柔体，执行Soft/Rigid Bodies>Paint Soft Body Weights Tool（柔体/刚体>绘画柔体权重工具）命令，修改绘制的柔体权重，如图15-262所示。

Step06 如果感觉uniform（统一场）吹动窗帘的力度不够大，可以在大纲视图中选择uniformField1统一场，然后在其通道盒中调整Magnitude（大小）值为20。

Step07 播放动画，观察效果，如图15-263所示。

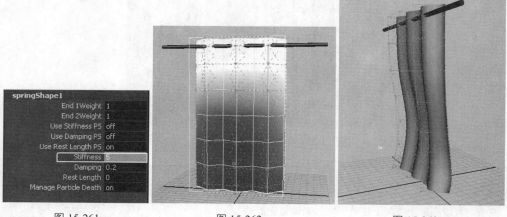

图 15-261   图 15-262   图 15-263

Step08 另外，还可以在大纲视图中选择uniformField1统一场，按键盘上的T键，此时，在场景中会显示出统一场的最大距离、最小距离及强度属性，如图15-264所示；单击图15-265中标示的图标，可以对这些属性进行切换，将其切换到Direction（方向）属性上，再单击图15-266中标示的图标，将其向右拉伸，将统一场的方向增大。

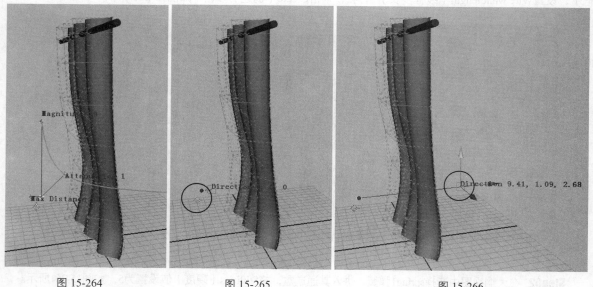

图 15-264   图 15-265   图 15-266

再次播放动画，窗帘飘动的幅度就更大一些了。

Step09 还可以为uniformField1统一场的通道盒中的Magnitude（大小）属性添加表达式，选择该属性，执行通道盒菜单Edit>Expression（编辑>表达式）命令，在弹出的Expression Editor（表达式编辑器）的Expression（表达式）栏中输入"uniformField1.magnitude=rand（2,10）;"，单击Create（创建）按钮，如图15-267所示。

Step10 再次播放动画观察效果，如图15-268所示。

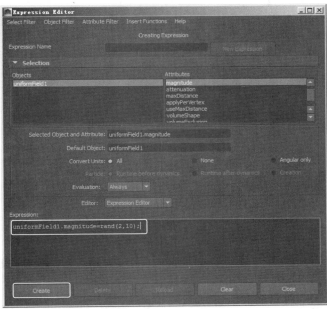

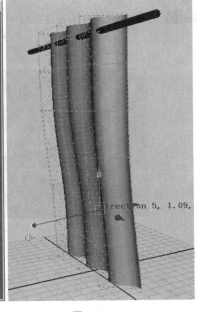

图 15-267　　　　　　　　　　　　　　　图 15-268

Step11 执行菜单File > Save Scene（文件>保存场景）命令，将场景保存，一个简单的窗帘动画就制作完成了，最终场景文件可参见随书配套光盘中的DVD02\scene\scene\chap15\mb\chuanglian.mb。

15.11 N动力学——布料解算头部分散效果

本节将利用nDynamics（n动力学）来制作一个头部分散效果。

Step01 打开随书配套光盘中的DVD02\scene\scene\chap15\mb\toubufensan.mb场景文件，场景中有一个头部模型，如图15-269所示。

Step02 进行头部模型的Edge（边）组件编辑模型，选择所有的边，执行菜单Edit Mesh>Detach Component（编辑网格>断开组件）命令，将模型的边全部断开，如图15-270所示。

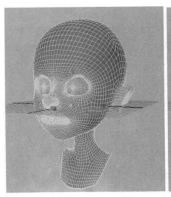

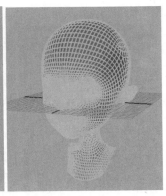

图 15-269　　　　　　　　　　　图 15-270

Step03 选择模型上任意一个顶点进行移动，可以发现模型的边为断开状态。

Step04 保持头部模型的选中状态，在nDynamics（n动力学）模块下，执行nMesh>Create nCloth（n网格>创建n布料）命令，将其转化为布料。

Step05 按Ctrl+A键打开其nClothShape属性编辑器面板，取消勾选Collise（碰撞）和Self Collise（自碰撞）选项，如图15-271所示。

Step06 在nucleus属性编辑器面板中，将Gravity（重力）设置为0，如图15-272所示。

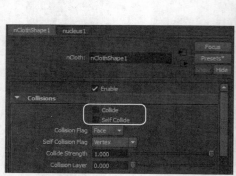

图 15-271

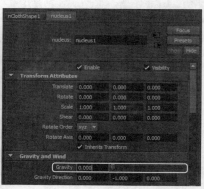

图 15-272

Step07 仍然保持头部处于选中状态，执行菜单Fields>Volume Axis（场>体积轴场）命令，为模型添加体积轴场，将体积轴场移动出来，如图15-273所示。

Step08 进入体积轴场的volumeAxisField属性编辑器面板，对其属性进行设置，如图15-274所示。

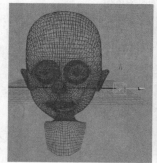

图 15-273

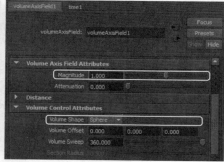

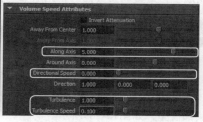

图 15-274

Step09 在场景中，使用缩放工具对体积轴场的大小形状进行调整，并放置到合适的位置，使其能完全包括头部模型，如图15-275所示。

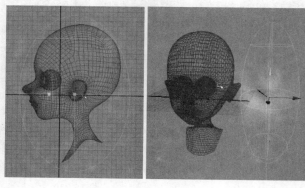

图 15-275

Step10 将时间结束帧设置为300帧，在第1帧处，选择体积轴场，为其通道盒中的Translate X/Y/Z（*x*/*y*/*z*轴位移）属性设置一帧关键帧；在第300帧处，将体积轴场沿*x*轴移动至头部左侧，如图15-272所示，再次为其Translate X/Y/Z（*x*/*y*/*z*轴位移）属性设置一帧关键帧。

Step11 选择场景中的所有对象，将其打一个组，在第1帧处，为组的Rotate Y（*y*轴旋转）设置一帧关键帧；在第300帧处，设置其Rotate Y（*y*轴旋转）为360°，再次设置一帧关键帧。

Step12 在场景中创建一架摄影机，并进入摄影机视图调整其角度，打开分辨率指示器，如图15-276所示。

Step13 在大纲中选择nucleus1、nCloth1和volumeAxisField1，执行菜单nCache>Create New Cache> ▣（n缓存>创建新缓存>▣），打开其选项窗口，选择One file（一个文件）选项，单击Create（创建）按钮创建，如图15-277所示。

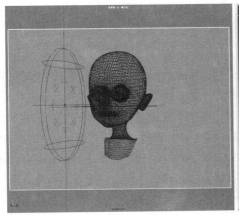
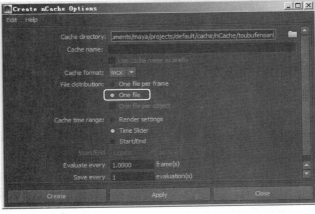

图 15-276　　　　　　　　　　　　　　图 15-277

Step14 缓存计算完成后，就可以快速观察到头部分散的效果了，如图15-278所示。

Step15 为了分散的效果更美观，这里可以选择体积轴场，进入其volumeAxisField属性编辑器面板的Volume Speed Attributes（体积速度属性）卷展栏，在Turbulence Offset（扰乱偏移）属性的文本框上单击鼠标右键，从弹出的菜单中选择Create New Expression（创建新的表达式）命令，在Expression Editor（表达式编辑器）中创建表达式"volumeAxisField1.turbulenceOffsetX=volumeAxisField1.turbulenceOffsetY=volumeAxisField1.turbulenceOffsetZ=time*0.5;"，单击Create（创建）按钮创建，如图15-279所示。

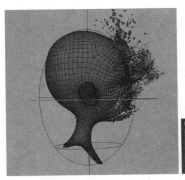

图 15-278　　　　　　　　　　　　　　图 15-279

Step16 再次执行一次nCache（n缓存），并为头部赋予一个金黄色的Blinn材质，按Alt+B组合键将视图背景设置为黑色，播放动画观察最终效果，如图15-280所示。

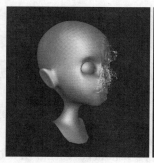

图 15-280

至此，本案例全部制作完成，更详细的操作步骤可参见随书配套光盘中的教学视频，最终场景文件可参见随书配套光盘中的DVD02\scene\scene\chap15\mb\toubufensan_end.mb。

15.12 Paint Effects笔刷特效——植物生长

画笔特效，如毛发、花草、树木、云彩、闪电等，都可以使用Paint Effects Tool（绘画特效工具）来制作。作为Maya中最具创意的工具之一，画笔特效可以说无所不能，Maya内置了各种各样的笔刷特效。打开Visor（遮板）窗口大家就可以看到，甚至Maya还定义了油画笔、喷笔、马克笔、水彩、铅笔、钢笔等，可以说真正达到了无所不能的绘画程度，如果觉得画笔特效精度不够，或者修改起来不方便，Maya在新版本中已经可以将画笔转换为多边形模型了，这就意味着我们可以对画笔特效做任意修改了。此外Maya的画笔特效可以真实地绘制三维物体，更神奇的是，Maya的画笔特效都可以制作成动画，如生长动画等，使用画笔特效，可以让一片沙漠瞬间从无到有地绿草丛生、花开遍地、大树参天。

这一节我们就利用Paint Effects Tool（绘画特效工具）制作一个植物缠绕人体生长的动画效果，让大家了解一下它的强大之处。

15.12.1 创建曲线

Step01 打开随书配套光盘中的DVD02\scene\scene\chap15\mb\zhiwushengzhang.mb场景文件，场景中有一个人体模型，如图15-281所示。

Step02 执行菜单Create>CV Curve Tool（创建>CV曲线工具）命令，在场景中绘制第1条曲线，如图15-282所示。

图 15-281   图 15-282

Step03 选择模型，执行菜单Modify>Make Live（修改>激活）命令，将模型激活，这样就可以在模型的表面绘制曲线。

Step04 接着前面绘制好的曲线的末端位置，沿着人体缠绕路径绘制一条曲线，如图15-283所示。

注：

在绘制的时候需要注意，在转折处比较多的部位要多创建几个CV点，这样曲线才不会和模型穿插，生长效果才会美观。

Step05 为了使植物生长的效果更加丰富一些，可以再多绘制几条曲线，多一些分枝效果，如图15-284所示。

Step06 将Make Live（激活）关闭，选择模型，在层编辑面板中，新建一个层，将人体模型添加进来，如图15-285所示。

图 15-283　　　　　　　　图 15-284　　　　　　　　图 15-285

Step07 单击显示层前面的V按钮，将人体隐藏，选择第1条绘制的曲线和第2条曲线，在Surfaces（曲面）模块下，执行菜单Edit Curves>Attach Curves>□（编辑曲线>连接曲线>□），打开其属性编辑器，取消勾选Keep originals（保持原始）选项，单击Attach（连接）按钮连接，如图15-286所示。

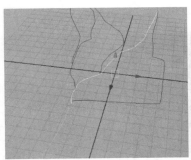 

图 15-286

Step08 将人体模型显示出来，选择场景中的所有曲线，清除历史，并进行打组，命名为crv_qrp，将人体模型移至crv_qrp的下方，并命名为mod，如图15-287所示。

图 15-287

15.12.2 制作植物生长

Step01 执行菜单Paint Effects>Get Brush（绘画特效>获取笔刷）命令，打开Visor（遮板）窗口，在plantsMesh中选择IVY.mel，在场景中绘制一根藤蔓，如图15-288所示。

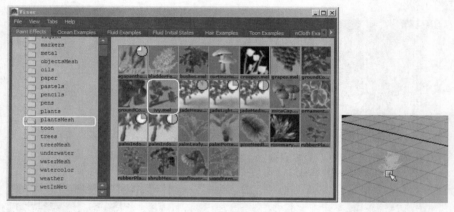

图 15-288

Step02 在层编辑面板中将人体模型隐藏，在场景中选择藤蔓笔触，执行菜单Paint Effects>Get Settings from Selected Stroke（绘画特效>从选择的笔触获取设置）命令，再在场景中选择第1条曲线，执行菜单Paint Effects>Curve Utilities>Attach Brush to Curves（绘画特效>曲线工具>连接笔刷到曲线）命令，此时就将藤蔓笔触连接到了曲线上，如图15-289所示。

观察此时的效果，发现藤蔓在下面的部分比较稀疏，而上面的部分则比较茂密，这与曲线的CV点有关。

Step03 按Ctrl+Z组合键撤销之前的操作，选择曲线，在其curveShape属性编辑器面板中，勾选Disp CV（显示CV）选项，此时曲线上的CV点就显示出来了，如图15-290所示。

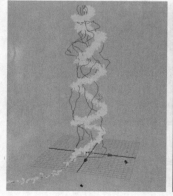

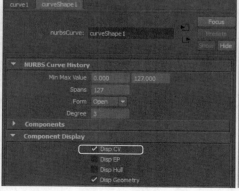

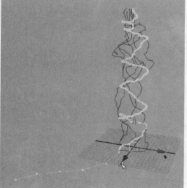

图 15-289

图 15-290

可以发现曲线下面的CV点比较稀疏，上面的则比较密集，在生成笔触时会按照曲线上的CV点来生成，所以CV点稀疏的部分，生成的笔触就稀疏，反之，则密集。

Step04 选择曲线，在Surfaces（曲面）模块下，执行菜单Edit Curves > Rebuild Curve>□（编辑曲线>重置曲线>□），打开其选项窗口，选择Curvature（曲率）选项，单击Apply（应用）按钮重置曲线，如图15-291所示，此时曲线上的CV点变得比较均匀。

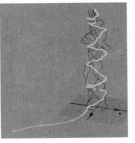

图 15-291

Step05 使用同样的方法将其他7条曲线进行重建，将第1条曲线的CV点关闭显示。

Step06 再次使用与Step02同样的方法将藤蔓笔触与第1条曲线连接，此时生成的藤蔓就比较均匀了，如图15-292所示。

Step07 选择第1条曲线，执行菜单Edit Curves>Reverse Curve Direction（编辑曲线>反转曲线方向）命令，将曲线方向反转。

Step08 将时间结束帧设置为300帧，将时间滑块移至第1帧处，在大纲中选择stroke1，进入其strokeShape属性编辑器面板，在End Bounds（结束边框）栏中，将Max Clip（最大夹具）设置为0，并为其设置一帧关键帧，在第300帧处，设置Max Clip（最大夹具）为1，再次设置一帧关键帧。

Step09 设置完成后，可以在时间线上单击鼠标右键，从弹出的菜单中选择Playblast（拍屏预览）命令，对动画进行拍屏，来观看植物生长的速度。

观察拍屏效果，可以发现植物在生长时头部过方，没有植物生长的效果，下面继续进行调整。

Step10 在大纲中选择stroke1，进入其strokeShape属性编辑器面板，在Pressure Mappings（压力映射）卷展栏中，调节渐变值及参数属性，此时植物的头部就会变细，如图15-293所示。

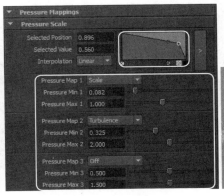

图 15-292 　　　　　图 15-293

Step11 此时植物生长的效果就会比较自然，然后对曲线穿插到模型内的部分进行调节，再次拍屏，观察此时植物生长的效果，如图15-294所示。

图 15-294

这样就调节好了一条植物生长效果，下面对其他条曲线进行匹配。

Step12 在大纲中选择strokeIvy1藤蔓笔触，执行菜单Paint Effects>Get Settings from Selected Stroke（绘画特效>从选择的笔触获取设置）命令，再在场景中选择第2条曲线，执行菜单Paint Effects>Curve Utilities>Attach Brush to Curves（绘画特效>曲线工具>连接笔刷到曲线）命令，进行连接，以同样的方法将其他曲线全部进行连接，如图15-295所示。

Step13 下面首先设置第2条曲线的生长形态，在大纲中选择stroke2，进入其strokeShape属性编辑器面板，在第1帧处，设置Max Clip（最大夹具）为0，设置一帧关键帧，在第300帧处，设置Max Clip（最大夹具）为1，设置一帧关键帧。

Step14 此时两条藤蔓生长的时间将会同时进行，下面进行调整，在Max Clip（最大夹具）上单击鼠标右键，从弹出的菜单中选择strokeShape2_maxClip.output，在strokeShape2_maxClip面板中设置Time（时间）为100和400，这样时间就会错后，如图15-296所示。

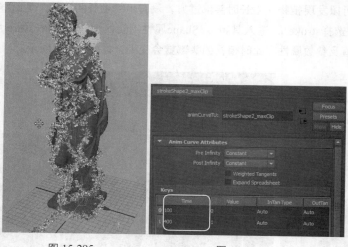

图 15-295　　　　　　　图 15-296

Step15 使用与调节第1条曲线相同的方法调节第2条曲线的属性。

Step16 使用同样的方法调节其他条曲线，制作方法相同，这里不再赘述。

Step17 最后创建一个摄影机，设置渲染尺寸，为了更加美观，可以创建一个摄影机动画，并将所有的笔触转化成多边形，最终效果如图15-297所示。

图 15-297

　　至此，本案例全部制作完成，更详细的操作步骤可参见随书配套光盘中的教学视频，最终场景可参见随书配套光盘中的DVD02\scene\scene\chap15\mb\zhiwushengzhang_end.mb。

拓展训练01——撕裂约束：分散文字效果

　　本案例将通过布料来制作一个文字分散效果，如图15-298所示。

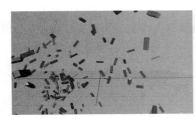

图 15-298

　　文字分散效果的制作流程与相关知识点如下。

01 创建文字。

02 创建nCloth（n布料）。

03 添加扰乱场。

04 创建撕裂面约束。

05 设置撕裂属性。

06 创建材质。

07 设置撕裂动画起始时间。

　　更详细的操作步骤可参见随书配套光盘中的教学视频，最终场景文件可参见随书配套光盘中的DVD02\scene\scene\chap15\mb\silie.mb。

拓展训练02——柔体统一场：水面案例

　　本案例将通过柔体和统一场来制作一个水面案例，最终效果如图15-299所示。

图 15-299

水面案例制作流程与相关知识点如下。

01 创建水面模型。

02 创建柔体。

03 添加统一场。

04 设置统一场属性。

05 为统一场创建动画。

06 为柔体添加弹簧。

07 设置弹簧属性。

08 创建小船漂浮动画。

更详细的操作步骤可参见随书配套光盘中的教学视频，最终场景文件可参见随书配套光盘中的DVD02\
scene\scene\chap15\mb\shuimian.mb。

首页

· 火星时代实训基地

· 论坛

· 问答

· 资讯

· 游戏

· 教程

· 视频

· 作品

· 图库

· 赛事

· 招聘

· 黄页

· 博客

· 影视制作

· 火星图书

· 通行证

登录火星　　　成就梦想

登录火星　　　　成就梦想